JN431030

개 정 판

의료보건학계 · 공학계열

대학물리학

대학물리교재연구회 저

도서출판 대학서림

개정판을 내면서

물리학은 자연에 대한 지식만을 뜻하는 것이 아니라 자연 현상에 관한 여러 대상들을 다루어 명확하고 합리적인 방법으로 그 법칙성을 밝히는 학문이기 때문에 현대의 모든 학문은 물리적인 이론과 기술을 이용하지 않고서는 발전을 기대할 수 없게 되었다.

이에 응대하기 위해서 대학물리학을 정축년 3월에 출간하여 보건, 공학계 학생들에게 도움이 될 수 있도록 하였다. 그러나 한정된 기간 내에 집필하다 보니 내용표현과 물리법칙 및 원리들을 논리적으로 전개함에 있어서 부족한 부분이 여러 곳 발견되어 개정하게 되었다. 따라서 본 개정판을 통하여 교수님들에게는 강의에 도움이 되고 학생들에게는 더욱더 이해하기 쉬운 교재가 되기를 바란다.

끝으로 이 책을 개정하는데 주옥같은 시간을 할애하여 교정을 맡아 주신 정갑수 박사님께 심심한 감사를 드리며 또한 개정판을 출간함에 있어서 쾌히 승낙하여 주신 대학서림 윤진영 회장님과 원고 정리에 수고해 주신 편집위원의 노고에 감사드리는 바이다.

집필자 일동

머리말

물리학은 자연과학의 한 분야이며, 응용과학의 기초가 되는 학문으로서 물질의 구성요소와 그들의 상호작용을 연구하여 응용과학 기술발전에 기초지식을 제공하는 중요한 학문이기 때문에 가장 객관적이고 정확한 것이어야 한다.

기초과학 중 특히 물리학은 연구성과가 과학 기술발전에 기여한 바, 의료, 에너지. 유전, 반도체, 레이저 등에 직 · 간접적으로 응용됨으로써 인간 생활을 보다 윤택한 환경을 조성하는데 일조해 왔다.

이와 같이 첨단과학은 기본적으로 물리학적 이론과 기초지식이 응용되고 있으므로 대학과정에서 물리학학을 이해하는 것이 필수적인 과제라 생각한다.

자연과학이 공업생산에 응용되는 시차는 수년씩 걸리던 것이 최근에는 1년 혹은 수개월 이내로 단축되고 있는 것이 사실이다.

이 책은 복잡한 수식전개 등 난해한 내용은 가급적 쉬운 방향으로 집필하려고 노력하였고, 원리적이고 기본적인 내용을 바탕으로 하여 어학, 공학 계열은 물론 의 · 약학, 가정학, 농학, 수산학 계열 등의 교양 혹은 전공과목 교과서로서 재학 1년 과정의 1학기 내지 2학기에 걸쳐 주당 2시간 강의에 적합하도록 고전물리 편에서 현대물리 편까지의 개념을 간단명료하게 설명해 보려고 노력하였다.

이 책은 대학의 일반물리교재로서 정평이 있는 Arthur Beiser의 『일반물리학』, Halliday & resnick의 "Foundamental of physics", 박상준 외 『대학일반물리학』과 그동안 물리학을 강의했던 자료들을 정리하여 출간하였으나 편저자들이 천학비재한지라 물리학을 공부하는 분들과 교육계에 계신 분들에게 우를 범하는 것을 결심하오니 강호제현들의 충고와 지도 편달에 힘입어 보다 충실하고 알찬 내용으로 보완 개편해 갈 것을 약속드립니다.

편저자들이 오늘에 있기까지 헌신적으로 학문의 길을 가르쳐 주신 대학 · 대학원 지도교수님과 선배, 후배, 동료 모든 분들께 진심으로 감사드립니다.

끝으로 이 책을 출판함에 있어서 촌음을 아껴야 할 시기에 모든 어려움 중에도 흔쾌히 승낙하여 주신 대학서림 윤진영 회장님과 편집부원 모두에게 진심으로 감사를 드립니다.

편저자 일동

차 례

제19장 기하광학 _ 405

제20장 물리 광학 _ 431

제21장 광학기구 _ 455

제22장 상대론 _ 467

제 1 장

물리량 및 단위

The Physical Quantities and units

1 물리학의 정의(definion of Physic)

물리학은 자연과학의 한 부분이다. 자연과학이란 자연에 대한 지식만을 뜻하는 것이 아니라, 자연 현상에 대한 여러 대상들을 다루어 명확하고 합리적인 방법으로 그 법칙성을 밝히는 조직화된 지식의 체계를 연구하는 학문이다.

자연과학은 보통 천문학, 물리학, 화학, 지학, 생물학 등으로 가름한다.

물리학은 19세기 초까지도 모든 자연을 연구한다는 의미에서 자연철학이라고도 불러졌으나, 그 후 자연현상 중에서 특히 물리적인 현상만을 취급하는 좁은 의미를 갖게 되었다. 그러나 현재는 이전의 넓은 의미로 다시 환원되어 순수과학과 응용과학 연구에 이용되는 학문을 제공하는 중요한 의미를 갖게 되었다.

물리학을 크게 두 분류로 나누면 고전물리학과 현대물리학으로 구분된다. 고전물리학은 19세기 말까지의 물리학, 즉 물체의 역학적 운동, 열, 빛, 음향, 전자기현상과 물질의 구조 따위를 연구하는 학문으로서 19세기 중엽에 에너지의 원리에 의하여 여러 가지 운동형태가 통일적으로 파악되었다. 다시 말하면 20세기 초에 나타난 상대성 이론이나 양자역학 이후의 물리학에 대하여 Newton 역학이나 맥스웰 전자기학을 기초로 한 종래의 물리학 체계를 말한다.

현대물리학은 원자, 분자, 원자핵 등과 같은 작은 입자들의 세계를 기술하고, 또한 고체, 액체, 기체의 상태를 상세히 이해하기 위해 상대성이론과 양자론을 적용하는 학문이다. 현대물리학을 이해하려면 먼저 고전물리학을 이해해야만 한다. 원자 내부와 빛의 속도에 가까운 속도를 제외하고는 고전물리학은 물리적 세계의 움직임을 정확 명료하게 설명하고 있다. 자연자원개발, 미래의 환경보전 및 관리하는 방법을 찾아내는 것도 대개는 고전물리학을 응용한 것이다.

1913년 Bohr의 원자이론에 의하면 원자핵 주위를 선회하는 전자들의 세계는 마치 태양계의 축소판으로 설명된다. 원자핵과 궤도전자들 사이의 인력은 전자기학의 고전역학으로 기술되었다. 또 궤도가 원이나 타원이어야 하는 것은 Newton의 운동법칙과 각운동량 보존법칙의 기본적인 가설이었다.

원자에 관한 양자역학적 이론에서 전자는 파속이며, 전자의 에너지는 양자화 된다고 하였다. 또 전자의 에너지 상태가 변화할 때 그 변화량 만큼 복사에너지가 결정되었다.

현대의 모든 학문은 물리학적인 이론과 기술을 이용하지 않고서는 그 학문의 발전은 기대할 수 없게 되었다. 물리학은 연구 대상에 따라 고전물리학과 현대물리학으로 구분되어 있었으나 여러 이론간에는 서로 밀접한 관계가 있음이 밝혀져 현재 극소수의 원리에 귀착되어 가고 있다. 따라서 현재의 물리학은 우주에서부터 소립자에 이르기까지 넓은 범위와 시간, 공간, 물질의 구조 등을 연구대상으로 하고 있다.

2 단위 및 양(units and quantities)

1) 국제단위계(the international system of units)

(1) 절대단위계

국제기구인 도량형국은 1971년 도량형 총회에서 국제 기본단위와 기본단위로부터 유도된 유도단위를 채택하였다.

국제 기본단위는 CGS 단위계와 MKS 단위계가 있다. CGS 단위계는 길이에 센티미터(cm), 질량에 그램(g), 시간에 초(s)를 사용하는 기본단위와 유도단위계(CGS 단위계라고 한다.)가 있다. 이에 대하여 MKS 단위계는 길이에 미터(miter), 질량에 킬로그램(kilogram), 시간에 초(second)를 사용하는 기본단위와 유도단위(MKS 단위계라고 한다.)가 있다. 또 다른 단위인 영국 공학 단위계에서는 질량 대신에 힘의 단위인 파운드(lb), 길이에 피트(ft), 시간에 초(s)를 사용하는 기본단위와 유도단위(lb · ft · s 단위계라고 한다.)가 있다.

물리학에서는 국제협약에 의하여 확립된 근대화 개량단위인 MKS 단위계를 사용하도록 규정하고 있다.

이 단위계는 과학, 산업, 상업분야의 모든 계측을 위한 논리적이고 상호 관련적인 기반을 마련해 준다. 공식적으로는 국제단위 SI로 약호가 인정된 일곱 개의 기본단위와 두 개의 보조단위가 있다. 그 외의 모든 SI단위는 기본단위로부터 유도된다. 우리나라에서는 1964년 1월 1일 계량법에 의거하여 미터 단위계를 사용키로 법제화되었다. 한편, 우리는 종종 매우 짧은 시간 간격이나 매우 큰 물리량을 일시적인 SI단위계로 표시하면 매우 작거나 아주 큰 수로 끝나게 된다. 따라서 1.5×10^{9} Watt의 전력은 1.5기가 와트(1.5 GW), 2.35×10^{-9} s의 시간간격은 2.35 나노초(2.35 ns)와 같이 기본단위 앞에 어떤 문자를 사용함이 편리하다. 이 문자를 접두사라 하며 접두사의 인수와 기호는 표 1-1과 같다.

표 1-1 | SI접두사

10의 멱	접두사	기호	10의 멱	접두사	기호
10^{24}	yotta(요타)	Y	10^{-1}	deci(데시)	d
10^{21}	zetta(제타)	Z	10^{-2}	centi(센티)	c
10^{18}	exa(엑사)	E	10^{-3}	mili(밀리)	m
10^{15}	peta(페타)	P	10^{-6}	micro(마이크로)	μ
10^{12}	tera(테라)	T	10^{-9}	nano(나노)	n
10^{9}	giga(기가)	G	10^{-12}	pico(피코)	p
10^{6}	mega(메가)	M	10^{-15}	femto(펨토)	f
10^{3}	kilo(킬로)	k	10^{-18}	atto(아토)	a
10^{2}	hecto(헥토)	h	10^{-21}	zepto(젭토)	z
10^{1}	deca(데카)	da	10^{-24}	yocto(욕토)	y

(2) 기본단위(standard unit)

① 길이의 표준(the standard of length: meter)

역사적으로 미터는 파리를 지나는 자오선을 따라 북극에서 적도선까지의 거리의 천만분의 1을 1미터(1 m)로 정의하였다.

1960년 이전까지 국제적인 길이의 표준은 프랑스 파리 근처에 있는 국제도량형국(the International Bureau of Weight and Mrasures, 1875)에 보관되어 있는 백금과 이리듐 합금의 트랙스카형 막대로 된 미터 원기였다. 이것은 온도 0 ℃에서 이 막대에 새겨져 있는 가는 표선 사이의 길이를 1미터(1 m)로 정의하였다. 그러나 미터 원기를 길이의 표준으로 정하는 데는 몇 가지 문제점이 있었다. 예를 들면, 화재나 전쟁 등으로 인하여 파손될 가능성이 있고 또한 쉽게 얻을 수도 없다는 것이다. 특히 중요한 것은 길이를 비교하는데 현대의 과학과 기술이 요구하는 정밀성에 충분하지 못하다는 사실이다.

그러던 중 1960년 제11회 국제도량형 총회는 미터에 대한 새로운 원자 표준을 채택한 바 1미터는 크립톤 Kr-86의 기체원자에서 방출하는 오렌지-적색 광파장의 1,650,763.73배로 정의하였다. 1983년 제17회 국제도량형 총회 결의 사항에 따라 1미터는 빛이 진공 중에서 299,792,458분의 1초 동안 진행한 경로의 길이로 정의하였다.

한편, 영국과 미국에서는 길이의 단위로 야드(yard), 피트(feet), 인치(inch) 등이 널리 쓰이고 있다.

길이는 공간에서의 거리를 나타내는 것으로서 물리량 중에서 가장 기본적인 것이다. 길이 측정기로는 자, Caliper, Venier, micrometer 등과 같이 직접 측정할 수 있는 기구와 비교 측정할 수 있는 Comparator가 있다. 더욱 정밀기기로는 유동현미경(travelling microscope)과 카테터 메타(catheter meter) 등이 있다.

$$1\ \text{yd} = 3\ \text{feet}, \quad 1\ \text{ft} = 12\ \text{in}, \quad 1\ \text{in} = 2.54\ \text{cm}, \quad 1\ \text{mi} = 1609.3\ \text{m}$$

② 질량의 표준(the standard of mass: kilogram)

질량의 SI 표준은 '킬로그램'이다. 질량 단위인 킬로그램은 국제도량형국에 보관되어 있는 국제 킬로그램 원기이다. 이것은 원래 물의 섭씨온도 3.98 ℃일 때 부피 1000 cm^3에 해당하는 백금 90%와 이리듐 10%의 합금으로 제작된 원추형 그릇이며 이것을 1 kg의 질량이라 정의하였다.

우리나라의 킬로그램 원기는 공업진흥청의 위임으로 한국표준과학연구원(KRLSS)의 관리하에 있으며 질량의 국가 표준이 된다.

가공물인 원기로 단위를 표시하는 것은 기본단위 중에서 질량뿐이다. 미국과 영국 등 유럽에서는 아직까지도 질량의 단위로 파운드가 쓰인다.

$$1\ \text{Ib} = 453.593\ \text{g} = 16\ \text{oz}$$
$$1\ \text{kg} = 2.20459\ \text{lb}$$

이다.

한편, 소립자 물리학에서는 탄소의 동위원소 C^{-12}의 원자 한 개의 질량을 기본단위로 정한 원자질량 단위 U가 쓰인다. 1원자질량단위(U)는 탄소(C^{-12})원자 질량의 1/12로 정의하였다. 따라서 1 U를 Kg단위로 환산하면

$$1\ \text{U} = 1.6607 \times 10^{-27}\ \text{Kg}$$

에 해당한다. 원자질량단위에 관해서는 별도로 설명하기로 한다.

③ 시간의 표준(the standard of second: second)

시간의 SI 표준 단위는 '초'다.

자연계에서 일어나는 되풀이 현상 중에서 하루의 길이를 결정하는 지구자전을 시간의 표준으로 사용하게 되었다. 1초는 평균태양일의 1/86,400로 정의되는데 이것이 상용시간의 기초가 된다. 태양일은 계절에 따라 다소 틀리므로 이것을 평균한 것을 평균태양일이라고 한다. 이와 같이 지구의 자전에 의해 정의되는 시간을 제 1표준시간(만국표준시)이라 한다. 시간의 측정에는 시계가 사용된다.

1967년 제13차 도량형총회에서 세슘 원자시계에 기초를 둔 초를 국제표준으로 채택하였다. 여기서 1초는 세슘-133원자(^{133}Cs)의 기저상태에 있는 두 개의 초미세준위간의 전이주기의 9,192,631,770배로 정의되었다. 이와 같이 주기적인 원자진동을 원리로 하는 것을 제2 표준시간이라 한다. 이 제정은 시간 측정의 정밀도를 $1/10^{12}$까지를 증가시킨 것이며, 천문학적 방법보다도 약 10^3배나 개량된 것이다.

여러 종류의 시계의 상대적인 정밀도는 표 1-2와 같다.

표 1-2 여러 종류의 상대적인 정밀도

종류	1초나 차이나게 되는 시간	상대 정밀도
모래시계	1.5분	10^{-2}
추시계	3시간	10^{-4}
음차	24시간	10^{-5}
수정결정진자	3년	10^{-8}
암모니아공명자	30년	10^{-9}
세슘공명자	3×10^4년	10^{-12}
수소메이저	3×10^6년	10^{-14}

국제기구인 도량형총회는 위에 설명한 세 가지 기본단위 외에도 전류의 표준단위, 온도의 표준단위, 물질의 양 표준단위, 광도의

표 1-3 'SI' 기본단위

양	명칭	기호
길이	meter	m
질량	kilogram	kg
시간	second	s
전류	ampere	A
열역학적 온도	kelvin	K
물질의 양	mole	mol
광도	candela	cd

표준단위인 네 가지가 더 추가된다. 이들에 관한 정의는 각각 해당되는 내용에서 설명하기로 하고 여기서는 간단하게 표 1-3에 소개한다.

3 물리량의 차원

1) 차원

지금 길이를 L, 질량을 M, 시간을 T라고 표시하고 어떤 물리량이 LMT의 곱셈, 나눗셈의 형식으로 되어 있는가를 표시하는 식을 그 물리량의 차원(dimension)이라 한다.

차원을 표시하는 식은 보통 괄호 [ ]를 써서 나타낸다.

속력의 크기는 [L]에 비례하고 [T]에 반비례하므로 이러한 관계는

$$[\text{속력}] = [L][T^{-1}] = [LT^{-1}]$$

로 나타낼 수 있다. 또

$$[\text{면적}] = [L^2],\ [\text{체적}] = [L^3],\ \text{밀도} = [ML^{-3}]$$

으로 표현하며 단위계에 관계없이 성립한다.

두 물리량을 연결하는 +, −, =, 〉, 〈 등은 양 변의 차원이 같아야 한다. 그러나 ×, ÷의 양변에는 같은 차원의 양이 와야 할 필요는 없다.

만일, A = B = C와 같은 식이 있다면, A, B 및 C는 모두 같은 차원을 가져야 한다.

2) 측정오차

실험 데이터나 관찰 데이터에서 미지의 양을 측정할 때 제아무리 정밀한 기계나 기구를 사용한다 할지라도 그 측정값은 측정할 때마다 정확한 참값에는 미치지 못함을 종종 볼 수 있다. 이때 이 측정값과 참값과의 차를 오차라고 한다. 이 오차가 생기는 원인은 이론적인 오차, 기기에 의한 오차, 측정하는 사람에 의한 오차 등 계통적 오차와 우연적 오차가 있다.

계통적 오차는 그 원인이 명확하므로 그 원인을 제거하거나 향상시키면 오차를 줄일 수 있다.

한편, 우연적 오차는 측정자가 측정값을 여러 번 측정하여 그 평균값을 택함으로 오차를 줄일 수 있게 된다.

연습문제

1. 표 1-1의 접두사를 사용하여 다음을 표시하여라.

표 1-1 SI접두사

인 자	접 두 사	기 호	인 자	접 두 사	기 호
10^{24}	yotta	Y	10^{-1}	deci	d
10^{21}	zetta	Z	10^{-2}	centi	c
10^{18}	exa	E	10^{-3}	mili	m
10^{15}	peta	P	10^{-6}	micro	μ
10^{12}	tera	T	10^{-9}	nano	n
10^{9}	giga	G	10^{-12}	pico	p
10^{6}	mega	M	10^{-15}	femto	f
10^{3}	kilo	k	10^{-18}	atto	a
10^{2}	hecto	h	10^{-21}	zepto	z
10^{1}	deca	da	10^{-24}	yocto	y

[a]이 모든 경우 ná-no-mé-ter에서와 같이 처음 음절에 액센트를 준다.

(a) 10^{6}phones (b) 10^{-6}phones (c) 10^{1}cards (d) 10^{9}los

(e) 10^{12}bulls (f) 10^{-1}mates (g) 10^{-2}pedes (h) 10^{-9}Nannettes

(i) 10^{-12}boos (j) 10^{-18}boys (k) 2×10^{2}withits (l) 2×10^{3}mockingbirds

2. 자기의 키를 meter로 표시하여라.

3. 다음의 관계식을 이용해 20.0 mi을 kilometer로 환산, 계산하여라.

1 mi = 5280 ft, 1 ft = 12 in, 1in = 2.54 cm, 1 m = 100 cm, 1 km = 1000 m

4. 로케트가 300 km의 높이까지 올라갔다. 이 높이를 mi로 고쳐라.

5. (a) 트랙경기에는 100 m달리기와 100 yd 달리기가 있다. 어느 쪽이 더 긴 거리인가? 또 얼마나 더 긴 거리인가? m와 ft로 표시하여라.

(b) 트랙 경기나 필드 경기에서 마일(mile) 단위와 metric mile(1500m)이라는 단위를 사용한다. 두 단위를 비교하여라.

6. 천문학에서 다루는 거리는 지상에서 다루는 거리보다 매우 길기 때문에 특별한 단위를 사용한다. 1천문단위(AU)는 지구와 태양 사이의 평균거리로 약 92.9×10^6mi이고, 1parsec은 원에서 1초$\left(1초=\frac{1}{3600^0}\right)$의 호각에 대응하는 호의 길이가 1AU일 때의 원의 반지름(길이) 을 말한다. 1광년이란 진공 속에서의 빛이 1년간 움직인 거리를 말하며, 진공 속에서의 빛의 속력은 186,000 mi/s이다.

(a) 지구와 태양 사이의 거리를 parsec과 광년으로 표시하여라.

(b) 1광년과 1 parsec을 mile로 표시하여라. 흔히 천문학에서 광년이 널리 쓰이나 천문학자들은 전문적인 경우에 parsec(줄여서 pc.)을 사용한다.

7. 다음 두 단위 사이의 관계를 표시하여라.

(a) in와 cm^2 (b) mi^2과 km^2

(c) m^3 와 cm^3 (d) ft^2와 yd^2

8. 1in 길이의 마스터게이지(master gauge)를 0.000000 1in 오차의 정확도로 만들려 한다. 이것이 Pt-Ir meter로는 불가능하지만 ^{86}kr meter로는 가능하다는 것을 책에 나와 있는 자료를 이용하여 보여라.

9. 질량 1 kg을 얻기 위해서는 수소원자가 몇 개가 필요한가?

10. 근사적으로 지구의 질량은 1 kg짜리 물체 10 mole이 모여 있는 것으로 볼 수 있다. 아보가드로 상수로부터 위 근사의 오차는 얼마인가? 지구의 실제 질량은 $5.98\times10^{24}kg$이다.

11. (a) 물의 밀도 (질량/부피)가 정확하게 $1g/cm^3$일 때 이를 kg/l로 표시하여라.

(b) 용기에서 1.00l의 물을 빼내는데 정확하게 10시간 소비되었다. 이 용기에서 물이 흘러나가는 평균 유출량을 kg/s로 나타내어라.

12. 페르미(Enrico Fermi)는 표준강의시간(50분)이 1망디크로세기와 크기가 비슷하다는 점을 지적하였다. 1마이크로세기를 분으로 표시하여라. 이 값이 페르미의 근사값과 어느 정도의 오차를 가지는가?

13. Isaac Asimov는 현재까지 알려진 가장 빠른 속력과 가장 짧은 거리로 된 시간의 단위를 제안하였다. 이것이 light-fermi로, 빛이 1 fermi($= 10^{-15}m$)의 거리를 지나가는데 걸리는 시간이며 양성자의 반지름이 약 1 fermi이다. 1 light-fermi를 포로 표시하여라. 광속은 30 cm/ns이다.

14. 1년을 초로 환산할 때 흔히 편리한 값으로 $\pi \times 10^7$으로 표시한다. 정확한 값과의 오차는 얼마인가?

15. (a) 미시적 물리학을 다루는 데에서는 시간의 단이로 shake가 가끔 쓰인다. 1shake는 $10^{-8}s$이다. 1년을 초로 계산한 수치보다 1초를 shake로 계산한 수치가 더 큰가?

(b) 우주의 기원이 약 10^{19}년 정도인데 반해 인류의 기원은 약 10^6년 정도이다. 만약 우주의 기원이 하루라고 본다면 인류의 기원은 과연 몇 초 정도인가?

16. 여러 종류의 동물들의 최대속력은 대략적으로 다음과 같다. 속력의 단위는 mile/h이다.

(a) 달팽이, 3×10^{-2} (b) 거미, 1.2 (c) 다람쥐, 12
(d) 사람, 28 (e) 토끼, 35 (f) 여우, 42
(g) 사자, 50 (h) 치타, 70

위의 값을 m/s로 바꾸어라.

17. 1천문단위(AU)는 지구와 태양 사이의 평균거리로서 약 149,000,000 km이다. 빛의 속도가 약 $3.0\times10^8 m/s$일 때 광속을 AU/minute 단위로 표시하여라.

18. 광속 $3\times10^8 m/s$를

(a) ft/nanosec로 표시하여라.

(b) millimeter/picosec로 표시하여라.

19. 지구의 자전주기가 한 여름과 다음에 오는 봄과의 사이에 얼마나 차이가 나는가? 옆의 그림으로부터 추적해 보아라.

제 2 장

벡터와 스칼라

Vector and Scalar

1 벡터와 스칼라의 정의(definition of Vector and Scalar)

물리량에는 그 양의 크기만 알면, 다음 설명이 더 필요없이 충분히 표현되는 양들이 있다. 이와 같은 양들을 스칼라량이라 하며 이것은 적당한 물리적 단위를 가진 어떤 수량에 의해 완전히 규정되어지는 양이다. 스칼라량(Scalar quantity)들은 단지 크기만 가지고 있을 뿐 방향은 없다, 질량, 밀도 전하, 체적, 에너지, 온도, 면적, 시간간격 등은 스칼라량이다. 이에 대하여 물리량이 크기뿐만 아니라 방향까지도 가지고 있는 물리량을 벡터량(Vector quantity)이라 한다. 예를 들면 물체에 미치는 힘을 완전하게 기술하기 위해서는 힘의 방향과 크기를 동시에 취급하여야 한다. 즉 물체의 운동을 설명하기 위해 물체는 얼마나 빠르게 움직이고 있으며 그 방향은 어떠한 지를 규정지어야 한다.

벡터량에는 변위, 속도, 가속도, 운동량, 힘, 전기장, 자기장 등이 있다. 벡터량의 기하학적 표시 방법은 그림 2-1과 같이 임의의 한 점에서 길이는 벡터의 크기를 , 화살표 방향은 벡터의 방향을 표시하는 화살표로 표시한다.

벡터를 문자로 표시할 때에는 스칼라량과 구별하기 위하여 $\overrightarrow{OP}$ 또는 고딕체 A라 표시하거나 아니면 $\overrightarrow{A}$라 표시한다.

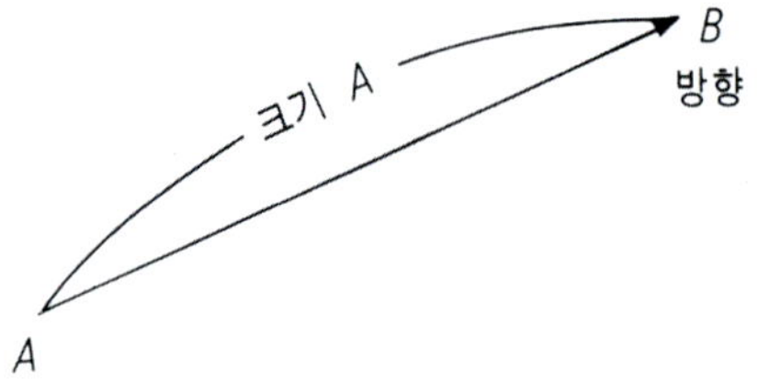

그림 2-1 벡터의 표현

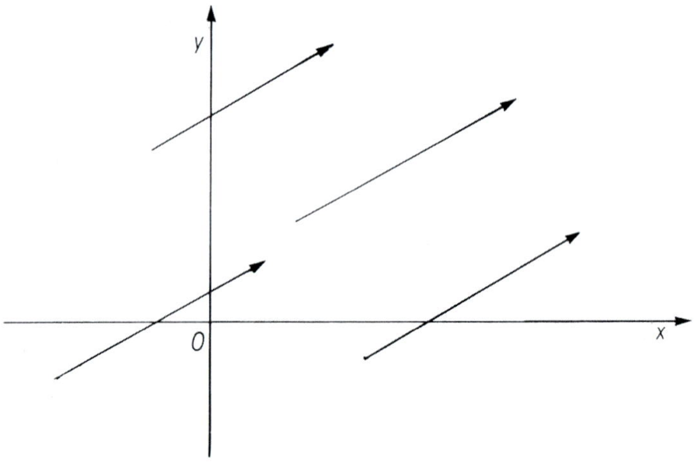

그림 2-2 같은 벡터들의 표시

벡터의 크기를 그 벡터의 절대값이라고 하며, A의 절대값을 A 또는 | A |로 표시한다.

지금 두 벡터 A, B가 서로 같은 방향과 크기를 가지고 있을 때, 두 벡터는 같다고 정의한다. 두 벡터가 서로 같다는 것을 | A | = | B |이고 A // B가 함께 성립한다는 것을 표시한다.

그림 2-2의 모든 벡터들은 비록 출발점이 각각 다르지만 같은 벡터이다. 그래서 모든 벡터들은 자신을 평행이동시킬 수 있다.

2 벡터의 덧셈(additional Vector)

두 개 혹은 여러 개의 벡터가 있을 때 이들 여러 벡터의 합과 같은 효과를 나타내는 하나의 벡터를 찾아내는 것을 벡터의 덧셈이라고 한다.

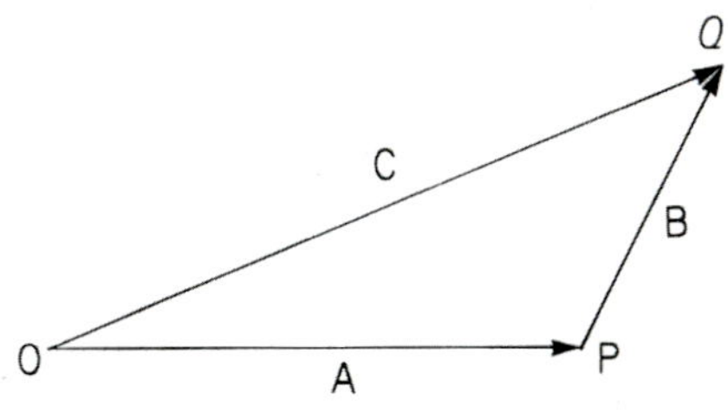

그림 2-3 | 벡터의 덧셈 삼각형 법

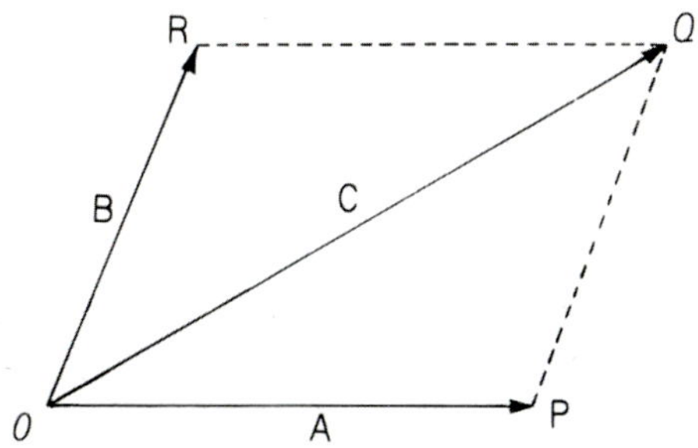

그림 2-4 | 벡터의 덧셈, 평행사변형 법

그림 2-3은 두 벡터의 합성을 3각형법에 의한 가법이라 한다. 즉 눈금에 맞추어 변위 벡터 A를 긋고 A의 머리에서 B의 꼬리를 시작하여 벡터 B를 그린 다음 A의 꼬리에서 시작하여 B의 머리까지 직선을 그어 벡터 C를 그린다. 즉 두 벡터 A, B가 있을 때 A와 같게 OP를 잡고 P점을 시점으로 하여 B벡터와 같게 PQ를 잡는다. 이 때 OQ를 OP와 PQ의 합이라 한다.

벡터 C가 연속적인 두 변위 A와 B를 더한 변위가 되며 크기와 방향이 같다.

그림 2-4는 벡터 덧셈의 평행사변형법을 도시한 것이다. 그림과 같이 두 벡터 A, B가 있을 때 A와 B를 두 변으로 하는 평행사변형을 그려서 그 대각선 OQ를 얻으면 이것을 합 벡터 C로 나타내는 방법이다.

즉, 두 벡터 A, B가 있을 때 O를 시점으로 하여 A, B와 같게 각각 OP, OR을 잡는다. 이때 선분 OP, OR을 두 변으로 하는 평행사변형 OPQR을 만들 때 OQ를 A와 B의 합이라 한다. 일반적으로 벡터의 일반식은 다음과 같다.

$$A + B = C \quad \cdots\cdots (2-1)$$

그림 2-5와 같이 여러 개의 벡터가 한 점 O에 작용하고 있을 때 이들의 합 벡터를 구하는 방법은 삼각형법을 연속해서 사용하는 것이 편리하다.

이때에도 합 벡터 R은 다음과 같이 표현한다.

$$R = A + B + C + D \quad \cdots\cdots (2-2)$$

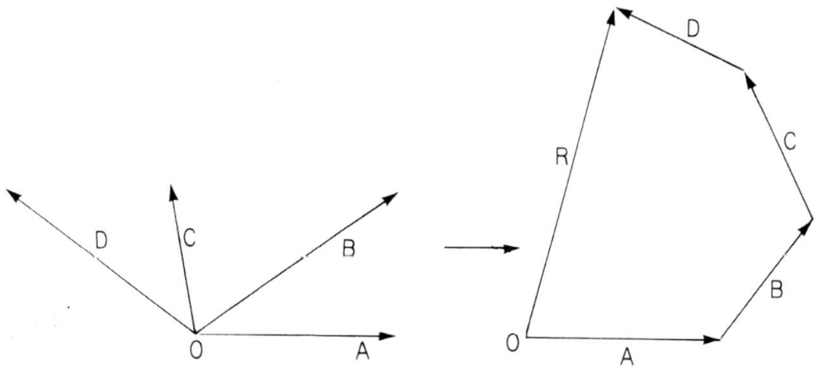

그림 2-5 여러 벡터의 덧셈

벡터는 새로운 양이므로 벡터를 취급하는 데는 새로운 규칙이 있다. 식 (2-1)과 식 (2-2)에서 부호 '+'는 산수나 대수에서의 의미와는 다른 하나의 새로운 연산을 의미한다.

그림 2-4, 2-5를 바탕으로 하여 다음의 벡터 덧셈의 두 가지 법칙을 알 수 있다.

A + B = B + A (교환법칙) ········· (2-3)

A + (B + C) = (A + B) + C (결합법칙) ········· (2-4)

이들 법칙은 두 벡터가 더해졌을 때 그 합은 덧셈의 순서에 무관하며 또 3개 혹은 보다 많은 벡터들을 더할 때 그 합은 개개의 벡터들을 서로 더하게 되는 순서에 무관함을 말하여 준다.

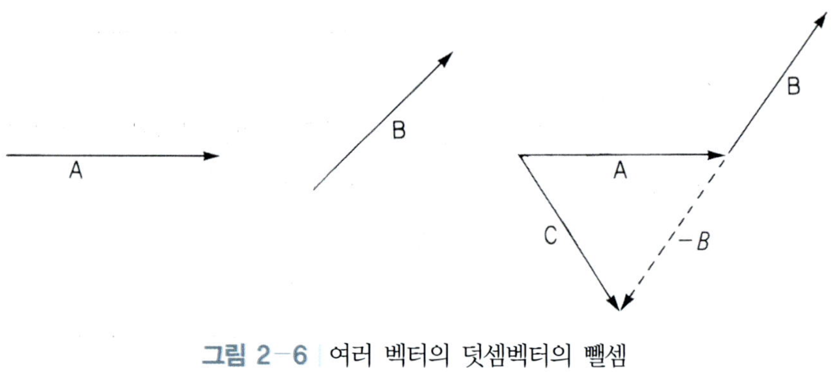

그림 2-6 여러 벡터의 덧셈벡터의 뺄셈

벡터 A의 음(−)벡터는 A에 더해져서 'zero'를 만드는 벡터로서 정의한다. 벡터 A와 −A는 서로 크기가 같고 방향이 반대인 벡터로 정의함으로써 벡터 덧셈에 포함시킬 수 있다.

벡터의 뺄셈에 대한 연산은 음 벡터의 정의를 사용하면 된다. 따라서 A−B인 연산은 벡터 −B를 더하면 된다.

$$A - B = A + (-B) \quad \cdots\cdots (2-5)$$

3 벡터의 분해와 합성(해석적 방법) (vector analysis)

하나의 벡터를 임의의 3개 이상의 벡터로 분해하는 방법은 무한히 많다. 그러나 실제로 유용한 것은 서로 직교하는 좌표계의 각 축 위에서 성분으로 나누는 방법이다.

그림 2−7과 같이 양(+)의 x축으로부터 반시계 방향으로 θ만큼의 각을 가지고 $x-y$ 평면 안에 있는 벡터 A를 생각하자. A벡터의 머리에서 각각의 좌표축에 수직으로 내려 얻은 양, A_x 및 A_y를 벡터 A의 x성분, y성분이라 부른다. 이 과정을 벡터를 분해한다고 한다.

벡터의 성분들은 벡터가 아니며 그 값들은 좌표의 선택에 따라 다르며 기본단위 크기를 기준으로 양 (+)이나 음(−)의 숫자를 가질 수 있다.

그림 2−7과 삼각함수의 정의로부터 성분 A_x와 A_y는

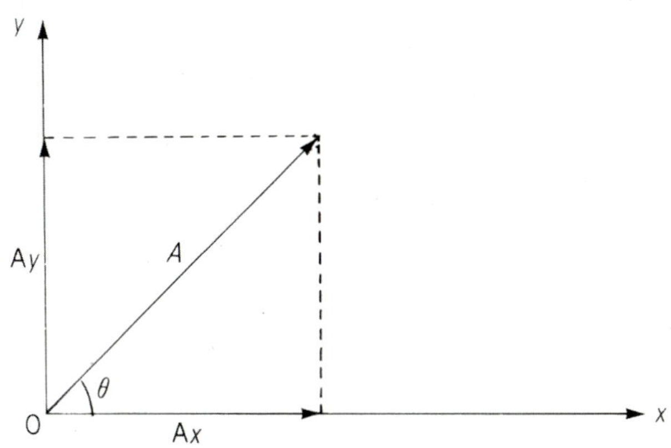

그림 2-7 | 평면 안에서 임의의 벡터 분해

$$Ax = A\cos\theta$$
$$Ay = A\sin\theta \quad \cdots\cdots (2-6)$$

이다.

성분 Ax 및 Ay는 θ값에 따라서 양 또는 음의 값이 됨을 유의하기 바란다.

일단 벡터를 그 성분으로 분해하면 그 성분들은 그 벡터를 규정할 수 있다.

성분 Ax와 Ay로 벡터를 기술한 것과 크기와 방향이 A, θ로 벡터를 동등하게 기술한 것 사이에는 앞뒤가 서로 상통할 수 있다.

벡터 A의 크기와 방향 θ를 구하려면 그림 2-7에서

$$|A| = \sqrt{Ax^2 + Ay^2}, \qquad \tan\theta = \frac{Ay}{Ax}, \qquad \theta = \tan^{-1}(Ay/Ax) \quad \cdots\cdots (2-7)$$

이다. 그림 2-7은 2차원의 경우를 보인 것이고 3차원적 공간에서도 벡터 A를 직각 분해할 수 있다.

벡터를 성분으로 분해할 때에 주어진 방향에 대한 단위 길이의 벡터를 도입하면 편리하다. 단위 벡터는 주어진 방향을 규정하기 위해 사용되는 단위 길이를 갖는 차원이 없는 벡터로 그 자체는 물리적으로 아무 의미가 없다. 이들은 공간에서 단지 방향을 나타내는데 편리하고 간단하게 사용된다. 앞으로 X, Y 및 Z 방향을 가리키는 단위 벡터들을 i, j, k로 각각 표시한다.

단위 벡터인 i, j, k는 크기가 |i| = |j| = |k| =1이며 그림 2-8에서 볼 수 있는 바와 같이 서로 수직이다.

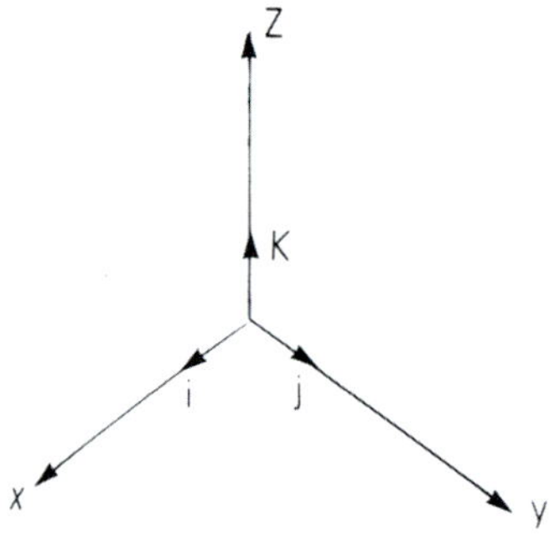

그림 2-8 단위 벡터의 표시

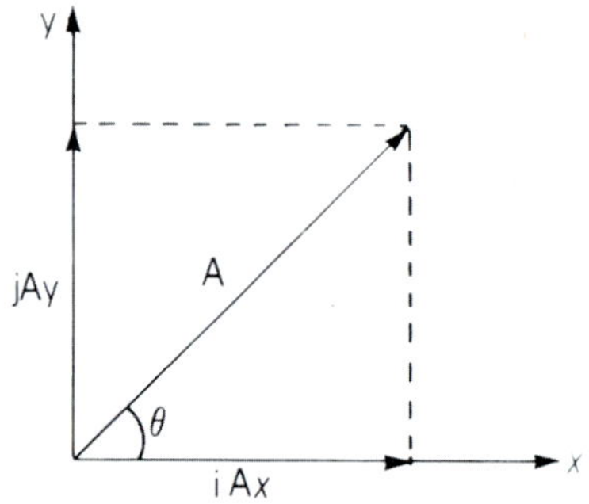

그림 2-9 $x-y$평면 안에서 A벡터의 단위 벡터 표시

그림 2-9처럼 $x-y$ 평면 안에 있는 벡터 A를 생각해 보자.

성분 Ax와 단위 벡터 i의 곱은 크기가 Ax이고 x축과 평행인 벡터이다. 또한 성분 Ay와 단위 벡터 j의 곱은 크기가 Ay이고 y축과 평행인 벡터이다. 그러므로 벡터 A를 단위 벡터 형태로 표시하면

$$A = iAx + jAy \quad \cdots\cdots (2-8)$$

이다. 다음은

평면 위에 많은 벡터가 있을 때 x, y 성분을 갖는 벡터를 합성하여 보자. 이것은 간단하게 x 및 y성분끼리 합성하면 된다. 그 결과 최종 벡터 R = A + B를

$$R = i(Ax + Bx) + j(Ay + By) \quad \cdots\cdots (2-9)$$

로 주어진다. 그러므로 최종 벡터의 각각 성분들은

$$Rx = Ax + Bx, \qquad Ry = Ay + By \quad \cdots\cdots (2-10)$$

이다. 또한 벡터 R의 크기와 방향은

$$R = \sqrt{Rx^2 + Ry^2}, \qquad \tan\theta = \frac{Ry}{Rx} \quad \cdots\cdots (2-11)$$

인 관계식을 이용하여 계산될 수 있다.

이와 같은 방법으로 3차원 벡터로 확장하는 것은 쉬운 일이다. 벡터 A와 B가 모두 x, y 및 z을 가지고 있을 때 이들은

$$A + B = i(Ax + Bx) + j(Ay + By) + k(Az = Bz)$$

로 쓸 수 있다.

[예제 1] $x-y$ 평면 안에 두 벡터 A와 B가 각각 A = 2i + 2j, B = 2i − 4j로 주어질 때 두 벡터 합의 크기와 방향을 구하여라.

[풀 이] $Ax = 2$, $Ay = 2$, $Bx = 2$, $By = -4$이므로 최종 벡터

R = A + B = (2 + 2)i + (2 − 4)j = 4i − 2j

즉, $Rx = 4$, $Ry = -2$이므로

$|R| = \sqrt{Rx^2 + Ry^2} = \sqrt{20} = 4.47$

방향은 $\tan\theta$이므로

$$\tan\theta = \frac{Ry}{Rx} = \frac{-2}{4} = -\frac{1}{2}$$

$$\therefore\ \theta = \tan^{-1}\left(-\frac{1}{2}\right) = 333°$$ 이다.

[예제 2] 한 물체가 원점에서 출발하여 연속적으로 A = (i + 3j − k)m, B = (2i − j − 3k)m 및 C = (−1 + j)m인 변위로 움직였다. 이들 변위의 최종 합 변위를 구하여라.

[풀 이] 합 변위 R = A + B + C이므로

R = (1 + 2 − 1)i + (3 − 1 + 1)j + (−1 + 3 + 0)k = (2i + 3j − 4k)m이다.

최종 변위는 $Rx = 2$ m, Ry = 3m, Rz = −4m인 성분을 갖는다. 또 크기는

$|R| = \sqrt{(Rx^2 + Ry^2 + Rz^2)} = 5.39$ m이다.

4 벡터의 곱셈(scalar and vector product)

1) 두 벡터의 스칼라 곱(scalar or dot product)

하나의 벡터량과 또 다른 벡터량을 곱했을 때에는 스칼라 승적(dot product)과 벡터 승적(cross product)의 두 가지가 있다. 벡터에 벡터를 곱했을 때 스칼라 양이 되는 곱셈을 스칼라 승적 또는 돗트 승적이라 한다.

두 벡터 A, B의 시점을 한 점에 맞추고 두 벡터 사이의 각을 θ라 하면 두 벡터 A, B의 스칼라 승적은 A · B로 표시하고 다음과 같이 정의한다.

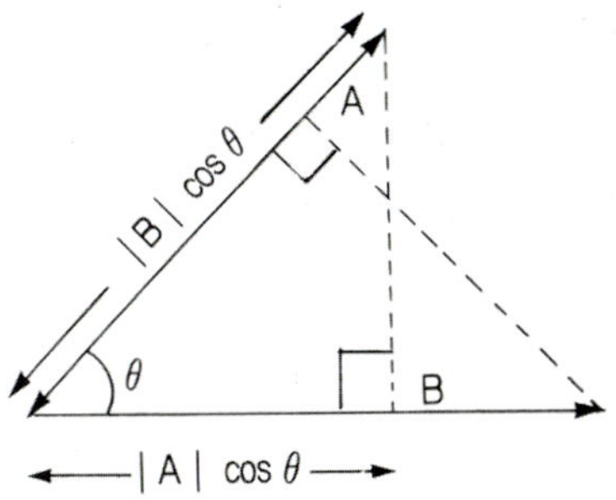

그림 2-10 벡터의 스칼라 곱

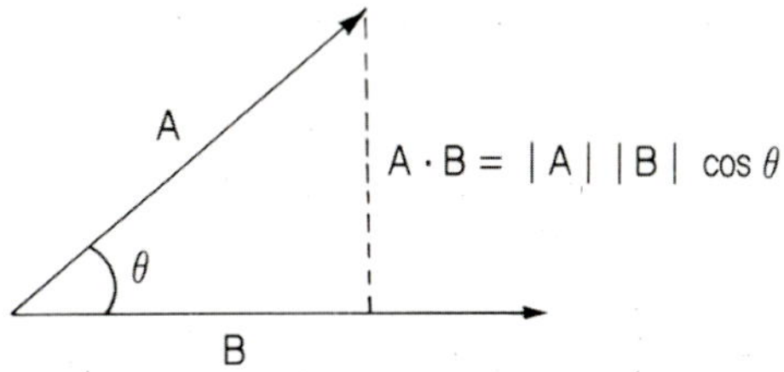

그림 2-11 (A · B = |A| |B| cosθ는 한 벡터의 크기 |A|와 나머지 벡터의 처음 벡터 방향에 대한 성분 |B| cosθ를 곱한 것이다.)

$$A \cdot B = |A|\,|B| \cos \theta \quad \cdots\cdots (2\text{-}12)$$

여기서 |A|, |B|는 각각 벡터 A와 B의 크기이다.

두 벡터의 스칼라 승적은 그 중 한 벡터의 크기와 나머지 벡터의 처음 벡터의 방향에 대한 성분의 곱으로 생각할 수 있다.

식 (2-12)로부터 스칼라 곱은 교환법칙이 성립된다. 즉, A · B = B · A이고, 또 분배법칙도 성립한다.

단, A(B · C)≠(A · B)C가 되며 이 결합의 법칙은 성립되지 않는다. 즉 왼쪽은 벡터 A와 같은 방향이고, 오른쪽은 벡터 C와 같은 방향을 가진 벡터들이기 때문에 서로 같을 수 없다.

단위 벡터 i, j, k들 사이의 스칼라 곱은 그 크기는 1이고 같은 방향 사이의 각은 0° 이므로 cos 0° = 1이 되어

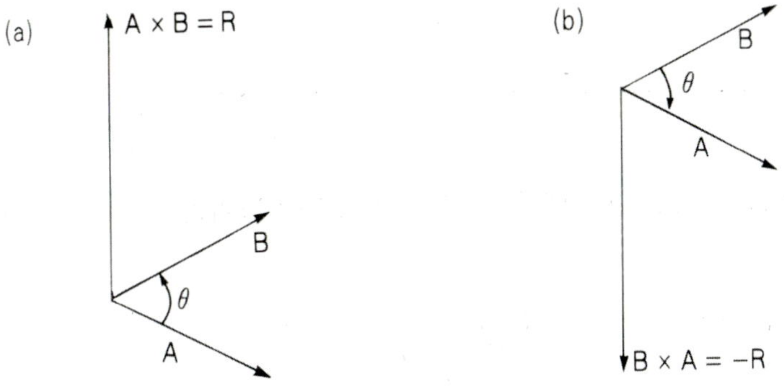

그림 2-12 벡터의 승적

(a) 오른손법칙 (b) 인수의 순서가 바뀌면 그 부호가 바뀐다.

$$i \cdot i = j \cdot j = k \cdot k = 1$$

이 되고, i, j, k는 서로 수직이며 $\cos 90° = 0$이 되어

$$i \cdot j = j \cdot k = k \cdot i = j \cdot i = k \cdot j = i \cdot k- = 0$$

이 된다. 지금 두 벡터 A, B를 각 성분별로 표시하면

$$A = iAx + jAy + kAz$$
$$B = iAx = jBy = kBz$$

가 된다. 따서 A, B의 스칼라 곱은

$$A \cdot B = AxBx + AyBy + AzBz \quad \cdots\cdots (2-13)$$

가 된다.

2) 벡터승적(vector or cross product)

두 개의 벡터 A, B를 곱하여 또 다른 벡터 R을 얻어내는 벡터 연산법을 벡터의 승적(vector product), 또는 벡터 크로스(cross product)라 부른다. 두 벡터 A, B의 벡터승적은

$$A \times B = R \quad \cdots\cdots (2-14)$$

이라 표시하고 A와 B의 사이각을 θ라 하면 $A \times B$의 크기는

$$|A \times B| = A\ B\sin\theta \quad \cdots\cdots (2-15)$$

이고, 이 벡터의 방향은 그림 2-12와 같이 A, B를 포함하는 평면에 수직이고 A쪽에서 B쪽으로 오른 나사를 θ만큼 회전시켰을 때 나사가 진행하는 방향이다.

벡터 승적에 있어서 순서는 중요하다. 실제로 $A \times B = -B \times A$이다. 즉 $AB\ \sin\theta$와 $BA\sin\theta$의 크기는 같으나 $A \times B$와 $B \times A$의 방향은 반대이다. 왜냐하면, 오른손 나사는 A에서 B로 θ만큼 회전한 방향으로 나아가면, B에서 A로 θ만큼 회전할 때 반대 방향으로 나아가기 때문이다.

벡터 승적에서도 스칼라 승적과 같이 다음과 같은 관계식이 성립된다. 즉,

$$A \times B = -B \times A$$
$$A \times (B + C) = A \times B + A \times C \quad \cdots\cdots (2\text{-}16)$$

이다.

단위 벡터 사이의 벡터 승적을 고려해 보면 x와 y축 방향의 단위 벡터의 벡터 승적 $i \times j$는 사이각이 $90°$ 이므로 $\sin 90° = 1$이며 그 방향은 x, y방향에 수직이고 x축 방향에서 y축 방향으로 오른 나사를 회전시킬 때 나사의 진행방향이므로 +z축 방향이 된다. 즉, +k가 된다. 이와 같은 방법으로 고찰하면,

$$i \times i = j \times j = k \times k = 0$$
$$i \times j = k,\ \ j \times i = -k$$
$$j \times k = i,\ \ k \times j = -i$$
$$k \times i = j,\ \ i \times k = -j \quad \cdots\cdots (2\text{-}17)$$

이다.

두 벡터 A와 B의 벡터 승적은

$$A \times B = (iAx + jAy + kAz) \times (iBx + jBy + kBz)$$
$$= (AyBz - AzBy)i + (AzBx - AxBz)j + (AxBy - AyBx)k \quad \cdots\cdots (2\text{-}18)$$

이다.

단위 벡터의 연산법과 행렬식의 성질을 이용하여 식 (2-18)의 결과를 다음과 같이 쉽게 얻을 수 있다.

$$A \times B = \begin{vmatrix} i & j & k \\ A_x & A_y & A_z \\ B_x & B_y & B_z \end{vmatrix}$$

$$= (AyBz - AzBy)i + (AzBx - AxBz)j + (AxBy - AyBx)k \quad \cdots\cdots\cdots \ (2-19)$$

[예제 3] 두 벡터 A와 B가 각각 A = 2i+3j 및 B = −i+2j일 때 A, B의 스칼라 곱과 사이각을 계산하시오.

[풀　이] 스칼라 곱 A · B = (2i+3j) · (−1 + 2j) = −2i · i+2i · 2j−3j · i+3j · 2j = 4

사이각: $|A| = \sqrt{Ax^2 + Ay^2} = \sqrt{13}$, $|B| = \sqrt{Bx^2 + By^2} = \sqrt{5}$ 이므로

$A \cdot B = |A|\,|B| \cos\theta$ 에서

$$\cos\theta = \frac{4}{\sqrt{13}\,\sqrt{5}} = \frac{4}{\sqrt{65}}$$

$$\therefore \theta = \cos^{-1}\frac{4}{\sqrt{65}} = 60.3°$$

[예제 4] 평면 내에서 움직이고 있는 한 입자가 일정한 힘 F = (5i+2j)N에 의하여 변위 S = (2i+3j)m만큼 이동한다.

(1) 변위와 힘의 크기를 계산하시오.

(2) 힘 F에 의한 일을 계산하시오.

(3) 힘 F와 변위 S 사이의 각을 계산하시오.

[풀　이]

(1) $|S| = \sqrt{x^2 + y^2} = \sqrt{2^2 + 3^2} = \sqrt{13}\,m$

$|F| = \sqrt{Fx^2 + Fy^2} = \sqrt{5^2 + 5^2} = \sqrt{29}\,N$

(2) W = F · S = (5i+2j)N · (2i+3j)m = 16N · m = 16J

(3) $FS = |F|\,|S| \cos\theta$ 에서

$$\cos\theta = \frac{F \cdot S}{|F|\,|S|} = \frac{16J}{\sqrt{29}\,\sqrt{13}\,Nm}$$

$$\therefore \theta = \cos^{-1}\frac{16}{\sqrt{29}\,\sqrt{13}} = 34.5°$$

[예제 5] 두 벡터 A = (2i + j + 2k)m, B = (i + 2j + 2k)m일 때 (1) 벡터 승적을 이용하여 사이각을 구하고 (2) 두 벡터가 이루는 삼각형의 면적을 계산하시오.

[풀 이]

(1) $|A \times B| = |A|\,|B| \sin\theta$

$|A| = \sqrt{2^2 + 1^2 + 2^2} = \sqrt{9} = 3,\ |B| = \sqrt{1^2 + 2^2 + 2^2} = \sqrt{9} = 3$

$$A \times B = \begin{vmatrix} i & j & k \\ 2 & 1 & 2 \\ 1 & 2 & 2 \end{vmatrix} = (2-4)i + (2-4)j + (4-1)k = -2i - 2j + 3k$$

$|A \times B| = \sqrt{(-2)^2 + 2^2 + 3^2} = 17$

$$\sin\theta = \frac{|A \times B|}{|A||B|} = \frac{\sqrt{17}}{9}$$

$$\therefore \theta = \sin^{-1}\frac{\sqrt{17}}{9} \fallingdotseq 27°$$

(2) $S = \frac{1}{2}|A \times B| = \frac{1}{2}\sqrt{17} = 2.06$

연습문제

1. 한 사람이 다음과 같이 걷고 있다. 처음에 북쪽으로 3.1 km, 다음에 서쪽으로 2.4 km, 그리고 끝으로 남쪽으로 5.2 km를 걸었다.

(a) 이 사람의 운동을 벡터 그림으로 표시하여라.

(b) 만약에 파랑새가 원점에서 이 사람의 마지막 동작 지점까지 날아간다면 어떤 방향으로 얼마만큼 날아가야 하는가?

2. 크기가 3 m, 4 m인 두를 생각하자. 이 두 변위 벡터를 합성하였을 때 그 합성벡터의 크기가 다음과 같이 되려면 어떻게 합성되어야 하는가?

(a) 7 m (b) 1 m (c) 5 m

3. 어떤 차가 50 km 동쪽으로 가서 그곳에서 북쪽으로 30 km, 다시 그곳에서 북쪽에서 동쪽으로 30° 방향으로 25 km달렸다. 벡터 그림을 그리고 시발점에서 마지막 지점까지의 거리를 구하여라.

4. 두 벡터 a, b가 다음과 같은 관계가 있을 때, 어떤 성질을 가지게 되는가?

(a) **a + b = c**, a + b = c (b) a + b = a − b

(c) a + b = c, $a^2 + b^2 = c^2$

5. 골프선수가 세 번의 스트로크로 볼을 성공시켰다. 첫 번째 타구에서 북쪽으로 12 ft, 두 번째 타구에서 남동쪽으로 6.0 ft, 그리고 세 번째 타구에서 남서쪽으로 3.0 ft를 날렸다. 한 번에 성공시키기 위해서는 얼마나 날려야 되는가?

6. 세 벡터 A, B, C가 x − y평면상에서 양의 x축에 대해 각각 30°, 195°, 315° 방향으로 주어져 있다. 세 벡터의 크기는 각각 50씩이다. 다음 벡터들의 방향과 크기를 도식법에 의하여 구하여라.

(a) A + B + C (b) A − B + C

(c) (A + B) − (C + D) = 0이 되는 벡터 D

7. 벡터 A의 크기는 5.0이고 동쪽 방향, 벡터 B의 크기가 4.0이고 방향은 북서쪽이다. 합성 벡터 (A + B) 및 (B − A)의 벡터 그림을 그리고 그 그림으로부터 크기와 방향을 구하여라.

8. 세 성분이 각각 다음과 같은 벡터 c, d의 합성벡터 r의 성분을 구하여라.

$c_x = 5.0,\ c_y = 0,\ c_z = -2.0;\ d_x = -3.0,\ d_y = 4.0,\ d_z = 6.0$

9. 어떤 벡터의 x축 성분은 −25이고, y축 성분은 +40이다.

(a) 이 벡터의 크기는 얼마인가?

(b) 이 벡터가 양의 x축과 이루는 각은 얼마인가?

10. x − y평면상에서 방향이 양의 x축으로부터 시계의 진행 반대방향으로 250° 이고, 크기가 7.3인 벡터 A의 성분을 구하여라.

11. 어떤 사람이 현재의 위치에서 동쪽 방향에서 35°, 북쪽 방향에서 3.4 km 움직이고 싶어 한다. 그러나 길은 동−서, 남−북으로 뚫린 길밖에 없다. 그가 원하는 장소에 가기 위해서는 최소한 얼마나 움직여야 되는가?

12. 각각 같은 크기 10을 가지는 두 벡터 a, b가 그림처럼 위치해 있다. 두 벡터의 합성 벡터를 r이라 하면

(a) x, y의 성분을 구하여라.

(b) 벡터 r의 크기를 구하여라.

(c) 벡터 r과 x축과 이루는 각을 구하여라.

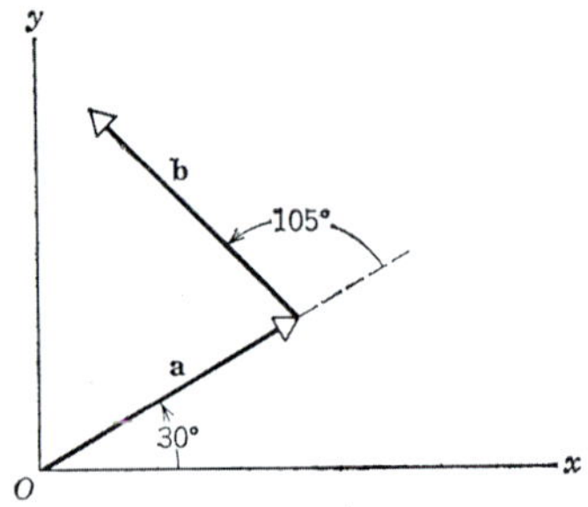

13. 한 입자가 평면위에서 계속해서 다음과 같이 세 번 이동하였다. 즉 남서쪽으로 4.0 m, 동쪽으로 5.0 m, 동북방 60° 방향으로 6.0 m 이동하였다. y축을 북쪽으로, x축을 동쪽으로 잡고, 다음을 구하여라.

(a) 각 변위의 성분

(b) 합변위의 성분

(c) 합성 벡터의 방향과 크기

(d) 이 입자를 다시 제자리로 옮기기 위한 변위

14. 3차원 공간에서 다음과 같은 성분을 가지는 변위 벡터 c, d의 합벡터 r의 성분을 구하여라.

$c_x = 7.4,\ c_y = -3.8,\ c_z = -6.1;\ d_x = 4.4,\ d_y = -2.0,\ d_z = 3.3$

15. 방의 크기가 10 ft × 12 ft × 14 ft이다. 파리 한 마리가 한쪽 구석에서 대각선을 따라 맞은편 구석으로 날아간다.

(a) 변위의 크기는 얼마인가?

(b) 이 변위보다 짧은 길을 택할 수 있는가? 먼 길은? 동등하게는?

(c) 적당한 좌표계를 택하여 이 변위 벡터의 각 성분을 구하여라.

(d) 이 파리가 날지 않고 기어서 간다면 이 때 짧은 경로의 길이는 얼마인가?

16. 두 벡터 A, B의 성분이 각각 $A_x = 3.2,\ A_y = 1.6,\ B_x = 0.50,\ B_y = 4.5$이다.

(a) 두 벡터 사이의 각을 구하여라.

(b) x − y평면상에 있고 벡터 A와 직각을 이루고 크기가 5.0인 벡터 C의 성분을 구하여라.

17. 길이가 a와 b인 두 벡터 a, b가 끝과 끝을 맞대어 놓았을 때 θ의 각을 이룬다. 두 좌표축의 성분을 취하여 합성 벡터의 길이가 다음과 같음을 증명하여라.

$r = \sqrt{a^2 + b^2 + 2abcos\theta}$

18. (a) 두 벡터 $a = 4i + 3j,\ b = -3i + 7j$의 합벡터를 단위 벡터를 사용하여 표시하여라.

(b) a + b합벡터의 크기와 방향은 어떻게 되는가?

19. 어떤 사람이 정문을 나서서 동쪽으로 1000 m, 다음에 북쪽으로 2000m 걸어간 다음 동전을 꺼내서 500 m 높이의 절벽에서 떨어뜨렸다.

(a) 좌표계를 설정하고 동전의 위치에 대해 단위 벡터를 이용하여 표현하여라.

(b) 이 사람이 처음과 다른 길을 택해 정문으로 돌아왔다면 왕복운동 결과 이 사람의 위치는 어떻게 되는가?

20. 한 입자가 x - y평면상에서 다음과 같이 움직이고 있다.

t(s)	0.0	0.1	0.2	0.3	0.4
x(m)	+1.0	+0.707	0	−0.707	−1.0
y(m)	0.0	+0.707	+1.0	+0.707	0.0

0초에서 0.4초 사이에 위치 벡터를 단위 벡터를 사용하여 표시하여라.

21. 두 벡터가 각각 $A = 3i + 4j,\ B = 5i - 2j$일 때 다음 벡터의 크기와 방향을 구하여라.

(a) A + B (b) B − A

22 두 벡터가 $a = 4i - 3j + k,\ b = -i + j + 4k$일 때 다음을 구하여라.

(a) $a + b$ (b) $a - b$

(c) 벡터 $a - b + c = 0$이 되는 벡터 c

23. 벡터 d는 크기가 2.5 m이며, 북쪽을 향한다.

(a) 4.0d (b) −2.5d의 크기와 방향을 구하여라.

24. 벡터 a의 크기는 10단위이고, 벡터 b의 크기는 6단위이다. 두 벡터 사이의 각이 60°라 하고 다음을 구하여라.

(a) 두 벡터의 스칼라 곱 (b) 두 벡터의 벡터 곱

25. 두 벡터 R과 S는 x − y평면상에 있다. 크기는 각각 4.5, 7.3이고, 방향은 양의 x축에서 시계 진행 반대방향으로 각각 320°, 85°를 향하고 있을 때 다음을 구하여라.

(a) $R \cdot S$ (b) $R \times S$

26. $+x$방향의 벡터 a와 $+y$방향의 벡터 b, 그리고 스칼라량 d가 주어져 있다.

(a) 벡터 $a \times b$의 방향은? (b) 벡터 $b \times a$의 방향은?

(c) 벡터 b/d의 방향은? (d) $a \cdot b$의 크기는?

27. a가 어떤 벡터일지라도 $a \cdot a = a^2$, $a \times a = 0$임을 보여라.

28. (a) 벡터 곱에서는 교환법칙이 성립하지 않는다. 즉, $a \times b$는 $b \times a$와 같지 않다. 그러나 스칼라 곱에서는 교환법칙이 성립함을 보여라. 즉, $a \cdot b = b \cdot a$.

(b) 벡터 곱과 스칼라 곱에서 결합법칙이 다음과 같이 됨을 보여라.

$a \cdot (b+c) = a \cdot b + a \cdot c$

$a \times (b+c) = a \times b + a \times c$

(c) 벡터 곱에서 결합법칙이 $a \times (b \times c) = (a \times b) \times c$와 같이 되는가?

(d) 스칼라 곱에 대한 결합법칙은 어떤 의미를 가지는가?

29. 그림 (b)의 좌표에서 다음과 같음을 보여라.

$i \cdot i = j \cdot j = k \cdot k = 1$
$i \cdot j = j \cdot k = k \cdot i = 0$

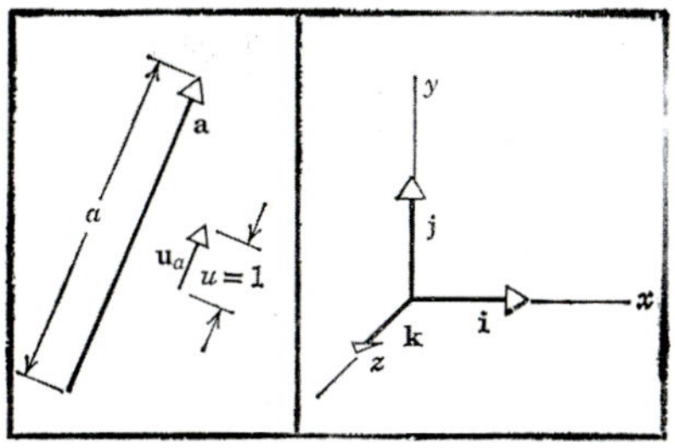

(a) (b)

30. 그림 (b)의 오른손 좌표계에서 다음 관계식을 밝혀라.

$i \times i = j \times j = k \times k = 0$
$i \times j = k,\ k \times i = j,\ j \times k = i$

31. 단위 벡터 기호로서의 두 벡터가 $a = ia_x + ja_y + ka_z$
$b = ib_x + jb_y + kb_z$
으로 주어졌을 때, 스칼라 곱이 $a \cdot b = a_x b_x + a_y b_y + a_z b_z$ 임을 해석적으로 보여라

32. 단위 벡터 기호로서 벡터 곱이

$a \times b = i(a_y b_z - a_z b_y) + j(a_z b_x - a_x b_z) + k(a_x b_y - a_y b_x)$ 임을 보여라.

33. (a) 단위 벡터를 사용하여 입방체의 대각선을 표시하여라. 입방체의 각 변의 길이는 a이다.

(b) 이웃한 면과 대각선이 이루는 각을 구하여라.

(c) 각 대각선의 길이를 구하여라.

(d) 대각선 사이의 각을 구하여라.

34. 두 벡터가 $A = 3.0i + 5.0j,\ B = -2.0i + 4.0j$ 와 같이 주어져 있다. 다음을 구하여라.

(a) $A \times B$ (b) $A \cdot B$ (c) $(A + B) \cdot B$

35. 그림에서 벡터 a와 b가 이루는 삼각형의 면적이 $\frac{1}{2}|a \times b|$ 임을 보여라.

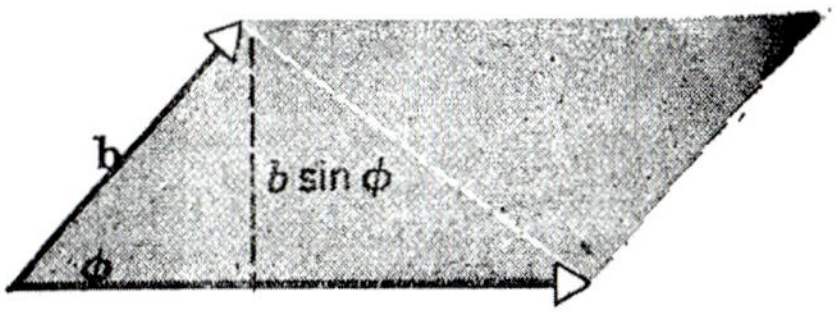

36. $a \cdot (b \times c)$는 세 벡터 a, b, c로 된 입방체의 체적과 그 크기가 같음을 보여라.

37. 두 벡터의 합이 그 차와 수직이면, 두 벡터의 크기가 같음을 보여라.

38. 각각의 벡터의 그기가 단위 크기라 할 때 다음을 구하여라.

(a) 북쪽 × 서쪽 (b) 아래쪽 • 남쪽 (c) 동쪽 × 위쪽

(d) 서쪽 × 서쪽 (e) 남쪽 × 남쪽

39. 벡터 A가 y－z 평면 위에서 양의 y축으로부터 63° 되게 높여 있고, 그 크기는 3.2이다. 벡터 B는 1.4의 크기로 x－z 평면 위에서 양의 x방향과 48°를 이룬다. $A \cdot B$, $A \times B$와 두 벡터 사이의 각을 구하여라.

40. (a) 모든 벡터 A, B에 대해 $A \cdot (B \times A) = 0$임을 보여라.

(b) 벡터 A와 B사이의 각 ϕ일 때 $A \times (B \times A)$의 값을 구하여라.

제 3 장

1차원 운동

Motion in one dimension

1 역학(mechanics)

고전물리학에서 가장 기본이 되고, 오래된 역학은 물체의 거동상태를 연구하는 학문이다. 야구공이나 지구에서 발사한 우주선 궤도의 계산, 소립자의 붕괴와 상호작용 등을 나타내는 안개상자 내의 현상은 모두 역학에 속한다. 역학은 물체의 운동만을 취급하는 운동학, 힘의 평형만을 다루는 정력학, 힘과 운동과의 관계 및 운동하는 물체의 성질까지도 다루는 동력학이 있다. 3장에서는 운동학에서 나타나는 양들을 정의하고 운동의 특별한 경우의 1차원(직선)운동에 대해서 공부하기로 한다.

한 물체의 복잡한 문제를 단순화하기 위해서 이상적인 물체의 질점의 운동을 생각한다.

질점(point)이란 수학적으로 크기를 갖지 않는 물체로서 하나의 점으로 취급하는 입자를 말한다.

2 평균속도(mean velocity)

운동하고 있는 물체의 빠르기를 속력이라 하며, 속력은 단위시간에 이동한 거리를 말한다. 따라서 속력은 스칼라양이다. 또 같은 시간에 이동한 거리가 항상 같지 않은 운동은 속력이 일정하지 않으므로 평균속력을 고려하여야 한다.

평균속력은 그 평균을 취하는 시간 간격에 따라 그 크기가 달라진다. 운동선수가 100 m를 10 s에 달려갔다고 하면 그 트랙의 모양에 관계없이 평균해서 매초 10미터의 속력이라 할 수 있다. 그러나 운동선수가 동쪽에서 서쪽으로 달려갔다고 할 때는 속력과 함께 방향도 표시하였으므로 이때는 속도가 된다. 따라서 속도는 벡터량이다.

대개의 운동은 속도가 일정하지 않은 부등속도 운동을 하는 것이 대부분이다. 그림 3-1에서처럼 질점이 시발점 0에서 출발하여 어느 시각 t_1이 되었을 때 질점이 위치한 점 P의 위치를 x_1이라 하고, 시각 t_2에서 질점이 위치한 점 Q의 위치를 x_2라 하면, 시간간격 $t_2 - t_1 = \Delta t$ 동안에 질점이 움직인 변위는 $\Delta x = x_2 - x_1$이다. 따라서 질점의 평균속도 $\bar{v}$는 변위Δx와 시간간격 Δt와의 비

$$\bar{v} = \frac{x_2 - x_1}{t_2 - t_1} = \frac{\Delta x}{\Delta t} \qquad (3\text{-}1)$$

로 정의한다. 이 정의로부터 평균속도는 길이를 시간으로 나눈 차원을 가지며 국제단위로 표시하면($\mathrm{m \cdot s^{-1}}$)이고 영국공학단위계에서 ($\mathrm{ft \cdot s^{-1}}$)로 주어진다.

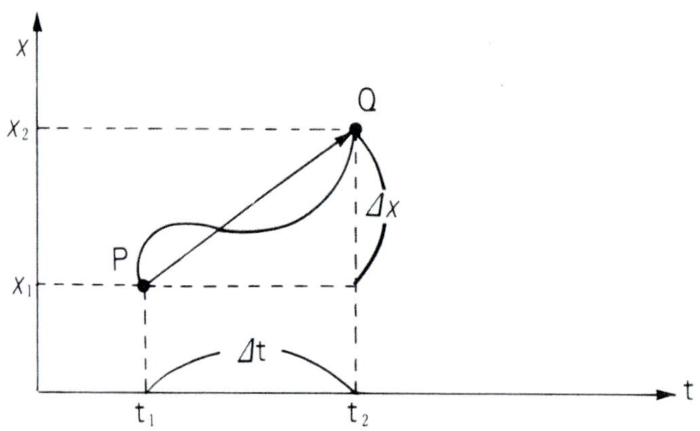

그림 3-1 시각 Δt 사이에 변위 Δx만큼 질점이 이동한 그림

평균속도는 다만 처음 위치와 최종 위치에만 의존하는 변위 Δx에 비례하기 때문에 점 P와 점 Q 사이의 경로에는 무관하다.

또한 평균속도는 점 P와 점 Q를 연결시켜 기하학적인 해석을 할 수 있다. 이 직선은 높이가 Δx이고 밑변이 Δt인 직각삼각형의 빗변을 이루고 그 기울기는 $\Delta x/\Delta t$인 비로 주어지므로 평균속도의 정의와 같다.

3 순간 속도(instantaneous velocity)

어떤 주어진 순간 또는 공간-시간과의 관계에서 어떤 점에서 질점의 속도를 순간속도라 한다. 이것은 속도가 일정치 않은 경우에 특히 중요하다.

그림 3-2와 같이 두 점 P와 Q 사이를 움직이고 있는 질점의 운동에서 점 Q가 점 P에 점점 가까워짐에 따라 시간간격은 점점 단축되며, 각각의 시간간격에 대한 평균속도는 점선의 기울기다.

또 Q가 P에 가까워짐에 따라 시간간격은 'zero'에 접근하며 동시에 곡선에 대한 접선의 기울기를 시각 t_1에서의 순간속도라 정의한다. 즉, 위치 P에서의 순간속도라 함은 위치 Q를 위치 P에 무한히 가깝게 접근할 때의 평균속도의 극한값으로 정의한다. 즉,

$$v = \lim_{\Delta t \to 0} \frac{\Delta x}{\Delta t} = \frac{dx}{dt} \qquad \text{(3-2)}$$

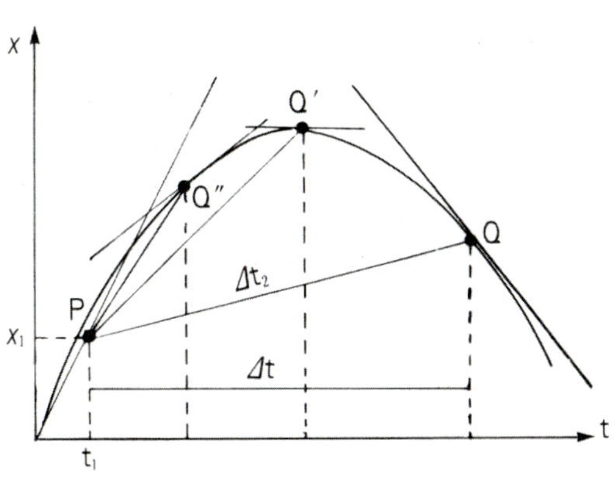

그림 3-2 | x축을 따라 움직이는 질점

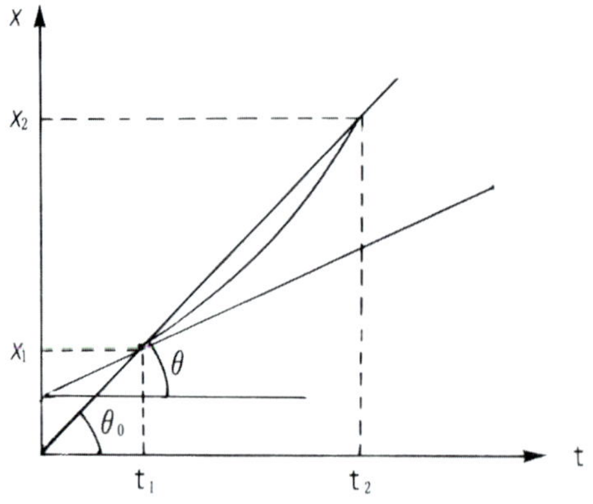

그림 3-3 평균속도 $\bar{v}=\tan\theta_0$, 순간속력 $v=\tan\theta$

순간속도는 $v>0$, $v=0$, $v<0$인 값을 가질 수 있다.

그림 3-3에서 $\Delta t \to 0$일 때, 직선 PQ는 점 P에서 접선이 되고 순간속도 v는 이 접선과 t축과의 사이각 θ의 tangent로 주어진다. 즉,

$$v=\tan\theta \quad \cdots\cdots (3-3)$$

[예제 1] 한 질점의 위치가 $x=3t^2$꼴로 시간에 따라 변화하고 있다. 이 질점이 임의의 시간에서의 평균속도와 순간속도를 계산해 보아라.

[풀 이] 시간 t에서의 질점의 처음 위치가 $x_1=3t^2$이라면 $t+\Delta t$인 시각에서의 위치는

$$x_2=3(t+\Delta t)^2=3[t^2+2t\Delta t+(\Delta t)^2]$$

$$=3t^2+6t\Delta t+3(\Delta t)^2$$

이 된다. 따라서 Δt인 시간간격에서의 변위는

$$\Delta x=x_2-x_1=3t^2+6t\Delta t+3(\Delta t)^2-3t^2=6t\Delta t+3(\Delta t)^2$$

이고, 평균속도 $\bar{v}$는

$$\bar{v}=\frac{\Delta x}{\Delta t}=\frac{6t\Delta t+3(\Delta t)^2}{\Delta t}=6t+3(\Delta t)$$

가 된다. 또 순간속도 v는

$$v=\lim_{\Delta t\to 0}=\frac{\Delta x}{\Delta t}=\frac{dx}{dt}$$ 에서

$v=6t$가 된다.

[예제 2] 한 질점이 x축을 따라 움직일 때 x좌표는 시간이 지남에 따라 $x=-4t+2t^2$인 꼴로 변화하고 있다. 질점은 처음 1초 동안은 음의 x방향으로 t = 1 s에서 정지하고 다음 t 〉 1 s에서는 양의 x방향으로 움직인다.

(1) t_1 = 0에서 t = 1 s와, t = 3 s까지의 시간간격에서의 평균속도와 변위를 계산하여라.

(2) t = 2.5초에서 입자의 순간속도를 구하여라.

[풀　이] (1) t_1 = 에서 t_2 = 1 s와, t_3 = 3 s이므로

$$\Delta x_{01} = x_2 - x_1 = [(-4\times1)+(2\times1^2)]-[(-4\times0)+(2\times0^2)] = -2\,\mathrm{m}$$

이다. 같은 방법으로 t_1 = 1, t_2 = 3 s이므로

$$\Delta x_{23} = x_3 - x_2 = [(-4\times3)+2(3^2)]-[(-4\times1)+(2\times1^2)] = 8\,\mathrm{m}$$

이다. 처음 시간간격 $\Delta t = t_2 - t_1 = 1\,\mathrm{s}$ 이므로

$$\overline{v_{01}} = \frac{\Delta x_{01}}{\Delta t} = \frac{-2\,\mathrm{m}}{1\,\mathrm{s}} = -2\,\mathrm{m/s}$$

이다. 같은 방법으로 t_2 = 1 s→t_1 = 3 s 사이의 평균속도는

$$\overline{v_{23}} = \frac{\Delta x_{13}}{\Delta t} = \frac{8\,\mathrm{m}}{2\,\mathrm{s}} = 4\,\mathrm{m/s}$$

이다.

(2) 식 $v = \dfrac{dx}{dt}$를 이용하면

$$v = \frac{dx}{dt} = -4+4t, \qquad t = 2.5\,\mathrm{s}\text{ 이면}$$

$$= (-4)+(4\times2.5) = 6\,\mathrm{m/s}$$

이다.

4 등속도 운동(constant velocity)

같은 시간에 이동한 거리가 항상 같은 운동을 등속도 운동이라 한다. 등속운동체는 같은 방향으로 직선상을 계속 운동하게 된다. 등속도의 좌표는 $+x$축 하나만으로도 충분하다. 등속도 운동체 속도의 크기는 식 (3-2)에서

$$dx = v \cdot dt$$

가 되고, 시간 t에서의 운동 거리의 x좌표는

$$\int dx = \int v \cdot dt + c$$

$x = vt + c$에서 $t = 0$이면 $c = x_0$이므로

$$x = vt + x_0 \quad \cdots\cdots (3-4)$$

이다. 식 (3-4)는 한 질점이 등속운동에서의 시간과 거리와의 관계를 나타낸다.

5 가속도(acceleration)

질점의 속도가 시간에 따라 변할 때 질점은 가속되고 있다고 말하며, 단위시간 동안에 속도가 얼마나 변하는가를 나타낼 필요가 있다. 이와 같은 크기의 양을 가속도라 한다. 가속도란 속도의 시간에 대한 변화율로서 벡터량이다.

1) 평균가속도(mean acceleration)

그림 3-4와 같이 한 질점이 x축을 따라 시각 t_1일 때 v_1인 속도로 또 시각 t_2일 때 v_2의 속도로 움직인다고 하자. 시간간격 $t_2 - t_1 = \Delta t$에서 질점의 평균가속도 $\bar{a}$는 속도의 변화량 $v_2 - v_1 = \Delta v$일 때 시간간격 동안의 속도의 변화량의 비 $\Delta v / \Delta t$로 정의된다.

즉,

$$\bar{a} = \frac{v_2 - v_2}{t_2 - t_1} = \frac{\Delta v}{\Delta t} \quad \cdots\cdots (3-5)$$

이다. 가속도는 진행한 거리의 길이를 제곱으로 나눈 차원 L/T^2을 갖는다. 여기서 Δv가 벡터량이므로 평균가속도 또한 벡터량이고, 그 방향은 Δv와 같다.

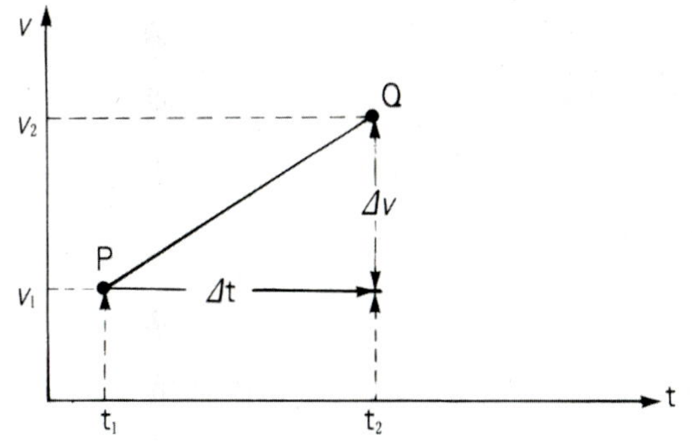

그림 3-4 1차원 운동을 하는 질점의 속도-시간 관계

2) 순간가속도(instantaneous acceleration)

식 (3-5)와 그림 3-4에서 점 Q가 점 P에 점점 가까워지고 시간간격 $\varDelta t \to 0$으로 접근하는 평균가속도의 극한으로써 순간 가속도를 정의할 수 있다. 평균가속도 $\varDelta v/\varDelta t$의 극한을 구하면 정의에 따라 순간가속도 a 는

$$a = \lim_{\varDelta t \to 0} \frac{\varDelta v}{\varDelta t} = \frac{dv}{dt} \quad \cdots\cdots (3-6)$$

로 표현된다. 순간가속도는 시간에 대한 속도의 미분형이며 속도-시간 도표에서 기울기와 같다. 식 (3-6)을 좀 더 확장하여 정리하면

$$a = \frac{dv}{dt} = \frac{d}{dt}\left(\frac{dx}{dt}\right) = \frac{d^2x}{dt^2} \quad \cdots\cdots (3-7)$$

이다. 따라서 속도가 변하면 가속도는 생겨난다. 또 속도의 시간적 변화율이 가속도의 크기이다. 속도가 시간에 대한 변위의 1차 도함수이므로 가속도는 시간에 대한 변위의 2차 도함수가 된다. 가속도의 단위 MKS 단위계로 m/s^2이다.

[예제 3] 직선을 따라 움직이는 입자의 속도가 $v = (40 - 5t^2)\,m/s$ 인 관계식을 따라 운동하고 있다.

1) t = 0에서 t = 2 s로 변하는 시간간격 동안의 평균가속도를 계산하시오.

2) t = 2 s에서의 가속도는 얼마냐?

[풀 이] 1) t = 0일 때의 속도 v_1는

$v_1 = (40 - 5 \times 0^2) = 40\,\mathrm{m/s}$

$t = 2s$ 일 때의 속도 v_2는

$v_2 = (40 - 5 \times 2^2) = 20\,\mathrm{m/s}$

이다. 따라서 $\Delta t = t_2 - t_1 = 2 - 0 = 2\,\mathrm{s}$ 에서의

평균가속도 $\bar{a}$는

$\bar{a} = \dfrac{(20-40)\,m/s}{(2-0)\,s} = -10\,m/s^2$

이다.

2) $\Delta t \rightarrow 0$ 일 때의 Δv 의 극한 값이므로

$a = \dfrac{dv}{dt} = -10t\,(m/s^2)$ 이므로 $t = 2s$ 에서의

순간가속도 a는

$a = -10 \times 2 = -20\,\mathrm{m/s^2}$ 이다.

3) 등가속도 운동(constant acceleration)

질점의 속도가 시간에 따라 변하는 경우 운동은 복잡해지고 취급하기 어렵다. 따라서 우선 가속도가 일정한 간단한 경우만 생각하자.

등가속도 직선운동에서 속도 벡터와 가속도 벡터가 동일 직선상에 있으므로 부호를 고려한 크기만을 취급해도 무방하다.

가속도 정의에 의하여 가속도의 크기를 a라 하면

$a = \dfrac{dv}{dt} = const.$ 이므로

$dv = adt$

가 되며 식의 양변을 적분하면

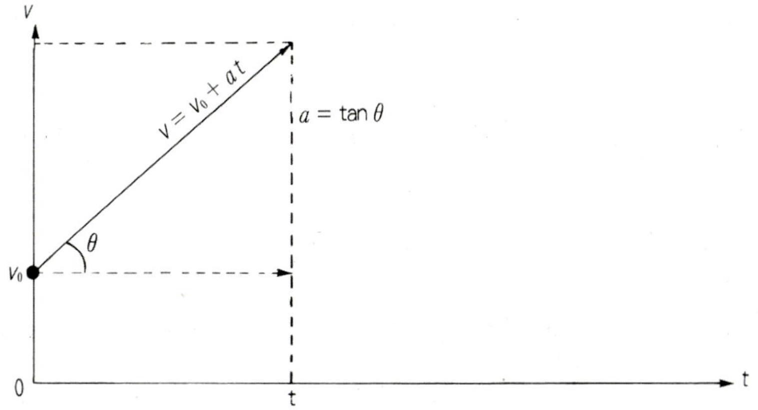

그림 3-5 | 등가속도 운동에 있어서 시간과 속도의 관계

$$\int dv = \int a \cdot dt + c$$

$$\because v = at + c$$

가 된다. 또 시각 t = 0일 때 $v = v_0$라 하면 $c = v_0$이므로

$$v = at + v_0 \quad \cdots\cdots (3\text{-}8)$$

이다.

식 (3-8)은 시간과 속도 사이의 관계식이며 이것을 그림으로 그리면 그림 3-5와 같이 된다.

또 속도 $v = \dfrac{dx}{dt}$이므로 식 (3-8)에서

$$\frac{dx}{dt} = v_0 + at$$

$$dx = (v_0 + at)dt = v_0 dt + at \cdot dt$$

가 되고 양변을 적분하면

$$\int dx = \int v_0 dt + \int a \cdot t \cdot dt + C_1$$

로 되고 앞에서와 마찬가지로 t = 0일 때 $x = x_0$라 하면 $C_1 = x_0$가 되므로

$$x = v_0 t + \frac{1}{2}at^2 + x_0$$

$$x - x_0 = v_0 t + \frac{1}{2}at^2 \quad \cdots\cdots (3-9)$$

이다. 이것은 변위의 크기와 시간의 관계를 나타낸 식이다. 여기서 주의할 것은 어떤 벡터이든 그 방향이 주어진 좌표 방향과 반대인 경우에는 그 크기가 음(−)이 되어야 한다는 것이다.

식 (3−8)과 (3−9)에서 시간 t를 소거하면

$$2a(x - x_0) = v^2 - v_0^2 \quad \cdots\cdots (3-10)$$

을 얻는다. 식 (3−8), (3−9), (3−10)은 등가속도 운동을 취급하는 가장 기본되는 공식이다. 만일 가속도가 0이라면 식 (3−8)과 식 (3−9)는

$$v = v_0$$

$$x - x_0 = v_0 t \quad \cdots\cdots (3-11)$$

로 된다. 이로부터 속도는 일정하고 변위는 시간에 따라 일차적으로 변하고 있음을 알 수 있다.

[예제 4] 텔레비전의 브라운관 속에 존재한 전자가 2 cm의 거리를 움직일 때 3×10^4 m/s인 속력에서 5×10^6 m/s인 속력으로 균일하게 가속되는 구역으로 들어갈 때, 1) 전자가 가속되는 구역을 통과하는데 걸리는 시간은 얼마냐?

2) 이 구역에서 전자의 가속도는 얼마인가?

[풀 이] 1) 공식

$$\Delta x = \bar{v}\cdot\Delta t = (\frac{v_0+v}{2})t \quad 또는\ x-x_0=\frac{1}{2}(v_0+v)t$$

$$로부터,\ t=\frac{2(x-x_0)}{v_0-v}=\frac{2(2\times10^{-2}m)}{(3\times10^4+5\times10^6)m/s}=8\times10^{-9}s$$

2) 전자의 가속도 a는

$$a=\frac{v-v_0}{t}=\frac{(5\times10^6-3\times10^4)m/s}{8\times10^{-9}s}=6.2\times10^{14}m/s$$

4) 자유낙하 운동(free falling motion)

공중에 놓인 모든 물체는 거의 일정한 가속도로 지표를 향해 낙하한다. 그 유래는 갈릴레오 갈릴레이(Galileo Galilei: 1564~1642)가 피사의 사탑에서 동시에 떨어진 두 물체(무게가 서로 다른)가 거의 같은 시각에 땅으로 낙하한다는 것을 발견한데서 찾을 수 있다.

자유낙하 운동이란 중력의 작용만 받으면서 공기 저항이 무시되는 이상적인 경우의 운동을 말한다. 따라서 같은 실험으로 공기 마찰이 정말로 무시될 수 있는 진공상태에서 시행된다면 같은 높이에서 떨어뜨린 종이와 동전은 모양에 관계없이 똑같은 가속도로 낙하하게 될 것이다.

중력에 의한 이 가속도를 중력 가속도라 칭하고 기호 g를 사용하여 표기한다.

중력 가속도의 크기는 높이가 높아짐에 따라 감소하고 또한 위도에 따라 약간씩 차이가 있다. 중력가속도 벡터는 지구의 중심을 향하고 있으며, 지구표면에서의 크기는 대략 9.8 m/s^2이다.

자유낙하체는 반드시 정지상태로부터 떨어뜨린 물체에만 국한시킬 필요는 없다. 자유낙하는 초기운동에 관계없이 중력의 영향 하에 놓인 자유롭게 운동하는 모든 물체를 의미한다. 위로 혹은 아래 방향으로 던져진 물체나 정지상태로부터 놓인 물체들은 그들이 일단 속박상태에서 풀려나면 자유낙하운동을 하게 된다. 특히 모든 자유낙하체는 아래로 향하는 가속도를 갖는다. 이것은 물체의 초기운동과는 무관하다. 만일, 공기의 저항을 무시하고 중력 가속도가 일정하다고 한다면 자유낙하체의 운동은 직선 운동과 같다.

연직 방향을 y축으로 정하고 양(+)의 y를 위로 하면, 가속도는 아래쪽으로 향하기 때문에 음(−)의 값을 갖게 되어 $a=-g$가 된다. 여기서 음의 부호는 가속도가 아래쪽으로 향하고 있음을 의미하며 입자의 속도가 증가하거나 감소하는 것과는 관계가 없다.

이제 직선 등가속도 방정식 (3-8), (3-9), (3-10)에서 x를 y로 바꾸고 a 대신 $-g$를 대입하면

$$v = v_0 - gt$$

$$y - y_0 = v_0 t - \frac{1}{2} g t^2$$

$$2a(y - y_0) = v^2 - v_0^2 \qquad \cdots\cdots (3-12)$$

을 얻는다.

질점이 처음속도 v_0로 원점으로부터 수직으로 위를 향해 던져진 경우 질점의 운동은 그림 3-6과 같다. 이 경우 v_0는 양(+)이고, y_0는 0이다.

그림에서와 같이 속도는 처음에 양(+)의 값을 갖지만 시간이 경과함에 따라 감소하며 경로의 정점에서는 0이 된다.

이 때 변위는 최대의 값을 가지며 그 값은

$t_1 = \dfrac{v_0}{g}$를 사용하여 $y_{max} = \dfrac{v_0^2}{2g}$가 된다.

시각 $t_2 = \dfrac{2v_0}{g}$에서 변위는 다시 0이 되어 질점은 출발점 위치로 다시 돌아오며 이때 속도는 $-v_0$가 된다. 따라서 이 운동은 대칭이 된다.

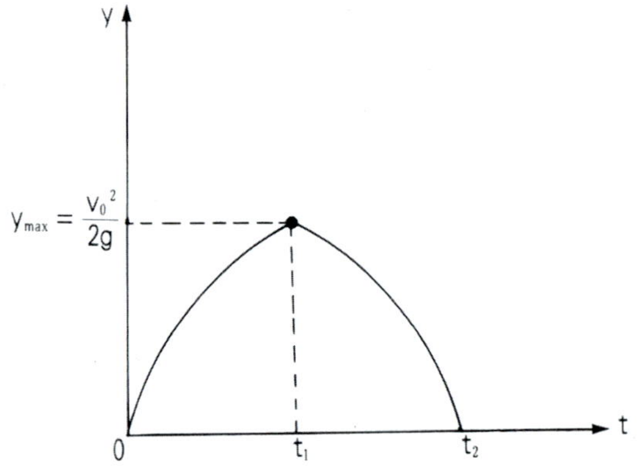

그림 3-6 | 자유낙하체의 시간-변위도

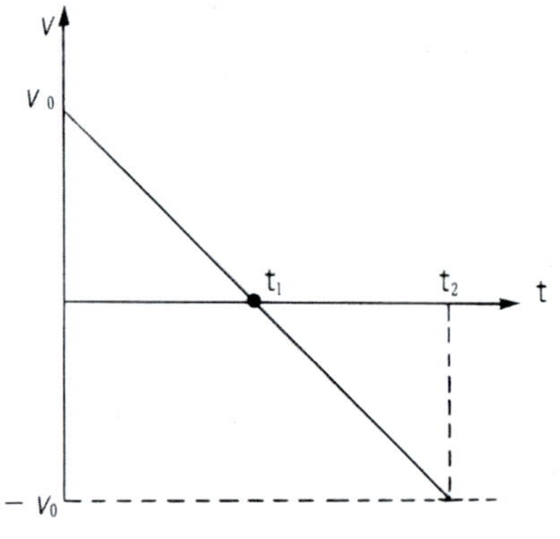

그림 3-7 | 자유낙하체의 시간-속도

[예제 5] 골프공이 건물 꼭대기에서 정지 상태로 낙하한다. 공기의 저항을 무시하고 3초 후에 공기 위치와 속도를 계산하시오.

[풀　이] 공의 출발점을 좌표의 원점으로 하고 $(t=0,\ y_0=0)$축의 위쪽 방향을 양(+)으로 하면 $v_0=\sim 0$이므로

1) $v=-gt=-3\times 9.8\,\mathrm{m/s}$

2) $y=-\dfrac{1}{2}gt^2=\dfrac{1}{2}\times(9.8m/s^2)\times(3s)^2$

$=(-4.9\,\mathrm{m/s})\times 9\,\mathrm{s}^2=44.1\,\mathrm{m}$

연습문제

1. 55 mi/h(= 88 km/h)로 달리는 자동차의 운전기사가 길 옆의 사고현장을 보려고 고개를 돌리는 1 s 사이에 자동차는 얼마나 멀리 가겠는가?

2. 연료 절약을 위하여 고속도로 상엣 법정 제한 속도가 65 mi/h(= 105 km/h)에서 55 mi/h(= 88.5 km/h)로 낮추어졌다. 버팔로 입구에서 뉴욕시 출구까지 435 mi(= 700 km)의 뉴욕 고속도로를 법정 제한속도로 가는데 예전보다 얼마의 시간이 더 필요한가?

3. 다음 두 경우의 평균속력을 비교하여라.

(a) 240 ft를 4.0 ft/s의 속력으로 걷고, 240 ft를 10 ft/s의 속력으로 달렸다.

(b) 1분 동안 4.0 ft/s의 속력으로 걷고, 10 ft/s의 속력으로 또 1분 동안 달렸다.

4. 60 km/f의 일정속력으로 달리는 기차가 동쪽으로 40분, 다시 북동쪽 45° 방향으로 20분 달린 후 서쪽으로 50분간 달렸다. 기차의 평균속도는 어떻게 되는가?

5. 직선상을 움직이는 어떤 물체의 변위는 $x = 3.0t - 4.0t^2 + t^3$ 으로 표시되며, 이 때 x는 m, t는 sec이다.

(a) t = 1, 2, 3, 4s일 때 물체의 위치를 구하여라.

(b) t = 0에서 t = 4s까지 진행한 총거리를 구하여라.

(c) t = 2에서 t = 4s 동안의 평균속도를 구하여라.

6. 문제 6에서 t = 0에서 t = 4s까지의 물체의 변위를 시간의 함수 그래프로 그리고 다음을 계산하여라.

(a) 그래프로부터 물체의 초기속도는?

(b) t = 1, 2, 3, 4s일 때의 속도는?

7. 어떤 입자가 처음에 18 m/s의 속도를 가지며 2.4 s 후에는 반대방향으로 30 m/s의 속도를 가진다. 이 입자의 2.4 s 동안의 평균가속도는 얼마인가?

8. 양의 x축상에서 운동하는 어떤 입자의 위치가 시간에 따라 다음과 같이 변한다.

x(m)	0.080	0.050	0.010	0.050	0.080	0.13	0.68
t(s)	0.0	1.0	2.0	3.0	4.0	5.0	10

(a) 변위(위치가 아님)를 시간의 함수로 표시하여라.

(b) 0.0 s에서 1.0 s 사이, 0.0 s에서 2.0 s 사이, 0.0 s에서 3.0 s 사이, 그리고 0.0 s에서 4.0 s 사이의 평균속도를 구하여라.

(c) (a)문제에서 t = 0.0, 1.0, 2.0, 3.0, 4.0, 5.0 s에서의 기울기를 구하여라.

(d) 기울기를 시간의 함수로 도시하여라.

(e) (d)문제에서 t = 2.0, 3.0, 4.0 s에서의 가속도를 구하여라.

9. 직선상을 움직이는 어떤 입자의 그림이 (a)와 같다.

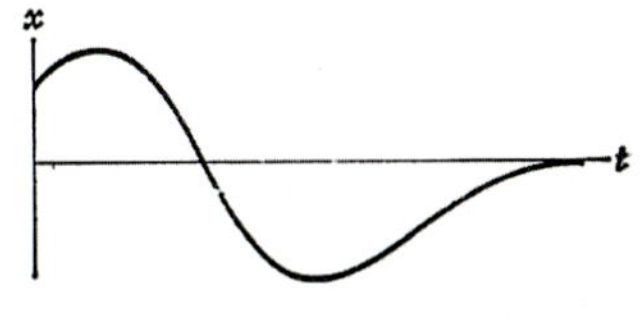

(a) 각 구간에서 속도가 양인지, 음인지, 아니면 0인지, 또 가속도가 양인지, 음인지, 0인지를 설명하여라.

(b) 가속도가 일정하지 않은 구간이 있는가? (각 구간의 최종점은 무시하여라)

10. 문제 12와 같이 그림 (b)에 대해서도 답하여라.

11. x축상에서 변위의 시간적 변화가 옆의 그림처럼 움직이는 입자가 있다. 속도의 시간적 변화와 가속도의 시간적 변화를 대략적으로 그려 보아라.

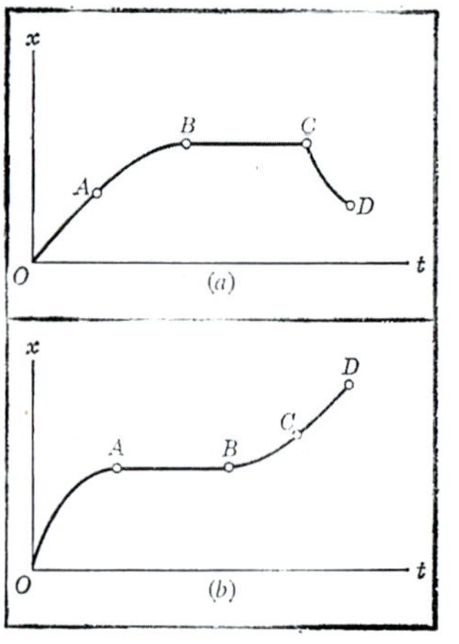

12. 한 물체의 위치가 $x = 2t^3$으로 주어진다. 여기서 x의 단위는 m, t는 초이다.

(a) t = 1 s와 t = 2 s 사이의 평균 속도와 평균 가속도를 구하여라.

(b) t = 1 s와 t = 2 s일 때의 순간 속도와 순간 가속도를 구하여라.

(c) 평균양과 순간양을 비교하고 차이를 설명하여라.

13. 자동차가 30 s 동안에 25에서 55 km/h로 속력이 고르게 증가하였다. 자전거가 30 s 동안에 정지로부터 30 km/h로 속력이 고르게 증가하였다, 가속도를 비교하여라.

14. 점보 제트기가 활주로에서 이륙하기 위해서는 시속 360 km(= 225 mi/h)에 도달하여야 한다. 활주로의 길이가 1.8 km(= 1.1 mi)이며, 정지상태로부터 일정하게 가속된다고 할 때, 필요한 최소의 가속도는 얼마인가?

15. 어떤 견인차가 5.0 s만에 0에서 60 mi/h로 가속할 수 있다.

(a) 이 시간 동안의 평균가속도를 g단위로 표시하여라.

(b) 가속도가 일정하다고 보고 이 시간 동안의 진행거리를 구하여라.

(c) 가속도를 일정하게 유지할 수 있다고 하고 0.25 mi을 움직이는 데는 얼마나 걸리는가?

16. 로케트 추진에 의한 썰매가 커다란 가속도에 의한 인간의 생리학적 영향을 실험하기 위해 똑바로 뚫려 있는 빙판에서 달리고 있다. 이 썰매가 정지해 있는 상태에서 운동을 시작한 지 1.8 s만에 1600 km/h의 속도를 낸다면,

(a) 가속도가 일정하다면 중력가속도 g와 비교하여 어떠한가?

(b) 이 시간 동안에 진행한 거리는?

17. 화살이 활에서 쏘아질 때 60 cm 거리 동안 가속을 받는다. 활을 떠날 때의 화살의 속도가 60 m/s라 하면 활에 의한 평균가속도는?

18. 어떤 우주선이 자유공간에서 일정한 가속도 $9.8m/s^2$로 움직인다.

(a) 정지 상태에서부터 출발한다면 이 우주선이 광속의 $\frac{1}{10}$의 속도를 가지기 위해서는 시간이 얼마나 걸리는가?

(b) 광속의 $\frac{1}{10}$의 속도를 얻기 위해서는 얼마나 움직여야 하는가?

19. 어떤 자동차가 정지해 있다가 일정한 가속도에 의해 움직인다. 어떤 시각에 이 기차의 속도는 30 m/s이었으며, 50 m/s일 때는 30 m/s일 때보다 160 m를 더 진행하고 있었다.

(a) 가속도를 계산하여라.

(b) 30 m/s의 속도를 얻기 위해 걸린 시간을 계산하여라.

(c) 30 m/s의 속도를 얻기 위해 걸린 시간을 계산하여라.

(d) 정지해서부터 30 m/s의 속도를 얻을 때까지 진행한 거리를 구하여라.

20. 각각의 속력이 시속 95 km/h(= 59 mi/h)와 130 km/h(= 81mi/h)인 두 기차가 곧바르고 평평한 철로 위를 서로 마주보면서 달리고 있다. 두 기차 사이의 거리가 3.2 km(= 2.0 mi)일 때 두 기차의 기관가사 상대쪽 기차를 발견하고 동시에 브레이크를 작동시켰다. 각 기차가 $1.0m/s^2(= 3.3ft/s^2)$의 크기로 감속된다면 두 기차는 충돌할 것인가?

21. 어떤 차가 등가속으로 60 m 떨어진 두 지점을 6 s 동안에 지나갔다. 둘째 지점을 통과할 때의 속도는 15 m/s이었다.

(a) 첫 지점에서의 속도는?

(b) 가속도는?

(c) 시발점에서 첫 지점에 이르기까지의 거리는?

22. 한 개의 뮤온입자가 $1.25 \times 10^{14} m/s^2$의 역가속도를 작용시키는 전기장 속으로 $5.00 \times 10^6 m/s$의 등속력으로 방출된다. 이 뮤온입자가 정지할 때까지 얼마나 가겠는가?

23. 60 mi/h(= 97 km/h)로 달리는 기차가 쭉 뻗은 선로에서 커브를 돌고 있다. 기관사가 200 ft 앞에 같은 방향으로 30 mi/h(= 48 km/h)의 속도로 달리고 있는 다른 기차를 보고 브레이크를 걸었다. 충돌을 피하기 위해서는 적어도 어느 정도의 일정가속도를 주어야 하는가?

24. (a) 만약에 고속 철로상에서 승객이 견딜 수 있는 최대가속도가 3.0 mph/s이라 하고, 고속 철도역들이 서로 0.5 mi씩 떨어져 있다면 이 거리에서 고속 기차가 얻을 수 있는 최대속력은 얼마인가?

(b) 철도역 사이를 달리는 데 걸리는 시간은 얼마인가?

(c) 기차가 한 역에서 평균 20 s씩 쉰다면 이 기차의 최대평균속력은 얼마인가?

25. 어떤 입자가 양의 x축을 따라 $3.0 m/s$의 일정 속력으로 움직이고 있다. 이 입자가 원점을 지나는 순간에 x = 10 m 지점에 있던 다른 입자가 $2.0 m/s^2$의 등가속도로 원점을 향해 움직이기 시작한다.

(a) 언제, 어느 지점에서 두 입자가 만나게 되는가?

(b) 그들이 서로 충돌하는 순간에 두 입자의 속도를 구하여라.

26. 운전 교습에서 따르면 어떤 자동차가 50 mi/h의 속력으로 달리면서 브레이크를 걸었을 때 186 ft 진행한 다음 세울 수 있다. 30 mi/h의 속력으로 달릴 때는 80 ft가 소요된다.

가속도가 0인 운전사 반응시간과 브레이크를 걸었을 때의 가속도가 두 경우 모두 같다고 가정하고,

(a) 운전사의 반응시간을 계산하여라.

(b) 가속도를 계산하여라.

27. 35 mi/h(= 56 km/h)로 달리는 자동차에서 운전자가 브레이크를 밟았을 때 차는 장애물에서 110 ft(= 35 m) 되는 곳에 위치하였다. 4 s 후 차는 장애물과 충돌하였다.

(a) 충돌하기 직전까지 자동차의 감속도는 얼마인가?

(b) 충돌하는 순간의 자동차의 속력은 얼마인가?

28. x축을 따라 움직이는 입자의 위치가 시간에 따라 다음과 같은 식으로 표시된다.

$$x = at^2 - bt^3$$

여기서 x는 ft이고 t는 sec이다.

(a) a와 b는 어떤 차원과 입자를 가져야 하는가? a와 b의 수치가 3.0과 1.0이라 한다.

(b) 언제 입자가 최대로 양의 x위치에 도달하는가?

(c) 처음 4.0 s 동안에 입자가 지나가는 거리는 얼마인가?

(d) 처음 4.0 s 동안 이 입자의 변위는 얼마인가?

(e) 처음 4.0 s 동안 각 시각의 속력은 얼마인가?

(f) 처음 4.0 s 동안 각 시각의 가속도는 얼마인가?

29. (a) 공을 수직으로 50 ft 높이로 올리기 위해서는 어떤 속도로 던져 올려야 하는가?

(b) 공이 이 때 공기 중에서 머무르는 시간은 얼마인가?

30. 60 m 높이에서 공을 초기속력 20 m/s로 내리 던졌다.

(a) 땅에 떨어지는 순간의 속력을 구하여라.

(b) 땅에 떨어지는 순간까지의 시간을 구하여라.

(c) 만약에 공을 위로, 같은 속력과 높이에서 던져 올렸다면 (a)와 (b)의 답은 어떻게 되겠는가?

31. 진흙공이 높이 h = 15 m에서 땅으로 떨어진다. 진흙공이 땅에 닿는 순간부터 시간 t = 0.20 s 후에 땅과 완전히 밀착된다. 밀착되는 동안의 평균가속도를 구하여라.

32. 납으로 된 공이 다이빙대 높이 5.0 m(= 16 ft)로부터 물속으로 떨어진다. 납공이 물에 닿는 순간에 어떤 속도를 가지며, 물 속 바닥에 닿는 순간에도 같은 속도를 가진다. 물속 바닥에 닿을 때까지 걸리는 시간은 공을 떨어뜨린 후부터 5.0 s 걸린다.

(a) 물 속 깊이는?

(b) 공의 평균속도는?

(c) 물을 모두 비웠다고 생각하고 이 공을 다이빙대에서 던져 같은 5.0 s만에 바닥에 닿게 하려면 공의 초속도는 어떻게 되겠는가?

33. 로케트가 수직으로 발사되어 수직일정가속도 $20m/s^2(=64ft/s^2)$를 가지고 1분 동안 추진되어 상승한다. 그 다음에는 연료가 떨어져 한 물체처럼 운동한다.

(a) 이것이 도달할 수 있는 최고의 높이는 얼마인가?

(b) 발사로부터 되돌아오는 데까지 걸리는 총시간은 얼마인가?

34. 80높이에 있는 풍선이 짐짝을 떨어뜨린 후에는 12 m/s의 속력으로 위로 올라간다. 짐짝이 땅에 떨어질 때까지 걸리는 시간을 구하여라.

35. 어떤 물체가 45 m 높이의 다리에서 물로 떨어진다. 물체를 떨어뜨리는 순간 낙하 지점에서 12 m 떨어진 곳에 있던 배에 직접 물체가 떨어졌다면 배의 속력은 얼마인가?

36. 열려 있는 엘리베이터가 일정속력 10 m/s로 올라가고 있다. 엘리베이터가 땅으로부터 30 m 높이에 왔을 때 엘리베이터 안의 한 소년이 공을 똑바로 위로 던졌다. 엘리베이터에 대한 공의 초속력은 20 m/s이다.

(a) 공이 올라갈 수 있는 최고 높이를 구하여라.

(b) 공이 다시 엘리베이터로 떨어지기까지의 시간을 구하여라.

37. 화살이 초기속력 250 ft/s로 위로 똑바로 쏘아졌다. 땅에 떨어질 때 화살이 땅 속으로 6.0 in 틀어 박혔다면,

(a) 화살을 멈추게 하는 데 작용한 일정가속도는 얼마인가?

(b) 화살이 땅에 떨어져 멈추게 하는 시간은 얼마인가? 화살이 날을 Ei의 공기저항은 무시하여라.

38. 탄환이 총에서 수직상향으로 발사되고 로케트가 점화되러 발사대를 떠나 수직상향으로 발사되었다. 정성적으로(숫자는 필요 없음) 이 두 경우에 있어 $a_y : t$, $v_y : t$, $y : t$의 그래프를 그려 보아라. 탄환과 로케트가 땅에 떨어지는 시간까지 나타내어라. 그래프에서 위쪽은 +로, 아래쪽은 −로 표시하여라. (공기저항은 무시한다.)

39. 어떤 물체가 높은 곳에서 정지해 있다가 떨어지기 시작한지 1 s 후에 처음의 반 높이를 내려왔을 때,

(a) 떨어지는 데 걸리는 시간을 구하여라.

(b) 높이를 구하여라.

(c) 시간의 2차 방정식의 해가 물리학적으로 받아들이지 못하는 것이 있음을 설명하여라.

40. 쇠로 된 베어링이 건물의 지붕에서 떨어진다.(초기 속도는 0임). 길이가 120 cm 높이의 창에 서 있는 관측자가 창문의 꼭대기에서 밑에까지 베어링이 0.125 s만에 지나가는 것을 관측했다. 베어링은 계속 떨어져 땅에서 탄성충돌한 후 처음 창문에서 사라진 후 2.0 s만에 다시 창문에 있는 관측자에게 목격되었다. 건물의 높이를 구하여라. (탄성충돌 시 떨어질 때와 다시 튀어 올라올 때의 속력은 같다.)

41. 물방울이 샤워꼭지로부터 200 cm 밑에 있는 욕탕 바닥에 정기적으로 떨어지고 있다. 첫번째 물방울이 바닥에 닿는 순간에 네 번째 물방울이 샤워 꼭지에서 떨어지기 시작한다. 한 물방울이 바닥에 닿는 순간 다른 물방울들의 위치를 구하여라.

42. 같은 높이에 있는 두 물체가 정지 상태에서 1 s 간격으로 자유 낙하한다. 두 물체 사이의 간격이 10 m가 되는 시각은 처음 물체가 떨어진 뒤 얼마 후인가?

제 4 장

평면운동

Motion in Two dimension

1 변위, 속도, 가속도(the displacement velocity and acceleration)

평면 안에서 움직이고 있는 입자의 운동학의 대표적인 예로서 투사체나 인공위성의 운동 및 균일한 전기장에서 움직이는 전하를 띤 입자 운동을 들 수 있다.

만일 입자의 좌표를 시간의 함수로 나타낼 수 있다면 입자에 대해서 완전히 설명될 수 있다는 사실을 알았다. 이제 $x-y$평면 안에서 입자의 운동을 생각하자. 그림 4-1은 평면 내

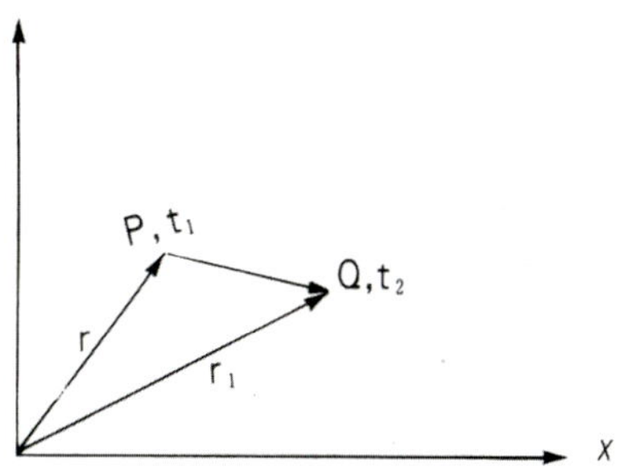

그림 4-1 | 평면 안에서 움직이고 있는 입자

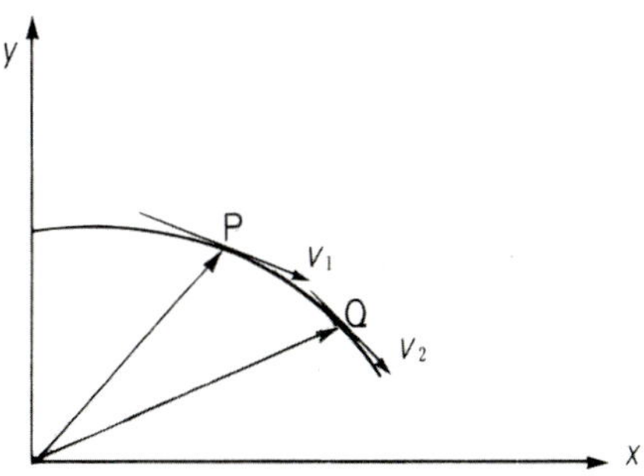

그림 4-2 | P점에서 Q점까지 움직이고 있는 입자의 가속도

에서 한 입자가 어떤 좌표계의 원점으로부터 위치는 벡터 r로 측정되고, 시각 t_1에서 입자는 점 P에 있었고, 다음 시각 t_2에서 입자가 Q에 있었다면 시간간격 $\Delta t = t_2 - t_1$ 동안 P에서 Q로 움직였을 때 위치벡터는 r에서 r_1으로 변하게 된다. 그러므로 이자의 변위 Δr

$$\Delta r = r_1 - r \quad \cdots\cdots (4-1)$$

로 주어진다.

이제 순간간격 dt 동안에 입자의 속도를 다음과 같이 변위와 이 변위 동안의 시간간격에 대한 비로써 정의한다. 즉

$$v = \frac{dr}{dt} = iv_x + jv_y \quad \cdots\cdots (4-2)$$

또 변위 r은

$$r = ix + iy \quad \cdots\cdots (4-3)$$

이다.

입자가 어떤 경로를 따라 P에서 Q로 움직일 때 이 입자의 순간속도는 벡터 t_1에서 v_1이고, 시각 t_2에서 v_2로 바뀐다.

입자가 P점에서 속도를 v_1, Q점에서의 속도를 v_2라고 하면 가속도 a는

$$a = \frac{dv}{dt} = ia_x + ja_y \quad \cdots\cdots (4-4)$$

이다.

x축 방향으로 가속도 a_x가 일정한 등가속 운동에서는

$$v_x = v_{0x} + a_x t$$

$$x - x_0 = v_{0x} t + \frac{1}{2} a t^2 \quad \cdots\cdots (4-5)$$

이고, y축 방향일 때는

$$v_y = v_{0y} + a_y t$$

$$y - y_0 = v_{0y} t + \frac{1}{2} a_y t \quad \cdots\cdots (4-6)$$

이다. 따라서 등가속도의 $x-y$ 평면 운동에서 속도 v는

$$v = iv_x + jv_y = i(v_{0x} + a_x t) + j(v_{0y} + a_y t) = (iv_{0x} + jv_{0y}) + (ia_x + ja_y)t \quad \cdots (4-7)$$

이다.

2 포물체 운동(projectile motion)

1) 수평방향으로 움직이는 물체의 낙하운동

어떤 입자를 높은 산 위에서 수평방향으로 처음속도 v_0로 힘껏 던졌을 때 수평방향으로는 등속도 운동을 하고 연직 방향으로는 자유낙하운동을 동시에 하는 운동이다.

그림 4-3에서와 같이 높이 h가 되는 곳에서 수평방향으로 v_0의 속도로 던질 때 시간 t 후의 속도 v는

$$v = iv_x + jv_y$$

이고, 가속도 a_x와 a_y는

$$a_x = 0, \quad a_y = -g$$

이므로,

$$v_x = v_0, \quad v_y = -gt$$

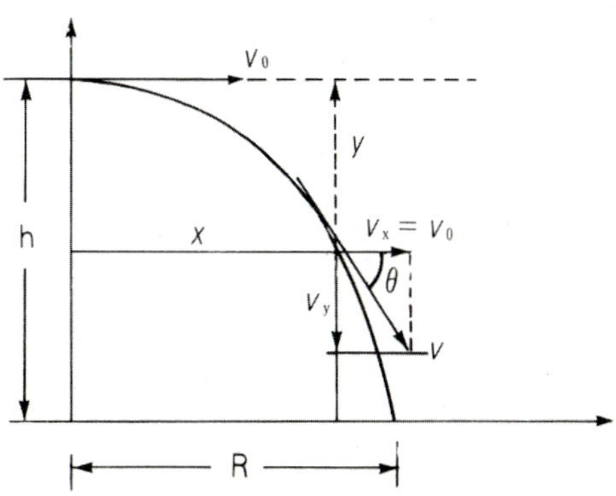

그림 4-3 | 수평방향 입자의 운동

이다. 그러므로

$$v = iv_0 - jgt$$

로 된다. 따라서 속도의 크기 $|v|$는

$$|v| = \sqrt{{v_0}^2 + (gt)^2}$$

이고, x축과 이루는 각을 θ라 하면 방향 $\tan\theta$는

$$\tan\theta = \frac{v_y}{v_x} = \frac{gt}{v_0}$$

이다.

어느 시간 t초 사이에 수평방향으로 이동한 거리 x는

$$x = v_0 t$$

이고 연직 아래 방향 이동거리 y는

$$y = -\frac{1}{2}gt^2$$

이다 여기서 t를 소거하면 y는

$$y = \frac{g}{2{v_0}^2}x^2$$

으로 나타내는 포사체 궤도운동을 한다. 입자가 높이 h에서 지표까지 낙하하는데 걸리는 시간을 t_{max}이라 하면

$h = -\frac{1}{2} g t_{max}$ 에서

$$t_{max} = \sqrt{\frac{-2h}{g}} \qquad (4-8)$$

이다. 따라서 수평도달거리 R은

$$R = v_0 t_{max} = v_0 \sqrt{\frac{-2h}{g}} \qquad (4-9)$$

이다.

2) 비스듬히 던져진 입자의 운동

비스듬히 차올려진 축구공을 보고 있는 사람이라면 이것은 포물운동을 보고 있는 것이다. 축구공이 처음속도가 어느 방향을 가리키던 공은 곡선을 그리며 움직인다. 이 운동은 중력가속도 g가 일정하며 아래로 향하고 공기저항의 효과가 무시되며, 지구 자전의 효과를 고려하지 않는다면 간단하게 분석될 수 있다. 일반적으로 한 물체를 초속도 v_0로 던져졌다면 1초 후의 속도 v_1은

$$v_1 = v_0 + g$$

로 되어 크기가 점차로 줄어들다가 다시 빨라진다. 이 운동은 평면운동이므로 그 운동평면내에 좌표계를 도입하여 수평방향을 x축, 연직방향을 y축으로 하면 물체의 운동은 x방향과 y방향의 운동으로 나눌 수 있다.

자유낙하에서는 x방향은 운동의 변화를 줄 아무런 요소도 없으므로 등속도 운동을 하게 되고, y방향에서는 가속도가 $-g$인 등가속도 운동을 하게 된다. 그런데 t = 0일 때 포물체가 그림 4-4와 같이 속도 v_0로 원점($x_0 = y_0 = 0$)에서 출발하고 벡터 v_0가 수평과 θ_0인 각을 이루고 있다면 초기 속도의 x 및 y성분은 삼각함수 공식을 응용하여

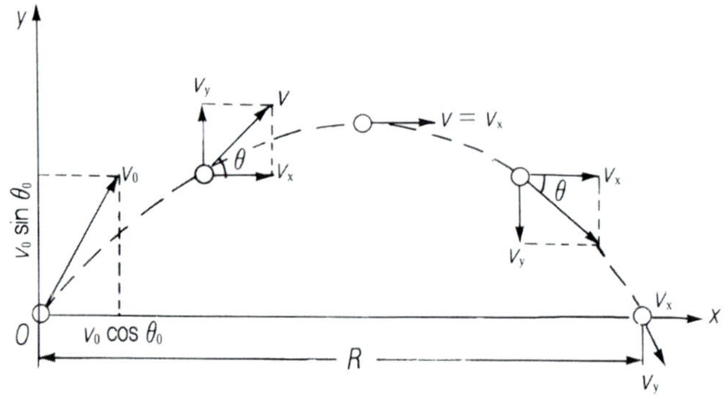

그림 4-4 포물선의 운동에서 수평방향의 속도는 변하지 않으나 수직방향의 속도는 중력의 가속도에 지배된다.

$$v_{0x} = v_0 \cos\theta_0, \quad v_{0y} = v_0 \sin\theta_0 \qquad (4-10)$$

이다.

이 표현을 $a=0$ 및 $a=-g$와 함께 식 (4-5)와 식 (4-6)에 대입하면 임의의 시각 t에서의 포물체의 속도 성분과 좌표는 다음과 같다.

$$v_x = v_{0x} = v_0 \cos\theta_0 = const \qquad (4-11)$$

$$v_y = v_{0y} - gt = v_0 \sin\theta_0 - gt \qquad (4-12)$$

이다. 그러므로 순간의 속도의 크기 v와 앙각 θ는

$$v = \sqrt{v_x^{\ 2} + v_y^{\ 2}}, \qquad \tan\theta = \frac{v_y}{v_x}$$

에서 구할 수 있다. 모든 점에서 속도 벡터는 운동 경로의 접선방향이 된다. t초 후의 위치를 x, y라 하면

$$x = (v_0 \cos\theta_0) \cdot t$$

$$y = v_y \cdot t = (v_0 \sin\theta_0) \cdot t - \frac{1}{2} g t^2 \qquad (4-13)$$

이 된다.

만일 식 (4−13)을 t에 대하여 정리하고 이것을 대입하면

$$y = (\tan\theta_0)x - \left(\frac{g}{2{v_0}^2\cos^2\theta_0}\right)x^2 \quad\cdots\cdots\cdots \quad (4-14)$$

이 되며 여기서 θ_0는 $0 < \theta_0 < \frac{\pi}{2}$인 범위에서 성립한다.

이것은 $y = ax - bx^2$인 꼴로 원점을 지나는 포물선의 방정식과 같다. 따라서 물체의 궤적은 포물선임을 알 수 있다.

포물체의 한 위치벡터를 시간의 함수로서 나타낸 벡터 표현 $a = g$을 식 $r = r_0 + v_0t\frac{1}{2}at^2$ 대입하면

$$r = v_0t + \frac{1}{2}gt^2$$

을 얻는다. 이 표현은 식 (4−13)과 같으며 그림 4−5에 설명되어 있다.

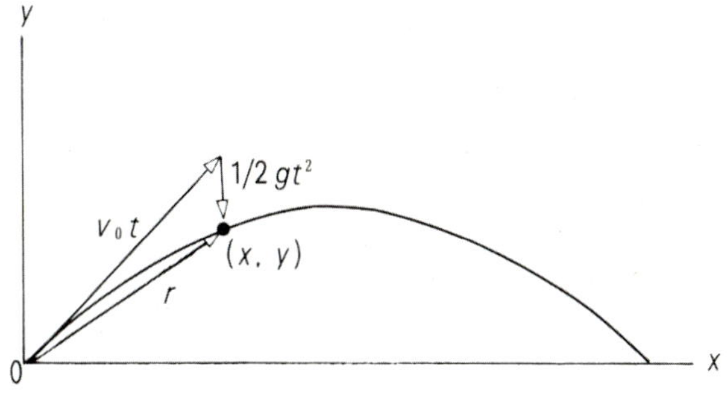

그림 4−5 | 원점에서 초기 속도가 v_0인 포사체의 변위벡터 r, 벡터 v_0t는 중력이 없는 경우의 포물체의 변위이고, 벡터 $\frac{1}{2}gt^2$은 중력에 의한 수직변위이다.

결국 식 (4−14)와 (4−13)으로부터 포물체 운동은 1) 자유낙하체의 운동과 2) x축의 방향으로의 균일한 운동의 합으로 주어짐을 알 수 있다.

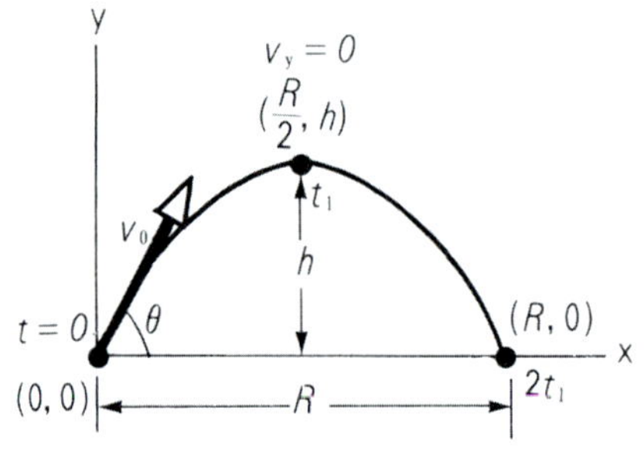

그림 4-6 초기속도 v_0로 원점으로부터 발사된 포물체의 최대높이는 h이고 수평 도달거리는 R이다.

포물체가 그림 4-6과 같이 t = 0일 때 v_0의 속도로 발사되었다. 이 때 포물체가 올라갈 수 있는 최대높이는 최고점에서 $v_y = 0$인 사실을 이용하여 결정할 수 있다.

식 (4-12)로부터 최대높이에 도달하는 시각 t_m은

$$t_m = \frac{v_0 \sin\theta_0}{g}$$

이며 이것을 식 (4-13)에 대입하면 h(= y)는

$$h = y = v_0 \sin\theta_0 \cdot \frac{v_0 \sin\theta_0}{g} - \frac{1}{2} g (\frac{v_0 \sin\theta_0}{g})^2$$

$$= \frac{{v_0}^2 \sin{\theta_0}^2}{2g^2} \quad \cdots\cdots (4-15)$$

가 된다. 또 수평도달거리 (사정거리) R은 최고점에 도달하는 데 걸리는 시간의 두 배, 즉 $2t_m$ 동안 움직인 수평거리이므로 식 (4-13)을 이용하면

$$R = x = (v_0 \cos\theta_0) \cdot 2t_m = (v_0 \cos\theta_0) \cdot \frac{2v_0 \sin\theta_0}{g}$$

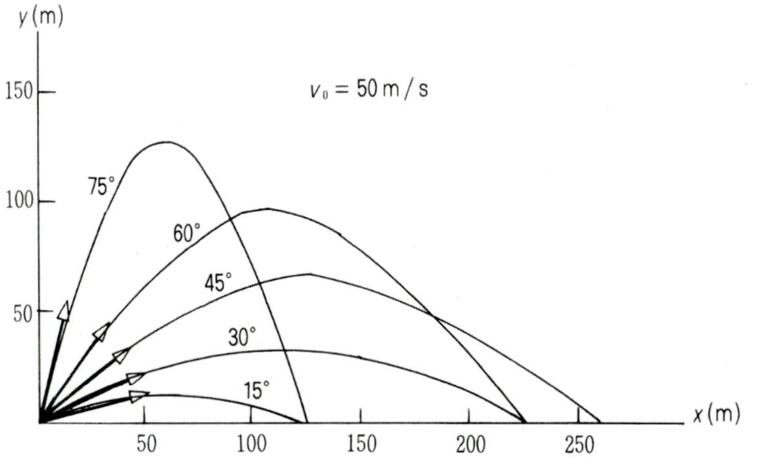

그림 4-7 | 여러 가지 투사각으로 원점으로부터 처음 속력 50 m/s로 쏘아올린 포물체 θ_0의 두 보각으로 쏘아올린 포물체는 x축상의 같은 점에 도달한다.)

$$= \frac{2v_0^2 \sin\theta_0 \cos\theta_0}{g} = \frac{v_0^2 \sin 2\theta_0}{g} \quad \cdots\cdots (4-16)$$

이다.

식 (4-16)에 의해 최대사정거리 R_{max}는 $\sin 2\theta_0$의 최대값이 1이기 때문에 $R_{max} = \frac{v_0^2}{g}$ 이다. 따라서 R_{max}은 $\theta_0 = 45°$일 때가 된다.

[예제 1] 넓이뛰기 선수가 8.5 m를 기록했다. 선수가 수평에 대하여 20° 의 각도로 지면에서 뛰어올랐다. 이 선수를 입자와 같이 생각할 경우

(a) 선수가 지면을 떠날 때의 속력은 얼마인가?

(b) 선수가 올라갈 수 있는 최대 높이를 구하라.

[풀 이] 수평도달거리 R과 θ_0가 주어져 있기 때문에 식 (4-16)을 사용하여 v_0을 구하면

$$R = \frac{v_0^2 \sin 2\theta_0}{g} \qquad v_0 = \sqrt{\frac{Rg}{\sin 2\theta_0}} \qquad v_0 = \sqrt{\frac{(8.5\,m)(9.8\,m/s^2)}{\sin 40°}} = 11\,m/s$$

으로 된다.

(b) 식 (4-15)와 (a)의 결과를 이용하면

$$h = \frac{v_0^2 \sin\theta_0^2}{2g} = \frac{(11\,m/s)^2 (\sin 20°)^2}{2(9.8\,m/s^2)} = 0.78\,m$$

이다.

[예제 2] 야구공이 그림 4-8과 같이 20 m/s의 속력으로 수평방향과 30° 의 각으로 건물의 꼭대기에서 던져졌다. 만약, 건물의 높이가 45 m이라면

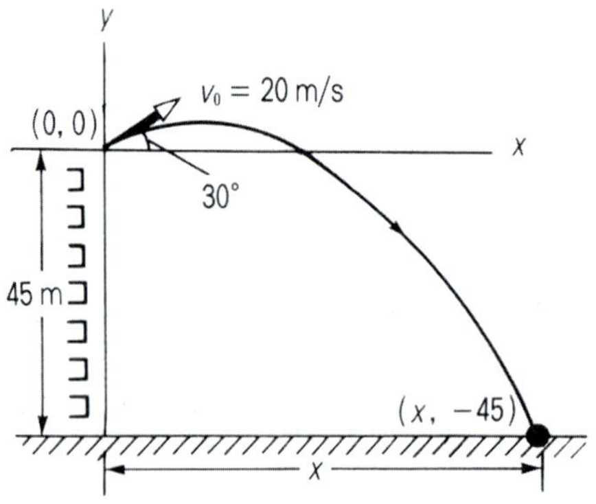

그림 4-8 수평방향과 30°, 속력 20 m/s로 던져진 야구공의 운동 경로

(a) 야구공은 얼마나 오랫동안 날았겠는가?

(b) 야구공은 건물로부터 얼마만큼 떨어진 곳에 도달하겠는가?

(c) 땅에 떨어지기 직전의 야구공의 속력을 구하라.

[풀 이] (a) 초기속도의 x와 y성분은

$$v_{x0} = v_0 \cos\theta_0 = (20\,\mathrm{m/s})(\cos 30°) = 17.3\,\mathrm{m/s}$$

$$v_{y0} = v_0 \sin\theta_0 = (20\,\mathrm{m/s})(\sin 30°) = 10\,\mathrm{m/s}$$

이며, t를 구하기 위해 $y = -45\,\mathrm{m}$ 및 $v_{y0} = 10\,\mathrm{m/s}$를 식 (4-13)에 대입하면

$$y = v_{y0}t - \frac{1}{2}gt^2$$

$$-45 = 10t - 4.9t^2$$

인 2차방정식을 얻는다. 이 2차방정식을 풀어 양의 근을 택하여 얻어진 비행시간 t는 4.22 s가 된다.

(b) 식 (4-13)과 (a)의 결과를 이용하면

$x = v_{x0}t = (17.3\,\mathrm{m/s})(4.22\,\mathrm{s}) = 73\,\mathrm{m}$ 이다.

(c) 땅에서 떨어지기 직전의 야구공 속도의 y성분은 식 (4-11)에 $t = 4.22\,\mathrm{s}$를

대입하면

$v_y = v_{y0} - gt = 10\,m/s - (9.8\,m/s^2)(4.22\,s) = -31.4\,m/s$

로 되고 또 x 성분은 $v_x - v_{x0} = 17.3\,m/s$ 이므로,

$v = \sqrt{v_x^2 + v_y^2} = \sqrt{(17.3)^2 + (-31.4)^2}\,m/s = 35.9\,m/s$ 이 된다.

3 원운동(circular motion)

그림 4-9와 같이 원점 O를 중심으로 반지름 r인 원둘레를 일정한 속력 v로 등속원운동을 하는 입자에 대해 고찰해 보자.

비록 입자가 일정한 속도로 움직이지만 속도 벡터 v의 방향이 시간에 따라 바뀌기 때문에 입자는 가속된다. v의 방향은 항상 경로의 접선방향이지만 가속도 벡터는 경로에 수직이며 항상 원의 중심을 향한다.

그림 4-9와 같이 반지름 벡터 r_1과 r_2로 입자의 처음 위치와 다음 위치를 나타내고 또 이 두 점에서의 속도를 v_1과 v_2라 하자. 만일 점 P에서 점 Q로 입자가 움직이는데 걸린 시간을 Δt라 하면 이 시간 동안 입자의 변위는 그림 4-9(a)에서 $\Delta r \approx v\Delta t$이다.

그림 4-9 (b)는 입자가 원둘레 위의 한 점에서 다른 한 점으로 움직일 때 속도벡터의 방향 변화를 다루고 있는데 점 P에서 점 Q로 입자가 움직였을 때 속도의 변화량은 $\Delta v = v_2 - v_1$이다. 또 평균가속도는

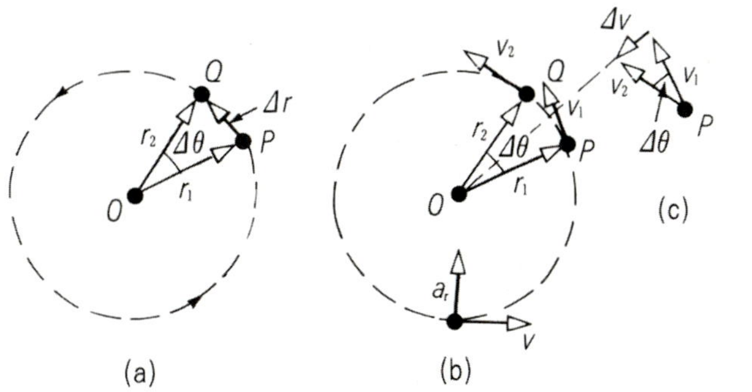

그림 4-9 일정한 속력v로 움직이고 있는 입자의 원운동. 입자가 점 P에서 점 Q로 움직임에 따라 속도벡터의 방향은 v_1에서 v_2로 바뀐다. (c)에 주어져 있는 속도의 변화량의 방향은 a_r의 방향인 원의 중심을 향한다. 또 v는 항상 원의 접선방향을 가리키며 a_r에 수직이다.)

$$\bar{\alpha} = \frac{v_2 - v_1}{\Delta t} = \frac{\Delta v}{\Delta t} \text{ 이고,} \qquad \text{순간가속도 } \alpha = \frac{dv}{dt}$$

와 같다.

이제 그림 4-9 (c)와 같이 벡터 v_1와 v_2의 출발점을 일치시키고 Δt가 매우 작은 경우 속도의 변화량은 근사적으로 원의 중심을 향하고 있음을 가리킨다.

반지름 벡터 Δt 시간 동안 $\Delta\theta$만큼 미소각을 회전했을 때 v_1와 v_2 사이의 각은 그림 4-9 (c)에서 볼 수 있는 바와 같이 역시 $\Delta\theta$이다. 따라서 사각형 OPQ는 v_1, v_2 및 Δv로 만들어진 삼각형과 닮은꼴이다. 이 두 삼각형으로부터 비는

$$\frac{|\Delta r|}{r} = \frac{|\Delta v|}{v}$$

로 주어진다. 그런데 $\Delta r = v\Delta t, \Delta v \approx \alpha\Delta t$이므로 이 비는 다시

$$\frac{v\Delta t}{r} = \frac{\alpha\Delta t}{v}$$

가 된다. 또 $\Delta t \to 0$으로 접근하는 극한에서 이 근사식은 정확히 일치하게 되며, 결국

$$\alpha = \frac{v^2}{\gamma} \quad \cdots\cdots (4-17)$$

을 얻는다. 이것을 구심가속도(sentripetal acceleration)라 한다.

4 회전운동(rotational motion)

그림 4-10은 지면에 수직이고 원점(O)를 지나는 고정축에 대하여 회전하는 y평면상의 질점을 나타낸다. 물체 위의 점 P는 거리 r인 위치에 있고, 따라서 반지름 r인 원주상을 회전한다. 사실 물체의 모든 입자들도 원점에 대하여 원운동한다. 점 P의 위치는 극좌표(r,

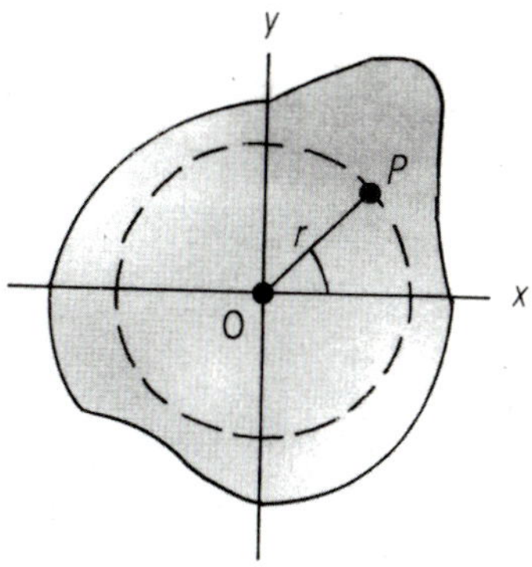

그림 4-10 그림의 면에 수직이고 O를 지나는 고정축(z축)에 대한 강체의 회전점 P는 원점으로부터 반지름 r인 원주상을 회전한다.

θ)로 나타내는 것이 편리하며, 이 표현에서 시간적으로 변하는 것은 단지 θ이며 r은 일정하다(직각좌표에서는 x와 y 모두가 시간에 따라 변한다). 입자가 양의 x축($\theta = 0$)으로부터 점 P까지 원을 따라서 움직일 때 각 변위 θ와 움직인 거리 s와의 관계식은 이미 알고 있다.

$$s = r\theta$$
$$\therefore \theta = s/r\,(\mathrm{rad})$$

어떤 입자가 반지름 r인 원주상을 회전할 때 속도의 크기가 일정하고 방향이 변화할 때가 있고, 또 속도의 크기 및 방향이 다 변화하는 운동이 있음도 이미 배웠다. 이 관계를 다른 각도에서 공부하자.

그림 4-11에서 원점 O를 중심으로 반지름 r인 원주상을 선속도 v로 돌고 있고, 점 P의 입자가 Δt시간 동안 θ로 움직일 때 반경벡터는 각 변위 $\Delta\theta = \theta_2 - \theta_1$을 지나게 되며 그 때 평균가속도 $\overline{\omega}$는 시간간격 Δt의 각 변위 $\Delta\theta$와의 비로 정의된다. 즉,

$$\overline{\omega} = \frac{\theta_2 - \theta_1}{t_2 - t_1} = \frac{\Delta\theta}{\Delta t} \quad \cdots\cdots (4\text{-}18)$$

이다.

선속도와 마찬가지로 순간각속도 ω는 Δt가 0에 접근할 때 평균 각속도의 비의 극한값

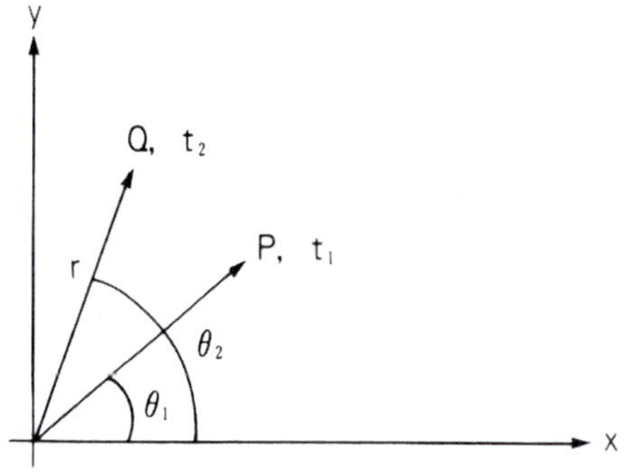

그림 4-11 등가속도 운동을 하는 입자

으로 정의된다. 즉

$$\omega = \lim_{\Delta t \to 0} \frac{\Delta\theta}{\Delta t} = \frac{d\theta}{dt} \quad \cdots\cdots (4-19)$$

이다. 식 (4-19)를 각속도라 한다. 각속도의 단위는 rad/s이다. 또한 ω는 θ가 반시계 방향일 때 증가하는 쪽이라 하여 양(+)이 되며, θ가 시계 방향일 때는 감소하는 쪽으로써 음(−)이 된다.

지금 dt 사이에 입자가 원둘레 ds만큼 움직였다면 이 입자의 선속도 v는

$$v = \mathrm{ds/dt}$$

이므로 $\mathrm{ds = r \cdot d\theta}$ 에서

$$v = \mathrm{r \cdot d\theta/dt = r \cdot \omega} \quad \cdots\cdots (4-20)$$

이다. 각속도 ω가 일정한 회전운동을 할 때 이것을 등각속도 운동이라 하며, 이 운동이 바로 등속원운동이다.

식 (4-19)에서 $\mathrm{d\theta = \omega dt}$이므로 이것을 적분하면

$$\theta = \int \omega \cdot dt = v \cdot t + c \quad (c\text{: 적분상수})$$

t = 0일 때 $\theta = 0$이라 하면 c = 0이므로

$$\theta = \omega \cdot t \quad \cdots\cdots (4-21)$$

이다 원주상을 1회전하는데 걸리는 시간을 주기 T라 하며 이 주기 사이에 1원주각 2π만큼 회전하므로 각속도 ω는

$$\omega = 2\pi/\mathrm{T} \quad \cdots\cdots (4-22)$$

이다. 또 1초 사이에 원주상을 회전하는 수를 회전수 f라 하면 주기 T, 회전수 f 및 각속도 ω는

$$f = 1/\mathrm{T}$$
$$\omega = 2\pi/\mathrm{T} = 2\pi \mathrm{f} \quad \cdots\cdots (4-23)$$

이 된다.

입자가 회전할 때 속력이 변화하면서 회전할 때를 가속도 운동이라 하며, 단위시간 사이에 각속도의 변화량을 각가속도라 한다.

입자의 순간각속도가 시간간격 Δt 동안 ω_1에서 ω_2를 변화한다면, 그 입자는 각가속도를 갖게 되며 이 때 평균각가속도 $\overline{\alpha}$

$$\overline{\alpha} = \frac{\Delta\omega}{\Delta t} \quad \cdots\cdots (4-24)$$

이다.

선가속도와 마찬가지로 순간각가속도는 Δt가 0으로 접근할 때 $\Delta\omega/\Delta$t의 극한으로 정의된다. 즉

$$\alpha = \lim_{\Delta t \to 0} \frac{\Delta\omega}{\Delta t} = \frac{d\omega}{dt} \quad \cdots\cdots (4-25)$$

이다. 각가속도의 단위 rad/s^2이다.

등각가속도운동은 각가속도 α가 일정한 회전운동이므로

$$d\omega = \alpha \cdot dt$$

를 적분하면

$$\omega = \int \alpha \cdot dt = \alpha \cdot t + c_1 \quad (c_1 : \text{적분상수})$$

$t = 0$일 때 $\omega = \omega_0$이라 하면 $c_1 = \omega_0$이므로

$$\omega = \omega_0 + \alpha t \quad \cdots\cdots (4-26)$$

를 얻는다. 이 때 w_0를 초기각속도라고 한다.

마찬가지로 식 (4-26)을 (4-19)에 대입하여 한번 더 적분하면 다음 식을 얻을 수 있다.

$$\theta = \int \omega_0 \cdot dt + \int \alpha \cdot t \cdot dt + c_2 \quad (c_2 : \text{적분상수})$$
$$= w_0 t + 1/2\alpha t^2 + c_2$$

여기서 $t = 0$일 때 $\theta = 0$이라 하면 $c_2 = 0$이므로

$$\theta = \omega_0 t + 1/2\alpha t^2 \quad \cdots\cdots (4-27)$$

이다.

식 (4-26)과 (4-27)에서 t를 소거하면

$$2\alpha(\theta - \theta_0) = \omega^2 - {\omega_0}^2 \quad \cdots\cdots (4-28)$$

을 얻는다.

점 P의 선가속도의 접선성분과 회전입자의 각가속도 사이의 관계는 $v = r \cdot w$ 이므로

$$a_t = \frac{dv}{dt} = r\frac{dw}{dt} = r \cdot \alpha \quad (a_t\text{: 접선가속도}) \quad \cdots\cdots (4-29)$$

이다. 이것으로 접선가속도는 회전축으로부터 그 점까지의 거리에 각 가속도를 곱한 값과 같다.

이미 알고 있는 것과 같이 어느 원주상을 회전하고 있는 한 점은 회전중심을 향하고 크기가 $\frac{v^2}{r}$ 인 중심, 혹은 반경가속도를 갖는다. 회전 입자의 점 P에 대하여 $v = r\omega$ 이므로 가속도의 반경성분은 다음과 같이 쓸 수 있다.

$$a_c = \frac{v^2}{r} = r\omega^2 \quad (a_c\text{: 구심가속도}) \quad \cdots\cdots (4-30)$$

따라서 회전입자의 점 P의 총 가속도의 크기는 다음과 같다.

$$a_{tot} = \sqrt{a_T^2 + a_C^2} = \sqrt{r^2\alpha^2 + r^2\omega^4}$$
$$= r\sqrt{\alpha^2 + \omega^4} \quad \cdots\cdots (4-31)$$

[예제 3] 어떤 전동기가 3600 rpm으로 회전할 때 전원 스위치를 차단시켰다. 이 전동기는 100초 동안에 등각가속도로 회전하다가 정지하였다고 하면 각가속도와 정지하기까지의 회전수는 얼마인가?

[풀 이] 3600 rpm은 60 rps이므로 각속도는 $2\pi \times 60\text{rad/s}$ 이다.

1) 각속도 α는

$$\alpha = \frac{0 - 120\pi}{100} = -1.2\pi rad/s^2$$

2) 회전수 f는

$$\theta = \omega_0 t + \frac{1}{2}\alpha t^2$$
$$= 120\pi \cdot 100 + \frac{1}{2}(-1.2\pi) \cdot 100^2$$

$$= 6000\pi rad$$

$$\therefore f = \frac{6000\pi}{2\pi} = 3000\,rpm$$

5 회전운동 에너지(rotational kinetic energy)

물체를 이루고 있는 입자들의 상대적인 위치가 변하지 않음으로써 그 형태가 변하지 않은 물체를 강체(rigid body)라 한다. 그림 4-12와 같이 강체를 작은 입자들의 집합으로 생각하고 이 강체가 고정축 Z주위를 각속도 ω로 회전한다고 가정하자.

이 강체가 n개의 미소질량 dm_1, dm_2, ……, dm_n으로 구성되어 dm_i가 회전축으로부터 거리 r_i인 곳에 질량 dm_i의 선속도 v_i는

$$v_i = r_i\omega$$

이므로 i번째 입자의 운동 에너지 Ei는

$$\Delta Ei = \frac{1}{2}\Delta m_i {v_i}^2 = \frac{1}{2}\Delta m_i {r_i}^2\omega^2$$

이고, 회전강체의 총 운동 에너지는 모든 입자들의 운동 에너지의 총 합이 되므로

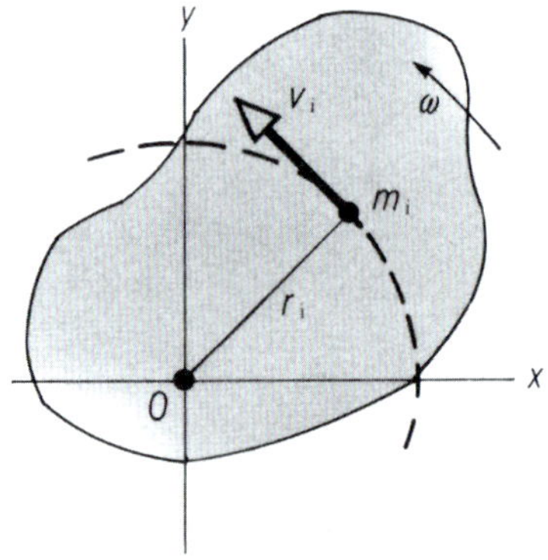

그림 4-12 각속도 W를 가지고 Z축에 대하여 회전하는 강체

$$E = \sum \Delta E = \sum \frac{1}{2} \Delta m_i r_i^{\,2} \omega^2 = \frac{1}{2} \omega^2 \sum \Delta m_i r_i^{\,2} \quad \cdots\cdots (4-32)$$

이 된다. 여기서 ω^2은 모든 입자에 대하여 동일하므로 합에서 떼어냈다. 식 (4-32)에서 $\Delta m_i r_1^{\,2} = \Delta I$ 라 할 때 이 ΔI를 Δm_i의 고정축에 대한 관성모멘트(moment of inertia) 또는 회전관성이라고 한다. 그러므로 고정축에 대한 이 강체의 총 관성모멘트 I는

$$I = \sum m_i r_i^{\,2} \quad \cdots\cdots (4-33)$$

가 되다. 관성모멘트 I는 강체의 고정축에 대한 회전의 관성을 양으로 이 값이 크다는 것은 회전 관성이 크다는 것을 의미한다.

이 개념을 이용하여 식 (4-32)와 식 (4-33)에서 강체의 총 운동 에너지는

$$E = \frac{1}{2} I \omega^2 \quad \cdots\cdots (4-34)$$

으로 된다. 관성모멘트의 정의로부터 그것의 차원은 $[ML^2]$이고 단위는 $kg \cdot m^2$이다.

보통 $\frac{1}{2} I w^2$을 회전운동 에너지라고 한다. 그러나 이것은 새로운 형태의 에너지는 아니며, 그것은 강체 내 입자들의 운동 에너지의 합으로 얻어진 것이기 때문에 원래의 운동에너지이다. 만일 관성모멘트 I를 계산하는 방법을 안다면 식 (4-32)은 회전 운동을 취급하는데 대단히 편리하다. 선운동과 회전운동 에너지 사이의 유사성을 아는 것이 중요하다. 회전운동에서 I와 ω는 선운동에서의 m과 v에 각각 대응된다.

균질한 강체로서 그 질점들이 연속적인 분포를 이루고 있을 때 어떤 고정축에 대한 이 물체의 관성모멘트는 적분으로 구할 수 있다. 즉

$$I = \lim_{\Delta m_i \to 0} \sum \Delta m_i r_i^{\,2} = \int r^2 dm \quad \cdots\cdots (4-35)$$

이 된다.

[예제 4] 산소분자

z방향을 축으로 xy평면으로 회전하는 2차원 산소분자 O_2를 생각하자. 실온에서 두 산소원자 사이의 평균거리는 1.21×10^{-10} m이다(원자는 점 질량으로 취급한다).

(a) z축에 대한 분자의 관성모멘트를 계산하라.

(b) z축에 대한 각속도가 2.0×10^{12} rad/s일 때 분자의 회전운동 에너지는 얼마인가?

[풀 이] (a) 산소원자의 질량은 2.77×10^{-26} kg이므로 z축에 대한 관성모멘트 I는

$$I = \sum m_i r_i{}^2 = m\left(\frac{d}{2}\right)^2 + m\left(\frac{d}{2}\right)^2 = \frac{md^2}{2}$$

$$= \left(\frac{2.77 \times 10^{-26}}{2}\,\mathrm{kg}\right)(1.21 \times 10^{-10}\,\mathrm{m})^2 = 1.68 \times 10^{-46}\,\mathrm{kg \cdot m^2}$$

(b) $$E = \frac{1}{2}I\omega^2 = \frac{1}{2}(2.03 \times 10^{-46}\,\mathrm{kg \cdot m^2})\left(2.0 \times 10^{12}\,\frac{\mathrm{rad}}{\mathrm{s}}\right)^2 = 4.1 \times 10^{-22}\,\mathrm{J}$$

이 값은 실온에서 분자의 병진운동에 의한 평균운동 에너지(6.2×10^{-21}J)보다 약 한 치수(order)가 작은 값이다.

[예제 5] 4개의 점질량이 xy평면에 놓여 있는 질량을 무시할 수 있는 정사각형틀의 네 구석에 고정되어 있다(그림 4-13).

(a) 만일, 이 계가 각속도 ω로 y축에 대해서 회전할 때 이 축에 대한 관성모멘트와 회전운동 에너지를 구하라.

(b) 계가 O를 지나 축(z축)에 대하여 xy평면에서 회전한다. z축에 대한 관성모멘트와 회전운동 에너지를 구하라.

[풀 이] (a) 첫째 y축에 놓여 있는 질량 m인 입자는 I_y에 기여하지 못한다(즉, 이 축에 대해서 입자들의 r_i는 0이다.). 식 (4-33)을 사용하면

$$I_y = \sum m_i r_i{}^2 = Ma^2 + Ma^2 = 2Ma^2$$

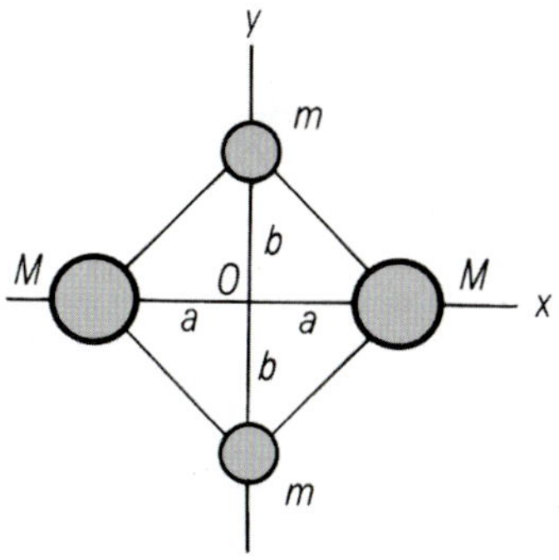

그림 4-13 | 모든 입자들이 고정된 거리에 있다. 관성모멘트는 회전축에 의존한다.

따라서 y축에 대한 회전운동 에너지 E는

$E=\frac{1}{2}I_y\omega^2=\frac{1}{2}(2Ma^2)\omega^2=Ma^2\omega^2$이다.

(b) 식 (4-33)의 r_i는 회전축까지의 직선거리이므로

$$I_z=\sum m_i r_i^{\ 2}=Ma^2+Ma^2+mb^2+mb^2=2Ma^2+2mb^2$$

$$E=\frac{1}{2}I_z\omega^2=\frac{1}{2}(2Ma^2+2mb^2)\omega^2=(Ma^2+mb^2)\omega^2$$

(a)와 (b)의 결과를 비교해 볼 때 주어진 각속도에 대하여 관성모멘트와 회전운동 에너지는 회전축에 의존함을 알 수 있다. (b)에서의 모든 입자가 xy 평면에서 회전하므로 결과에 모든 질량과 거리가 포함된 것이다. (a)의 운동에너지가 (b)의 경우보다 더 작다는 사실은 계를 x축보다는 y축에 대해서 회전시키는 것이 더 쉽다는 것을 의미한다.

[예제 6] 균질 굴렁쇠

질량이 M이고 반지름이 R인 굴렁쇠의 면에 수직이고 그의 중심을 지나는 축에 대한 관성모멘트를 구하라(그림 4-14).

[풀 이] 모든 질량소(element)는 축으로부터 같은 거리인 $r=R$에 있다. 따라서 식 (4-33)을 사용하여 O를 지나는 z축에 대한 관성모멘트를 구할 수 있다.

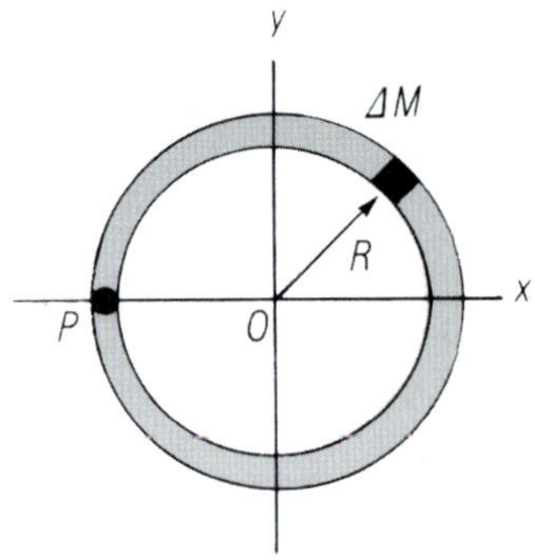

그림 4-14 균질 굴렁쇠의 질량소들은 모두 원점 O로부터 같은 거리에 있다.

[예제 7] 균질 강체막대

질량 M, 길이 L인 균질 강체막대의 질량중심을 지나고 막대에 수직인 축(y축)에 대한 관성모멘트를 구하라(그림 4-15).

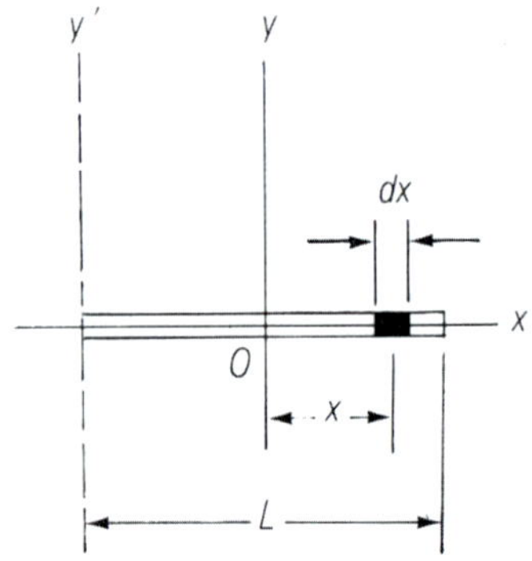

그림 4-15 길이 L인 균질 강체막대, y축에 대한 관성모멘트는 y′축에 대한 관성모멘트보다 작다.)

[풀 이] 길이 dx의 색칠한 질량소 dm은 길이 dx에 단위길이당의 질량의 곱한 값과 같다. 즉 $dm = \frac{M}{L}dx$이고 이것을 식 (4-35)에 대입하여 $r = x$로 놓으면

$$I_y = r^2 dm = \int_{-L/2}^{L/2} x^2 \frac{M}{L} dx = \frac{M}{L}\int_{-L/2}^{L/2} x^2 dx = \frac{M}{L}\left[\frac{x^3}{3}\right]_{-L/2}^{L/2} = \frac{1}{12}ML^2$$

막대의 끝을 지나고 막대의 수직인 축(y'축)에 대해서 I를 계산할 경우 위와 비슷하면 단지 적분구간을 $x=0$에서 $x=L$까지로 변화시키면 된다. 결과

는 $\frac{1}{3}ML^2$이며 계산은 각자 스스로 풀어보기 바란다.

[예제 8] 속이 찬 균질원통

반지름 R, 질량 M인 속이 찬 균질원통이 있다. 길이 방향의 중심축(그림 4-16의 z축)에 대한 관성모멘트를 계산하라.

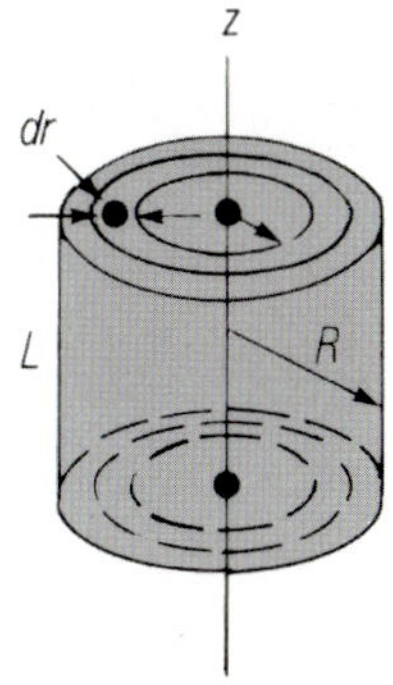

그림 4-16 | 속이 찬 균일원통의 z축에 대한 관성모멘트 계산

[풀 이] 이 예제에서는 원통을 반지름 r, 두께 dr, 길이 L인 원통 껍질로 나누는 것이 더 편리하다(그림 4-16). 이 경우는 I를 좀더 간단히 계산하기 위해서 모든 질량소 dm이 단지 r만의 함수가 되도록 원통 껍질을 택했다. 각각의 껍질의 체적은 껍질의 단면적에 길이를 곱한 것임 $(dV = dA)L = (2\pi r dr)L$ 단위체적당의 질량을 $\rho 2\pi r L dr$이다. 이것을 식 (4-35)에 넣어 I_z를 구할 수 있다.

$$I_z = \int r^2 dm = 2\pi\rho L \int_0^R r^3 dr = \frac{\pi\rho L R^4}{2}$$

원통의 총체적은 $\pi R^2 L$이고 $\rho = M/V = M/\pi R^2 L$이므로 이것을 위 식에 대입하면 I는 다음과 같다.

$$I_z = \frac{1}{2}MR^2$$

6 토크(Torque)

어떤 고정축이 있는 강체에 힘이 작용하면 물체는 그 축에 대하여 회전한다. 이와 같이 어떤 축에 대하여 물체를 회전시킬 수 있는 힘의 능력은 토오크(τ)라고 하는 물리량에 의해시 특정된다. 그림 4-17과 같이 고정축이 O를 지나는 렌치(wrench)를 생각하자. 힘 F가 수평과 ϕ의 각도로 작용한다면 그 때 힘 F에 의한 토크의 크기 τ는 다음과 같이 정의된다.

$$\tau = rF\sin\phi = Fd \qquad (4-36)$$

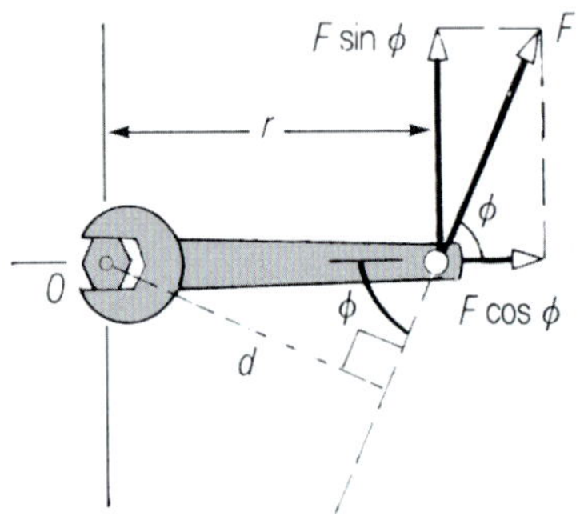

그림 4-17 F가 증가하거나 d가 증가할 때 F는 O에 대해 더 큰 회전을 일으킨다.

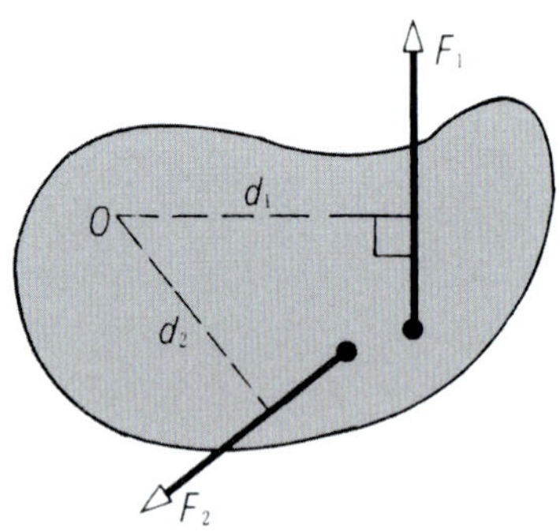

그림 4-18 O에 대해 힘 F_1은 반시계 방향으로 F_2는 시계방향으로 물체를 회전시킨다.

토크는 단지 기준점이 정해져 있을 때 정의될 수 있다는 사실이 중요하다. $d = r\sin\phi$는 힘 F의 모멘트 팔(moment arm)이라고 하며 회전축으로부터 F의 작용선까지의 수직거리를 나타낸다. 회전을 일으킬 수 있는 F의 성분은 단지 r에 수직인 성분 $F\sin\phi$뿐이며 수평성분 $F\cos\phi$는 O를 지나며 따라서 회전을 일으키지 못한다. 만일 그림 4-18에서와 같이 2개 이상의 힘이 강체에 작용할 경우 그때 각각의 힘은 O의 고정축에 대해서 회전을 일으킨다. 예를 들어 F_2는 시계방향으로 강체를 회전시키며 F_1은 반시계 방향으로 강체를 회전시킨다. 따라서 힘에 의한 토크의 방향은 회전방향이 반시계 방향이면 양으로, 시계방향이면 음으로 표시된다. 예를 들어, 그림 4-18에서 모멘트 팔이 d_1인 F에 의한 토크는 양이고 크기는 $+F_1d_1$이다. F_2에 의한 토크는 음이며 $-F_2d_2$이다. 따라서 축 O에 대하여 강체에 작용하는 순 토크는

$$\tau_{net} = \tau_1 + \tau_2 = F_1 d_1 - F_1 d_1$$

이다. 토크의 정의로부터 F가 증가하거나 d가 증가할 때 회전이 증가한다는 것을 볼 수 있다. 예를 들어 경첩에 가까운 곳보다 문손잡이에서 미는 것이 문을 닫기가 더 쉽다. 토크를 힘과 혼동해서는 안 된다. 토크는 힘에 길이를 곱한 단위 즉 에너지 단위이다.

[예제 9] 그림 4-19와 같이 속이 채워져 있는 원통이 마찰이 없는 축에 붙어 있다. 바깥 반지름 R_1에 감겨져 있는 밧줄은 원통의 오른쪽으로 힘 F_2를 작용하고 반지름 R_2에 감겨져 있는 밧줄은 원통의 아래 방향으로 F_1를 작용한다.

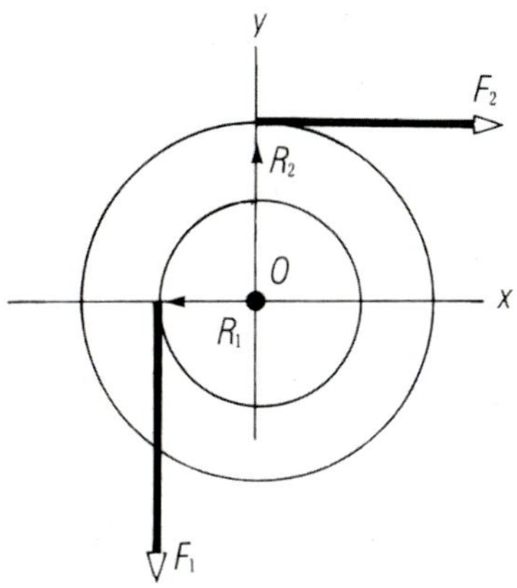

그림 4-19 | 속이 채워져 있는 원통이 O를 지나는 z축에 대해 회전한다.

(a) O를 지나는 z축에 대하여 원통에 작용하는 순 토크는 얼마인가?

(b) $F_1 = 5\text{N}$, $R_1 = 1.0\text{m}$, $F_2 = 6\text{N}$, 그리고 $R_2 = 0.5\text{m}$일 때 원통을 회전시키는 순 토크는 얼마인가?

[풀 이] F_1에 의한 토크는 $-R_1F_1$이고 F_2에 의한 토크는 $+R_2F_2$이다. 따라서 순 토크는

$$\tau_{net} = \tau_1 + \tau_2 = R_1F_1 - R_2F_2$$

(b) $\tau_{net} = (6\,\text{N})(0.5\,\text{m}) - (5\,\text{N})(1.0\,\text{m}) = -2\,\text{N} \cdot m$

7 각운동량과 보존의 법칙(angular momentum and law of conservation)

힘의 모멘트와 각속도는 벡터량이므로 회전에 관한 Newton의 제2법칙을 벡터로 표시하기로 하자. 회전운동에서는 관성모멘트 I와 각속도 ω의 곱은 각운동량 L이라 정의된다. 즉

$$\mathrm{L} = \mathrm{I}\omega \quad \cdots\cdots \quad (4-37)$$

이다. 그림 4-20에서와 같이 질량 m인 입자가 r인 원주상을 속도 v로 운동하고 있는 것을 생각하면 관성모멘트 $I = mr^2$이고 선운동량 $P = mv$이므로 각운동량 L은

$$L = I\omega = mr^2 vr^{-1} = mvr = \mathrm{r} \times \mathrm{P} \quad \cdots\cdots \quad (4-38)$$

이 된다. 식 (4-38)을 시간에 대해 미분하면

$$\frac{dL}{dt} = r \times \frac{dp}{dt} = r \times F = \tau \quad \cdots\cdots \quad (4-39)$$

가 되므로 각운동량의 시간적 변화율이 토크 (회전모멘트)τ와 같음을 안다. 이것은 식 (4-37)을 시간에 대해 미분하여 얻어지는 결과와도 같다. 즉

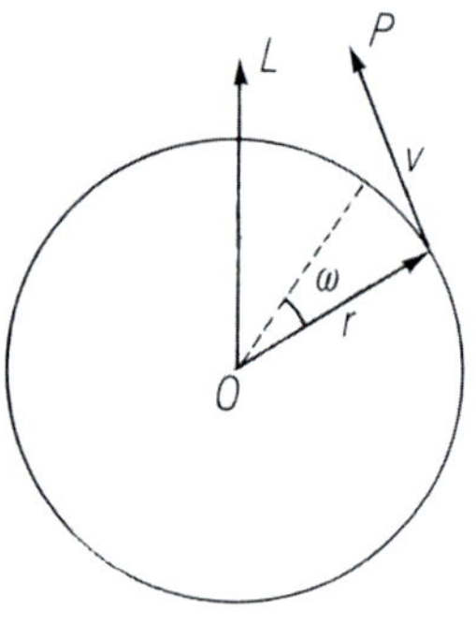

그림 4-20 강체가 중심 O를 지나는 축에 대해 회전한다.

$$\frac{dL}{dt} = \frac{d}{dt} I\omega = I\frac{d\omega}{dt} = I\alpha = \tau \quad \cdots\cdots \quad (4-40)$$

이다. 입자에 작용하는 토크는 각가속도에 비례하고 비례상수는 관성모멘트이다. 식 (4−40)은 뉴턴의 운동 제2법칙 $\mathrm{F} = \mathrm{m}\alpha$와 비슷하다.

한 물체가 고정축 주위를 돌고 있고 회전력이 전혀 작용하지 않는다면

$$\tau t = I\omega - I\omega_0 = 0$$

이다. 그러므로 $I\omega = I\omega_0 = 0 \quad \therefore L = C$

가 되다. 즉 일정한 축 0에 대한 회전체의 각 운동량은 불변이므로 이것을 각 운동량 보존 법칙이라 한다.

외부로부터 힘이 없으면 어떤 축에 대한 물체나 물체계의 각 운동량은 일정하다.

두 입자가 서로 작용하고 있을 때 회전력을 주는 입자는 받는 물체가 얻는 만큼 각운동량을 잃는다. 즉 입자계에서 계내의 입자 사이의 상호작용의 전후를 통하여 총 각운동량은 변하지 않고 보존된다.

8 세차운동과 지구의 자전효과(precession and earth rotation)

1) 세차운동

그림 4−21과 같이 팽이를 ω로 돌려 연직방향과 α의 각을 이루도록 수평면에 놓는다. 팽이의 중심에서 아래로 무게 W가 작용하여 y축을 회전축으로 하는 회전력 M_0를 주게 된다.

벡터 M_0의 방향은 그림 4−21과 같이 팽이의 축(z)과 직각이다. 극히 짧은 시간 dt 동안의 회전역적은 $M_0 dt$이고, 이 회전역적은 각 운동량의 변화량 $d(I_w)$와 방향과 크기가 같다. 따라서 팽이의 회전축은 그림 4−21과 같이 축과 축이 직각인 점선방향으로 천천히 돌게 된다. 이와 같은 운동을 세차운동이라 한다.

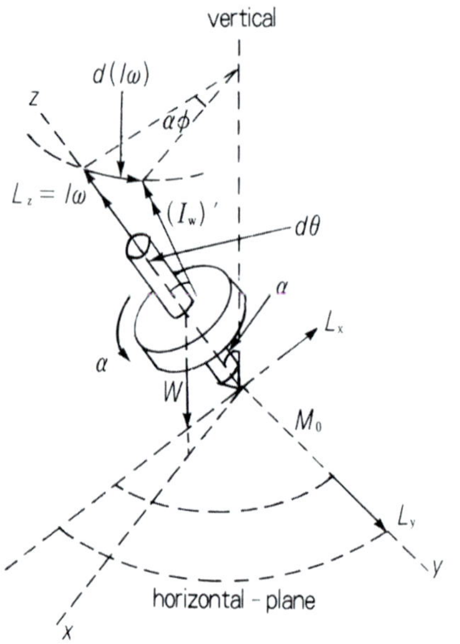

그림 4-21 | 팽이의 세차운동

지구는 구형이 아니고 납작한 회전타원체이기 때문에 달의 인력으로 지구의 자전축과 수직인 축에 대해서 회전력이 작용한다. 이것으로 말미암아 지축은 서서히 세차운동을 한다. 지구의 극은 25,800년에 완전한 원을 그리게 될 것이다.

표 4-1 | 병진운동과 회전운동의 유사점

개념	병진	회전	주
변위	s	θ	$s = r\theta$
속도	$v = ds/dt$	$\omega = d\theta/dt$	$v = r\omega$
가속도	$a = dv/dt$	$\alpha = d\omega/dt$	$a = r\omega^2$
힘, 모멘트	F	M	$M = Fr$
일정가속도	$v = v_0 + at$ $s = v_0 t + \frac{1}{2}at^2$ $2as = v^2 - v_0^2$	$\omega = \omega_0 + \alpha t$ $\theta = \omega_0 t + \frac{1}{2}\alpha t^2$ $2\alpha\theta = \omega^2 - \omega_0^2$	
관성	m	I	$I = \sum mr^2$
제2법칙	$F = ma$	$M = I\alpha$	
일	$dW = F \cdot ds$	$dW = M \cdot d\theta$	
공률	$P = Fv$	$P = M\omega$	
운동 에너지	$E_k = \frac{1}{2}mv^2$	$E = \frac{1}{2}I\omega^2$	
운동량	mv	$I\omega$	
충격량	$F \cdot dt$	$M \cdot dt$	

[예제 10] 자이로스코우프(gyroscope)에 대해 설명하여라.

2) 지구의 자전효과

지금까지 지구가 정지하고 있다고 보아서 지표물에 대한 좌표계를 써서 역학형상에 Newton의 법칙을 적용하였다. 그러나 지구는 $\omega = 2\pi/86400 = 7.28 \times 10^{-5}$ rad/s 로 자전하면서, 또한 태양에 대해서 공전을 하고 있다.

따라서 지구상의 물체의 운동은 지구의 정지 좌표계에 의한 물체의 운동을 정확하게 따르지 않는다. 물체의 운동을 좌표계가 달라지면 일반적으로 다르다. 지구를 기준좌표계로 취하면 유성(행성)의 운동은 타원이 아닌 복잡한 운동을 하지만, 태양을 기준으로 하면 타원계도를 그리므로 간단히 다룰 수 있다.

운동하고 있는 물체에 놓은 관측자는 그 물체가 가속도를 가질 때, 관성력이라는 힘이 나타난다. 버스 안에 탄 사람이 버스의 직선속력이 달라질 때나 커브를 돌 때 느끼는 힘이 바로 이 관성력이다.

동력학에 있어 $F = m \cdot a$를 $F + (-m \cdot a) = 0$이라고 쓰면, 정력학 문제가 된다. $-m \cdot a$의 힘이 관성력이다. 또 원운동에 있어 구심력 $F = mr\omega^2$를 $F + (-mr\omega^2) = 0$라고 쓰면, 구심력과 반대방향인 원심력 $mr\omega^2$이 나타난다.

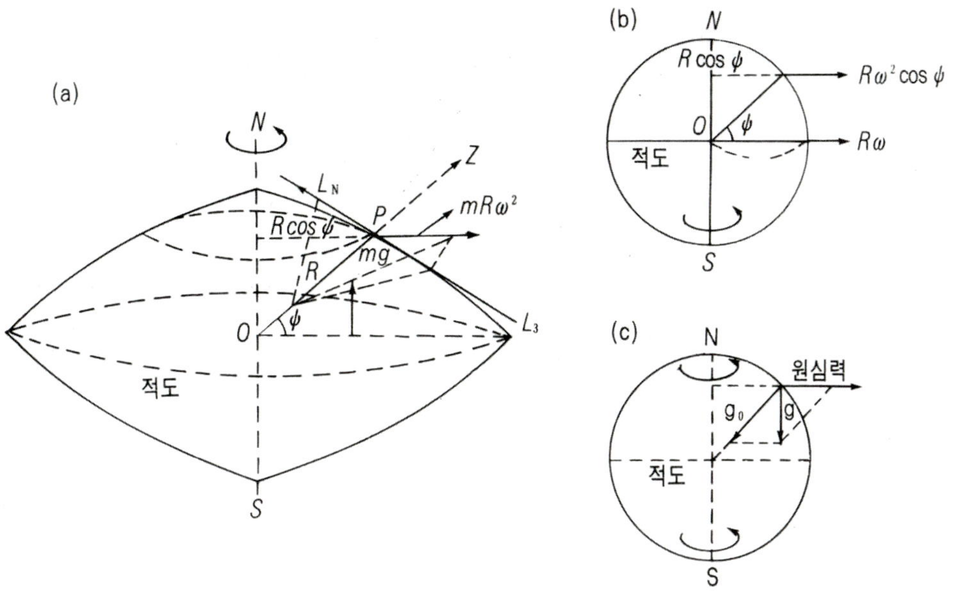

그림 4-22 지구의 자전운동

지구의 자전으로 인해 생기는 관성력에는 첫째 원심력이 있다. 원심력은 구심력과 방향이 반대이고, 크기가 같다. 지구의 표면이 아직 굳어지기 전에 지구의 자전에 의한 원심력과 중력을 합성한 방향으로 물질이 유동하여, 지구표면상에서 중력의 분력과 원심력의 분력이 비기도록 되어 회전타원체가 되었다고 볼 수 있다(그림 4-22(a)).

또, 중력에 의한 가속도 g의 값이 위도에 따라 다른 값을 가지는 것도 이 원심력이 위도에 따라 다르기 때문이다(그림 4-22(b)).

어떤 지상에서 중력을 측정하면 본래의 중력, 즉 만류인력 mg_0와 원심력을 같이 측정하므로, mg는 이 두 합력이다(그림 4-22(c)).

다음으로 지구자전으로 말미암아 지구상에서 운동하는 물체에 Coriolis의 힘이 나타난다. 지구상에서 운동하는 물체에는 항상 운동방향에 직각으로(운동방향을 향하여 북반구에서는 오른편으로 굽어지는 방향이고, 남반구에서는 왼편으로 굽어지는 방향) 지구자전의 각속도 ω와 물체의 속력의 곱에 비례하는 관성력($F=2mv\omega r$)이 작용하고, 이것을 Coriolis의 힘이라 한다. ω는 적으므로 포탄과 같은 빠른 속도에는 잘 나타나고, 속도가 빠르지 않으면 잘 나타나지 않는다.

그러나 태풍, 무역풍, 해류 등의 현상에는 큰 영향을 준다.

[예제 11] Coriolis의 가속도란 무엇이며, 일상생활에서 볼 수 있는 곳을 알아보아라. 특히 기차 속에서 Coriolis의 가속도 현상이 일어나는가? 일어난다면 왜 그런가?

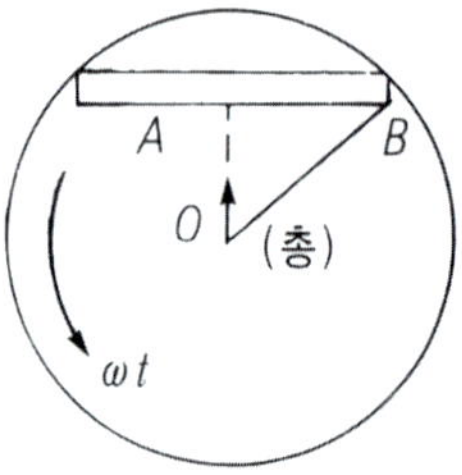

그림 4-23 회전체 위에서 O점으로부터 A를 향하여 총을 쏘면 B에 맞는다. 즉 회전체에 고정된 관측자에게는 Coriolis의 힘이 나타난다.

연습문제

1. 비행기가 A시에서부터 B시까지 동쪽으로 300 mi을 45분만에 나르고, B시에서부터 C시까지 남쪽으로 600 mi을 1.5시간에 난다.

(a) 총 비행의 변위 벡터의 크기와 방향은?

(b) 평균속도 벡터는?

(c) 이 비행의 평균속력은?

2. 시간 t_0에서 어떤 물체의 속도가 $v_0 = 125i + 25j$(단위 ft/s)로 주어진다. 3.0s뒤에 이 물체의 속도가 $v = 100i - 75j$라 하면 그 동안 이 물체의 평균가속도는 얼마인가?

3. 어떤 벡터 a가 다음과 같이 정의될 때 $a = ia_x + ja_y + ka_z$
그 스칼라 성분들은 다음과 같음을 증명하여라.

$a_x = i \cdot a, \quad a_y = j \cdot a, \quad a_z = k \cdot a$

4. 평면 위를 움직이는 물체의 위치 벡터가 SI단위계에서 $r = 2ti + 8t^3j + k$로 주어진다. 먼저 가속도를 구하여서 이 물체가 포물선 위를 움직이지 않음을 보여라.

5. 어떤 입자가 시간의 함수로서의 그것의 위치가 다음과 같이 되도록 움직인다.

$$r(t) = i + 4t^2j + tk$$

(a) 입자의 속도와 가속도를 시간의 함수로 나타내어라.

(b) 입자의 궤도의 꼴은 무엇인가?

6. 그림과 같이 어떤 입자 A가 일정한 속도 v ($v = 3.0\,m/s$)로 +x축에 평행한 방향으로 y = d(30 m)를 따라 움직인다.
또 다른 입자 B는 A가 y축을 지나는 순간에 0의 속력과 일정한 가속도 a($a = 0.40\,m/s^2$)로 원점을 출발한다.
a와 +y축과의 각 θ가 얼마일 때 두 입자의 충돌이 일어나는가?

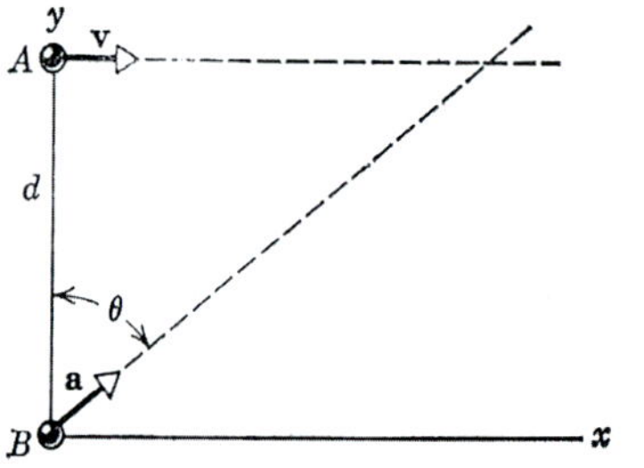

7. 어떤 입자가+x축 방향으로 초속도 $v(= 3.0m/s)$로 워점을 출발한다. 그 입자가 일정한 가속도 $a = -1.0i - 0.5j(m/s^2)$를 받는다고 하자.
(a) 그것의 x좌표가 최대가 되는 순간, 그 입자의 속도는 얼마인가?
(b) 이 때 그 입자는 어디에 있는가?

8. 어떤 공이 4.0 ft 높이의 수평 테이블의 모서리로부터 굴러 떨어진다. 그 공이 테이블의 모서리로부터 수평으로 5.0 ft되는 지점의 바닥에 떨어졌을 때 공이 그 테이블을 떠나는 순간의 속력은 얼마인가?

9. 총구가 100 ft만큼 떨어져 있는 표적판을 수평으로 향하고 있다. 탄환이 목표지점 아래 3.0 in 되는 곳에 박혔다. 그 총의 초기속력은 얼마인가?

10. 어떤 공이 20 m 높이에서 수평으로 던져졌다. 이 공의 초기속력의 3배의 속력으로 땅에 떨어졌다면, 이 공의 초기속력은 얼마인가?

11. 총구속도 1500 ft/s인 총으로 150 ft 떨어진 자유물을 향해 발사한다. 탄환이 목표물에 맞게 되려면 총은 목표물 위로 얼마만큼 향해야 하는가?

12. 포물체에서 초기속력 v_0, 투사각이 θ_0일 때, 그 수평거리는 $R=\frac{{v_0}^2}{g}sin2\theta_0$임을 보여라. 다음에 투사각이 45° 에서 최대 수평거리가 됨을 보여라(그림 참조).

13. 포물선운동에서 최고 높이가 $y_{\max}=\frac{(v_0\sin\theta_0)^2}{2g}$임을 보여라.

14. 포물체의 최고 높이와 수평 도달거리가 같을 경우 투사각은 얼마인가?

15. 어떤 비행기의 속력이 180 mi/h이고, 폭탄을 투하시에 수평면과 30° 하방으로 하강한다. 폭탄을 투하하는 지점과 폭탄이 땅에 떨어지는 지점과의 수평거리는 2300 ft이다.

(a) 폭탄이 투하될 때의 비행기의 고도는 얼마인가?

(b) 폭탄이 공중에 머무르는 시간은 얼마인가?

16. 수평면으로부터 45 m 높이에 있는 총에서 탄환이 250 m/s의 속력으로 발사되었다.

(a) 탄환이 공중에 머무르는 시간은?

(b) 땅에 떨어지는 곳까지의 수평거리는?

(c) 땅에 떨어지는 순간에 속도의 수직성분은?

17. 땅에서 공중으로 공을 던져서 높이가 9.1 m일 때의 공격 속도가 $v=7.6i+6.1j$임이 관측되었다. (x축 수평)

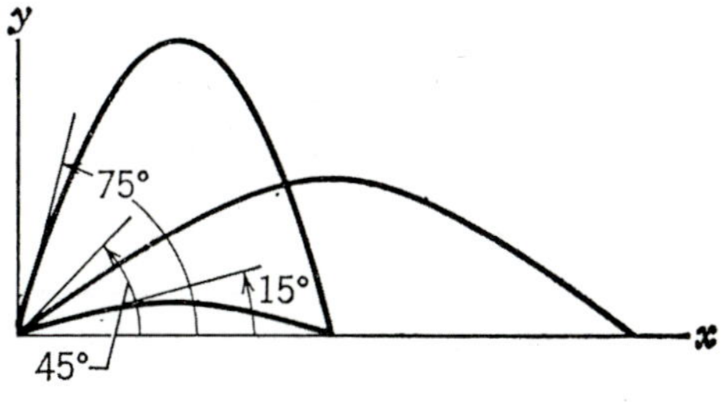

(a) 최고점까지 공은 얼마나 더 올라갈 것인가?

(b) 공이 나는 수평총거리는 얼마인가?

(c) 공이 땅에 떨어지는 순간에 공의 속도 (크기와 방향)는 얼마인가?

18. 다른 모든 물체와 같이 전자도 중력의 영향을 받는다. 만약 전자가 수평으로 $3.0 \times 10^7 m/s$(광속의 0.1배 속력)로 투사되었다면 1/0m를 움직였을 때 얼마나 떨어지게 되는가?

19. 어떤 비행기가 수직면을 53° 의 각을 가지며 하강하다가 고도 730 m 상에서 폭탄을 투하하였다. 폭탄은 투하된 후 5.0 s 후에 지상을 때렸다.

(a) 비행기의 속력은?

(b) 폭탄이 투하되어 지상에 이를 때까지 간 수평거리는?

(c) 폭탄이 지상에 닿을 순간의 속도의 수직과 수평성분은?

20. 축구공을 45° 의 각도로 64 ft/s의 속력으로 찼다. 그 순간 상대방은 공을 찬 곳에서 60 yd 떨어진 지점에서 공을 잡기 위해 달려온다. 공을 잡기 위해서는 속도가 얼마이어야 하는가? (1968년 10월호 American journal of Physics의 Seville Chapman '야구공 받기'를 참고하여라.

21. 탐정소설에서 시체가 건물의 15 ft 앞에, 그리고 80 ft 높이의 건물 창문 아래에서 발견되었다, 이사고가 단순한 사고인가, 아닌가 또 이유를 설명하여라.

22. 마술사가 다섯 개의 공을 연속으로 던지고 받는다. 각 공은 3.0 m 높이까지 올라간다.

(a) 공을 던진 후 다음 공을 던질 때까지의 시간을 구하여라.

(b) 한 공이 마술사의 손에 되돌아온 순간 다른 공들의 위치를 구하여라.(공이 한 손에서 다른 손으로 옮겨가는 시간은 무시한다.)

23. 미식축구팀의 선수가 초기속력 25 m/s로 공을 찬다. 가로막대의 높이가 지면에서 3.44 m인 골포스트의 정면에서 50 m 떨어진 곳에서 필드골(field goal, 필드에서의 득점)로 득점하려 할 때 이 선수가 지면과 몇 도의 범위 내에서 공을 차야 하는가?

24. 갈릴레오의 Two New Science에 의하면 물체를 투사할 때 45° 보다 조금 크거나 작거나 그 도달거리가 같을 때는 수평거리는 같다. 문제 14의 그림을 참조하여 이를 증명하여라.

25. (a) 중력가속도가 dg만큼 변한다면 초기속력 v_0, 발사각 θ_0인 포물체 (문제 14 참조)의 도달거리가 dR만큼 변한다. 이 때 dR/R = −dg/g임을 보여라.

(b) 중력가속도가 작은 양 Δg만큼 변한다면 (즉 물체를 한 곳에서 다른 곳으로 옮길 때) 주어진 포물체의 도달거리도 달라질 것이다. 이 변화량을 ΔR이라 하자. 만일 Δg, ΔR 이 충분히 작다면 $\Delta R/R = -\Delta g/g$로 쓸 수 있다. 1936년에 Jesse Owens가 베를린 올림픽 경기의 넓이뛰기 종목에서 8.09m로 세계기록을 세웠다. 베를린의 중력가속도는 $g = 9.8128 m/s^2$이다. 그가 1956년 멜버른 올림픽에 출전하였다면 기록은 얼마나 달라질 것인가? 멜버른의 중력가속도는 $g = 9.7999 m/s^2$이다.(이 부분에 대해서 Scientific American 1955년 9월호에 실린 Weikko A. Heiskanen의 "지구의 중력"을 참고하여라.)

26. 선풍기의 날개 끝에 있는 한 입자가 받는 원심가속도를 구하여라. 선풍기의 지름이 0.30 m이고, 1200 rev/min 로 회전한다.

27. 우주정류장이 지름 100 m인 회전하는 바퀴 모양으로 건설된다. 이 바퀴 끝에서의 가속도는 달에서의 중력과 같이 g/6로 만든다.

(a) 이 바퀴는 어떤 각속도로 돌아야만 하는가?

(b) 1조기는 얼마인가?

28. 어떤 중성자별은 1 rev/s의 속도로 회전한다. 이 별의 반지름이 20 km라 하면, 이 별의 적도상에서의 구심가속도는 얼마인가?

29. 자기장에 전하를 가진 입자가 투사되었을 때 그 투사방향과 직각방향으로 휘어진다. 이 자기장 속에서 전자가 전가속도 $3.0\times10^{14}m/s^2$을 받는다. 이 커브의 반지름이 0.15m라 하면 전자의 속력은 얼마인가?

30. 보어(Bohr)의 수소원자 모델에 의하면 전자가 양자 주위를 $5.28\times10^{-11}m$의 반지름을 가지고 $2.18\times10^6m/s$의 속력으로 원운동을 한다. 수소원자 내에서 전자의 가속도는 얼마인가?

31. 어떤 소년이 1.5 m 길이의 줄 끝에 돌을 매달아 지상 2.0 m 높이에서 수평원으로 돌리고 있다. 줄이 끊어져 돌이 수평하게 날아가 10 m 떨어진 곳에 떨어졌다. 원운동을 하고 있을 동안의 구심가속도는 얼마인가?

32. 어떤 대회전식 관람차(Ferris wheel, 유원지의)의 반지름이 15 m이고, 수평축을 중심으로 1분에 5회전을 한다.

(a) 최고 높이에서의 가속도는 얼마인가?

(b) 최저 높이에서의 가속도는 얼마인가?

33. (a) 부록 D의 자료를 참고하여 지구와 토성의 공전에 의한 구심가속도의 비를 계산하여라. 두 행성이 일정속력운동으로 원궤도를 돈다고 생각하여라.

(b) 태양과 두 행성간의 거리의 비를 구하여라.

(c) (a)와 (b)의 답을 비교하여 보고 태양과의 거리와 구심가속도 사이의 관계를 생각하여 보아라. 다른 행성들 간에도 이 관계를 알아보고 당신의 가정이 옳은가 알아보아라.

34. (a) 등속도운동을 하는 입자의 위치 벡터 r을 직각좌표와 단위벡터 I와 j을 써서 표시하여라.

(b) (a)로부터 속도 v와 가속도 a를 나타내는 식을 유도하여라.

(c) 가속도는 원운동의 중심을 향하고 있음을 증명하여라.

35. 우주선이 20 g의 가속도에도 견딜 수 있다면

(a) 광속의 1/10의 속력으로 이 우주선이 움직일 때 최소 회전 반지름은 얼마인가?

(b) 이 속도로 90° 회전하는 데 걸리는 시간은 얼마인가?

36. 한 물체가 x-y평면의 원점을 중심으로 반지름 0.60 m의 원궤도를 2.0 s의 주기로 회전한다.

(a) 1상한에서 x = 0.48 m일 때 속도의 x, y 성분을 구하여라.

(b) 위의 순간에 구심가속도의 x, y 성분을 구하여라.

37. 헬리콥터가 4.9 m의 일정한 고도와 4.9 m/s의 일정한 속력으로 평평한 땅 위를 날고 있다. 짐뭉치 하나가 헬리콥터에 대한 상대속도 12 m/s로 수평하게 헬리콥터 밖으로 던져진다. 던져지는 방향은 헬리콥터의 진행방향과 반대쪽이다.

(a) 지면에 대한 짐뭉치의 초기속도를 구하여라.

(b) 짐뭉치가 지면에 닿는 순간 헬리콥터와 짐뭉치 사이의 수평거리는 얼마인가?

(c) 충돌하기 직전 짐뭉치의 속도 벡터와 지면이 이루는 각은 얼마인가?

38. 2700 mi의 대륙 횡단 비행은 동쪽으로 향할 때 보다 서쪽으로 향할 때 50분이 더 소요된다. 비행기의 평균 공기속력이 제트 기류의 대하여 600 mi/h이라면 이 비행 계획에서 바람에 대해서는 어떤 가정을 하였는가?

39. 어떤 경비행기의 속력이 500 km/h이다. 조종사는 북쪽으로 800 km 떨어진 목적지에 가려 한다. 그러나 똑바로 목적지를 가기 위해서는 비행기의 기수를 북쪽에서 동쪽으로 20° 만큼 기울여야 된다는 것을 알았다. 목적지까지는 정확하게 2시간이 소비되었다. 이때 벡터 풍속은 얼마인가?

40. 기차가 남쪽으로 몰아치는 빗속을 정남을 향해 30m/s(지면에 대해서)의 속력으로 가고 있다. 지표면에서 정지하고 있는 관측자에게 빗방울은 수직선과 22° 의 각을 이루며 내리고 있다. 그러나 기차에 탄 사람은 빗방울이 수직하게 내리는 것처럼 보인다, 지구에 대해 빗방울의 속력을 구하여라.

41. 폭이 500 m인 강을 어떤 사람이 건너려고 한다. 이 사람이 노를 젓는 속력은 (물에 대해서) 3000 m/h이고, 강물은 2000 m/h의 속력으로 흐른다. 이 사람이 강변에서 걷는 속력이 5000 m/h라 하면,

(a) 출발점과 똑바로 맞은쪽에 있는 것까지 최단시간에 갈 수 있는 경노(노를 젓는 것과 걷는 것을 합쳐서)를 구하여라.

(b) 이 때의 시간은 얼마나 걸리는가?

제 5 장

운동의 법칙

Laws of Motion

1 뉴턴의 운동법칙(Laws of Newton)

1) 운동 제1법칙(frist law of motion)

우리가 버스를 타고 여행을 할 때 그 버스의 출발방법이 갑작스러우면 뒤로 몸이 제처지고 달리다가 갑자기 정지하면 앞으로 몸이 쏠리는 현상을 경험하게 된다.

이것은 운동물체의 자연스런 현상이다. 그 이유는 아무 힘도 가해지지 않는 물체는 그 상태를 지속하려는 성질이 있기 때문이다. 이런 성질을 관성(지속할 관, 품성 성)이라 하고 영어로는 inertia(지둔, 우둔)을 뜻한다. 이 성질을 이용하여 여러 가지 역학적 현상을 일

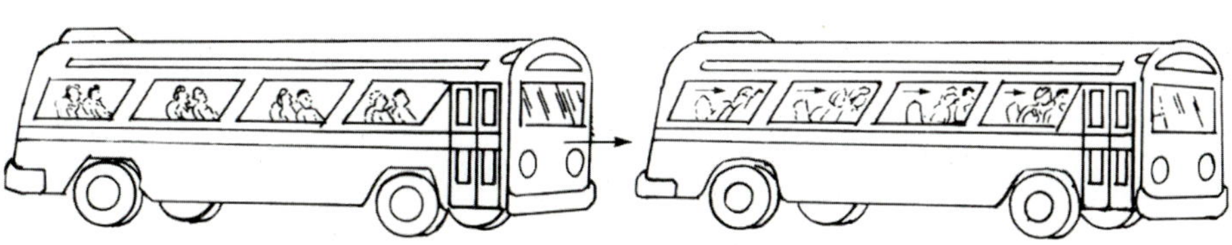

(a) 갑자기 출발할 때　　　　(b) 진행 중 갑자기 설 때

그림 5-1

으키게 할 수 있다. 이것을 Newton의 운동 제1법칙이라고도 한다.

2) 운동 제2법칙(second law of motion)

위의 관성상태를 깨어야 새로운 운동이 되는데 그렇게 하려면 힘이 필요하다. 이 힘은 운동의 원인이 되고 힘의 크기가 그 물체의 질량과 그 물체의 가속도에 의하여

$$F = ma \qquad (5\text{-}1)$$

이다. 따라서

$$F = m\frac{dv}{dt} = m\frac{d^2s}{dt^2} \qquad (5\text{-}2)$$

단위는

$$\text{kgm/s}^2 \qquad (5\text{-}3)$$

이며 이를 N(Newton)이라 한다. 그러니까 제2법칙은 힘의 정의가 되며 1N은 1kg의 질량에 $1\,\text{m/s}^2$의 가속도를 내게 할 수 있는 힘의 크기이다.

[예제 1] 60 g의 테니스공이 라켓으로 30 m/s의 속도로 와서 5×10^{-3} s 동안 부딪쳤다가 다시 30 m/s로 날아갔다. 이 공이 라켓에 준 힘은 얼마인가?

[풀 이]

$$\Delta v = v_f - v_0 = (-30\,\text{m/s}) - (30\,\text{m/s}) = -60\,\text{m/s}$$

$$a = \frac{\Delta v}{\Delta t} = \frac{-60\,\text{m/s}}{5\times10^{-3}\text{s}} = -1.2\times10^4\,\text{m/s}^2$$

$$F = \text{ma} = (-6\times10^{-2}\text{kg})(1.2\times10^4\,\text{m/s}^2) = -720\,\text{N}$$

여기서 (−)는 운동방향과 반대 방향을 의미한다.

3) 운동 제3법칙(third law of motion)

한 물체에 힘을 가하면 받는 물체는 같은 크기의 힘을 반대 방향으로 작용한다. 그래서 F_{AB}가 A에서 B로 힘을 줬다면 B도 F_{BA}로서 B에서 A로 힘을 주게 된다. 이것이 작용에 대한 반작용으로 나타난다. 마치 총을 쏘면 총알이 나가는 반대 방향으로 어깨가 제쳐지는 현상과도 같다.

그림 5-2 (a) 얼음판 위에서 돌을 던지는 경우 (b) 사람이 걷는 경우

앞 그림에서 얼음판 위에서 돌을 던지면 돌을 가한 작용만큼 사람도 반작용을 받아 뒤로 밀리며 사람이 걷는 이유도 발의 앞부분을 뒤로 미는 것에 대한 반작용으로 앞으로 걷게 되는 것이다.

[예제 2] 5톤 트럭이 $20\,\mathrm{m \cdot s^{-1}}$로 진행하다가 5초 동안 등가속도 운동 후 정지하는 동안 트럭이 받는 순힘을 계산하시오.

[풀 이] 가속도 α라 하면 $v = v_0 \alpha t \rightarrow v = 0$, $v_0 = 20 m \cdot s^{-1} \rightarrow \alpha = -4 m \cdot s^2$

$\therefore F = m\alpha = 5 \times 10^3 \times (-4) = -2 \times 10^4\,\mathrm{N}$

진행방향의 반대방향으로 $2 \times 10^4\,\mathrm{N}$의 힘을 받는다.

4) 관성력(force of inertia)

물체에 속도의 변화가 생겨 가속도가 나타나면 갑작스런 속도의 변화에 물체는 즉시 적

응치 못하며 그 결과로 관성이 깨어진다. 이 관성은 가해진 힘에 대하여 반대로 작용하게 되고 따라서 원래의 힘과 반대방향의 힘을 느끼게 되는데 이 힘은 실제로 없으나 관성상태를 유지하려는 성질에 의해 나타난다.

앞에서의 예와 같이 버스가 갑자기 서면 사람은 앞으로 쏠리는데 그렇다고 누가 사람을 앞으로 밀었던 것이 아니고 다만 달리던 관성에 의해 느끼는 힘일 뿐이다.

즉 가한 힘

$$F = ma \quad \cdots\cdots (5-1)$$

에 대하여 작용을 받는 물체는

$$-F = -ma \quad \cdots\cdots (5-4)$$

를 느낀다.

그 예로는 엘리베이터에서 갑자기 위로 운행되면 가속도가 생기고 이때 그 안의 사람은 자신의 몸무게에 관성력 $F = ma$를 아래쪽으로 받는다. 즉 엘리베이터는 위로 힘 $F = ma$를 작용했으나 그 반대방향의 힘$(-ma)$을 받는 것이다. 따라서

$$F = mg - (-ma) = mg + (ma) \quad \cdots\cdots (5-5)$$

= 그 아래쪽의 몸무게 + 작용한 윗방향의 힘과 반대방향의 관성력

$$= m(g + a) \quad \cdots\cdots (5-6)$$

자기 몸무게 이상 더 무거워진다. 여기서 $-ma$를 관성력이라 하고 원운동에서는 중심쪽의 힘인 구심력과 반대인 원심력을 받는데 이때 이 원심력을 관성력이라 한다.

2 케플러의 법칙(law's of kepler)

케플러(Johannes Kepler)는 1600년에서 1620년 사이에 그의 스승인 티코 브라헤(Tycho Brahe)가 관측에 의해 얻은 행성들의 정확한 천문학적 자료를 분석함으로써 행성

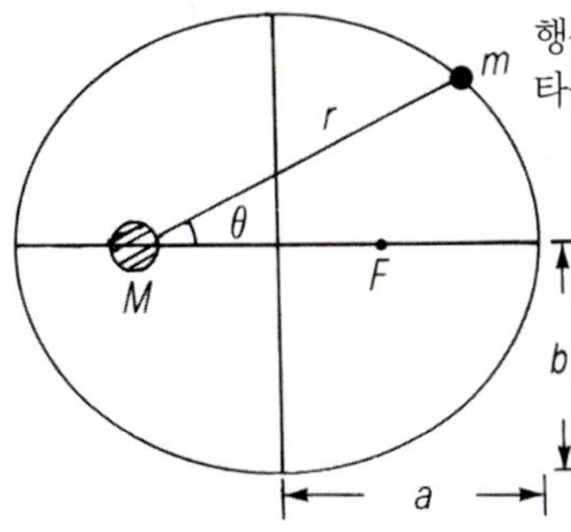

그림 5-3 | 행성의 운동

에 관한 세 가지 법칙을 주창하였다.

그림 5-3은 태양 둘레의 타원궤도를 도는 행성이다. 태양의 질량 M은 행성의 질량 m보다 대단히 커서 행성-태양계의 질량중심은 태양 중심에 있다고 가정하며, 태양은 타원궤도의 한 초점이라 할 수 있다. 이렇게 행성은 태양을 하나의 초점으로 하는 타원궤도 운동을 한다. 이것을 케플러의 제1법칙이라 한다.

궤도의 긴 반지름을 a, 짧은 반지름을 b라 하고 궤도 방정식을 r와 θ로 나타내면

$$\frac{1}{r} = \frac{1}{b^2}(a + \sqrt{a^2 - b^2}\, cos\theta) \quad \cdots\cdots (5\text{-}7)$$

이다. $b = a$인 경우 타원은 원으로 된다.

이러한 궤도운동을 하기 위해서는 태양과 행성 사이에 작용하는 인력은 두 물체 사이의 거리(r)의 제곱에 반비례해야함을 암시한다. 태양계에서는 9개의 행성과 그 둘레를 도는 32개의 위성이 모두 원에 극히 가까운 궤도운동을 한다.

그림 5-4에서 짧은 시간 Δt 사이에 동경 r이 스치고 지나가는 면적 ΔA는

$$\Delta A \approx \frac{1}{2} r^2 \Delta\theta$$

이다. 그러므로

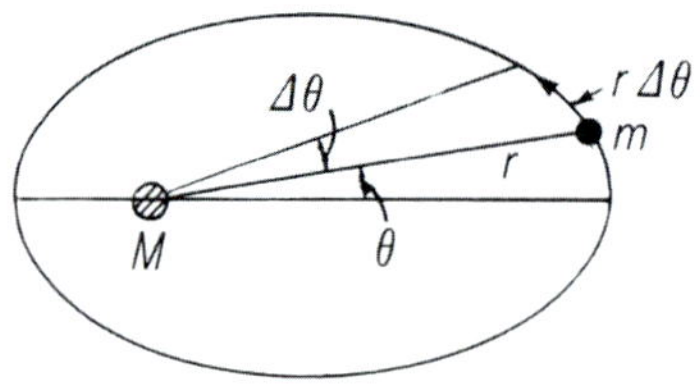

그림 5-4 | 행성의 동경 r이 시간 Δt 사이에 스치고 지나가는 면적

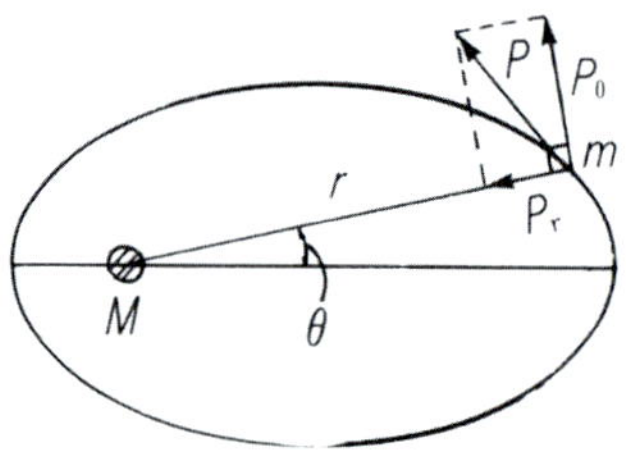

그림 5-5 | 행성의 운동량 P의 동경 및 회전각 방향의 성분

$$\frac{dA}{dt} = \frac{1}{2}r^2\frac{d\theta}{dt} = \frac{1}{2}r^2\omega \quad \cdots\cdots (5-8)$$

이다. 그런데 행성의 선운동량 $P = mv$이고 이것은 r 및 θ방향의 성분은 각각 $P_r = mv_r$, $P_0 = mv_0$이다. 이 관계를 그림 5-5에 표시하였다. 한편, 행성의 각운동량 L은

$$L = P_0 \cdot r = mv_0 \cdot r = mr\omega \cdot r = mr^2\omega \quad \cdots\cdots (5-9)$$

이다. 식 (5-8)과 식 (5-9)에 의해서

$$\frac{dA}{at} = \frac{L}{2m}$$

이 된다. 각운동량 보존법칙에 의해 L은 일정하므로 결국 $L/2m$이 일정하다. 그러므로, dA/dt, 즉 행성의 동경이 스치고 지나는 면적의 시간적 변화율(이것을 면적속도라 함)은 일정하다. 즉,

$$\frac{dA}{at} = \frac{L}{2m} = \text{일정} \quad \cdots\cdots (5-10)$$

이다. 이것을 행성의 면적속도 일정의 법칙(케플러의 제2법칙)이라 한다.

또한 케플러는 행성들이 타원궤도를 공전하는 주기(T)와 공전궤도의 반경의 측정값들을 정리 분석함으로써 두 행성의 공전주기의 제곱의 비는 태양으로부터 평균거리의 세제곱의 비와 같다는 것을 밝혀냈다. 즉,

$$\left(\frac{T_1}{T_2}\right)^2 = \left(\frac{r_1}{r_2}\right)^3 \quad \cdots\cdots (5-11)$$

이다. 이것을 케플러의 제3법칙이라 한다.

3 만유인력법칙(laws of universal gravitation)

1) 뉴턴의 만유인력 법칙

뉴턴(Newton)은 자신이 내놓은 운동의 법칙과 케플러의 제3법칙으로부터 태양과 행성 사이에는 그들의 질량의 곱에 비례하고 거리의 제곱에 반비례하는 인력이 작용함을 알아내었다.

그림 5-6과 같이 행성의 공전궤도가 태양을 중심으로 하는 원이라고 가정하자.(실제로 천왕성을 제외한 모든 행성은 거의 원 궤도이다.)

태양의 질량을 M, 행성의 질량을 m, 행성의 공전속도를 v, 공전 궤도반경을 R라 하면 공전주기 T는

$$T = \frac{2\pi R}{v} \quad \cdots\cdots (5-12)$$

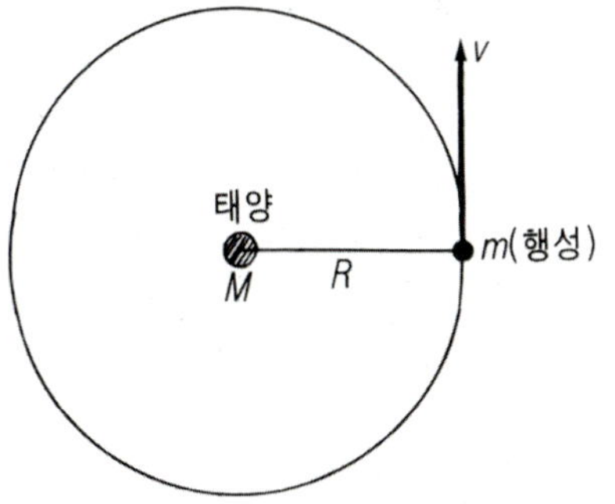

그림 5-6 | 천왕성을 제외한 모든 행성의 공전궤도는 태양을 중심으로 하는 원에 가깝다.

이고, 케플러의 제3법칙에 의해

$$T^2 = kR^3 = \frac{4\pi^2 R^2}{v^2}$$

가 되므로

$$v^2 = \frac{4\pi^2}{kR}$$

로 된다. 한편, 행성의 구심가속도 $a = \dfrac{v^2}{R}$이므로 뉴턴의 제2법칙에 의해 행성이 받는 구심력 F는

$$F = ma = m\frac{v^2}{R} = \frac{4\pi^2 m}{kR^2} \quad \cdots\cdots (5-13)$$

로 된다. 이 힘은 태양이 행성에 작용하는 인력으로서 행성의 질량(m)에 비례하고, 행성과 태양 사이의 거리 (R)의 제곱에 반비례함을 안다. 작용과 반작용의 법칙에 의해 이 힘과 같은 크기의 힘을 태양은 행성으로부터 받게 된다. 이 때 태양이 행성에 작용하는 힘이 행성의 질량에 비례하므로 대칭성에서 이 힘은 태양의 질량(M)에도 비례한다고 생각할 수 있다. 그러므로, 식 (5-13)에서 상수 $4\pi^2/k$를 상수 G를 도입하여 $4\pi^2/k = GM$으로 대치할 수 있다. 그러면 식 (5-13)은

$$F = G\frac{M \cdot m}{R} \quad \cdots\cdots (5-14)$$

이 된다. 즉, 태양과 행성 사이에는 그들의 질량의 곱에 비례하고 거리의 제곱에 반비례하는 인력이 작용된다.

1665년의 어느 여름날 뉴턴은 명상에 잠겨 있다가 사과가 땅에 떨어지는 것을 보고 그는 무엇이 사과를 땅에 떨어지게 했나 하고 생각했다. 만일, 지구와 사과 사이에도 태양과 같은 행성 사이에 작용하고 것과 같은 인력이 작용한다면 그 힘은 지구와 사과의 질량의 곱에

비례하고, 거리의 제곱에 반비례할 것이라고 생각했다.

뉴턴은 사과를 지구에서 멀리 떼어 놓을 때 사과에 작용하는 힘이 감소될지에 대하여 고심했고, 달과 같이 멀리 있으면 달의 가속도와 같아질지 모른다고 생각했다. 뉴턴은 달의 지구둘레에 대한 공전주기 $T = 27.3 \times 8.64 \times 10^4 s$ 와 지구와 달 사이의 거리 $R = 364 \times 10^6 m$ 로서 달의 구심가속도 $a = 4\pi^2/R \cdot T^2 = 2.72 \times 10^{-3}\ m/s^2$ 가 됨을 계산하였고, 이것은 지표상의 중력가속도 $g = 9.8\ m/s^2$ 의 약 3600분의 1이 되는 것을 알았다. 지구 중심에서 달까지의 거리는 지구반경의 약 60배이므로 달이 지구로부터 받는 인력에 의한 구심가속도와 지표상의 중력가속도의 비가 거리의 제곱($60^2 = 3600$)에 반비례한다는 결론을 내릴 수 있었다. 이리하여 모든 물체(만유) 사이에는 그들의 질량의 곱에 비례하고 거리의 제곱에 반비례하는 힘, 즉 식 (5-14)로 주어지는 인력(만유인력)이 작용한다고 결론 내려졌다. 이것이 만유인력의 법칙이다.

여기서 $G = 6.67 \times 10^{-11}\ Nm^2/kg^2$ 으로 1798년 캐벤디쉬(Henry Gavendish)가 비틀림 저울을 이용하여 측정하였다.

이 만유인력법칙은 중세과학의 큰 장애를 해결한 중요한 법칙으로서 모든 물체는 서로 당기고 있으며 그 힘은 거리 r의 제곱에 반비례한다는 사실이다. 예로써 지구와 물체와는 중력이라는 인력이 작용된다.

달착륙선의 달궤도에서 착륙직전 달 주위로의 회전주기를 계산하자.

달의 질량 M_m, 궤도반지름 R, 달착륙선의 질량 m일 때 식 $F = m\alpha$ 에서 F를 구하기 위해 $\frac{GM_m m}{R^2}$ 을 사용하고 가속도 α 를 구하기 위해 $(4\pi^2/T^2)R$ 를 사용하면

$$G\frac{M_m m}{R^2} = m\left(\frac{4\pi^2}{T^2}R\right) \quad (\because \text{ 만유인력 = 구심력})$$

에서

$$T^2 = \frac{4\pi}{GM_m}R^3$$

$$\therefore T = 2\pi\sqrt{\frac{R^3}{GM_m}}$$

이 된다. 여기서 달의 반경 R≒1740 km, 달의 질량 M_m=7.35×10^{22} kg을 위 식에 대입하면

$T = 6.5 \times 10^3 s$ 또는 108 min이다.

정지 인공위성은 적도상에 같은 지점 위를 영원히 돌고 있다. 그러면 지구 중심으로부터 정지 인공위성까지의 거리를 구하자.

지금, 정지 인공위성이 돌기 위해서는 지구의 자전과 같은 주기로 공전해야 한다. 또 인공위성의 구심 가속도와 같은 중력가속도는 $g(\frac{{R_e}^2}{r^2})$이다.

즉, $\frac{4\pi^2 r}{T^2} = g\frac{{R_e}^2}{r^2}$ (r = 인공위성까지의 거리)

$$r^3 = \frac{g{R_e}^2}{4\pi^2}T^2$$

이다. 여기서 R_e=6.37 × 10^6 m, T=86,400 s, 이므로 r=42000 km이다.

4 운동량과 충격량(momentum and impulse)

1) 운동량(momentum)

질량 m이 속도 v로 운동하고 있다가 다른 물체에 부딪쳤다면 힘 F가 작용함과 동시에 반작용으로 자신은 $-F$를 받을 것이다. 그러면 이 물체가 받을 힘은

$$-F = ma, \; F = ma \quad \cdots\cdots (5\text{–}15)$$

$$P = mv \quad \cdots\cdots (5\text{–}16)$$

같은 질량이면 속도가 빠를수록 운동량이 크고 같은 속도이면 질량이 클수록 운동량이 크다. 그러나 이 운동량은 같은 양 또 다른 한 물리량으로 도출해낸다.

2) 충격량(impulse)

위에서 운동량이 도출되면 또 하나의 물리량은 다음과 같이 된다.

$$F = ma = m\frac{v}{t} \quad \cdots\cdots (5-17)$$

$$Ft = mv \quad \cdots\cdots (5-18)$$

다시 말하면 힘 $F = ma$에서 시작된다. 물리는 공식들이 많은 것이 아니다. 몇 개 안되는 공식에서 상황에 따라 변형되어 응용되는 기초과학의 꽃이다. 여기서도 $F = ma$라는 운동 제2법칙이 응용되어 나타난다. 즉 운동량은 물체가 충돌될 때 순간적 힘과 시간의 관계이다.

충격량=운동량

$Ft = mv$

즉 m이 v로 운동하는 mv를 이겨내기 위한 충돌 순간의 힘과 시간의 곱을 충격량이라 하고 t에 따라 F를 크게 할 수도 작게 할 수도 있다.

같은 mv를 짧은 시간에 힘을 주려면 그 힘은 크게 되고 긴 시간 갖게 하면 작은 힘을 주어도 된다. 자동차가 mv로 갈 때 갑자기 정지시키기 위해서는 큰 힘의 브레이크를, 천천히 정지시키기 위해서는 작은 힘을 주어도 된다.

이때의 순간을 시간 t와 F를 그림으로 보면 다음과 같다.

즉 $F_1t_1 = F_2t_2 = mv$ ················(5-19)

여기서

$t_1 < t_2$

여기에

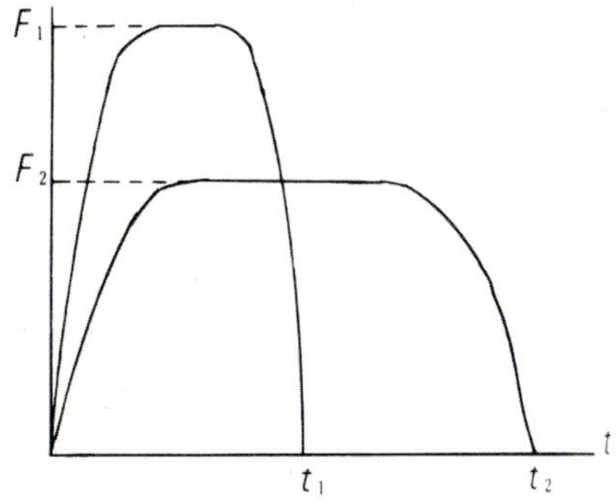

그림 5-7 | 역적

$$F_1 > F_2$$

이다.

[예제 3] 1000 kg의 물체가 6 m/s로 달리고 있는데 이 물체를 10분 동안 정지시키기 위한 힘과 1/10초 동안 정지시키기 위한 힘을 계산하라.

[풀 이] 생략

[예제 4] 골프선수들은 대개 46 g의 골프공을 5×10^{-2} s 동안 치면 그 속도는 70 m/s 정도가 된다. 이때 충돌되는 순간 작용한 힘은 얼마나 되겠는가?

[풀 이] $\Delta mv = (0.046\,\text{kg})(70\,\text{m/s}) = 3.22\,\text{kg} \cdot \text{m/s}$

$$F = \frac{\Delta mv}{\Delta t} = \frac{3.22\,\text{kg}}{5.0 \times 10^{-2}\,\text{s}} = 6.44 \times 10\,N$$

이 순간 물론 골프공도 사람에게 같은 크기의 힘을 주게 된다. 이것을 반작용이라 할 수 있고 이 때 힘은 되물림 힘(recoil force)이라 한다.

3) 운동량보존법칙(conservation of momentum)

두 물체가 서로 반대방향이나 같은 방향으로 운동하게 될 때 충돌이 일어날 수 있다. 이때 서로 충돌 전 각각의 운동량은 충돌 후 운동량과 같게 된다. 그 이유는 총체적으로 아무 이유없이 물리량이 소멸, 생성도 되지 않는다는 것이고 운동량 자체에서도 외적인 힘의 개입이 없다면 보존되어야 한다.

즉

$$m_1 v_1 + m_2 v_2 = m_1 v_1' + m_2 v_2' \quad \cdots\cdots (5\text{-}20)$$

이고 이 식은 다시

$$m_1 v_1' - m_1 v_1 = -F\Delta t \quad \cdots\cdots (5\text{-}21)$$

$$m_2 v_2' - m_2 v_2 = F\Delta t$$

가 된다.

그림으로 보면 아래와 같다.

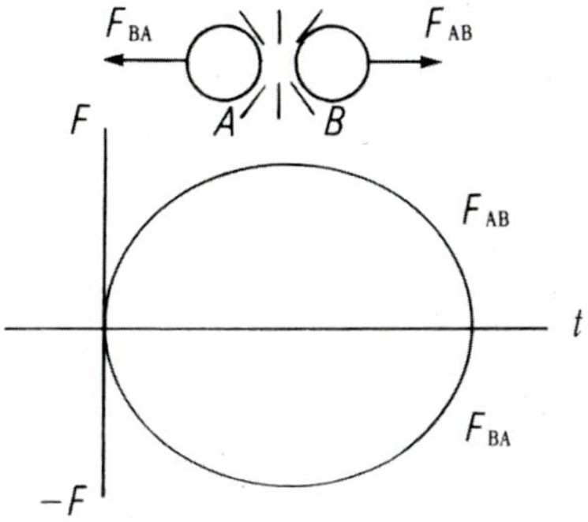

그림 5-8 충돌에서의 상대적인 충격량(대칭으로 나타난다)

만약에 m이라는 물체가 폭발로 두 조각이 난다면

$$mv = 0 = m_1 v_1 + m_2 v_2 \quad \cdots\cdots (5-22)$$

일 것이므로 큰 조각은 작은 속도이므로 가까이 작은 조각은 큰 속도로 멀리 튀어나갈 것이 분명하다.

이 때 완전히 충돌 전후의 에너지로 보존되는 충돌은

$$v_1 = v_2$$

이고

따라서

$$-\frac{v_2}{v_1} = 1 \quad \cdots\cdots (5-23)$$

이 때 $\frac{v_2}{v_1}$의 상수를 충돌계수 e라 하고 $e = 1$인 경우 우리는 완전탄성충돌이라 한다.

$$-\frac{v_2}{v_1} = 0 \quad \cdots\cdots (5-24)$$

이면 완전비탄성충돌이라 하고 우리 일상생활에서 보통 있는 일은 아니다. 그 비슷한 예는 진흙뭉치의 충돌과 같은 것이다.

$$-\frac{v_2}{v_1} = e \quad \cdots\cdots (5-25)$$

$$0 < e < 1$$

보통 있는 일로 비탄성충돌로 에너지가 보존되지 않는다. 물론 전체적인 에너지는 보존되나, 여기서는 역학적 에너지를 말한다.

$$-\frac{v_2}{v_1} = e$$

$$e > 1 \quad \cdots\cdots (5-26)$$

인 경우도 있는데 이는 화약과 같은 것에 의한 폭발로 생각할 수 있다.

[예제 5] 무중력 상태의 우주 공간에서 한 우주인은 모든 장비를 합쳐서 100 kg이다. 우주인이 갖고 있는 카메라가 0.8 kg일 경우 이를 앞으로 밀었더니 우주인이 뒤로 0.096 m/s로 이동하였다. 카메라의 속도를 이대로 두었을 경우 한 시간 동안 얼마나 이동해 가겠는가?

[풀 이] $v_2 = -\frac{m_1}{m_2}v_1 = -\frac{100}{0.8} \times 0.096 = 12(\mathrm{m/s})$

$s = 12\,\mathrm{m/s} \times 3600\,s = 43200\,\mathrm{m}$

연습문제

1. 중력이 갑자기 없어진다면 태양 주위를 궤도 운동하던 지구는 자유롭게 움직이게 될 것이다. 태양에서 지구까지의 거리가 현재의 명왕성까지의 거리와 같아지는 데는 시간이 얼마나 걸리겠는가(필요한 수치는 부록 D에서 찾아라)?

2. 한 어린이가 주택가를 시속 35 km/h로 달리고 있는 차의 앞좌석에서 안전벨트를 묶지 않은 채 놀고 있었다. 갑자기 개가 도로를 가로지르는 바람에 운전자가 브레이크를 밟아서 차가 정지하여 개와 부딪히는 것을 피하였다. 어린이가 차 앞의 계기판에 부딪히기 전에 차를 정지시켰다면, 이 어린이가 계기판에 부딪히기 직전의 속력은 얼마인가? 이 속력을 100 m 단거리 세계 기록(약 10초)과 비교하여 보아라.

3. 실험용 로케트 추진 썰매를 1.8 s 내에 정지에서부터 1600 km/h의 속력으로 가속할 수 있다. 만일 썰매의 질량이 500 kg이라면 평균힘을 구하여라.

4. 중성자가 약 $1.4\times10^{7}m/s$의 속력으로 진행하고 있다. 핵력은 매우 단거리에서 작용하는 힘이기 때문에 핵 밖에서는 거의 없고 안에서는 매우 크다. 만일 중성자가 지름 $1.0\times10^{-14}m$의 핵에 의해 붙잡혔다면, 이 중성자에 작용하는 평균힘을 구하여라.

5. 전자가 수직으로 일정한 힘을 주는 전기장내로 수평하게 $1.2\times10^{7}m/s$의 속도로 투사되었다. 이때 전기장으로부터 받는 힘은 $4.5\times10^{-16}N$이다. 전자의 질량을 $9.1\times10^{-31}kg$이라 했을 때, 전자가 전기장 속에서 수평거리 30 mm를 운동하는 동안 움직인 수직거리를 구하여라.

6. 8.5 kg인 물체가 30 m/s의 속도를 가지고 x축에 평행하게 원점을 통과한다. 이 물체가 양의 y축 방향으로는 일정한 힘 17 N을 받는다.

(a) 이 물체의 운동을 기술하여라.

(b) 속도를 기술하여라.

(c) 15 s 지난 후의 물체의 위치를 구하여라.

7. (a) 1.0 kiloton의 우주선이 정지 상태로부터 3일 내에 광속의 $\frac{1}{10}$의 속력을 내기 위해서는 어느 정도의 힘이 필요한가? 중력은 무시하여라. 2개월 내에 이 속력을 얻기 위해서는 어떠한가?

(b) 이 우주선의 속력이 광속의 $\frac{1}{10}$에 도달한 후 엔진을 끌 때 광속으로 5개월 걸리는 거리를 여행하려면 위 두 가지 경우 각각 얼마나 걸리는가?

8. 보어(Bohr)의 수소원자 모형에 따르면 전자가 핵의 주위를 돌고 있다. 회전반지름이 $5.3\times10^{-11}m$이고, 회전속도가 $6.6\times10^{15}rev/s$라 하면

(a) 전자의 가속도(크기와 방향)는?

(b) 전자의 질량을 $9.1\times10^{-31}kg$이라 했을 때, 전자에 걸리는 구심력은? (이 힘은 양으로 대전된 핵과 음으로 대전된 전자 사이에 작용하는 인력에 따른 것이다.)

9. 어떤 우주선이 20 g의 가속에 의한 압력까지 견딜 수 있다.

(a) 광속의 $\frac{1}{10}$의 속력으로 회전할 수 있는 최소반지름은 얼마인가?

(b) 이 속력으로 90° 회전하는데 필요한 시간은 얼마인가?

10. 지구상에서 고정되어 있는 책상 위에 책이 놓여 있다. 아래의 반작용의 힘을 나타내어 보아라.

(a) 책에 미치는 중력

(b) 책과 다리에 미치는 힘

(c) 책상에 미치는 중력

(d) 책상 위의 책에 미치는 힘

11. 두 물체 사이에 작용하는 힘은 상호 작용력뿐이라고 하자. 두 물체가 정지해서부터 움직이기 시작했다면 각각 운동하는 거리는 그것들의 질량에 반비례함을 보여라.

12. 두 개의 10 lb 짜리 물체가 그림 (a)와 같이 눈금을 먹인 용수철에 연결되어 있다.

(a) 용수철의 눈금은 얼마를 가리키는가?

(b) 그림 (b)와 같이 벽에 걸린 용수철에 10 lb짜리 물체 1개를 매달았다. 이 때 용수철의 눈금은 얼마를 가리키는가?

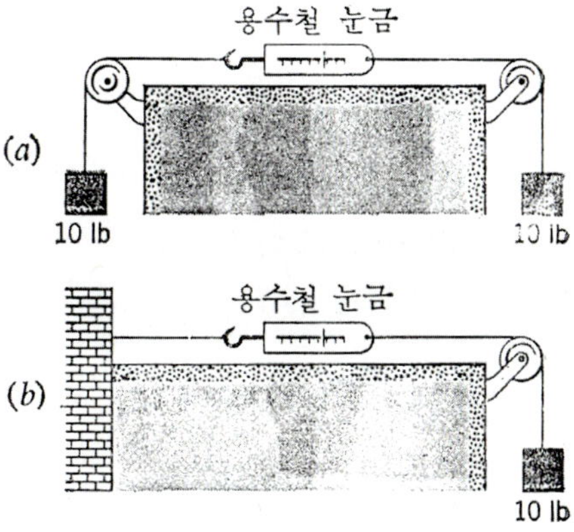

13. 다음 각 경우에 무게는 얼마이며 (N으로), 질량은 얼마인가(kg으로)?

(a) 5 lb 설탕봉지 (b) 240 lb 풀백(fullback)

(c) 1.8 ton 자동차

14. 질량이 75 kg인 우주여행자가 지구를 떠났다.

(a) 이 사람의 지구상에서의 무게를 구하여라.

(b) 중력가속도가 $3.8m/s^2$인 화성에서 이 사람의 무게를 구하여라.

(c) 행성과 행성사이의 공간에서의 이 사람의 무게를 구하여라.

(d) 이 세가지 경우에 이 사람의 질량은 각각 얼마인가?

15. 400 lb의 오토바이가 정지해 있는 상태에서 60 s만에 50 mi/h의 속력으로 가속했다.

(a) 가해진 평균력을 구하여라.

(b) 어떤 물체가 이 힘을 작용해 주는가?

16. 지구중력에 의한 가속도가 $9.8m/s^2$인 지점에서 어떤 입자가 20 N의 무게를 가진다.

(a) 이 입자가 $4.9m/s^2$의 중력 속에 있다면, 무게와 질량이 어떻게 되는가?

(b) 중력이 없는 곳으로 이 입자를 옮겨 놓았다면 무게와 질량이 어떻게 되는가?

17. 전자가 진공관 속의 음극에서 양극으로 직선운동을 하고 있다. 음극과 양극 사이의 거리는 1.0cm이고, 음극에서 정지상태로부터 출발하여 양극에 도달할 때의 속력은 $6.0\times10^6m/s$이다.

(a) 전자의 질량을 $9.1\times10^{-31}kg$이라 하고 이 전자를 가속도운동이라 가정할 때, 전자에 미치는 힘을 계산하여라. 이 힘은 전기적인 힘이다.

(b) 우리가 직선운동이라 할 때 무시하는 전자에 미치는 중력과 이 전기적인 힘을 비교하여라.

18. 2.0 slug의 질량을 가진 물체가 아래 방향으로 중력, 수평방향으로 130 lb의 힘을 받고 있다.

(a) 가속도를 구하여라.

(b) 처음에 정지해 있었다고 가정하고, 속도를 시간의 함수로 나타내어라.

19. 160 lb의 무게를 가진 소방대원이 수직강하대를 평균가속도 $10ft/s^2$으로 미끄러져 내려온다. 그가 수직강하대에 준 평균수직력은 얼마인가?

20. (a) 초기상승추진력이 2.6×10^5N인 로케트의 질량이 1.3×10^4kg이라 했을 때 초기상승가속도를 계산하여라.

(b) 지구의 중력에 의해 영향을 받는 로케트의 무게를 무시할 수 있겠는가?

21. 80 kg(무게 mg = 176 lb)의 질량을 가진 사람이 땅에서 0.50 m(= 1.6 ft) 위에 있는 창문으로부터 뛰어내린다. 착지시에 완전 정지하는 데 2.0 cm(= 0.79 in)의 무릎 굴절이 있었다.

(a) 다리가 땅에 닿아서 완전히 정지할 때까지의 평균 가속도를 구하여라.

(b) 이 점프에서 그의 다리뼈를 진동시키는 평균힘을 구하여라.

22. 끊어지지 않고 견딜 수 있는 최대의 장력이 425 N인 줄을 타고 50 kg의 소녀가 내려올 때, 이 소녀의 최소가속도는 얼마인가?

23. 로케트와 탄두의 전체 질량이 50,000 kg(무게 mg = 110,000 lb)이다.

(a) 점화 후 로케트가 발사대를 떠나는 순간과

(b) 로케트가 위쪽의 $20m/s^2 (= 66ft/s^2)$로 가속될 때의 추진력의 크기는 얼마인가?

24. $9.2m/s^2$의 가속도로 떨어지는 질량 0.25 kg의 물체에 작용하는 공기의 마찰력을 구하여라.

25. 질량이 $3.0 \times 10^{-4} kg$인 충전된 구가 실에 매달려 있다. 이 구에 전기력이 수평방향으로 작용하여 정지했을 때 수직방향과 이루는 각이 37° 이다.

(a) 전기력의 크기를 구하여라.

(b) 실에 작용하는 장력을 구하여라.

26. 질량 M인 한 블록이 그림과 같이 저항이 없는 평면상에서 수평으로 끌리고 있다. 이 때 로프의 질량은 m이며, P의 힘이 로프의 한쪽 끝에 작용한다.

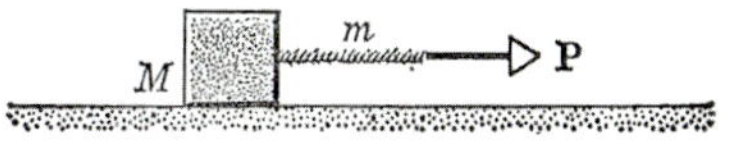

(a) 감지할 수 없을 정도의 미소량이기는 하지만 로프가 아래로 처지게 됨을 보여라. 그리고 처지는 것을 무시하고 다음 값들을 구하여라.

(b) 블록과 로프의 가속도

(c) 로프가 블록에 미치는 힘

(d) 로프의 중점에서의 장력

27. 150 mg의 작은 자갈이 대양에서 수심 9.0 km의 곳을 일정한 종속도 25 m/s로 낙하하고 있다. 자갈에 미치는 물의 힘은 얼마인가?

28. 어떤 엘리베이터가 안에 실은 화물까지 합쳐 1600 kg의 질량을 가진다. 처음에 20 m/s의 속도로 하강하고 있었다면 50 m 거리 내에서 일정가속도 정지시키기 위해서는 엘리베이터 저지선에 걸리는 장력은 얼마인가?

29. 각각의 질량이 0.10 kg인 다섯 개의 고리로 된 사슬이 있다. 이 사슬이 그림과 같이 $2.5 m/s^2$의 일정가속도로 수직하게 위로 올려진다.

(a) 이웃한 고리 사이에 작용하는 힘을 구하여라.

(b) 사슬을 들어올리는 기계에 의하여 맨 윗고리에 작용하는 힘 F를 구하여라.

(c) 각 고리에 작용하는 알짜힘을 구하여라.

30. 그림에서 물체의 질량이 2.0 slug, 각 θ가 30° 라고 하자.

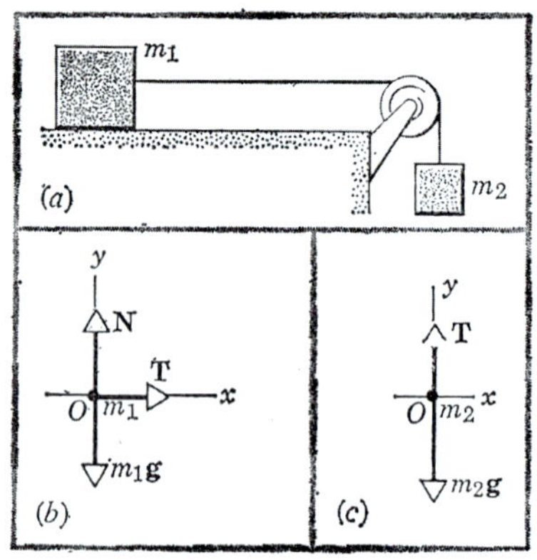

(a) 실에 걸리는 장력을 구하여라.

(b) 물체에 가해지는 힘을 구하여라.

(c) 실이 끊어졌다면 물체에 걸리는 가속도는 어떻게 되는가?

31. 그림에서 $m_1 = 4.0 slug, m_2 = 2.0 slug$라 하자.

(a) 실에 걸리는 장력을 구하여라.

(b) en 물체의 가속도는 얼마인가?

32. 사각이 θ인 마찰 없는 사면 위로 한 물체를 속력 v_0로 쏘아올렸다.

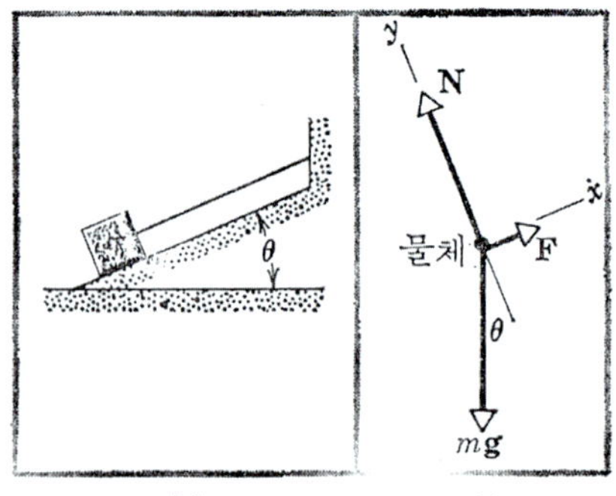

(a) (b)

(a) 얼마나 멀리 올라가겠는가?

(b) 최고점까지 걸리는 시간은 얼마인가?

(c) 이것이 다시 최저점에 이를 때의 속력은 얼마인가? $\theta = 30^\circ$, $v_0 = 8.0 ft/s$ 라고 가정하여라.

33. 6000 lb의 무게를 가진 엘리베이터가 지지선에 의해 $4.0ft/s^2$의 가속도로 올려지고 있다.

(a) 지지선에 걸리는 장력은 얼마인가?

(b) 엘리베이터가 아래쪽으로 $4.0ft/s^2$의 가속을 한다면, 이 때 걸리는 장력은 얼마인가?

34. 내려가는 엘리베이터를 등잔이 연직으로 줄에 매달려 있다. 이것이 정지할 때까지 $8.0ft/s^2(=2.4m/s^2)$으로 감속되었다.

(a) 이 줄의 장력이 20 lb라 하면 이 등잔의 질량은 얼마인가?

(b) 가속도 $8.0ft/s^2(=2.4m/s^2)$으로 올라간다면 이 줄의 장력은 얼마인가?

35. 80 kg인 어떤 사람이 낙하산으로 하강하면서 아래쪽으로 $2.5m/s^2$의 가속을 받는다. 낙하산의 질량은 5.0 kg이다.

(a) 공기저항에 의해 낙하산이 받는 상향힘은 얼마인가?

(b) 사람에 의해 낙하산이 받는 하향힘은 얼마인가?

36. 전체 질량이 M인 연구용 기구가 아래쪽으로 작용하는 가속도 a로 수직하게 내려오고 있다. 기구에 실린 모래주머니를 얼마나 던져야 이 기구가 위쪽으로 a의 가속도를 받겠는가?

37. 10 kg인 원숭이가 (마찰은 없음) 나뭇가지를 통해 15 kg의 물체가 달려 있는 질량이 없는 로프를 타고 올라가고 있다.

(a) 원숭이가 15 kg 물체를 들어올리기 위해서는 어떻게 로프를 기어오르면 되는가? 수량적으로 설명하여라.

(b) 일단 15 kg 물체를 들어올린 후 원숭이는 로프에 그냥 매달려 있다고 하면, 이때의 원숭이가 받는 가속도는 얼마인가?

(c) 이때 로프의 걸리는 장력을 구해 보아라.

제 6 장

일과 에너지

Work and Energy

1 일(Work)

물체가 움직이려면 힘이 필요하다. 정지하고 있는 물체가 힘을 받으면서 이동할 때, 힘은 물체에 일을 하였다고 한다. 힘이 일정하다면 힘이 한 일은 움직인 거리와 운동방향의 힘의 성분의 곱으로 정의한다.

힘 F와 변위 S가 같은 방향이면, 일 W는

$$W = FS \qquad (6-1)$$

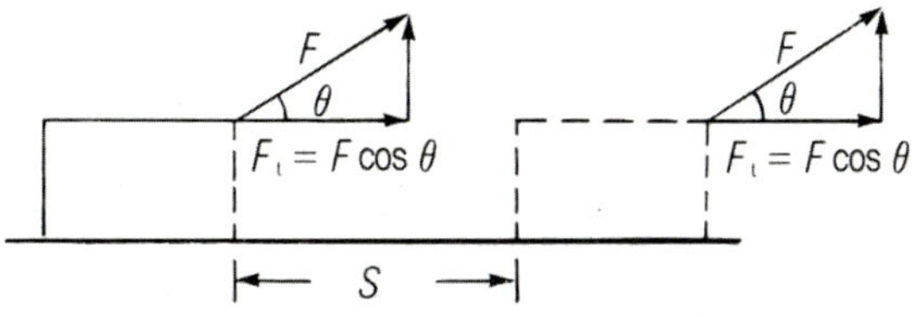

그림 6-1 | 외력이 물체에 대해 일을 한다.

가 된다. 그러나 힘과 변위의 방향이 다를 때에는 외력이 한 일은

$$W = F_t \cdot S = (F\cos\theta)S = FS\cos\theta \quad \cdots\cdots (6-2)$$

가 된다. F_t 는 힘의 변위방향의 성분이며, θ는 힘과 변위 사이의 각이다. 일은 스칼라량으로써 정(+) 또는 부(−)의 크기만을 가지고 있으며, 방향이 반대일 때에는 물체가 외력에 대하여 일을 한 것에 해당한다. 식 (6−2)에서 보면 힘과 변위가 수직인 경우 ($\theta = 90°$)에는 물체가 이동했다고 해도 그 힘이 한 일은 0이다. 그러므로 물체를 원운동시키는데 요하는 구심력은 언제나 변위에 수직이므로 일을 했다고 할 수 없다.

물체에 작용하는 힘이 일정하지 않은 경우에는 식 (6−2)로는 계산할 수 없으므로 움직인 거리를 짧은 구간으로 나누면 dS 내에서는 힘은 일정하다고 볼 수 있으므로 이 dS 거리 내에서 힘이 한 일은

$$dW = F_t dS$$

이다. F_t 는 힘의 변위방향성분이다. 그림 6−2에서 dW는 빗금부분의 넓이로 표시된다. 한 점 S_1에서 S_2 사이에 힘이 물체에 행한 전체의 일 W는 이런 작은 구간에서 하여 준 일 dW의 합으로서, 그림 6−2에서, S_1과 S_2 사이에 있는 곡선의 밑 부분의 넓이와 같게 된다. 그러므로 힘이 물체에 해준 전체 일은

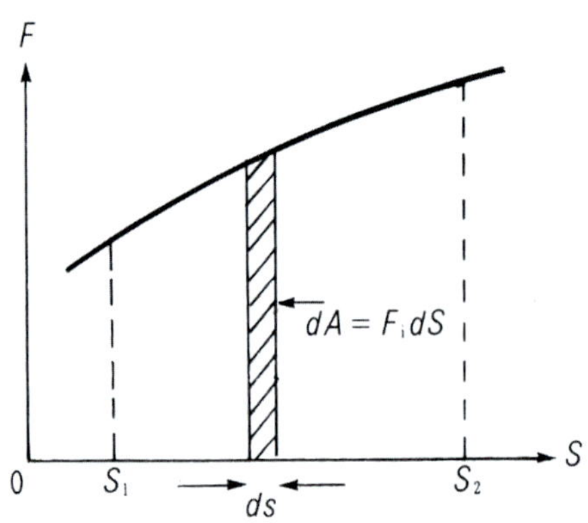

그림 6−2 | 변위와 힘

$$W = \sum F_t dS = \int_{s1}^{s2} F_t dS \quad \cdots\cdots (6-3)$$

이 된다.

일의 단위는 MKS계에서는 힘 F는 뉴턴(newton), 변위 S는 미터(meter)이므로 일의 단위는 newton-m인데, 이것을 주울(joule)이라 하고, CGS계에서는 dyne-cm인 erg이다. 영국 공업단위계에서는 ft-lb를 일의 단위로 사용한다. 일의 차원은 $[ML^2T^{-2}]$이고, 일의 단위 사이에는 다음과 같은 관계가 있다.

$$1\,\text{joule} = 10^7\,\text{erg} = 0.7376\,\text{ft}-\text{lb}$$

$$1\,\text{ft}-\text{lb} = 1.356\,\text{joule}$$

[예제 1] 한 패(group)가 끊임없이 한 줄에 따라서 500 newton의 힘으로 끌고 있는데, 한 줄다리가 경기 패가 하천을 통하여 표지점에서 10 m를 끌려갔다. 얼마의 일을 한 패가 했겠는가? 또, 얼마의 일이 다른 패에 의하여 이루어졌겠는가?

[풀 이] 첫째 패: $S = 10\,\text{m}$이고 S의 방향에 있어서의 힘의 성분은 -5000 newton이다(이것은 패가 움직인 방향과는 반대). 따라서 첫째 패에 의한 일 $W = +50,000\,\text{joule}$이다.

2 운동 에너지(kinetic energy)

이번에는 질점에 작용하는 합력 $\mathrm{F_r}$에 의해서 행해지는 일을 알아보자. 여기서 $\mathrm{F_r} = \sum \mathrm{F_i} = ma$이다.

$$\text{일 } W = \int_{s_1}^{s_2} \mathrm{F}_r dS = \int_{s_1}^{s_2} ma \cdot dS \quad \cdots\cdots (6-4)$$

이다. 식 (6-4)에 $a = dv/dt$를 대입하면

$$m\int_{v_1}^{v_2}(dv/dt)\cdot dS \quad \cdots\cdots (6-5)$$

그러므로 $m\int_{v_1}^{v_2}(dv/dt)\cdot dS= m\int_{v_0}^{v} v\cdot dv$

가 된다. v_0는 변위의 시점 S_1의 속도이고, v는 변위의 종점 S_2의 속도이다.

스칼라 곱의 정의 식 $\mathrm{A}\cdot\mathrm{B} = a_x b_x + a_y b_y + a_z b_z$를 이용하면

$$W= m\int_{v_0}^{v}(v_x dv_x + v_y dv_y + v_z dv_z) \quad \cdots\cdots (6-6)$$

라고 쓸 수 있다. 합의 적분은 각 적분의 합과 같으므로

$$W= m\left[\int_{v_{0x}}^{v_x} v_x dv_x + \int_{v_{0y}}^{v_y} v_y dv_y + \int_{v_{0z}}^{v_z} v_z dv_z\right] \quad \cdots\cdots (6-7)$$

여기서 v_{0x}, v_{0y}, v_{0z}는 초속도 v_0의 각 성분이고, v_x, v_y와 v_z는 종속도 v의 각 성분이다. 각 항을 적분한 후 정돈하면

$$W= \frac{m}{2}[(v_x^2 + v_y^2 + v_z^2) - (v_{0x}^2 + v_{0y}^2 + v_{0z}^2)]$$

이 된다. $(v_x^2 + v_y^2 + v_z^2) = v\cdot v = v^2$과 같으므로

$$W= \frac{mv^2}{2} - \frac{mv_0^2}{2} \quad \cdots\cdots (6-8)$$

과 같이 된다.

물체가 운동할 때 힘과 가속도의 성분을 각각 $F_t a_t$라고 하면 짧은 거리 dS에서 외력이 하는 일 dW는 제2법칙에서

$$dW = F_t dS = ma_t dS$$

a_t는 접선가속도이므로 속도의 크기에만 관계되고, $a_t = \dfrac{dv}{dt}$이므로

$$dW = m\frac{dv}{dt}dS = mdv\frac{dS}{dt} = mv \cdot dv$$

따라서 전체의 일은

$$W = \int dW = \int_{v_0}^{v} mv \cdot dv = \frac{1}{2}mv^2 - \frac{1}{2}mv_0^2$$

식 (6-8)을 보면 외부에서 하여진 일을 일의 전후에서 다음과 같은 2개의 비슷한 항을 차로 나타난다.

$$E_k = \frac{1}{2}mv^2 \quad \cdots\cdots \quad (6\text{-}9)$$

식 (6-9)에 표시된 항을 속도 v인 물체의 운동 에너지(kinetic energy)라 한다. 물체를 가속시키기 위해 외력이 한 일은 운동 에너지의 증가량과 같게 된다. 식 (6-8)에서 $v = 0$라 놓으면 $W = -1/2mv_0^2$이 된다.

이것은 물리학적 뜻으로 보면 속도 v_0인 물체가 정지할 때까지 외력이 한 일을 표시하는데 그 값이 부(−)이므로 물체가 일을 받는 것이 아니라 오히려 정지할 때까지 물체가 $\dfrac{1}{2}mv_0^2$의 일을 하는 것을 의미한다. 따라서 속도 v인 물체가 갖는 운동 에너지란 그것이 정지할 때까지 할 수 있는 일을 표시하는 양이다.

[예제 2] 질량 100 slug의 물체가 처음에 5000 ft-lb의 운동 에너지를 가졌는데, 20초 후에는 20000 ft-lb의 운동 에너지를 갖는다. 초속도, 종속도, 이동거리, 이 물체에 작용한 일정한 평행력을 각각 구하라(단, 물체는 마찰이 없는 수평선상에서 직선운동을 한다).

[풀 이] $\frac{1}{2}\cdot 1000v_0^2 = 5000 \quad \therefore v_0 = 10\text{ft/sec}$

$\frac{1}{2}\cdot 1000v^2 = 20000 \quad \therefore v = 20\text{ft/sec}$

가속도: $a = \frac{v - v_0}{t} = \frac{20 - 10}{20} = \frac{1}{2}\text{ft/sec}^2$

작용한 힘: $F = ma = 100 \times \frac{1}{2} = 50\text{lb}$

이동거리: $S = v_0 t + \frac{1}{2}at^2$ 으로 구할 수 있으나 $FS = \frac{1}{2}(mv^2 - mv_0^2)$을 이용하면, $50\cdot S = 20000 - 5000 \quad \therefore S = 300\text{ft}$

3 중력 위치 에너지(gravity potential energy)

질량 m인 물체를 임의의 수평면을 기준으로 한, 높이 h_1에서부터 h_2까지 연직으로 들어 올릴 때 중력에 대해서 외력이 하는 일 W는,

$$W = mg(h_2 - h_1) = mgh \quad \cdots\cdots (6\text{–}10)$$

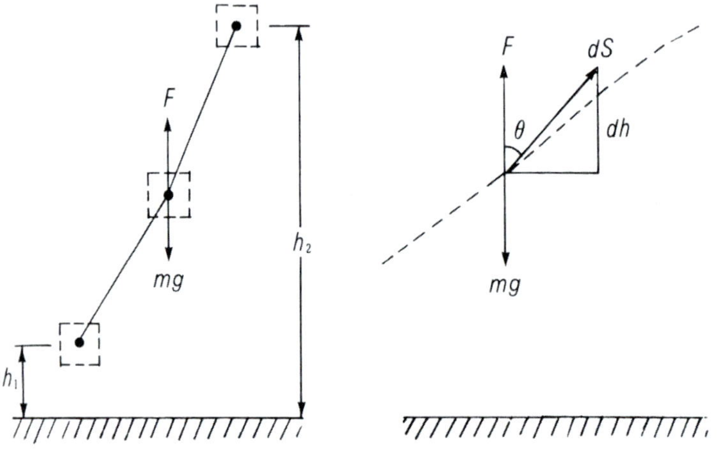

그림 6–3 중력 위치 에너지는 경로에는 관계없고, 높이 차에만 관계한다.

이다.

지금 물체가 그림 6-3과 같이 높이 h_1에서 출발하여 임의의 경로를 따라 높이 h_2로 올라가는 경우 미소변위 dS 사이에 중력에 반해서 외력이 한일 dW는

$$dW = mgdScos\theta = mgdh$$

이다. 따라서 중력에 대해서 한일 W는

$$W = \int dW = \int_{h_1}^{h_2} mgdh = mgh_2 - mgh_1 \quad \cdots\cdots (6-11)$$

이다. 그러므로 중력에 대해서 외력이 하는 일은 경로에는 관계없고, 처음과 나중의 높이 차에만 관계된다. 이에

$$E_p = mgh \quad \cdots\cdots (6-12)$$

로 표시되는 양을 높이 h에서의 물체의 중력 위치 에너지라 부른다. 중력에 대한 일은 위치 에너지의 증가량으로 나타난다. 따라서 중력 위치 에너지란 중력장 내에서 높이 때문에 가질 수 있는 능력을 의미한다. 만일 중력장 내에서 질량 m인 물체가 h만큼 낙하했을 때의 속도를 v라 하면, $v = 2gh$이므로 이 식을 $E_k = mv^2/2$에 대입하면 $E_k = mgh = E_p$가 된다. 또 $-2gh = v^2 - {v_0}^2$의 식에서 $v = 0$이므로 $2gh = {v_0}^2$이다. 여기서 종속도가 초속도가 되고, 초속도가 종속도가 된다. 그러므로 $v^2 = 2gh$라고 쓸 수 있다.

이 뜻은 물체가 h만큼 낙하할 때에 한 일의 양으로써, 이 물체의 위치 에너지의 감소량을 나타내는 양이다. 그리고 물리학적으로 중요한 것은 위치 에너지의 절대값이 아니고, 그 변화량이기 때문에 기준면은 임으로 취해도 무방하다.

[예제 3] 소년이 15 kg의 썰매를 20° 의 경사면에 따라 일정한 속도로 60 m 끌어올린다. 이 때, 마찰계수는 0.2이다.

(1) 소년이 한 일은 얼마인가?

(2) 각 힘이 한 일을 계산하라.

(3) 썰매가 60 m 올라가는 동안에 0.5 m/s에서 2.0 m/s로 가속되려면 소년이 작용한 힘은 얼마인가?

[풀 이] (1) 썰매에 작용하는 모든 힘을 그리면 그림 6-4와 같다. F_2는 마력, F_3는 땅이 작용하는 수직항력, F_4는 중력이다.

$F_4 = 15 \times 9.8$ newton이고, 썰매는 경사면 위에서 평행이므로

$F_3 = F_4 \cos 20° = 15 \times 9.8 \cos 20° \fallingdotseq 138\,\mathrm{N}$

$F_1 = F_2 + F_4 \sin 20° \fallingdotseq F_2 + 50.3\,\mathrm{N}$

그런데 마찰력은

$F_2 = \mu F_3 \fallingdotseq 0.2 \times 138 \fallingdotseq 27.6\,\mathrm{N}$

따라서 $F_1 = 27.6 + 50.3 = 77.9\,\mathrm{N}$

소년이 한 일은

$W = F_1 \times 60 = 77.9 \times 60 = 4674$ joule

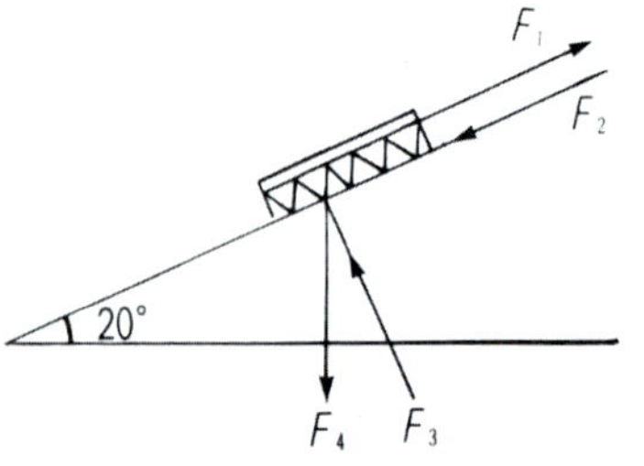

그림 6-4 썰매에 작용하는 힘

(2) 마찰 F_2가 한 일은 변위와 F_2가 반대,

$F_2 \times 60 = -27.6 \times 60 = -1656$ joule

따라서 마찰에 반대해서 한 일은 1655joule, 중력 F_4에 반대해서 한 일은

$F_4 h (= mgh) = 15 \times 9.8 \times 60 \sin 20° = 3020$ joule

이것은 썰매의 중력 위치 에너지가 된다. 이 때 물체는 가속되지 않으므로 전체의 일은 이 두 일의 합과 같다. 즉,

$1650 + 3020 = 4670$ joule

(3) 소년이 작용하는 힘을 F'라 하면, 소년이 하는 일은 $60F'$이며, 이 일은 마찰에 대한 일 W_f, 중력에 대한 일 W_g, 가속시키는 일 W_k 등이 된다.

그런데 $W_f = 1650$ joule, $W_g = 3020$ joule이고,

$$W_k = \frac{1}{2}mv^2 - \frac{1}{2}mv_0^2 = \frac{1}{2} \times 15 \times (2.0)^2 - \frac{1}{2} \times 1.5 \times (0.5)^2 = 28\,\text{joule}$$

따라서 $60F' = 3020 + 1650 + 28 = 4698$

$$F' \fallingdotseq \frac{4698}{60} \fallingdotseq 78.3\,\text{newton}$$

4 탄성 위치 에너지(elastic potential energy)

스프링(spring)과 같은 물질은 우리 주변에 많이 있다. 그 대표적인 것이 용수철인데 여기에 물체를 매어 운동시킨다면 다음 그림 6-5와 같다.

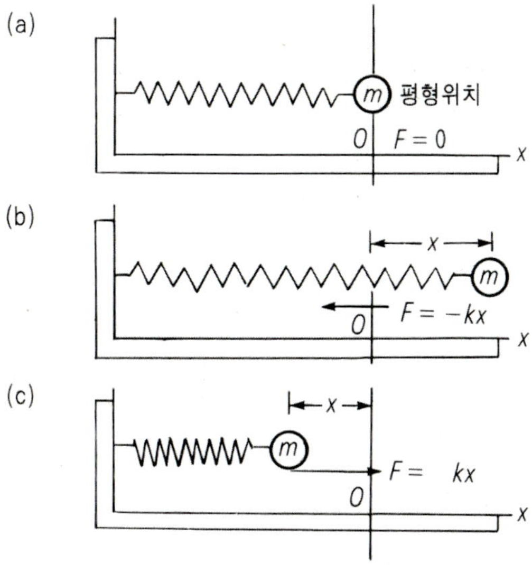

그림 6-5 | 탄성계수 k인 용수철의 위치 에너지

이때 늘어나게 하는 힘 F는

$$F = kx$$

이며 이것을 후크의 법칙(Hooke's law)이라 한다.

즉 힘 F는 탄성계수 k에 늘어나는 길이 x를 곱한 값이다.

그러면 이 x의 값은 힘 F에 의해 변하지만 그 값을 평형의 위치 (a)에서 외력이 한 일은 0이고 이 값이 증가해서 x이면 외력이 한일

$$W = \frac{0 + kx}{2} \times x \times \frac{1}{2}kx^2 \quad \cdots\cdots (6\text{-}13)$$

이다. 즉 x 변형에 의한 평균값

$$E_x = \frac{1}{2}kx^2 \quad \cdots\cdots (6-14)$$

이다.

이때 $-F$는 원상태로 되돌아가려는 힘으로 복원력(restoring force)이라 한다.

5 역학적 에너지 보존의 법칙(conservation law of mechanical energy)

중력에 반대하여 행해진 일은 중력 위치 에너지의 증가로 변하고, 물체가 다시 원위치로 돌아갈 때는 중력은 먼저 받은 만큼의 일을 외부에 할 수 있다. 이와 같은 성질을 가진 힘을 보존력이라 하고, 보존력이 작용하는 공간을 보존력장이라 한다. 보존력장 내에서 외력이 한 일 W는, 그 일부가 보존력에 대한 일이 되고, 나머지는 물체를 가속시키는 일이 된다.

그림 6-6과 같이 질량 m인 물체가 임의의 높이만큼 낙하하였을 때의 속도를 v_0라 하고, 거기서 다시 h만큼 더 계속해서 낙하했을 때의 속도를 v라고 하면 각 위치에서의 역학적 에너지 또는 기계적 에너지(mechanical energy) E_0, E는 다음과 같다.

여기서 속도 v일 때의 높이를 '0'으로 하면,

$$E_0 = E_{k0} + E_{p0} = \frac{1}{2}mv_0^2 + mgh$$

$$E = E_k + E_p = \frac{1}{2}mv^2 + mg \times 0 = \frac{1}{2}mv^2$$

그런데 $v^2 = v_0^2 + 2gh$이므로

$$E = \frac{1}{2}mv^2 = \frac{1}{2}m(v_0^2 + 2gh)$$

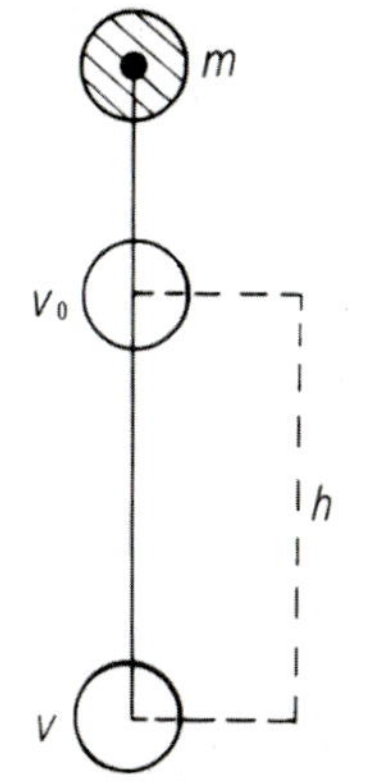

그림 6-6 | 물체가 보존장력에서 낙하

$$= \frac{1}{2}mv_0^{\ 2} + 2mgh \times \frac{1}{2} = \frac{1}{2}mv_0^{\ 2} + mgh = E_0$$

$$E = E_{\text{k}} + E_{\text{p}} = \text{일정} \qquad (6-15)$$

하다. 그러므로 보존력에 대한 일은 위치 에너지의 증가량(ΔE_p)과 같고, 물체를 가속시키는 일은 운동 에너지의 증가량(ΔE_k)과 같다. 따라서 $E = W$이고,

$$W = \Delta E_k + \Delta E_p \qquad (6-16)$$

가 된다. 특히. 외부에서 일이 행해지지 않는 경우에는 $W = 0$이므로

$$\Delta E_k + \Delta E_p = 0 = \text{const} \qquad (6-17)$$

이다. 운동 에너지와 위치 에너지를 합하여 역학적 에너지라고 한다. 식 (6-17)은 보존력만이 작용하는 전체 역학적 에너지가 일정함을 표시하고 있다. 이것을 역학적 에너지 보존법칙(conservation law of mechanical energy)이라 한다. 다음은 단진동에 관하여 고찰하자.

질량 m인 물체가

$$y = A\sin\omega t$$

에 따른 단진동을 한다. 물체의 변위가 y일 때 운동 에너지 E_k는 속도 v가

$$v = \frac{dy}{dt} A\,\omega \cos \omega t \text{이므로}$$

$$E_k = \frac{1}{2}mv^2 = \frac{1}{2}m\omega^2 (A^2 - y^2) \quad \cdots\cdots (6\text{-}18)$$

한편 변위가 y일 때 복원력을 받는 물체의 위치 에너지는 복원력에 대항해서 물체를 y만큼 변위시키는데 요하는 일과 같다. 복원력은 $F = -ky$이므로

$$E_p = \int_0^y (-F)dy$$
$$= \int_0^y ky\,dy = \frac{1}{2}ky^2 \quad \cdots\cdots (6\text{-}19)$$

$k = m\omega^2$이므로

$$E_p = \frac{1}{2}m\omega^2 y^2 \quad \cdots\cdots (6\text{-}20)$$

그러므로

$$E = E_k + E_p = \frac{1}{2}m\omega^2 A^2 = \frac{1}{2}kA^2 \quad \cdots\cdots (6\text{-}21)$$

따라서, 전체 역학적 에너지는 변위에 관계없이 일정하며, 진폭의 제곱에 비례한다. 즉, 단진동의 경우에는 역학적 에너지 보존원리가 성립된다.

에너지는 역학적 에너지 이외에 열 에너지, 전자적 에너지, 화학적 에너지 등 여러 형태가 있을 수 있다. 이들의 에너지는 서로 변하여 가지만, 한 고립계 내에서 이들의 총 에너지량은 항상 일정함을 차차 알게 될 것이다. 이것이 넓은 의미의 보존법칙이다. Einstein의 상대론에 의하여 질량이 변하여 에너지로 될 수 있다는 이론은 최근에 원자폭탄 등의 현상으로 실증되었다. 에너지를 E, 질량을 m, 광속도 $c = 3 \times 10^{10}\text{cm} \cdot \text{s}^{-1}$라 할 때, 질량이 에너지로 변할 때 $E = mc^2$의 관계가 성립한다. 넓은 의미에서는 우주 내의 총 질량과 에

너지의 합은 불변이라 말할 수 있다. 따라서, 1kg은 9×10^{16} joule에 해당하는 에너지를 갖는다. 이 식은 핵물리학에서 쓰이는 중요한 식이다.

[예제 4] $E = E_k + E_p = \frac{1}{2}kA^2$ 식의 그래프를 그리고, 전체 역학적 에너지 보존원리를 설명하라.

[예제 5] 질량 0.5 kg인 물체가 반지름 1 m인 연직인 사분원경로를 따라 미끄러져 내려간다. 밑면에서 그 속력이 3 m/s라면, 이 때 마찰로 인해 열로 소모된 에너지는 얼마인가?

[풀 이] 외부에서 해준 일이 없으므로 운동, 에너지의 변화, 위치 에너지의 변화 및 마찰로 생긴 열 Q의 합은 0이다.

$$\left(\frac{1}{2}mv_2{}^2 - \frac{1}{2}mv_1{}^2\right) + (mgh_2 - mgh_1) + Q = 0$$

$$v_2 = 3\text{m/s},\ v_1 = 0,\ h_2 = 0,\ h_1 = 1\text{m}$$

$$Q = \left(\frac{1}{2}\times0.5\times9-0\right) - (0-0.5\times9.8\times1)$$

$$= 2.65\text{joule}$$

6 정지 질량 에너지(rest mass energy)

어떤 물체든지 비록 멈추고 있다 할지라도 정지에너지를 갖고 있다. 즉 운동 에너지나 위치 에너지가 '0'이라 하여도 그 물체가 갖고 있는 질량이 m_0라고 하면 정지에너지 E_0는

$$E_0 = m_0c^2 \quad \cdots\cdots (6\text{-}22)$$

여기서 c는 광속도 3×10^8m/s 이다. m_0의 속도가 증가하면 m이 되는데 이때의 속도는 빛의 속도에 접근해 갈 때의 속도이다. 이 식은 Einstein이 발견한 것으로서 상세한 내용은 상대성 이론에서 다루게 된다. 예를 들어 1 kg의 물체가 갖는 정지에너지는

$$E_0 = m_0c^2 = (1\text{kg})(3\times10^8\,\text{m/s})^2 = 9\times10^{16}\,\text{J}$$

이다.

아마도 이 에너지는 1백톤의 탄두를 달까지 보낼 수 있는 막대한 에너지가 될 것이다. 다이나마이트 6×10^{-11}kg의 질량이 폭발하여 에너지로 된다면 역시

$$E_0 = m_0c^2 = (6\times10^{-10}\,\text{kg})(3\times10^8\,\text{m/s})^2 = 5.4\times10^{16}\,\text{J}$$

이다.

직접적으로 찾아내기는 어렵지만 위 에너지는 사실이고 이런 경우는 원자의 세계에서는 완벽하게 일어나며 이에 대한 상세한 내용은 다시 논의하기로 한다.

7 일률(power)

때때로 어느 양이 시간에 따라 얼마나 이루어지는가 하는 율, 즉 시간적 빠르기를 알 필요가 있다. 힘에 의해 일이 행하여지는 시간적 빠르기, 즉 단위시간 동안에 행하여지는 일을 일률(power)이라 한다. 시간 Δt 동안 행하여진 일이 ΔW이면 평균적인 일률 $\overline{P}$는

$$\overline{P} = \frac{\Delta W}{\Delta t} \qquad \text{(6-23)}$$

가 된다. 또, 일이 행하여지는 동안의 순간적인 일률 p는

$$P = \lim_{\Delta t\to 0}\frac{\Delta W}{\Delta t} = \frac{dW}{dt} \qquad \text{(6-24)}$$

로 된다.

SI단위계에서 일률의 단위는 W(watt)가 사용되는데

$$1\,\mathrm{W} = 1\,\mathrm{J/s}$$

이다. 영국단위계에서는 일률의 단위로 마력(horse-power, 기호 hp)을 사용하고 있다. 즉

$$1\,\mathrm{hp} = 746\,\mathrm{W}$$

의 관계가 있다 1마력은 746 watt이며 그 크기는 말 한 마리가 할 수 있는 능력을 의미한다. 따라서 746 watt는 약 76 kg 중을 1초 동안 1m 이동 시킬 수 있는 능력으로 보거나 1 kg 중을 1초 동안 76미터 이동시킬 수 있는 경우, 물체가 그 힘 F의 방향으로 변위 S를 v의 속력으로 운동하고 있을 때에는 일률 P는

$$P = \frac{dW}{dt} = \frac{d}{dt}(F \cdot S) = F\frac{dS}{dt} = F \cdot v \quad \cdots\cdots (6-25)$$

로 된다. 즉, 일정한 힘이 물체에 작용할 때의 일률은 힘의 크기에 물체의 속력을 곱한 것과 같다.

[예제 6] 80 kg의 사람을 0.2 m/s의 속력으로 5명까지 올리는 승강기에 부착된 모터의 최소한의 마력수는 얼마인가? 단, 승강기 자체의 무게는 무시한다.

[풀　이] $P = F \cdot v = mgv = 5 \times 80 \times 9.8 \times 0.2 - 787(W) \fallingdotseq 1.05(\mathrm{hp})$

연습문제

1. 한 사람이 60 lb(m = W/g = 27 kg)의 물체를 수평과 아래로 45° 방향인 힘으로 평면을 따라서 일정속도로 30 ft(= 9.1 m)를 밀고 있다. 만일 운동마찰계수가 0.20이라면, 이 사람은 물체에 얼마나 일을 하였는가?

2. 50 kg의 트렁크가 일정한 수평력에 의해 30° 사면 위를 일정속력으로 6.0 m 올라간다. 사면과 트렁크와의 마찰계수는 0.20이다. 다음 힘에 의한 일을 계산하여라.

(a) 가한 힘　　(b) 마찰력　　(c) 중력

3. 100 lb(m = W/g = 45 kg)의 얼음 덩어리가 3.0 ft(= 0.91 m)의 높이와 5.0 ft(= 1.5 m)의 길이를 가진 사면에서 미끄러져 내려간다. 한 사람이 이 얼음을 사면과 평행하게 밀어올려서 일정속력으로 내려오게 한다. 얼음과 사면과의 마찰계수는 0.10이다.

(a) 사람이 가하는 힘

(b) 사람이 얼음 덩어리에 한 일

(c) 중력이 한 일

(d) 사면의 표면이 행한 일

(e) 합성력이 행한 일

(f) 이 덩어리의 운동 에너지의 변화를 구하여라.

4. 줄을 사용하여 질량 M인 물체를 하향 일정가속도 g/4로 수직으로 내린다. 줄이 물체에 행한 일을 구하여라.

5. 직선운동을 하는 물체에 단일한 힘이 작용한다. 이 물체의 속도와 시간에 대한 관계가 그림에 나타나 있다. AB, BC, CD 및 DE의 각 구간에서 이 힘에 의하여 물체에 가해진 일의 부호(양인지, 음인지)를 결정하여라.

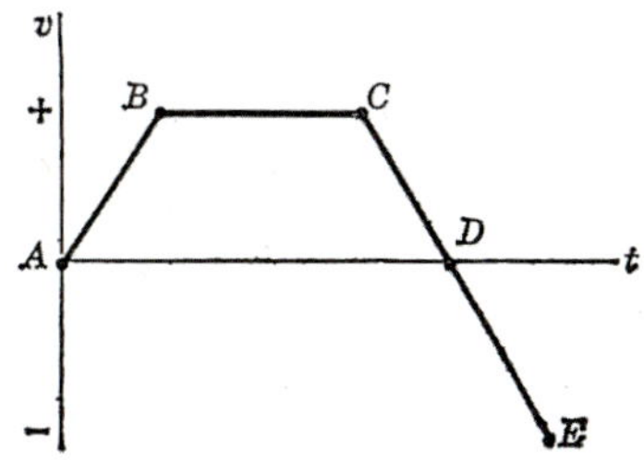

6. 5.0 kg의 물체가 그림에 나타낸 것같이 위치에 따라 변하는 힘에 의해 마찰이 없는 수평면 위를 직선으로 움직인다. 물체가 원점에서 x = 8.0 m까지 움직일 때 힘이 가한 일은 얼마인가?

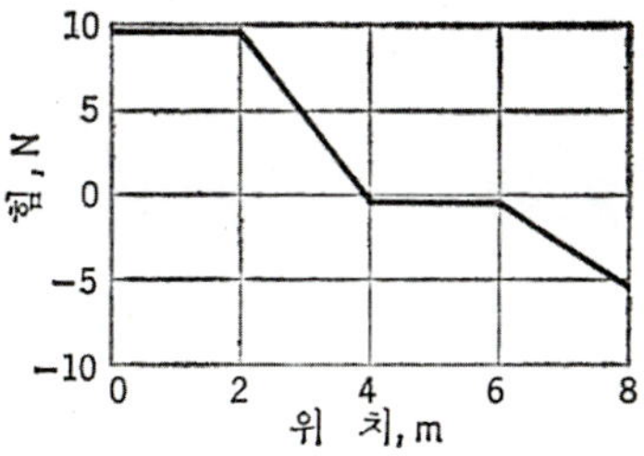

7. 물체에 가해지는 힘이 $F = F_0(x/x_0 - 1)$일 때, 이 물체를 $x = 0$에서 $x = 2x_0$까지 옮기기 위하여 해준 일을 적분으로 구하여라. 먼저 해석적으로 구하고 다음 $F(x)$의 곡선을 그려서 그 곡선 밑의 면적을 계산하여라.

8. 힘 F가 크기와 방향이 다같이 변하고, 곡선 경로를 따라 운동이 일어날 때 F에 의한 일은 $dW = F \cdot dr$이다. 여기서 적분은 곡선 경로를 따라 행한다. 주의할 것은 F와 dr사이의 각인 F와 ϕ가 다같이 각 점마다 달라진다는 점이다(그림 참조). 2차원운동에서

$$W = \frac{1}{2}mv^2 - \frac{1}{2}mv_0{}^2 \text{ 임을 보여라.}$$

여기서 v는 최종속력이고, v_0는 초기속력이다.

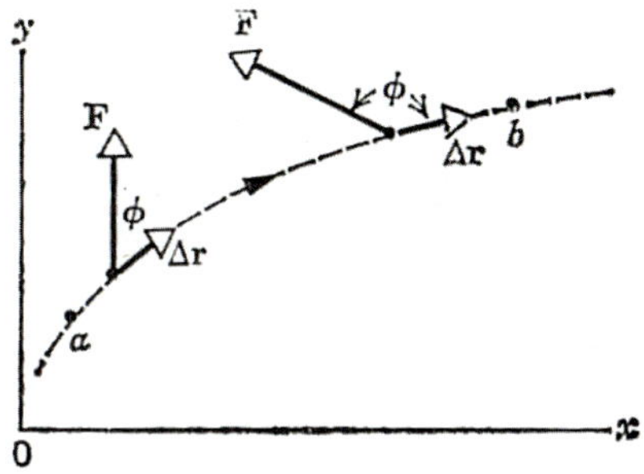

9. 55 mi/h(= 89 km/h)로 달릴 때와 같은 운동 에너지를 얻기 위하여 자동차를 얼마의 높이에서 낙하시켜야 하는가?

10. 처음에 500 m/s의 속도로 가던 30 g의 총알이 나무 토막에 12 cm 박혔다. 가해진 평균력은 얼마인가?

11. 아폴로 우주선을 실은 질량 $2.9\times10^5 kg$인 Saturn V 로케트가 지표 부근에서 탈출속도 11.2 km/s(= 25,000 mi/h)에 이르려면 연료에는 얼마만큼의 에너지가 들어 있어야 하는가? 실제로 이 계는 그만큼의 에너지가 필요한가? 왜 그런가?

12. 한 양성자가 사이클로트론(cyclotron)속에서 정지상태로부터 $3.0\times10^7 m/s$의 최종 속력(광속의 약 1/10)까지 가속된다. 양성자를 가속하는 사이클로트론의 전기력에 의하여 양성자에 한 일은 전자볼트(eV)로 얼마인가? $1eV = 1.6\times10^{-19}J$이다.

13. 한 외야수가 야구공을 초기속력 60ft/s(= 18m/s)로 던진다. 공의 속력이 40 ft/s(= 12 m/s)로 줄었을 때 같은 키의 내야수가 공을 잡는다. 공기저항을 극복하는데 얼마의 일이 행해졌는가? 야구공의 무게는 9.0 oz(m = W/g = 250 g)이다.

14. 한 양성자(수소원자의 핵)가 선형가속기 속에서 가속되고 있다. 이러한 가속기의 각 단계에서 양성자는 직선을 따라서 $3.6\times10^{15} m/s^2$으로 가속된다. 만일 한 양성자가 한 단계를 초기속력 $2.4\times10^7 m/s$로 들어오고, 이 단계의 길이가 3.5 cm일 때,

(a) 이 단계의 끝에서의 속력,

(b) 가속에 의해 생긴 운동 에너지의 이득을 계산하여라.

양성자의 질량은 $1.67\times10^{-27} kg$으로 잡고, 에너지를 전자볼트로 표시하여라. $1eV = 1.6\times10^{-19}J$이다.

15. 2.0 kg의 물체가 무시할 만한 질량을 가진 수평용수철에 길이가 15 cm 줄어들도록 힘을 가하고 있다. 물체를 놓으면 수평의 탁자 위를 60 cm나 움직인 후에 멈춘다. 용수철의 탄성계수는 200 N/m이다. 물체와 탁자 사이의 마찰계수는 얼마인가?

16. 160 lb(m = W/g = 72 kg)의 한 우주비행사를 바다로부터 줄을 사용하여 수직으로 50 ft(= 15 m) 들어올리는 데 헬리콥터를 사용한다. 우주비행사의 가속도는 g/10이다.

(a) 헬리콥터가 우주비행사에 한 일은 얼마인가?

(b) 중력이 우주비행사에 한 일은 얼마인가?

(c) 우주비행사가 헬리콥터에 도달하기 바로 직전의 우주비행사의 운동 에너지는 얼마인가?

17. 55kg의 여자 (W = mg = 120 lb)가 높이 4.5 m(= 15 ft)의 계단을 3.5 s만에 뛰어 올라간다. 이 여자에 가해져야 하는 평균 일률은 얼마인가?

18. 매초단 1200m^3의 물이 높이 100 m의 폭포에서 떨어진다. 물이 낙하할 때 얻은 운동 에너지의 3/4이 수력발전기에 의하여 전기 에너지로 바뀔 때 이 발전기의 일률은 얼마인가?

19. 반지름이 20 cm이고, 2.5 rev/s의 속력으로 회전하는 연삭기에 갈아야 할 연장을 180 N(= 40 lb)의 힘으로 늘려대면 이때의 일률은 얼마인가? 연삭기의 바퀴와 연장 사이의 마찰계수는 0.32이다.

20. 2.0 kg의 물체가 3.0 s 동안에 정지상태로부터 10 m/s의 속력으로 일정하게 가속된다.

(a) 물체에 얼마의 일이 행해지는가?

(b) 출발한 지 1.5s 후에 물체에 가해진 순간일률은 얼마인가?

21. 정지 상태에 있던 15 kg의 물체에 5.0 N의 힘을 가한다.

(a) 0~1 s, 1~2 s, 2~3 s 사이의 각 일을 계산하고,

(b) 3 s 후의 순간일률을 구하여라.

22. 51.0 kg인 소년이 6.00 m인 수직 로프를 일정속도로 10.0 s에 올라간다.

(a) 이 소년은 얼마의 일을 하는가?

(b) 오르는 동안의 소년의 일률은 얼마인가?

23. 1400 kg의 화강암 블록이 증기기관으로 움직이는 감는 기계에 의하여 일정속력 1.0 m/s로 위로 올라간다. (그림 참조). 블록과 평면 사이의 마찰계수는 0.40이다.

(a) 사면을 따라 위로 9.0 m 올라갈 때 블록에 작용하는 각 힘들에 의한 일은 얼마인가?

(b) 감는 기계에 의하여 얼마의 마력이 공급되어야 하는가?

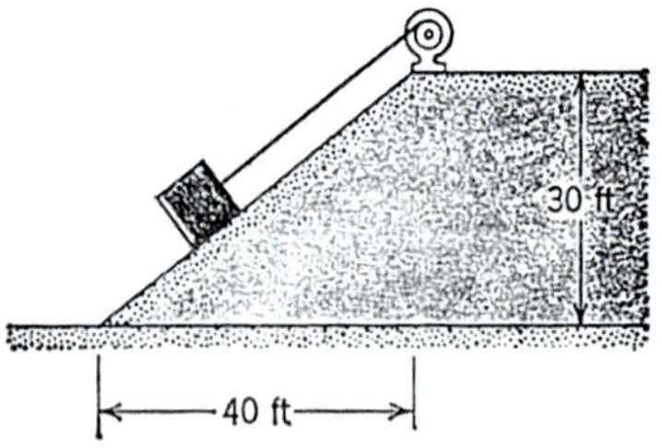

24. 보트를 일정한 속도로 끄는 데 필요한 힘은 속력에 비례한다. 한 척의 보트를 2.5 mi/h의 속력으로 끄는 데 10 hp이 필요하다면, 이 보트를 7.5 mi/h의 속력으로 끄는 데 몇 마력이 필요한가?

25. 한 트럭이 매 50 ft마다 1.0 ft씩 오르는 경사를 가진 도로 위를 15 mi/h의 속력으로 올라 갈 수 있다. 저항력은 트럭의 무게의 $\frac{1}{25}$과 같다. 같은 트럭이 동일한 마력을 가지고 얼마나 빨리 언덕을 내려갈 수 있는가? 저항력은 속력에 비례한다고 가정하여라.

26. 45,000 kg의 무게를 가진 한 인공위성 로케트가 출발 후 1.0분 후에 6400 km/h의 속력을 얻었다.

(a) 1분 후의 운동 에너지는 얼마인가?

(b) 마찰력과 중력을 무시할 때, 이 시간 동안에 소비한 평균일률은 얼마인가?

27. 엘리베이터의 질량은 $3.0 \times 10^3 kg$ 이며 200 m 높이를 20초에 올라간다. 케이블이 엘리베이터에 작용하는 일률은 얼마인가?

28. x축을 따라 움직이는 한 물체가 F = kx로 주어지는 반발력을 받고 있다.

(a) 운동에 대한 퍼텐셜 에너지 함수 U(x)를 구하고 에너지 보존의 조건을 기술하여라.

(b) 이 계의 운동을 기술하고 이것이 불완전평형의 지점 부근에서 기대되는 종류의 운동임을 보여라.

29. 5.0 g의 총알이 용수철 총에 의해 위로 수직하게 발사된다. 총알이 20 m 높이의 과녁에 도달하려면 용수철이 적어도 10 cm 압축되어야 함이 알려져 있다. 이 용수철의 탄성계수는 얼마인가?

30. 10 kg의 탄환이 500m/s의 초속도로 위로 곧게 발사된다.

(a) 탄도의 정상점에서의 탄환의 퍼텐셜 에너지는 얼마인가?

(b) 탄환이 45° 각으로 발사된다면, 최대 퍼텐셜 에너지는 얼마나 되겠는가?

31. 수직 용수철 위에 있는 2.0 g의 페니 동전을 아래로 밀어 1.0 cm 만큼 용수철을 압축시킨다. 용수철의 탄성계수는 40 N/m이다. 만약 페니 동전이 풀어 놓아지면 동전은 처음 위치에서 얼마만큼 위로 올라가겠는가?

32. 나이아가라 폭포에서는 매초 약 $10^6 kg$의 물이 50 m 아래로 떨어진다.

(a) 떨어지는 물은 매초 얼마의 퍼텐셜 에너지를 잃는가?

(b) 전기발전소가 물의 모든 퍼텐셜 에너지를 전기 에너지로 바꿀 수 있다면 이 발전소의 출력은 얼마나 되겠는가?

(c) 매년 몇 $kW \cdot h$의 전기 에너지를 생산할 수 있는가?

33. 2.0 kg의 물체가 0.40 m의 높이로부터 탄성계수 $k = 1960 N/m$ 인 용수철 위로 떨어진다. 이 용수철이 압축될 수 있는 최대거리를 구하여라. 저항은 무시하여라.

34. 초기속력 v_0가 동등하면 발사각에 관계없이 같은 높이에서의 속도 v는 모든 점에서 동일함을 보여라.

35. $F = -3.0x - 5.0x^2$으로 주어지는 보존력이 질량 1.0 kg인 물체에 작용한다. 여기서 F의 단위는 newton, x의 단위는 meter이다.

(a) x = 2.0 m일 때, 이 물체의 퍼텐셜 에너지는 얼마인가?

(b) x = 5.0 m일 때, 이 물체는 음의 x방향으로 4.0 m/s의 속력을 갖는다. 그 후의 운동을 기술하여라.

36. 큰 나무들은 매일 900 kg 가량의 물을 증발할 수 있다고 주장되고 있다.

(a) 물이 땅에서부터 평균 9.0m 올라온다고 가정하면, 이 일을 하기 위하여 얼마의 에너지($kW \cdot h$로 표시)가 공급되어야 하는가?

(b) 만일 증발이 낮 12시간 동안에 일어난다고 가정하면, 평균 일률은 얼마인가?

37. 한 물체가 높이 h인 곳에서 정지 상태로부터 낙하한다.

(a) 시간과 (b) 높이의 함수로 이 물체의 운동 에너지와 퍼텐셜 에너지를 표시하여라. 그림을 그려서 두 에너지의 합, 즉 전체 에너지는 각각의 경우에 일정함을 보여라.

38. 한 물체가 그의 퍼텐셜에너지가 그림과 같이 변화하는 지역에서 한 선을 따라 움직인다.

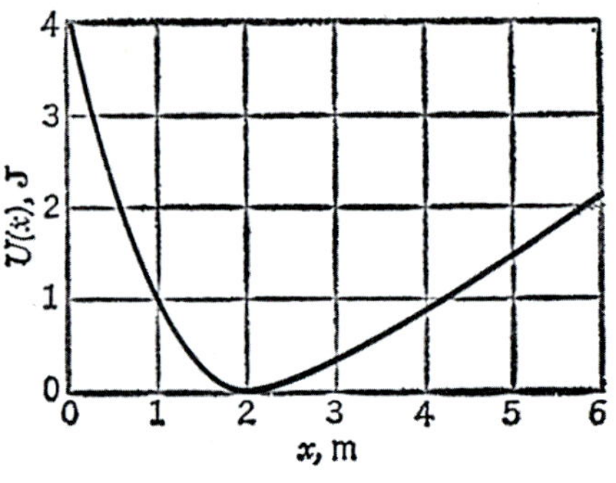

(a) 횡축이 같은 스케일로 이 물체에 작용하는 힘 F(x)를 스케치하여라. 그래프 위에 F(x)의 대략적인 수치 스케일을 표시하여라.

(b) 이 물체가 4.0 J의 일정한 역학적 에너지를 가지고 있을 때, 운동 에너지의 그래프를 스케치하여라. K(x)축 위에 수치 스케일을 표시하여라.

39. 50 g의 한 공이 8.0 m/s의 초속도를 가지고 수평에서 위로 30° 의 각을 가지고 창문에서 던져진다. 에너지 보존법칙을 사용하며,

(a) 비행궤도의 정상에서 공의 운동 에너지,

(b) 공이 창문 아래 3.0 m에 있을 때의 속력을 구하여라.

40. 2.0 kg의 블록이 마찰이 없는 사면 위에 있는 압축된 용수철 위에 놓여 있다(그림 참조). 탄성계수가 196 0N/m인 용수철은 20 cm 압축되어 있고, 그 후 물체가 방출된다. 물체는 정지하기 전에 사면을 얼마나 올라가겠는가? 용수철은 무게를 무시할 수 있고, 용수철과 물체는 서로 부착되어 있지 않다고 가정하여라.

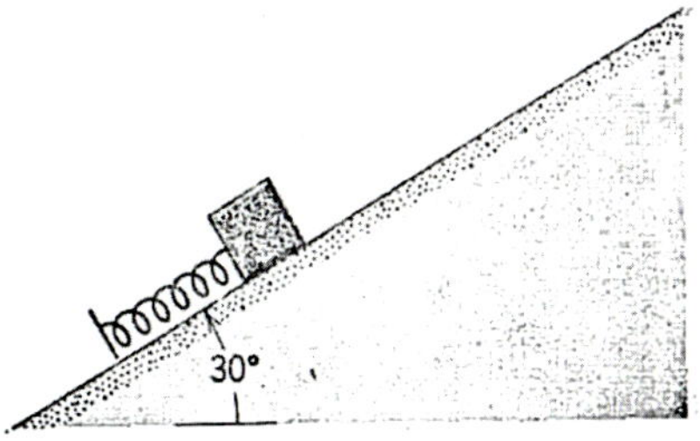

물체가 방출되기 직전의 위치를 기준으로 최종위치를 결정하여라.

41. 두 어린이가 마찰이 없는 테이블 위에 수평으로 놓인 용수철이 장치된 구슬총으로 마루 위에 있는 조그만 상자를 맞추려고 하는 놀이를 하고 있다(그림 참조).

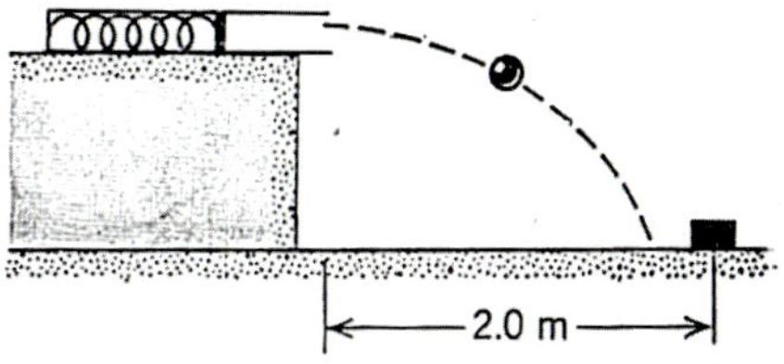

첫 번째 어린이가 용수철을 1.0 cm 압축시켜 구슬을 표적에 못 미친 20 cm 앞에 떨어뜨렸는데, 표적은 테이블 가장자리로부터 수평으로 2.0 m에 있다. 같은 구슬이 상자안에 떨어지게 하기 위하여 두 번째 어린이는 이 용수철을 얼마나 압축시켜야 하겠는가?

42. 경사진 면을 따라서 재었을 때 밑에서부터 2.0ft 떨어진 곳에서 2.0lb의 블록이 초기 속력 4.0 ft/s로 사면을 올라간다. 경사면이 수평과 30° 의 각을 이루고 마찰계수가 0.20일 때,

(a) 이 블록은 경사면을 따라 얼마나 높이 올라가겠는가?

(b) 속력이 얼마일 때, 이 물체는 경사면의 밑에 도달하겠는가?

43. 어떤 힘이 퍼텐셜 에너지 $U = ax^2 + bxy + z$와 일치하는가?

44. 용수철 총의 용수철은 4.0 lb/in의 탄성계수를 가지고 있다. 총을 30° 의 각으로 위로 기울였을 때, 2.0 oz의 공이 6.0 ft의 높이까지 올라갔다. 용수철을 얼마나 압축시킨 것인가?

45. 에스컬레이터가 8.0 m 위인 윗층과 연결되어 있다. 이것의 길이는 12 m이고, 60 cm/s의 속력으로 이동한다.

(a) 이것의 평균질량 75 kg의 사람을 최고 매분 100사람식 운반해야 한다면, 이것을 돌리는 모터의 일률은 얼마라야 하는가?

(b) 80kg의 사람이 에스컬레이터를 10s동안에 걸어 올라갔다. 모터는 이 사람에게 얼마의 일을 하였는가?

(c) 위의 사람이 중간에 돌아서서 공간적으로 같은 높이에 머무르도록 에스컬레이터에서 걸어 내려온다면 모터는 그에게 일을 하겠는가? 그렇다면 이렇게 하기 위해 모터가 내야 할 일률은 얼마인가?

(d) 이 사람이 모터의 일률은 소비시키지 않고 에스컬레이터를 따라 걸을 수 있는 다른 방법이 있는가?

46. 수소원자에서 양으로 하전된 핵과, 음으로 하전된 전자 사이의 장력의 크기는

$$F = k\frac{e^2}{r^2}$$

로 주어지고, e는 전자의 전하, k는 상수, r은 전자와 핵 사이의 거리이다. 핵은 고정되어 있다고 하자. 처음에 핵 주위를 반지름 R_1의 원을 그리며 돌고 있던 전자가 갑자기 더 작은 반지름 R_2인 원궤도로 뛰어들었다.

(a) 뉴턴의 제2법칙을 사용하여, 이 전자의 운동 에너지의 변화를 계산하여라.

(b) 힘과 퍼텐셜 에너지 사이의 관계를 사용하여, 이 원자의 퍼텐셜에너지의 변화를 계산하여라.

(c) 이 과정에서 원자의 역학적 에너지가 얼마나 변화했는가를 보여라. (이 에너지는 복사의 형태로 방출되기도 한다.)

47. 2.0 kg의 돌을 4.0 m의 줄에 묶어서 단진자를 만들었다. 줄이 연직과 60°의 각을 이루고 있을 때, 이 돌을 지면에서 멀어지는 쪽으로 줄과 수직한 방향으로 밀어올렸다. 이 돌이 가장 낮은 곳을 지날 때 그 속력이 8.0 m/s임을 알았다.

(a) 돌을 민 순간의 이 돌의 속력은 얼마인가?

(b) 돌이 움직이는 동안 줄과 연직선이 만드는 최대각은 얼마인가?

(c) 진동의 가장 낮은 곳의 중력 퍼텐셜에너지를 0으로 택할 때, 이 계의 전체 역학적 에너지는 얼마인가?

48. 질량 9.4 kg인 포사체를 초속력 470 m/s로 독바로 위쪽으로 쏘았다. 공기의 저항으로 인한 에너지의 손실이 $6.8 \times 10^5 J$이라면 저항이 없는 경우 포사체는 얼마나 더 높이 올라가는가?

49. 눈으로 뒤덮인 해발 3500 m와 3400 m의 두 산이 계곡을 사이에 두고 이웃하여 있다. 높은 산 정상에서 낮은 산 정상까지 전체 길이 3000 m의 거리를 스키이로 활주하려 한다.

(a) 스키선수가 높은 산 정상에 정지하여 있다. 눈을 지치지 않고 가능한 한 최대로 빨리 낮은 산 정상에 도달할 때의 속력은 얼마인가? 마찰은 무시한다.

(b) 이 선수가 겨우 낮은 산 정상에 도달할 수 있는 눈과의 마찰계수는 대략 어느 정도이어야 하는지 계산하여라.

50. 탄성계수가 120 N/m인 압축된 용수철에서 3.0 kg의 물체가 풀려 놓아진다. 용수철을 떠난 후 이 물체는 마찰계수 0.20인 수평면 위를 정지할 때까지 8.0 m를 움직여 간다(그림 참조).

(a) 이 물체의 최대운동 에너지는 얼마인가?

(b) 이 물체가 풀리기 전 용수철은 얼마나 압축되어 있었는가?

51. 질량 m인 한 물체가 수평과 θ의 각을 이루고 길이가 l인 경사면에서 정지상태로부터 내려오기 시작한다.

(a) 마찰계수를 μ라 하고 최저점에서의 속력을 구하여라.

(b) 이것이 밑으로 내려온 다음 같은 표면을 가진 수평면 위를 얼마나 멀리 미끄러지겠는가? 에너지 보존법칙을 사용해서 풀고, 다시 직접 뉴턴의 법칙을 사용해서 풀어라.

52. 4.0 kg의 물체가 128 J의 운동 에너지를 가지고 30° 의 경사면 위로 올라가기 시작한다. 마찰계수가 0.30이라면, 얼마나 경사면을 미끄러져 올라가겠는가?

53. 40 lb의 물체가 수평력 F를 받아 10 ft 길이의 마찰이 없는 30° 경사면 위로 밀려 올라간다.

(a) 바닥에서의 속력이 2.0 ft/s, 꼭대기에서는 10 ft/s라 하면 F가 한 일은 얼마인가?

(b) 면에 마찰이 있고 $\mu_k = 0.15$라 하자. 동일한 힘이 하는 일은 얼마인가?

(c) 이 물체는 경사면을 따라 얼마나 높이 올라가겠는가?

54. 길이 l인 매우 가벼운 강체막대가 한 끝에 질량 m인 공을 달고 있다(그림 참조). 다른 끝은 공이 수직으로 원주상을 움직이도록 피벗(pivot) 장치가 되어 있다. 이 계가 수평위치 A로부터 하향초기속도 v_0를 가지고 운동을 시작한다. 이 공은 D점에 겨우 닿아 정지했다.

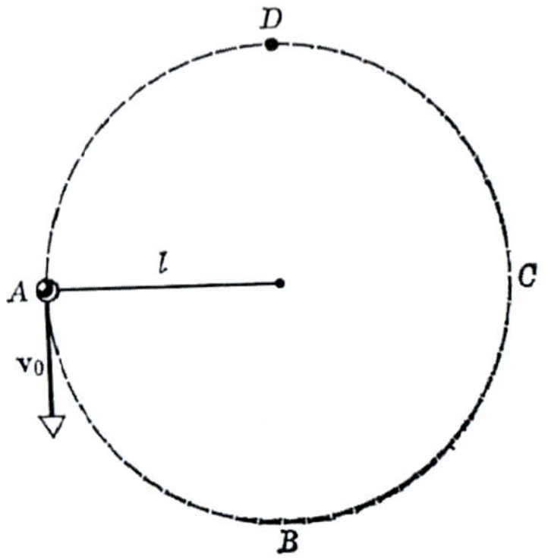

(a) v_0를 l, m과 g로 표시하여라.

(b) 공이 B에 있을 때, 막대의 장력은 얼마인가?

(c) 공이 전처럼 같은 속력을 가지고 A에서 운동을 시작할 때, 조그만 모래 한 알을 피벗에 놓으면 그 후 이 공은 겨우 C에 닿는다. 이 운동 중에 마찰이 한 일은 얼마인가?

55. 그림에 있는 4000 lb의 엘리베이터가 1층에 멈춰 있을 때 엘리베이터의 줄이 끊어지는 순간 그 바닥과 탄성계수는 k = 10000 lb/ft인 용수철 사이의 거리는 d = 12 ft이다. 안전장치가 보호용 선로를 누르고 있어서 1000 lb의 일정한 마찰력이 엘리베이터의 운동을 줄인다.

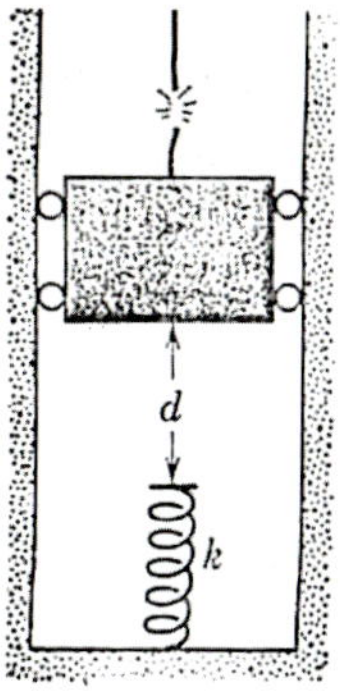

(a) 이 용수철에 닿기 직전의 엘리베이터의 속력을 구하여라.

(b) 용수철이 줄어드는 길이 x를 구하여라.

(c) 엘리베이터가 다시 튀어 올라갈 거리를 구하여라.

(d) 에너지 보존법칙을 써서 정지할 때까지 엘리베이터가 갈 전체 거리를 구하여라.

56. 보존역학적 계에 다른 마찰력이 존재할 때, 역학적 에너지가 소모되는 율은 그 순간의 속력과 마찰력과의 곱과 같다는 것을 보이거나, 또는

$$\frac{d}{dt}(K+U)=-fv$$

임을 보여라.

57. 미국은 1975년에 대략 $2.0\times10^{12}kW \cdot h$의 전기 에너지를 소모했다. 이 에너지를 얻기 위해 몇 kg의 물질이 완전히 파괴되어야만 했는가?

58. 한 전자(정지질량 $9.1\times10^{-31}kg$)가 0.99 c의 속력으로 이동한다.

(a) 총에너지는 얼마인가?

(b) 뉴턴적 운동 에너지와 상대론적 운동 에너지와의 비를 구하여라.

59. Oregon 주의 원자핵발전소는 1년에 1030 MW의 사용가능 전력을 지속적으로 공급한다.

(a) 발전소가 공급하는 에너지를 J로 표시하면 얼마인가?

(b) 콜럼비아강에 열레너지로 방출되는 1500 MW의 전력을 합할 경우 이 발전소가 1년 동안 에너지로 변환시키는 질량을 계산하여라.

60. 1.0 kiloton의 우주선을 정지상태로부터 0/1.0 c의 속력으로 가속시키려면 얼마만큼의 물질을 에너지로 전환시켜야 하는가?

제 7 장

탄성 및 단진동

Elastic and Simple Harmonic Motion

1 탄성체(elastic body)

고체에 힘이 작용하면 고체 내의 각 질점 사이의 상대적 위치가 변화한다. 외력을 받는 물체의 끝, 또는 체적의 변화는 결국 물질의 분자 사이의 힘에 의하여 결정된다. 외력이 물체에 작용하면 고체의 모양이 변하고, 또 이 외력에 대항하여 원상태로 복구하려는 힘, 즉 복원력이 생겨 외력과 비긴다. 이 힘을 탄성력이라 하고, 이런 성질을 갖는 물체를 탄성체라 한다. 외력과 탄성력이 항상 비기고 있으며 외부의 힘을 없앨 때, 곧 원상태로 완전복구하는 이상적 물체를 완전탄성체라 한다.

그러나 실제의 물체는 외력을 가할 때, 어느 한계를 넘어서면 외력을 없애도 원상태로 돌아오지 않는다. 물질의 이러한 성질을 소성(plasticity)이라 한다. 보통의 물체는 탄성과 소성의 두 성질을 갖는다.

2 응력과 변형(stress and deformity)

물체가 외력을 받아 형태가 변하면 탄성에 의하여 물체 내부의 임의의 면을 경계로 하는 양측 부분은 서로 힘의 작용을 받는다. 이 내부 면에 작용하는 단위면적당 힘을 응력(stress) 또는 변형력이라 한다. 이 경계면의 넓이를 A, 한 면에 작용하는 힘을 F라 하고, 응력을 S라 하면

$$S=\frac{F}{A} \quad \cdots\cdots (7-1)$$

이다.

응력의 방향은 이것이 작용하는 면에 대해서 일반적으로 어떤 기울기를 가질 수 있으나, 이것을 그 면의 법선방향과 접선방향으로 분해해서 생각할 때, 이를 각각 수직응력과 접선응력이라 한다. 접선응력은 면에 따라 미끄러지려는 응력이 있는데, 이것을 미끄럼응력 또 전단응력이라 한다.

물체의 면에 수직으로 외력이 작용할 때

① 장력이 작용할 때

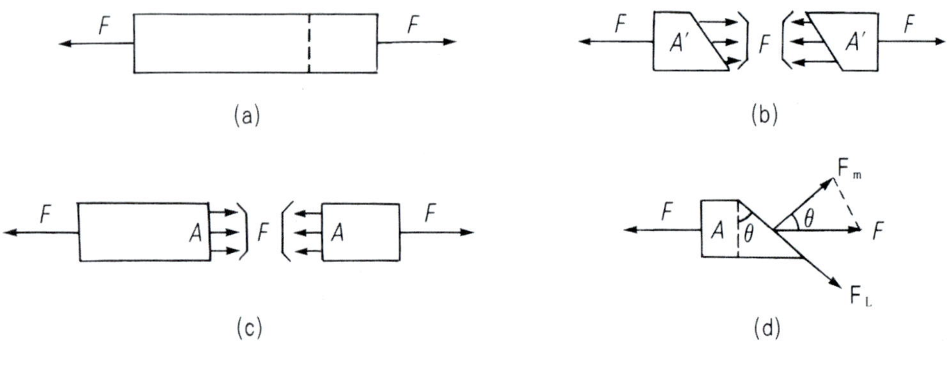

그림 7-1 장력에 의한 응력

그림 7-1(c)는 외력에 대항하여 탄성력이 각 부분을 서로 당기고 있다. 수직단면의 응력을 당기는 응력이고, F/A이다. 그림 (d)의 응력은 수직응력과 접선응력 F_L/A'로

분해된다.

② 압축력이 작용할 때

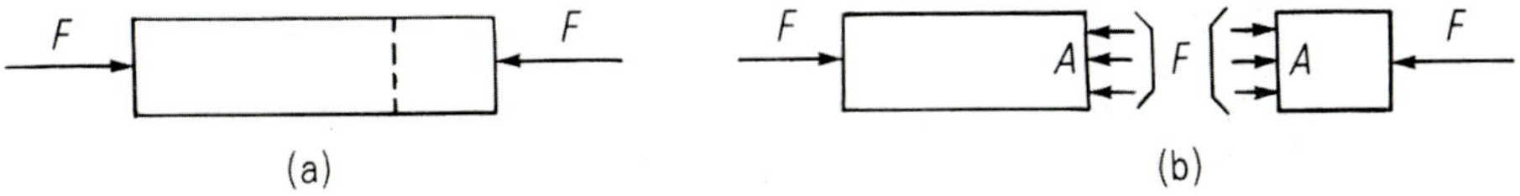

그림 7-2 | 압축력에 의한 응력

그림 7-2(b)는 각 부분이 다른 부분을 밀고 있으므로 압축응력이다.

물체의 면에 전단력이 작용할 때

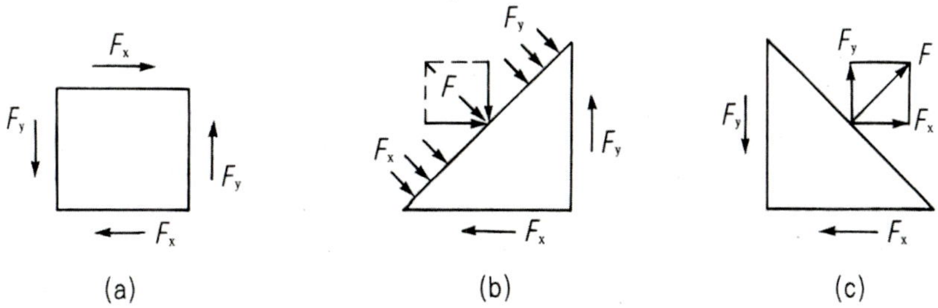

그림 7-3 | 전단력에 의한 응력

변형(strain)이란 말은 외력이 작용하기 전의 물체의 크기와 꼴에 대한 외력이 작용했을 때의 상대적 변화율을 말한다. 종류에 따라 변형을 각각 다음과 같이 정의한다.

길이의 변형 그림 7-4와 같이 길이 l_0인 막대기 양 끝에서 크기가 같고 방향이 반대인 힘이 작용하여 길이 l이 되었을 때

$$\text{늘어난 변형} = \frac{l - l_0}{l_0} = \frac{\Delta l}{l_0} \quad \cdots\cdots (7-2)$$

와 같이 정의한다. 압축될 때에는 같은 방법으로 감소한 길이와 본래 길이의 비를 압축변형이라 한다.

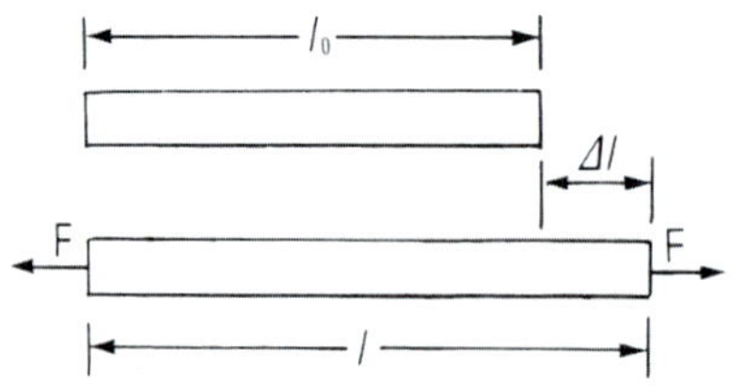

그림 7-4 | 길이 변형

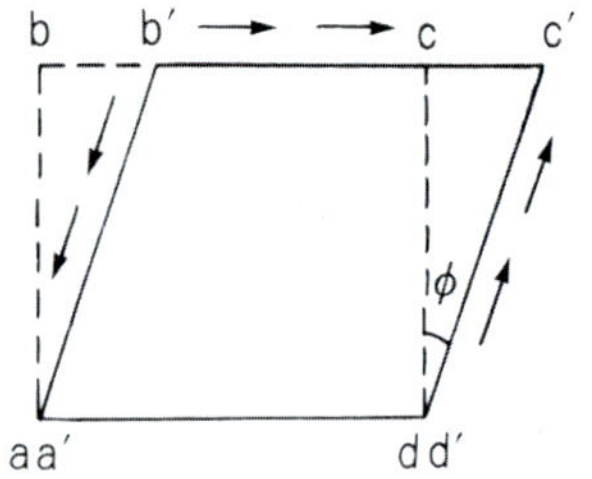

그림 7-5 | 전단 변형

전단변형 그림 7-5와 같이 면에 전단력에 작용할 때 그림 7-3에서와 같이 한 대각면에는 장력, 한 대각면에는 축력이 작용하는 것과 같다. 그림 7-5에서

$$\frac{bb'}{ab} = \frac{cc'}{dc} = \tan\varnothing \quad \cdots\cdots (7-3)$$

또 $\varnothing$가 극히 작을 때에는

$$\tan\varnothing = \varnothing\,(\text{radian}) \quad \cdots\cdots (7-4)$$

이것을 전단변형(sheasing strain)이라 한다.

체적변형 물체의 면에 항상 수직으로 같은 압력이 작용할 때나, 또는 장력이 작용할 때 체적변화 Δv의 원체적 V_0에 대한 비를 체적변형이라 한다.

$$\text{체적변형} = \frac{\Delta v}{V_0} \quad \cdots\cdots (7-5)$$

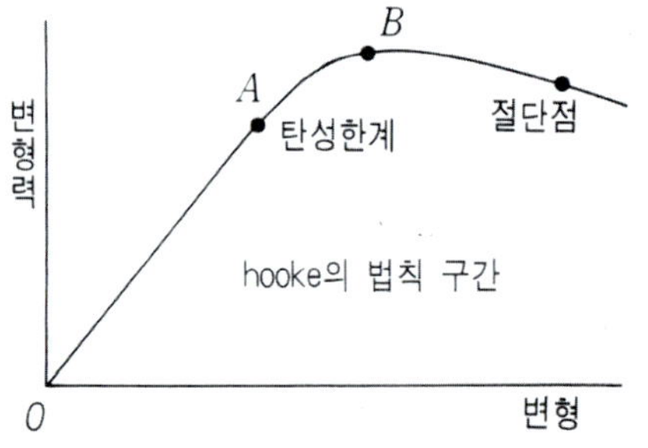

그림 7-6 | 금속의 응력 변형

Hooke법칙 그림 7-6을 한 금속 막대기가 점점 증가하여 당기는 힘을 받을 때 응력의 변형을 그린 것이다. 0부터 A까지는 직선적으로 변화한다. 다시 말해 이 부분에서는 응력과 변형 사이에 비례관계가 있다.

이 때 외력을 없앴다면 실험 물체는 그 원래의 길이로 돌아간다. 즉 O에서 A까지의 부분은 완전탄성영역이다. 그리고 B까지 변형하였을 때 외력이 없어지면 실험물체는 원래의 길이로 돌아가지 않고 변형만 남는다. 이것을 영구변형이라 한다. A를 넘어선 변형을 일으킬 때 물체는 소성을 나타난다. 점 A를 물질의 탄성한계점 또는 비례한계점이라고 한다.

따라서, 물체가 늘어나는 길이는 달아맨 물질의 무게에 비례하는 것을 알 수 있다. 만일 물체가 스프링이라면 스프링은 그 늘어난 길이에 비례하는 힘을 내고 있다고 말할 수 있다.

즉 $F_s \propto \Delta L$

또는 $F_s = -k\Delta L$ ········· (7-6)

여기서 k를 스프링의 역상수(force constant)라 하고, k는 길이의 단위 증가량에 대하여 스프링이 내는 힘의 증가량을 나타낸다. 그러므로 탄성한계 내에서는 응력과 변형은 비례한다. 이것을 Hooke의 법칙이라 한다.

3 각종 탄성률

길이가 l_0이고, 단면적이 A인 금속막대기에 장력 F_n이 반대방향으로 작용하여 Δl만큼 늘어났다면 이 때 변형은 $\Delta l / l_0$이다. Hooke의 법칙에 따라서,

$$\frac{F_n}{A} \propto \frac{\Delta l}{l_0}$$

$$\frac{F_n}{A} = Y\frac{\Delta l}{l_0}, \quad Y = \frac{F_n / A}{\Delta l / l_0} \quad \cdots\cdots (7-7)$$

Y를 Young률 또는 길이의 탄성률이라 한다. Young률의 단위는 단위면적당 힘으로 표시한다. 전단력 F_L가 넓이 A에 작용하여 미끄럼변형이 일어날 때 $\varnothing$가 극히 작다면

$$\frac{F_L}{A} = n\tan\varnothing = n\varnothing$$

$$n = \frac{F_L/A}{\varnothing} \quad \cdots\cdots (7-8)$$

이 때, n을 강성률이라 한다. $\varnothing$는 차원이 없으므로 n도 역시 단위면적당 힘으로 표시한다.

또 물체의 전 표면적을 A, 표면에 직각으로 작용하는 전 표면력이 F이면 압력 $p = F/A$이므로

$$p = B\frac{-\Delta V}{V_0}, \qquad B = -\frac{P}{\Delta V/V_0} \quad \cdots\cdots (7-9)$$

이다.

여기서 B를 체적의 탄성률이라 하며, $-$는 체적이 감소하므로 B가 +가 되도록 붙인 것이다. B의 단위는 압력의 단위와 같다. 체적의 탄성률의 역수를 압축률 K라 하는데, 물리상수표에는 체적의 탄성률보다 압축률이 많이 실려 있다.

$$K = \frac{1}{B} = \frac{\Delta V}{pV_0} \quad \cdots\cdots (7-10)$$

또 가로의 변형과 이에 관련된 세로의 변형과의 비를 Poisson비 α라고 한다.

$$\alpha = \frac{\Delta D/D_0}{\Delta L/L_0} \quad \cdots\cdots (7-11)$$

여기서 D_0는 실험재료가 변형되지 않았을 때의 가로의 크기이다. 정의에서 $-$가 나타난 것은 길이가 증가하여 +의 세로 변형이 있으면 면적이 감소하여 $-$의 가로 변형이 일어나기 때문이다. 이와 같이 Poisson비는 양수이며 물질의 탄성상수의 하나이다.

표 7-1 | Young률, 강성률 및 체적의 탄성률

물질이름	Young률		강성률		체적의 탄성률	
	dyne/cm² (×10¹¹)	1 b/in² (×10⁶)	dyne/cm² (×10¹¹)	1 b/in² (×10⁶)	dyne/cm² (×10¹¹)	1 b/in² (×10⁶)
알루미늄	7	10	2.4	3.4	7	10
놋쇠	9	13	3.5	5.1	6.1	17
구리	10~12	14~18	4	6	12	17
선철	8~10	12~14			9.6	14
단철	18~20	26~29			15	21
납	1.5	2.3	0.5	0.8	0.8	1.1
강철	19~21	27~30	8	12	16	23

[예제 1] 길이 10 m이고 단면의 지름이 1 mm인 강철선이 250 N의 힘을 받아 1.45 cm 늘어났다. 이 강철선의 변형과 응력 및 강철의 Young률을 계산하여라.

[풀　이] $\text{변형} = \dfrac{1.45\times10^{-2}}{10} = 1.45\times10^{-3}$

$$\text{응력} = \frac{250}{\frac{\pi}{4}(10^{-3})^2} = 3.2\times10^{8}\,\text{N/m}^2$$

$$Y = \frac{\text{응력}}{\text{변형}} = \frac{3.2\times10^{9}}{1.45\times10^{-3}} = 2.2\times10^{11}\,\text{N/m}^2$$

[예제 2] 위 문제에서 강철선의 부피를 1% 감소시키려면 얼마의 힘이 필요한가?

[풀　이] $-\dfrac{\Delta V}{V} = \dfrac{1}{100}$

표에서 $B = 16\times10^{11}\,\text{dyne/cm}^2$이므로, 따라서

$$\Delta p = B\frac{1}{100} = 16\times10^{9}\,\text{dyne/cm}^2$$

약 16000 atm이 필요하다.

4 탄성 에너지(elastic energy)

철사나 스프링이 늘어난 길이를 Δl 또는 x, 외력을 F라 하면 Hooke의 법칙에 따라

$$F = k_0 x \quad \cdots\cdots (7-12)$$

가 된다. 이 때 k_0를 힘의 정수(force constant)라 한다. 이제 처음 상태에서 x만큼 늘이는 데 필요한 일을 생각하자. 외력 F는 길이 x에 따라 변화한다. 따라서

$$W = \int_0^x F dx = \int_0^x k_0 x dx = \frac{1}{2} k_0 x^2 \quad \cdots\cdots (7-13)$$

과 같다.

길이 x만큼 늘이는 데 필요한 외력은 스프링이 되돌아갈 때 같은 크기의 일을 할 수 있으므로, 이 외력은 탄성 위치 에너지로 보존된다.

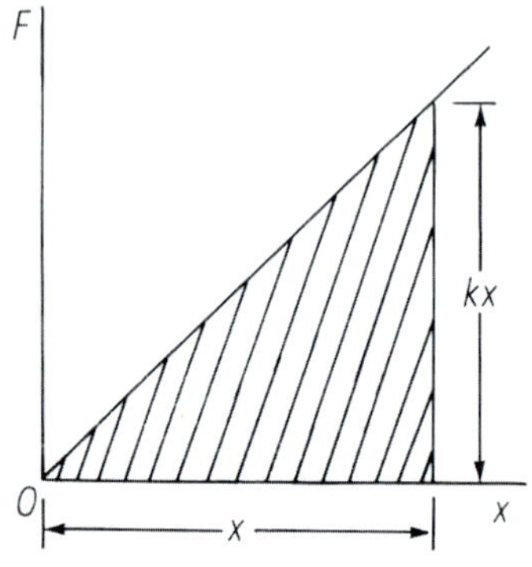

그림 7-7

물체에 작용하는 힘이 물체의 평형위치로부터 변위에 비례할 때 아주 독특한 운동이 일어난다. 만일 이 힘이 항상 물체의 평형위치를 향하도록 작용한다면 이때 물체는 이 위치에 대해서 앞뒤로 움직이는 운동을 하게 되며 이러한 운동을 주기 혹은 진동이라 한다. 다음은 단조화 운동(simple harmonic motion)을 다루기로 한다.

5 진동(oscillatory motion)

같은 시간 간격을 두고 되풀이 되는 운동을 주기운동이라 한다. 주기운동을 하는 질점의 변위를 sine과 cosine을 써서 표현할 수 있고, 이와 같은 주기운동을 조화운동이라고도 한다.

조화운동을 완전하게 1회 진동하는데 요하는 시간을 주기 T라 한다. 또한 단위시간당 진동하는 횟수를 진동수 ν라 한다. 따라서 진동수는 주기의 역수와 같다. 즉,

$$\nu = \frac{1}{T} \qquad (7-12)$$

직선상의 일정한 한계점 사이를 왕복 진동하는 질점을 고찰하면 변위 x, 속도 v와 가속도 a의 크기와 방향이 주기적으로 변하고 질점에는 $\mathrm{F} = ma$에 따르는 복원력 F가 작용한다.

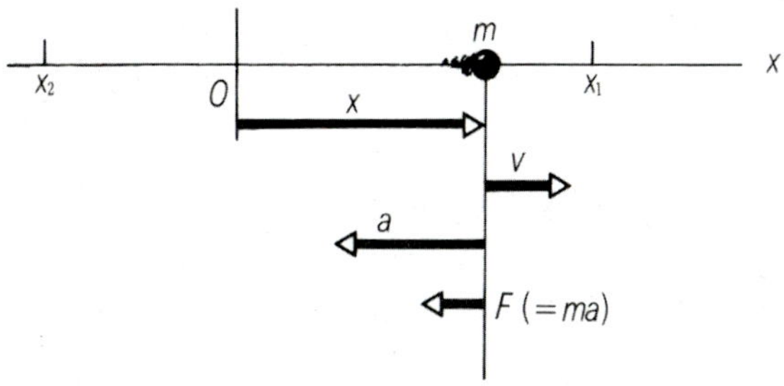

그림 7-8 조화운동하는 질점의 변위, 속도 가속도 및 복원력 관계

6 단조화 진동(simple harmonic oscillation)

한 단진자가 식 (7-13)과 같이 주어지는 위치 에너지에 따라 그림 7-9와 같이 평형위치의 양쪽으로 왕복운동을 하는 경우를 고찰하자.

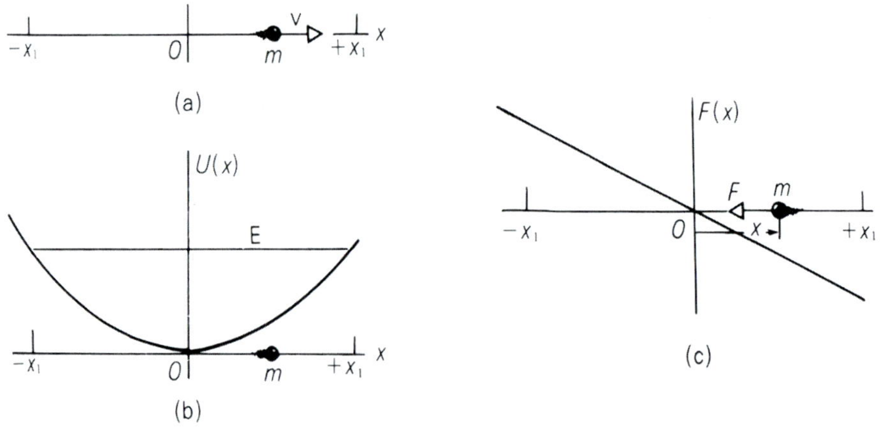

그림 7-9

(a) 평형점 O를 중심으로 단조화 운동을 하는 질량 m인 입자
(b) 퍼텐셜에너지와 역학적 에너지 E
(c) 입자에 작용하는 복원력

$$U(x) = \frac{1}{2}kx^2 \qquad \text{(7-13)}$$

여기서 k는 상수이다. 또 질점에 작용하는 힘은

$$F(x) = \frac{du}{dx} = -\frac{d}{dx}\left(\frac{1}{2}kx^2\right) = -kx \qquad \text{(7-14)}$$

와 같이 된다. 이와 같은 힘의 작용을 받는 진동체를 단조화 진동자라 하고, 그 운동을 단조화운동이라 한다.

단조화운동 즉 단진동을 하는 진동체의 위치 에너지는 변위의 제곱에 따라 변하고 질점에 작용하는 힘은 변위에 비례하며, 방향은 변위의 반대쪽을 향한다는 것이 특색이다. 단진동에서는 진동의 한계가 평형위치를 중심으로 양쪽이 똑같다. 조화적이라도 단진동이 아닌 더 일반적인 경우에는 그렇지 않다. 단진동의 최대변위의 크기를 진폭이라 한다.

식 (7-14)의 $F = -kx$는 Hooke의 법칙으로 알려진 실험식이며 여기에 Newton의 제2법칙을 적용하면

$F = ma$에서

$$-kx = m\frac{d^2x}{dt^2}$$

$$\frac{d^2x}{dt^2} + kx = 0 \quad \cdots\cdots (7-15)$$

이다. 이 식 (7−15)를 미분방정식이라 한다. 이 식을 푼다는 것은 시간 t의 함수로 표시된 변위 x가 방정식을 만족하도록 택하는 것을 의미한다. 단조화진동자의 운동방정식을 풀기 위해 식 (7−15)를 다음과 같이 바꾸어 쓴다.

$$\frac{d^2x}{dt^2} = -\frac{k}{m}x \quad \cdots\cdots (7-16)$$

이것으로부터 $x(t)$는 2차 도함수에 비례하고 비례상수가 음이 되어야 한다. 식 (7−16)의 해를 다음과 같이 가정한다.

$$x = A\cos(\omega t + \delta) \quad \cdots\cdots (7-17)$$

여기에는 미지상수 A, ω, δ가 포함되어 있다. 식 (7−17)은 식 (7−16)을 만족해야 한다. 식 (7−17)을 시간에 대하여 두 번 미분하면

$$\frac{d^2x}{dt^2} = -\omega^2 A\cos(\omega t + \delta) \quad \cdots\cdots (7-18)$$

인데 이것을 식 (7−16)에 대입하면

$$-\omega^2 A\cos(\omega t + \delta) = -\frac{k}{m}A\cos(\omega t + \delta)$$

를 얻으므로, ω가

$$\omega^2 = \frac{k}{m} \quad \cdots\cdots (7-19)$$

를 만족할 때 식 (7-17)은 단조화 운동의 해가 된다. 식 (7-17)에 포함된 A와 δ는 아직도 미정이며, 그 선택에 따라 여러 진동이 가능하다. 이것이 운동의 미분방정식의 특징이며 어떤 공통성을 지니는 운동의 한 모임을 묘사한다. 이때 ω는 모든 운동에 대하여 공통이지만 A와 δ는 경우마다 다르다.

먼저 상수 ω의 물리적 의미를 관찰해 보자, 식 (7-17)에서 시간 t가 $2\pi/\omega$만큼 증가하면 x는

$$x = A\cos\left[\omega\left(t + 2\pi/\omega\right) + \delta\right]$$
$$= A\cos\left(\omega t + 2\pi + \delta\right) = A\cos\left(\omega t + \delta\right)$$

으로 시간 $2\pi/\omega$ 후에 함수가 다시 되풀이되므로 $2\pi/\omega$는 운동주기 T가 된다. 한편 $\omega^2 = \mathrm{k/m}$이므로 T는

$$T = \frac{2\pi}{\omega} = 2\pi\sqrt{\frac{m}{k}} \quad \cdots\cdots (7-20)$$

와 같이 된다.

또 진동수 ν는

$$\nu = \frac{1}{T} = \frac{\omega}{2\pi} = \frac{1}{2\pi}\sqrt{\frac{m}{k}} \quad \cdots\cdots (7-21)$$

이고

$$\omega = 2\pi\nu = \frac{2\pi}{T} \quad \cdots\cdots (7-22)$$

이다. ω는 각 진동수이다.

상수 A는 간단한 의미를 가지고 있다. cos 함수는 −1에서 +1까지의 값을 취하므로 A는 변위 x의 최대값으로 진동의 진폭이라고 한다. 또 $(\omega t + \delta)$를 위상이라 하고 상수 δ는 위상상수라 한다. 진폭과 진동수가 같은 두 진동에서 위상이 다를 수가 있다. 가령 $\delta = -\pi/2$이면

$$x = A\cos(\omega t + \delta) = A\cos(\omega t - 90°) = A\sin\omega t$$

와 같이 된다.

[예제 3] 물체가 x축상에서 단조화운동으로 진동한다. 시간에 대한 변위는 다음 식으로 주어진다.

$$\omega = 4.0\cos\left(\pi t + \frac{\pi}{4}\right)$$

여기서, x는 m이고, t는 s이고, 괄호 안의 각은 radian이다.

(a) 운동의 진폭과 진동수 및 주기를 구하라.

(b) 임의의 시각 t일 때 물체의 속도와 가속도를 계산하라.

(c) (b)의 결과를 사용하여 $t = 1\,\text{s}$일 때 물체의 위치, 속도 및 가속도를 구하라.

(d) 물체의 최대 속력과 최대 가속도를 구하라.

(e) $t = 0$와 $t = 1\,\text{s}$ 사이의 물체의 변위를 구하라.

(t) $t = 2\,\text{s}$일 때 운동의 위상은 얼마인가?

[풀 이]

(a) 단조화운동에 대한 일반해 $x = A\cos(\omega t + \delta)$를 주어진 식과 비교하면

$A = 4.0\,\text{m}$, $\omega = \pi\,\text{rad/s}$ 따라서 $f = \omega/2\pi = \pi/2\pi = 0.50\,\text{s}^{-1}$,

$T = 1/f = 2.0\,\text{s}$

(b) $$v = \frac{dx}{dt} = -4.0\sin(\pi t + \frac{\pi}{4})\frac{d}{dt}(\pi t) = -4\pi\sin\left(\pi t + \frac{\pi}{4}\right)\frac{\text{m}}{\text{s}}$$

$$\alpha = \frac{dv}{dt} = -4\pi\cos(\pi t + \frac{\pi}{4})\frac{d}{dt}(\pi t) = -4\pi^2\cos\left(\pi t + \frac{\pi}{4}\right)\frac{\text{m}}{\text{s}^2}$$

(c) 삼각함수의 각이 radian이므로, $t = 1\,\text{s}$에서

$$x = 4.0\cos(\pi + \frac{\pi}{4}) = 4.0\cos\left(\frac{5\pi}{4}\right) = -4\pi(-0.71) = -2.8\,\text{m}$$

$$v = -4\pi\sin\left(\frac{5\pi}{4}\right) = -4\pi(-0.71) = 8.9\,\text{m/s}$$

$$a = -4\pi^2\cos(\frac{5\pi}{4}) = -4\pi^2(-0.71) = 28\,\text{m/s}^2$$

(d) (b)에서 v와 α에 대한 일반해에서 sine과 cosine 함수의 최대값은 1이다. 여기서 v는 $\pm 4\pi^2\text{m/s}^2$ 사이를 진동한다. 따라서 $v_{max} = A\omega$와 $\alpha_{max} = A\omega^2$에서 $A = 4.0\,\text{m}$와 $\omega = \pi$를 대입하여 같은 결과를 얻을 수 있다.

(e) $t=0$일 때 x좌표는

$$x_0 = 4.0\cos\left(0+\frac{\pi}{4}\right) = 4.0(0.71) = 2.8\,\text{m}$$

따라서 $t=0$와 $t=1\,\text{s}$ 사이의 변위는

$$\Delta x = x - x_0 = 1.5\,\text{m} - 2.8\,\text{m} = -1.3\,\text{m}$$

1초 동안 입자의 속도는 방향이 바뀌므로 크기 Δx는 실제로 1초 동안 움직인 거리와 같지 않다.

(f) 위상은 $\omega t+\delta$로 정의되며 $\omega=\pi$이고 $\delta=\pi/4$이므로

위상$= (\omega t+\delta)_{t=2} = \pi(2)+\pi/4 = 9\pi/\text{rad}$

[예제 4] 질량 200 g인 물체가 힘상수 5 N/m의 가벼운 용수철에 연결되어 수평면상에서 자유롭게 진동한다. 그림 7-10과 같이 이 물체는 평형상태로부터 5 cm인 위치에서 정지 상태로부터 놓여진다.

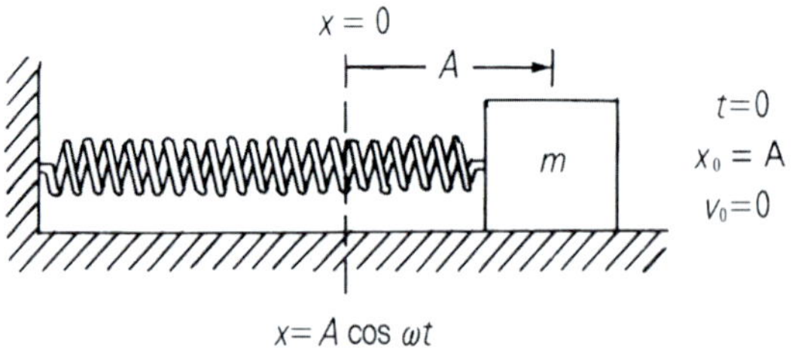

그림 7-10 $x_0=A$의 정지상태에서 출발하는 질량-용수철계. 이 경우 $\delta=0$이고 $x=A\cos\omega t$

(a) 운동주기를 구하라.

(b) 물체의 최대 속력을 구하라.

(c) 물체의 최대 가속도는 얼마인가?

(d) 시간의 함수 변위, 속력 및 가속도를 표시하라.

[풀 이] 이 문제는 $x=A\cos\omega t$와 $A=5\times10^{-2}\,\text{m}$인 경우 I에 해당된ㄷ. 따라서

$$\omega = \sqrt{\frac{k}{m}} = \sqrt{\frac{5\text{N/m}}{200\times10^{-3}\text{kg}}} = 5\,\text{rad/s}$$

이 되고,

$$T = \frac{2\pi}{\omega} = \frac{2\pi}{5} = 1.26\,\text{s}$$

이다.

(b) $v_{max} = A\omega = (5\times10^{-2}\,\mathrm{m})(5\,\mathrm{rad/s}) = 0.25\,\mathrm{m/s}$

(c) $\alpha_{max} = A\omega^2 = (5\times10^{-2}\,\mathrm{m})(5\,\mathrm{rad/s})^2 = 1.25\,\mathrm{m/s^2}$

(d) $x = A\cos\omega t$는 I의 해이고 따라서 (a), (b) 및 (c)의 결과를 사용하여 다음의 식들을 얻을 수 있다.

$x = A\cos\omega t = (5\times10^{-2}\cos 5t)\mathrm{m}$

$v = -A\omega\sin\omega t = (-0.25\sin 5t)\mathrm{m/s}$

$\alpha = -A\omega^2\cos\omega t = (-1.25\cos 5t)\mathrm{m/s^2}$

7 단조화운동에서의 에너지 보존(energy conservation in simple harmonic motion)

변위가 식 (7-17)로 주어지는 단조화 운동의 에너지 관계를 고찰한다. 임의의 시간에서 위치 에너지 U는 다음과 같이 주어진다.

$$U = \frac{1}{2}kx^2 = \frac{1}{2}kA^2\cos^2(\omega t + \delta) \quad \cdots\cdots (7\text{-}23)$$

따라서 위치 에너지의 최대값은 그림 7-11과 같이 $\frac{1}{2}KA^2$이다.

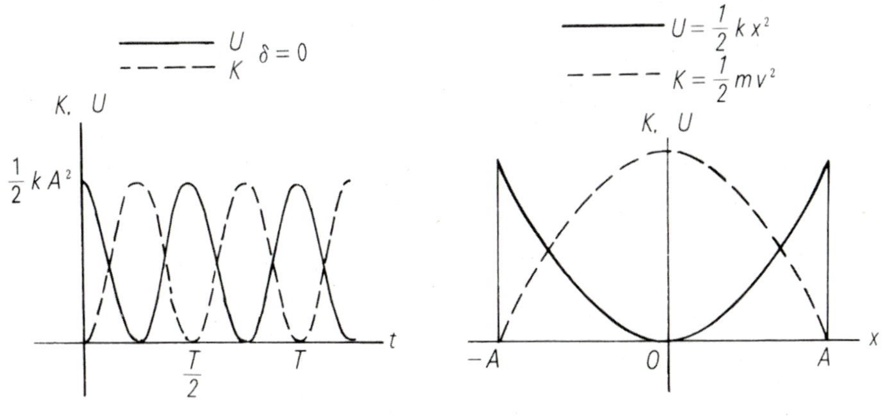

그림 7-11 | 단조화 진동자의 에너지

한편 임의의 순간에서 속도는

$$v = \frac{dx}{dt} = -\omega A \sin(\omega t + \delta)$$

$$\omega^2 = \mathrm{k/m}$$

인 관계를 이용하여 표시하면

$$K = \frac{1}{2} = mv^2$$

$$= \frac{1}{2} m\omega^2 A^2 \sin^2(\omega t + \delta)$$

$$= \frac{1}{2} KA^2 \sin^2(\omega t + \delta) \quad \cdots\cdots \quad (7-24)$$

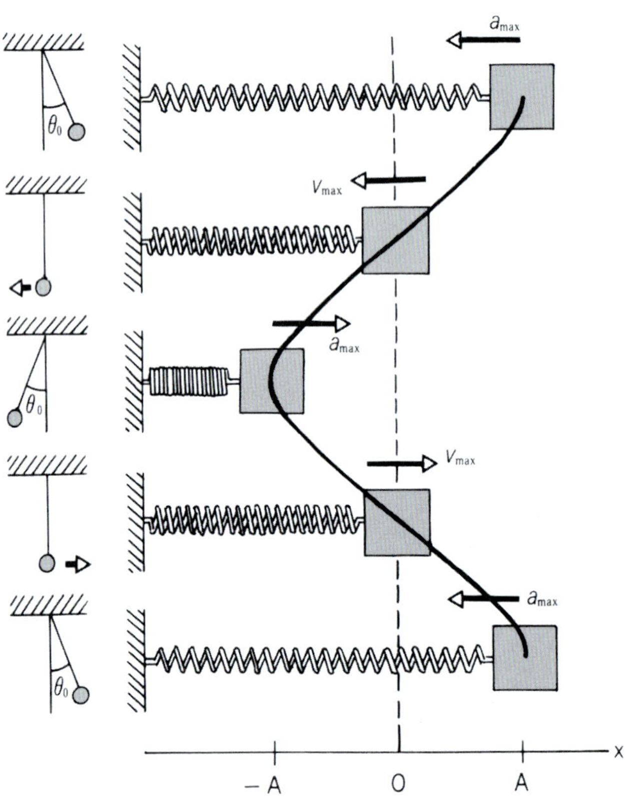

그림 7-12 질량-용수철계의 조화운동과 단진자운동과의 유사성, 표는 $x = A\cos\omega t$가 되도록 $t = 0$에서 $x = A$를 가정한 질량-용수철계의 값들이다.

따라서 운동 에너지의 최대값도 $=\frac{1}{2}KA^2$이다. 그림 7-12계의 역학적 에너지는 $K+U$ 이므로 위의 결과에서

$$E=K+U=\frac{1}{2}KA^2\sin^2(\omega t+\delta)+\frac{1}{2}KA^2\cos^2(\omega t+\delta)=\frac{1}{2}KA^2 \quad \cdots\cdots\cdots\cdots (7\text{-}25)$$

을 얻는다. 예상한 대로 역학적 에너지는 일정하다. 이 에너지는 최대 변위 때 $K=0$, $U=\frac{1}{2}KA^2$이고, 평형위치에서 $U=0$, $K=\frac{1}{2}KA^2$이다.

식 (7-25)는 일반적으로

$$K+U=\frac{1}{2}mv^2+\frac{1}{2}kx^2=\frac{1}{2}KA^2 \quad \cdots\cdots\cdots\cdots (7\text{-}26)$$

이라고 쓸 수 있다. 여기서 $v^2=(\mathrm{k/m})(A^2-x^2)$을 얻는다. 그러므로

$$v=\frac{dx}{dt}=\pm\sqrt{\frac{k}{m}(A^2-x^2)} \quad \cdots\cdots\cdots\cdots (7\text{-}27)$$

이 식에서 위치에 따라 변하는 속도를 알 수 있다.

이 표현은 $x=0$에서 속력이 최대이고, 회전점 $x=\pm A$에서 0이라는 사실을 입증한다.

[예제 5] 힘상수가 20 N/m인 가벼운 용수철에 연결된 질량 0.5 kg의 물체가 마찰이 없는 수평면상에서 진동한다.

(a) 운동의 진폭이 3 cm일 때 계의 총에너지와 물체의 최대 속력을 계산하라.

(b) 변위가 2 cm일 때 물체의 속도는 얼마인가?

(c) 변위가 2 cm일 때의 운동 에너지와 퍼텐셜 에너지를 계산하라.

[풀 이] (a) $E=\frac{1}{2}KA^2$에서

$$E=\frac{1}{2}KA^2=\frac{1}{2}\left(20\frac{\mathrm{N}}{m}\right)(3\times10^{-2}\mathrm{m})^2=9.0\times10^{-3}\mathrm{J}$$

물체가 $x=0$에 있을 때 $U=0$이고 $E=\frac{1}{2}mv_{\max}^2$ 따라서

$$\frac{1}{2}mv_{\max}^2 = 9\times10^{-3}\,\mathrm{J} \qquad v_{\max} = \sqrt{\frac{18\times10^{-3}\,\mathrm{J}}{0.5\mathrm{kg}}} = 0.19\,\mathrm{m/s}$$

(b) $v = \pm\sqrt{\frac{K}{m}(A^2 - x^2)}$ 에서

$$v = \pm\sqrt{\frac{k}{m}(A^2 - x^2)} = \pm\sqrt{\frac{20}{0.5}(3^2 - 2^2)\times10^{-4}} = \pm\,0.14\,\mathrm{m/s}$$

양과 음의 부호는 변위가 2 cm일 때 물체가 움직일 수 있는 방향(오른쪽 혹은 왼쪽)을 나타낸다.

(b)의 결과를 이용하면

(c) $K = \frac{1}{2}mv^2 = \frac{1}{2}(0.5\,\mathrm{kg})(0.14\,\mathrm{m/s})^2 = 5.0\times10^{-3}\,\mathrm{J}$

$$U = \frac{1}{2}kx^2 = \frac{1}{2}\left(20\frac{\mathrm{N}}{\mathrm{M}}\right)(2\times10^{-2}\,\mathrm{m})^2 = 4.0\times10^{-5}\,\mathrm{J}$$

합 $K+U$는 총에너지 E와 같음을 주목하라.

8 단조화운동의 응용

1) 단진자(the simple pendulum)

단진자란 가볍고 늘어나지 않는 줄에 매달린 질점으로 구성된 이상화된 계이다. 평형점에서 한쪽으로 당겼다가 놓으면 중력의 영향으로 수직 평면상에 추는 왔다갔다 하게 된다. 이 운동은 주기적인 진동이다. 그림 7-13과 같이 단진자는 위쪽 끝이 고정되어 있는 길이 L의 가벼운 끈의 다른 한 쪽 끝에 매달려 있는 점질량 m으로 구성되어 있다. 운동은 중력에 의해서 일어나고 수직면에서 움직인다. 단진자가 수직선과 만드는 각(θ)이 작을 때 그 운동은 단조화진동자의 운동이 된다는 것을 보일 수 있다. 질량에 작용하는 힘은 끈을 따라서 작용하는 장력 T와 무게 mg이다. 무게의 접선 성분 $mg\sin\theta$는 항상 변위의 방향과 반대인 $\theta = 0$을 향한다. 따라서 접선력은 복원력이며, 접선방향의 운동방정식은 다음과 같이 쓸 수 있다.

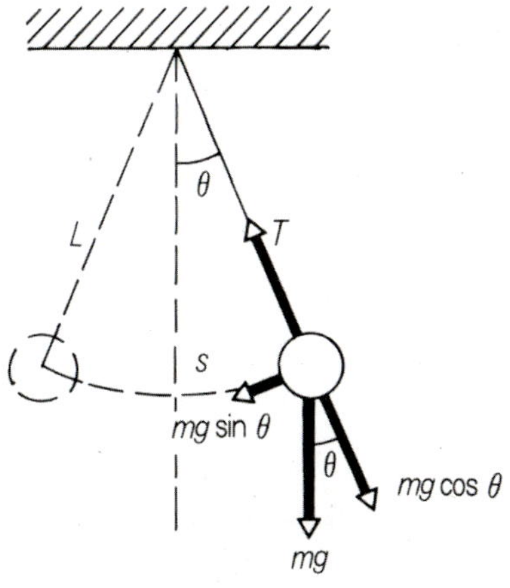

그림 7-13 | θ가 작을 때 단진자는 평형위치($\theta=0$)에 대해서 단조화 운동으로 진동한다. 원에 접선방향의 무게 $m\text{g}\sin\theta$는 복원력이다.

$$F_{\text{t}}=-m\text{g}\sin\theta=m\frac{d^2s}{dt^2}$$

여기서 s는 호를 따라서 특정된 변위이고 음이 부호는 F_{t}가 평형위치를 향해서 작용함을 나타낸다. $s=L\theta$이고 L은 일정하므로 이 식은 다음과 같이 쓸 수 있다.

$$\frac{d^2\theta}{dt^2}=-\frac{\text{g}}{L}\sin\theta$$

오른쪽 항은 θ보다는 $\sin\theta$에 비례한다. 따라서 이 운동은 단조화운동이 아니다. 그러나 θ가 작다고 가정하면 radian 단위로 측정된 θ에 대하여 $\sin\theta\approx\theta$를 근사시킬 수 있고 이 때 운동방정식은 다음과 같이 된다.

$$\frac{d^2\theta}{dt^2}=-\frac{\text{g}}{L}\theta \quad \cdots\cdots (7\text{-}28)$$

이 식은 정확히 식 (7-16)과 같은 형태이다. 따라서 이 운동은 단조화운동이다. 즉 해는 $\theta=\theta_0\cos(\omega t+\delta)$이다. 여기서 θ_0는 최대각변위이고 각 진동수 ω는 다음과 같이 주어진다.

$$\omega = \sqrt{\frac{g}{L}} \qquad (7-29)$$

운동의 주기는

$$T = \frac{2\pi}{\omega} = 2\pi\sqrt{\frac{L}{g}} \qquad (7-30)$$

이다. 다시 말하면 주기와 진동수는 단지 끈의 길이와 중력가속도에만 의존한다. 주기는 질량과 무관하므로 같은 길이의 모든 단진자는 같은 주기로 진동한다고 말할 수 있다. 단진자와 질량-용수철계의 운동 사이의 유사성이 그림 7-12에 설명되어 있다. 단진자는 보통 정확한 중력가속도를 측정하기 위해서 사용한다. g값의 국부적인 변화는 기름이나 다른 값비싼 광물자원에 대한 정보를 줄 수 있기 때문에 g값 측정이 중요하다.

[예제 6] (a) 주기가 10 s가 되도록 단진자의 길이를 결정하라.

(b) (a)의 진자를 중력가속도가 1.67 m/s^2 속도로 달에 옮겨갔을 때 그 곳에서의 주기는 얼마인가?

[풀 이] (a) $T = 2\pi\sqrt{L/g}$ 를 사용하여 L에 대해 풀면

$$L = \frac{g}{4\pi^2}T^2 = \left(\frac{9.80}{4\pi^2}\,\mathrm{m/s^2}\right)(1.00\,\mathrm{s})^2 = 0.248\,\mathrm{m}$$

(b) $$T = 2\pi\sqrt{\frac{L}{g_m}} = 2\pi\sqrt{\frac{0.248\,\mathrm{m}}{1.67\,\mathrm{m/s^2}}} = 2.42\,\mathrm{s}$$

2) 물리진자(the physical pendulum)

물리진자 혹은 복합진자(compound pendulum)는 질량중심을 지나지 않는 고정축에 매달린 임의의 강체를 말한다. 평형위치로부터 움직일 때 그 계는 진동한다. 질량중심으로부터 거리 d인 점 O에 매달려 있는 강체를 생각하자(그림 7-14). 점 O에 대한 토크는 중력에 의해서 만들어지며 크기는 $mgd\sin\theta$이다. O를 지나는 축에 대한 관성모멘트 I와 식 $\tau = I\alpha$를 사용하면

$$-mgd\sin\theta = I\frac{d^2\theta}{dt^2}$$

이다.

왼쪽의 음의 부호는 0에 대한 토크는 θ를 감소시킴을 의미한다.

만일 θ를 작다고 가정하면 근사식 $\sin\theta \approx \theta$를 사용할 수 있고 그 때의 운동방정식은 다음과 같이 된다.

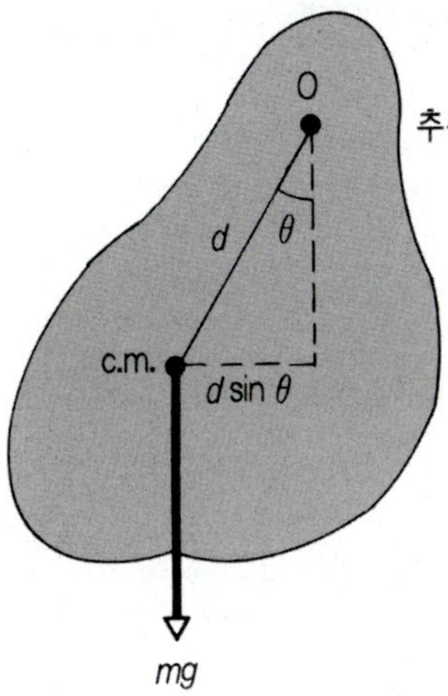

그림 7-14 | 물리진자

$$\frac{d^2\theta}{dt^2} = -\left(\frac{mgd}{I}\right)\theta = -\omega^2\theta \qquad (7-31)$$

이 식은 식 (7-16)과 같은 형태이며 따라서 이 운동은 단조화운동이다. 즉, 식 (7-13)의 해는 $\theta = \theta_0\cos(\omega t + \delta)$이 된다. θ_0는 최대각변위이고 ω는

$$\omega = \sqrt{\frac{mgd}{I}}$$

이다. 또한 주기는 다음 식으로 주어진다.

$$T = \frac{2\pi}{\omega} = 2\pi\sqrt{\frac{I}{mgd}} \quad \cdots\cdots (7-32)$$

이 결과는 평면강체의 관성모멘트를 측정하기 위해서 사용할 수 있는데, 질량중심까지의 거리 d를 알면 주기를 측정하기 위해 관성모멘트를 얻을 수 있다. 그리고 식 (7-32)는 $I = Md^2$ 즉 모든 질량이 질량 중심에 모여 있는 단진자의 주기 식 (7-15)가 된다.

[예제 7] 한 쪽 끝이 고정된 질량 M, 길이 L인 균질막대가 수직면에서 진동한다(그림 7-15). 운동의 진폭이 작다면 진동주기는 얼마인가?

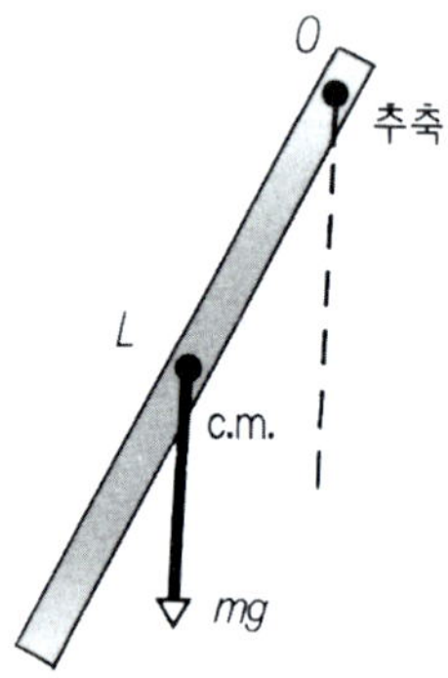

그림 7-15 한쪽 끝을 지나는 축에 대해서 진동하는 강체 막대는 $d = L/2$, $I_0 = \frac{1}{3}ML^2$인 물리진자이다.

[풀 이] 한 쪽 끝을 지나는 축에 대한 균질막대의 관성모멘트는 $\frac{1}{3}ML^2$임을 알았다. 고정점에서 질량 중심까지의 거리 d는 $L/2$를 대입하면 T는

$$T = 2\pi\sqrt{\frac{\frac{1}{3}ML^2}{Mg\frac{L}{2}}} = 2\pi\sqrt{\frac{2L}{3g}}$$

으로 된다. 예를 들어 한 쪽 끝이 공정된 길이 1 m 자의 주기는 1.64 s이다. 가정이나 실험실에서 이를 확인해 보여라.

3) 비틀림진자(torsional pendulum)

그림 7-16은 지지대에 연결되어 있는 철사에 매달려 있는 강체를 보여 주고 있다. 작은 각 θ만큼 강체를 비틀면 비틀린 철사는 각 변위에 비례하는 복원토크(restoring torque)를 물체에 작용한다. 즉

$$\tau = -k\theta$$

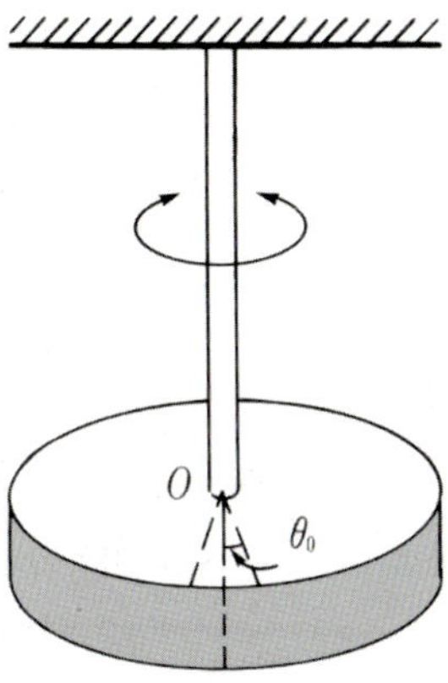

그림 7-16 | 비틀림진자는 지지대에 연결되어 있는 철사에 매달린 강체로 되어 있다. 그 물체는 진폭 θ_0로 OP선에 대해 진동한다.

여기서, k는 철사의 비틀림 상수(torsion contant)이고 k의 값은 크기를 알고 있는 토크를 작용하는 비틀린 철사의 각을 측정함으로써 얻을 수 있으며, 부호는 회전력이 변위 θ와 반대 방향이라는 것을 보여준다. 이 회전운동에 뉴턴의 제2법칙을 적용하면 다음 식을 얻을 수 있다.

$$\tau = -k\theta = I\frac{d^2\theta}{dt^2}$$

$$\frac{d^2\theta}{dt^2} = -\frac{k}{I}\theta \quad \cdots\cdots (7-33)$$

이것은 $\omega = \sqrt{k/I}$인 단조화진동자의 운동방식이고 주기는

$$T = 2\pi\sqrt{\frac{I}{k}} \qquad \cdots\cdots (7-34)$$

이다. 이러한 계를 비틀림진자라 한다. 특히 검류계 등 많은 실험기구는 비틀림진자와 관계가 깊다.

연습문제

1. 질량이 110 g인 하키 원반(hockey puck)이 얼음 위에서 15 m 미끄러져 간 다음 정지했다.

(a) 초기속도가 6.0 m/s였다면 원반과 얼음 사이의 마찰력은 얼마인가?

(b) 운동마찰계수는 얼마인가?

2. 자동차 뒷바퀴만이 차를 가속시키며, 차의 전체 무게의 절반을 이 바퀴가 지탱한다고 가 정한다.

(a) 바퀴와 자동차 사이의 정지마찰계수가 μ_s라면 얻을 수 있는 최대가속도는 얼마인가?

(b) $\mu_s = 0.35$로 택하여 위의 결과를 계산하여라.

3. 스키에서는 움직일 때 발생하는 마찰열이 스키를 움직이게 하는데 중요한 역할을 한다. 일단 출발 후에는, 스키 밑에 있는 눈을 녹이게 된다. 스키에 왁스를 칠하면 방수포를 형성하게 해서 수포막과의 마찰을 줄여 준다. 어떤 잡지 기사에 따르면 플라스틱제 신형 스키는 매우 훌륭해서 알프스의 200 m 완경사에서 종전에 61 s 걸리던 것을 42 s로 줄인다고 한다.

(a) 각각의 스키에 대해 평균가속도를 구하여라.

(b) 경사각 3° 라 하고, 각각의 경우에 운동마찰계수를 계산하여라.

4. 72 kg의 질량을 가진 소방대원(W = mg = 160 lb)이 수직 강하대를 평균가속도 $3.0 m/s^2$으로 미끄러져 내려온다. 그가 수직 강하대에 준 평균하강력은 얼마인가?

5. 어떤 사람이 150 lb의 나무상자를 마룻바닥에서 수평으로 15° 각도의 로프를 끌고 있다.

(a) 만일에 정지마찰계수가 0.50이라면, 나무 상자를 움직이게 하는데 필요한 로프의 장력은 얼마인가?

(b) $\mu_k = 0.35$라 하면, 이 나무 상자의 초기가속도는 얼마인가?

6. 어떤 철사가 1000 N(= 230 lb)을 초과하면 장력에 의해 끊어진다.

(a) 만일에 마룻바닥에서 이 철사를 이용하여 상자를 끌고자 할 때(꼭 수평방향일 필요는 없음), 정지마찰계수 0.35라면 상자의 최대무게는 얼마나 되는가?

(b) 상자를 들어 올리려고 할 때 상방으로 $0.915 m/s^2$의 가속도를 내어 올릴 수 있는 상자의 최대 무게는 얼마인가?

7. 질량이 m인 마루 걸레의 자루가 수직선과의 θ의 각을 이룬다. μ_k를 걸레와 마루 사이의 운동마찰계수, μ_s를 정지마찰계수라 하고 자루의 질량은 무시한다.

(a) 마루를 등속도로 움직이게 하기 위해 손잡이를 따라 가해야 하는 힘 F의 크기를 구하여라.

(b) 각도 θ가 어느 각도 θ_0보다 작아지면 아무리 손잡이를 따라 힘을 가해도 움직여지지 않음을 보여라.

(c) 이 때 θ_0는 얼마인가?

8. 그림에서 운동마찰계수는 0.20이다. 블록의 가속도는 얼마인가?

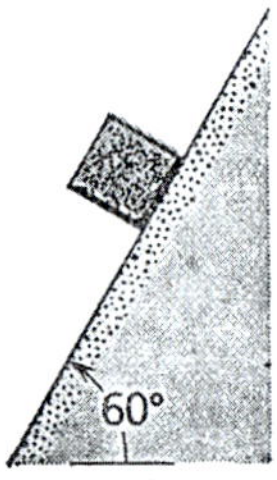

9. 얼음조각이 45° 경사진 면을 미끄러져 내려가는데, 마찰이 없는 면을 내려가는데 걸리는 시간의 두배가 걸렸다. 얼음과 경사면 사이의 운동마찰계수는 얼마인가?

10. 어떤 학생이 상자와 널빤지 사이의 정지마찰계수와 운동마찰계수를 측정하고자 한다. 그가 널빤지 위에 얹고 천천히 널빤지를 들어 수평면과의 경사각이 30° 가 되었을 때 상자가 미끄러지기 시작하였고 4.0 s 동안에 4.0 m를 미끄러져 내려갔다. 이 실험으로부터 그가 마찰계수를 어떻게 알아내었는지 설명하여라.

11. 그림과 같이 5.0lb의 무게를 가진 물체가 수직벽에 12lb의 수평력 F로 밀고 있다. 벽과 물체 사이의 정지마찰계수는 0.60이고, 운동마찰계수는 0.40이다. 물체가 처음에 움직이지 않았다고 가정하고,

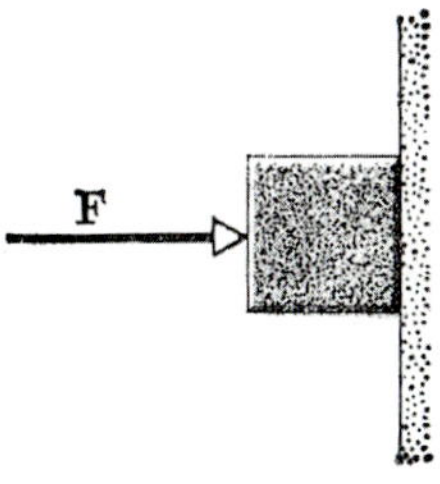

(a) 물체가 움직이기 시작하겠는가?

(b) 벽에 의해 물체에 가해지는 힘은 무엇인가?

12. 10 kg의 강철로 된 물체가 수평면상에 정지해 있을 때, 물체와 수평면 사이의 정지마찰계수는 0.50이다.

(a) 물체를 움직이게 하는데 필요한 수평력의 크기는 얼마인가?

(b) 물체를 움직이게 하는데 수평면과 60° 를 이루는 방향으로 힘을 준다면 그 크기는 얼마인가?

(c) 만일 힘이 아래쪽 60° 방향으로 작용한다면, 물체를 움직이는데 드는 힘의 최소 한도는 얼마인가?

13. 5.0 kg의 물체 위에 4.0 kg의 물체가 놓여져 있다. (그림 참조) 위에 있는 물체를 아래에 있는 물체 위에서 움직이게 하기 위해서는 12N의 수평력을 가해야만 한다. 아래 물체와 책상의 표면 사이에 마찰이 없다고 가정하고

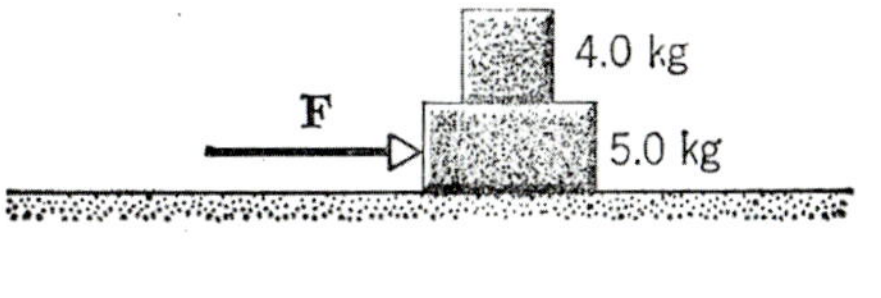

(a) 두 물체를 같이 움직이게 할 수 있는 아래 물체에 가할 수 있는 최대수평력 F는?

(b) 두 물체의 가속도는 어떻게 되는가?

14. 화물열차가 열차 바닥과의 정지마찰계수가 0.25인 나무 상자를 싣고 있다. 만일 기차가 48 km/h의 속력으로 움직인다면, 나무 상자의 미끄럼 없이 정지할 수 있는 최소 거리는 얼마인가?

15. 그림과 같이 마찰이 없는 바닥에 40 kg의 널빤지가 놓여 있고, 그 위에 10 kg의 물체가 놓여 있다. 물체와 널빤지 사이의 정지마찰계수는 0.60이고, 운동마찰계수는 0.40이다. 10 kg의 물체에 수평력 100N이 작용하고 있다.

(a) 물체의 가속도는 얼마인가?

(b) 널빤지의 가속도는 얼마인가?

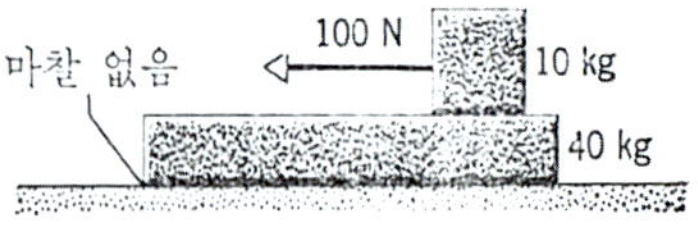

16. 실에 의해 연결된 8.0 lb 물체와 30° 경사면을 미끄러져 내리고 있다. 경사면과 8.0 lb 물체와의 운동마찰계수는 0.10이고, 16 lb 물체와의 운동마찰계수는 0.20이다.

(a) 두 물체의 가속도를 구하여라.

(b) 8.0 lb 물체가 이끈다고 가정하고, 실에 걸리는 장력을 구하여라.

(c) 물체가 서로 뒤바뀌었을 때의 운동을 기술하여라.

17. 그림에서 물체 B의 무게는 100 lb이고, A는 32 lb이다. $\mu_s = 0.56$이고 $\mu_k - 0.25$일 때,

(a) B가 처음에 정지해 있었다고 하고 이 계의 가속도를 구하여라.

(b) B가 처음부터 경사면을 따라 위로 움직이고 있었다고 하고, 가속도를 구하여라.

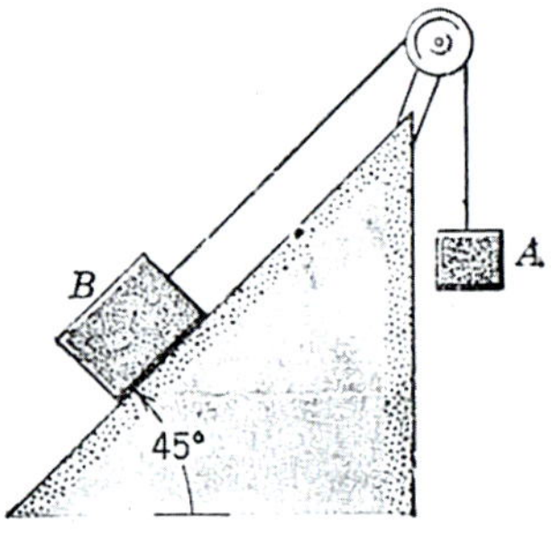

18. 그림에서 물체 m_1은 4.0kg의 질량을, m_2는 2.0kg의 질량을 가진다. 수평면과 m_2 사이의 마찰계수는 0.50이다.

(a) 실에 걸리는 장력을 구하여라.

(b) 물체들의 가속도를 구하여라.

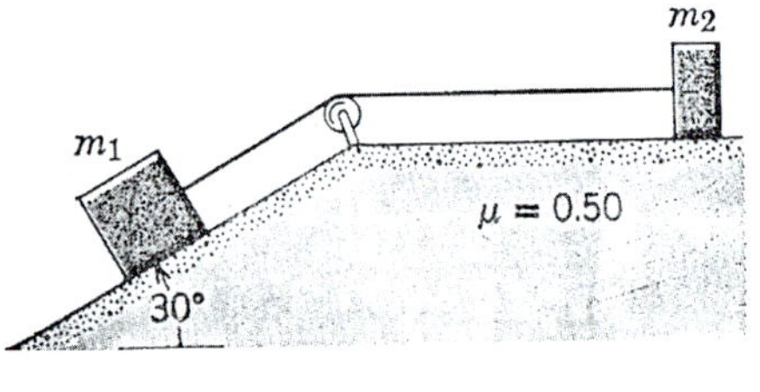

19. 조그마한 물체가 축음기 회전반 중심으로부터 10cm 떨어져 놓여 있다. 이 회전반의 회전속도가 $33\frac{1}{3}rev/\min$에서 $45rev/\min$까지는 물체가 회전반 위에 그대로 있으나, 이보다 더 빠른 회전속도에서는 미끄러져 내려간다. 이 물체와 회전반 사이의 마찰계수의 극한을 구하여라.

20. 마찰이 없는 책상 위의 질량 m이, 책상 가운데 구멍을 통하는 끈에 매달린 질량 M에 의하여 연결되어 있다. M이 그대로 정지하기 위해서 필요한 m의 회전조건(v와 r)을 구하여라.

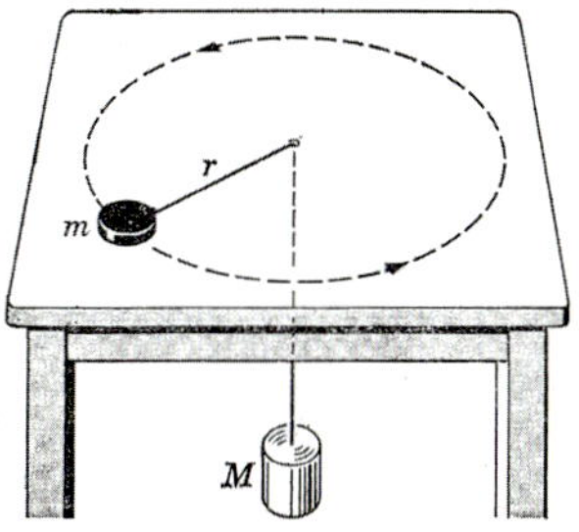

21. 길이가 다른 두 개의 원뿔진자가 있다. 진자의 추가 천정에서 같은 거리에 있으면서 회전할 때, 두 진자의 주기가 같음을 보여라.

22. 작은 동전이 평평한 수평회전반 위에 놓여 있다. 이 회전반은 3/14 s에 3회전을 한다.

(a) 동전이 회전반 중심으로부터 5.0 cm 떨어져 있고, 미끄러짐이 없다고 가정하면 이 동전의 속력은?

(b) (a)에서 동전의 가속도의 크기와 방향은 어떻게 되는가?

(c) 동전의 질량 m이 2.0 g이라 하면, (a)에서 이 동전이 받는 마찰력은 어떻게 되는가?

(d) 이 동전이 회전반 중심으로부터 10 cm 이상 떨어져야만 회전반에서 움직이기 시작한다면 동전과 회전반 사이의 정지마찰계수는 얼마인가?

23. 줄의 끝에 달려 있는 질량 m인 물체가 반지름 R의 수직으로 서 있는 원주 주위를 따라 회전한다. 이 물체가 원주 꼭대기에서 떨어질 때 줄이 끊어지는 임계속도를 구하여라.

24. 어떤 운전수칙에 의하면 48 km/h의 속력으로 달리는 운전사가 정지하기 위해 브레이크를 밟기까지는 10 m를 지나치게 되어 있다. 그리고 21 m를 더 지나쳐야 차를 세울 수 있다.

(a) 이러한 계산에서 마찰계수는 얼마라고 가정했겠는가?

(b) 48 km/h의 속력으로 미끄러지지 않고 볼 수 있는 커브길의 최소 반지름은 얼마인가?

25. 어떤 운전자가 길 앞 60 m(= 200 ft) 지점에 장애물을 발견한 순간에 85 km/h(= 53 mi/h)의 속력으로 차를 몰고 있었다.

(a) 장애물과 충돌하기 이전에 차를 세우기 위한 타이어와 길 사이의 최소마찰계수는 얼마인가?

(b) 그 운전자가 넓은 주차장에서 운전하고 있다면 장애물을 피하기 위해 60m 반지름의 커브를 돌려면 최소 정지마찰계수가 얼마이면 되겠는가?

26. 낡은 자동차가 횡경사가 없는 모퉁이를 돌고 있다. 이 모퉁이의 반지름이 30 ft이고, 차의 속력이 10 mi/h일 때 차 내에 느슨하게 달려 있는 손잡이가 수직면과 이루는 각도는 얼마인가?

27. Bohr의 수소원자 모형에 따르면 전자가 핵의 주위를 돌고 있다. 회전 반지름이 $5.3\times10^{-11}m$이고, 회전 속도가 $6.6\times10^{15}rev/s$라 하면,

(a) 전자의 가속도 크기와 방향은?

(b) 전자의 질량을 $9.1\times10^{-31}kg$이라 했을 때 전자에 걸리는 구심력은?

28. 150 lb의 학생이 회전하는 대회전식 관람차(Ferris wheel)상의 최고점에서 125 lb의 무게를 가진다.

(a) 최저점에서의 겉보기 무게는 얼마인가?

(b) 대회전식 관람차의 속력이 두 배가 되면 최고점에서의 겉보기 무게는 어떻게 되는가?

29. 표준 kg은 지구가 축을 중심으로 회전하지 않을 때 지구의 적도상에서 정확히 9.80 N의 무게를 가진다고 가정하자. 그런데 사실은 지구의 자전으로 이 질량이 지구의 반지름 $6.40 \times 10^6 m$ 상에서 일정 속력 465m/s로 회전한다는 것에 유의하여

(a) 이 표준질량이 그 원형경로를 지키기 위해 필요한 구심력을 구하여라.

(b) 지도상의 용수철 저울에 이 표준 kg 질량이 가하는 힘을 구하여라.(겉보기 무게).

30. 질량 1.0 kg의 공이 각각의 길이가 1.0 m인 질량이 없는 두 실에 묶여서 수직 막대에 연결되어 있다. 막대에서 두 실이 묶인 곳 사이의 거리는 1.0 m이다. 이 계가 수직막대를 축으로 회전하여서 연결된 실이 팽팽해지면서 그림과 같이 정삼각형을 이룬다. 위쪽 줄의 장력이 25N이다.

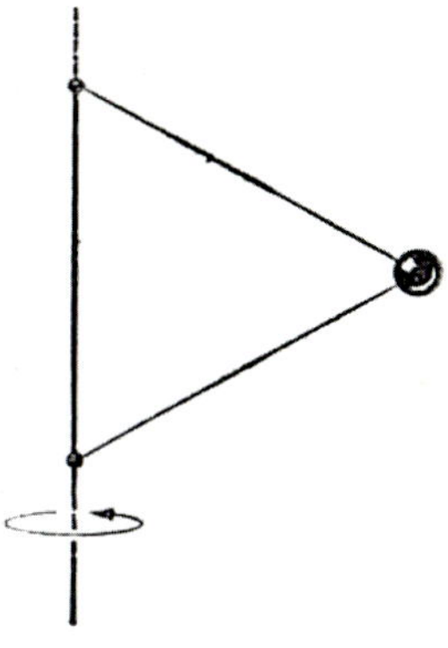

(a) 공에 미치는 힘을 그림으로 표시하여라.

(b) 아래쪽 줄의 장력은 얼마인가?

(c) 그림과 같은 순간에서 공에 미치는 알짜힘을 구하여라.

(d) 공의 속력은 얼마인가?

31. 한 비행기가 시속 480 km/h로 수평면에 나란하게 원운동한다. 비행기의 날개가 수직으로 45° 기울어졌다면, 이 비행기가 그리는 원의 반지름은 얼마인가?

32. 지구의 자전으로 말미암아 분동추가 정확히 지구 중력 중심을 향하지 않고 조금 다른 방향을 향한다.

(a) 위도 40° 상에서의 편차를 구하여라.

(b) 적도상에서의 편차를 구하여라.

(c) 극지방에서의 편차를 구하여라.

제 8 장

유체역학

Fluid Mechanics, Hydrodynamics

1 유체의 압력(fluid pressure)

한 물체를 거시적으로 생각할 때 고체와 유체로 나눈다. 또 고정되어 있는 것과 움직이고 있는 것으로 구분한다. 유체는 액체와 기체로 구분하며 물, 공기, 타르 등과 같이 흐를 수 있는 물질이고, 고체는 어느 정도는 압력에 대하여서도 그 기하학적 모양을 유지하는 물질이다. 돌, 나무 등이 그 범주에 속한다. 그러나 고체, 유체는 뚜렷한 경계를 가지지 못하다. 대부분 사람들이 고체라 생각하는 유리는 수세기가 지나는 동안 천천히 흐른다. 그래서 유리는 액체라 한다.

기체와 액체의 구별도 명확하지 않다. 압력과 온도에 따라 액체와 기체의 경계가 없이 연속으로 달라지기 때문이다.

기체, 액체를 일컬어서 유체라 한다. 유체의 공통된 성질은 전단력에 대해서 전단능력이 작용하지 않는다는 것이다. 전단능력이 조금도 작용하지 않는 유체는 실제로 없으나, 고체에 비해서 매우 적으므로 근사적으로 전단응력이 없는 이상적인 유체를 생각할 때 이것을 완전유체 또는 이상유체라 한다.

실제로 유체는 점성이 있으므로 전단능력이 매우 적지만 작용한다. 기체는 일반적으로 체적을 쉽게 변화시킬 수 있으나 액체의 체적을 변화시키려면 큰 힘이 필요하므로 보통의 힘으로는 거의 압축되지 않는다고 생각해도 좋다. 압축할 수 없다고 생각해도 좋은 유체를 비압축성 유체라 한다.

정지유체에 작용하는 압력은 그 표면에 수직으로 작용하고, 접선 방향의 압력이 생기는 경우 이 유체는 평형을 유지하지 못한다. 즉 접선 방향의 힘을 받으면 모양이 변하거나 유동한다. 임의의 압력하에 있는 유체는 유체 자체와 접하고 있는 어떤 면에도 힘을 미치게 한다. 특히 기체에 작용하는 힘을 설명하는 데는 단위표면당 받는 수직방향의 힘의 크기, 즉 압력 P로 나타내면 매우 편리하다. 압력은 고체경계에 또는 유체의 임의의 면에 수직하는, 모든 점에 전달되며 스칼라양이다.

보통 단위는 $\mathrm{Lb/in^2}$, $\mathrm{dyne/cm^2}$, bars(1bar = 106 $\mathrm{dyne/cm^2}$). 대기압, mmHg(1 atm = 760 mmHg), 파스칼 1 pa = $\mathrm{N \cdot m^2}$ 등이다.

유체가 담겨져 있는 한 폐곡선을 생각하자(그림 8-1). 한 작은 표면 ΔS는 크기가 같고, 방향이 이 표면에 수직인 벡터 $\overrightarrow{\Delta S}$로 표시할 수 있다. 그러면 유체가 표면 ΔS에 작용하는 힘 ΔF는

$$\Delta F = P\Delta S$$

압력 P는 $P = \dfrac{\Delta F}{\Delta S}$

표면 ΔS에 작용하는 힘 ΔF가 표면에 한 점에 미치는 압력 P는

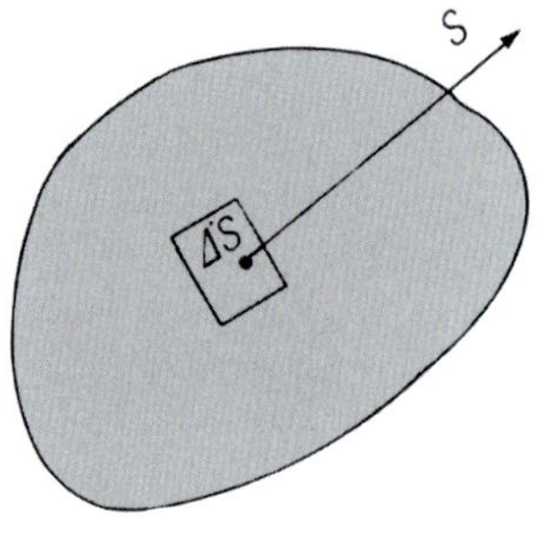

그림 8-1 | 한 표면소 ΔS는 크기가 같고, 방향이 이 표면소에 수직인 벡터 $\overrightarrow{\Delta S}$로 나타낼 수 있다.

$$P = \lim_{\Delta s \to 0} \frac{\Delta F}{\Delta S}$$ 이며,

표면의 점들은 압력이 다를 수 있다.

균질한 유체의 밀도 ρ는 온도나 자체 내의 압력과 관계가 있으나, 액체에서의 밀도는 압력과 온도의 넓은 범위에 걸쳐 거의 차이가 없으므로 일정한 것으로 다루어도 무관하다. 그러나 기체의 밀도는 온도와 압력에 따라 매우 잘 변한다(표 8-1).

표 8-1 다양한 물질의 밀도

Interstellar space	10^{-18} to 10^{-21}
Best laboratory vacuum	10^{-16}
Hydrogen: at 0 ℃ and 1.0 atm	9.0×10^{-2}
Air: at 0 ℃ and 1.0 atm	1.3
at 100 ℃ and 1.0 atm	0.95
at 0 ℃ and 50 atm	6.5
Syrofoam	$\sim1\times10^{2}$
Ice	0.92×10^{3}
Water: at 0 ℃ and 1.0 atm	1.000×10^{3}
at 100 ℃ and 1.0 atm	0.958×10^{3}
at 0 ℃ and 50 atm	1.002×10^{3}
Aluminum	2.7×10^{3}
Mercury	1.4×10^{4}
Platinum	2.1×10^{4}
the earth: average density	5.5×10^{3}
density of core	9.5×10^{3}
density of crust	2.8×10^{3}
The sun: average density	1.4×10^{3}
density at center	$\sim1.6\times10^{5}$
White dwarf stars(central densities)	108 to 10^{15}
A uranium nucleus	$\sim10^{17}$

2 정지 유체 내의 압력변화(the variation of pressure in a fluid at rest)

그림 8-2와 같이 우리는 일정한 깊이에 있는 얇은 유체판에 작용하는 힘을 고려하여 깊이의 관계식을 이끌어 내자. 평형상태에 있는 유체내에 잠긴 작은 체적소를 생각하자. 그림 8-2, a와 같이 기준면위의 높이 y에 있는 얇은 원판의 체적소가 있다. 원판의 두께는 dy,

각 면의 넓이가 A일 때, 체적소 질량은 ρAdy이고, 무게는 $\rho gAdy$이다. 여기서 ρ는 유체의 밀도이다. 또한 유체가 체적소에 작용하는 힘은 그림 8-2, b와 같이 표면의 각 지점에서 수직이다. 이 체적소에서 수직방향의 합력이 0이어야 한다. 수직방향의 힘은 유체가 면에 작용하는 압력과 체적소의 무게에 기인한다.

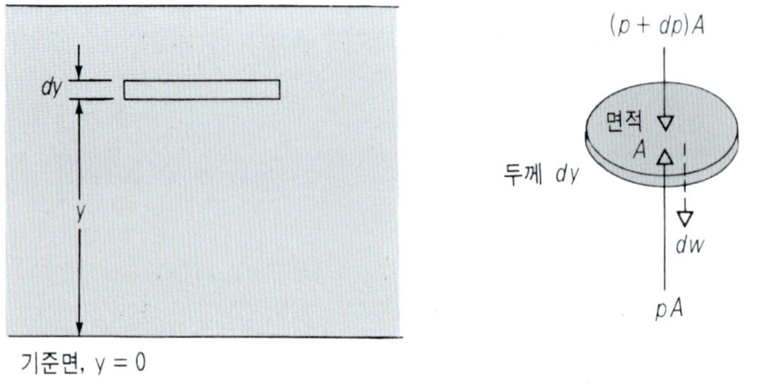

(a) 정지해 있는 유체의 체적소　　(b) 이 체적소에 작용하는 힘

그림 8-2 얇은 유체판

p를 아랫면에 작용하는 압력이라 하고 $p+dp$를 윗면에 작용하는 압력이라 하면, 아랫면에 작용하면서 위로 향하는 힘은 pA이고 아래로 향하는 힘은 $(p+dp)A$에 체적소 무게 $dW(=\rho gAdy)$를 더한 것이다. 그러므로 수직방향의 평형식은

$$pA=(p+dp)A+\rho gAdy$$

양 변에서 A를 소거하고 정리하면

$$p=(p+dp)+\rho gdy$$

$$dp=-\rho gdy$$

$$\therefore \frac{dp}{dy}=-\rho g \quad \cdots\cdots (8-1)$$

여기서 ρg량은 유체의 무게밀도이며 유체의 단위 부피당 무게이다.

p_1을 기준면으로부터 높이 y_1에서 압력, p_2를 y_2에서 압력이라 하면,

$$\int_{p_1}^{p_2} dp = -\int_{y_1}^{y_2} \rho g dy$$

$$p_2 - p_1 = -\int_{y_1}^{y_2} \rho g dy$$

$$p_2 - p_1 = -\rho g(y_2 - y_1) \quad \cdots\cdots (8-2)$$

이다.

그림 8-3에서 y_2는 표면까지의 높이이고, 이 표면에서의 압력을 p_0라 하고, 압력 p되는 높이를 y_1이라 하면 $y_2 - y_1$은 깊이 h이다. 그러면 식 (8-2)는

$p = p_0 + \rho g h$ (여기서 p_0는 대기압이다)

이 식이 압력과 깊이의 관계식이다. 즉 같은 깊이의 모든 점에서 압력이 같다는 것을 나타낸다.

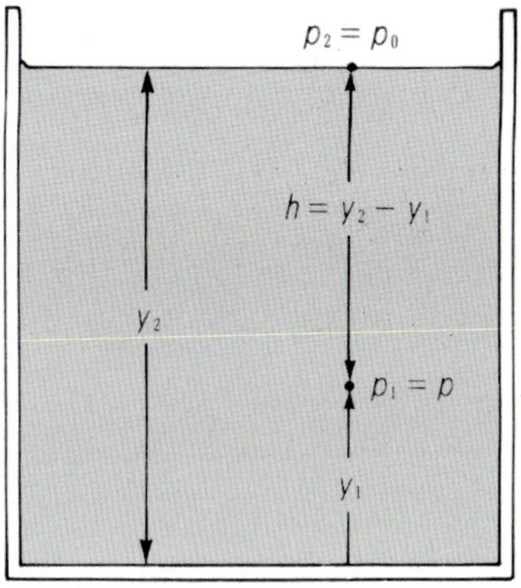

그림 8-3 | 압력받은 얇은 유체

3 파스칼의 원리(Pascal's principle)

그림 8-4와 같이 가동 피스톤이 달린 원통내의 액체를 생각하자. 외부 압력을 p_0라 할

때 액면으로부터 h만큼 밑에 있는 점 P에서 압력 p는

$$P = p_0 + \rho gh \quad \cdots\cdots (8-3)$$

이다.

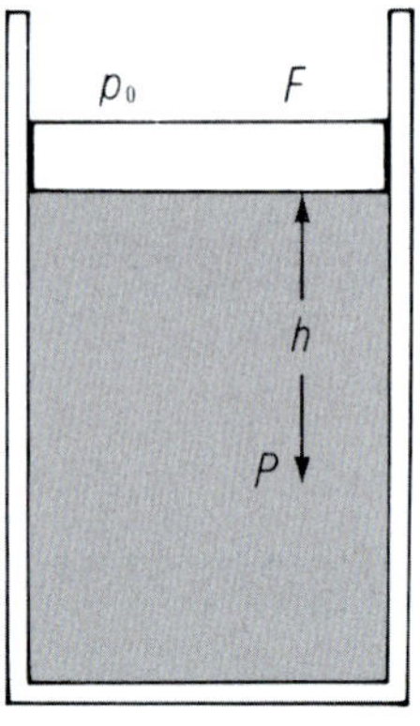

P에서의 압력은 P 위에 있는 유체의 무게에만 기인하는 것이 아니라 피스톤이 미치는 힘에도 기인한다.

그림 8-4 가동 피스톤이 달린 원통내의 유체

외부 압력을 p_0에 비해 너무 작지 않게 $\triangle p_0$만큼 증가시켜 보자. 이 때 액체는 거의 압축되지 않으므로 ρ는 상수가 된다. 식 (8-3)은 임의의 점 P에서 압력 $\triangle p$의 변화가 $\triangle p_0$와 같다는 것을 나타낸다. 이것은 파스칼이 처음 설명하였으며 파스칼의 원리라 한다. 이 원리는 "밀폐된 액체에 가한 압력은 액체의 모든 부분과 그릇과 벽에 같은 크기로 전달된다"는 것을 의미한다.

4 Archimedes의 원리(the principle of Archimedes's)

정지유체 내에 물체가 전부 또는 일부가 잠겼을 때 유체와 닿는 물체표면에 압력이 작용하며, 이 압력은 깊이 잠긴 부분일수록 더 크다. 모든 압력의 합력을 잠긴 물체의 부력이라 하고 그 힘은 위로 향한다. 물체 표면의 각 부분의 압력은 물체의 재료와 전혀 관계없이 물체에 잠긴 부피만큼 유체를 밀어내고, 이 유체는 잠긴 물체에 압력을 작용하고 멈춘다.

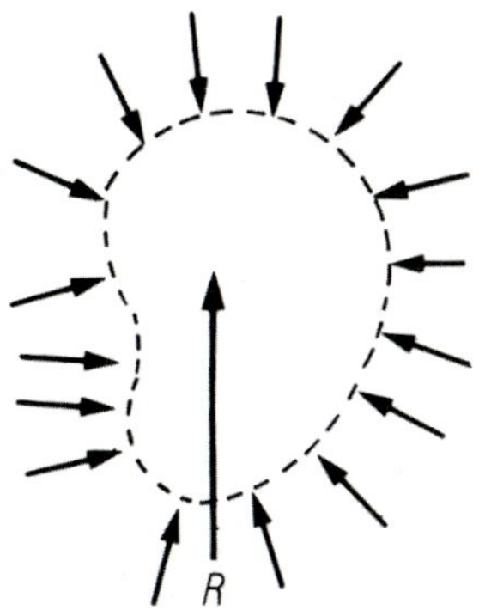

그림 8-5 | 정지 유체의 압력

그러므로 위로 향하는 합력 R은 잠긴 부피만큼의 유체의 무게와 같고, 중심을 지나는 수직 상방의 힘이다. "전부 또는 부분이 유체에 잠긴 물체는 물체의 부피와 같은 물의 무게만큼의 부력을 받는다"는 것이 아르키메데스의 원리이다. 부력은 수직 상방이고 배제하기 전의 유체의 중심을 지난다. 잠긴 물체에서 이 점을 부력의 중심이라 한다.

5 압력의 측정(measurement of pressure)

지구 표면은 대기층의 압력을 받고 있다. 이 공기의 압력을 대기압이라 한다. 토리첼리(Evangelista Torricelli)는 1643년 그림 8-6과 같은 수은압계를 고안하여 대기압을 측정했다. 이것은 긴 유리관에 수은을 가득 채워 수은을 담은 용기에 거꾸로 세운 것이다. 수은주 위의 진공에는 수은의 증기가 있으나 보통 온도에서는 압력이 거의 없는 진공인 공간이다. 이 공간을 Torricelli진공이라 한다.

그림 8-6에서 대기압 p는

$$p = p_0 + \rho g h$$

인데 p_0는 진공이므로 $p_0 = 0$이 되어 $p = \rho g h$가 된다. 여기서 h는 그릇 위의 기둥에 있는 수은의 높이이다. 대기는 움직이기 때문에 기압은 매일 변한다.

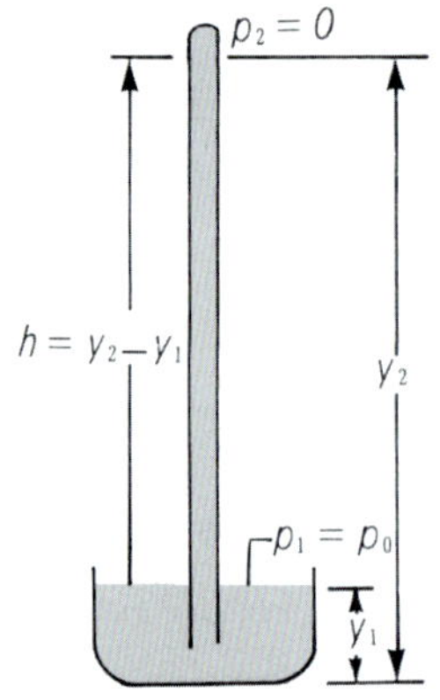

그림 8-6 토리첼리의 수은기압계

해면에서 부압계의 수은주는 약 76 cm이나, 대기압에 따라 변한다. 0 ℃ 표준중력 ($g = 32'.147\,ft/sec^2 = 980.665\,cm/sec^2$)에서 정확히 수은주를 76 cm 밀어올리는 압력을 1기압(1 atm으로 정하였고, 0 ℃에서 수은의 밀도는 $13.5950\,g/cm^3$이므로 1기압은

$$1\,atm = 76\,cm \text{ 수은의 무게} = 1033.6\,cm \text{ 물의 무게}$$
$$= 13.5950\,g/cm^3 \times 980.665\,cm/s^2 \times 76.00\,cm$$
$$= 1.013 \times 10^5\,N/m^2$$
$$= 1.013 \times 10^6\,dyne/cm^2$$
$$= 1013\,mb$$

대부부의 기압계는 대기압을 기준으로 하여 측정하려는 압력과 대기압의 차를 측정한다. 이 차를 계기압력이라 하며 유체 내의 한 점의 실제 압력을 절대압력이라 한다. 계기압력은 대기압보다 낮거나 높다. 열린 관 압력계 그림 8-7은 계기압력을 재며, 이것은 액체가 들어 있는 U자형이 관으로 되어 있고 다른 끝은 대기 속에 열려 있다.

식 $p = p_0 + \rho gh$에서

$$p - p_0 = \rho gh$$

이 계기압력 $p - p_0$는 U자 관의 두 액체기둥이 높이의 차에 비례한다.

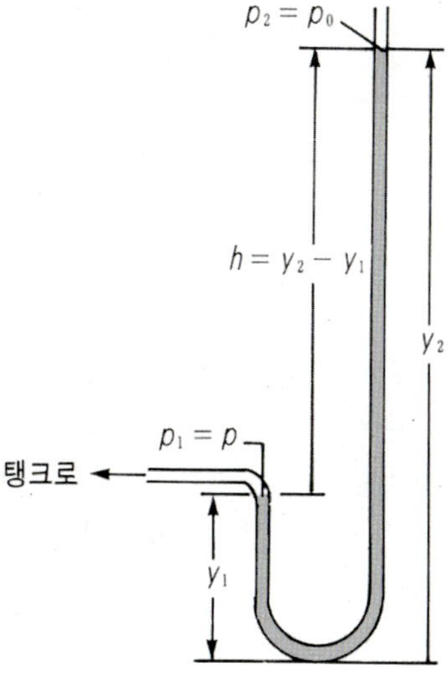

그림 8-7 | 탱크 속의 압력을 정하는데 사용되는 개관 수은압력계

6 정상류(stationary flow)

지금까지 우리는 정지한 유체에 대해서만 논의하였다. 이 분야를 유체정력학이라고 한다. 이제부터 유체의 운동에 대하여 생각하자. 이 분야를 유체동력학이라고 한다. 유체의 운동을 다루려면 유체 내의 분자들의 운동을 개별적으로 생각하는 경우도 있는데, 이런 방법은 너무나 문제를 복잡하게 만든다. 따라서 유체의 운동을 기술하는 방법으로 어떤 시각 t에서 유체의 속도$v(x, y, z, t)$가 정해지고, 그에 따라 밀도 $\rho(x, y, z, t)$가 정해지는 상태의 유체 문제를 생각하자.

유체의 흐름은 그림 8-8(a), (b)와 같이 두 가지로 대별할 수 있다. 그림 8-8에서와 같이 어떤 시각 t_1에서 p_1, p_2점을 고찰할 때, Δt시간 후에 p_1', p_2'와 같이 어떤 선을 따라 흐르는 것과 같은 흐름을 정상류라 부르고, 그림 (b)에서와 같이 흐름이 선이 서로 교차하거나 같은 점에서의 속도가 고르지 않는 흐름을 비정상류라 한다. 그림 (a)에서 $p_1 - p_1'$, $p_2 - p_2'$와 같이 유체의 흐름이 지나는 선을 가상하여 유선이라 부르고, 이들 유선을 묶음으로 생각할 때 유속이라 한다.

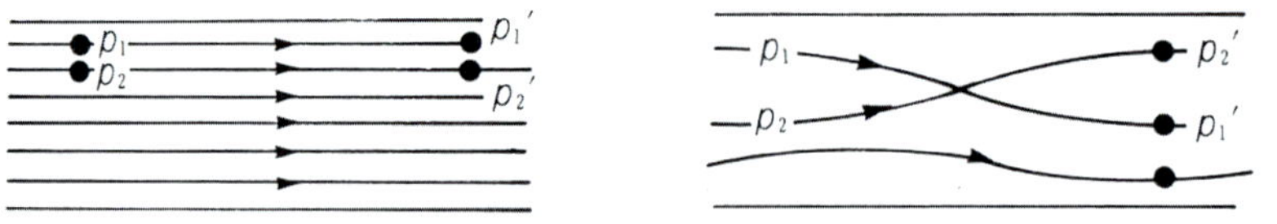

(a)정상류 (b) 비정상류

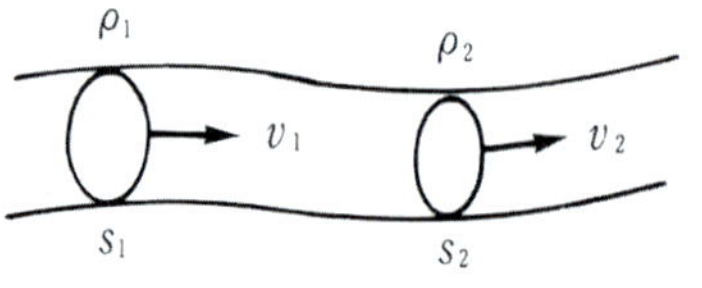

(c) 정상류의 유속

그림 8-8 유체의 흐름

또 정상류라함은 비회전, 비점성류, 비압축성의 성질을 가져야 하며, 이들만이 유체 동력학에서 취급이 가능하다.

그림 8-8의 (c)는 정상류이고, 단면 s_1과 s_2에서 각각 유속이 v_1과 v_2를 나타내고 있다. 이때 s_1과 s_2에 단위 시간에 통과하는 양이 같아야 하므로

$$\rho_1 s_1 v_1 = \rho_2 s_2 v_2 \quad \cdots\cdots (8-4)$$

이고 $\rho_1 = \rho_2$라 하면

$$s_1 v_1 = s_2 v_2$$

이고

$$\frac{s_1}{s_2} = \frac{v_2}{v_1}$$

이다. 이 식을 유체동역학에서 연속의 방정식이라 한다.

7 베르누이 방정식(Bernoulli's equation)

베르누이 방정식은 유체 역학에서 기본적인 관계식이며, 뉴턴 역학에서 유도할 수 있는 식이다. 일-에너지 정리를 유체의 흐름에 적용하여 유도해 보자.

그림 8-9에서 유관을 지나는 비점성, 비압축성, 정상류를 생각하자. 수평인 왼쪽 균일한 관의 단면은 A_1, 기준선에서 높이는 y_1이다. 그리고 관은 차츰 넓어지면서 기준선에서 높이 y_2에서 수평이 되고 균일한 단면 A_2가 될 때까지 올라간다. 여기서 A_1과 A_2 사이의 부분의 유체를 계산하자. 관의 좁은 부분에서의 압력은 p_1, 속도는 v_1이며, 넓은 부분은 모든 점에선 압력은 p_2, 속도는 v_2이다.

일-에너지 정리식에서 계에 작용한 합력이 한 일은 계의 운동 에너지의 변화와 같다. 그리고 계에 일을 하는 힘은 계의 왼쪽과 오른쪽 끝에 작용하는 압력 P_1A_1와 P_2A_2 중력이다. 또한 수평으로 점선을 그은 중간부분의 유량은 변화가 없다. 그러므로 압력 P_1A_1이 계에 한 일은 $P_1A_1l_1$이고, 압력 P_2A_2가 계에 한 일은 $-P_2A_2\triangle l_2$이다. 이것은 계가 양(+)의 일을 한 것을 뜻한다.

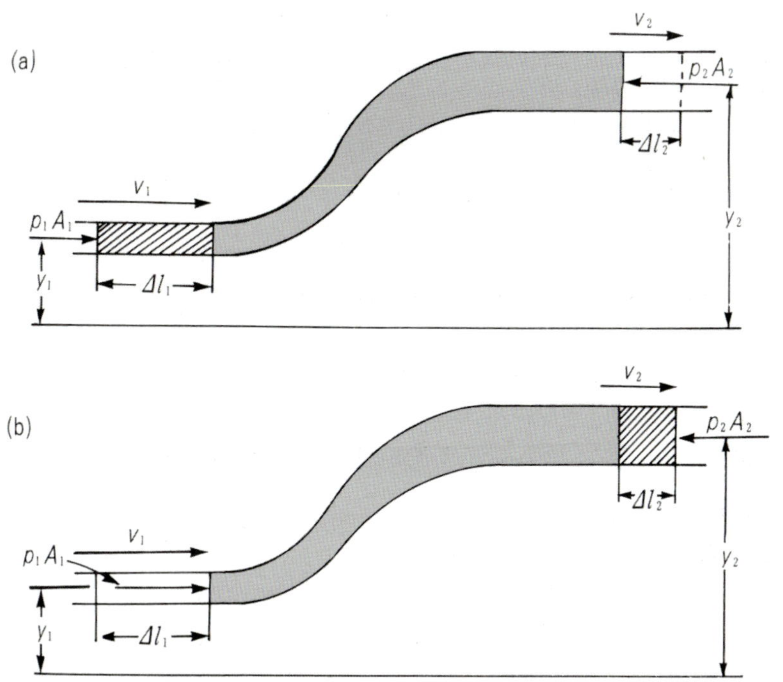

그림 8-9 위치 (a)에서 위치 (b)를 관을 통해서 움직이는 유체의 부분

중력이 계에 한 일은 $-mg(y_2-y_1)$이고, m은 빗금 친 유체의 질량이다. 그리고 중력에 반대로 계가 한 일이므로 이것도 음(−)이다. 그러므로 합력이 이 계에 한 일은

$$W=P_1A_1\triangle l_1-P_2A_2\triangle l_2-mg(y_2-y_1) \quad \cdots\cdots (8-5)$$

$A_1\triangle l_1(=A_2\triangle l_2)$는 빗금친 유체의 부피이며, m/ρ로 쓸 수 있다. ρ는 유체밀도로 상수이다.

즉, $A_1\triangle l_1=A_2\triangle l_2=\dfrac{m}{\rho}$을 식 (8−5)에 대입하면

$$W=(p_1-p_2)(m/\rho)-mg(y_2-y_1) \quad \cdots\cdots (8-6)$$

유체요소의 운동 에너지 변화는

$$\Delta E_k=\frac{1}{2}mv_2^2-\frac{1}{2}mv_1^2 \quad \cdots\cdots (8-7)$$

일−에너지 정리에 의해

$$W=\Delta E_k$$

또는

$$(p_1-p_2)(m/\rho)-mg(y_2-y_1)=\frac{1}{2}mv_2^2-\frac{1}{2}mv_1^2 \quad \cdots\cdots (8-8)$$

를 정리하면

$$p_1+\frac{1}{2}\rho v_1^2+\rho gy_1=p_2+\frac{1}{2}\rho v_2^2+\rho gy_2 \quad \cdots\cdots (8-9)$$

$$p + \frac{1}{2}\rho v^2 + gy = \text{일정} \quad \cdots\cdots (8-10)$$

이다.

식 (8-10)을 정상 비점성, 비압축성류에 대한 베르누이 방정식이라 한다. 베르누이 방정식은 엄밀히 정상류에만 적용될 수 있다. 만일 유체가 정지해 있다면 $v_1 = v_2 = 0$이므로 식 (8-9)는

$$p_1 + \rho g y_1 = p_2 + \rho g y_2 \quad \cdots\cdots (8-11)$$

또는

$$p_1 - p_2 = \rho g(y_2 - y_1) \quad \cdots\cdots (8-12)$$

이다.

8 베르누이 방정식과 연속방정식의 응용(application of Bernoulli's equation and the equation continuity)

베르누이 방정식은 압력을 측정하여 유체의 속도를 알아내는데 상용할 수 있다. 연속방정식에서 단면적이 적은 곳에서 유속이 증가하고, 베르누이 방정식에 의하여 단면적이 좁은 곳의 압력은 내려가야 한다. 즉 수평관에서 $\frac{1}{2}\rho v^2 + p$는 일정하므로 v가 증가하면 p는 감소해야 한다.

1) Venturi관

그림 8-9는 액체의 유속을 재기 위하여 유관에 넣는 벤튜리 미터기이다. 단면적 A의 관 내에는 밀도 ρ인 액체가 흐르고 있다. 목 부분에서 단면적은 a로 줄어들고, 여기에 압력계가 붙어 있다. 압력계가 밀도 ρ'인 수은과 같은 액체로 되어 있다고 하면 1과 2의 점에서

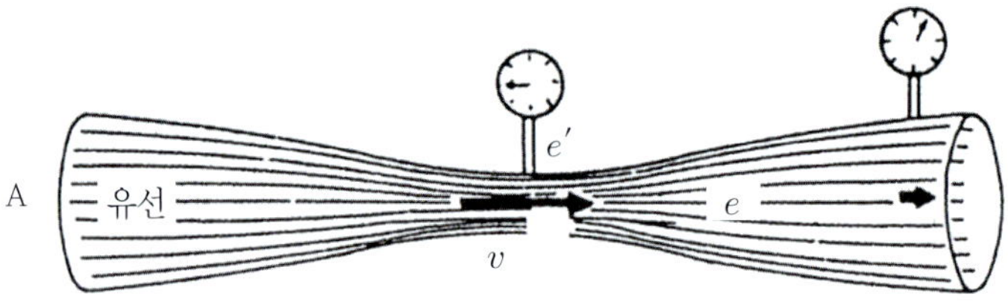

그림 8-9 Venturi관

베르누이 방정식과 연속방정식을 적용시키면 A에서 유속 v는

$$v = a\sqrt{\frac{2(\rho' - p)gh}{\rho(A^2 - a^2)}}$$

이다. 어떤 점을 단위시간에 지나서 수송되는 유체의 체적인 체적속 또는 류율 R을 간단히 구할 수 있다. 즉

$$R = vA \quad \cdots\cdots (8\text{-}13)$$

를 계산하면 된다.

2) Pitot관

그림 8-10은 기체가 관속을 통과할 때 그 기체의 속력 v를 측정하기 위해 Pitot관이 장치되어 있는 부분을 나타내는 경우이다. 수은이 담긴 ㅁ자형 관의 왼쪽 부분은 관속을 흐르는 기체의 압력과 같고, Q점에서는 기체의 흐름이 0이다.

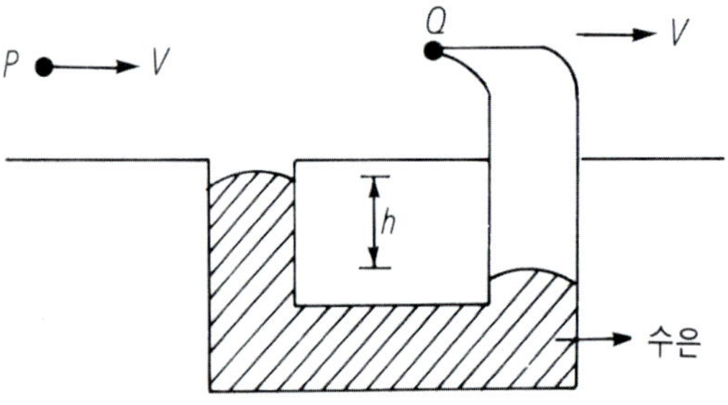

그림 8-10 Pitot관

따라서 기체의 흐름 속도를 v, 기체의 밀도를 ρ, P점의 압력을 P_p라 하고, Q점의 압력을 P_Q라 하면

$$P_\mathrm{Q} = P_\mathrm{P} + \frac{1}{2}\rho v^2 \quad \cdots\cdots (8-14)$$

이다. 수은의 밀도를 ρ_0라 하면, 그 압력 $P_\mathrm{Q} = P_\mathrm{P} + \rho_0 gh$이므로 $\rho_0 gh = \frac{1}{2}\rho v^2$의 관계식을 얻게 된다. 이때 기체의 속력 v는

$$v = \sqrt{\frac{2\rho_0 gh}{\rho}} \quad \cdots\cdots (8-15)$$

에 의해 구해진다. 이 원리는 공기 속력계에 응용되고 있다.

9 Torricelli 정리

유체 중에서도 액체가 용기로부터 유출될 때는 그림 8-11(a), (b)와 같은 현상이 생긴다. 그림 (a)에서 나오는 유선을 그대로 유지하는 경우이고, 그림 (b)에서 유출되는 경우는 나오면서 유관이 약간 늘어졌다가 다시 커지는데, 이러한 현상을 축맥이라 부른다.

축맥 현상이 생길 때 유출구의 지름과 관계를 축맥계수라 하는데, 그림 (b)에서 유출구의

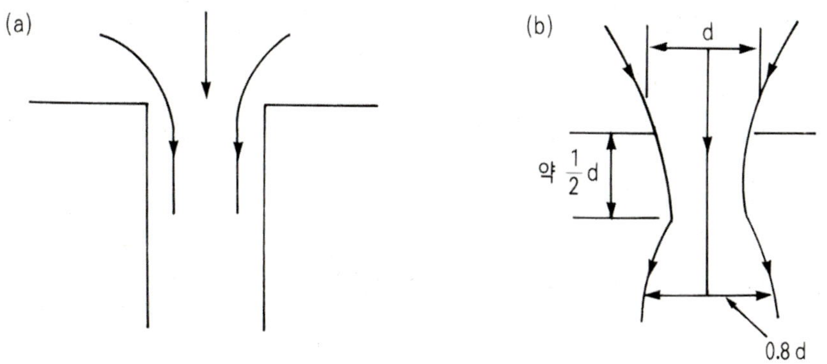

그림 8-11 | 액체의 축매현상

지름이 d이고, 축맥 현상이 회복되는 지점이 반지름의 길이 정도 밑이고 이때 회복된 유관은 유출구의 지름의 0.8배 정도이며, 그 관계식은 다음과 같다.

$$(0.8d)^2/d^2 \times 0.65 = 0.64 \quad \cdots\cdots (8-16)$$

유체가 용기벽의 유출구를 통해 흘러 나갈 때는 그림 8-12와 같이 되는데, 이때는 용기 내의 유체의 속도 $v_1 = 0$이고, $P_1 = P_2$, $h_1 - h_2 = h$이므로, 베르누이 정리에 의해

$$v_2^2 = 2g(h_1 - h_2) = 2gh$$

$$\therefore v_2 = \sqrt{2gh} \quad \cdots\cdots (8-17)$$

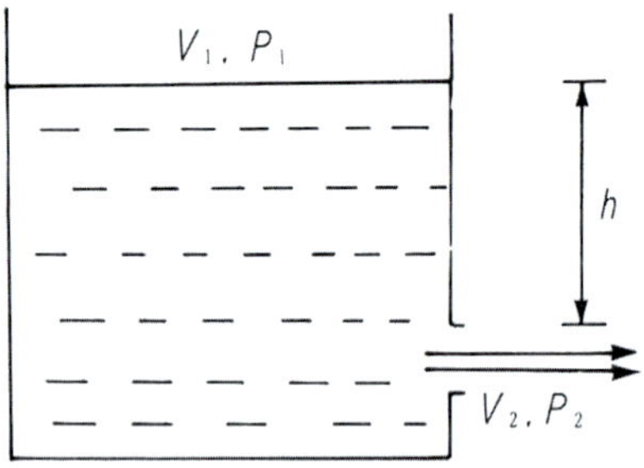

그림 8-12 | 토리첼리의 정리

10 Magnus 효과(the effect of magnus)

공기 중에서의 야구공을 생각하자. 바람이 없는 경우 야구공을 직구로 던지면 정지한 공기중을 야구공이 그림 8-13의 (a)와 같이 헤치고 지나게 되므로, 반대로 야구공이 정지해 있다고 생각하면, 야구공에 정상류가 지나가는 것과 같다. 또 바람이 없을 때 야구공을 그림 8-13의 (b)와 같이 돌리면 야구공과 주위의 공기와의 마찰로 공기의 얇은 층이 자전하는 야구공과 같이 돌게 된다. 그림 8-13 (b)에서 자전하는 야구공을 직구로 진행시키면 그 합성 운동이 그림 8-12 (c)와 같이 나타난다. 즉 (c)의 P와 Q점을 생각하면 P점에서는 야구공과 회전하는 공기와 공을 지나가는 공기와는 방향이 서로 반대가 되어 압력이 커지

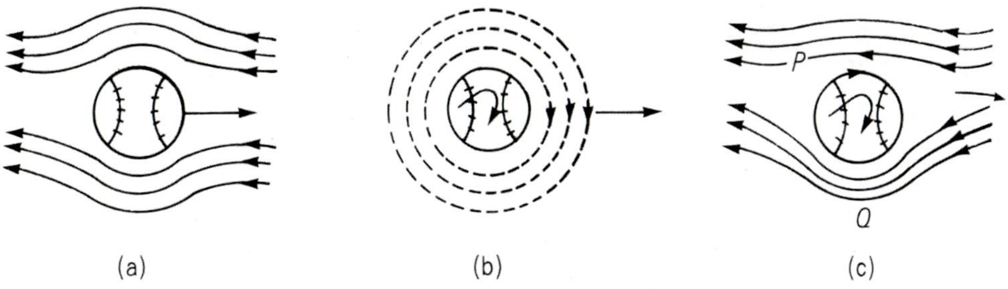

그림 8-13 | Magnus 효과

게 되고, Q점에서는 야구공의 자전 방향과 공기의 흐름이 같은 방향이 되므로, 공기의 흐름이 더욱 빨라지므로 압력이 P점보다 낮아진다. 이 결과 직진하던 공은 야구공의 회전에 의해 방향력을 받게 되며, 서서히 밑으로 떨어지게 된다. 이와 같이 야구공을 자전시키면서 앞으로 진행하게 하면 방향이 바뀌게 되는데, 이러한 현상을 마그르스 효과라 부른다.

1) 비행기 날개의 양력

그림 8-14와 같이 비행기의 날개 PQ와 같은 것이 공기 속을 v의 속도로 진행할 경우, 이 날개 PQ는 R과 같은 힘을 공기에서 받게 된다. 단면적으로 S라 할 때 R는

$$R = AS\frac{\rho v^2}{2} \qquad (8\text{-}18)$$

으로 나타내진다. 이때 A는 날개의 모양과 θ에 따른 값을 갖게 되는 상수이다. 이 R의 합력을 분력 L과 D로 나누면 L이 양력이 되고, D가 항력이 된다.

이때 L과 D는 각각

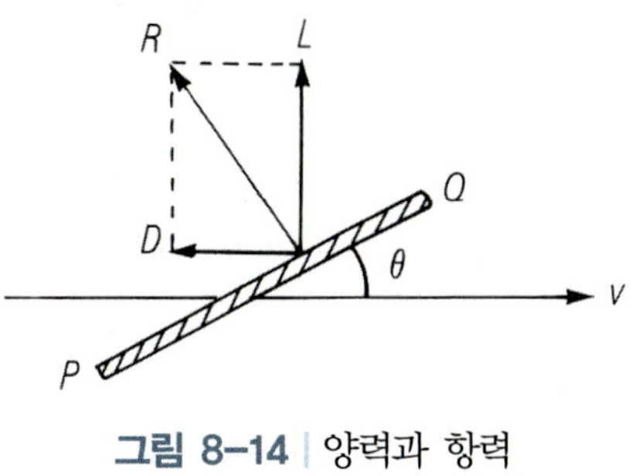

그림 8-14 | 양력과 항력

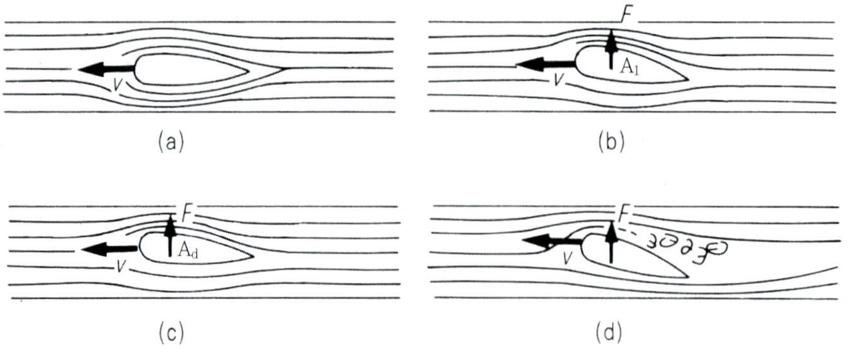

그림 8-15 날개에 생기는 양력

$$L = A_1 S \frac{\rho v^2}{2}, \quad D = A_d S \frac{\rho v^2}{2} \qquad \cdots\cdots (8-19)$$

으로 나타낸다. A_1은 양력계수, A_d는 항력 계수라 부른다. 이때 합력 R가 생기는 원리는 다음과 같은 그림 8-15에 의해 설명된다.

비행기의 날개가 그림 (a)와 같이 진행되는 경우 양력이 생기지 않으면, 그림 (b)와 같이 θ가 약간 생기면 양력이 생긴다. 그림 (c)의 경우 그림 (b) 때보다 양력은 커진다. 그림 (d)의 경우처럼 앙각이 $90°$에 가까워지면 양력은 없어지며, 양력이 최대가 되는 것은 A_1과 A_d에 의해 정해진다.

연습문제

1. 바닷물의 밀도는 1.03 gr/cm^{3}이며, 해면에서의 기압은 760 mmHg이다. 바닷속 20 m 되는 곳에서의 수압을 중력 단위와 수은주의 길이 등으로 나타내 보라.

2. 수압기의 작은 원통의 피스톤의 지름이 75 cm, 큰 원통의 피스톤의 지름이 300 cm라 하면, 작은 피스톤에 100 kg 중의 힘이 작용하는 경우 큰 피스톤에 나타나는 힘은 얼마인가?

3. 길이 50 cm, 폭 25 cm, 두께 6 cm되는 나무 토막의 밀도는 0.5 g/cm^{3}이다. 납 덩어리를 나무 토막의 밑에 잡아매어 나무 토막의 상부가 물 표면과 일치하도록 나무를 가라앉게 하려면 납의 체적은 얼마면 되겠는가? 단 납의 밀도는 11.3 g/cm^{3}이다.

4. 그림과 같은 U자 관의 한쪽에 수은을 넣고 다른 쪽에는 기름을 넣었다. 수은과 물과의 경계면에서 측정한 수은, 물, 기름의 높이가 각각 2 cm, 10 cm 및 30 cm라 하면 기름의 밀도는 얼마인가?

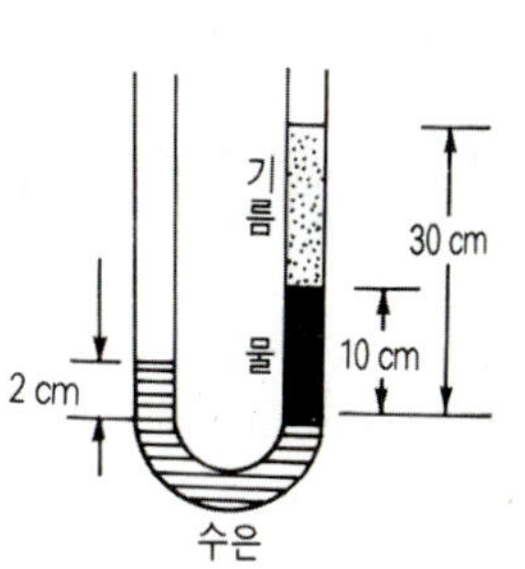

5. 속이 빈 구의 안지름이 8 cm, 바깥지름이 9 cm일 때, 비중이 0.9인 액체 속에 반이 잠겨있다.

(1) 이 구를 만든 물질의 밀도는 얼마인가?

(2) 이 구가 완전히 잠겨 떠 있게 되는 액체의 밀도는 얼마인가?

6. 바닷물 속에 빙산이 떠 있는 경우, 수면 밖으로 나타난 체적이 87.5 cm^{3}라 하면, 빙산의 전체 체적은 얼마인가?

단, 얼음의 밀도는 0.917 g/cm^3, 바닷물의 밀도는 1.025 g/cm^{3}이다.

7. 단면적이 8 cm^2이고, 수평하게 놓인 관에 2 cm^2의 좁은 관이 연결되어 있다. 면적이 다른 두 관의 큰 부분과 작은 부분의 압력차가 10 mmHg이면, 다른 관내를 흐르는 물의 속력은 얼마인가?

8. 안지름이 1.5 cm인 호수에서 2 m/sec의 속력으로 물이 흘러나오고 있다. 물이 6 m/sec로 나오게 하기 위해서는 호수의 안지름을 얼마로 하면 좋겠는가?

9. 비중이 9인 구리와 비중이 7인 아연을 혼합시켜 비중이 8.8로 하려면 구리와 아연을 각각 몇 gr씩 섞으면 되겠는가?

10. 그림과 같이 수평관의 단면적이 S_1, S_2인 곳을 액체가 흐르고 있는 경우 S_1, S_2에 세운 액체 기둥의 높이가 h_1, h_2이다. 이 관을 통과하는 물의 양을 S_1, S_2, h_1, h_2 및 g의 값으로 나타내라.

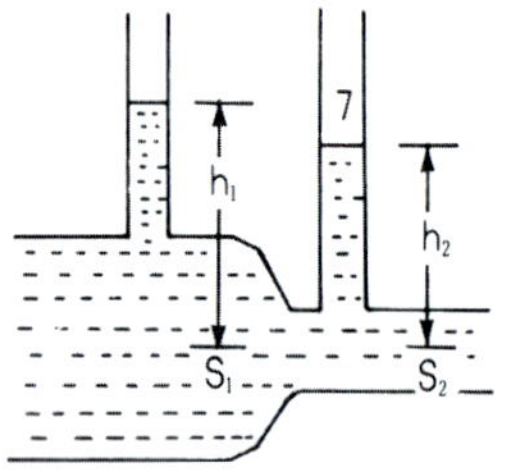

11. 물의 깊이가 3 m되는 지점에 단면적이 5 cm^2되는 작은 유출구를 만드는 경우 이 유출구를 통해 1분간 흘러 나간 물의 양은 몇 m^3인가?

12. 물통에 물을 넣어 그 수면 밑 5 m되는 곳에 작은 유출구를 만들었을 때 수평 방향으로 유출되는 속력은 얼마인가?

13. 지름이 다른 수평관이 있다. 관의 지름이 20 cm, 50 cm일 때 20 cm되는 쪽의 유속을 2 m/sec라 하면 큰 관쪽의 유속은 얼마인가?

14. 공기 온도가 균일하게 0 ℃, 지상의 기압을 750 mmHg이라 하고 높이 15 m 및 815 m 지점의 기압을 구하라(단, 표준 상태의 공기의 밀도는 0.00129 g/cm^3).

15. 위가 열린 원통형 용기가 20 cm의 높이, 10 cm의 지름을 갖고 있다. 단면이 1 cm^2 되는 원형 구멍이 용기의 밑바닥 중앙에 뚫려 있다. 물이 140 cm^3/sec의 율로 용기보다 높은 곳에 있는 관을 지나 용기에 흘러 들어오고 있다.

(1) 용기내의 물은 어떤 높이까지 올라가겠는가?

(2) 위의 높이에 도달한 후, 용기로 들어가는 흐름을 정지하면 용기가 비는데 요하는 시간은 얼마나 될까?

16. 반지름이 0.3 cm의 철구가 그리세린, 물 및 공기 중으로 낙하할 때 종단 속도를 계산하라. 단, 힘의 비중은 7.8, 글리세린의 비중 1.3, η = 14.6,
물의 η = 0.01, 그리고 공기의 밀도는 0.0012이고 η = 0.00018이다.

17. 300 cp의 점성과 0.90 gm/cm^3의 밀도를 가진 기름을 위가 열린 큰 통으로부터 지름 10 cm, 길이 1 km되는 평활한 강철관을 통하여 다른 통으로 펌프로 품어 올리고 있다. 관로는 공급통 내의 기름면보다 30 m 높은 점에서 대기 중에 개방되어 있다.

(1) 50 l/sec의 흐름을 유지하기 위하여 대기 중에서 얼마의 gauge 압력을 펌프가 내지 않으면 안되나?

(2) 펌프가 내는 공률은 얼마나 될까?

제 9 장

온도와 열

Temperature and Heat

1 온도(temperature)

우리의 피부에 물체가 닿으면 따뜻하거나 차다고 느껴진다. 예를 들면 손을 얼음에 대면 차다고 느끼고, 더운 물에 넣으면 뜨겁다고 느낀다. 또 찬물을 데우면 더워지고, 뜨거운 물을 식히면 차가워지는 것을 볼 때 같은 물질이라도 열의 출입에 따라 상태가 변함을 알 수 있다. 또 냉온에 따라 같은 물체라도 다른 현상이 일어난다. 따라서 물체의 상태를 기술할 때 냉온의 정도를 물리학적인 수단을 이용하여 냉온의 척도로 나타낼 수 있다. 이와 같이 냉온의 정도를 수량적으로 나타내는 데 쓰이는 양을 온도라고 한다.

일반적으로 온도가 다른 두 물체를 접촉시키면 온도가 높은 물체는 그 온도가 낮아지고 반대로 온도가 낮은 물체는 그 온도가 높아진다. 두 물체의 접촉에 충분한 시간이 경과하면 두 물체는 비록 접촉하고 있으나 두 물체의 온도는 변하지 않는 정상상태에 있게 된다. 이 때 두 물체는 열적평형(thermal equilbrium)에 있다고 하며, 이 때 물체의 온도는 같다고 한다.

열적평형은 실험에 의하면 두 물체에 한하지 않고 몇 개의 물체를 접촉했을 경우에도 결국에는 열적평형에 도달한다. 두 물체가 제3의 물체와 열적평형에 있다면 두 물체는 서로 열적평형에 있다는 것을 파울러(R. H. Fowler)는 열역학 제0법칙(the zeroth law of thermodynamics)이라고 하였다.

어떤 물체의 온도란 그 물체가 다른 물체와 열적평형에 있나 없나를 결정하는 성질이라고 할 수 있다. 따라서 온도가 같은 두 물체를 접촉시키면 항상 열적평형에 있다. 즉 온도가 다른 두 물체를 접촉시킬 때 차가워지는 쪽을 온도가 높다고 하고, 더워지는 쪽을 온도가 낮다고 한다.

고립된 계 내에서 온도가 각기 다른 여러 물체들은 결국 열적평형 상태에 도달하는 것이 열역학의 기본원리이므로 온도계를 사용하여 물체의 온도를 측정하는 것이 가능하게 된다.

2 온도의 측정(measurement of temperature)

냉온의 정도를 비교하기 위하여 상용하는 계기를 일반적으로 온도계라고 한다. 현재 가장 많이 사용되고 있는 온도계는 다음과 같은 성질을 이용한 것이다.

1) 부피의 변화를 이용한 것, 2) 압력의 변화를 이용한 것, 3) 포화증기압의 변화를 이용한 것, 4) 전기저항을 이용한 것, 5) 열전대를 이용한 것, 6) 방사선의 색의 변화를 이용한 것 등이 있다.

실험결과에 의하면 물질이 녹는 온도는 끓는 온도는 물질에 따라 일정하다. 따라서 이러한 일정한 온도들은 온도의 정점이라고 한다.

국제실용온도척도(International Pratical Temperature Scale: I.P.T.S)에 의하면 표준 대기압하에서 물의 3중점의 온도를 표준정점으로 설정하여 산소, 물, 얼음, 유황, 안티모니, 은, 금의 비등 및 융해점 등 7개 온도를 기본 정점으로 하여 이를 표준정점 및 기본정점들을 온도측정시의 기준점으로 정하였다. 그러나 온도를 정밀하게 수량적으로 나타내기 위해서는 온도에 따라 연속적으로 변화하는 물리학적 양을 이용하지 않으면 안 된다.

온도의 눈금에는 몇 가지가 있으나 물리학에 널리 사용되고 있는 것은 섭씨(Celsius) 온도 눈금이다. 이것은 1기압에서 물이 어는 온도를 0°, 끓는 온도를 100°로 하고, 그 사이를 100등분한 것을 단위눈금(1°)으로 간격한 것이다. 오늘날 기준으로 삼고 있는 것은 기체온도계의 눈금이다. 즉, 일정한 압력하에 있는 기체가 온도에 따르는 부피변화를 0°와 100° 사이에서 100등분한 것이다. 기체의 부피변화는 기체의 종류와 관계없이 모두 동일하며, 특히 열역학적 눈금과 일치한다.

섭씨온도를 나타내는 기호로 ℃를 사용하며, 온도차의 단위로서 도(degree) 또는 ℃로 나타낸다.

압력이 일정하게 유지되는 기체의 0℃, 100℃에서 부피를 각각 V_0, V_{100}이라고 하면 그 부피가 V_t일 때의 온도 t는

$$t = \frac{100(V_t - V_0)}{V_{100} - V_0} \quad \cdots\cdots (9-1)$$

로 정해진다.

섭씨온도 눈금 이외에 흔히 사용되는 눈금으로 화씨(Fahrenheit) 온도 눈금이 있다. 이 눈금은 물의 어는 온도와 끓는 온도를 32° 와 212° 로 정하고 그 사이를 180등분한 온도 눈금이다. 화씨라는 것을 확실히 나타내기 위하여 기호로 °F라고 표시한다. 지금 섭씨온도를 t_c, 화씨온도를 t_F라 하면

$$t_F = \frac{9}{5}t_c + 32°F, \quad t_c = (t_F - 32°F) \times \frac{5}{9} \quad \cdots\cdots (9-2)$$

가 된다.

또 열역학적 온도 눈금으로 많이 쓰이는 것은 켈빈온도눈금(혹은 절대온도 눈금)이 있다.

열역학적 온도의 단위는 실질적으로 제10차 국제도량형총회(CGPM)에서 정해졌는데, 여기서 물의 삼중점을 기본 고정점으로 선정하고 이 고정점의 온도를 정의에 의해서 273.16 K으로 정하였고, 제13차 CGPM에서 열역학적 온도의 단위를 아래와 같이 정의하였다.

"켈빈은 열역학적 온도의 단위로 물의 삼중점의 열역학적 온도의 1/273.15이다."

제13차 CGPM에서 단위 켈빈과 그 기호 K를 온도구간이나 온도차를 나타내는데도 사용해야 한다는 것을 또한 결의하였다.

켈빈온도 눈금은 섭씨온도 눈금과 같은 간격으로 등분되어 있으며 다만 섭씨온도 눈금과는

$$t_c = T - 273.15° \quad \cdots\cdots (9-3)$$

의 관계가 있다.

이 이외에도 또 다른 종류의 절대온도인 랭킨(Rankin)온도 눈금이 있는데 이는 켈빈온도 눈금 간격의 9/5의 간격으로 되어 있다. 즉,

$$t_R = \frac{9}{5}T \quad \cdots\cdots (9-4)$$

이다. 여기서 T는 절대온도를 나타낸다.

이상과 같은 네 개의 온도 눈금을 비교하면 표 9-1과 같다.

표 9-1 표준정점 및 기본정점

기본정점	T, K	t, ℃	T_R, ° R	t_F, ° F
표준정점	273.16	0.01	491,683	32,018
산소의 표준 비등점	90.18	-182.97	172.32	-297.30
얼음의 표준 융해점	73.15	0.00	491.67	32.00
물의 표준 비등점	373.15	100.00	671.67	212.00
유황의 표준 비등점	717.75	444.60	1291.95	832.28
안티모니의 표준 융해점	903.65	630.50	1626.57	1166.90
은의 표준 융해점	1233.95	960.80	1221.11	1761.44
금의 표준 융해점	1336.15	1063.00	2405.07	1946.40

3 열팽창(thermal expansion)

대부분의 물체는 물체의 온도가 상승하면 그 길이, 면적 또는 체적의 증가가 일어난다. 이와 같은 현상을 열팽창(thermal expansion)이라 한다.

고체의 길이, 폭, 두께 등 고체의 1차원적 변화를 선팽창(linear dilation)이라고 하며, 물체의 오도가 1℃ 상승할 때 1차원적 변화를 선팽창률이라고 한다. 만일 원래의 길이 l이고 온도의 변화량을 ΔT라 하면 길이의 증가량 Δl은 ΔT와 처음길이에 비례함이 밝혀졌다. 따라서

$$\Delta l = \alpha l \Delta T \quad \cdots\cdots (9-5)$$

로 쓸 수 있다. 여기서 비례상수 α를 그 물체의 선팽창계수(coefficient of linear expansion)라 하며 이 값은 물질마다 고유한 값을 가지며 그 단위는 온도의 역수이다. 표 9-2는 여러 종류 고체물질의 선팽창계수의 실험적 값을 열거한 것이다.

한편, 물체의 면적 또한 온도가 상승함에 따라 증가하게 되며 이때의 면적 증가량을 ΔA, 이 물체의 원래 면적을 A라 하면 선팽창의 경우와 만찬가지로

$$\Delta A = \gamma A \Delta T \quad \cdots\cdots (9-6)$$

이 된다. 여기서 비례상수 γ를 그 물체의 면팽창계수라 한다.

물체가 열팽창에 대하여 등방성 고체 내에서는 충분히 높은 정확성을 가지고 온도변화 매 1°에 대한 면적의 증가량 ΔA는

표 9-2 | 물질의 선팽창계수

물질		선팽창계수	
마그네슘	26×10^{-6}	알루미늄	24×10^{-5}
니켈	13	베크라이트	28
청동 및 황동	19	떡갈나무(결에 수직)	54
벽돌	9	떡갈나무(결에 따라)	5
구리	17	소나무(결에 수직)	34
보통유리	9	소나무(결에 따라)	5
파이렉스유치	3	백금	8.9
금	19	비결정수정	0.4
화강암	8	은	19
얼음	51	강철	25
불변동(청 64%, 니켈 36%)	0.9	주석	12
주철	11	텅스텐	20
납	29		

$$\Delta A \simeq 2\alpha A \Delta T \quad \cdots\cdots (9-7)$$

의 관계가 성립하다.

체적팽창의 경우에도 지금까지 설명한 선팽창과 면팽창의 경우와 같이 취급할 수 있다. 물체의 원래의 체적을 V, 체적증가량을 ΔV라 할 때

$$\Delta V = \beta V \Delta T \quad \cdots\cdots (9-8)$$

의 관계가 성립한다.

여기서 비례상수 β를 체팽창계수(coefficient of volume expansion)라 한다. 등방성인 물체에 대하여 체팽창계수와 선팽창계수와의 관계가

$$\beta = 3\alpha \quad \cdots\cdots (9-9)$$

의 관계를 만족시킨다.

표 9-3에는 몇 가지 물질의 체팽창계수가 소개되어 있다.

표 9-3 물질의 체팽창계수

액체	체팽창계수(β)	20℃에서의 밀도
에틸알코올	112×10^{-5}/Cdeg	791 kg/m^3
메틸알코올	120	792
벤젠	124	877
4염화탄소	124	1,595
에칠에틸	166	714
글리세린	51	1,261
수은	18.2	3,546
테레빈유	97	873

4 열량과 비열(quantity of heat and specific heat)

열량을 나타내는 단위는 킬로칼로리(kilocalorie)를 사용한다. 이것은 1 kg의 물을 14.5℃에서 15.5℃까지 상승시키는 데 요하는 '열량'으로 정의하였다. 또한 영국식 공학 단위계에서는 BTU(British thermal unit)가 쓰이며, 이것은 물 1파운드를 63°F까지 온도를 상승시키는 데 요하는 열량으로 정의하였다. 따라서 열의 단위들 사이에는 다음과 같은 관계가 성립한다.

1 kcal = 1000 cal = 3.968 BTU

물체의 질량이 정해져도 그 물체의 온도상승을 일으키는 데 필요한 열량은 사용한 물질을 따라 다르다.

물체의 온도를 1℃ 상승시키는 데 소요되는 열의 양을 '열용량'이라 한다. 따라서 물체에 공급해 준 열량 ΔQ와 온도상승 ΔT의 열용량 C는

$$C = \text{열용량} = \frac{\Delta Q}{\Delta T} \quad \cdots\cdots (9\text{–}10)$$

가 된다.

'비열'은 단위질량당 열용량 즉, 물질 1 kg을 1℃ 만큼 상승시키는 데 소요되는 열량을 말한다. 이는 물체를 구성하는 물질의 특성이다. 열용량이 C이고 질량이 m인 물체의 비열 c는

$$c = \frac{\text{열용량}}{\text{질량}} = \frac{\Delta Q}{m \Delta T} \quad \cdots\cdots (9\text{–}11)$$

이고 비열의 단위는 kcal/kg℃를 사용한다.

지금 물체의 온도를 T_1에서 T_2까지 상승시키는 데 소용되는 열량 Q는

$$Q = mc \int_{T_1}^{T_2} dT \quad \cdots\cdots (9\text{–}12)$$

이고 비열이 온도구간에서 일정하다고 하면,

$$Q = mc(T_2 - T_1) \quad \cdots\cdots (9\text{–}13)$$

가 된다.

일반적으로 일정 압력 하에서 측정된 비열을 정압비열 C_P라 하고, 일정 부피에서 측정된 비열을 정적비열 C_V라 한다. 고체와 액체에 대한 실험적 측정은 일정 압력 조건하에서 측정하기가 용이하기 때문에 측정되고 있는 비열은 보통 C_P이다.

표 9-4 물질의 비열

금속고체		비금속고체		액체	
알루미늄	0.212	얼음	0.48	물	1.00
놋쇠	0.090	흙	0.22	에틸알코올	0.58
구리	0.094	석탄	0.3	휘발유	0.5
금	0.031	콘크리트	0.16	수은	0.033
철 및 동철	0.11	유리	0.12~0.20	광유	0.5
납	0.031	석회석	0.22	메틸알코올	0.60
백금	0.032	대리석	0.21	올리브유	0.47
은	0.056	파라핀	0.69	석유	0.51
주석	0.055	고무	0.48	해수	0.93
아연	0.094	나무	0.3~0.7	테레빈유	0.7

5 열의 일당량(the mechanical equivalent of heat)

1843년 J. P. Joule은 역학적 에너지와 열과의 관계를 정량적으로 도출하는 데 성공했다. 실험방법은 그림 9-1과 같이 도르래를 거쳐 두 추를 단 줄을 바람개비의 축에 감고 바람개비를 물열량계 속에 넣은 다음 온도계로 물의 온도를 측정한다. 다음에 핸들을 놓으면

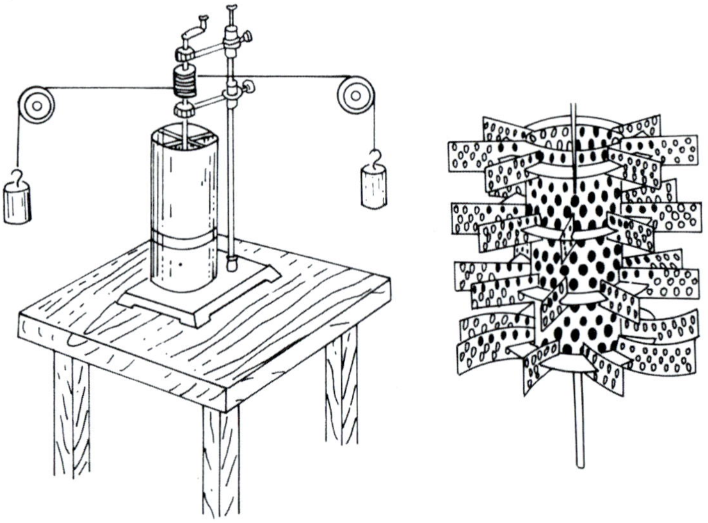

그림 9-1 열의 열당량을 결정하기 위한 주울의 실험장치

추는 낙하하고, 이 때 물속의 바람개비가 물과 마찰을 일으켜 열이 발생하고, 물의 온도가 높아진다. 이때의 온도를 측정하여 물에 준 열량을 구하고, 한편 추가한 역학적 일을 계산한다.

Joule은 이 실험에서 소비된 역학적 일 W와 발생한 열량 Q의 비가 일정함을 발견하였다. 즉

$$W = JQ$$

$$J = \frac{W}{Q} = 4.186\ \text{joule/cal} \qquad (9-14)$$

이때 J를 열의 일당량이라 한다. 이것은 1 cal가 4.186 joule과 같음을 나타낸다. 즉, 열과 역학적 에너지는 동등한 에너지의 한 형태이며, 운동 에너지와 위치 에너지가 서로 전환하듯 열과 역학적 에너지도 서로 전환할 수 있음을 말한다. 따라서 칼로리는 단순히 열량만의 단위가 아니고, 주울과 마찬가지로 일반적인 에너지 단위로 보아야 한다. 따라서 위의 관계식은 에너지의 단위인 칼로리와 주울 사이의 환산식인 것이다. 이제 열도 에너지의 한 형태임이 밝혀졌으므로 열이나 역학적 에너지를 모두 같은 단위로 써서 식 (9-14)를 표현하면 다음과 같이 간단히 된다.

$$W = Q$$

[예제 1] 질량 10 g, 온도 100 ℃, 속도 700 m/s인 탄환을 0℃의 얼음 속으로 발사하면 몇 g의 얼음이 융해하겠느냐? 단 탄환의 비열은 0.030 cal/g℃라고 한다.

[풀 이] 탄환의 운동 에너지 $= \frac{1}{2}mv^2$

$$\frac{1}{2} \times 10(700 \times 100)^2\,\text{erg} = \frac{5 \times 0.49 \times 10^{10}}{4.2 \times 10^7} = 584\,\text{cal}$$

탄환의 열에너지 $10 \times 100 \times 0.030 = 30\,\text{cal}$

그러므로 탄환의 총 에너지 $= 614\,\text{cal}$

따라서 융해하는 얼음의 양은 $\frac{614}{80} = 7.7\,\text{gm}$

6 열전도(heat conduction)

물체의 인접한 두 부분 사이에서 온도가 높은 곳에서부터 온도가 낮은 곳으로 물질을 통하여 옮아가는 것을 열의 전도라고 한다. 단면적이 A이고 두께가 Δx인 물질을 가상하고, 시간 Δt 동안에 양쪽 단면에 수직으로 흐르는 열 ΔQ를 측정해 보면, ΔQ는 온도차 ΔT에 대하여 Δt와 A에 비례한다.

또 ΔQ는 주어진 Δt와 A에 대하여는 $\Delta T/\Delta x$에 비례하므로,

$$\frac{\Delta Q}{\Delta t} \propto A\frac{\Delta T}{\Delta x} \quad \cdots\cdots (9-15)$$

가 된다. 무한소 두께 dx의 극한에서 온도차를 dT라고 한다면 열흐름 비율 H는 다음과 같이 주어짐을 알 수 있다.

$$H = -kA\frac{dT}{dx} \quad \cdots\cdots (9-16)$$

여기서 $\frac{dT}{dx}$은 온도구배이고, k는 비례상수로서 열전도율이다.

또 음의 부호를 붙인 것은 x가 증가하는 방향이 열 흐름의 방향이고, 열은 T의 감소하는 방향으로 흐르므로 결국 H는 양이 된다.

열전도법칙을 구체적으로 표현하기 위하여 정상상태에 도달한 길이 L, 단면적 A인 막대를 생각하자, 이 막대의 한 쪽 끝은 일정한 온도 T_1℃, 다른 한 쪽 끝은 이보다 낮은 어떤 온도 T_2℃를 각각 유지하고 있다고 할 때 단위시간당 단면을 지나는 열량 H는 두 끝 사이의 온도차이 $T_1 - T_2$에 비례하고, 단면적에 비례하며, 길이에 반비례한다. 이 관계식을 수식으로 표시하면

$$H = kA\frac{T_1 - T_2}{L} \quad \cdots\cdots (9-17)$$

이다.

열전도의 현상은 열과 온도의 개념이 분명히 다르다는 것을 설명한다. 막대의 양당간의 온도차가 같다 하여도, 막대의 종류가 다르면 같은 시간에 막대를 흐르는 열량도 다르다. 즉 구성물질의 열전도율에 따라 달라진다.

표 9-5 주요 물질의 열전도율

		kcal/s^{-1} · cm^{-1}(℃)$^{-1}$
금속	알루미늄	0.49
	놋쇠	0.26
	구리	0.92
	납	0.083
	수은	0.020
	은	0.97
	동철	0.12
각종 고체	절연벽돌	0.00035
	붉은벽돌	0.0015
	콘크리트	0.002
	콜크	0.0001
	펠트	0.0001
	유리	0.002
	얼음	0.004
	암석섬유	0.0001
	목재	0.0003~0.0001
기체	공기	0.000057
	알곤	0.000039
	헬륨	0.00034
	수소	0.00033
	산소	0.000056

열을 잘 전도하는 물질을 열의 양도체라 하고, 열을 잘 전도하지 않는 물질을 열의 불량도체 또는 절연체라고 한다.

표 9-5에 몇 가지 종류에 대한 열전도율이 소개되어 있다.

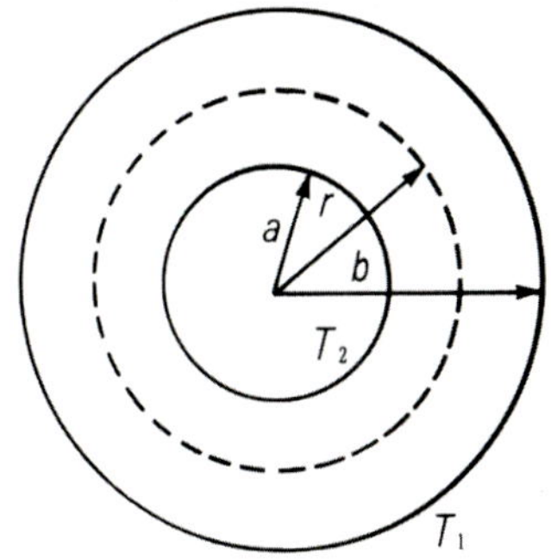

그림 9-2

[예제 2] 그림에서 나타난 바와 같이 내경이 $2a$, 외경이 $2b$이며 길이가 L인 중공원통형 열전도체

의 내부 및 외부온도가 각각 T_2 및 T_1으로 유지되고 있다. 단위 시간당 전도의 열량은 얼마인가?

[풀 이] 단위시간당 전도되는 열량을 H, 열전도율을 k라 할 때 반경이 r되는 지점에서 단위시간당 전도되는 열량은 면적이 $2\pi rL$이므로

$$H = -k2\pi rL\frac{dt}{dr}$$

가 된다. 이를 다시 쓰면

$$H\frac{dr}{r} = -2\pi rLkdT$$

이를 적분하면

$$H\int_a^b \frac{dr}{r} = -2\pi rLk\int_{T_2}^{T_1} dT$$

$$H\ln\frac{\mathrm{b}}{\mathrm{a}} = -2\pi Lk(T_1 - T_2)$$

$$= 2\pi Lk(T_2 - T_1)$$

이 된다. 따라서

$$H = \frac{2\pi Lk(T_2 - T_1)}{\ln\frac{\mathrm{b}}{\mathrm{a}}}$$

연습문제

1. 정적기체온도계를 사용하여 납의 융해점을 측정하려 한다. 물의 삼중점에서의 정적기체 온도계의 압력에 대한 납의 융해점에서의 압력의 비가 2.19816이었다면 납의 융해점의 온도는 절대온도 몇 도인가? 섭씨온도로는 몇 도인가?

2. 어떤 사람의 체온이 98.6 °F 이라면 온도는 섭씨 및 Kelvin 온도로는 각각 몇 도인가?

3. 에틸알코올의 비등점은 147 °F 이다. 이 온도는 섭씨, Kelvin, Rankin 온도로는 각각 몇 도인가?

4. 어떤 온도에서 섭씨온도와 화씨온도는 같은 값을 갖는가? 화씨온도와 Kelvin 온도가 같은 값을 갖는 온도는 섭씨 몇 도인가?

5. 강철로 된 중공구형탱크의 직경이 0 ℃ 에서 정확히 1 m가 된다고 한다. 100 ℃ 의 증기를 통과시켜 가열시킨다면 이 탱크의 직경, 표면적 및 체적은 각각 얼마만큼 증가하였는가?

6. 0 ℃ 에서 그 체적이 정확히 1 l 되는 유리 플라스크에 0 ℃ 의 수은을 가득채웠다. 이를 100 ℃ 로 가열하였더니 15.2 cm^3의 수은이 넘쳐 흘렀다면 유리의 선팽창계수는 얼마인가? 단, 수은의 채팽창계수는 1.82×10^{-4} / ℃ 로 계산하라.

7. 길이가 30 cm되는 어떤 금속봉이 0 ℃로부터 100 ℃까지 가열될 때 그 길이가 0.075 cm 늘어났다고 하고, 같은 다른 한 금속봉은 같은 온도구간에서 그 길이가 0.045 cm 늘어났다고 한다. 이들 두 금속봉을 잘라 그 끝을 연결시켜 길이 30 cm가 되도록 하였을 때 같은 온도구간에서 길이가 0.065 cm 늘어나도록 하려면 각 금속봉의 길이는 각각 얼마가 되도록 잘라야 하는가?

8. 강철판에 20 ℃에서 직경이 5 cm인 구멍을 뚫었다. 100 ℃에서 이 구멍의 직경은 얼마나 늘어나겠는가?

9. 어떤 벽시계의 추가 20 ℃에서 2초마다 정확히 한 번씩 진동한다고 한다. 시계추는 강철봉 끝에 매달려 있으며 강철봉의 무게는 시계추의 무게에 비해 무시할 수 있다고 할 때

(a) 10 ℃에서 강철봉의 길이는 얼마나 줄어들게 되겠는가?

(b) 10 ℃에서 이 시계는 매일 몇 초씩 빨라지겠는냐? 혹은 늦어지겠느냐?

10. 10 kg의 구리덩어리를 20 ℃에서 50 ℃로 가열시키는데 몇 kcal의 열량이 필요한가? 20 °F에서 50 °F로 가열시키는 데에 몇 kcal의 열량이 필요한가?

11. 질량이 800 kg인 차가 10 m/sec의 속도록 달리다가 갑자기 정지하였다면 브레이크에 의해 발생되는 열량은 몇 kcal인가?

12. 어떤 전동기의 공률이 2마력이라 한다. 이는 공급전력의 60 %에 해당하며 나머지 전력은 열로 소모된다고 할 때 매분당 몇 kcal의 열량이 발생하겠는가?

13. 어떤 전동기가 소모하는 전력이 2 KW이며 공급전력 중 80 %는 기계적인 일로 변화되며 나머지는 열로 소모된다고 한다. 이 전동기의 공률은 몇 마력이냐? 매분당 발생되는 열량은 몇 B.T.U이냐?

14. 500 m/sec의 속도로 쏜 납으로 만든 탄환이 나무토막에 박혀 정지할 때 그 운동에너지의 50 %는 탄환의 온도를 상승시키는데 소모된다고 한다. 탄환의 온도는 몇 도가 상승하겠는가?

15. 질량이 2 kg인 알미늄을 화덕에서 꺼내어 1.8 kg의 물이 담겨져 있는 질량이 0.5 kg인 구리용기 안에 넣었더니 물의 온도가 20 ℃ 에서 50 ℃ 로 상승했다. 화덕의 온도는 몇 도인가?

16. 질량이 300 g되는 구리용기 안에 15℃ 의 물이 담겨져 있는 어떤 열량계가 있다. 이 열량계 안에 100 ℃ 로 가열한 질량이 560 g되는 구리 덩어리를 넣었더니 물의 온도가 22.5 ℃ 로 상승하였다한다. 구리의 비열은 얼마인가?

17. 질량이 300 g인 알미늄 통에는 20 ℃ 의 물 100 g이 담겨져 있다. 이 통 안에 80 ℃ 로 가열된 150 g의 쇳덩어리를 넣으면 최종 온도는 몇 도가 되겠는가? 주위로의 열손실은 없다고 가정하라.

18. 두께가 3 mm되는 30 cm × 50 cm의 유리창 양면의 온도는 각각 20 ℃ 및 −5 ℃ 라 할 때 매일 유리창을 통해 전도되는 열량은 몇 kcal인가?

19. 그림 안쪽 반경이 R_1이고 바깥쪽 반경이 R_2인 구형의 단면을 나타내고 있다. 내부벽의 온도가 T_1외부 표면온도가 T_2로 유지되고 있다고 할 때

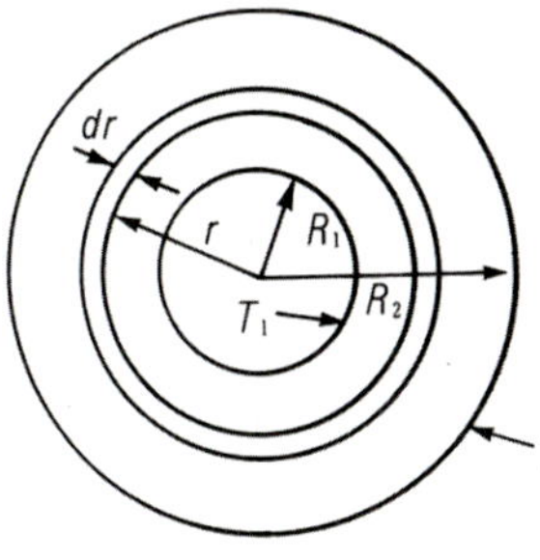

(a) 반경이 r이 되는 지점에서 단위 시간당 전도되는 열량은 $\frac{dQ}{dt} = k4\pi r^2 \frac{dT}{dr}$가 됨을 증명하라.

(b) $\frac{dQ}{dt}$는 반경에 무관하다는 사실로부터 $\frac{dQ}{dt} = 4\pi k(T_1 - T_2)\frac{R_1 R_2}{R_2 - R_1}$가 됨을 증명하라.

20. 은으로 만든 표면의 반사율이 627 ℃ 에서 0.97이라 할 때 이 표면의 복사율은 얼마나? 이 온도에서 단위표면적당 복사되는 에너지는 얼마인가?

21. 지구상에서 태양복사에너지를 계산해 본 결과 태양은 단위면적 당 6250 w/cm^2의 복사에너지를 방출해야 함이 밝혀졌다. 태양표면이 흑체라 가정할 때 이만한 복사에너지를 방출하려면 태양의 표면온도는 몇 도로 유지되어야 하는가?

제 10 장

열역학적인 일 및 열기관

Work and Engine in Thermodynamic Processes

1 열과 에너지 보존법칙(conservation of heat and energy)

1840년경 독일의 물리학자 마이어(J. R. Von mayer: 1814~1878)는 "어떤 한 개의 기관이 외부에 대하여 일을 하면 그 기관에는 이 일을 하는 능력이 없어져서 그 능력을 보충하지 않는 한에는 다시는 일을 할 수 없다."라고 주장하였다. 또 마이어의 주장은 제1종의 영구기관은 불가능하다 라는 주장과도 같다. 석탄을 태워서 증기가관을 움직일 때는 열이 에너지로서 공급되고 있는 것이다. 시계는 탄성에너지의 공급으로 인하여 움직이게 된다. 이와 같이 열이란 형태이거나 역학적 에너지의 형태이거나 에너지가 공급되면 일을 할 수 있다.

열 형태의 에너지와 역학적인 에너지 또는 일은 그 단위가 당연히 환산되어야 한다. 열의 단위를 칼로리(calorie)로 표시하는데, 이것과 역학적 에너지의 단위, 또는 일의 단위인 주울(Joule)과는 다음과 같다.

1 cal = 4.2 Joule

이미 설명한 바와 같이 열만이 관여하는 계에서는 열이 보존된다고 생각할 수 있지만, 열과 역학적인 일이 관계된 현상에서는 열에너지가 역학적 에너지로 될 수가 있고 역학적 에너지가 열에너지로 바뀔 수도 있기 때문에 열에너지와 역학적 에너지를 모두 합한 전체의 에너지가 보존된다.

에너지 보존의 법칙을 일반적인 경우에서 기술한 사람은 헬름홀쯔(H. L. F. Von Helmholltz: 1821~1894)였다. 그에 의하면 역학적 현상이나 열현상 뿐만 아니라 전기현상, 자기현상과 그 외의 어떠한 현상을 포함시켜도 에너지 보존법칙이 성립한다고 하였다.

즉 어떠한 현상을 이용하더라도 제1종의 영구기관은 불가능하며, 어떠한 계에 대하여 그 계의 에너지가 변화한다면, 그것은 어떠한 형태이든 간에 에너지가 계에 출입하였기 때문이다.

2 열역학의 제1법칙(the frist law of thermodynamics)

에너지 보존법칙으로부터 어떤 계의 경계를 통하여 에너지의 출입이 있을 때 계가 흡수한 열량을 Q로 표시하고, 계가 한 순수한 일을 W, 그 과정의 시발점에서 계의 에너지를 U_i, 종말점에서의 계의 에너지를 U_f라고 하면

$$U_f - U_i = Q - W = \Delta U \quad \cdots\cdots (10-1)$$

의 관계가 성립한다. 즉 계의 에너지 증가 또는 감소는 받은 에너지와 내놓은 에너지의 차와 같다. 위에서 ΔU로 표시한 계의 에너지를 내부에너지라고 한다. 식 (10-1)을 보통 열역학의 제1법칙이라고 한다.

만일 계가 다만 무한소의 상태변화를 일으켰다면, 계가 무한소의 열 dQ를 흡수하고 계가 무한소의 일을 dW를 하게 되며 따라서 내부에너지의 변화량 dU도 무한소가 된다. 식 (10-1)의 열역학 제1법칙을 다음과 같이 쓸 수 있다.

$$dU = dQ - dW \quad \cdots\cdots (10-2)$$

식 (10-2)는 평형상태에 있는 모든 열역학계는 내부에너지 ΔU라는 상태변수를 가지고 있고, 미분적 과정에서 그 변화량 dU는 식 (10-2)와 같다.

열역학 제1법칙은 한 평형상태에서 다른 평형상태에 이르는 자연계의 여러 과정에 이용되고 있다. 계가 평형상태에 있다는 것은 계가 압력, 온도, 자기장 등과 같은 매개변수에 특정한 값으로 기술될 수 있다는 말이다. 열역학 제1법칙은 계가 초기상태부터 최종상태에 이르는 동안의 상태가 비평형상태일 때도 성립된다.

열역학 제1법칙으로도 설명할 수 없는 중요한 의문이 있다. 열역학 제2법칙이라고 하는 완전히 상반된 법칙이 이것을 알려준다. 그리고 열역학에 관한 많은 문제가 열역학 제2법칙에 의존하고 있다.

3 열역학 제1법칙의 응용(some applications of the first law of thermodynamics)

물질 중에서 가장 단순한 형태인 이상 기체에 열역학 제1법칙을 응용할 때 어떤 결론을 얻을 수 있는가를 알아보자. 이상기체가 압력 p에 의하여 서서히 팽창하여 체적이 변할 때 그 체적의 변화를 dV라 하면 이때 한 일 dW는

$$dW = p\,dV \quad \cdots\cdots (10\text{-}3)$$

로 쓰여진다. 이상기체에 들어온 열량을 dQ내부에너지의 변화량을 dU로 할 때 제1법칙은

$$dU = dQ - p\,dV \text{ 또는 } dQ = dU + p\,dV \quad \cdots\cdots (10\text{-}4)$$

가 되는 것을 알 수 있다.

정적비열 C_v는 $dV=0$이 성립된 조건에서 얻어지므로

$$C_v = \frac{dQ}{dT} = \frac{dU}{dT} \quad \cdots\cdots (10\text{-}5)$$

가 된다. 따라서

$$dU = C_v dT \quad \cdots\cdots (10-6)$$

이며,

$$dQ = C_v dT + pdV \quad \cdots\cdots (10-7)$$

로 쓸 수 있다. 다음은 기체의 압력을 일정하게 하여 얻은 정압비열 C_p는

$$C_p = \frac{dQ}{dT} = C_v + p\frac{dV}{dT} \quad \cdots\cdots (10-8)$$

이고, 상태방정식에서

$$C_p - C_v = nR \quad \cdots\cdots (10-9)$$

이라는 아주 중요한 결과가 얻어진다.

단열과정에서는 $dQ = 0$이므로 열역학 제1법칙에서 나온 dQ의 식에서

$$C_p dT = -pdV \quad \cdots\cdots (10-10)$$

이다. 여기서 물에 대한 상태방정식을 써서 이 식을 나누어 주면

$$\frac{dT}{T} = -\frac{R}{C_v}\frac{dV}{V} \quad \cdots\cdots (10-11)$$

가 된다. 수학의 미분학의 공식

$$\frac{d}{dx}(\log x) = \frac{1}{x} \text{ 또는 } d(\log x) = \frac{dx}{x} \quad \cdots\cdots (10-12)$$

를 이용하면 위식에서

$$\log T = -\frac{R}{C_v}\log V = -(r-1)\log V \quad \cdots\cdots (10-13)$$

를 얻는다. 식 (10−13)에서 r는 $r = C_p/C_v$를 의미하고, $R = C_p - C_v$의 관계가 이용되고 있다. 따라서

$$TV^{(r-1)} = C_1 \quad \cdots\cdots (10-14)$$

이며, 여기서 상태방정식 T를 소거하면

$$pV^{r} = C_2 \quad \cdots\cdots (10-15)$$

의 관계를 얻을 수 있다.

4 가역, 비가역과정(reversible and ireversible processes)

마찰이 없는 피스톤을 가진 부피가 V인 실린더에 기체를 넣었을 때, 그 기체의 압력 P,

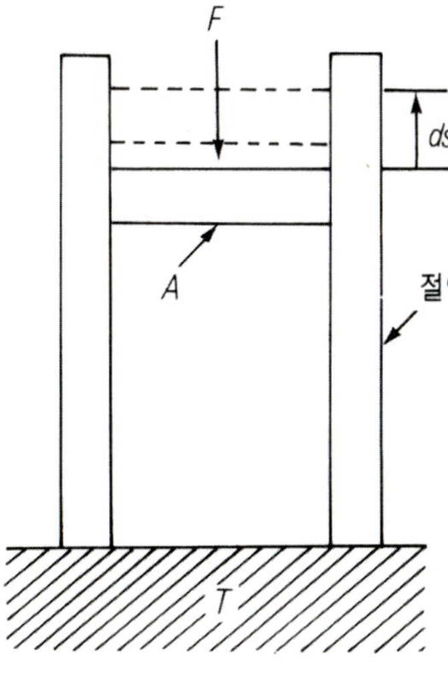

그림 10−1 | 밀폐된 실린더내의 기체가 하는 일

온도 T, 질량 m이 측정될 때 평형상태 하에서 이들 열역학적 변수는 시간에 관계없이 일정하다.

벽이 열절연체로 되어 있고, 밑바닥은 열전도로 되어 있는 원통이 그림 10-1에서와 같이 같은 온도 T를 유지하고 있는 큰 열원 위에 놓여 있다고 하자. 이제 온도 T는 같으나 부피 V는 절반으로 감소시킨 다른 평형상태로 변화하는데 다음 두 가지 극단적인 경우를 생각하기로 하자.

1) 피스톤을 갑자기 눌러서 열원과 기체가 열적평형이 되도록 하면 기체는 분자 운동이 활발해지고, 그 압력과 온도는 불확정하게 된다. 즉 주어진 부피와 관련된 압력의 값이 얼마인가를 알 수 없으므로 그림 10-2(a)와 같이 불연속선이다. 그러므로 이제는 한 평형상태 i로부터 다른 평형상태 f로 변화하는 도중에 비평형상태를 거쳐가게 된다.

2) 피스톤 위에 모래를 조금씩 얹어 놓으면 계의 부피는 줄어들게 되고 온도는 올라간다. 이 때문에 계는 평형을 잃게 되지만 매우 작은 양의 열이 열원으로 옮겨 감으로써 다시 계는 새로운 평형에 도달하게 되며, 기체의 온도와 열원의 온도는 같게 된다. 이와 같이 피스톤을 눌러 내리는 압력은 실린더 속의 기체의 압력보다 극히 적은 차만큼 커야 한다. 그림 10-2(b)는 가역과정을 나타낸 것이다.

위에서 설명한 바와 같이 에너지보존법칙을 만족시키면서 역과정이 일어나지 않는 현상을 비가역 과정이라 하고, 계의 극히 적은 변화에 의하여 역과정이 성립되는 과정을 가역과정이라 한다.

가열과정은 열이 생겨나는 소모성 효과가 있어서도 안 되며, 또 열전도와 같이 평형을 깨는 다른 효과가 있어서도 안 된다.

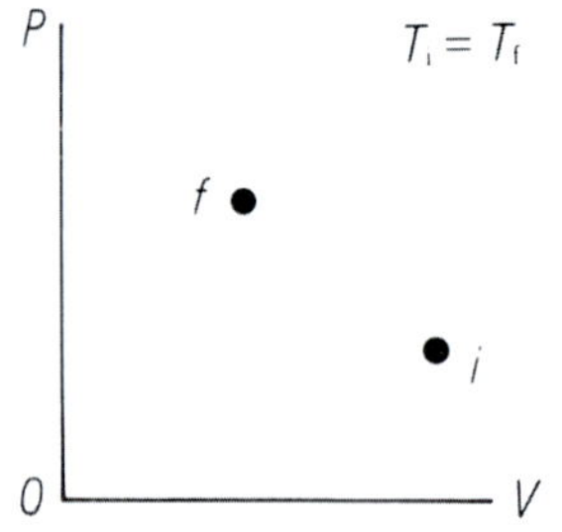

(a) 비가역과정

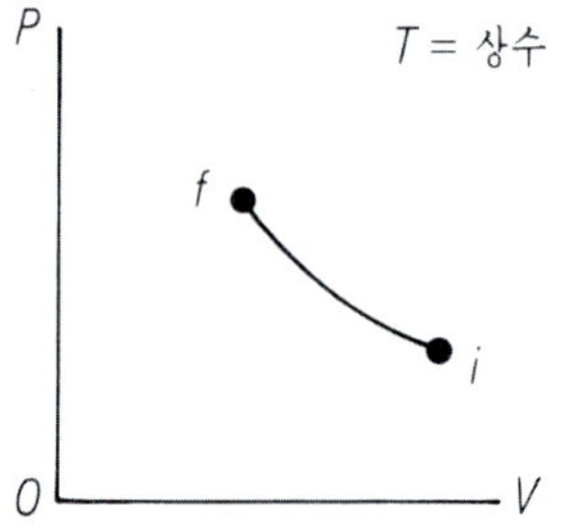

(b) 가역과정

그림 10-2

열역학 제1법칙에서 $Q=0$이고 피스톤을 밀면서 한 일은 계의 내부에너지의 증가량 ΔU로 나타날 때 단열압축에서 기체의 온도는 상승한다. 가역과정에서만 $\int pdV$로 표현되므로 ΔU와 온도변화 ΔT는 가열 및 비가역 단열과정에 대해 동일할 수 없다.

5 카르노 사이클(the Carnot cycle)

실제 기체로 된 계가 평형상태로 실린더 장치 속에 있다고 하자. 우리는 이 기체를 팽창 및 압축시킬 수도 있으며, 비가역 또는 가역적 과정을 거치게 할 수도 있다. 또한 어떤 과정을 거쳐 계가 본래의 평형상태로 되돌아오게 하는 과정을 순환과정이라고 한다. 이때 각 과정이 모두 가역적이었다면 우리는 이것을 가역순환과정(reversible cycle)이라고 말한다.

1824년 카르노(Sadi Carnot)에 의하여 가역순환과정이 제시되었는데, 이것을 카르노 순환과정(Carnot cycle)이라고 한다.

카르노 순환과정은 열을 일로 변화시키는 능력을 결정해 준다. 계는 기체와 같은 작업물질로 되어 있다. 작업물질은 고저 두 열원 및 절연대 사이에서 두 개의 등온 및 두 개의 단열과정으로 되어 있고, 이 과정은 그림 10-3과 같고 이 순환을 $P-V$곡선으로 나타내면 그림 10-4와 같다. 이 순환에서 계가 받아들인 열에너지는 $Q_H - Q_C$이다. 여기서 Q_H는 등온 팽창과정에서 흡수된 열량이고 Q_C는 등온 압축과정에서 방출된 열량이다. 또 순환과정 중에 한 일 W는

$$W = Q_H - Q_C \quad \cdots\cdots (10-16)$$

이 된다. 순환과정은 열이 계에 의하여 일로 변환되었다는 것이다. 소요량의 일은 단순히 순환과정을 반복함으로써 구해진다. 따라서 이 계는 열기관과 같이 동작한다.

열기관은 고온열원에서 열을 얻고 저온열원에 그 열의 일부를 방출하며, 그 외의 에너지를 동력에너지로 변환하게 된다. 열기관에서는 고온열원에서 얻은 열을 모두 동력으로 이용할 수 없고, 일부를 저온열원에 보내야만 하므로 이 손실을 가장 적게 할 필요가 있다. 열기관이 한 번 주기운동을 하는 동안에 고온열원에서 열 Q_H를 얻고 외부에 일 W를 한다

면 열기관의 효율 η는

$$\eta = \frac{W}{Q_H} = \frac{Q_H - Q_C}{Q_H} \quad \cdots\cdots (10-17)$$

로 정의하고 있다. 물론 η가 클수록 효과적인 기관이지만, 배기과정에서 약간의 열을 방출하므로 η는 1보다 작다.

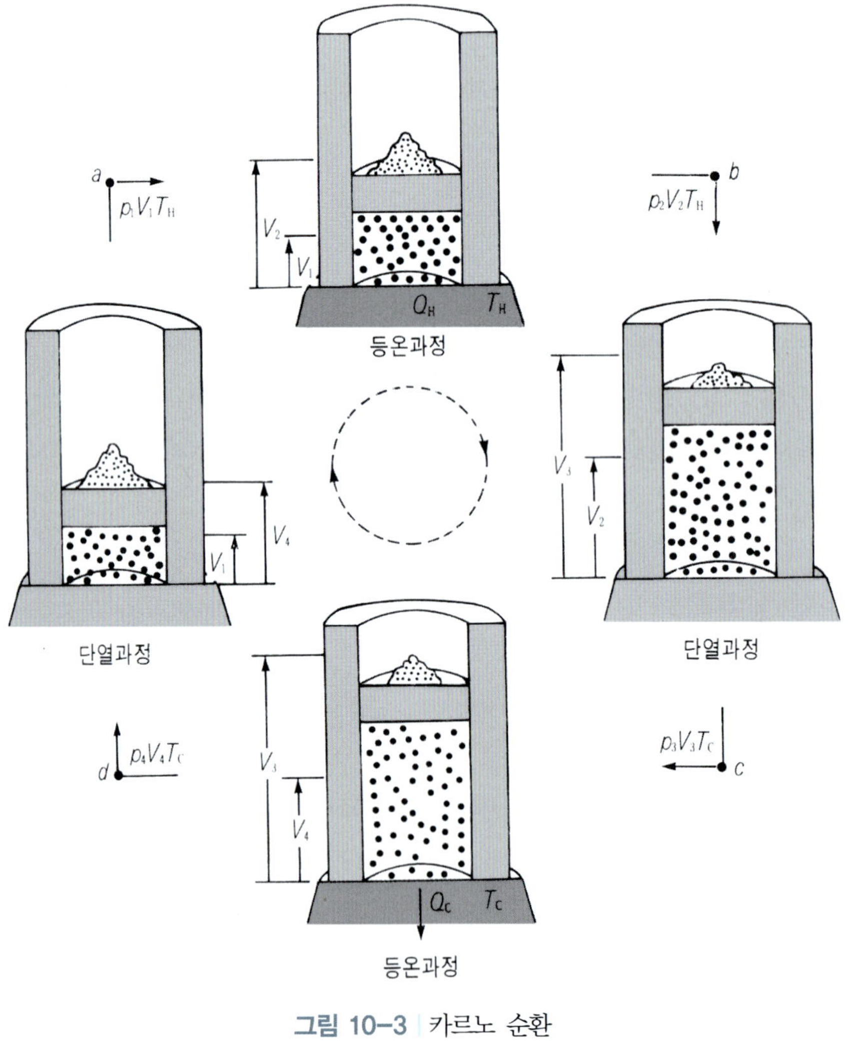

그림 10-3 | 카르노 순환

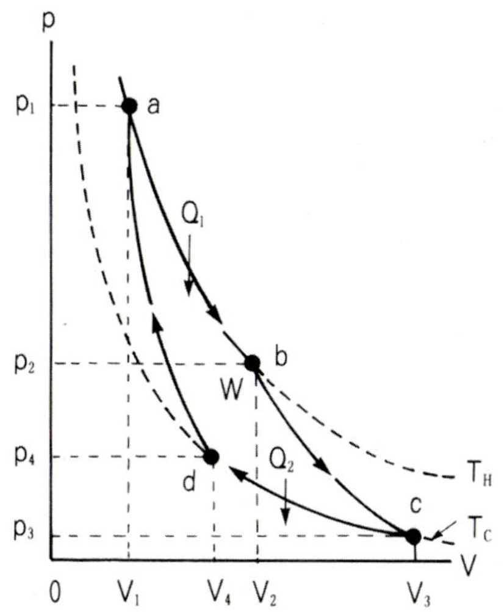

그림 10-4 | 앞의 그림에서 예시한 카르노 순환과정을 이상기체의 경우에 대하여 $p-V$도표에 그려 놓았다.

냉동기는 거꾸로 운전되는 열기관이며 이것은 압축될 때 일을 공급받아 저온부의 열을 뽑아내며, 뽑은 열과 받은 일을 열로서 고온부로 배출한다. 결과적으로 냉동기는 외부장치로부터 일을 받아서 저열원에서 열을 얻고 고열원에 이보다 많은 열량을 방출한 셈이다. 냉동기는 전력의 공급에 의하여 동작하는 동안에 저온물체에서 열을 받아서 고온쪽으로 열을 배출한다.

6 열역학 제2법칙(the second law of thermodynamics)

열역학 제2법칙은 클라우지우스(R. J. E. Clausius; 1822~1888)와 켈빈(W. Th. Kelvin: 1824~1907)에 의하여 수립되었다.

비가역과정에서 실제로 나타날 수 없는 역과정들은 서로 다르게 보이는데, 거기에 공통된 점을 찾아보면, 첫째 한 물체에서 그보다 온도가 높은 물체에 자연적으로 열이 흐른다는 특징이 있다. 둘째 한 물체에서 열이 유출된 양이 운동 에너지가 나타난 것이며, 셋째 고립된 기체의 온도가 일정하면서도 그 체적이 감소하고 그 압력이 증가한다는 것이다. 한 고립계의 두 가지 상태가 주어져 있어 모두 내부에너지가 동등할 때 초기상태와 최종상태를 구별해 주는 어떤 함수를 엔트로피(entropy)라고 한다. 이 엔트로피를 사용하면 열역학 제2법칙은 다음과 같이 표현할 수 있다.

"고립계에 일어난 모든 과정에서 계의 엔트로피는 증가하거나 또는 일정하게 유지된다." 따라서 고립계가 엔트로피 최대의 상태에 있으면 이로부터의 변화는 어떠한 변화도 일어나지 않는다.

열역학 제2법칙에 관한 클라우지우스에 의한 표현은 다음과 같다.

"어떤 온도에 있는 한 열원에서 열을 받아 이것을 그보다 고온인 다른 열원에 그대로 주고, 외부에는 어떠한 변화도 남기지 않는 과정은 없다."

클라우지우스가 주장한 과정을 그림으로 표시하면 그림 10-5(a)와 같다. 한편, 플랑크(M. Planck: 1858~1947)와 켈빈은 열역학 제2법칙을 다음과 같이 표현했다. 이 표현도 그 불가능한 과정을 그림으로 표시하면 그림 10-5(b)와 같다. 켈빈, 플랑크가 불가능하다고 주장하는 것은 제2종의 영구기관을 말하고 있는 것이다.

열역학 제2법칙은 에너지보존법칙을 만족하는 것 중에서 일어날 가능성이 변화방향을 지시하는 것이라고 볼 수 있다. 열을 받아들여 100% 역학적 에너지로 전환될 수 있는 기관은 있을 수 없다는 것이다. 그러므로 열역학 제2법칙은 다음과 같이 기술될 수 있다.

"공급받은 열에너지 중에서 외부에 아무런 변화없이 완전히 역학적 에너지로 전환하는 기관을 만들 수 없다."라는 것이다.

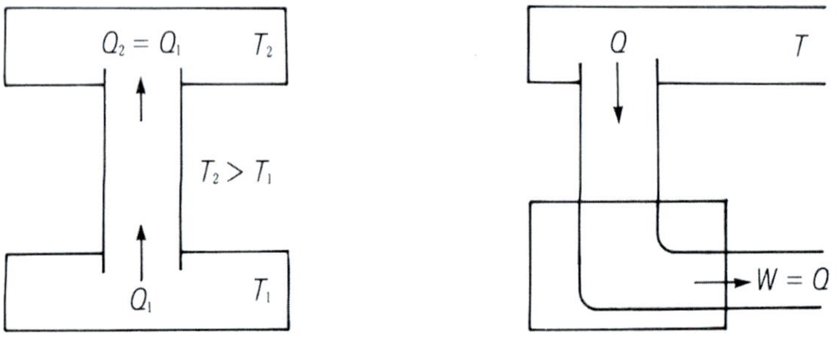

(a) 클라우지우스의 열기관 모형도 (b) 켈빈의 제2종 영구기관의 설명도

그림 10-5

7 엔트로피(entropy)

열역학 제2법칙에서 엔트로피 S라고 하는 함수를 생각하자. 우선 카르노 순환식을 이용하여

$$\frac{W}{T_{\mathrm{H}}}=\frac{Q_{\mathrm{C}}}{T_{\mathrm{C}}} \qquad (10-18)$$

라는 것을 알 수 있다. 만일 열을 대수적인 값으로 취급하여 계에 들어오는 것을 (+), 나가는 것을 음(−)이라고 하면, 식 (10−18)은 다음과 같다.

$$\frac{Q_{\mathrm{H}}}{T_{\mathrm{H}}}+\frac{Q_{\mathrm{C}}}{T_{\mathrm{C}}}=0 \qquad (10-19)$$

식 (10−19)는 카르노 순환에 대하여 대수량 Q/T의 총합이 '0'이라는 것을 의미한다. 카르노 순환은 무수히 많은 가역순환의 집합체라고 가정하면, 등온선 단열선군에 대하여

$$\sum\frac{C}{T}=0 \qquad (10-20)$$

로 되고, 온도차가 무한소인 극한에서는

$$\int\frac{dQ}{T}=0 \qquad (10-21)$$

이 된다. 여기서 $\frac{dQ}{T}$의 함수를 Entropy $= S = dS$이고 $\int dS = 0$라고 쓸 수 있다.

엔트로피의 단위는 Joule/K 또는 Cal/K이다. 식 (10−21)에서 A라는 평형상태와 B라는 평형상태 사이의 엔트로피 S의 차이는

$$S(A) - S(B) = \int_A^B \frac{dQ}{T} \quad \cdots\cdots (10-22)$$

로 정의한다. 여기서 어떤 고립된 계가 평형상태 A로부터 비가역과정으로 다른 평형상태 B로 변하면, Entropy는 증가한다.

물체 A, B가 각각 제3의 C물체(온도계)와 연결형을 이루고 있다면 $A = B$이다.

열역학 제 0, 1, 2, 3법칙은 모두 계의 엔트로피는 절대 '0'도에서 '0'이 된다로 표현되어야 한다. 그러나 어떤 계를 절대 '0'도로 되게 할 수 없기 때문에 제3법칙은 절대 '0'에 가까워질 때 모든 계의 엔트로피는 그 계의 상태에 관계없이 일정한 값을 갖는다.

연습문제

1. 음속에 대한 식이 다음과 같이 주어진다.

$$\nu = (P/\rho)^{1/2}$$

등은 아래에서 이상기체에 대하여 음속이 압력에 무관함을 보여라.

2. 기체 안에서의 실제 음속에 대해서는 $\nu = (rP/\rho)^{1/2}$의 공식이 더 잘 맞는다. 수소안에서 음속이 332 m/sec라면 같은 온도하의 헬륨 안에서는 얼마인가?

3. $r = 1.3$인 1 kg의 기체의 표준상태(STP)에 있다. 이를 단열적으로 처음 체적의 반으로 압축한다. 종말압력과 온도의 초기값들에 대한 비를 결정하라.

4. 한 기체가 각각 등압적으로, 등온적으로 단열적으로 팽창한다고 생각하자. (a) 어떤 과정에서 기체가 가장 많은 일을 하는가? (b) 어떤 과정에서 가장 적은 일을 하는가? (c) 어떤 과정에서 가장 큰 열을 공급받는가?

5. 대기압하에 0 ℃ 인 10 g의 산소의 체적을 단열수축시켜 그 압력을 5 atm으로 하였다. 기체에 하여진 일을 구하라.

6. 온도 T_1, $T_2(T_1 > T_2)$에서의 두 등온과정과 V_1, $V_2(V_1 > V_2)$의 두 등적과정으로 이루어지는 이상기체의 순환과정에 대한 효율을 구하라.

7. 용기 안에 온도 2K, 압력 1/36 atm인 600 cm^3의 헬륨기체가 있다. 이것이 다음과 같은 과정을 밟는다.

i) 정적하에서 288 K로 데운다.

ii) 2K까지 단열팽창한다.

iii) 정온적으로 그 본래의 체적으로 압축시킨다.

(a) pV선도에다 이 과정을 표시하라.

(b) 이 과정의 효율을 구하라.

8. 한 Carnot순환과정에서

$$\frac{Q_1}{T_1} + \frac{Q_2}{T_2} = 0$$

임을 보였는데, 어떤 가역순환과정에서나

$$\int \frac{dQ}{T} = 0$$

가 성립하는 것을 보여라. 단, $\int$는 순환과정의 경로를 따른 총적분을 나타낸다.

9. 15 kg의 산소가 정상온도(300 K)에서 0.3 m^3되는 탱크에 가득 채워져 있다. 압력은 얼마나 되는가?

10. (a) 0 ℃ 에서 기체분자의 평균 운동에너지는 얼마인가?

(b) 또, 100 ℃ 에서는 얼마인가?

11. (a) 실온(20 ℃)에서 아르곤원자의 자승평균평방근속력을 계산하라.

(b) 어떤 온도일 때 자승평방근속력이 실온 때의 값에 반이 되겠는가? 또 2배가 되는 온도는 얼마인가?

12. 수소분자의 자승평균평방근속력이 지구에서의 탈출속도와 같을 때 이 수소분자의 온도를 계산하라.

13. (a) 질량m_0c이고, 비열 c(일정)인 물질을 온도 T_1으로부터 T_2까지 가열할 때 엔트로피 S의 변화는 다음과 같음을 증명하라.

$$S_2 - S_1 = mc\log\frac{T_2}{T_1}$$

(a) 물체가 차가워질 때에는 그 물체의 엔트로피는 감소하는가?

(b) 만일 그렇다면 그러한 과정에 대해서 우주 전체의 엔트로피는 감소하는가?

제 11 장

기체운동

Kinetic Theory of Gases

1 분자, 원자론(theory of atom and molecule)

지금까지 물질을 분자나 원자로 구성되어 있음을 고려하지 않고 여러 가지 현상으로 이해하여 왔으나 열역학적인 현상에서는 물질의 분자적, 원자적인 구성을 생각함으로써 물질의 여러 가지 성질을 더 깊이 이해할 수 있다. 가령 Boyle의 법칙은 앞에서는 실험적으로 발견한 법칙으로 쓰여 왔으나, 기체가 상호간에 힘은 거의 작용하지 않는 분자의 집합으로 봄으로써 이론적으로 밝힐 수 있는 것이다.

물질이 연속적인 것인지 또는 서로 떨어진 입자, 즉 원자로 되어 있는지에 대해서는 그리스 시대에 여러 가지의 견해가 있었지만, 어느 하나도 실험에 근거를 두고 말한 것이 아니므로 과학적인 것이라고는 할 수 없다.

Democritus나 Lucretius는 기원전 400년경에 모든 물질은 아주 미세한 부분까지도 쉬지 않고 운동을 하며, 이와 같은 운동을 하기 위해서는 이들 사이에는 빈 공간이 존재해야 한다는 생각에서 모든 물질의 작은 입자로 구성되며, 그들 입자들은 공간 중에서도 떨어져 있다고 생각하였다. 물질의 성질이 서로 다른 것은 이 입자의 성질이나 운동방법이 서로 다르기 때문이라고 생각하였다.

Daniel Bernoulli는 1738년에 기체의 압력은 기체의 입자가 용기벽에 충돌하기 때문이라고 생각하고 기체에 관하여 잘 알려진 Boyle의 법칙을 유도하였다.

그 후 1세기 동안 분자론적인 물리현상에 관한 연구는 이루어지지 않았으나, 19세기에 이르러 열이 에너지의 일종임을 알게 되었다. 또한 이때부터 이와는 독립적으로 화학분야에서는 화학반응에 관한 법칙을 설명하기 위하여 Dalton(1808), Avogadro(1811) 등에 의해서 분자론, 원자론이 발전되었고 이로 인하여 열이 분자의 역학적인 운동 에너지에 불과하며 결국 열현상은 분자의 역학적 현상으로 보는 일반적인 확신이 서게 되었다. 1857~1880년 사이에 드디어 Clausius(1857), Maxwell(1880), Boltzmann(1868) 등에 의하여 기체에 관한 기초가 이룩되었다.

2 이상기체 방정식(equation of ideal gas)

분자의 실제적 크기는 1Å 정도이지만 이것은 대단히 작은 크기이므로 분자간 거리는 서로 완전히 자유로이 운동하고 있다고 생각할 수 있다. 이 때 기체상으로 대표되는 기체를 이상기체라고 부른다. 이상기체는 모든 온도와 압력 조건하에서 다같이 간단한 행동을 할 것이다.

보일(Robert Boyle: 1627~1691)은 온도가 일정할 때 기체의 부피가 압력에 반비례한다는 것을 알았다. 이 법칙은 모든 기체에 적용되며 이것을 Boyle의 법칙이라고 부른다. Boyle의 법칙은

$$PV = \text{일정} \qquad \text{(11-1)}$$

으로 표시할 수 있다. 또 압력이 일정한 경우 기체의 부피와 온도의 관계를 발견한 샤를(Jacques Charles: 1746~1823)과 게이뤼삭(Joseph Loeis Gay-Lussac: 1778~1850)에 의하여 일정 질량의 기체이면

$$\frac{PV}{T} = \text{일정} \qquad \text{(11-2)}$$

으로 요약할 수 있다.

만약 압력과 온도를 일정하게 유지한다면 상수는 기체의 분자수에 비례할 것이다. 따라서 식 (11-2)는 다시

$$PV = nRT \quad \cdots\cdots (11-3)$$

과 같다. 여기서 n은 기체의 몰(mole)수이고 R은 실험에 의한 각 기체의 고유상수이다. 충분한 저밀도하에서의 R은 모든 기체에 대하여 동일한 값을 가진다. 즉

$$R = 8.314\,\mathrm{J/mol}\,K$$

이다. 이 R을 보편기체상수라고 한다. 식 (11-3)을 이상기체의 상태방정식이라고 한다.

이상기체의 압력을 알면 그때의 온도를 정할 수 있다. 즉

$$T = \frac{P}{p_{\mathrm{tr}}} \times 273.16\,K$$

이다. 여기서 p_{tr}은 물의 3중점에서 기체의 압력이고, 물의 3중점 온도는 $273.16\,K$이다.

실제기체의 온도는

$$T = \left[\lim_{Ptr \to 0} \frac{P}{p_{tr}}\right] \times 273.16\,K \quad \cdots\cdots (11-4)$$

으로써 측정가능하다.

3 이상기체 운동론(Kinetic theory of ideal gases)

물질이 원자 및 분자들로 구성되어 있다는 이론이 여러 물리학자와 화학자들의 연구결과로 점차 규명됨에 따라 기체가 나타내는 여러 가지 현상을 이해하기 위하여(이를 구성하는

개개 입자를 평균운동 에너지의 결과로서 이해하려는 노력이 시도되어) 19세기 후반기에 이르러 맥스웰, 볼츠만 등에 의해 통계역학(statistical mechanics)이라고 불리는 새로운 연구분야가 대두하게 되었다.

대부분의 기체에서는 방정식이 대단히 간단한 형태로 나타나므로 기체의 개개 성분 분자에 대하여 역학이론을 적용하여 상태 방정식을 쉽게 유도할 수 있다.

체적 V인 어떤 그릇 내에 들어 있는 이상기체의 기체분자들이 그릇의 벽이나 다른 분자들과 충돌하는 경우를 제외하고는 아무런 외력을 받지 않는다고 하자. 열적 평형상태에 도달하였을 때 이들 개개 분자들은 무질서하게 임의 방향으로 운동하고 있으므로 이들 모든 입자들의 속도의 평균은 영(zero)이다. 기체가 그릇벽에 미치는 압력은 개개분자들이 그릇벽과 충돌할 때 벽에 미치는 힘 때문이다. 그림 11-1에 표시된 P는 기체가 그릇벽에 미치는 압력을 나타내며, m은 기체분자의 질량, v는 속도를 나타내고 있다. 수평축인 X축에 수직한 벽면에 미치는 압력을 계산하기 위하여 입자와 벽면 간의 충돌은 완전탄성충돌이라 하자. 충돌 전후의 이 입자의 운동량은 변화 Δp는

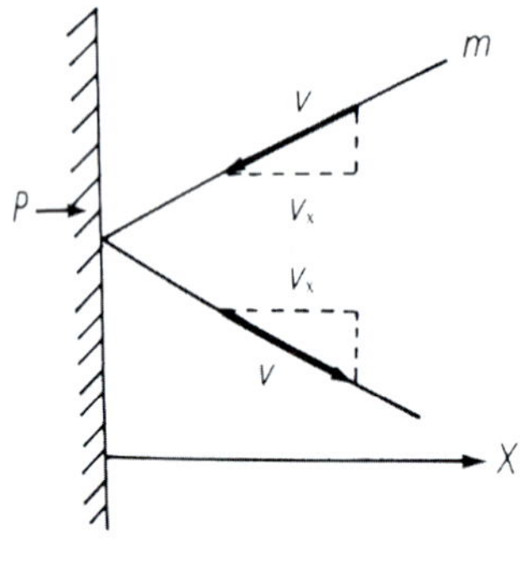

그림 11-1

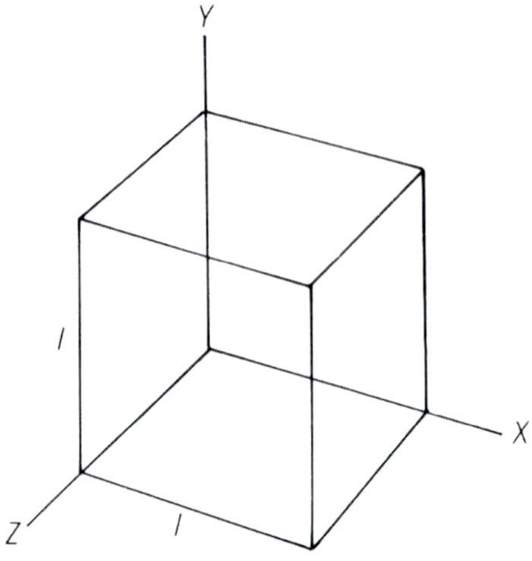

그림 11-2

$$\Delta p = p_f - p_i = mv_x + mv_x = 2mv_x \quad \cdots\cdots (11-5)$$

이다. 어떤 분자가 한번 충돌한 후 다음번 충돌을 일으킬 때까지 소요되는 시간간격을 Δt라 할 때. 위의 운동량의 변화는 시간간격 Δt 사이에 일어나므로 이 입자가 충돌에 의해 벽면에 미치는 힘 f_i

$$f_i = \frac{\Delta p}{\Delta t} = \frac{2mv_x}{\Delta t} \quad \cdots\cdots (11-6)$$

가 된다. 그림 11-2에 나타난 바와 같이 이 그릇은 한 변의 길이가 l인 입방체라 하면 Δt 시간동안 입자는 v_x의 속도로 $2l$거리만큼 운동하므로

$$\Delta t = \frac{2l}{v_x} \quad \cdots\cdots (11-7)$$

이다 위 두 식에서

$$f_i = \frac{m{v_x}^2}{l} \quad \cdots\cdots (11-8)$$

이 된다. 이 그릇 내에 N개의 분자들이 들어 있다면 이 모든 분자들은 각각 위의 식에 따라 그릇벽에 힘을 미치므로 벽면의 총힘 F는

$$F = \frac{m}{l}\sum_{j=1}^{N}{v_x}^2 \quad \cdots\cdots (11-9)$$

이 된다. ${v_x}^2$을 개개 입자들 속도의 X성분 자승의 평균치, 즉

$$\overline{{v_x}^2} = \frac{1}{N}\sum_{j=1}^{N}{v_x}^2 \quad \cdots\cdots (11-10)$$

이라 하면 식 (11-9)

$$F = \frac{mN}{l}\overline{{v_x}^2} \quad \cdots\cdots (11-11)$$

로도 쓸 수 있다. 분자들이 운동하는 방향은 임의 방향으로 향하므로

$$\overline{\mathrm{v_x}^2} = \overline{\mathrm{v_y}^2} = \overline{\mathrm{v_x}^2} \quad \cdots\cdots (11-12)$$

의 관계가 성립한다. 또한 속도의 자승의 평균 v^2은

$$\overline{v^2} = \overline{v_\mathrm{x}^2} + \overline{v_\mathrm{y}^2} + \overline{v_\mathrm{z}^2} \quad \cdots\cdots (11-13)$$

이므로

$$\overline{v_\mathrm{x}^2} = \frac{1}{2}\overline{v^2} \quad \cdots\cdots (11-14)$$

이 된다. 위의 결과를 식 (11-11)에 대입하면

$$\mathrm{F} = \frac{mN}{3l}\overline{v^2} \quad \cdots\cdots (11-15)$$

이다. 기체분자들이 벽면에 미치는 압력P의 면적이 l^2이므로

$$\mathrm{P} = \frac{\mathrm{F}}{l^2} = \frac{mN}{3l^3}\overline{v^2} \quad \cdots\cdots (11-16)$$

가 된다. l^3는 용기의 체적이므로 V라 하면

$$= \frac{mN}{3V}\overline{v^2} \text{ 또는}$$

$$PV = \frac{mN}{3}\overline{v^2} \quad \cdots\cdots (11-17)$$

의 관계식을 얻을 수 있다. v^2의 평방근, 즉 $\sqrt{\overline{v^2}}$을 자승평균평방근속력(root mean square speed)이라 하며 이를 v_{rms}로 나타낼 때 위의 식은

$$PV = \frac{mN}{3} v^2_{\text{rms}}$$

또는 n을 기체의 mole수라 할 때 $N = nN_A$ 이므로

$$PV = \frac{mnN_A}{3} v^2_{\text{rms}} \quad \cdots\cdots (11\text{–}18)$$

이 된다. 한편 이상기체의 상태방정식은

$$PV = nRT \quad \cdots\cdots (11\text{–}19)$$

로 나타내므로 위의 두 식을 비교할 때

$$v^2_{\text{rms}} = \frac{3RT}{N_A m} \quad \cdots\cdots (11\text{–}20)$$

또는, 분자량을 M라 하면 $M = N_A m$ 이므로

$$v^2_{\text{rms}} = \frac{3RT}{M} \quad \cdots\cdots (11\text{–}21)$$

가 된다. 기체분자의 운동에 의한 1 mole 당 운동 에너지 E_k는

$$E_k = \frac{1}{2} M v^2_{\text{rms}} = \frac{3}{2} RT \quad \cdots\cdots (11\text{–}22)$$

가 됨을 알 수 있다.

한편 Boltzmann 상수를 k로 표시하면

$$k = \frac{R}{N_A} = (1.3802565 \pm 0.0000615) \times 10^{-23}\ \text{joule/K}$$

의 값을 갖는다. 식 (11-20)은

$$v^2_{rms} = \frac{3kT}{m} \quad \cdots\cdots (11-23)$$

로도 쓸 수 있다. 분자 한 개당의 평균운동 에너지 E_k는

$$E_k = \frac{3}{2}kT \quad \cdots\cdots (11-24)$$

가 된다. 그러므로 온도는 기체분자의 평균운동 에너지를 나타낸다고 할 수 있다. 특히 이상기체의 경우에는 총 운동 에너지가 내부에너지(internal energy)가 된다.

[예제 1] 0℃에서 H기체분자의 v_{rms}의 크기는 얼마인가?(단, 기체의 원자량 M = 1.008 kg kmole^{-1}, R = 8.31×10^3 joule K kmole, T = 273 K이다)

[풀 이] $\overline{v^2} = \dfrac{3 \times 8.31 \times 10^3 \times 273}{4.003} ≒ 6.5 \times 10^6$

따라서

$v_s = \sqrt{v^2} ≒ 25 \times 10^2 ms$

4 이상기체의 비밀(specific heat of an ideal gas)

물질의 비열(specific heat)이란 그 물질의 단위질량을 단위온도로 상승시키는 데 소요되는 열량이라는 사실은 이미 알았다. 질량의 간편한 단위는 몰(mole)이다. 이에 해당하는 비열을 mole 열용량(mole heat capacity)이라 부르고, C로 나타낸다.

기체에 있어서 중요한 두 종류의 mole 열용량은 정적비열 C_v와 정압비열 C_p이다. 그림 11-3과 같이 피스톤 실린더 장치에 mole의 이상기체를 가두어 넣었다고 하자. 피스톤은 임의로 온도를 변하게 하는 열류(reservoir)에 얹혀 있으므로 이 계에 원하는 곳으로의 열을 주기도 하고 빼앗을 수도 있다. 기체는 마찰이 없는 피스톤을 밀어 올릴 만한 압력을 가

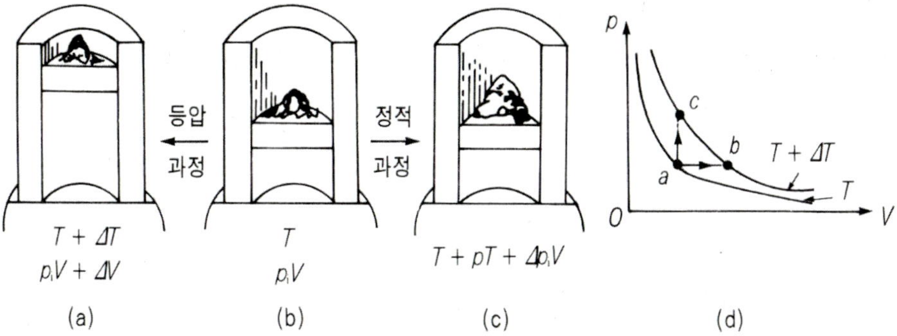

그림 11-3 | 일정량의 기체에 등압과정($a \to b$)와 정적과정 ($a \to b$)로 같은 양의 온도를 올려준다.

지고 있으며, 이 압력은 피스톤 및 모래의 무게와 평형된다. 이 계의 상태는 그림 11-3(d)의 $p-V$ 선도의 점 a로 표시되는데, 도표에는 2개의 등온선이 그려져 있고 각 등온선상의 모든 점은 각각 T와 $T+\Delta T$에서의 $p-V$관계를 기록한 것이다.

이제 열류의 온도를 서서히 올려 계의 온도를 ΔT만큼 증가시킨다고 하자. 이때 압력이 증가하므로 피스톤 위에 모래를 더 얹어주면, 그 증가하는 압력이 있음에도 불구하고 실린더 내의 기체의 체적은 변하지 않는다. 이 정적 과정에서 계는 그림 11-3(a)의 초기 상태로부터 그림 11-3(c)의 말기 상태로 옮아간다. 이 사실을 11-3(d)에 있는 점 a로부터 점 c까지 이동하는 것에 해당한다. 열역학 제1법칙

$$\Delta U = Q + W$$

를 이 과정에 응용하자. 정적비열 C_v의 정의에 의하여 $Q = nC_v \Delta T$, 또 $\Delta V = 0$이므로 $W = p\Delta V = 0$이다. 따라서

$$\Delta U = nC_v \Delta T \quad \cdots\cdots (11-25)$$

이제 이 계를 초기상태로 되돌리고, 온도를 다시 서서히 ΔT만큼 내리는 동안에 피스톤 위의 모래를 서서히 내려줌으로써 압력 p는 변하지 않게 한다.

이 정압과정은 그림 11-3(a)의 초기상태로부터 그림 11-3(b) 종말상태로 계를 이동시킨다. 명백히 이 과정에 해당하는 도표는 그림 11-3(d)의 점 $a \to b$이다. 이 과정에 제1법칙을 응용하자. 정적비열 C_p의 정의에 의하면 $Q = nC_p \Delta T$, $W = p\Delta V$이며, 이상기체에 대

하여는 내부에너지 U는 온도에만 의존한다. 그림 11-3에서 과정 $a \to b$와 $a \to c$에서의 온도 변화는 같은 ΔT이므로 이것은 그대로 내부에너지의 같은 변화 ΔU로 환산되지 않으면 안 되고, 이 관계는 식 (11-25)에 주어졌다. 따라서 정압과정에 대하여 열역학 제1법칙은 다음과 같이 변한다.

$$nC_p\Delta T = nC_v\Delta T + p\Delta V \quad \cdots\cdots \quad (11-26)$$

가 된다.

여기서 상태방정식

$$p\Delta T = nR\Delta T \quad \cdots\cdots \quad (11-27)$$

이 성립한다.

이것은 이상기체의 정압 mole 열용량은 정압에서는 항상 정적에서보다 크고, 그 차이는 보통 기체상수 R(8.31 joule/mole K 또는 1.99 cal/mole K)과 같다는 결론이 얻어졌다. 식 (11-27)은 이상기체에 있어서는 정확하고 실제기체에 대하여도 적당한 압력에서는 거의 맞아 들어간다. 이 결과를 얻음에 있어서 우리는 $U = 3/2nRT$인 관계를 쓰지 않았고, 오직 U는 온도에만 의존되는 것이라는 데에 유의하여야 한다.

만일 C_v가 계산된다면 식 (11-26)에서 C_p도 계산되며, 이 역도 가능하다. 식 (11-25)에 이상기체의 내부 에너지 $U = (3/2)nRT$를 유도한 기체운동론을 결합시킴으로써 C_v가 얻어진다. 따라서 미소변화의 한계내에서

$$\begin{aligned} C_v &= \frac{dU}{ndT} \\ &= \frac{d}{ndT}\left(\frac{3}{2}nRT\right) \\ &= \frac{3}{2}R \quad \cdots\cdots \quad (11-29) \end{aligned}$$

이 결과는 C_p가 약 2.98 cal/mole K인데, 1원자 기체에 대하여는 잘 맞는다. 2원자 분자와 다원자분자에서는 현저하게 달라진다.

5 에너지 등분배의 원리(equipartition law of energy)

1개 분자의 운동 에너지가 $3(\frac{1}{2})kT$와 같다는 것을 암시하고 있는데, 분자들의 각 좌표방향에서의 값 $(\frac{1}{2})mv_x^2$, $(\frac{1}{2})mv_y^2$, $(\frac{1}{2})mv_z^2$의 평균값은 같다고 볼 수 있다. 따라서 K의 $\frac{1}{3}$, 즉 $(\frac{1}{2})kT$는 좌표축방향에서의 평균운동 에너지라고 생각된다. 다시 말하면 한 분자가 갖는 운동 에너지는 좌표축방향으로 등량분배된다. 이것을 에너지 등분배의 법칙(equipartition law of energy)이라 한다. 이상기체의 밀도를 ρ라고 하면, 이상기체 1 kg에 대한 상태방정식은

$$\frac{p}{\rho}=\frac{R}{M}T \qquad (11-30)$$

를 얻는다. 여기서 M은 분자량이다. 평균운동 에너지식에 의하여

$$\frac{p}{\rho}=\frac{1}{3}v_{\rm rms}^2 \qquad (11-31)$$

이므로

$$v_{\rm rms}^2=\frac{3}{M}PT \qquad (11-32)$$

를 얻는다. 이 식에서 $v_{\rm rms}$를 구할 수 있다.

표 10-1 몰(mole) 열용량

기체의 종류	기체	C_p(cal mole K)	C_v(cal mole K)	$C_p - C_v$	$r = C_p/C_v$
단원자	He	4.97	2.98	1.99	1.67
	A	4.97	2.98	1.99	1.67
2원자	H_2	6.87	4.88	1.99	1.41
	O_2	7.03	5.03	2.00	1.40
	N_2	6.95	4.96	1.99	1.40
	Cl_2	8.29	6.15	2.14	1.35
다원자	CO_2	8.83	6.80	2.03	1.30
	SO_2	9.65	7.50	2.15	1.29
	C_2H_6	12.35	10.30	2.05	1.20
	NH_3	8.80	6.65	2.15	1.31

[예제 2] 실온에서 기체분자 하나의 평균 병진운동 에너지를 구하라.

[풀 이] $T = 300\,\mathrm{K}$ 이므로

$$\frac{3}{2}kT = \frac{3}{2}(1.38\times10^{-23}\ \mathrm{joule\ molecule\ K})(300\,\mathrm{K})$$

$$= 6.21\times10^{-2}\ \mathrm{joule/molecule}$$

$$= 3.88\times10^{-2}\mathrm{eV/molecule}$$

이것은 분자당 약 $\frac{1}{25}\mathrm{eV}$ 에 해당한다.

[예제 3] 기저상태의 수소원자의 첫 번째 여기 에너지는 10.2 eV이다. 많은 수의 수소원자를 여기시켜서 이 에너지에 해당하는 빛을 내려면 온도는 몇 도가 되어야 되겠는가?

[풀 이] $\frac{3}{2}kT = 10.2\,\mathrm{eV}$ 이므로

$$\frac{3}{2}k(300\,\mathrm{K}) = \frac{1}{25}\,\mathrm{eV}\ \text{이므로}$$

$$\mathrm{T} = 300\mathrm{K}\times10.21/(\frac{1}{25})$$

$$\simeq 7.5\times10^{4}\mathrm{K}$$

6 평균자유행로(mean free path)

기체내의 한 분자가 한 번 충돌한 후 다음 충돌할 때까지는 일정한 속도로 직선으로 움직인다. 그림 11-4와 같이 계속되는 두 충돌 사이의 평균거리를 평균자유행로(mean free path)라고 한다. 만일 분자가 질점이면 평균자유행로는 무한대가 되고, 분자수가 아주 많다면 평균자유행로는 0으로 될 것이다. 그리고 평균자유행로는 분자의 크기와 단위 체적당의 분자수에 관계된다.

그림 11-5와 같이 이제 기체분자를 지름 d의 구형이라 하면 그 충돌 단면적은 πd^2이다. 이 충돌은 지름 $2d$되는 1개의 구형분자와 다른 분자를 점입자로 생각해서, 점입자와의 사이에 일어나는 충돌과 같은 결과를 가져온다(그림 11-5). 이 분자와 점입자들 사이에 아무런 힘이 작용하지 않고 속도 v로 운동하며, 이 시간 t동안에 분자는 단면적이 πd^2, 길이가 vt되는 원통내를 휩쓸 것이다.

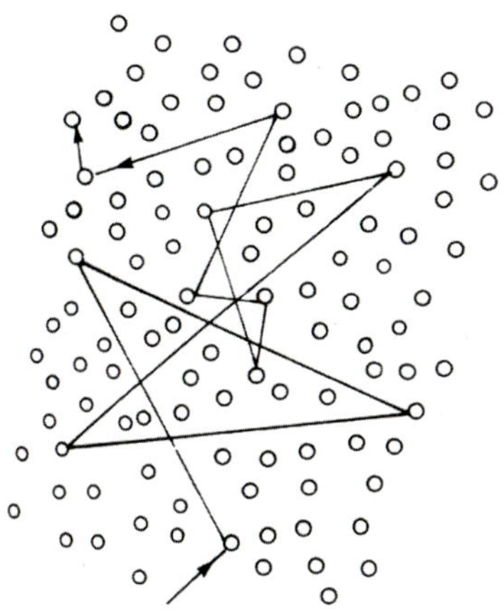

그림 11-4 | 한 분자가 기체 내를 지나갈 때, 그 도중 경로에서 여러 분자와 충돌을 하고 있다. 물론 이 기체를 구성하는 다른 분자들도 동일한 모양으로 운동하고 있다.

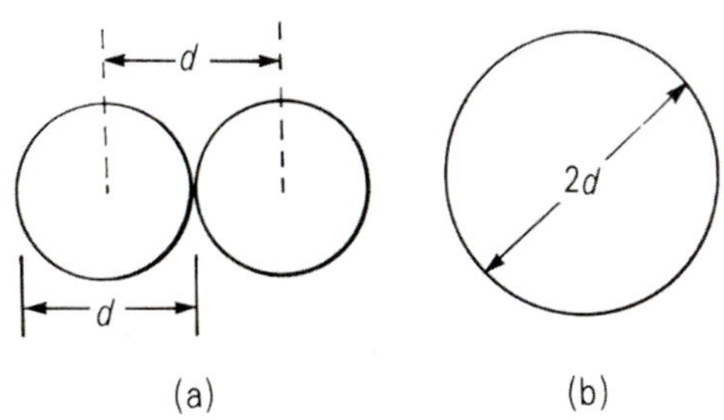

그림 11-5 | 두 분자가 서로 d의 거리 이내로 접근할 때 충돌이 일어난다면, 이 과정은 (a)와 등가로 생각할 수 있다. (b) 즉, 한쪽 분자가 유효지름 $2d$를 가지는 대신 다른 한쪽 분자를 질점이라 생각해도 좋다.

n을 단위체적내의 분자수라고 하면 이 원통은$(\pi d^2 vt)n$개의 입자를 내포하게 된다(그림 11-5). 분자와 점입자는 서로 힘이 작용하고 있으므로 시간 t동안 분자가 충돌하는 수는

$(\pi d^2 vt)n$가 된다. 평균자유행로 l은 시간 t동안에 통과하는 전체의 길이 vt를 그 동안의 충돌수로 나눈 값이므로

$$\bar{l} = \frac{vt}{\pi d^2 nvt} = \frac{1}{\pi n d^2} \qquad (11-33)$$

이다.

표적분자가 움직이고 있을 때 식 (11-33)의 분수의 분자에 있는 속도 v는 그릇에 대한 평균분자속도이고, 분모에 있는 속도 $v_{\rm rel}$는 다른 분자에 대한 상대적인 평균속도이다.

분자 사이에 충돌하는 율을 좌우하는 것은 이 상대적인 속도이다. 정성적으로 $v_{\rm rel} > v$임을 알 수 있다. 서로 마주 향하여 움직이는 2개의 분자속도 v는 $2v(>v)$의 상대적 속도를 가졌고, 충돌 경로에서 직각 방향으로 속도 v로 움직이는 2개의 분자는 $\sqrt{2v}\,(>v)$이고, 같은 방향으로 움직이는 2개의 분자 사이에는 $0(<v)$의 상대속도를 가졌다.

이리하여 반구의 앞쪽 모든 부분에서 오는 분자와 뒤쪽 일부에서 오는 분자는 $v_{\rm rel} > v$인 속도 $v_{\rm rel}$을 가졌고, 반구의 뒤쪽 나머지에서 오는 분자는 $v_{\rm rel} < v$인 속도 $v_{\rm rel}$을 가졌으나, 이 수는 적으므로 구의 양면에 걸쳐서 평균하면 $v_{\rm rel} > v$로 된다. 분자의 실제적인 속도분포에 따른 양적 계산에서는 $v_{\rm rel} = \sqrt{2}\,v$로 된다.

이것을 식 (11-29)에 바꾸어 넣으면 분자의 평균자유행로는 다음과 같이 된다.

$$\bar{l} = \frac{1}{\pi \sqrt{2}\, n d^2} \qquad (11-34)$$

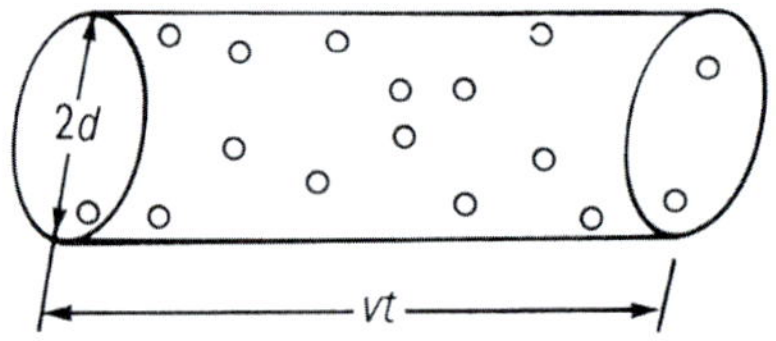

그림 11-6 $2d$의 등가지름을 갖는 분자가 v의 속력으로 t시간 동안 이동한 때, 밑면적이 πd^2이고, 높이가 vt인 원통에 해당하는 체적을 빼어 버린다. 이 때 이 분자는 이 원통 내에 중심을 두는 모든 분자와 충돌한다.

[예제 4] 0℃ 1기압하에서 공기분자의 평균자유행로의 크기와 충돌횟수를 계산해 보자. 우선 분자의 대표적인 지름으로서 2×10^{-8} cm를 쓰자.

[풀 이] 표준상태에서 평균속력은 약 10^5 cm/s이며, 또 기체는 약 3×10^{19} molecule/cm^{3}의 밀도를 갖는다. 평균자유행로는

$$\bar{l} = \frac{1}{\pi\sqrt{2}\,nd^2}$$

$$= \frac{1}{\pi\sqrt{2}\,(3\times10^{19}/\text{cm}^3)(2\times10^{-8}\,\text{cm})^2}$$

$$= 2\times10^{-5}\,\text{cm}$$

이것은 분자지름의 약 1000배에 해당한다.

$$\frac{v}{l} = (1\times10^5\,\text{cm/s})/(2\times10^{-5}\,\text{cm})$$

$$= 5\times10^9/\text{s}$$

즉, 분자는 매초 50억 회의 충돌을 한다.

7 분자속력 분포(distribution of molecular speeds)

Clerk Maxwell은 처음으로 무수히 많은 기체분자에서 그 가장 확실성 있는 기체분자의 속력분포(distribution of speeds)에 관한 문제를 해결하였다. N개의 분자로 된 기체를 실험재료(sample)로 하면 분자의 속력분포법칙(distribution of molecular speeds)은 다음과 같다.

$$N(v) = 4\pi N(m/2\pi kT)^{3/2}v^2e^{-mv^2/2kT} \quad \cdots\cdots (11-35)$$

이 식에서 $N(v)dv$는 v와 $v+dv$ 사이의 속력을 가진 기체시료에서의 분자수이고, T는 절대온도, k는 볼츠만의 상수, 그리고 m은 분자의 질량이다. 주어진 기체에 관하여 속력분포는 오직 온도에만 의존한다는 것에 주목하라.

기체시료 내에 있는 분자 전체의 수 N은 0에서 무한대까지의 각각 다른 속력을 가진 수를 모두 합계(즉 적분)함으로써 얻어진다.

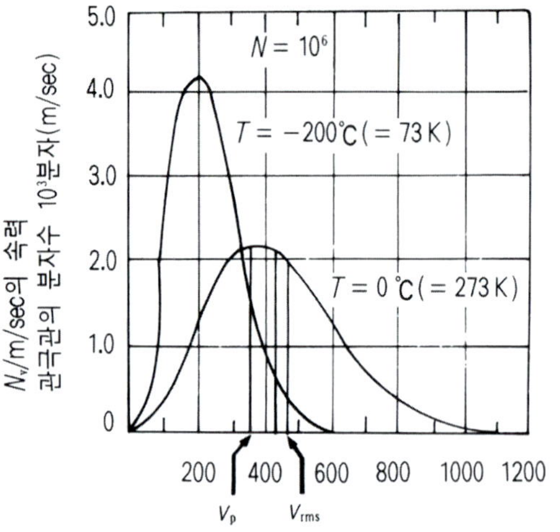

그림 11-7 두 온도에 대한 10^6개의 산소분자 속력의 Maxwell 분표. 어떤 일정한 속력 영역(가령 300 m/s 사이)에 있을 분자수는 이 부분에 속하는 곡선 밑의 면적과 같다. 각 곡선 밑의 전 면적은 분자수의 총수(10^6)와 같은데, 만일 이 곡선이 일정수의 분자에 관한 것이라면, 이 면적은 어떤 온도에서든지 일정하다.

$$N = \int_0^\infty N(v)dv \qquad \cdots\cdots (11-36)$$

이때 $N(v)$의 단위는 moleclue/(cm/s)이다.

그림 11-7은 2개의 다른 온도에서 산소분자에 관한 맥스웰의 속력 분포를 나타낸 곡선이다. v_1과 v_2 사이의 속력을 가진 분자수는 v_1, v_2에 그은 두 수선 사이의 곡선 밑의 넓이와 같다. 식 (11-36)에서 보여주는 바와 같이 속력분포곡선 밑의 면적(위의 방정식을 적분한 값)은 이 시료에서의 분자의 총 숫자와 같다.

모든 온도에서 일정한 좁은 속도간격 Δv 내에 들어 있는 분자수는 그들의 속도가 최대빈도속력(the most probable speed) v_p에 가까워지면 증가하고, 그 후는 점근적으로 0쪽으로 감소된다. 이 분포곡선에서 중앙의 최대빈도속력의 양쪽이 대칭이 되지 못한 것은 분포의 최저속력이 0이 되지만 분자가 도달할 수 있는 속도의 상한은 확실치 않기 때문이다.

이 경우 평균속력 $\bar{v}$는 최대빈도값 v_p보다 약간 크고 자승평균 평방근속력 v_{rms} 즉, 속력에 있어서 제곱의 총합이 평균평방근도 v_p보다 다소 크다. 온도가 상승함에 따라 v_{rms}($\bar{v}$와 v_p도 마찬가지)도 증가한다. 그리고 대표적인 속력범위도 커지므로 분포곡선은 넓어진다. 그런데 분포곡선 밑의 면적, 즉 시료분자의 전 수는 동일하므로 이 분포 곡선의 모양은 온도상승과 더불어 납작하여진다. 그리고 온도상승에 따라서 주어진 일정한 속도보다 큰 속도를 가진 분자수도 증가한다. 이것은 화학반응이 온도와 더불어 증진되는 것과 같은 많은 현상을 설명한다.

[예제 5] m/s를 단위로 해서 10개의 입자의 속력이 0, 1.0, 2.0, 3.0, 3.0, 3.0, 4.0, 4.0, 5.0 및 6.0이었다 한다. 이들 입자들의 (1) 평균속력, (2) 자승평균 평방근속력, 그리고 (3) 최빈속력을 구하라.

[풀 이] (1) 평균속력은 단순히

$$v = \frac{0 + 1.0 + 2.0 + 3.0 + 3.0 + 3.0 + 4.0 + 4.0 + 5.0 + 6.0}{10} = 3.1\,\mathrm{m/s}$$

(2) 자승평균속력은

$$v^2 = \frac{0^2 + (1.0)^2 + (2.0)^2 + (3.0)^2 + (3.0)^2 + (3.0)^2 + (4.0)^2 + (4.0)^2 + (5.0)^2 + (6.0)^2}{10}$$

$$= 12.5\,\mathrm{m^2/s^2}$$

이 되며, 자승평균 평방근속력은

$$v_s = \sqrt{12.5\,\mathrm{m^2/s^2}} = 3.5\,\mathrm{m/s}$$

(3) 10개의 입자 중에 3개는 3.0 m/s의 속력을 가지고 있고, 2개는 4.0 m/s의 속력을 가지면, 나머지 5개는 모두 서로 다른 속력을 갖는다. 따라서 입자의 최빈속력 v_p는

$$v_p = 3.0\,\mathrm{m/s}$$

가 된다.

연습문제

1. 정압, 100 ℃ 에서 이상기체의 체적팽창계수는?

2. 산소 기체가 체적 1.0l, 40 ℃, 압력 76 cmHg에서 체적 1.5l, 압력 80 cm Hg로 팽창하였다.

(a) 이 계의 산소의 량은? (b) 최종 온도는?

3. 압력이 1.00×10^{-3}atm, 온도가 200 K일 때, 1.00 cm^3의 체적 안에 포함되어 있는 기체 분자수를 구하라.

4. 어떤 물질의 상태방정식이 다음과 같다.

$$p = \frac{AT - BT^2}{V}$$

온도가 T_1에서 T_2로 변하는 동안 압력이 $p = p$로 일정하게 유지되었다면, 이 때 이 물질이 한 일을 표시하는 식은?

5. 온도 1000 K에서 헬륨 원자의 자승평균평방근 속력을 구하라.

6. (a) 0.0 ℃ 와 100 ℃ 의 이상 기체 입자들의 운동 에너지의 평균치는?

(b) 이들 온도에서 이상 기체의 mol 당 운동 에너지는?

7. (a) 273 K의 이상 기체 1 mol의 내부 에너지는?

(b) 이것은 압력이나 채적에 관계하는가? 기체의 성질에 관계하는가?

8. 이상 기체 1 mol이 등온팽창을 한다. 이 기체에 유입된 열을 처음 체적과 최종 체적, 그리고 온도를 써서 표시하라.

9. 5.0 cal의 열이 어떤 물질에 가하여졌고, 이 결과로 압력이 1.0 atm으로 유지될 때 그 체적이 50~100 cm^3로 변화하였다. (a) 이 물질의 내부에너지 변화는? (b) 이 물질의 질량이 2.0×10^{-3}mol이라면 정적에서 mole 열용량은? (c) 정압에서 mole 열용량을 구하라.

10. 헬륨 원자의 질량을 6.66×10^{-27}kg이라 하고 헬륨 기체의 정적비열을 계산하라.

11. 1 mol의 산소가 정압하에서 0.00 ℃로부터 가열되기 시작한다. 그 채적을 두 배로 하려면 기체에 가하여야 할 에너지는?

12. 10 g의 산소를 일정한 대기압하에서 27.0~127 ℃로 가열하였다. (a) 얼마만한 열이 산소 속으로 이동하여 들어가겠는가? (b) 가열한 열량의 몇 %가 산소의 내부 에너지를 올리는데 이용되겠는가?

13. 0 ℃, 1 atm에서 질소 분자의 평균자유행로는 0.80×10^5cm이다. 이 온도와 압력에서 질소 분자가 2.7×10^{19}분자/cm^3만큼 존재한다면, 분자 직경은?

14. 격렬하게 흔들어지고 있는 봉지에 든 15개의 구형젤리의 평균 자유행로는? 단, 봉지의 체적은 1.0 젤리의 직경은 1.0 cm로 하라.

15. 평형 온도 T_2에서 어느 기체분자들의 최빈 속력은 이 기체가 T_1의 평형 온도를 가질 때 분자들의 자승평균평방근속력과 같다. T_2/T_1을 구하라.

제 12 장

정전기

Static Electricity

1 전하와 물질(charge and material)

기원전 600년경 Thales(B. C. 640~548)는 마찰된 호박(amber)이 짚의 작은 조각들을 끌어당기는 현상을 관찰하였다. 그 후 여러 가지 실험을 통하여 2개의 물체를 마찰하면 그 물체들은 부근의 가벼운 물체를 끌어당긴다는 일반적인 성질을 알게 되었다. 이와 같이 힘의 원인이 되는 것을 전기(Electricity)라고 한다. 물체가 전기를 띤 것을 대전(eletrification)되었다고 하며, 대전된 물체를 대전체라고 한다. 마찰에 의하여 생긴 전기를 마찰전기(friction electricity)라고 한다.

대전된 물체가 가지고 있는 전기량을 전하(electric charge)라고 한다. 유리막대를 명주로 마찰할 때 유리막대에 생긴 전하를 양전하, 명주에 하전된 전하를 음전하라고 정한다. 이 때 같은 양의 양전하와 음전하가 유리와 막대에 대전된다. 전하에는 양과 음 두 종류가 있으며, 같은 종류의 전하 사이에는 반발력이 작용하고 다른 종류의 전하 사이에는 인력이 작용한다. 이것은 두 물질을 마찰하면 음전하를 가진 입자가 한쪽 물체에서 다른 쪽 물체로 이동하기 때문에 입자를 받은 물체는 음으로 대전되고 잃은 물체는 양전하가 많아져서 양으로 대전되기 때문이다.

모든 물질은 무수한 분자(molecule)들의 집합으로 이루어졌으며 분자는 몇 개의 원자(atom)들로 구성되어 있다. 원자의 중심에는 원자핵(atomic nucleus)이 있고 그 주위를 여러 개의 전자(electron)들이 돌고 있다. 또 원자핵은 몇 개의 양자(proton)와 중성자(neutron)로 구성되어 있으며 이들 전자, 양자, 중성자를 소립자라고 하며, 이들은 표 12-1과 같은 전하량과 질량을 갖고 있다.

표 12-1 | 각 입자의 질량과 전하량

입자	질량(kg)	전하량(coul)
양자(proton)	1.672×10^{-27}	$+e$
중성자(neutron)	1.674×10^{-27}	0
전자(electron)	9.11×10^{-31}	$-e$

(단, 전기소량 e = 1.602×10−19coul)

2 정전유도(electrostatic induction)

물질을 전기적으로 관찰하면 물체 속에는 양전하를 가진 입자와 음전하를 가진 입자가 같은 양이 들어 있다고 생각된다. 그러므로 물체는 전기적으로 중성이다.

이와 같이 전기적으로 중성인 도체에 그림 12-1과 같이 대전체 B를 도체 A에 접근시키면 도체 속의 대전입자들과 대전체 사이에 전기력이 작용하여 입자들은 한쪽에서 다른 쪽으로 밀려가거나 끌려오게 되는 것이다. 이와 같이 도체에 대전체를 접근시키면 대전체에 가까운 도체면에는 다른 종류의 전하, 먼 쪽의 도체면에는 같은 종류의 전하가 나타난다. 이 현상을 정전유도(electro static induction)라고 한다.

예를 들면 음으로 대전된 유리막대를 도체 가까이 가져오면 음의 유리막대는 도체의 양전하 입자가 끌어당기고 음전하 입자는 밀어낸다. 이와 같은 정전유도 현상이 일어나기 위

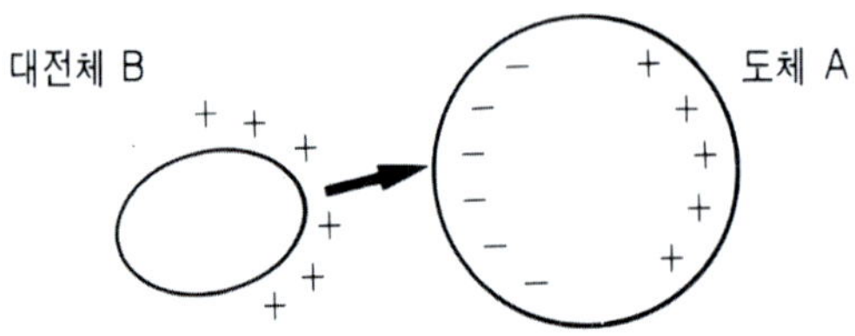

그림 12-1 | 대전체 B 도체A

해서는 도체 속에 반드시 양과 음으로 대전된 입자 중 하나는 자유로이 움직일 수 있어야 한다. 실제로 도체에는 전자의 일부가 자유로이 이동할 수 있는 많은 자유전자(free electron)가 있음을 알고 있다.

3 전기에 관한 쿨롱의 법칙(Coulomb's law of electricity)

쿨롱(1736~1806)은 Cavendish가 중력측정에 사용한 Torsion Balance형의 기구를 이용하여 1875년에 두 대전체 사이에 작용하는 힘에 대하여 다음과 같은 법칙을 발견하였다.

"두 점전하 q_1, q_2 사이에 작용하는 전기력 F는 두 전하를 잇는 직선방향으로 작용하며, 그 크기는 두 전하 사이의 거리의 제곱에 반비례하고 두 전하량의 상승적에 비례한다."

식으로는

$$F = k\frac{q_1 \cdot q_2}{r^2} \quad \cdots\cdots \quad (12-1)$$

로 되며, 이것을 쿨롱의 법칙이라고 한다. 여기서 k는 비례상수로 전하주위의 매질과 사용하는 단위에 따라 결정되는 상수이다. 실제로 진공 중에 있는 두 점전하 간에 작용하는 전기력을 M. K. S단위계로 나타낼 때 k의 측정값은

$$k = 8.99 \times 10^9 \, \mathrm{Nm^2/C^2} \quad \cdots\cdots \quad (12-2)$$

이고, $k = \dfrac{1}{4\pi\varepsilon_0}$로 놓으면

$$k = 8.99 \times 10^9 = \frac{1}{4\pi\varepsilon_0} \quad \cdots\cdots \quad (12-3)$$

이 된다. 따라서 쿨롱의 법칙은

$$F = \frac{1}{4\pi\varepsilon_0}\frac{q_1 \cdot q_2}{r^2} = 8.99 \times 10^9 \frac{q_1 \cdot q_2}{r^2}\,\text{N} \quad \cdots\cdots (12-4)$$

로 표시된다.

전하량의 단위로는 쿨롱(Coulomb; C)을 사용하는데, 이것은 진공 중에서 2개의 같은 전하량을 1 m 떼어 놓았을 때 작용하는 힘의 크기가 8.987×10^9 N이 되는 전하량을 단위로 1 C이라 정의한다. 식 (12-4)에서 ε_0는 자유공간(진공)의 유전율이며,

$\varepsilon_0 = \frac{1}{4\pi k} \fallingdotseq 8.854 \times 10^{-12}\,\text{F/m}$의 값을 가진다.

[예제 1] 철의 핵 내의 두 양성자 사이에 작용하는 쿨롱 반발력은 얼마인가?(단, 두 양성자는 4.0×10^{-15} m 떨어져 있다.)

[풀 이] 쿨롱 법칙

$$F = \frac{1}{4\pi\varepsilon_0} \cdot \frac{q_1 \cdot q_2}{r^2} \text{ 으로부터}$$

$$= \frac{(9.0 \times 10^9\,\text{Nm}^2/\text{c}^2)(1.6 \times 10^{-19}\text{c})^2}{(4.0 \times 10^{-15}\,\text{m})^2} = 14\,\text{N}$$

강력히 잡아당기는 핵력은 대단히 큰 반발력을 보상하고도 남음이 있어야 한다. 이 예제는 핵 결합력이 원자결합력보다 훨씬 강함을 보여준다.

[예제 2] 수소원자에서 전자와 양성자 사이의 거리는 5.3×10^{-11} m이다.

(1) 전기력의 크기는 얼마인가?

(2) 두 입자 사이의 만유인력은 얼마인가?

(3) 두 입자 사이의 전기력과 만유인력을 비교하라.

[풀 이] (1) 쿨롱의 법칙으로부터

$$F = \frac{1}{4\pi\varepsilon_0} \cdot \frac{q_1 \cdot q_2}{r^2}$$

$$= \frac{(9.0 \times 10^9\,\text{Nm}^2/\text{c}^2)(1.6 \times 10^{-19}\,\text{c})^2}{(5.3 \times 10^{-11}\,\text{m})^2} = 8.2 \times 10^{-8}\,\text{N}$$

(2) $F = G\frac{m_1 m_2}{r^2}$

$$= \frac{(6.7\times10^{-11}\,\mathrm{Nm^2/kg^2})(9.1\times10^{-31}\,\mathrm{kg})(1.7\times10^{-27}\,\mathrm{kg})}{(5.3\times10^{-11}\,\mathrm{m})^2}$$

$$= 3.7\times10^{-47}\,\mathrm{N}$$

(3) $\dfrac{F_e}{F_g} = \dfrac{8.2\times10^{-8}\,\mathrm{N}}{3.7\times10^{-47}\,\mathrm{N}} = 2.2\times10^{39}$

[예제 3] 동전의 질량은 3.1 g이다. 전기적으로 중성이므로 같은 양의 양전하와 음전하를 갖고 있다. 이들 전하의 크기는 얼마인가?(단, 구리원자는 4.6×10^{-18} C의 음의 전자전하를 갖고 있다고 한다.)

[풀 이] 동전 속의 구리원자의 수 N는 다음의 비로 알 수 있다.

$$\frac{N}{N_A} = \frac{m}{M}$$

여기서 N_A는 아보가드로수, m은 동전의 질량, M은 구리의 원자량이다. N에 대하여 계산하면 $N = \dfrac{(6.0\times10^{23}\text{원자}/\mathrm{mol})(3.0\,\mathrm{g})}{64\,\mathrm{g/mol}} = 2.9\times10^{22}$원자

전하 q는

$$q = (4.6\times10^{-18}\,\mathrm{C}/\text{원자})(2.9\times10^{22}\text{원자})$$

$$= 1.3\times10^{5}\,\mathrm{C}$$

4 전기장과 전기력선(electric field and line of electric force)

대전체 가까이에 있는 시험전하 q_0는 대전체와 접촉되어 있지 않아도 쿨롱의 법칙에 의한 전기적인 힘을 받는다. 그러므로 대전체 주위에는 전기력이 작용하는 공간이 있다고 생각되며, 이 공간을 전기장 또는 전계라고 한다. 전기력이 작용하는 공간은 엄밀한 의미로 보면 무한대까지이다.

일반적으로 전기장내의 한 점에 시험전하 q_0(C)의 전하를 놓았을 경우 이것에 작용하는 힘은 시험전하 q_0의 크기에 비례한다. 그 비는

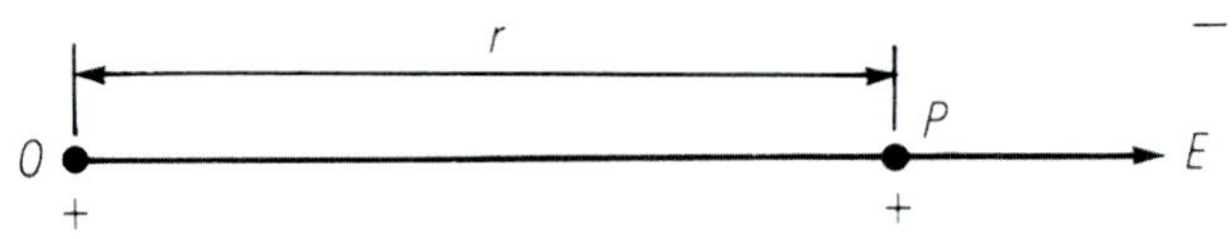

그림 12-2

$$E = \frac{F}{q_0}(\mathrm{V/m}) \quad \cdots\cdots (12-5)$$

이다. 이 때 벡터량 E는 q_0에 관계없이 그 점의 전기장의 성질을 나타내는 양으로 전기장의 세기(intensity of electric field)라 한다. 전기장의 세기 단위는 (N/C)이나 (V/m)를 많이 사용한다.

식 (12-5)에서 전기장의 세기는 전기장내의 한 점에 단위 양전하를 놓았을 때 작용하는 전기력이 그 점의 전기장의 세기라고 정의한다. 그림 12-2에서 점 P의 전기장 E는 쿨롱의 법칙에 의하여

$$F = \frac{1}{4\pi\varepsilon_0}\frac{q}{r^2} \quad \cdots\cdots (12-6)$$

이고, 그 전기장의 방향은 OP의 방향이다.

전기장 내에 작은 시험전하를 놓았을 때 전기장에 의하여 힘을 받아 운동하여 나아가는 경로를 따라 선을 그으면 곡선이 된다. 이 곡선을 전기력선(line of electric force)이라고 한다. 전기력선에 대하여 다음과 같이 규약하기로 한다.

① 전기력선은 양전하에서 시작하여 음전하로 들어간다.

② 전기력선은 도중에서 교차하지 않는다.

③ 단위면적당의 전기력선의 수는 그 영역에서의 전기장의 세기에 비례하도록 그린다.

④ 전기장의 세기가 E(V/m)인 전기력과 수직인 단위단면을 관통하는 전기력선의 수는 E(개/m^2)이다. 그림 12-3은 여러 가지 전하분포에 의한 전기력선의 모양을 나타낸 것이다.

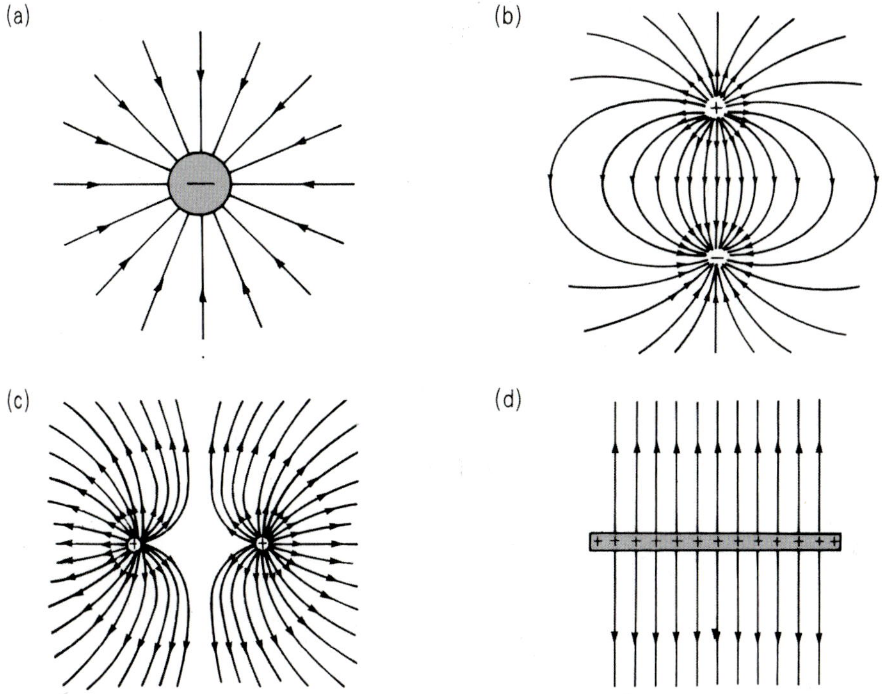

그림 12-3

[예제 4] 그림 12-4에서 3개의 전하 q_1, q_2 및 q_3를 표시한다. q_1에 작용하는 전기력은 얼마인가?

단, $q_1 = -1.0 \times 10^{-6}\mathrm{C}$, $q_2 = +3.0 \times 10\mathrm{C}$

$q_3 = -2.0 \times 10^{-6}\mathrm{C}$, $r_{12} = 15\,\mathrm{cm}$

$r_{13} = 10\,\mathrm{cm}$ 및 $\theta = 30°$라고 한다.

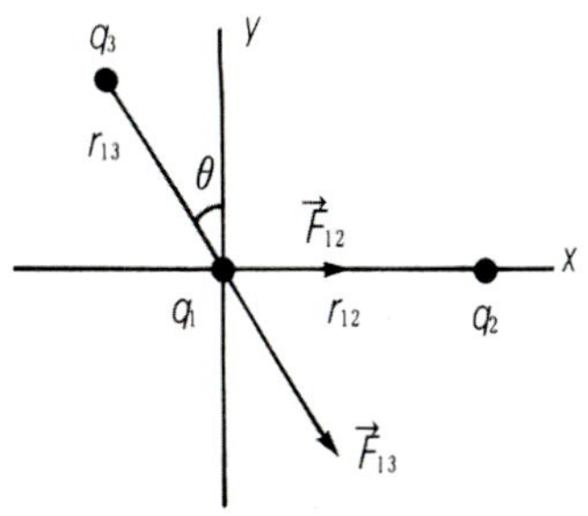

그림 12-4

[풀 이] 전하의 부호는 관계하지 않고 힘의 크기만을 계산하면 쿨롱의 법칙으로부터

$$F_{12} = \frac{1}{4\pi\varepsilon_0}\frac{q_1 \cdot q_2}{r_{12}}$$

$$= \frac{(9.0 \times 10^9\,\mathrm{Nm^2/C^2})(1.0 \times 10^{-6}\,\mathrm{C})(3.0 \times 10^{-6}\,\mathrm{C})}{(1.5 \times 10^{-1}\,\mathrm{m})^2}$$

$$= 1.2\,\mathrm{N}$$

$$F_{13} = \frac{(9.0\times10^{9}\,\mathrm{Nm^2/C^2})(1.0\times10^{-6}\,\mathrm{C})(2.0\times10^{-6}\,\mathrm{C})}{(1.0\times10^{-1}\,\mathrm{m})^2}$$
$$= 1.8\,\mathrm{N}$$

전하의 부호를 생각하면 q_1과 q_3 사이는 반발력, q_1과 q_2 사이에는 흡인력이 작용한다. 따라서 q_1에 작용하는 전기력 F는 F_{12}와 F_{13}의 합력과 같다.

합력 F의 x, y의 성분은

$$F_{\mathrm{x}} = F_{12\mathrm{x}} + F_{13\mathrm{x}} = 1.2\,\mathrm{N} + (1.8\,\mathrm{N})(\cos 60°) = 2.1\,\mathrm{N}$$
$$F_{\mathrm{y}} = F_{12\mathrm{y}} + F_{13\mathrm{y}} = 0 - (1.8\,\mathrm{N})(\sin 60°) = -1.6\,\mathrm{N}$$

그러므로 전기력의 크기는

$$F = \sqrt{2.1^2 + (-1.6)^2} = 2.6\,\mathrm{N}$$

이고, x축과 이루는 각은

$$\tan\theta = \frac{-1.6}{2.1},\ \theta = -37°$$

이다.

[예제 5] 전하 1.6×10^{-19} C인 양성자로부터 5.3×10^{-11} m 떨어진 곳의 전장의 세기를 구하라.

[풀 이] $E = \frac{1}{4\pi\varepsilon_0}\frac{q}{r^2}$

$$= \frac{(9.0\times10^{9}\,\mathrm{Nm^2/C^2})(1.6\times10^{-19}\,\mathrm{C})}{(1.5\times10^{-11}\,\mathrm{m})^2}$$
$$= 4.7\times10^{11}\,\mathrm{N/C}$$

5 Gauss의 법칙 (Gauss's law)

가우스의 법칙은 임의의 가상적인 폐곡면을 관통하여 나가는 선속과 그 폐곡면으로 둘러싸인 전하 q와의 관계를 나타내는 법칙이다. 그림 12-5에서 전하 $q(c)$으로부터 반지름 $r(\mathrm{m})$인 구면을 통과해나가는 전기력선 수 $\varnothing$를 구하여 보자. 반지름 r인 구면 위의 전장은 $E=\dfrac{1}{4\pi\varepsilon_0}\dfrac{q}{r^2}$이고, 전기력선 밀도는 규약에 의하여 E(개/m^2)이다. 구면의 면적을 A라 하면 구면을 관통하는 전기력선 총수 $\underline{\varnothing}$는

$$\varnothing = E\times A = \frac{q}{4\pi\varepsilon_0 r^2}4\pi r^2 = \frac{q}{\varepsilon_0}(\text{개}) \quad \cdots\cdots (12\text{-}7)$$

이다.

그림 12-6과 같이 전하 $+q(\mathrm{C})$을 둘러싸고 있는 폐곡선 A를 통과해 나가는 총전기력선 수는

$$\begin{aligned}\varnothing &= \int_A E dA\cos\theta \\ &= \int_A E_n \cdot dA = \int_A \mathrm{E}\cdot n = \frac{q}{\varepsilon_0}\end{aligned}$$

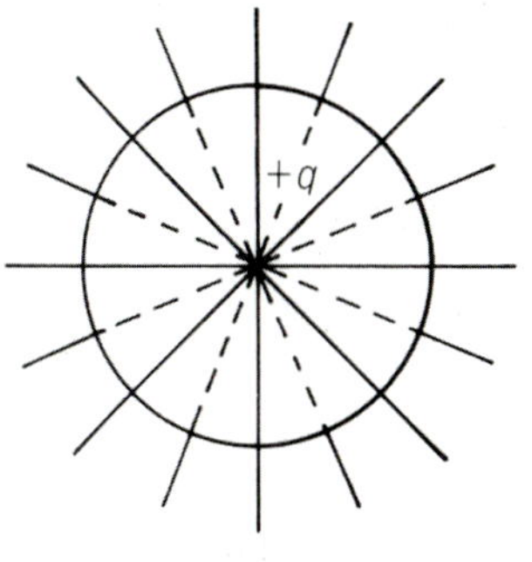

그림 12-5

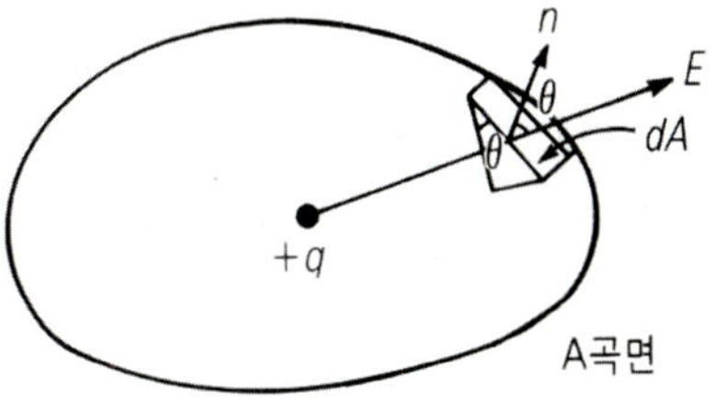

그림 12-6

이다.

여기서 n은 dA면의 외향법선의 단위 벡터이며, E_n은 E의 dA면에 수직한 회향성분이다.

일반적으로 폐곡선 A를 관통하여 나가는 전기력선 총수는 그 곡선으로 둘러싸인 전전하의 $1/\varepsilon_0$배와 같다.

$$\varnothing = \int_A EndA = \int_A \mathrm{E_n}\, dA = \frac{1}{\varepsilon_0}\sum \cdot q_i \quad \cdots\cdots (12-8)$$

이다. 이것을 Gauss의 법칙이라고 한다.

[예제 6] 전하의 선전하밀도가 $+\lambda$인 무한직선 도선에서 y의 거리에 있는 점의 전기장을 구하라.

[풀 이] 그림 12-7과 같이 적절한 가우스의 표면을 선정하여야 한다. 가우스의 적분은 이 원주의 길이를 l, 반지름을 y라고 하면 Gauss 표면으로 둘러싸인 전하는 $q = \lambda l$이 된다. 그러므로

$$\int E \cdot dA = \int_{\text{원통}} \mathrm{E} \cdot dA = \int_{\text{양단면}} E \cdot dA$$

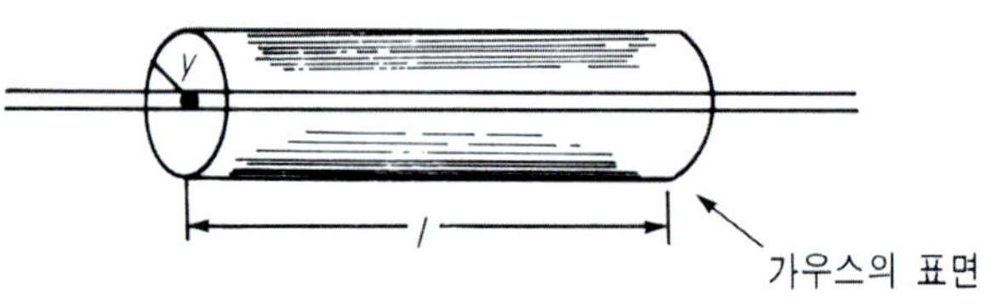

그림 12-7 직선 균일전한 분포

그런데 양쪽 단면에서

$$E \cdot dA = 0 \text{이므로} \int_{\text{양단면}} E \cdot dA = 0$$

이 되며, 원통면에서는 E와 dA는 평행이고 이 표면의 어디에서나 E의 값은 균일하므로

$$\int_{\text{원통}} E \cdot dA = E2\pi yl$$

원통 안의 전하는 $q = \lambda l$이므로

$$\int E \cdot dA = \frac{q}{\varepsilon_0}$$

그러므로

$$E = \frac{1}{2\pi\varepsilon_0}\frac{\lambda}{y}$$

6 전위와 전위차(electric potential and electric potential difference)

전하는 전기장에 의하여 힘을 받고 있다. 전하가 전기장 내에서 움직이는 것은 전기장이 전하에 일을 하는 것이다. 이것은 마치 중력장에서 높은 곳의 물체가 낙하할 때 중력장이 물체에 일을 해주는 것과 비교할 수 있다. 그림 12-8과 같이 전장 E에서 시험 전하 q_0를 작은 변위 dS를 옮기는데, 외력이 하는 일 dW는

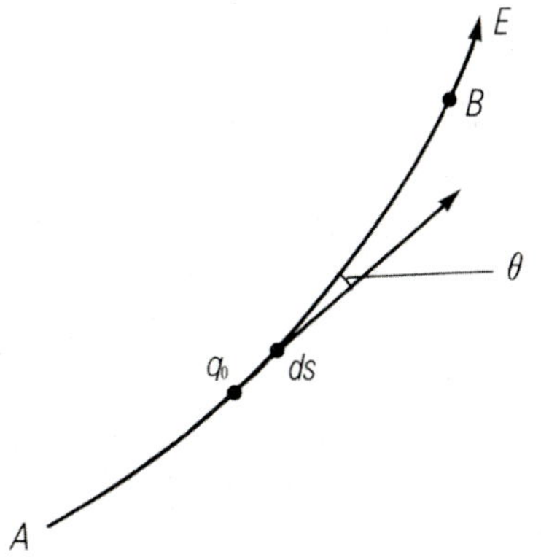

그림 12-8

$$dW = FdS\cos\theta = q_0 EdS \quad \cdots\cdots (12-9)$$

이다. 따라서 시험전하 q_0를 A점으로부터 B까지 옮기는 데 전기장이 하는 일 W는 식 (12-9)에서

$$W_{AB} = \int_A^B q_0 EdS \quad \cdots\cdots (12-10)$$

이다. 시험전하 q_0를 1(C)이라 놓으면 식 (12-10)은

$$\frac{W_{AB}}{q_0} = \int_A^B E \cdot dS$$

가 된다. 여기서 A점과 B점 사이의 전위차를 다음과 같이 정의한다.

'단위양전하[+1(C)]를 전기장내의 A점으로부터 B점까지 옮기는데 필요한 일을 A, B 사이의 전위차라고 정의한다. 또 전기장내의 임의의 점 P의 전위는 무한원점에 대한 그 점과의 전위차로 그 점의 전위라고 생각할 수 있다. A점과 B점의 전위를 각각 V_A, V_B라고 하면 A, B점 전이의 전위차 V_{BA}는

$$V_{BA} = V_B - V_A = \int_A^B E \cdot dS \quad \cdots\cdots (12-11)$$

로 표시된다. 즉 전위차는 전위가 높은 A점으로부터 낮은 B점까지 전기장의 세기 E를 선적분한 것이다.

예를 들면 그림 12-9와 같이 점전하 Q(C)에 의한 A, B점 사이의 전위차를 구하여 보면 P점의 전기장은

$$E = \frac{Q}{4\pi\varepsilon_0 r^2}\ (\mathrm{V/m})$$

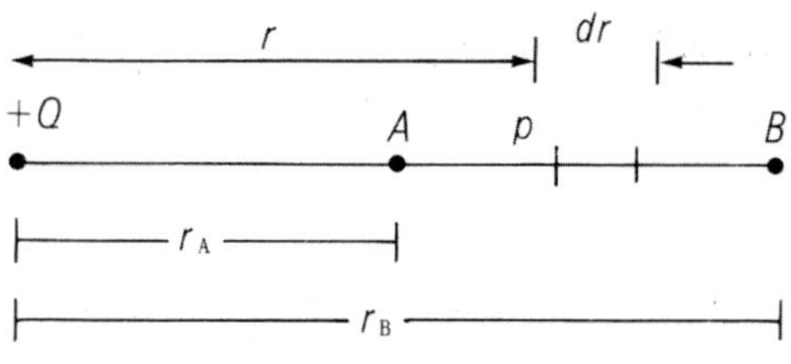

그림 12-9

A, B점 전위차

$$V_{BA} = V_B - V_A = -\int_A^B E \cdot dS$$

$$= -\int_A^B E\cos\theta dS$$

$$= -\frac{Q}{4\pi\varepsilon_0}\int_{rA}^{rB}\frac{dr}{r^2} \quad (E\text{와 } dS \text{ 사이각은 0이고, } dS = dr\text{이므로})$$

$$= \frac{Q}{4\pi\varepsilon_0}\left(\frac{1}{r_B} - \frac{1}{r_A}\right) \quad \cdots\cdots (12-12)$$

이다.

[예제 7] 그림 12-10과 같은 정방형의 중심 P에서의 전위는 얼마인가?

(단, $q_1 = 1.0 * 10^{-8}$)

$q_2 = -2.0 \times 10^{-8}\,\text{C}$

$q_3 = +3.0 \times 10^{-8}\,\text{C}$

$q_4 = -2.0 \times 10^{-8}\,\text{C}$ 및 $a = 1.0\,\text{m}$

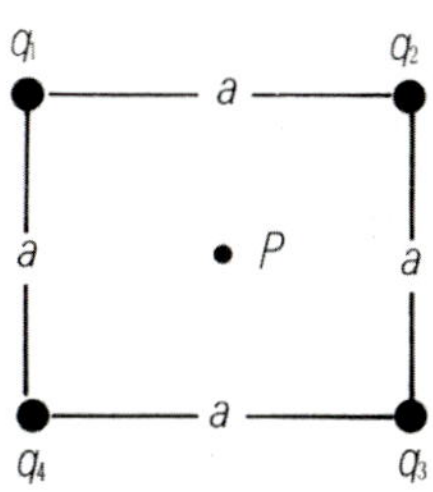

그림 12-10

[풀　이] P점에서 각 전하에 이르는 거리 r은 $a/\sqrt{2}$, 즉 0.71 m이다. 따라서

$$V = \sum_{l=1}^{n} V_1 = \frac{1}{4\pi\varepsilon_0}\frac{q_1 + q_2 + q_3 + q_4}{r}$$

$$V = \frac{(9.0 \times 10\,\text{Nm/C})(1.0 - 2.0 + 3.0 + 2.0) \times 10^{-8}\,\text{C}}{0.71\,\text{m}}$$

$$= 510\,V$$

7 대전도체와 등전위면(A charged conductor and equipotential surface)

점전하 $+Q$(C)로부터 r(m) 떨어진 점들의 전위는 $V = Q/4\pi\varepsilon_0 r$이며 모두 같다. 즉, 점전하를 중심으로 같은 구면상의 모든 점들의 전위는 같다. 전위가 같은 점들로 이루어진 면을 등전위면(equipotential surface)이라고 한다. 대전상태에 있는 도체에는 다음과 같은 성질이 있다.

① 도체 내부에는 전하가 존재하지 않으며 그 전기장은 0이다.

② 도체의 표면은 등전위면이다.

③ 도체표면 위의 전기장은 면에 대하여 수직이다.

④ 도체표면의 전하밀도 $\sigma c/m^2$라 하면 표면의 전기장은, $E = \dfrac{\sigma}{\varepsilon_0}$ [V/m] 이다.

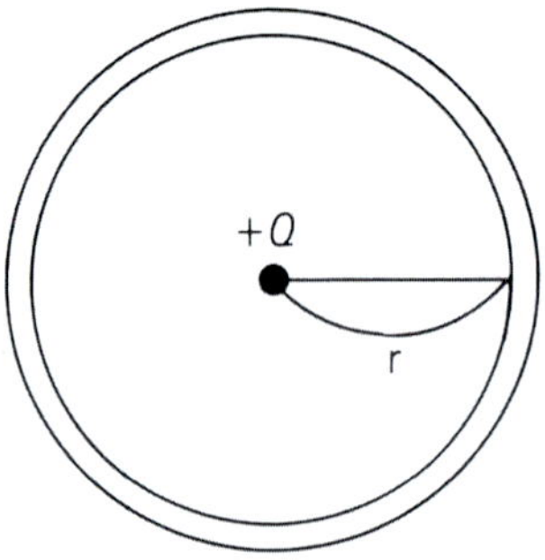

그림 12-11

연습문제

1. 5.0 × 10-10m 떨어진 2개의 같은 이온 사이에 작용하는 정전기력이 3.7 × 10-9N 이다. (a) 각 이온의 전하는? (b) 각 이온에서 전자는 몇 개 떨어져 나갔는가?

2. 어떤 전하 Q가 q와 $Q-q$의 구부분으로 나누어져 있다. 주어진 거리만큼 떨어져 있는 이 두 전하 사이의 쿨롱 반발력이 최대가 되려면 Q와 q사이의 관계는?

3. 우주선 중의 양성자가 지구 전표면에 대하여 평균 1500 양자/m^2 · s의 율로 지구의 상층권에 입사한다. 지구가 대기권 밖으로부터 입사 우주선의 형태로 이 양성자에서 받는 총 전류는? 지구의 반경은 6.4×10^6m로 하라.

4. 전하 Q가 정사각형의 맞꼭지점에 놓여 있고, 다른 맞꼭지점에는 전하 q가 놓여 있다. (a) Q에 작용하는 전기적 합력이 0이면 Q와 q사이에는 어떤 관계가 있겠는가? (b) 각 전하에서 합력이 0이 되도록 q를 선택할 수 있는가를 설명하라.

5. 한 전자가 정지 상태에 있는 양성자를 향하여 똑바로 초속 3.2×10^5m/s로 투사되었다. 만약, 최초에 전자가 양성자와 아주 멀리 떨어져 있었다면, 전자의 속력이 초속의 두 배가 되는 양성자로부터의 거리는?(힌트: 일 에너지 정리를 사용하라.)

6. 헬륨 원자핵인 α입자는 질량이 6.7×10^{-27}kg 이고, 전하는 $+2e$이다. 이 무게와 균형을 이룰 수 있는 전기장의 방향과 크기는?

7. 3개의 전하가 그림 12-12에서처럼 정삼각형으로 배열되어 있다. 힘의 방향과 동일한 역선을 고려하고, 다른 두 전하가 존재하기 때문에 $+q$에 작용하는 힘의 방향을 구하라.

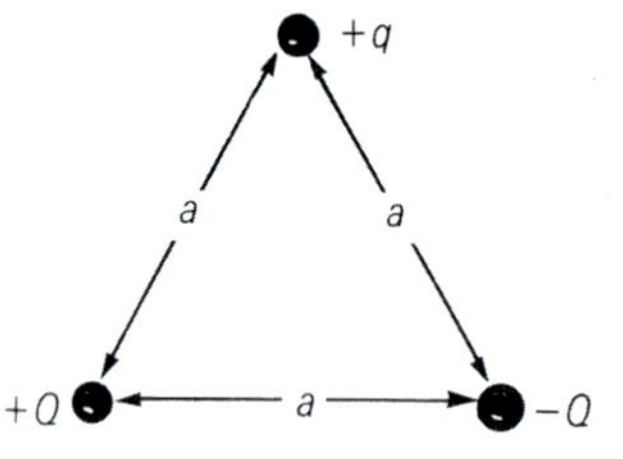

그림 12-12

8. 두 전하 $q_1(=2.1\times10^{-8}\mathrm{C})$과 $q_2(=-4q_1)$가 거리 50 cm 떨어져 있다. 이 두 전하를 연결하는 선상에서 전기장이 0이 되는 위치를 구하라.

9. 그림 12-13의 점 P에서 E(방향과 크기)를 계산하라.

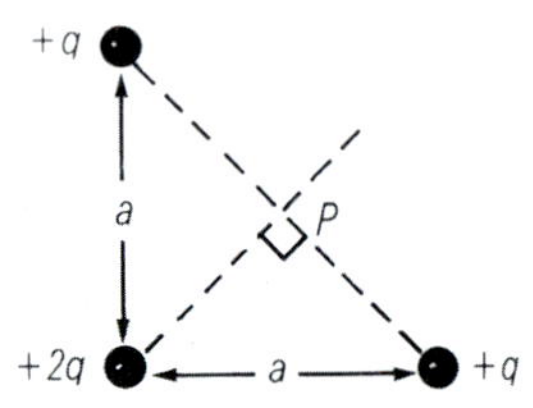

그림 12-13

10. 5.0×10^{8}cm/s의 속력으로 움직이는 전자가 이 운동을 방해하는 방향으로 걸린 1.0×10^{3}N/C의 전기장에 평행한 방향으로 입사되었다. (a) 이 전자가 전기장내에서(일시적으로) 정지할 때까지 얼마나 움직이겠는가? (b) 시간은 얼마나 걸리겠는가? (c) 만일, 전기장이 0.8 cm 뒤에는 갑자기 없어진다고 하면 전자가 진행하는 동안 잃은 에너지는 처음 운동 에너지의 몇 분의 이 몇이 되는가?

11. 반경이 R인 반구에 대하여 Φ_E를 계산하여라. 전기장 E는 균일하고 반구의 축과 평행하다.

12. 지구 표면 근처의 전기장의 세기는 아래 쪽 방향으로 ~130N/C이다. 이 장이 생긱 원인이라고 생각되는 지구의 순 전하는?

13. 반경 25 cm의 벽이 얇은 금속구에 2.0×10^{-7}C의 전하가 대전되어 있다. 다음 점에서 E를 구하라. (a) 구의 내점, (b) 구의 바로 외점, (c) 구의 중심에서 3.0 m 떨어진 점.

14. 2개의 동심도체구곽의 반경은 $R_1 = 0.145$ m이고, $R_2 = 0.207$ m이다. 내부구에는 -6.00×10^{-8}C의 전하가 대전되어 있다. 거의 무시할 수 있는 속력으로 내부구로부터 전자가 탈출한다. 구 사이가 진공이라고 가정하고 외부구를 때리는 속력을 계산하라.

15. 2.0 m떨어진 곳에서 4.5×10^4N/C의 장을 만드는 긴 무한선전하가 있다. 선전하밀도를 계산하라.

16. 전형적인 번갯불의 방전점들 사이의 전위치는 약 10^9V이고, 전하량은 약 30 C이 이동된다. 만약, 방출되는 전에너지를 0 ℃ 의 얼음을 녹이는 데에만 사용한다면 얼마나 많이 녹일 것인가. 얼음의 융해열은 3.3×10^6 J/kg이다.

17. 무한히 큰 대전판이 전하 밀도 σ인 0.10μC/m^{2}를 가지고 있다. 전위차가 50 V되는 등전위면 사이의 간격은?

18. $q = +1.0\mu$C의 점전하가 있다. 그림 12-14 a와 같이 q에서 2.0 m 떨어져 있는 점 A와 이와 정반대 방향으로 1.0 m떨어져 있는 점 B를 생각하라. (a) 전위차 $V_A - V_B$는? (b) 점 A와 B가 그림 12-14 b와 같이 되었다하고 전위차를 구하라.

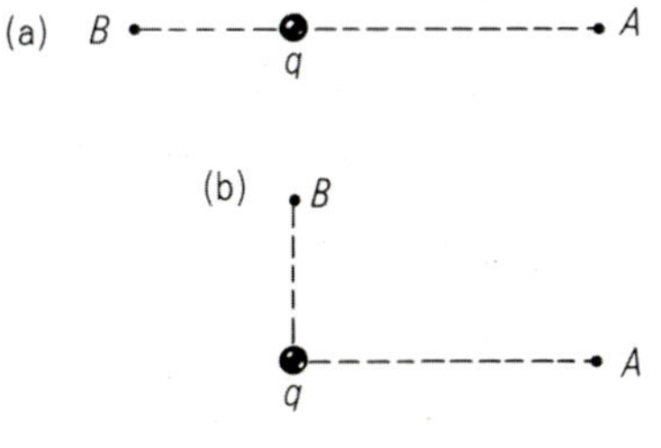

그림 12-14

19. 10^{-8}C의 전하를 간단히 마찰로서 얻을 수 있다. 이런 전하는 반경 10 cm의 절록도체구에 얼마나 높은 전위를 줄 수 있겠는가?

20. 두 전자가 2.0 cm 떨어져서 고정되어 있다. 다른 전자가 무한대에서 발사되어 그들 사이의 중앙에 와서 멈추었다. 초속도는?

21. (a) 그림 12-15에서 $V_A - V_B$에 대한 식을 유도하여라. (b) 이 결과가 $d = 0$일 때 예상한 값과 일치하는가? 또, $a = 0$일 때? $q = 0$일 때는 어떻게 되겠는가?

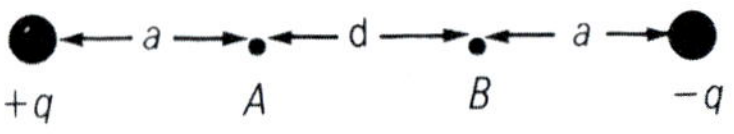

그림 12-15

22. 그림 12-16에서 제시된 것처럼 4개의 전하를 놓는데 필요한 일에 대한 식을 유도하라.

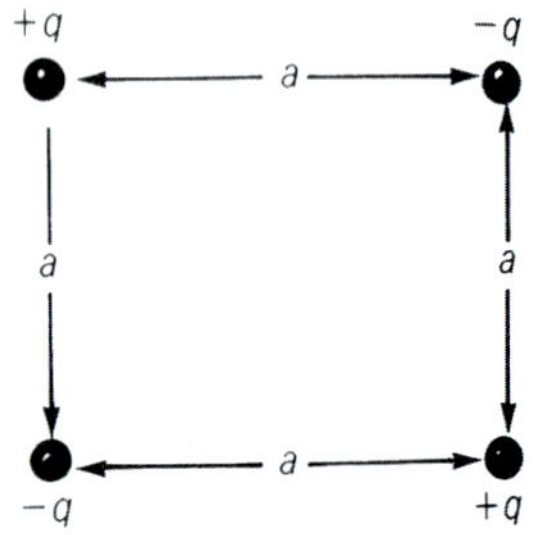

그림 12-16

23. 그림 12-17에서와 같이 2개의 전하 q(= +2.0μC)가 거리 d (= 2.0 cm)만큼 떨어진 곳에 고정되어 있다. (a) 점 C에서의 전위를 구하여라, (b) 무한히 먼 곳에서 C까지 아주 천천히 세 번째 전하 q(= +2.0μC)를 가져온다. 이 때, 필요한 일은? (c) 세 번째 전하가 이 위치에 왔을 때, 이 배치의 위치 에너지 U를 구하라.

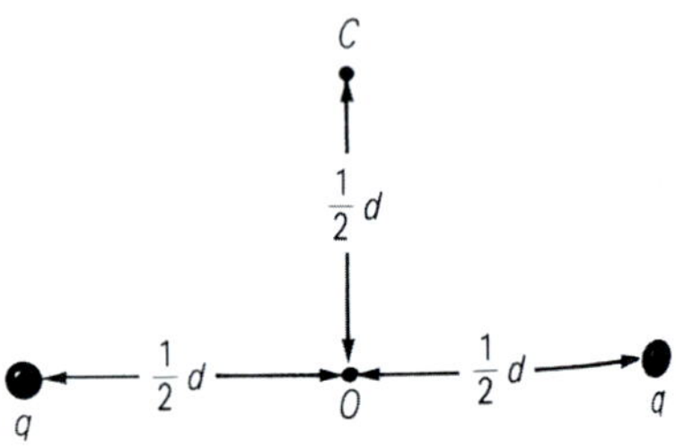

그림 12-17

24. (양)전하 Q의 입자가 P점에 고정되어 있으며, (음)전하 $-q$와 질량 m의 두 번째 입자가 P를 중심으로 반경 r_1의 등속원운동을 하고 있다. 원운동의 반경 P를 중심으로 r_2로 증가시키기 위해서 두 번째 입자에 외부 요인에 의해 하여 주어야 할 일 W를 표시하는 식을 유도하라.

25. 전위가 200 V인 반경 15 cm의 도체구의 전하표면밀도 σ는?

26. 어떤 평행판 축전기가 전기 용량 100 dF, 100 cm^2의 판면적, 그리고 유전체로서 운모(x = 5.4)를 가지고 있다. 전위차 50 V에서 (a) 운모 속의 E, (b) 판의 자유 전하의 크기, 그리고 (c) 유도된 표면 전하의 크기를 계산하라.

27. 회로 AB(그림 12-18 참조)의 단면이 일률 50 W를 흡수하고, 그림에서 주어진 방향으로 전류 i = 1.0A가 흐른다. (a) A와 B사이의 전위치는? (b) 만일, 요소 C가 내부저항이 없다면 C의 기전력은? (c) C의 극성은?

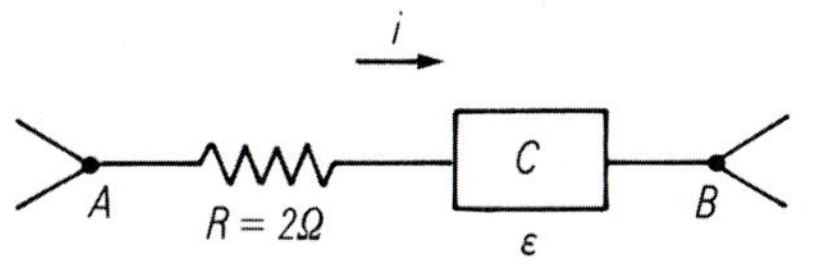

제 13 장

정전용량과 유전체

Electro-static Capacity and Dielectric

1 정전용량(electrostatic capacity)

서로 떨어져 있는 두 도체 사이에 전지를 연결하여 한 쪽 $+Q$(쿨롱), 다른 한 쪽에 $-Q$(쿨롱)의 같은 전하량을 주면 두 도체 사이에는 전위차가 생긴다. 이 때 전위차 V는 전하량 Q에 비례한다. 즉

$$Q = CV, \quad C = \frac{Q}{V} \quad \cdots\cdots (13-1)$$

Q와 V의 비를 두 도체의 정전용량(electrostatic capacity)이라 한다. 정전용량의 기호는 C이고 단위는 패럿(farad, F)을 사용한다. 1 F은 매우 크므로

$1\,\mu\text{F} = 10^{-6}\,\text{F}$

$1\,p\text{F} = 10^{-12}\,\text{F}$

의 단위를 사용한다.

1개의 고립된 도체에 $+Q$(쿨롱)의 전하를 대전시켰을 때 전위를 V라 하면 고립된 도체의 정전용량은 앞에 말한 두 도체의 정전용량과 같이 $+Q$에 대하여 $-Q$이 무한원에 있다고 할 수 있으므로

$$C = \frac{Q}{V} \qquad \cdots\cdots (13-2)$$

로 표시된다. C는 전하를 저축할 수 있는 능력을 나타내는 값으로 독립도체의 정전용량이 된다.

[예제 1] 공기가 충만된 축전기의 평행판 사이의 간격이 1.0 mm로 일정하다. 용량이 1.0 F이 되려면 판의 면적은 얼마인가?

[풀 이] $A = \dfrac{dC}{\varepsilon_0}$

$$= \frac{(1.0\times 10^{-3}\,\mathrm{m})(1.0\,\mathrm{F})}{8.9\times 10^{-12}\,\mathrm{C^2/Nm^2}} = 1.1\times 10^{8}\,\mathrm{m^2}$$

2 축전기의 연결(connection of condenser)

두 도체 사이에 같은 양의 서로 다른 부호의 전하를 축적하도록 만들어진 전기장치를 축전기(condenser) 또는 캐패시터(capacitor)라고 한다.

1) 축전기의 직렬연결

정전용량이 C_1, C_2, $\cdots$, C_n인 축전기를 그림 14-1과 같이 직렬로 연결하고 전압 V를 주면 정전유도에 의하여 각 축전기의 양극판에는 $\pm Q$의 전하가 모이게 된다.

이때 전압 V는

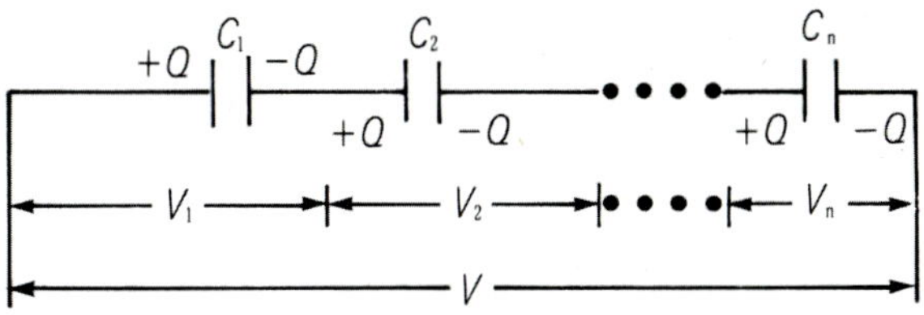

그림 13-1

$$V = V_1 + V_2 + \cdots\cdots + V_n \quad \cdots\cdots (13-3)$$

이고, 각 축전기의 단자전압은

$$V_1 = \frac{Q}{C_1},\ V_2 = \frac{Q}{C_2},\ \cdots\cdots,\ V_n = \frac{Q}{C_n} \quad \cdots\cdots (13-4)$$

식 (13-4)를 (13-3)에 대입하면

$$V = \left(\frac{1}{C_1} + \frac{1}{C_2} + \cdots\cdots + \frac{1}{C_n}\right)Q$$

이다. 합성정전용량 C는

$$\frac{1}{C} = \frac{1}{C_1} + \frac{1}{C_2} + \cdots\cdots + \frac{1}{C_n} = \sum \frac{1}{C_i} \quad \cdots\cdots (13-5)$$

로 표시된다.

2) 축전기의 병렬연결

정전용량 C_1, C_2, $\cdots$, C_n인 축전기를 병렬로 연결하고 전압 V를 걸어주면 각 축전기의 극판에 $\pm Q_1$, $\pm Q_2$, $\cdots$, $\pm Q_n$이 모이게 된다. 이 때 극판에 모인 전하량의 총합은

$$Q = Q_1 + Q_2 + \cdots\cdots + Q_n \quad \cdots\cdots (13-6)$$

이고 각 축전기에 모인 전하량은

$$Q_1 = C_1 V,\ Q_2 = C_2 V,\ \cdots\cdots,\ Q_n = C_n V \quad \cdots\cdots (13-7)$$

이다.

식 (13-7)을 식 (13-6)에 대입하면

$$Q = (C_1 + C_2 + \cdots\cdots + C_n)V$$

따라서 합성정전용량 C는

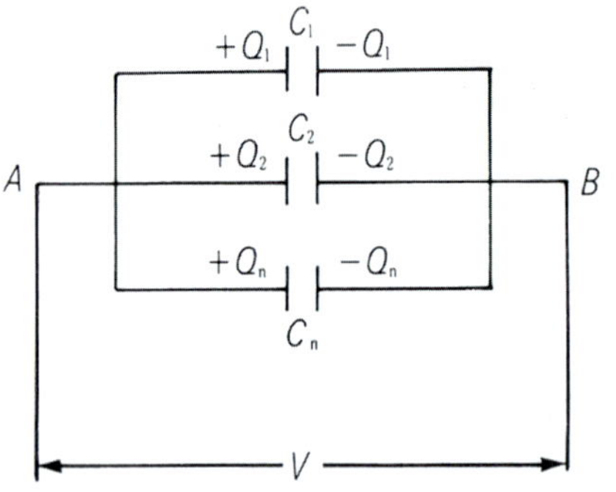

그림 13-2

$$C = C_1 + C_2 + \cdots\cdots + C_n = \sum_i C_i$$

로 된다.

평행한 축전기의 극판 거리가 d이고 극판면적 A일 때 진공 중에서 이 축전기의 정전용량 C_0는 $C_0 = \varepsilon_0 A/d$이고 유전상수 k인 물질을 끼워 놓을 때 축전기의 정전용량 C는 $C = k\varepsilon_0 A/d$의 값이 된다.

3 축전기의 에너지(energy of condenser)

축전기를 충전시키는 과정은 저전위의 도체로부터 고전위의 도체로 전하를 옮기는 것이다. 양도체가 대전되지 않는 상태로부터 충전시킨다고 가정하면 적은 양전하를 반복해서 도체로 이동시켜야만 한다. 전하가 이미 충전된 상태가 더 추가하여 충전하려면 더 큰 힘을 가해야 하므로 더 많은 일을 해주어야 한다.

지금 전하가 $q(C)$이고, 전위가 $V(\mathrm{V})$인 고립된 도체에 추가전하 $dq(\mathrm{C})$를 옮기기 위한 일 dW를 $dW = Vdq = (Q/C)dq$이고, 전하가 $q = 0$에서 $q = Q$까지 증가하는 동안 하는 일 W는

$$W = \int_0^Q Vdq = \frac{1}{C}\int_0^Q Qdq = \frac{1}{2}\frac{Q^2}{C}$$

$$W = \frac{1}{2}\frac{Q^2}{C} = \frac{1}{2}CV^2 = \frac{1}{2}QV \qquad (13\text{-}9)$$

로서, 이 일은 축전기에 위치 에너지로 축적되는 것이다.

$W = (1/2)QV$에서 $Q - V$ 관계를 그래프로 나타내면 그림 13-3과 같다. 그래프의 빗금 부분이 축적된 정전기의 위치 에너지이다.

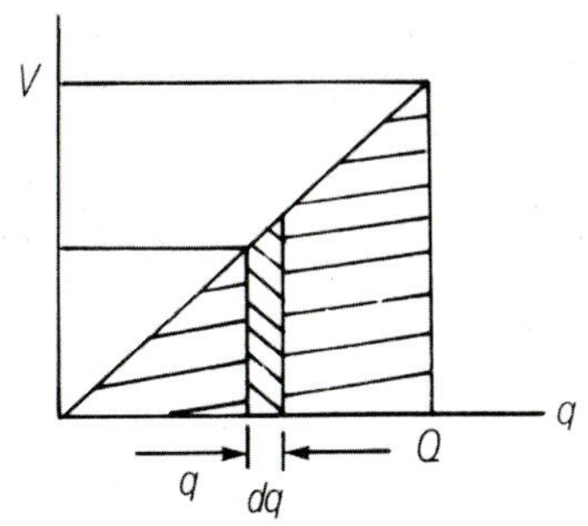

그림 13-3 | 축전기의 V-Q 그래프

[예제 2] 축전기 C_1이 전위차 V_0로 충전되어 있다. 이것을 충전시키는 전지를 치우고, 이 축전기를 그림 13-4와 같이 충전되지 않은 축전기 C_2에 연결한다.

(1) 연결 후의 최종전위차 V는?

(2) 그림 13-4에서 스위치가 닫히는 전후에 있어서 저장 에너지는?

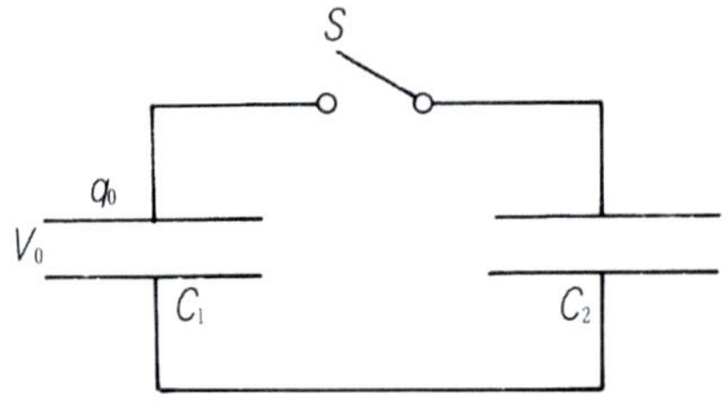

그림 13-4

[풀 이] (1) 최초의 전하 q_0가 두 축전기에 분배되므로

$q_0 = q_1 + q_2$

$q = CV$의 관계식을 이들 각 항에 적용하면

$C_1 V_0 = C_1 V + C_2 V$

또는

$$V = V_0 \frac{C_1}{C_1 + C_2}$$

위 식으로부터 미지의 용량 C_2를 측정하는 방법을 알 수 있다. (2) 초기의 저장 에너지는

$$V_0 = \frac{1}{2} C_1 V_0^2$$

최종의 저장 에너지는

$$V = \frac{1}{2} C_1 V^2 + \frac{1}{2} C_2 V^2 = \frac{1}{2}(C_1 + C_2)\left(\frac{V_0 G_1}{C_1 + C_2}\right)^2$$

$$= \left(\frac{C_1}{C_1 + C_2}\right) V_0$$

[예제 3] 진공에서 반지름 R인 고립도체구에 전하 q를 띄운다. 이 때,

(1) 주위 공간에 저장된 정전기적 에너지를 계산하라.

(2) 저장된 에너지의 반이 들어 있는 구면의 반지름 R_0는?

[풀 이] (1) 구의 중심으로부터 반지름 $r(r > R$로 가정)로 되는 것에서 E는

$$E = \frac{1}{4\pi\varepsilon_0}\frac{q}{r^2}$$

어떤 반지름 r에서의 에너지 밀도는

$$a = \frac{1}{2}\varepsilon_0 E^2 = \frac{q^2}{32\pi\varepsilon_0 r^2}$$

r와 $r+dr$ 사이의 구각내의 에너지 du는

$$du = (4\pi r^2)(dr)u = \frac{q^2}{8\pi\varepsilon_0}\frac{dr}{r^2}$$

여기서, $(4\pi r^2)(dr)$은 구각의 체적이다. 총에너지 U는 적분에 의해서 구할 수 있다. 즉

$$U = \int du = \frac{q}{8\pi\varepsilon_0}\int_{\mathrm{R}}^{\infty}\frac{dr}{r^2} = \frac{q^2}{8\pi\varepsilon_0 R}$$

(2) 주어진 식에 대입하면

$$\frac{1}{2}U = \frac{q}{8\pi\varepsilon_0}\int_{\mathrm{R}}^{\mathrm{R0}}\frac{dr}{r^2}$$

또는

$$\frac{q^2}{16\pi\varepsilon_0 R} = \frac{q^2}{8\pi\varepsilon_0}\left(\frac{1}{R} - \frac{1}{R_0}\right)$$

정의하면 $R_0 = 2R$

그러므로 에너지의 대부분은 구에 더 가까운 공간 속에 저장되어 있다.

4 유전체(dielectric)

M. Faraday는 평행판 축전기의 두 판 사이에 운모와 기름과 같은 절연물을 넣었을 때 공기 중에서 보다 더 많은 전하량을 축적할 수 있음을 발견하였다. 일반적으로 절연물을 축전기의 한 판 사이에 넣으면 정전용량이 증가한다. 운모와 기름 같은 절연물을 유전체(dielectric)라고 한다.

평행판 축전기가 진공 중에 있을 때 정전용량이 C_0이고 판 사이에 유전체를 넣었을 때 정전용량이 C였다고 하면

$$C > C_0 \quad \cdots\cdots (13\text{-}10)$$

의 관계가 있으며, C와 C_0의 비를 비유전율이라고 하며,

$$C/C_0 = k \quad \cdots\cdots (13\text{-}11)$$

로 표시되며 $k > 1$이 된다. k는 절연물의 종류에 따라 결정된다.

표 13-1은 몇 가지 물질의 비유전율(k)를 나타낸 것이다.

표 13-1 비유전율

물질	비유전율	물질	비유전율
공기	1.00059	물	80.7
종이	2.0~2.6	도자기	5.7~6.8
운모	2.5~6.6	유리	5.4~9.9
고무	2.0~3.5	금강석	16.5
베이클라이트	4.5~5.5	셀렌	6.1~7.4
대리석	8.3	알코올	16~31

지금 정전용량 C_0인 축전기에 전원전하 Q_0를 주어 판 사이의 전위차가 되었다고 한다. 다음에 전원을 끊고 판 사이에 유전체를 넣으면 전하량은 같은 Q_0이지만 전위차는 $V = (1/k)\,V_0$로 $1/V$만큼 감소한다. 따라서 전기장 E도 유전체가 없을 때는 전기장 E_0보다 $1/k$만큼 감소한다.

또 만일 일정한 전위차를 갖고 있는 전원과 연결한 채로 판 사이에 넣으면 전위차는 전원을 끊었을 때보다 k배가 증가($V = kV_0$)하므로 전하량도 $Q = kQ_0$로 k배만큼 더 증가시켜 공급하게 된다. 이와 같은 현상은 유전체에는 축전기의 판에 저축된 전하 Q와 반대로 q의 전하가 유도되기 때문이다. 그러므로 판 사이에는 같은 전위차에서도 $(Q+q)$의 전하를 축적하게 된다.

유전체의 분자들은 양전하와 음전하가 미소거리 떨어져 있는 전기쌍극자 모멘트를 가지고 있는 분자로, 그림 13-5(a)와 같이 전기장을 가해 주지 않으면 분자들은 무질서하게 분포되지만 유전체에 전기장을 가해주면 전기쌍극자는 힘을 받아 그림 13-5(b)와 같이 전기장과 방향이 일치되려고 한다. 일치되는 정도는 비유전율(유전상수) k의 값에 따라 다르다.

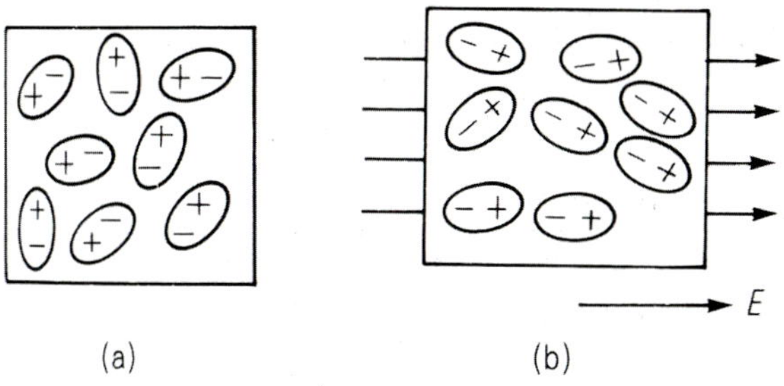

그림 13-5

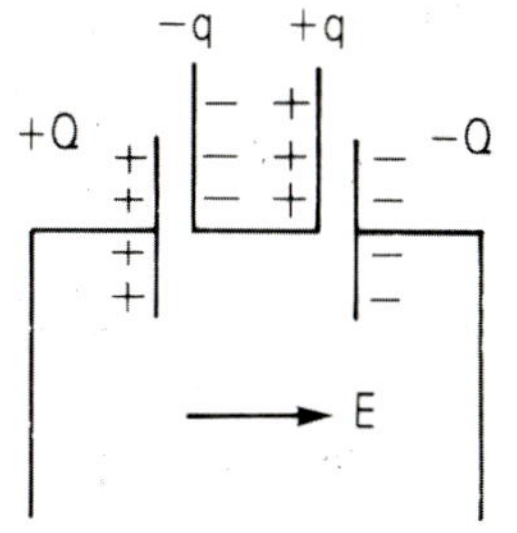

그림 13-6

[예제 4] 그림 13-7은 두께 b, 유전상수 k인 유전체판이 면적 A, 거리 d인 평행판 축전기판 사이에 놓여 있는 것을 보여 주고 있다. 유전체가 없을 때 전위차는 V_0이다. 전지는 제거되고 유전체판이 끼워졌다.

$A = 10\,\text{cm}^2$, $\text{d} = 1.0\,\text{m}$, $\text{b} = 0.50\,\text{cm}$, $k = 7.0$ $V_0 = 100\,\text{V}$라 할 때 다음 물음에 답하라.

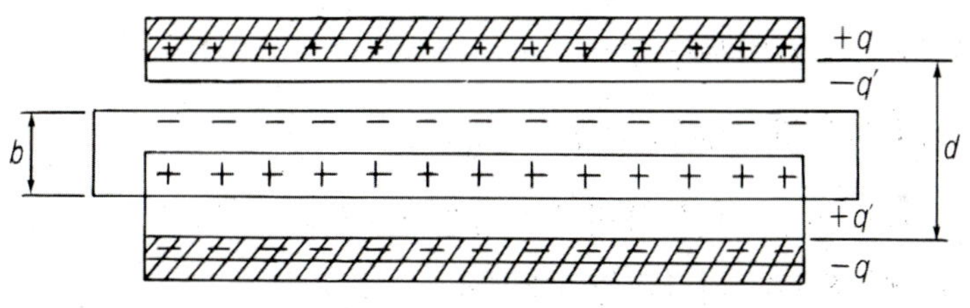

그림 13-7 | 유전체 판을 갖고 있는 평행판 축전기

(1) 평판을 넣기 전의 정전용량 C_0는 얼마인가?

(2) 자유전하 q를 계산하라.

(3) 극판 사이의 전기장 E_0는 얼마인가?

(4) 유전체 내부의 전기장은 얼마인가?

(5) 판 사이의 전위차는 얼마인가?

(6) 유전체판이 있을 때 전기용량을 계산하라.

[풀 이]

(1) $C_0 = \dfrac{\varepsilon_0 A}{d}$

$$= \frac{(8.9\times 10^{12}\,\mathrm{C^2/Nm^2})(1.0\times 10^{-2}\,\mathrm{m^2})}{1.0\times 10^{-2}} = 8.9\times 10^{-12}\,\mathrm{pF}$$

(2) $q = C_0 V_0$

$$= (8.9\times 10^{-12}\,\mathrm{F})(100\,\mathrm{V}) = 8.9\times 10^{-10}\,\mathrm{C} = 890\mathrm{pC}$$

(3) 그림 13-7(위쪽판)의 가우스 표면에 가우스 법칙을 적용하면

$$\varepsilon_0 \int kEdS = \varepsilon_0 E_0 A = q$$

즉, $E_0 = \dfrac{q}{\varepsilon_0 A}$

$$= \frac{8.9\times 10^{-10}\,\mathrm{C}}{(8.9\times 10^{-12}\,\mathrm{C^2/Nm^2})(10^{-2}\,\mathrm{m^2})} = 10\,\mathrm{kV/m}$$

여기서 우리가 계산할 플러스 적분에 걸친 표면은 유전체를 통과하지 않았으므로 $k=1$을 대입하였음을 유의하라.

(4) 그림 13-7(아래쪽판)의 가우스 표면에 식을 적용하면

$$\varepsilon_0 \int kE\cdot dS = \varepsilon_0 kEA = q$$

여기서 k는 가우스 표면이 유전체를 통과하기 때문에 나타났으며, 자유전하 q만이 우변이 나타남을 주목하라.

그러므로 $E = \dfrac{q}{k\varepsilon_0 A} = \dfrac{E_0}{k}$

$$= \frac{1.0\times 10^4\,\mathrm{V/m}}{7.0} = 1.4\,\mathrm{kV/m}$$

(5) 아래판에서 위판까지 수직경로에 대해서

$$V = -\int_{\mathrm{L}}^{\mathrm{U}} E\cdot dl = -\int_{\mathrm{L}}^{\mathrm{U}} E\cos 180^\circ dl$$

$$= \int_{\mathrm{L}}^{\mathrm{U}} Edl = E_0(d-b) + Eb$$

$$V = (1.0 + 10\,\mathrm{V/m})(5.0\times 10\,\mathrm{m}) + (0.14\times 10\,\mathrm{V/m})(5.0\times 10\,\mathrm{m}) = 57\,\mathrm{V}$$

이것은 최초에 걸린 전위차 100V와 대조된다.

(6) $C = \dfrac{Q}{V} = \dfrac{8.9\times 10^{-10}\,\mathrm{C}}{57\,\mathrm{V}} = 16\,\mathrm{pF}$

유전체판이 끼워졌을 때 1.8의 율로 전위차는 100 V에서 57 V로 떨어지고 정전용량은 8.9 pF에서 16 pF로 올라간다. 만약 유전체판이 축전기를 전부 채우고 있다면 정전용량은 인수 $k(=70)$에 의하여 63 pF로 올라갈 것이다.

연습문제

1. 축전기의 양 끝의 전위차가 300 V일 때 1.0 C의 전하를 저장하기 위하여 1.0 μF용량의 축전기 몇 개를 병렬로 연결하여야 하는가?

2. 그림 13-8과 같이 결합된 축전기의 등가용량을 구하라. 단, $C_1 = 10\mu\text{F}$, $C_2 = 5.0\mu\text{F}$ 및 $C_3 = 4.0\mu\text{F}$이다.

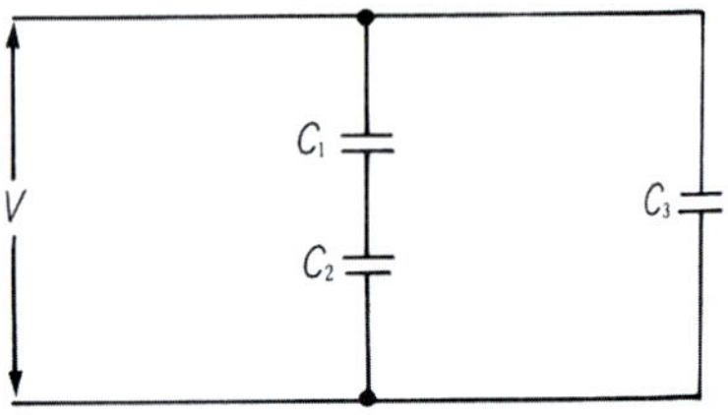

그림 13-8

3. 100 pF의 축전기를 50 V의 전위차로 충전시키고 전지를 끊었다. 그 다음에 제2의 축전기(처음에 충전되지 않음)에 연결하였다. 전위차를 측정하여 보니 35 V로 강하되었다면, 이 제2축전기의 전기 용량은?

4. 지구를 반경이 6400 km인 구도체로 보고 그 전기 용량을 계산하라.

5. 직경 10 cm인 고립금속구의 전위가 8000 V이다. 구표면 근처에서의 에너지 밀도는?

6. 한 축전기가 4.0 J의 에너지가 저장될 때까지 충전된다. 두 번째 충전되지 않은 축전기가 이에 병렬로 연결된다. (a) 만약, 전하가 똑같이 분포된다면, 이제 그 전기장 속에 저장된 총에너지는? (b) 초과된 에너지는 어디로 갔는가?

7. 1000 V 전위차에서 10 kW · h의 에너지를 저장하는데 필요한 전기용량은?

8. 평행판 축전기가 면적 0.12 m^2의 판과 1.2 cm의 거리를 가지고 있다. 120 V의 전위차에 의하여 극판들을 충전한 다음 전지를 제거시켰다. 그리고 두께 40 mm, 유전율 4.8인 유전체판을 대칭적으로 극판 사이에 놓았다. (a) 유전체판이 끼워지기 전의 전기용량을 구하라. (b) 유전체판이 끼워졌을 때의 전기용량은? (c) 끼워넣기 전과 후의 전하 q는? (d) 극판과 유전체 사이 공간에서의 전기장은? (e) 유전체 내부의 전기장은? (f) 유전체판이 있을 때의 극판 사이의 전위차는? (g) 유전체를 끼워넣는 동안 내부에서 한 일은?

9. 방전되고 있는 2.0μF 축전기의 두 판 사이의 전위차가 2.0s동안 처음 값의 1/4로 떨어졌다. 축전기의 두 판 사이의 등가저항은?

10. 그림 13-9의 회로에서 $\varepsilon = 1.2$kV, $R_1 = R_2 = R_3 = 0.73$MΩ이다. C는 충전되어 있지 않고, 스위치 S가 갑자기 닫혔다($t = 0$), (a) $t = 0$에서와 $t = \infty$에서 각 저항기를 통과하는 전류를 구하라. (b) $t = 0$에서 $t = \infty$까지의 R_2에 걸리는 전위강하 V_2의 그래프를 정성적으로 그려라. (c) $t = 0$에서 $t = \infty$까지의 V_2의 수치는? (d) "$t = \infty$"의 물리적 의미를 생각하고 대략 설명하라. 그러나, 의미를 강조한다. 이 경우 "$t = \infty$"에 대해서 최소한계는 몇 초인가?

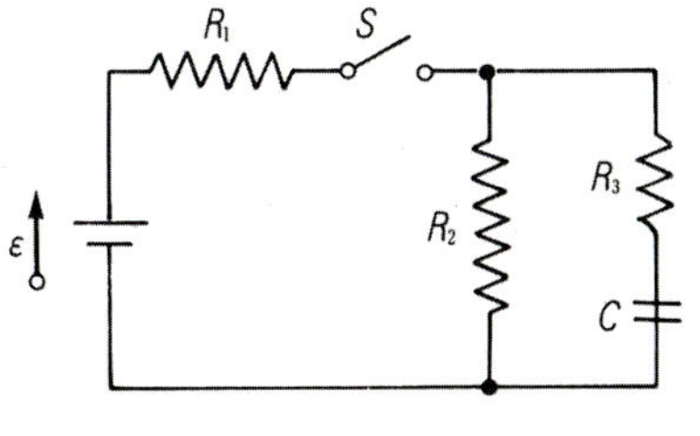

그림 13-9

제 14 장

전류와 그 작용

Electric Current and Function

1 전류와 전기저항(electric current and electric resistance)

지금까지는 정전기, 즉 전하가 정지하고 있을 때에 대해서 알아보았다. 여기서는 전하가 전기장에 의해서 이동하는 경우를 생각한다. 그림 14-1과 같이 양전하를 가진 물질 A와 음전하를 가진 물질 B를 금속선 C로 직접 연결하면 두 전하 사이의 흡인력으로 B의 음전하(자유전하)는 A의 양전하에 끌려 금속선 C를 통하여 이동하고 중화한다. 즉 B에서 A로 향해 전자의 흐름이 생긴다. 전자의 흐름, 다시 말해 전하의 이동을 전류(electric current)라 한다.

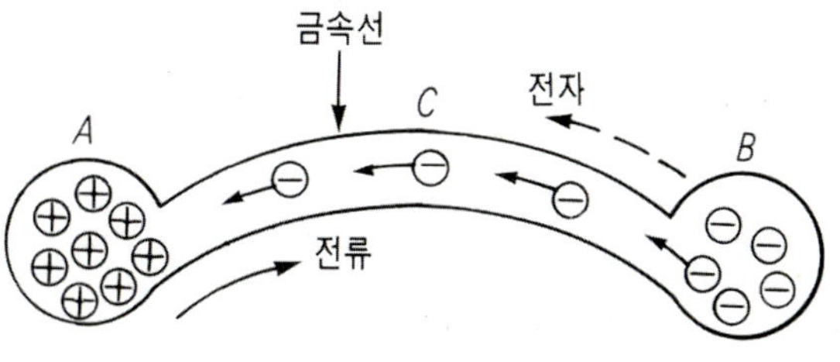

그림 14-1

전류가 흐르는 방향은 양전하의 이동방향으로 결정된다. 따라서 음전하를 가진 전자가 이동하는 방향은 전류의 방향과 반대가 된다. 금속체내에는 원자핵에 공유된 모양으로 결정 내를 자유로이 움직일 수 있는 자유전자(free electron)가 전기의 방향과 반대 방향으로 이동하여 전류된다.

전류의 세기(current intensity)는 단위시간마다 이동한 전하량으로 표시되며, 도체단면을 dt초 사이에 $dQ[C]$의 전하가 통과했을 때의 전류 I는

$$I = \frac{dQ}{dt}\left[\frac{\mathrm{C}}{s}\right] \quad \cdots\cdots (14-1)$$

가 된다. 전류의 단위 $I[\mathrm{C/s}]$는 1암페어(ampere, A)이다. 또한 $\Delta I[A]$기 흐르는 도체의 단면적을 $\Delta S[\mathrm{m}^2]$라 하면

$$i = \frac{dI}{dS}\left[\frac{\mathrm{A}}{\mathrm{m}^2}\right] \quad \cdots\cdots (14-2)$$

가 성립된다. 이것을 전류밀도(current density)라 한다.

예를 들면, 금속도체 내에 단위체적마다 n개의 자유전자가 있을 때 여기에 전기장 E가 작용하면 전자는 E와 반대방향으로 $v[\mathrm{m/s}]$의 속도로 가속된다. 이 대 전류밀도 i는

$$i = nev = 1602 \times 10^{-19}\, nv[\mathrm{A/m^2}] \quad \cdots\cdots (14-3)$$

전류 I는 식 (14-2)에 의하여

$$I = iS = 1{,}602 \times 10^{-16}\, nvS[\mathrm{A}] \quad \cdots\cdots (14-4)$$

이와 같이 전하가 전기장방향으로 평균속도 v[유동속도(drift velocity)]로 이동함으로써 생기는 전류를 유동전류(drift current)라 한다. 금속도체 내에 자유전자는 전기장 E에 의해서 가속된다. 이 가속된 전자는 양이온의 그리드에 충돌하여 에너지를 잃어 평균속도를 갖는다. 이 유동속도 v는 전기장 E에 비례하므로

$$v = \mu E[\mathrm{m/s}] \quad \cdots\cdots (14-5)$$

여기서, μ는 전자가 움직이기 쉬운 정도를 표시하는 양으로써 이동도(mobility)라 한다. 식 (14-4)는 금속뿐만 아니라 일반고체에도 성립되며, 식 (14-3)을 적용하면

$$i = ne\mu E = kE[\mathrm{A/m^2}] \quad \cdots\cdots (14-6)$$

이다.

여기서, $k = ne\mu[\Omega/\mathrm{m}^2]$는 금속의 종류에 의해서 결정되는 정수이며, 도전율(conductivity)이라 한다. 이 식 (14-6)을 오옴의 법칙(Ohm's law)이라 한다.

전기회로에서의 오옴의 법칙은 금속도체의 2점 사이의 전위차 V와 전류 I가 비례하므로

$$I \propto V \ \text{또는}\ I = \frac{V}{R}[A] \quad \cdots\cdots (14-7)$$

이다. 비례상수 R은 전기저항(electric resistance)이라 하며, 단위는 오옴(Ohm, Ω)으로 표시한다. 저항 R은 도체의 형상, 재질 등에 따라서 다르다. 도체의 길이를 l, 단면적을 S라 하면,

$$R = \rho\frac{l}{S} = \frac{1}{k}\frac{1}{S}[\Omega] \quad \cdots\cdots (14-8)$$

여기서 ρ를 저항률(resistivity)이라 한다. 저항률 ρ는 식 (14-8)에서

$$\rho = kR\frac{S}{l}[\Omega\cdot\mathrm{m}] \quad \cdots\cdots (14-9)$$

또한 저항의 역수를 콘덕턴스(conductance)라 하면,

$$G = \frac{1}{R} = k\frac{S}{l} = \frac{1}{\rho}\frac{S}{l}[\Omega] \quad \cdots\cdots (14-10)$$

식이 성립되며, G의 단위 [℧]는 저항 R의 단위 [Ω]의 역수로서 모우(mho)라 불린다.

[예제 1] 그림 14-2와 같이 내부도체의 반지름 $a=1\,\text{cm}$, 길이 $l=10\,\text{km}$의 동축원통 도체 사이에 저항률 $\rho=3\times10^6\,\Omega\cdot\text{m}$의 절연물을 넣어준다. 양 도체 사이에 100 V의 직류를 가할 때 내외도체의 절연물 속에 흐르는 전류를 구하라.

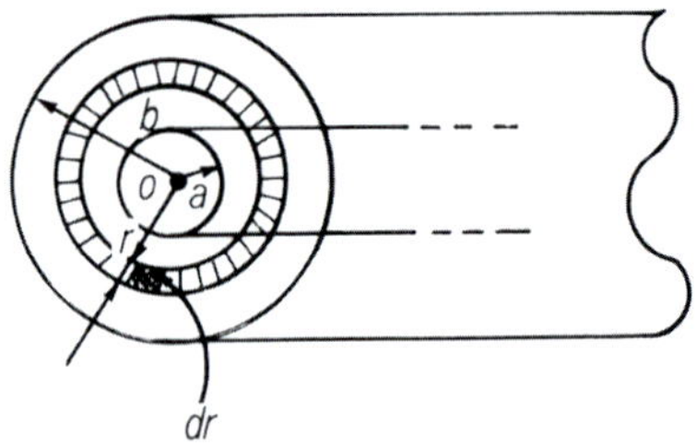

그림 14-2

[풀 이] 전류는 방사선 대상으로 흘러 반지름 r인 점의 단면적 $S=2\pi rl$이므로 dr부분의 반지름 방향의 저항 dR은 식 (14-8)에서

$$dR=\rho\frac{1}{S}=\rho\frac{dr}{2\pi rl}[\Omega]$$

내외 양도체 사이의 전 절연저항 R은

$$R=\int_a^b dR=\frac{\rho}{2\pi l}\int_a^b\frac{1}{r}dr=\frac{\rho}{2\pi l}\ln\frac{b}{a}[\Omega]$$

따라서, 절열물을 통하여 흐르는 전류 I는 오옴의 법칙에서

$$I=\frac{100}{R}=\frac{100\times2\pi l}{\rho\ln(b/a)}=\frac{100\times2\pi\times10\times10^3}{3\times10^6\times2.303\times\log_{10}(3/1)}=1.9\,\mu\text{A}$$

2 주울 열과 전력(joule's heat and electric power)

도체 내에 전류가 흐른다는 것은 전하가 전기장에 의해 전위가 높은 곳에서 낮은 곳으로 운반되어지는 것이다. 즉, V[V]의 전압을 가하여 Q[C]의 전하가 이동하면 VQ[J]의 일을 한다. 전류 I[A]가 t[s] 동안 흐르면 $Q=It$[C]이 되므로 전기 에너지 VQ는

$$VQ=VIt[\text{J}] \qquad (14\text{-}11)$$

이와 같은 전기 에너지에 의한 일의 속도를 1[s] 동안의 전기 에너지로 표시한 것을 전력

(electric power)이라 하고, 와트(watt, W)라는 단위로 표시한다. 즉, 1 W는 1 s 동안의 1 J의 비율로 일을 하는 속도이다.

따라서 1 W는 J/s와 같은 단위이다. V[V]의 전압을 I[A]의 전류가 t[s] 동안 흘러서 Q[C]의 전하가 이동하였을 때의 전력 P는 $I = Q/t$이므로

$$P = \frac{VQ}{t} = VI[\mathrm{W}] \quad \cdots\cdots (14-12)$$

또, 그림 14-3과 같이 R[Ω]의 저항에 V[V]의 전압을 가하였을 때 I[A]의 전류가 흘렀다고 하면 $V = RI$이므로 전력 P는

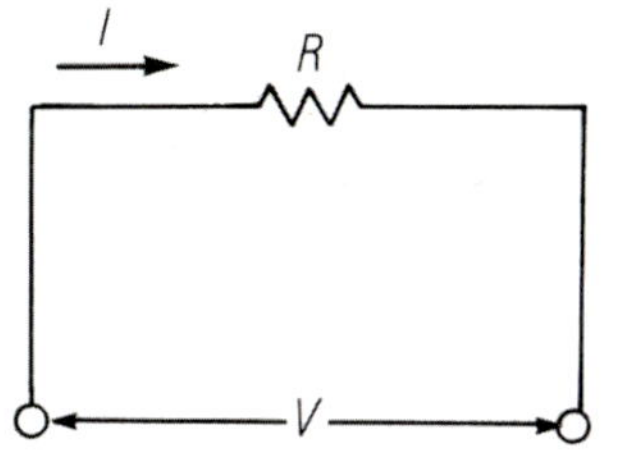

그림 14-3

$$P = VI = I^2R = \frac{V^2}{R} = [\mathrm{W}] \quad \cdots\cdots (14-3)$$

으로 표시한다. 전기 에너지를 특히 전력량이라고 하며, 전압 V[V]에서 전류 I[A]를 t[sec] 동안 흘릴 때의 전력량 W는

$$W = VIt = Pt[\mathrm{J}] \quad \cdots\cdots (14-14)$$

이 된다. 전력량의 단위는 보통 J보다는 Ws를 사용한다. 그러나 실용적으로는 와트시(watt-hour, Wh) 또는 킬로와트시(kilowatt-hour, kWh) 등의 큰 단위로 표시한다.

R[Ω]의 저항에 I[A]의 전류를 t[s] 동안 흘릴 때 저항 중에서 소비되는 전력량, 즉 전기 에너지는 식 (14-14)로 표시되며, 이 저항에서 소비되는 에너지는 전부 열에너지로 바뀐다는 것이 James Prescott Joule에 의하여 실험적으로 확인되었다. 이것을 주울의 법

칙(joule's law)이라 하고 이때 발생하는 열을 주울열 또는 저항열이라 한다. 열량의 단위로는 공업적으로 단위 J를 그대로 쓰는 경우도 있으나, 대개 칼로리(calorie, cal)라는 단위를 사용한다. 1 cal의 열량은 4.18605 J에 상당하므로 전기에너지에 의한 발생열량 H는

$$H = \frac{RI^2t}{4.18605} \fallingdotseq 0.24\,RI^2t \quad \cdots\cdots (14-15)$$

와 같이 된다.

[예제 2] 어떤 저항에서 1 kWh의 전력량을 소비시켰을 때 발생하는 열량은 몇 kcal인가?

[풀　이] 1 kWh = 1000 Wh = 3600 × 1000 = 3.6 × 10^6 J

그러므로, 열량 = 0.24 × 3.6 × 10^6 ≒ 0.86 × 10^6 cal = 860 kcal

3 저항의 접속과 키르히호프의 법칙(connection of resistance and Kirchhoff's law)

그림 14-4와 같이 저항 R, R, ……, R_n을 직렬로 접속하여 그의 양단에 전압을 가하면 각 저항을 흐르는 전류 I는 모두 같게 되어 각 저항 양단의 전압강하는

$$V_1 = R_1 I,\ \ V_2 = R_2 I,\ \ \cdots\cdots,\ \ V_n = R_n I \quad \cdots\cdots (14-16)$$

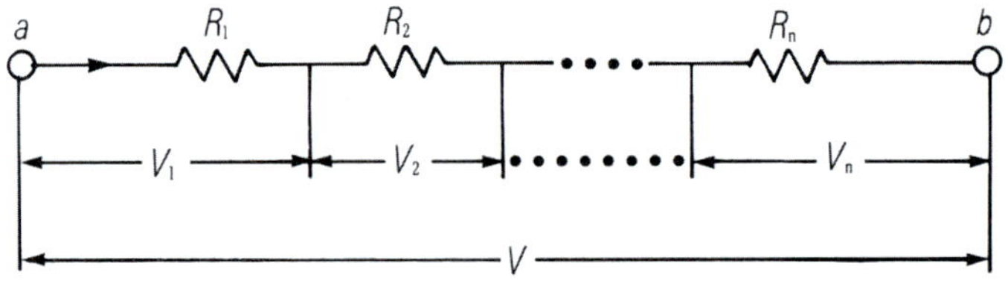

그림 14-4 저항의 직렬연결

a, b간의 전압강하는 각 저항간 전압강하의 합이므로

$$V = V_1 + V_2 + \cdots\cdots + V_n = (R_1 + R_2 + \cdots\cdots + R_n) I \quad \cdots\cdots (14-17)$$

즉, 합성저항 R은 $V = RI$에서

$$R = R_1 + R_2 + \cdots\cdots + R_n = \sum_{i=1}^{n} R_i \quad \cdots\cdots (14-18)$$

가 되며, 각 저항의 합이 된다.

그림 14-5와 같이 R_1, R_2, ⋯⋯R_n을 병렬로 접속하면 각 저항에 가해지는 전압은 모두 같으며 각 저항을 흐르는 전류는

$$I_1 = \frac{V}{R_1},\ I_2 = \frac{V}{R_2},\ \cdots\cdots I_n = \frac{V}{R_n} \quad \cdots\cdots (14-19)$$

전 전류 I는 각 저항에 흐르는 전류의 합이므로

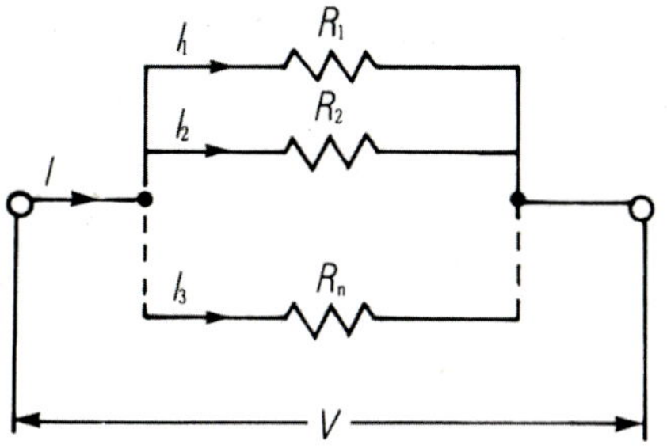

그림 14-5 | 저항의 병렬연결

$$I = I_1 + I_2 + \cdots\cdots + I_n = \left(\frac{1}{R_1} + \frac{1}{R_2} + \cdots\cdots + \frac{1}{R_n}\right) V = \frac{1}{R} V$$

즉, 합성저항 R은

$$\frac{1}{R} = \frac{1}{R_1} + \frac{1}{R_2} + \cdots\cdots + \frac{1}{R_n} = \sum_{i=1}^{n} \frac{1}{R_i} \quad \cdots\cdots (14-20)$$

의 관계가 성립한다.

간단한 전기회로는 오옴의 법칙이나 저항의 직병렬 접속 등의 방법으로 용이하게 계산된다. 그러나 전기회로가 복잡한 회로망(network)에서는 전원의 수도 많고 저항의 접속도 복잡하여 회로망을 계산하려면 오옴의 법칙만으로는 불충분하므로, 오옴의 법칙을 더욱 발전시킨 키르히호프의 법칙(Kirchhoff's law)을 써서 계산하면 편리하다. 키르히호프의 법칙에는 전류에 관한 제1법칙과 전압에 관한 제2법칙의 두 가지가 있다.

전류에는 연속성이 있으므로 회로의 어떤 점에 유입한 전류는 당연히 그 점에 유출한 전류와 같아야 한다. 따라서 회로망 중의 어떤 접속점도 그 점에 유입한 전류의 총합과 유출한 전류의 합과는 같다. 이것을 키르히호프의 제1법칙이라 한다.

$$\sum_{i=1}^{n} I_i = 0 \quad \cdots\cdots (14-21)$$

회로망 중의 어떤 전위를 가진 점을 기점으로 하여 임의의 폐회로(closed circuit)를 한 번 돌아서 기점으로 되돌아 온 경우 도중에 전위상승이나 강하가 있다고 하더라도 한 바퀴 돈 다음에는 원래의 전위를 가진 점에 되돌아온다. 즉, 도중의 전위상승과 강하는 같아서 서로 지워지므로 0이 된다. 따라서 회로망 중의 임의의 폐회로를 일정한 방향으로 한 바퀴 돌 때 회로의 각 부분의 기전력의 대수합과 전압강하의 대수합과는 서로 같다. 그리고 폐회로를 따라가는 방향과 일치한 기전력과 전류에 의한 전압강하는 +로 하고, 반대인 것은 −로 한다.

$$\sum_{i=1}^{n} R_i I_i = \sum_{i=1}^{n} V_i \quad \cdots\cdots (14-22)$$

이것을 키르히호프의 제2법칙이라 한다.

[예제 3] 그림 14-6에서 전류 I_1, I_2, I_3를 계산하시오.

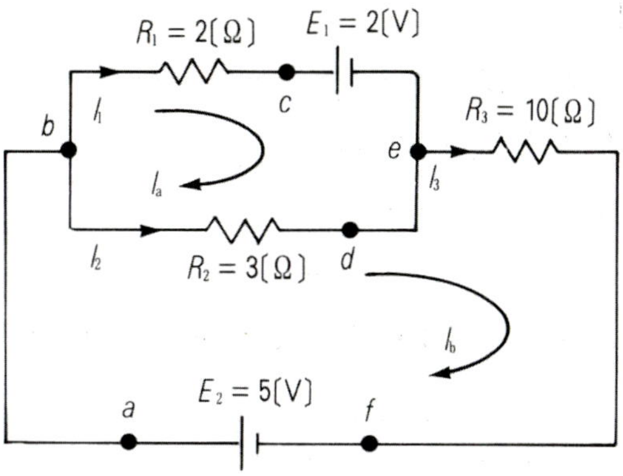

그림 14-6

[풀 이] 각 부의 전류의 방향을 그림 14-6과 같이 잡고, 점 e에 키르히호프의 제1법칙을 적용하면

$I_3 = I_1 + I_2$, 폐로의 $bcdb$에 키르히호프의 제2법칙을 적용하면

$- E_1 = I_1R_1 - I_2R_2$ ·· ①

폐로 $abcedfa$에서는

$E_1 = I_2R_2 + I_3R_3$ ·· ②

이여, 위의 두 식에 주어진 값을 넣어 정리하면

$-2 = 2I_1 - 3I_2$ ·· ③

$5 = 10I_1 - 13I_2$ ·· ④

이것을 풀기 위해서 ④-③×5의 계산을 하면

$15 = 28I_2 \qquad \therefore I_2 = \dfrac{15}{28}\text{A}$ ································ ⑤

이며, ⑤를 ③에 대입하면

$$I_1 = \frac{11}{56}\text{A}$$

따라서 $I_3 = \dfrac{19}{56}\text{A}$

(2) 각 회로에 순환하는 전류 I_a, I_b를 생각하면, 그림에서 $I_1 = I_a$, $I_2 = I_b - I_a$, $I_3 = I_b$이다.

I_a 회로에 키르히호프의 제2법칙을 적용하면

$- E_1 = I_aR_1 + I_aR_2 - I_bR_2$ ································ ①

또, I_b회로에서는

$E_a = I_aR_2 + I_aR_3 - I_bR_2$ ………………………………… ②

여기에 주어진 값을 넣어 정리하면

$-2 = 5I_a - 3I_b$ ………………………………………………… ③

$5 = -3I_a + 13I_b$ ……………………………………………… ④

이것을 풀기 위하여 ③×3 + ④×5의 계산을 하면

$I_b = \frac{19}{56}\text{A}$ ………………………………………………………… ⑤

⑤를 ③에 대입하면

$I_a = \frac{11}{56}\text{A}$

따라서,

$I_1 = I_a = -\frac{11}{56}\text{A}$

$I_2 = I_b - I_a = \frac{15}{28}\text{A}$

$I_3 = I_b = \frac{19}{56}\text{A}$

4 전류의 화학작용(chemical effect by current)

순수한 물은 저항이 매우 크므로 전류가 흐르기 힘들다. 이것을 염류로 용해시키면 도체가 된다. 이렇게 용해해서 전기의 도체로 되는 물질을 전해질(electrolyte)이라고 한다. 용액의 전해질 분자는 양전기를 띤 원자 또는 원자단과 음전기를 띤 원자나 원자단으로 분리된다. 앞의 것을 양이온(anion), 뒤 것을 음이온(anion)이라 하고, 이 현상을 전리(inoization)라고 한다. 예를 들면 묽은 황산이나 또는 질산은 등은

$H_2SO_4 \rightleftarrows 2H^+ + SO_4^{--}$

$AgNO_3 \rightleftarrows Ag^+ + NO^-_3$

와 같이 전리된다. 이러한 용액 중에 2개의 전극을 넣어 그 사이에 전위차를 주면 양이온은 음극에, 음이온은 양극에 끌리어 거기서 전기를 잃어버린다. 이와 같이 전해질에 전류를 흐르게 하면 이온의 이동이 행해져서 화학변화가 일어난다. 이 분해작용을 전기분해(electrolysis)라고 한다. 예를 들면 묽은 황산에 전류를 흐르게 하면 다음과 같이 2단계의 변화를 거쳐서 음극에는 수소 양극에는 산소가 각각 발생한다. 여기에 ↑는 가스 발생을 표시한다.

$$2H_2SO_4 \rightarrow \underset{(음극)}{2H\uparrow} + \underset{(양극)}{2SO_4}$$

$$2SO_4 + 2H_2O \rightarrow 2H_2SO_4 + \underset{(양극)}{O_2\uparrow}$$

결국, 황산에는 변화가 없고 물의 전기분해가 이루어진다. 일반으로 음극에는 수소나 또는 금속이 유리되고 양극에는 산소 또는 산기가 유리된다.

전기분해에 의해 석출한 물질의 양과 전기량과의 관계는 Faraday(1883년)에 의해 연구되었다. 그 결과는 동일물질의 석출량은 통과한 전기량에 비례하며 동일전기량에 의한 다른 석출량은 그 화학당량에 비례하는데, 이것을 패러데이의 전기분해법칙이라고 한다. 세기가 I인 전류를 t시간만큼 흐르게 했을 때 석출된 물질의 양을 W, 그 원자량을 M, 원자가를 P라고 하면, 패러데이의 법칙은

$$W = kIt, \quad k = \frac{M}{FP} \quad \cdots\cdots (14-23)$$

로 표시된다. k의 단위는 전기량에 석출된 물질의 양으로, 전기화학당량(electrochemical equivalent)이라 한다. F는 물질에 관계없는 정수인데, 패러데이 정수라고 하고 1화학당량을 석출하는데 필요한 전기량으로 나타낸다.

$$F = 96520\,\mathrm{C}$$

[예제 4] 질산은을 전기분해할 때 일정한 직류전기를 10분간 흘렸더니 음극에 120.7 g의 은이 부착하였다. 이 때 전류는 몇 [A]인가?

[풀 이] $I = \frac{W}{kt} = \frac{120.7}{0.001118 \times 3600 \times 10} \fallingdotseq 3\,\mathrm{A}$

5 전류에 의한 자기현상(magnetic effect by current)

도선에 전류가 흐르면 그 주위에 자기작용이 미친다는 것이 1820년 Hans Christian Oersted에 의하여 발견되었다.

그림 14-7과 같이 쇳가루를 뿌린 두꺼운 종이를 수평으로 놓고 그 중앙에 직선도선을 통하여 화살표 방향으로 전류를 흘리면 도선을 중심으로 많은 동심원을 그린다. 즉 도선 주위의 자력선은 도선과 수직인 평면 안에서 도선을 중심으로 하는 원이 되며 종이 위에 자침을 놓으면 이의 N극의 방향이 자력선의 방향이 되므로 자장의 방향은 시계방향이 됨을 알 수 있다. 또 전류의 방향을 반대로 하면 작은 자침의 방향도 반대가 된다.

그림 14-8과 같이 코일 속에서 자력선이 쇄교(interlink)하여 강한 자장이 생긴다. 코일을 많이 감을수록 이들의 작용이 합해져 보다 강한 자장을 얻을 수 있다.

그림 14-9는 전선을 균등히 하고 밀접하게 통형으로 감은 코일, 즉 솔레노이드(solenoid)에 전류를 흘렸을 때의 자력선분포를 나타낸 것이며, 대부분의 자력선은 한쪽 끝에서 다른 쪽 끝까지 솔레노이드 속을 관통하고 솔레노이드의 전 전선과 쇄교하는 환상

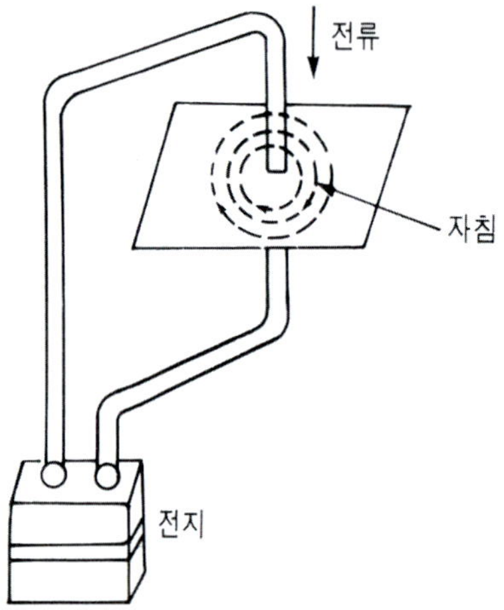

그림 14-7 직선직류에 의한 자장

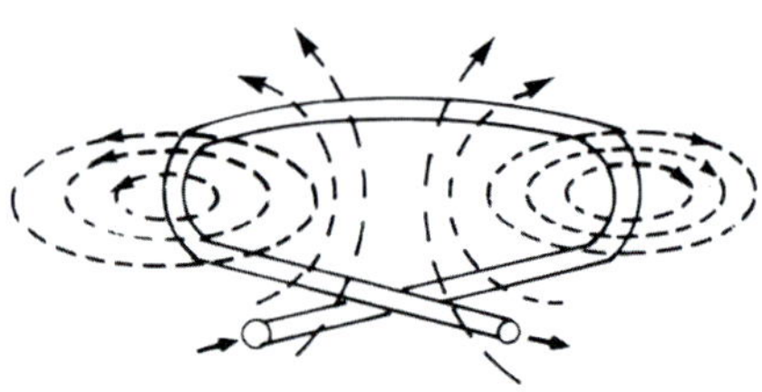

그림 14-8 코일에 의한 자장

의 자력선이 되고 있다. 따라서 코일 밖의 분포는 1개의 막대자석이 만드는 자장과 똑같은 것이 되고 솔레노이드 양단에 자극 N, S가 생긴다. 이와 같이 전류에 의하여 만들어진 자석을 전자석(electromagnet)이라 한다.

그림 14-10과 같이 전류가 흐르는 방향으로 오른나사를 진행시키면 나사가 회전하는 방향에 자력선이 생긴다. 이 때 전류와 자력선의 관계를 바꾸어도 마찬가지이다. 그림 14-11과 같이 코일에 전류가 흐르는 경우, 전류의 방향으로 나사를 돌리면 나사의 진행방향이 코일 속을 지나는 자력선방향과 일치한다. 이것을 암페어의 오른나사법칙(Ampere's clockwise screw law)이라 하며, 오른손의 엄지손가락과 다른 네 손가락을 그림 14-12와 같이 하여도 같은 결과를 얻기 때문에 오른손 엄지손가락의 법칙(right hand screw law)이라고도 한다.

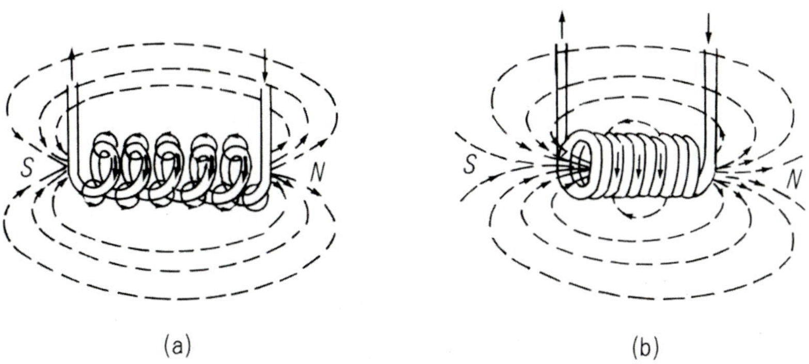

그림 14-9 | 솔레노이드에 흐르는 전류에 의한 자장

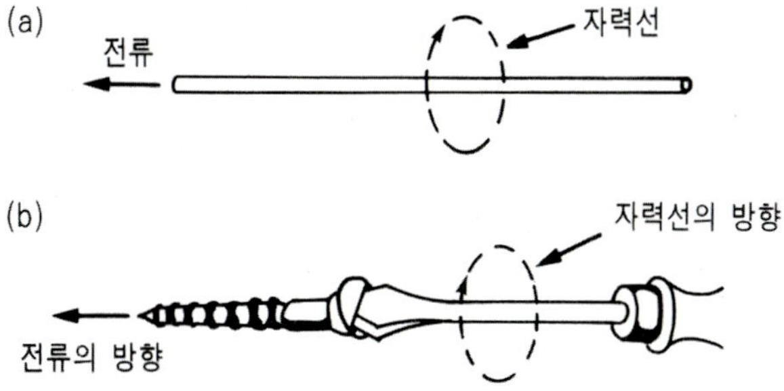

그림 14-10 | 오른나사의 법칙(직선직류)

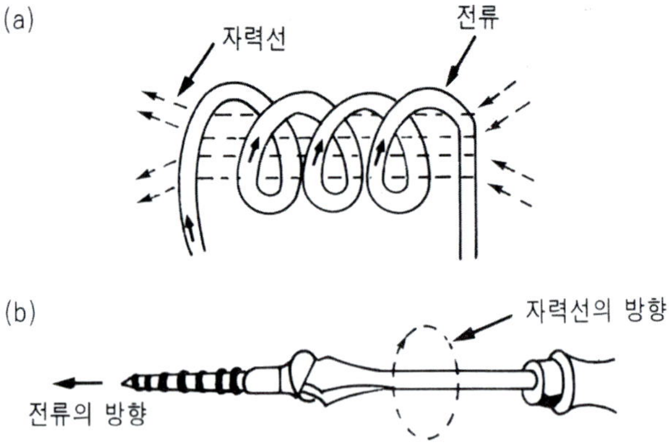

그림 14-11 | 오른나사의 법칙(코일)

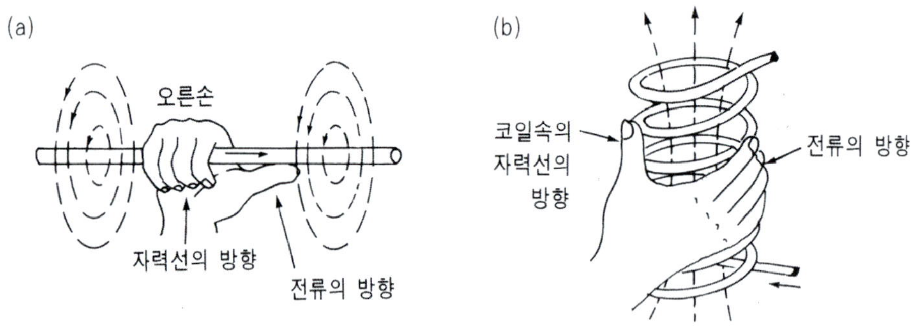

그림 14-12 | 오른손엄지손가락의 법칙

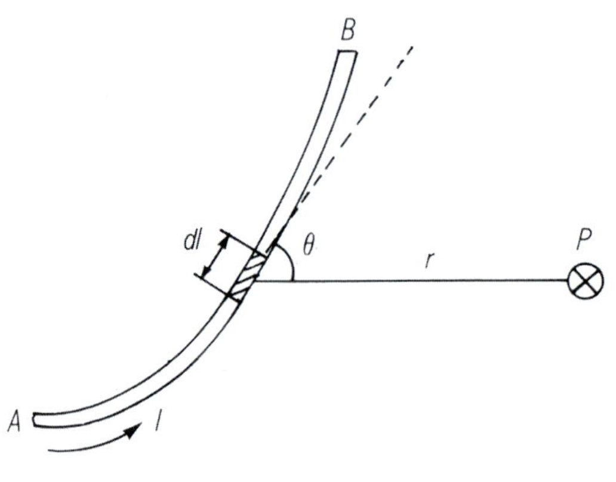

그림 14-13

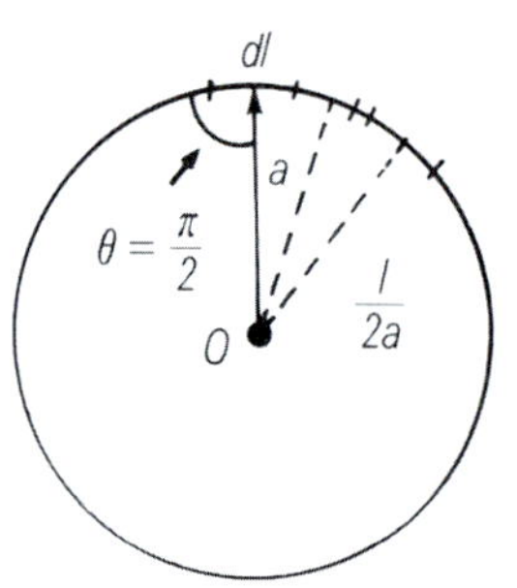

그림 14-14

전류와 만드는 자장의 세기에 대하여 Jean Baptiste Biot-Felix Savart는 다음 관계식을 유도했다. 즉, 그림 14-13과 같이 도체 A, B에 전류 I[A]가 흐를 때 미소부분 dl의 전류에 의하여 전류의 방향과 θ만큼 기울어진 방향으로 도체에서 r[m] 떨어진 점 P의 자기장 세기는

$$dH = \frac{Idl\sin\theta}{4\pi r^2} \quad \cdots\cdots (14-24)$$

이다. 이것을 비오-사바아르의 법칙(Bio-Savart's)이라 한다. 그림 14-14와 같이 반지름 a인 코일의 중심 O의 자기장은 $H = I/2a$[A/m]이다. 이 자기장 H_0는 코일 전체에 의한 O점의 자기장인데, dl부분에 의한 O점의 자기장 dH는

$$dH = \frac{I}{2a}\frac{dl}{2\pi a} = \frac{Idl}{4\pi a^2}\left[\frac{\mathrm{A}}{\mathrm{m}}\right] \quad \cdots\cdots (14-25)$$

이다.

[예제 5] 그림 14-15와 같이 반지름 a의 원형전류가 흐르고 있을 때, 원형전류의 중심 O에서 수직거리 r인 점 P의 자기장을 구하라.

[풀 이] 비오-사바아르의 법칙은 식 (14-24)와 같이

$$dH = \frac{Idl\sin\theta}{4\pi r^2}\left[\frac{\mathrm{A}}{\mathrm{m}}\right]$$

이므로, 그림 14-15와 같이 dl과 점 P와의 각은 $\theta = \pi/2$이므로 $\sin\theta = 1$이 되며

$$dH = \frac{Idl}{4\pi r^2}\left[\frac{\mathrm{A}}{\mathrm{m}}\right]$$

또한 이 때 자계의 y성분은 dH_y와 dH'_y가 상쇄되어 축방향의 x성분 dH_x만이 남게 되므로

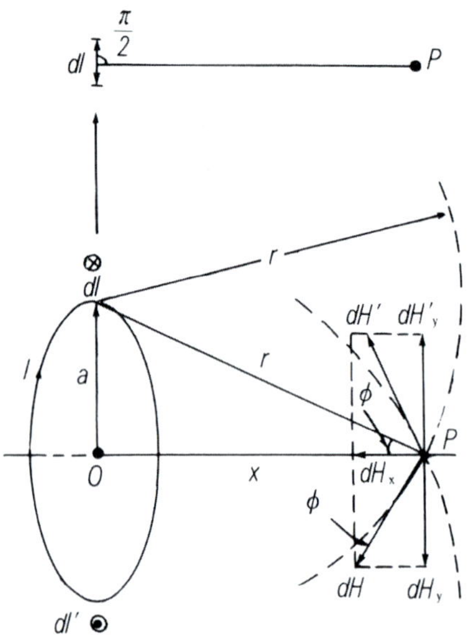

그림 14-15

$$dH_x = dH\sin\varnothing = dH\frac{a}{r} = \frac{aIdl}{4\pi r^3}\left[\frac{\mathrm{A}}{\mathrm{m}}\right]$$

따라서 원형전류 I의 전원주에 의한 축방향의 자계 H_x 는

$$H_x = \int_0^{2\pi a} dH_x = \frac{aI}{4\pi r^3}\int_0^{2\pi a} dl$$

$$= \frac{aI}{4\pi r^2} \times 2\pi a = \frac{a^2 I}{2r^3}$$

여기서 $r = \sqrt{a^2 + x^2}$ 이므로 위의 식은

$$H_x = \frac{a^2 I}{2(\sqrt{a^2+x^2})^3} = \frac{a^2 I}{2(a^2+x^2)^{3/2}}\left[\frac{\mathrm{A}}{\mathrm{m}}\right]$$

또한 원형전류의 중심 O의 자계는 윗 식에서 $x = 0$라 놓으면

$$\therefore H_0 = \frac{I}{2a}\left[\frac{\mathrm{A}}{\mathrm{m}}\right]$$

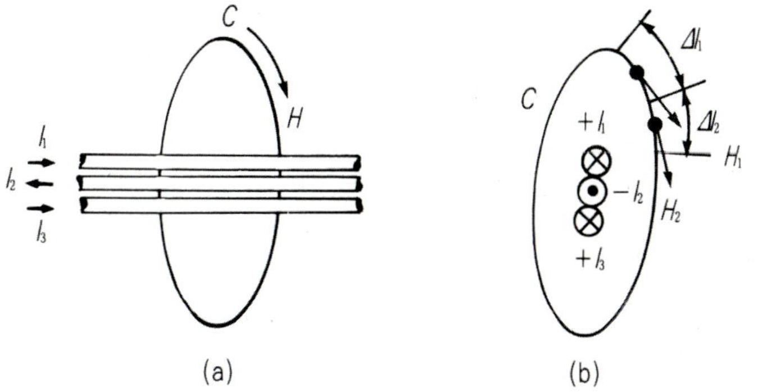

그림 14-16 | 암페어의 주회적분의 법칙

가 된다.

비오-사바아르의 법칙은 전류에 의한 자기장을 계산하는 경우 기본이 되는 법칙이지만, 어떤 경우의 자기장은 다음 법칙을 쓰면 그 크기를 간단하게 알 수 있다.

그림 14-16(a)와 같이, 3개의 도선에 각각 I_1, $-I_2$, I_3의 전류가 흐를 때 이들 도선 주위에는 자기장이 생기며 자기장 안에 폐곡선 C를 취하여 그림 (b)와 같이 C의 미소부분 dl_1의 자기장 세기를 H_1, dl_2의 자기장 세기를 H_2, ……라 하면, 폐곡선 C를 따라 곡선을 한 바퀴 돌면서 dl과 이 부분의 자기장세기 H와의 곱Hdl의 대수합은 이 폐곡선과 쇄교하는 전류의 대수합과 같다. 여기서 도선에 흐르는 전류는 오른나사의 법칙에 따를 때 +, 반대일 때 -로 한다. 이것을 관계식으로 나타내면

$$H_1 dl_1 + H_2 dl_2 + H_3 dl_3 + \cdots\cdots = I_1 + (-I_2) + I_3 \cdots\cdots$$

이 되고 전류가 코일과 같이 n회 감았을 때에는 폐로와의 쇄교수(number of linkage)는 n이 되어

$$\int_c H dl = \int_c H \cos\theta \, dl = \sum_{i=1}^{n} n_i I_i \,[\mathrm{AT}] \quad \cdots\cdots (14-26)$$

의 관계식이 된다. 이것을 암페어의 주회적분의 법칙(Ampere's circuital law)이라 한다.

[예제 6] 그림 14-17과 같이 무한히 긴 직선도체에 전류 I[A]가 흐르고 있을 때, 도체에서 r[m]의 점 P의 자계 및 자속밀도를 구하라.

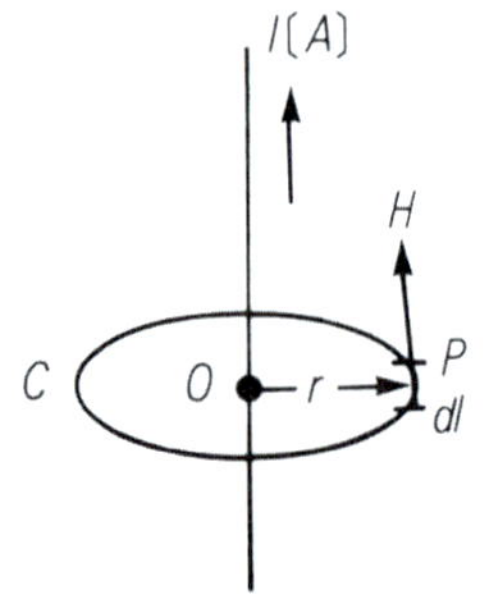

그림 14-17

[풀 이] 암페어의 주회적분의 법칙에서 도선이 무한히 길면 그 주위에 생기는 자기장은 도선 중심의 원이 되므로 반지름 r되는 원주위의 자장의 세기는 모두 같고 각 점의 자기장의 방향은 원주의 접선이다. 그러므로 P의 자기장의 세기 H[AT/m]는

$$H \times 2\pi r = 1 \quad \therefore H = \frac{I}{2\pi r}\left[\frac{\mathrm{A}}{\mathrm{m}}\right]$$

자속밀도는

$$B = \mu_0 H = \frac{\mu_0 I}{2\pi r}\left[\frac{\mathrm{Wb}}{\mathrm{m}^2}\right]$$

6 자기장에서 전류에 작용하는 힘(magnetic force on a current)

그림 14-18과 같이 N, S극이 만드는 평등한 자기장 중에 그의 자기장 방향에 수직한 전류 I가 흐르고 있는 직선상 도체를 두면 양자가 만드는 자기장의 합성으로 실선과 같은 자력선이 된다. 즉, 이 자기장 분포는 도체의 위쪽에서 밀(密)하고 아래쪽에서는 소(疎)하므로 도체에는 하향력이 작용한다.

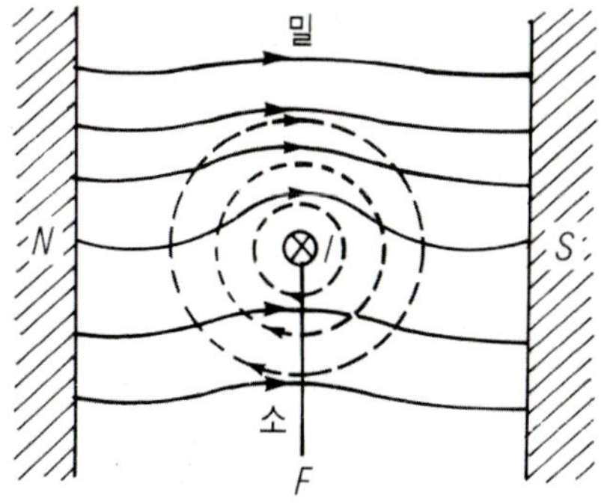

그림 14-18

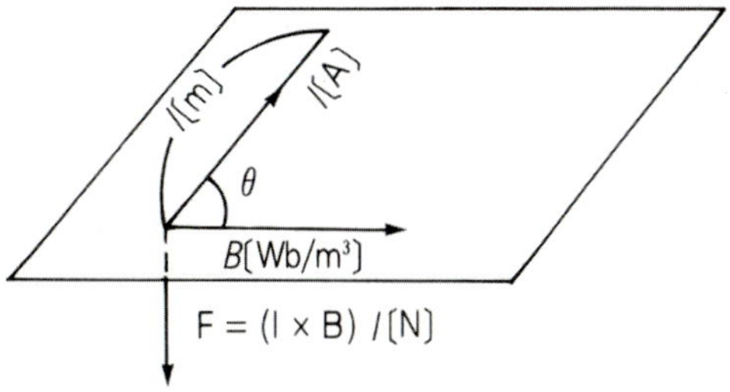

그림 14-19

지금 그림 14-19와 같이 전류 I[A]가 흐르고 있는 길이 l[m]의 도체가 자밀속도 B[Wb/m^2]의 자기장 중에 놓여 있을 때 이 도체에 작용하는 힘 F는 실험에 의해서

$$F = IBl\sin\theta[\mathrm{N}] \text{ 또는 } F = (I \times B)l[\mathrm{N}] \quad \cdots\cdots (14-27)$$

임이 확인되어 있다. 여기서 θ는 전류 I와 자속밀도 B가 이루는 각이다. 또한 도체에 작용하는 힘 F의 방향은 I와 B의 양쪽에 직각방향이 된다. 즉, 왼손의 엄지손가락, 집게손가락, 가운데 손가락을 서로 직각으로 구부려 전류의 가운데 손가락, 자속밀도를 인지로 취할 때 엄지방향이 힘의 방향이 된다. 이 관계를 프레밍의 왼손법칙(Fleming's left rule)이라 한다.

이와 같이 전류와 자속 사이에 작용하는 힘을 전자력(electromagnetic force)이라 하며, 그림 14-20(a)와 같이 자기장 안에 도선 C를 놓으면 C는 $F = BIl$[N]의 전자력을 받아 화살표방향으로 이동한다. 그림 (b)에서와 같이 도선 C가 $t[s]$ 후에 C의 위치까지

S[m] 이동하였다고 하면, 이 때 한 일 W는

$$W = FS = BIlS[J]$$

이 되고 BlS는 도선이 S[m] 이동할 때 끊은 자속의 총합이므로 이것을 Φ[Wb]라 놓으면

$$W = I\Phi[J] \quad \cdots\cdots (14-28)$$

또한 t[s] 동안에 이 만큼의 일이 이루어지므로 매초 한 일의 비율(동력)을 P라면

$$P = \frac{I\Phi}{t}[J/s] \quad \cdots\cdots (14-29)$$

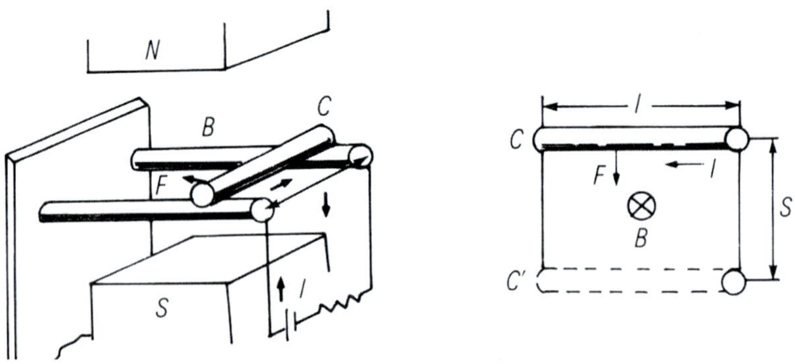

(a) (b)

그림 14-20 전자력에 따르는 일

의 관계가 성립한다.

이와 같은 전자력의 응용으로 전동기나 전기계기가 널리 이용되고 있다.

연습문제

1. 5.0 A의 전류가 4.0 min 동안 10 Ω 의 저항기에 흘렀다. 이 시간 동안에 저항기의 어떤 단면을 통과한 (a)Coulomb? (b) 전자수는?

2. 작지만 측정 가능한 전류 1.0×10^{-10}A가 직경 2.5 mm인 구리 도선 내에 존재한다. 전자유동속력을 계산하라.

3. 고립도체구의 반경은 10 cm이다. 어떤 도선이 그 속으로 1.0000020 A의 전류를 운반하며, 또 다른 도선이 구 밖으로 1.0000000 A의 전류를 운반한다. 구의 전위가 1000 V가 될 때까지는 얼마나 걸리겠는가?

4. 전차의 동철선로가 7.1 in^2의 단면적을 가지고 있다. 10 mi의 단일선로의 저항은? 강철의 비저항은 $3.0 \times 10^{-7}\Omega \cdot m$이다.

5. 저항인 6.0 Ω 인 도선을 원래 길이의 세 배로 잡아 늘었다. 물질의 비저항과 밀도는 늘이는 과정에서 변하지 않았다고 생각하고, 긴도선의 저항을 구하라.

6. 니크롬 도선(니켈-크롬 합금으로서 보통 가열재로서 사용된다)의 길이가 1.0 m이고 단면적이 1.0 mm^2이다. 양단에 2.0 V의 전위차가 걸렸을 때 4.0 V의 전류가 흐른다. 니크롬의 전도도 σ는?

7. 1250 W 복사전열기가 115 V에서 작동되고 있다. (a) 이 전열기에 흐르는 전류는? (b) 가열 코일의 저항은? (c) 이 전열기에 의하여 1시간에 방출되는 열에너지는?

8. 반경 5.0 mm, 길이 2.0 cm인 원통형 저항기가 비저항 $3.5 \times 10^{-5} \Omega \cdot m$의 물질로 만들어져 있다. 전력 소비가 1.0 W일 때 전류밀도와 전위차는?

9. 120 V 선에서 작동하고 있는 공간 전열기가 뜨거운 저항 14 Ω 을 가지고 있다. (a) 어떤 비율로 전기적 에너지가 열로 변환되는가? (b) 5.0 c/kW · h로 5.0 h 동안이 기재를 작동시키는 데 얼마나 비용이 드는가?

10. 저항기가 절단된 직원추 모양으로 생겼다(그림 14-21). 양끝의 반경이 a와 b이고 높이는 l이다. 경가각도가 작다면 임의의 단면적내에서 전류 밀도는 균일하다고 가정할 수 있다. (a) 이 물체의 저항을 계산하라. (b) 경사각이 없는 특별한 경우($a = b$)에 대하여 답이 $p(l/A)$로 바뀜을 보여라.

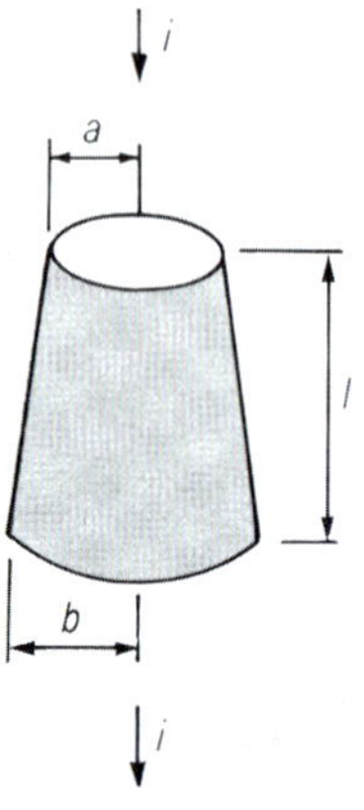

그림 14-21

11. 전동기에 감겨 있는 구리 도선의 저항이 전동기가 작동을 하지 않을 때 20 ℃ 에서 50 Ω 이다. 몇 시간 동안 작동한 다음 저항은 58 Ω 으로 올라갔다. 감은 선의 온도는?

12. 그림 14-22에서 R_3을 포함하는 분로에 삽입된 전류계를 생각하라. (a) $\varepsilon = 5.0$ V, $R_1 = 2.0\ \Omega$, $R_2 = 4.0\ \Omega$, 그리고 $R_3 = 6.0\ \Omega$ 이라면 전류계에서는 얼마나 읽을 수 있는가? (b) 전류계와 기전력의 원천이 상호 교환되었다. 전류계의 눈금이 불변임을 보여라.

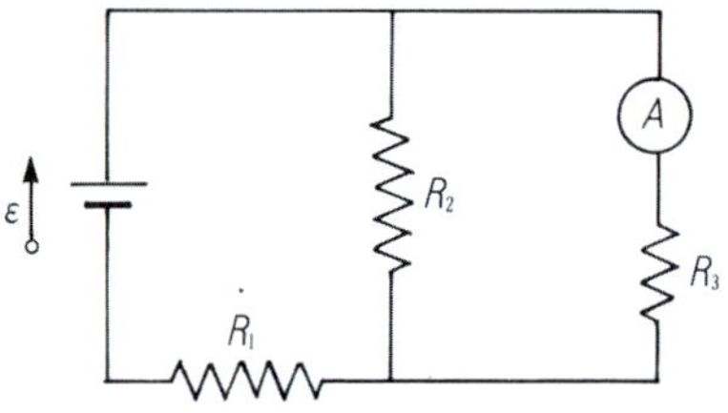

그림 14-22

13. 그림 14-23에서 가능한 한 많은 경로에 의하여 점 c와 d사이의 전위차를 계산하여라. 단, $\varepsilon_1 = 4.0\ \mathrm{V}$, $\varepsilon_2 = 1.0\ \mathrm{V}$, $R_1 = R_2 = 10\ \Omega$, $R_3 = 5.0\ \Omega$으로 하라.

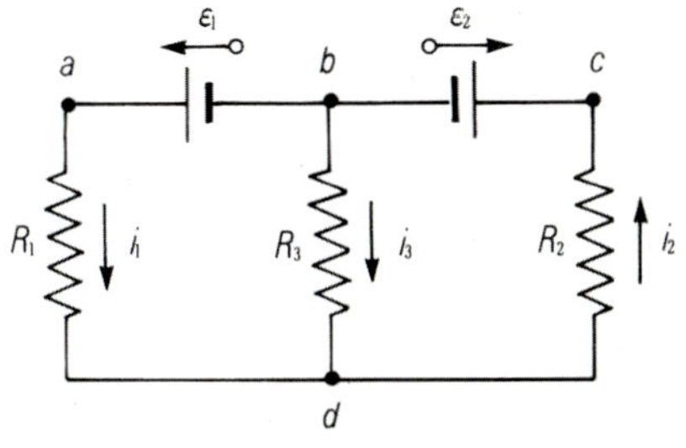

그림 14-23

14. 반경 $a(= 0.25\ \mathrm{mm})$의 구리 도선에 바깥쪽 반경 $b(= 0.38\ \mathrm{mm})$를 알루미늄이 씌어져 있다. (a) 이 도선의 전류 $i(= 2.0\ \mathrm{A})$가 흐를 때 각 물질에 흐르는 전류를 구하라. (b) 전위차 $V = (12\ \mathrm{V})$로 이 전류가 흐른다면 도선의 길이는?

(a) $i_{\mathrm{cu}} = 1.1\ \mathrm{A}$, $i_{\mathrm{Al}} = 0.9\ \mathrm{A}$, (b) 130 m

15. 두 저항 코일을 사용하여 —다만 직렬이나 병렬로— 3, 4, 12, 16 Ω 의 저항을 얻을 수 있다. 이 코일의 각 저항은?

16. 그림 14-24에서 각 저항기에서의 전류와 a, b사이의 전위차를 구하라. $\varepsilon_1 = 6.0\ \mathrm{V}$, $\varepsilon_2 = 5.0\ \mathrm{V}$, $\varepsilon_3 = 4.0\ \mathrm{V}$, $R_1 = 100\ \Omega$, 그리고 $R_2 = 50\ \Omega$으로 하라.

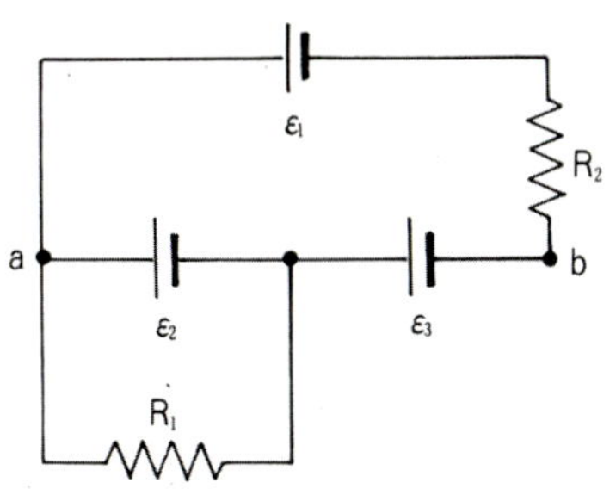

그림 14-24

17. 저항측정 전압계(저항 R_V)와 전류계(저항 R_A)가 그림 14-25에서처럼 저항 R을 측정하기 위해서 연결되어 있다. 저항은 $R = V/i$이고, 여기서 V는 전압계의 값이며, i는 저항기 R에 흐르는 전류이다. 전류계에서 읽은 전류(i')는 다만 겉보기 저항 R'가 된다. R과 R'의 관계가 다음과 같이 됨을 보여라.

$$\frac{1}{R} = \frac{1}{R'} - \frac{1}{R_V}$$

$R_V \to \infty$일 때 $R' \to R$임을 유의하라.

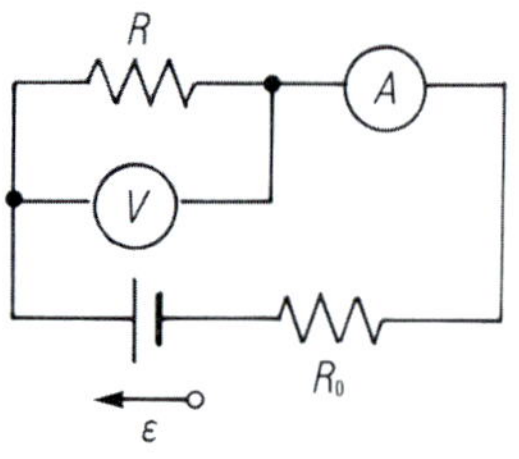

그림 14-25

18. RC회로의 축전기에서 평형전하의 1.0 % 이내로 충전되기까지에는 시간정수의 몇 배가 경과하여야 하는가?

19. 10번 나동선(직경 2.5 mm)은 과열되지 않고 50 A의 전류를 흘릴 수 있다. 이 전류에서 동선 표면에서의 자기장 B는?

20. 크기 $+q$, 속력 v의 점전하가 전류 i가 흐르는 긴직선 도선의 축으로부터 거리 d인 곳에 위치하여 이 도선의 축에 수직으로 움직인다면, 이 전하가 (a) 도선으로부터 가까워질 때, (b) 멀어질 때에 받는 힘의 크기와 방향은?

21. 거리가 10 cm 떨어진 2개의 긴 직선도선에 전류 100 A가 각각 흐른다. 그림 14-26은 지면에 수직인 도선과 밑면이 d인 수직이등분선상의 점 P를 나타내는 단면이다. 왼쪽 도선의 전류가 면에서 나오고, 오른쪽 도선의 전류는 (a) 같은 방향, (b) 반대방향일 경우에 점 P에서의 자기장의 크기와 방향을 구하라.

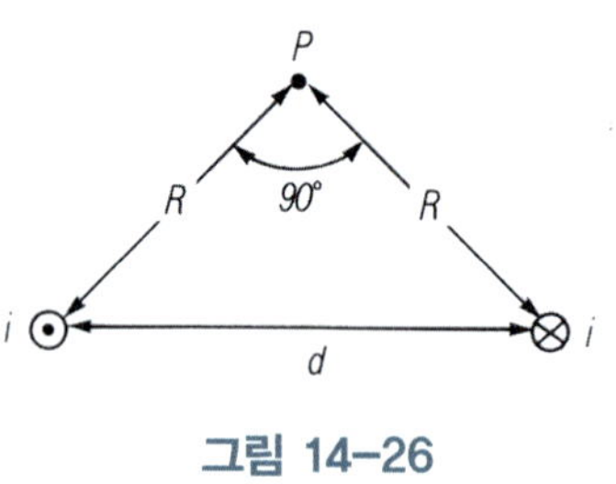

그림 14-26

22. 길다란 머리핀이 그림 14-27에서와 같이 한 조각의 도선을 휘어서 만들어졌다. 만약, 10A의 전류가 흐른다면 (a) 점 a에서의 B의 방향과 크기는? (b) 점 b에서는? $R = 5.0$ mm로 하라.

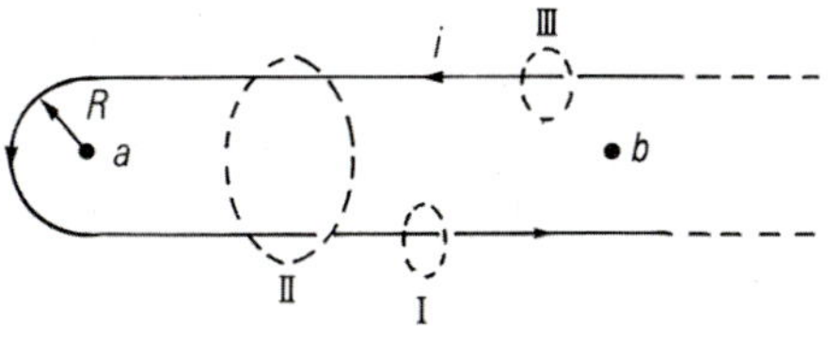

그림 14-27

23. 그림 14-28의 점 P에서 B를 계산하라. $i = 10$ A, $a = 8.0$ cm라고 가정하라.

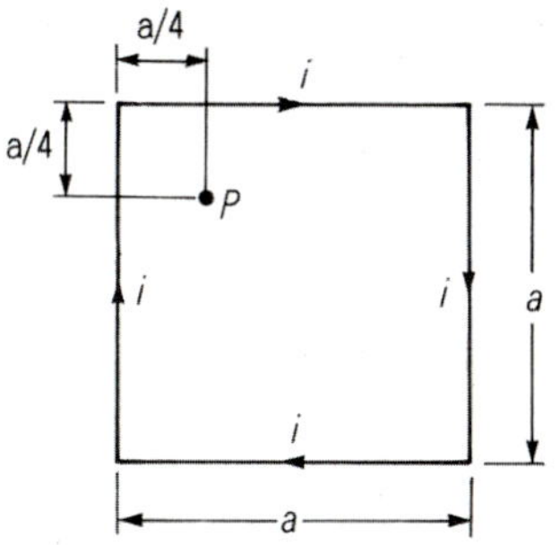

그림 14-28

24. 한 변이 5.0 cm의 정방형 단면을 가지고 내반경 15 cm인 토로이드가 500번 감겨 있고 전류 0.80 A가 흐른다. 토로이드의 자기장을 구하라. (a) 내반경에서, (b) 외반경에서,

25. 그림 14-29는 균일하게 분포된 전류 i가 흐르는 반경 a의 긴 원통형 도체의 단면을 보여 주고 있다. $a = 2.0$ cm, $i = 100$ A라 가정하고, 영역 $0 < r < 6$ cm에 걸쳐서 $B(r)$의 도면을 그려라.

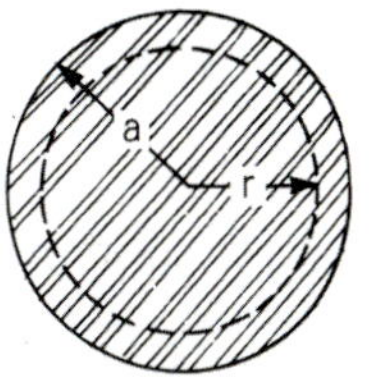

그림 14-29

26. 그림 14-30에서 긴 도선에는 30 A의 전류가 흐르고 구형환선에서는 20 A의 전류가 각각 흐르는, 환선에 작용하는 합력을 구하라. 단, $a = 1.0$ cm, $b = 8.0$ cm, $l =$ 30 cm 이다.

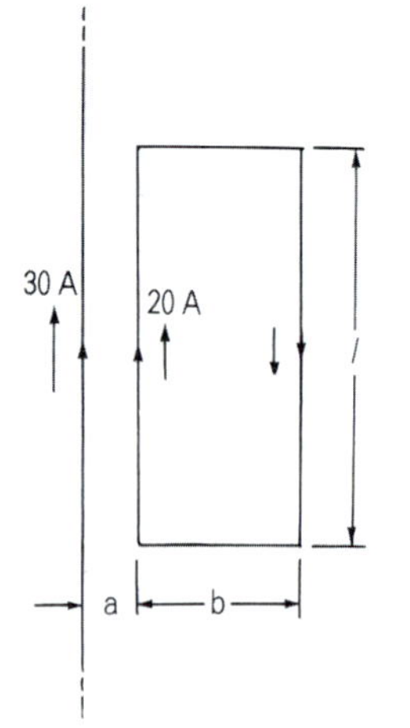

그림 14-30

27. 5.0 mT(= 50 gauss)의 균일한 외부 자기장 속에 100 A의 전류가 흐르고 있는 긴 도선이 그 장에 대해서 각으로 놓여 있다. 합성자기장이 0이 되는 점을 찾아라.

28. 8개의 도선이 그림 14-31에서 보이는 점들 지면을 수직으로 자른다. 정수 k($k = 1, 2, \cdots, 8$)로 분류되는 한 도선에 전류 ki_0가 흐른다. 홀수 k에 대해서 전류는 지면 밖으로 흐르며, 짝수 k에 대해서는 지면 속으로 흘러들어간다. 화살표로 지시된 방향으로 폐로를 따라서 $\int \mathbf{B} \cdot dl$을 계산하라.

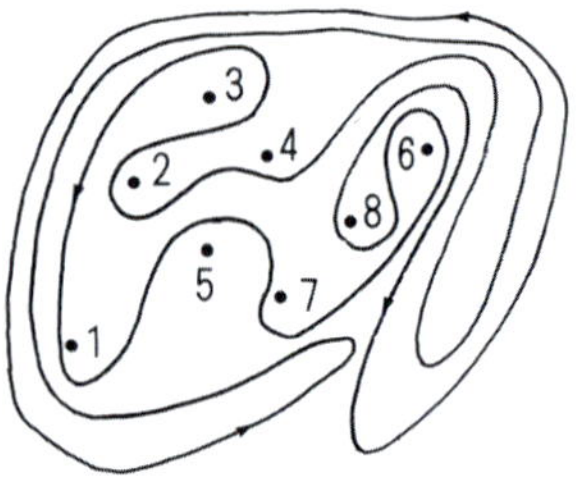

그림 14-31

29. 평행판 축전기의 변위전류는 다음과 같이 쓸 수 있음을 증명하라.

$$i_d = C\frac{dV}{dt}$$

30. 1.0μF의 평행판 축전기가 있다. 어떻게 하면 판 사이의 공간에 1.0 A의 (순간) 변위전류를 일으킬 수 있겠는가?

제 15 장

전자기 유도

Electromagnetism Inducement

1 전자기 유도법칙(electromagnetic induction law)

그림 15-1과 같이 코일 L에 자석을 가까이 또는 멀리하여 코일에 접속한 검류계 G의 지침이 움직임으로써 코일에 기전력이 생겼음을 알 수 있다. 그리고 자석을 가까이 하였을 때와 멀리 하였을 때와는 검류계 G의 지침의 움직임이 반대가 되고, 자석을 멈추면 검류계

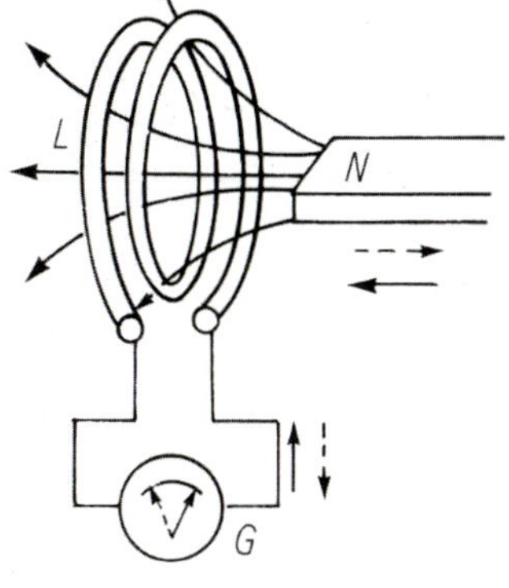

그림 15-1 | 전자기 유도작용의 실험

G의 지침이 0이 되는 것을 알 수 있다. 이와 같이 코일을 지나는 자속이 변화하면 코일에 기전력이 생기는 현상을 전자기 유도(electromagnetic induction)라 하고, 이 기전력을 유도기전력(induced electromotive force), 흐르는 전류를 유도전류(induced current)라 한다.

이 전자기 유도작용은 패러데이에 의하여 1831년 발견된 것이며, 이것에 관하여 다음과 같은 법칙이 있다. 즉 전자기 유도에 의하여 회로에 유도되는 기전력은 이 회로와 쇄교하는 자속이 증가 또는 감소하는 정도에 비례한다. 이것을 전자기 유도에 관한 패러데이의 법칙이라 한다.

전자기 유도에 의하여 유도된 기전력, 즉 유도전류의 방향을 간단하게 하는 방법으로 렌츠의 법칙(Len's law)과 플레밍의 오른손법칙(Fleming's right-hand rule)이 있다.

렌츠의 법칙은 반작용의 법칙이라고도 하며, 전자유도에 의하여 생긴 기전력의 방향은 그 유도전류가 만든 자속이 항상 원래 자속의 증가 또는 감소를 방해하는 방향이다. 즉, 그림 15-2와 같이 A, B 두 코일을 같은 철심에 같은 방향으로 감고 A코일의 전류를 변화시키면 B코일에 유도되는 기전력의 방향은 그림 (a)와 같이 A코일의 스위치 S를 열 때에 A코일의 전류 i는 감소하므로 B코일과 쇄교하는 자속도 감소하려고 한다. 이 때 B코일에는 그 자속의 감소를 방해하는 방향의 전류가 흘러야 하므로 그림 (a)의 화살표의 방향으로 기전력 e가 유도되어 유도전류가 흐르고 원래의 자속과 같은 방향으로 반작용 자속을 만들려고 한다.

만일 반대로 그림 (b)와 같이 S를 닫았다고 하면 전류 i는 증가하여 B코일을 지나는 자속은 증가하려고 한다. 따라서, B코일에는 이 자속의 증가를 방해하는 방향 즉, 원래의 자속과는 반대방향의 반작용자속을 만드는 유도전류를 흘리도록 기전력 e가 생긴다.

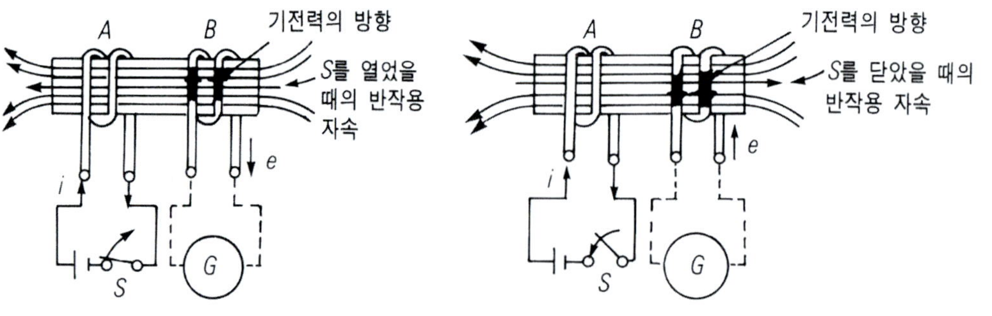

(a) (b)

그림 15-2

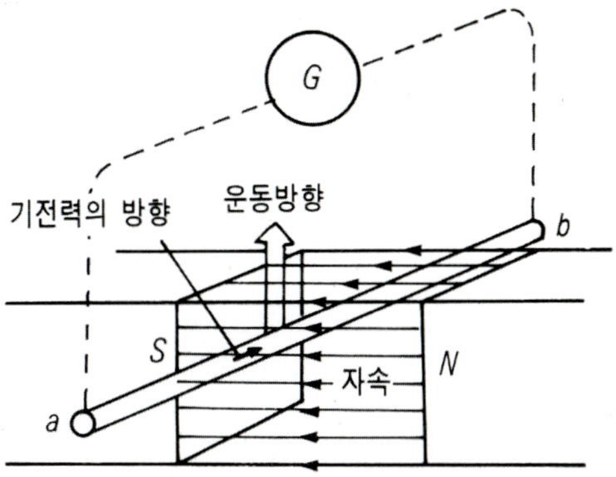

그림 15-3 | 도체의 운동에 의한 기전력

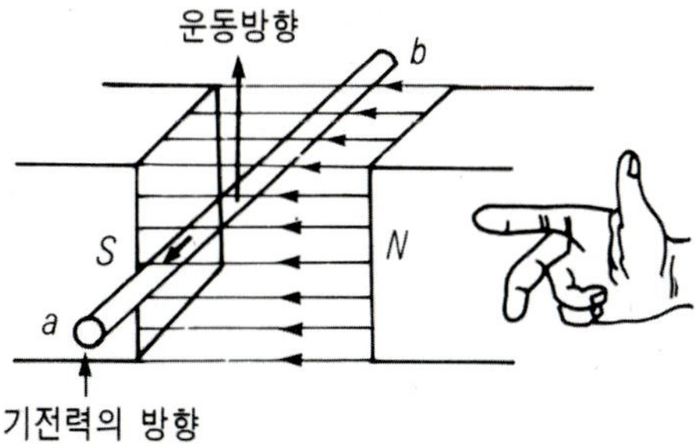

그림 15-4 | 플레밍의 오른손 법칙의 적용

그림 15-3과 같이 도체 ab 양단에 접속한 검류계 G까지 포함하여 1개의 코일로 보았을 때 도체를 위쪽으로 운동시키면 렌츠의 법칙에 의하여 코일과 쇄교하는 자속의 감소를 방해하여야 하므로 화살표 방향의 기전력이 생긴다. 즉, 자장 안에 있는 도체 ab가 운동하면서 자속을 끊으면 기전력이 유도된다. 플레밍의 오른손법칙은 이와 같이 도체가 운동하여 자속을 끊었을 때의 기전력의 방향을 아는 데 편리하다. 이 법칙은 오른손의 집게손가락 · 엄지손가락 · 가운데손가락을 서로 직각으로 구부리고 집게손가락은 자속, 엄지손가락은 도체의 운동방향을 가리키게 하면 가운데손가락 방향이 도체에 생기는 유도기전력의 방향이 된다는 법칙이다.

2 유도기전력(induced eletromotive force)

전자유도에 의하여 회로에 유도되는 기전력은 패러데이의 법칙에 의하여 회로와 쇄교하는 자속의 시간에 대한 변화율에 비례한다. 따라서 감은 횟수 1회의 코일에 쇄교하는 자속 Φ가 $dt[s]$ 동안에 $d\Phi$[Wb] 만큼 변화할 때의 기전력 e_1은

$$e_1 = k\frac{d\Phi}{dt}[\mathrm{V}] \quad \cdots\cdots (15\text{-}1)$$

여기서 단위시간 1 s에 1 Wb 만큼의 자속이 변화할 때 1 V의 유도기전력이 생기도록 M.

K. S단위를 정하면 $k = 1$

$$e_1 = \frac{d\Phi}{dt}[\mathrm{V}] \quad \cdots\cdots (15-2)$$

즉, 감은 횟수 1회의 코일과 쇄교하는 자속이 1 s 동안에 1 Wb의 비율로 변화할 때 1 V의 기전력이 유도된다.

이 관계로부터 그림 15-5와 같이 감은 횟수 N회의 코일에 Φ[Wb]의 자속이 전부 쇄교하고 있으며 이 자속이 $dt[s]$ 동안에 $d\Phi$[Wb]가 증가한다면, 기전력 e는 코일 1회에 유도되는 기전력의 N배가 된다. 그리고 그림 15-6과 같이 Φ의 정(+)방향과 기전력의 정방향(실선방향)을 오른나사의 관계에 맞도록 정하면 기전력 e는

$$e = -N\frac{d\Phi}{dt}[\mathrm{V}] \quad \cdots\cdots (15-3)$$

이다.

따라서 그림 15-5와 e'와 같이 기전력의 정방향을 반대방향으로 정하면 식 (15-3)은

$$e' = N\frac{d\Phi}{dt}[\mathrm{V}] \quad \cdots\cdots (15-4)$$

가 된다. 여기서 자속 Φ와 감은 횟수 N의 곱인 $N\Phi$을 자속쇄교수(number of flux interlinkage)라 하고 [WbT] 또는 [Wb] 단위로 표시하기로 하면 윗식의 $N(d\Phi/dt)$는 1 s 동안의 자속쇄교수의 변화율이 된다. 따라서 1 s 동안에 WbT의 자속쇄교수가 변화하

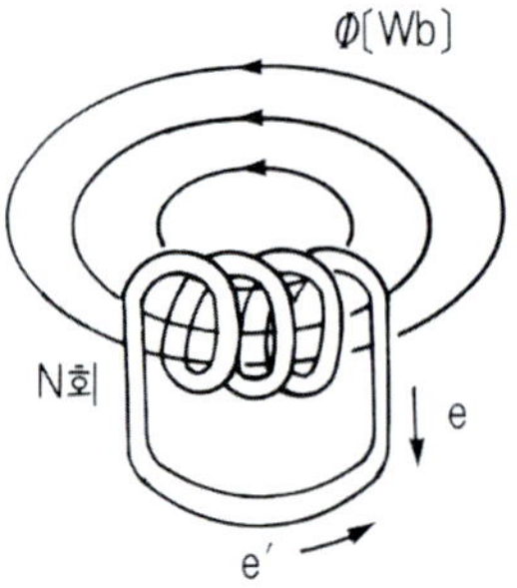

그림 15-5 | 자속과 코일의 쇄교

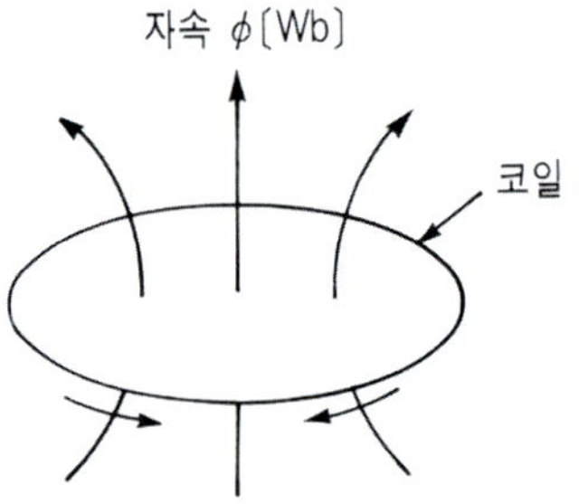

그림 15-6 | 자속에 대한 기전력의 정방향

면 1 V 의 기전력을 유도한다.

[예제 1] 1회 감은 코일에 지나가는 자속이 1/100 s 동안에 0.3 Wb에서 0.5 Wb로 증가하였다. 이 때 유도되는 기전력은 몇 V가 되겠는가?

[풀　이] 단위시간의 자속의 변화율은

$$\frac{d\Phi}{dt} = \frac{0.5 - 0.3}{\frac{1}{100}}$$

이므로

$$e = \left| -\frac{d\Phi}{dt} \right| = 0.2 \times 100 = 20[\mathrm{V}]$$

코일의 감은 횟수가 3회라면

$$e = \left| -N\frac{d\Phi}{dt} \right| = 3 \times 20 = 60[\mathrm{V}]$$

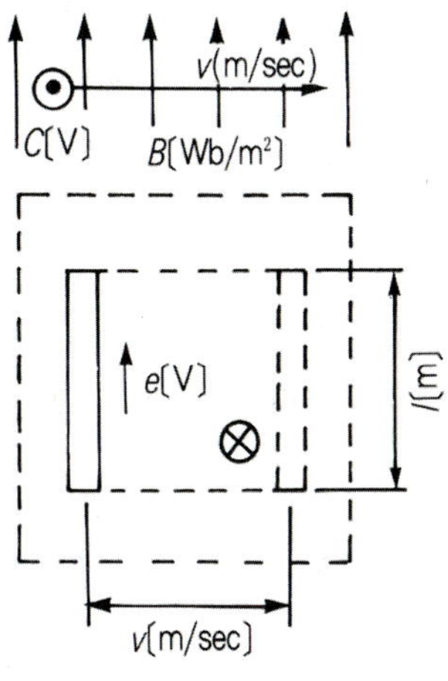

그림 15-7 직선운동을 하는 도체의 유도기전력

그림 15-7과 같이 자밀속도 $B[\mathrm{Wb/m^2}]$의 평등자기장 안에 길이 $l[\mathrm{m}]$의 직선도체를 자기장과 수직으로 놓고 도체를 자기장과 직각 방향에 $v[\mathrm{m/s}]$의 일정한 속도로 직선운동을 시킬 때의 유도기전력은 1 s 동안에 도체가 $v[\mathrm{m}]$ 이동하므로 $lv[\mathrm{m^2}]$의 면적 안의 자속 $Blv[\mathrm{Wb}]$가 1 s 동안에 끊기므로, 유도기전력 e는

$$e = Blv[\mathrm{V}] \quad \cdots\cdots (15\text{-}5)$$

가 된다.

그리고 그림 15-8과 같이 도체가 자기장의 방향과 각 θ되는 방향으로 v[m/s]의 속도로 운동하는 경우를 생각하면 v는 자기장과 같은 방향의 $v\sin\theta$의 속도로 자기장과 직각방향에 이동할 때의 기전력 e와 같게 되어

$$e = Blv\sin\theta[\mathrm{V}] \quad \cdots\cdots (15-6)$$

의 관계가 된다.

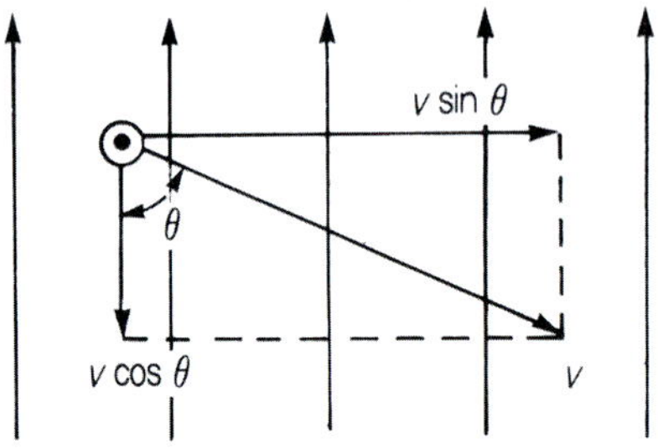

그림 15-8 | 속도 벡터의 분해

3 인덕터 회로(inductor circuit)

그림 15-9에서 스위치 S를 닫으면 전류 I가 흘러서 자속 Φ는 화살표방향으로 증가한다. 자속이 변화함으로 전자유도에 의해 기전력이 발생되어 i방향으로 전류를 흐르게 하는 동시에 전류 I의 증가를 방해한다. 즉, 어떤 코일에 흐르는 전류가 변화하면 코일과 쇄교하는 자속이 변화하므로 이 코일에 기전력이 유도된다. 이것을 자체유도(self-induction)라 하고, 이 기전력을 자체유도 기전력이라 한다.

그림 15-10과 같이 쇠막대에 코일을 감고 저항 R을 직렬로 해서 스위치 S를 닫았을 때 흐르는 전류를 측정하면 그림 15-11과 같이 곡선이 얻어진다. 이 시간이 경과되면 전류변화는 없어지고 E/R의 값으로 되고 또, S를 닫은 후 이 전류에 도달하는 데는 시간이 걸린다. 이것은 자체유도현상으로 인한 것으로 그림 15-10에서 쇠막대를 빼내고 실험하면 그

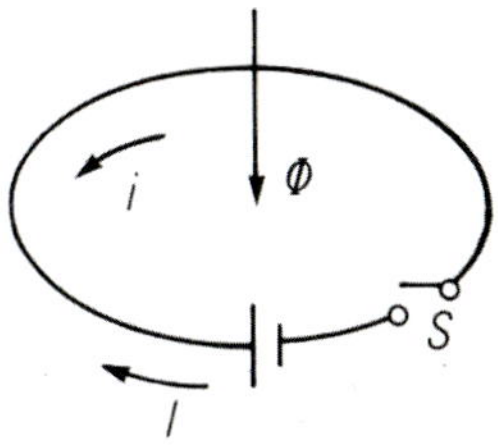

그림 15-9 | 자체유도

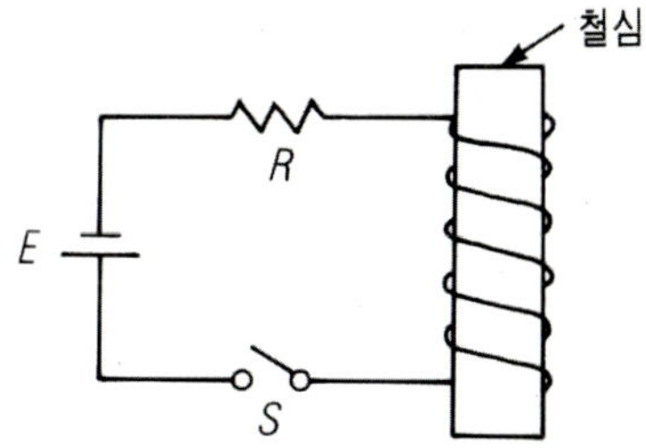

그림 15-10

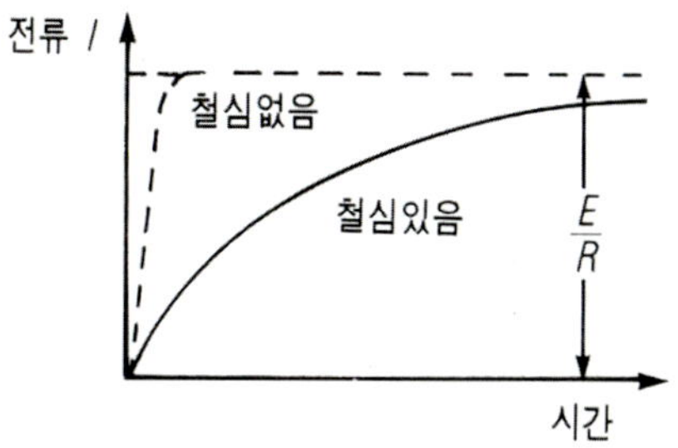

그림 15-11

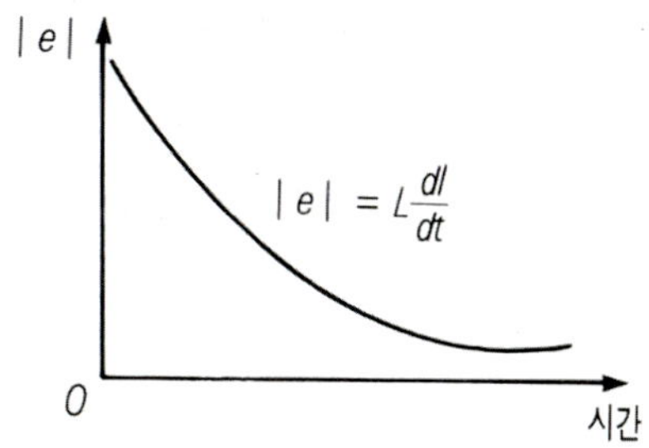

그림 15-12

림 15-11의 점선과 같은 결과가 얻어진다. 여기서 쇠막대가 있는 경우에 자체유도현상이 더욱 큰 것을 알 수 있다.

권수 N의 코일에 전류 I를 통했을 때 생기는 자속 Φ로 하면 전류와 쇄교하는 자속 $N\Phi$는 전류 I에 비례한다. 즉,

$$N\Phi = LI \quad \cdots\cdots (15\text{-}7)$$

이다. 이 식을 t로 미분하고 식 (15-3)에 대입하면

$$e = -L\frac{dI}{dt}[\mathrm{V}] \quad \cdots\cdots (15\text{-}8)$$

즉, 자체유도에 의해 생기는 기전력 e는 전류변화에 비례한다. L은 코일의 형성과 투자율에 의해 정해지는 정수로, 자체유도계수 또는 자체인덕턴스(self-inductance)라고 한다.

그림 15-11을 보면 스위치를 닫았을 때 전류변화 dI/dt가 최대이다. 그림 15-11의 실험으로 LdI/dt의 크기의 변화를 그리면 그림 15-12의 곡선이 얻어진다.

[예제 2] 자체 인덕턴스 10[H]인 코일에 0.5[A]의 전류가 흐르고 있을 때, 스위치를 끊으면 1/100초에서 전류는 흐르지 않았다. 이 사이에 전류는 균일하게 약해졌다고 하면 이 때 생기는 자체유도의 기전력은 얼마인가?

[풀 이] 식 (15-8)에서 $L = 10[\mathrm{H}]$, $dI = 0.5 - 0$, $dt = 1/100$이므로

$$10 \times \frac{0.5-0}{\frac{1}{100}} = 10 \times 0.5 \times 100 = 500\,\mathrm{V}$$

따라서 자기유도 기전력은 500 V이다.

권수 N_1과 N_2, 2개의 코일이 있을 때 N_1코일에 전류 I_1을 흐르게 하여 생기는 자속 중에서 N_2코일과 쇄교하는 자속 $N_2\Phi_{21}$은 전류 I_1에 비례한다.

$$N_2\Phi_{21} = M_{21}I_1 \quad \cdots\cdots (15\text{-}9)$$

식 (15-9)를 t로 미분하고 식 (15-3)을 사용하면 N_2코일의 전자유도에 의한 기전력 e_2는

$$e_2 = -M_{21}\frac{dI_1}{dt} \quad \cdots\cdots (15\text{-}10)$$

여기서 M_{21}는 2개의 코일 형상과 서로의 위치 및 투자율로서 정해지는 정수인데 상호유도계수 또는 상호 인덕턴스(mutual inductance)라고 한다.

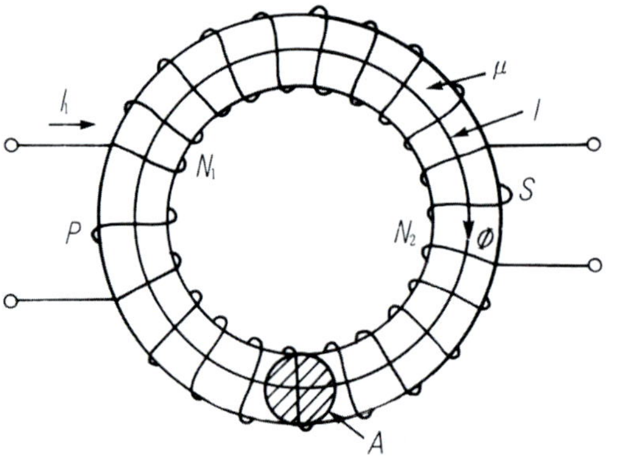

그림 15-13 환상 코일의 상호 인덕턴스

여기서 유도계수 L과 M_{21}의 단위는 헨리(Henry, H)가 사용된다.

그림 15-13과 같이 코일 P, S의 감은 횟수를 N_1, N_2, 코일 내부의 철심의 투자율을 μ, 철심의 단면적을 $A[\mathrm{m}^2]$, 철심의 길이를 $l[\mathrm{m}]$라 하고 누설자속이 없는 상태에서 자기적으로 결합되어 있으면 코일 P, S의 자체 인덕턴스 L_1, L_2와 상호 인덕턴스 M은 $\Phi = BA = \mu HA = \mu NIA/l[\mathrm{Wb}]$의 관계식에 의하여

$$L_1 = \frac{\mu A N_1^2}{l},\ L_2 = \frac{\mu A N_2^2}{l},\ M = \frac{\mu A N_1 N_2}{l} \quad \cdots\cdots (15\text{-}11)$$

가 된다.

따라서 이들 사이에는

$$M = \sqrt{L_1 L_2} \quad \cdots\cdots (15\text{-}12)$$

의 관계가 있다. 그러나 실제로는 Φ_i과 같은 누설자속이 있으므로 코일 P에서 생긴 자속 $(\Phi_\mathrm{m} + \Phi_\mathrm{t})$이 모두 코일 S를 지나는 상호자속 Φ_m이 될 수는 없다. 그러므로 실제의 M은 식 (15-12)보다 작게 된다. 따라서 M이 식 (15-12)보다 작게 되는 비율을 k라 하면

$$M = k_1\sqrt{L_1 L_2},\quad k_1 = \frac{M}{\sqrt{L_1 L_2}} \quad \cdots\cdots (15\text{-}13)$$

이 된다. 이 k를 결합계수(coupling coefficient)라 하고, $0 < k \leq 1$의 범위에 있는 값이다.

상호유도작용을 이용한 자기 중에서 가장 일반적으로 쓰이는 것으로 변압기(transformer)와 유도코일(induction coil)이 있으며, 이 중 변압기의 원리를 알아보자.

그림 15-14와 같이 같은 철심에 횟수 N_1, N_2의 코일 P, S를 감고 P코일에 교번전압을 가하면 교류가 흘러 이 값은 주기적으로 증감한다. 따라서 이 경우 철심 안의 자속 Φ_m은 변화하게 되므로 전자유도작용으로 P, S의 코일에 기전력이 유도된다. 이 때 P, S코일의 기전력을 E_1, E_2라고 하고 누설자속이 없다고 하면

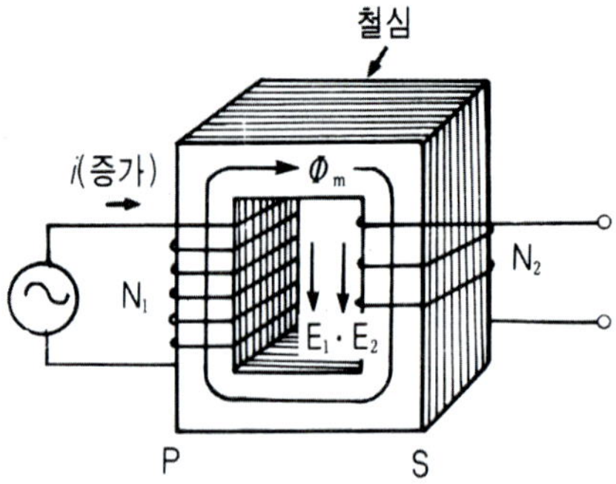

그림 15-14 | 변압기의 원리

$$E_1 = -N_1\frac{d\Phi_m}{dl},\ \ E_2 = -N_2\frac{d\Phi_m}{dl}$$

$$\therefore\ \frac{E_1}{E_2} = \frac{N_1}{N_2} \quad \cdots\cdots (15-14)$$

가 된다. 이것은 1차 및 2차 권선의 기전력이 각각 감은 횟수에 비례한다는 것을 나타내고 있다.

[예제 3] 입력이 220 V, 5 A를 변압기에 1차에 연결하였다. 변압기의 1차 권선수는 100회이고, 2차 권선수는 10회이다. 2차 코일에서 나오는 출력전압과 전류는 얼마인가?

[풀 이] $\frac{E_1}{E_2} = \frac{I_2}{I_2} = \frac{N_1}{N_2}$ 의 관계에서

$$E_2 = \frac{E_1 N_2}{N_1} = \frac{220 \times 10}{100} = 22\,\text{V}$$

$$I_2 = \frac{I_1 \cdot N_1}{N_2} = \frac{50 \times 100}{10} = 500\,\text{A}$$

4 전기 에너지(electric energy)

그림 15-15(a)의 자체 인덕턴스 L에 흐르는 전류 i를 t[s] 동안에 0에서 균일한 비율로 I[A]까지 증가하였다면 이 때 생기는 자체유도기전력은 위 방향으로 유도되고 그 크기는 $E = L\frac{I}{t}$[V]로 일정하다. 이 경우 기전력 E와는 반대로 전류 i가 흐르므로 $P = Ei$의 전력이 L에 공급된다.

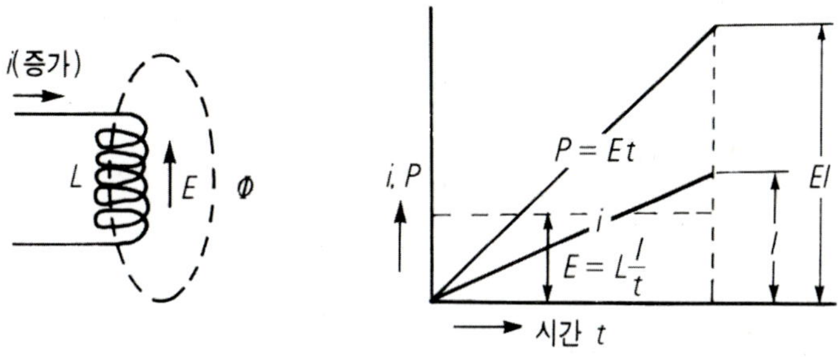

(a) (b)

그림 15-15 | 전기 에너지를 생각하는 방법

이 전력 Ei는 시간에 대하여 그림 15-15(b)와 같이 직선적으로 변하므로 t[s] 동안의 평균전력은 $EI/2$가 된다. 따라서 t[s] 동안에 L에 공급되는 에너지 W는

$$W = \frac{EI}{2}t = \frac{1}{2}L\frac{I}{t}It = \frac{1}{2}LI^2[\mathrm{J}] \quad \cdots\cdots (15\text{-}15)$$

이 된다. 다음에 이 코일의 전류 I를 t[s] 동안에 같은 감소비율 0으로 하면 전류를 증가시킬 때와 마찬가지로 $E = LI/l$[V]의 기전력은 처음과는 반대로 전류와 같은 방향으로 생겨 i가 0이 되었을 때, 전류를 증가시킬 때와 같은 $LI^2/2$[J]의 에너지를 방출한다. 이러한 자체 인덕턴스에 저장되는 $LI^2/2$[J]의 전기 에너지는 자기장을 만들고 자기 에너지의 상태로 이 자기장에 저장되는 것이다.

그림 15-16과 같이 단면적 A[m^2], 자로의 길이 l[m], 투자율 μ[H/m]의 자기회로에 횟수 N의 코일을 감고 이것에 전류 I[A]를 흘렸을 때 Φ[Wb]의 자속이 통하고 누설자속

은 없다고 하자. 이 때 자체 인덕턴스의 L은 식 (15-11)에 의하여 $L=\mu AN^2/l$[H]이므로 자기회로에 저장되는 에너지 W는

$$W=\frac{1}{2}LI^2=\frac{1}{2}\frac{\mu AN^2}{l}I^2=\frac{\mu}{2}\left(\frac{NI}{l}\right)^2 Al\,[\mathrm{J}]$$

로 표시된다. 그런데 $H=NI/l$이고 $B=\mu H$이므로

$$W=\frac{BH}{2}=\frac{B^2}{2\mu}[\mathrm{J/m^3}] \quad \cdots\cdots (15\text{-}16)$$

이다.

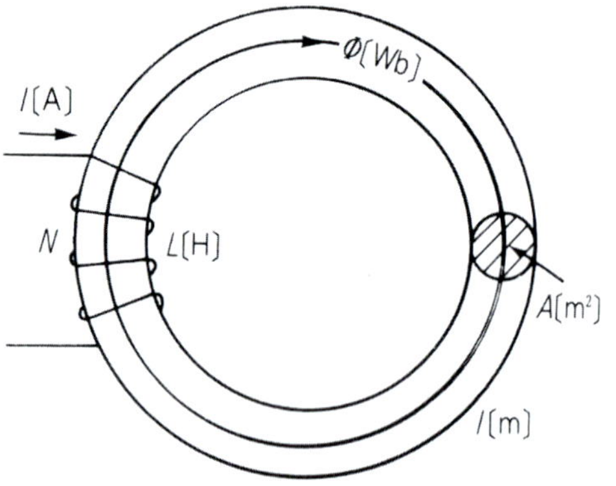

그림 15-16

[예제 4] 그림 15-16에서 $B=0.5\,\mathrm{Wb/m^2}$, $\mu_s=1000$이면 체적 $1\,\mathrm{m^3}$당 얼마의 에너지가 자기회로에 저장되겠는가?

[풀 이] 식 (15-16)에서

$$W=\frac{B^2}{2\mu}=\frac{B^2}{2\mu_s\mu_0}$$

$$=\frac{0.5^2}{2\times1000\times4\mu\times10^{-7}}=0.01\,\mathrm{J/cm^3}$$

연습문제

1. 자기장 B와 자기 플럭스 Φ_s를 M, L, T 및 Q(질량, 길이, 시간 및 전하)로 표시하라.

2. 길이 60 cm, 질량 10 g인 도선이 0.40 T의 자기장 내에 부드러운 도선으로 매달려 있다. 자기선에 장력을 주지 않기 위하여 필요한 전류의 크기와 방향은?(그림 15-17 참조)

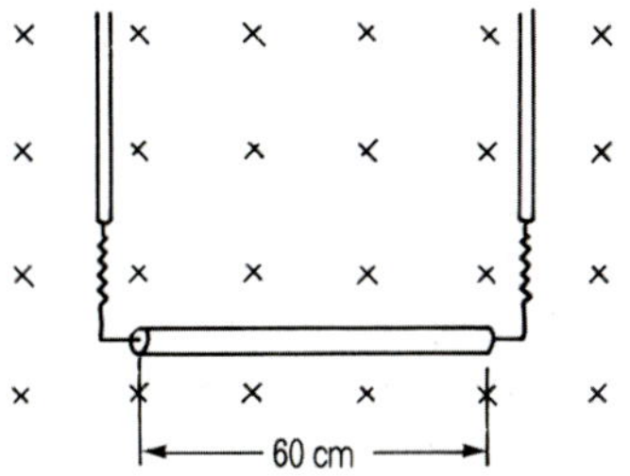

그림 15-17

3. 호올 효과 실험에서 폭 1.0 cm, 길이 4 cm, 두께 10μm의 얇은 도체를 통하여 수직하게 1.5T의 자기장이 지날 때, 길이의 방향으로 3.0 A의 전류에 의하여 10μV의 호올 전위(폭을 가로질러서)가 생겼다. 이 실험 결과로부터, (a) 전하운반체의 유동 속도, (b) 전하 운반체의 밀도를 구하라. (c) 주어진 전류와 자기장의 방향과 더불어 호올 전위의 극성을 그려라. 단, 전하 운반체는 (음)전자로 가정하라.

4. 15 kV로 가속된 전자가 B = 25 mT인 균일 자기장에 대해서 직각으로 원운동한다. 궤도 반경은?

5. (a) B = 0.50 T인 자기장내에서 전자가 광속의 0, 10배로 회전할 때 회전 반경은? (b) 운동 에너지는?

6. 속력 1.0×10^7m/s의 양자를 지구적도 크기의 원으로 움직이게 하려면 공간에 걸려야 할 균일 자기장은?

7. 전기적으로 중성인 입자가 정지하고 있는 기준좌표계에서 볼 때, 크기 B의 균일한 자기장내에 놓여 있다. 시간 $t = 0$일 때 각각의 질량이 m인 2개의 하전 입자로 붕괴하였다. (a) 한 입자의 전하량을 $+q$라고 하면, 다른 입자의 전하량은? 이 두 입자가 B에 수직인 평면내에서 서로 다른 경로로 움직였다. (b) 얼마의 시간이 지난 후 두 입자가 충돌하였다. 붕괴에서 충돌까지 걸린 시간을 m, B, q로 표시하라.

8. 10 keV의 전자가 균일 자기장에 직각인 평면 속에서 돌고 있다. 궤도 반경은 25 cm이다. (a) 자기장, (b) 사이클로트론 진동수, 그리고 (c) 운동의 주기를 구하라.

9. 1.5 kV/m의 전기장과 0.40 T의 자기장이 움직이는 전자에 아무런 힘도 작용하지 않는다. (a) 최소전자속력 v를 계산하라. (b) 벡터 E, B, v를 그려라.

10. 한 전자가 전위차 1.0 kV를 통하여 가속되어 전위차가 100 V, 간격 20 mm의 2개의 평행판 사이에 입사한다. 전자가 판 사이의 전기장에 수직하게 움직이면서 입사한다면, 전자가 직선으로 진행하기 위한 전기장과 전자궤도에 각각 수직인 자기장의 크기는?

11. 그림 15-18에서 길이 l인 도체 막대가 마찰 없는 도체 선로를 수평으로 일정속도 v로 당겨진다. 균일한 수직자기장 B영역을 막대가 움직인다. l = 1000 cm, v = 5.0 m/s, B = 1.2 T로 한다. (a) 도선내의 유도기전력은? (b) 도체 환선의 전류는? 만대의 저항은 0.40 Ω 이며, 선로의 저항은 무시하라. (c) 막대 속의 열에너지 발생률은? (d) 운동을 유지하기 위해서 도선에 가하여야 할 외력은? (e) 외부에서 막대에 하여야 할 일율은? 이 답을 (c)의 답과 비교하라.

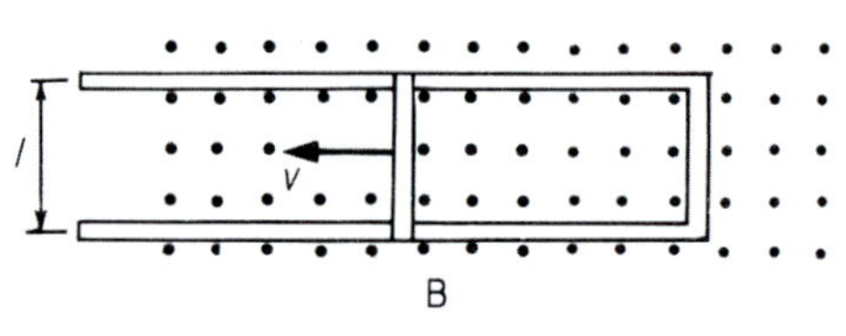

12. (a) 자기장 B와 (b) 자기 플럭스 Φ_B를 질량, 길이, 시간, 그리고 전류(M, L, T, I)의 항으로 표현하라.

13. 전류 i가 흐르는 반경 R_0의 긴 구리 도선이 있다. 그림 15-18에서 도선 내부의 평면 S에 대한 도선의 단위 길이당 자기 플럭스를 계산하라.

그림 15-18

14. 2개의 긴 구리의 평행도선(직경 = 2.5 mm)에 서로 반대 방향으로 10 A의 전류가 흐르고 있다. (a) 만약, 그들의 중심이 20 mm 떨어져 있다면 도선의 축돌 사이의 공간에 존재하는 도선의 단위 길이당의 플럭스를 계산하라. (b) 도선을 내부에 있는 플럭스의 비율은? (c) 평행한 전류에 대해서 (a)의 계산을 되풀이 하라.

15. 단면적이 $1.0 \times 10^{-3}\,\text{m}^2$인 철원통 둘레에 절열 구리 도선을 100번 감고 저항기에 연결하였을 때 그 회로의 총저항은 10 Ω 이라 한다. 철 속의 종자기장이 한 쪽의 1.0 T로부터 반대쪽의 1.0 T로 변한다면 희로에는 얼마만한 전하가 흐르겠는가?

16. 면적이 A인 소형환선이 전류 i가 흐르고 단위 길이당 n번 감은 긴 솔레노이드 내부 두 축이 같은 방향이 되도록 놓여 있다. 만약, $i = i_0 \sin \omega t$라면 환선에 생기는 기전력 ε은?

17. 반경이 10 cm인 원형환선이 균일한 0.80 T의 자기장에 직각인 평면에 위치하여 있다. 자세히 설명되지 않은 기교로 환선의 반경이 80 cm/s의 순간적인 변화율로 움츠려진다. 이 순간에 환선에 유도된 기전력은?

18. 그림 15-19에서 환선을 통과하는 자기플럭스가 다음 관계에 따라 변한다.

$$\Phi_B = 6t + 7t$$

여기서 Φ_B는 milliweber이며, t는 초이다. (a) $t = 2.0s$일 때 환선 속에 유도되는 기전력의 크기는? (b) R을 지나는 전류의 방향은?

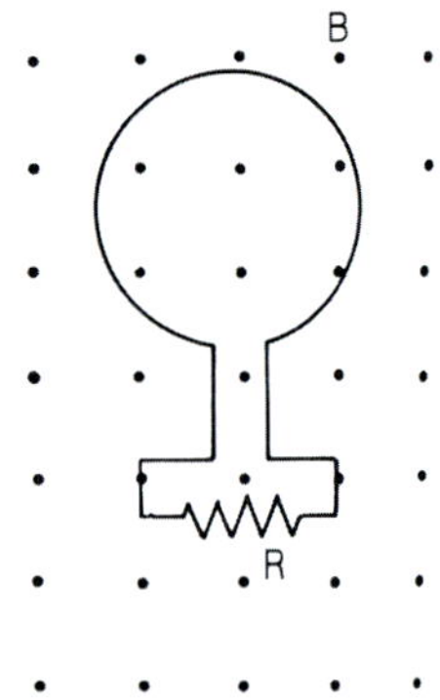

그림 15-19

19. 50 cm의 구리 도선(직경 1.0 mm)으 원형 환선으로 만들고 일정 비율 10 mT/s로 시간에 따라 증가하는 균일한 자기장에 직각으로 놓았다. 어떤 비율로 열에너지가 도선에 발생하겠는가?

20. 코일 1은 L_1 = 이고, N_1 = 100회선이다. 코일 2는 L_2 = 40 mH이고, N_2 = 200회선이다. 두 코일은 그 위치가 단단히 고정되어 있고, 이들의 상호 유도 계수 M은 3.0 mH이다. 코일 1에 흐르던 6.0 mA의 전류가 4.0 A/s의 율로 변한다. (a) 코일 1과 쇄교하는 플럭스 Φ_{12}는 얼마이며, 자기 유도 기전력은? (b) 코일 2와 쇄교하는 플럭스 Φ_{21}은 얼마이며, 상호 유도 기전력은?

21. 45 mH 유도기의 유도성 저항은 1.3 kΩ 이다. (a) 진동수는? (b) 진동수가 두 배가 되었을 때 유도성 저항은?

22. 그림 15-20에서 질량 m, 길이 l인 도체 막대가 2개의 수평 선로 위를 마찰 없이 미끄러지고 있다. 균일한 수직 자기장 B의 영역에서 막대는 자유롭게 움직인다. 발전기 G는 일정한 전류 i를 공급하며, 이 전류는 막대를 가로질러서 한 선로 아래로 흐른 다음 다른 선로를 통하여 발전기로 되돌아간다. $t = 0$일 때 막대는 정지라고 가정하고, 이 막대의 속도를 시간의 함수로써 표시하라.

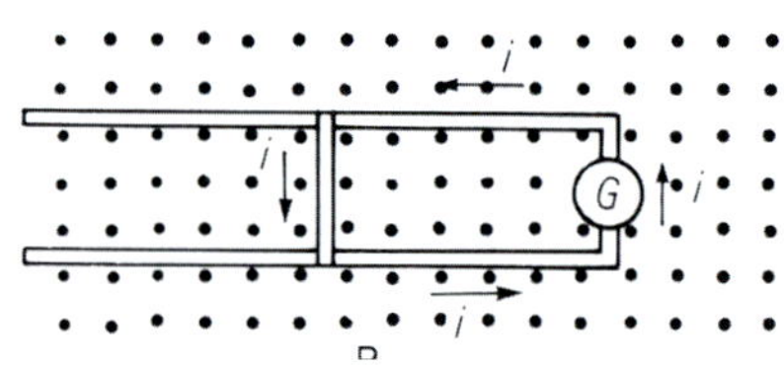

그림 15-20

23. 400번을 조밀하게 감은 코일의 유도계수는 8.0 mH이다. 전류가 5.0 mA일 때 코일을 통하는 자기 플럭스는?

24. 12 H의 유도기에 2.0 A의 정상전류가 흐르고 있다. 60 V의 자기유도기력을 유도기 속에 나타나게 하려면 어떻게 하여야 하겠는가?

25. 그림 15-21와 같은 폭 W의 넓은 구리판이 반경 R의 얄팍한 관 모양으로 중간 부분이 구부러져 있고, 양 끝은 나란하게 뻗쳐 있어서 전류 i가 판 위로 균등하게 분포되어 흐르고 있다. 이렇게 해서 "한 번 감은 솔레노이드"가 만들어졌다. (a) 관내부(가장자리에서 멀리 떨어진 부분)에서 자기장 B의 크기를 구하라(힌트: 이 1회선 솔레노이드의 외부장은 무시할 정도로 약하다고 생각하라.) (b) 양 끝의 부분은 무시하고 이 1회선 솔레노이드의 유도계수를 구하라.

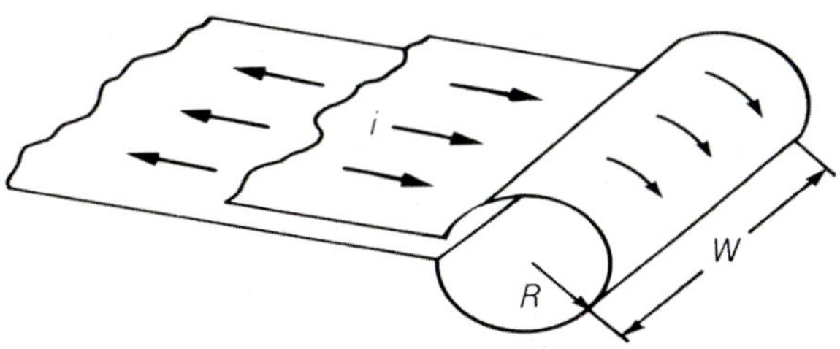

그림 15-21

26. LR회로의 전류가 평형치의 0.10 % 감소하려면 얼마만한 '시간상수'를 기다려야 하는가?

27. 유도 계수 6.0 μH의 솔레노이드가 저항기(1 kΩ)와 직렬로 연결되었다. (a) 이 회로에 10 V 전지를 연결하면 저항기를 지나 흐르는 전류가 최종치의 80 %에 도달하는데 걸리는 시간은? (b) 1시간 후에 저항기를 통하여 흐르는 전류는?

28. 유도 계수가 2.0 H이고 저항이 10 Ω 인 코일에 저항이 없는 ε = 100 V의 전지를 갑자기 연결하였다. (a) 평형전류는? (b) 전류가 코일에 흐를 때 자기장내 저장된 에너지는?

29. 어떤 코일이 10 kΩ 의 저항기류 직렬로 연결되어 있다. 50 V 전지 2개가 이에 연될 되면 5.0 m/s 후에 전류는 2.0 mA가 된다. (a) 이 코일의 유도 계수는? (b) 이 순간에 유도기에 저장된 에너지는?

30. 동선에 10 A의 전지가 흐르고 있다. 다음을 계산하라. (a) 자기 에너지 밀도, (b) 동선 표면의 전기 에너지 밀도, 단, 동선의 직경은 2.5 mm이고, 단위 길이당 저항은 3.3 Ω /km이다.

제 16 장

교류와 전자기파

Alternating Current and Electromagnetic Waves

1 교류기전(alternating current mechanism)

전류는 전하의 이동에 의하여 흐른다. 그 작용은 전하의 이동상태, 즉 전류의 크기나 방향에 따라서 다르다. 그림 16-1(a)와 같이 크기와 방향이 시간에 따라 변하지 않는 전류를 직류(direct current, DC)라 하고, 그림 16-1(b)와 같이 크기와 방향이 시간에 따라 주기적으로 변하는 전류를 교류(alternating current, AC)라 한다.

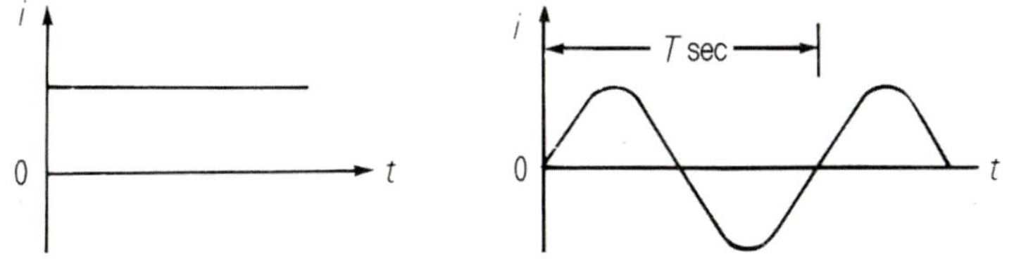

(a)직류 (b) 교류

그림 16-1 | 직류와 교류

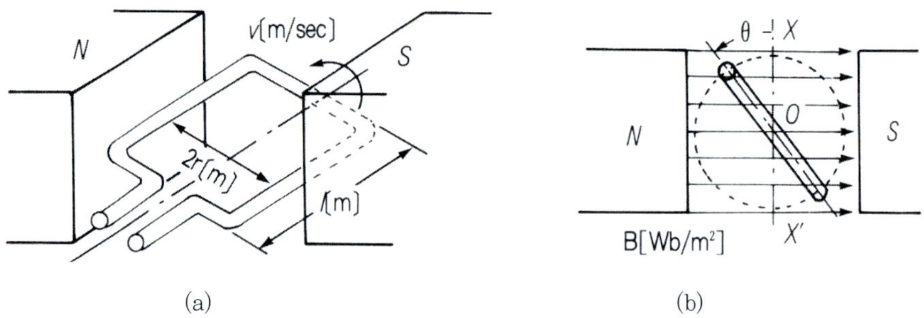

그림 16-2

그림 16-2(a)에 나타낸 것과 같이 길이 l[m], 지름 $2r$[m]의 사각형 코일을 자속밀도가 B[Wb/m^2]인 평등한 자기장 중에서 코일의 축을 중심으로 v[m/s]의 일정한 주변속도로 화살표방향, 즉 반시계방향으로 교류가 생기는 것은 전류에 비례한 전압이 가해지기 때문이며, 이 전압의 크기와 방향도 전류와 마찬가지로 주기적으로 변하기 때문에 교류전압(AC voltage)이라고 하며, 때로는 교류전압, 교류전류를 구별하지 않고 교류라고 하기도 한다.

코일의 축을 회전시켰다면, 그림 16-2(b)와 같이 자극 사이의 중앙선 XOX'로부터 각도 θ만큼 코일이 회전한 순간의 한 변에 생기는 기전력 e는

$$e = Blv\sin\theta[\text{V}] \quad \cdots\cdots (16-1)$$

가 된다. 이 식에서 Blv의 값은 자속밀도, 코일의 치수, 회전속도로 정해지므로 일정한 값이 된다. 이것을 E_m이라고 한다.

$$e = E_\text{m}\sin\theta[\text{V}] \quad \cdots\cdots (16-2)$$

가 된다. 즉, 코일에 발생하는 기전력은 코일의 회전각 θ의 sine에 비례한다.

코일의 각 속도를 ω[rad/sec]라고 하면 $\omega = v/r$이므로 $E = Bl\omega r$로 된다. 또한 코일이 회전을 시작하여 $t[s]$ 동안에 각도 θ만큼 회전했다고 하면 $\theta = \omega$[rad]이므로 식 (16-2)는

$$e = E_\text{m}\sin\omega t \quad \cdots\cdots (16-3)$$

가 되어, 기전력, e는 t에 대해서 sine적으로 변했다.

교류는 시시각각으로 변하고 있으므로 이 때 임의의 순간의 크기를 교류의 순간값

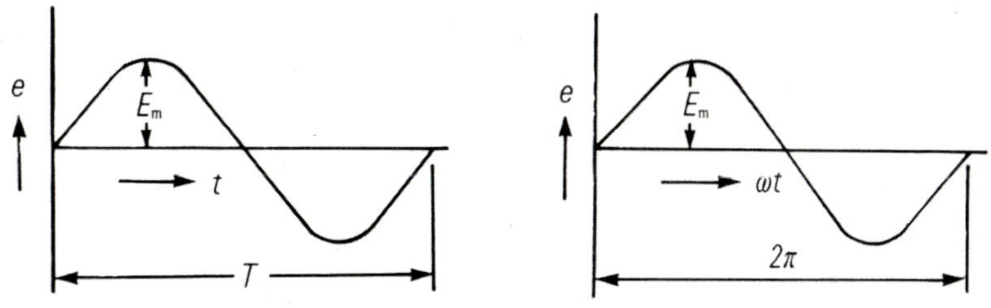

(a) (b)

그림 16-3

(instantaneous value, e, i)이라 하고 순간값 중에서 가장 큰 값을 최대값(maximum value, E_m, I_m)이라 한다. 교류의 순간값이 0으로 되는 순간부터 다음 0이 되기까지의 정의 반주기에 대한 순간값의 평균을 평균값(mean value, E_{av}, I_{av})이라 하며

$$E_{av} = \frac{2E_m}{\pi} = 0.637E_m \qquad (16\text{-}4)$$

그림 16-4와 같이 교류 i를 어떤 저항 R에 임의의 시간 동안 흘렸을 때의 발열량이 같은 저항 R에 직류 $I[A]$를 같은 시간 동안 흘렸을 때의 발열량과 같을 때, 그 전류 i의 실효값(effective value, E, I)이라 한다. 즉, 교류의 크기를 그것과 같은 일을 하는 직류의 크기로 바꾸어 놓은 것으로 저항 R에 주기적인 교류 $i = I_m \sin\omega t$가 흐를 때의 열의 발산율은

$$i^2R = I_m^2R\sin^2\omega t \qquad (16\text{-}5)$$

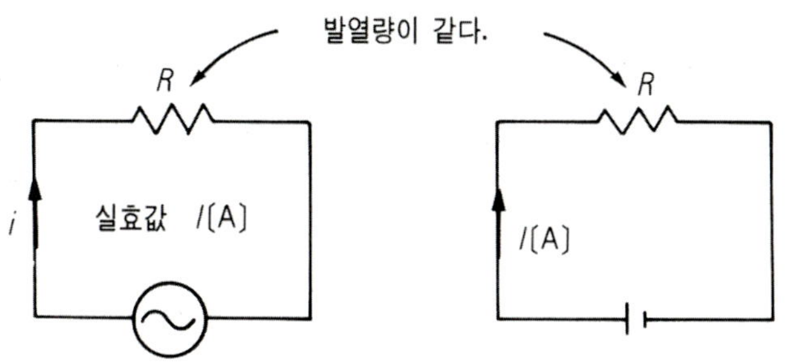

그림 16-4 | 도체의 발열

이고 1주기 T동안 총 발산량은

$$H = \int_0^T i^2 R dt = I_m^2 R \int_0^T \sin^2 \omega t dt = \frac{1}{2} I_m^2 RT \quad \cdots\cdots (16-5)$$

의 관계가 된다.

사인파 교류의 순간값을 표시하는 데에는 식 (16-3)이 많이 사용되며, 1주파의 변화를 하는 각은 2π[rad]으로 된다. 이 교류는 코일이 1회전하면 1주파의 변화를 한다. 주파수 f[Hz]의 교류는 1s 동안에 코일이 f회전을 한다. 그 각속도 ω는

$$\omega = 2\pi f = \frac{2\pi}{T} [\mathrm{rad/s}] \quad \cdots\cdots (16-8)$$

로 된다. 여기서 T는 1주파(cycle)하는데 걸리는 시간으로 주기(period)이다.

2 교류회로(alternating current circuit)

전기회로는 3개의 소자, 즉 저항, 인덕턴스, 정전용량 중의 1개 또는 2개 이상을 조합한 것이 존재한다. 그림 16-5에서 저항 R만을 포함하는 회로에 기전력 e가 가해질 때 오옴의 법칙에 따라서 기전력에 비례한 전류가 흐른다. 즉,

$$i = e/R, \quad R = e/i \quad \cdots\cdots (16-9)$$

이 식은 전압이 어떤 형태의 파형에서도 성립되며 R은 일정하므로 전류 i의 파형은 전압 e의 파형과 동일하다. e를 사인파로 표시한다면

$$e = E_m \sin \omega t$$

따라서

$$i = \frac{e}{R} = \frac{E_m \sin \omega t}{R}$$

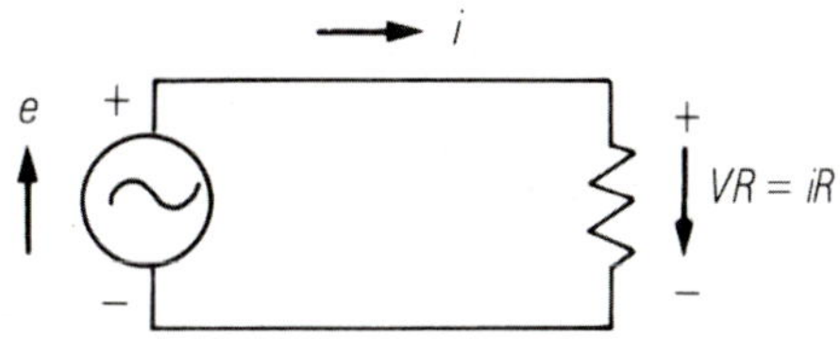

그림 16-5

이므로

$$i = I_m \sin \omega t$$

다시

$$\frac{e}{i} = \frac{E_m \sin \omega t}{I_m \sin \omega t} = \frac{E_m}{I_m} = R \quad \cdots\cdots (16-10)$$

이므로 e와 i는 같은 위상이 된다.

또한 $E_m / \sqrt{2} = E$,　$I_m / \sqrt{2} = I$이므로

$$\frac{E}{I} = R, \quad \frac{I}{E} = \frac{1}{R} = G \quad \cdots\cdots (16-11)$$

여기서 G는 R의 역수이고 콘덕턴스(conductance)라고 한다.

그림 16-6과 같이 인덕턴스 L만이 있는 회로에서 L의 전압강하는

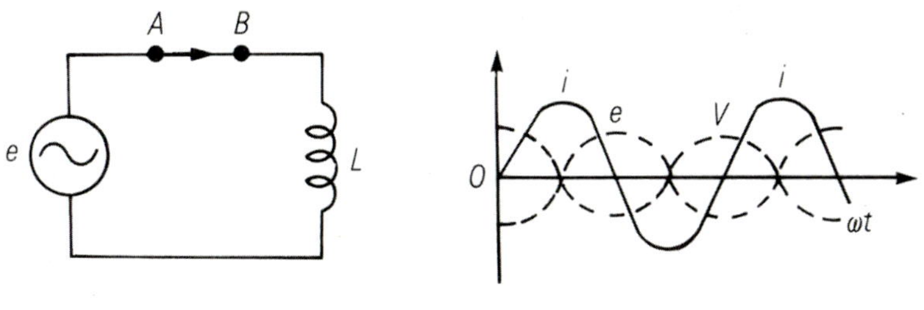

(a)　(b)

그림 16-6 | 순 유도성 회로

$$e = L\frac{di}{dt} = \omega LI_{\mathrm{m}}\cos\omega t = \omega LI_{\mathrm{m}}(\omega t + 90°) \quad \cdots\cdots (16-12)$$

이다. 즉 순 유도성 회로에서는 인가전압은 전압보다 90° 앞서고 반대로 전류는 전압보다 90° 늦는다.

식 (16-12)는 다시

$$e = E_{\mathrm{m}}\sin(\omega t + 90°) \quad \cdots\cdots (16-13)$$

로 쓰여지며 식 (16-12)와 식 (16-13)에서

$$E_{\mathrm{m}} = \omega LI_{\mathrm{m}} = X_{\mathrm{L}}I_{\mathrm{m}}$$

또는 $X_{\mathrm{L}} = E_{\mathrm{m}}/I_{\mathrm{n}} = E/I$ ⋯⋯(16-14)

여기서 $X_{\mathrm{L}} = \omega L = 2\pi fL$은 유도 리액턴스(inductive reactance)라 하고, 유도리액턴스의 역수를 서셉턴스(inductive susceptance, B_{L})한다. X_{L}이 ohm[Ω]이면 B_{L}은 mho[Ω]로 된다.

[예제 1] 어떤 회로의 기전력파 $e = 1.0\sin 250000t$이고, 전류 $i = 0.25\sin(250000t - 90°)$이다. (1) 유도 리액턴스, (2) 유도 서셉턴스, (3) 인덕턴스를 구하라.

[풀 이] (1) $X_{\mathrm{L}} = \dfrac{E_{\mathrm{m}}}{I_{\mathrm{m}}} = \dfrac{1.02}{0.25} = 4\Omega$

(2) $B_{\mathrm{L}} = \dfrac{1}{X_{\mathrm{m}}} = \dfrac{1}{4} = 0.25\,\Omega$

$X_{\mathrm{L}} = 2\pi fL = 4\,\Omega$

(3) $L = \dfrac{4}{2\pi f} = \dfrac{4}{250000} = 1.6 \times 10^{4}\,\mathrm{H} = 16\,\mu\mathrm{H}$

도체 사이에 전위차가 존재할 때 전기가 저축되는 유전체와 도체의 회로 성질을 정전용량이라 한다. 그림 16-7은 교류발전기와 직렬로 콘덴서가 연결된 회로로서 콘덴서의 전하 q는 정전용량과 공급기전력에 비례하므로

$$q = C_e$$

로 표시되다. 그리고

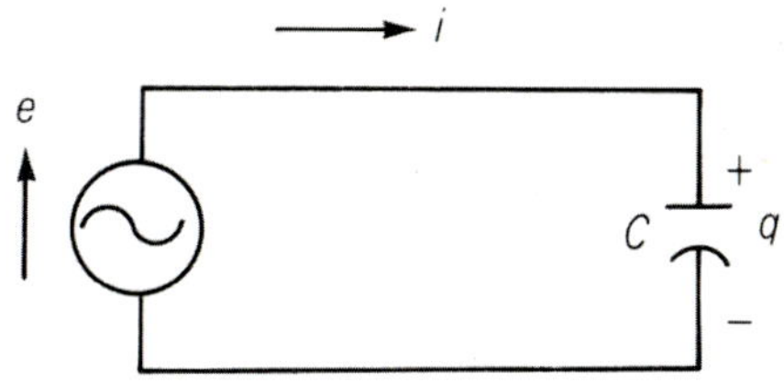

그림 16-7 | 교류발전과 축전기회로

$$i = \frac{dq}{dt},\ i = C\frac{de}{dt} \quad \cdots\cdots (16-15)$$

가 된다.

여기서 q: 콘덴서의 전하(Coulomb), C: 정전용량(F), e: 기전력(V), i: 충전전류(A), dq/dt: 전하의 변화비율(Coulomb/s), de/dt: 기전력의 변화율(V/s)이다. 사인파 기전력 $e = E_m \sin \omega t$에 대해서 식 (16-15)는

$$\begin{aligned} i &= C\frac{de}{dt} = CE_m \omega \cos \omega t \\ &= \omega CE_m \sin(\omega t + 90°) \\ &= I_m \sin(\omega t + 90°) \quad \cdots\cdots (16-16) \end{aligned}$$

이 된다. 즉, 정전용량에 흐르는 전류의 크기는 주파수, 정전용량, 인가기전력의 곱에 비례하고 그 전류는 인가 기전력에서 90° 앞서 있다. 그리고 콘덴서 양끝의 전압강하는 $v_c = q/C$이고 시간 t_1에서 t_2 사이에 콘덴서에 저축된 전하는 $q = \int_{t_1}^{t_2}$이다. 키르히호프의 전압법칙에서

$$e - v_c = e - q/C = 0$$

가 되고 식 (16-16)에서 $I_m = \omega C E_m$ 이므로

$$\frac{E_m}{I_m} = \frac{E_m}{\omega C E_m} = \frac{1}{\omega C} = X_c \quad \cdots\cdots (16-17)$$

가 된다. 또

$$\frac{1}{X_c} = \omega C = 2\pi f C = B_c \quad \cdots\cdots (16-18)$$

여기서 X_c: 용량 리액턴스(capacitive reactance, Ω), B_c:용량 서셉턴스(capacitive susceptance, Ω)이다.

[예제 2] 용량 20×10^{-6}F를 가진 회로에 $e = 2\sin 3140t$를 가했을 때 (1) 충전전류, (2) 용량 리액턴스, (3) 용량 서셉턴스를 구하라.

[풀 이] (1) $i = \omega C E_m \sin(\omega t + 90°)$

$= 3140 \times 20 \times 10^{-6} \sin(3140t + 90°)$

$= 0.1256 \sin(3140t + 90°)$A

(2) $B_c = \dfrac{1}{3140 \times 20 \times 10^{-6}} = 15.92\,\Omega$

(3) $B_c = \omega C = 3140 \times 20 \times 10^{-6} = 0.0628\,\Omega$

그림 16-8의 회로에서 저항, 인덕턴스, 정전용량의 직렬회로, 즉 $R-L-C$ 직렬회로로서 이 회로에 흐르는 전류 i는

$$i = I_m \sin\omega t$$

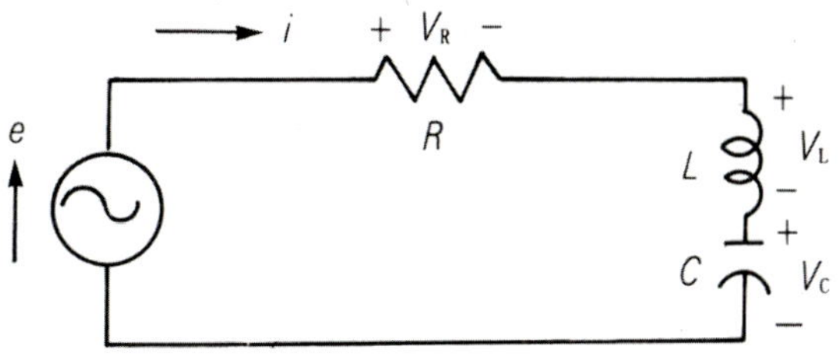

그림 16-8 | $R-L-C$ 회로

이와 같은 전류가 각 부분에 흐를 때 전압강하는

$$V_R = I_m R\sin\omega t$$
$$V_L = \omega L I_m \sin(\omega t + 90°)$$
$$V_c = \frac{I_m}{\omega C}\sin(\omega t + 90°)$$

이다. 이 회로에 있어서 관계가 없는 기전력 V는 그 순간에 있어서 각 부분의 전압강하의 합과 같다.

$$V = V_R + V_L + V_C$$

그러나 이들 전압의 위상이 서로 일치하지 않는데 문제점이 있다. 그러므로 이들의 각각에 걸쳐 있는 전위차의 대수합을 취할 수가 없으므로 여기에 위상차를 고려해야 한다.

그림 16-9(a)는 전압강하와 모든 전압 e를 표시한 것으로서 최대값으로 나타냈으며, 각 벡터에 공통인 양 I_m을 제거하면 그림 16-9(b)와 같은 임피던스 삼각도가 얻어진다. 리액턴스 X_L은 +90° 에서 X_C는 −90° 이므로 대수합을 내면 그림 16-10과 같이 된다.

$$Z = \sqrt{R^2 + (X_L - X_C)^2} \quad \cdots\cdots (16-19)$$

$$\tan\theta = \frac{X_L - X_C}{R} \quad \cdots\cdots (16-20)$$

의 관계가 된다. 각 θ는 X_L이 X_C보다 클 때에는 양이고 X_C가 X_L보다 클 때에는 음으로 된다.

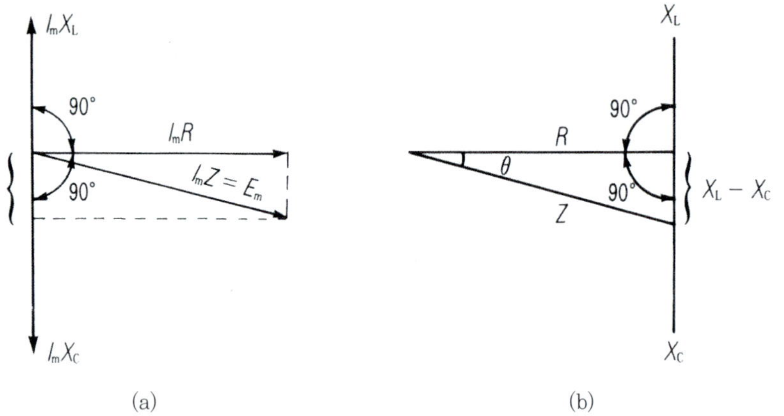

그림 16-9 | 전력과 전압강화

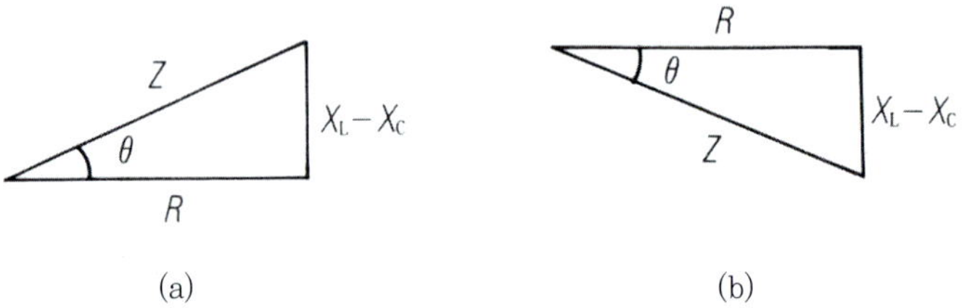

그림 16-10 | 유도리액턴스-용량리액턴스

교류기전력 e의 식은 다음과 같다.

$$e = ZI_{\mathrm{m}}\sin(\omega t + \theta) \quad \cdots\cdots \quad (16\text{-}21)$$

이 때, $Z = \sqrt{R^2 + (X_{\mathrm{L}} - X_{\mathrm{C}})^2}$

$\theta = X_{\mathrm{L}} > X_{\mathrm{C}}$

인 때는 양, $X_{\mathrm{L}} < X_{\mathrm{C}}$인 때는 음이고 $X_{\mathrm{L}} = \omega L$, $X_{\mathrm{C}} = 1/\omega C$이므로 식 (16-19)는

$$\begin{aligned} Z &= \sqrt{R^2 + \left(\omega L - \frac{1}{\omega C}\right)^2} \\ &= \sqrt{R^2 + (X_{\mathrm{L}} - X_{\mathrm{C}})^2} \\ &= \sqrt{R^2 + X^2} \quad \cdots\cdots \quad (16\text{-}22) \end{aligned}$$

이 성립된다. 이 Z는 임피던스라고 부르며, 회로의 저항역할을 하고 있다. 그림 16-8의 회로에서 최대전류가 흐르려면 임피던스 Z가 최소로 되면 된다. R은 0으로 될 수 없으므로 리액턴스 X가 0으로 되면 Z가 최소가 된다. 즉,

$$\omega L - \frac{1}{\omega C} = 0,\ \omega L = \frac{1}{\omega C}\omega^2 LC = 1$$

따라서

$$\omega = \frac{1}{\sqrt{LC}} \text{ 또는 } f = \frac{1}{2\pi\sqrt{LC}} \quad \cdots\cdots (16\text{-}23)$$

일 때 회로의 임피던스 $Z = R$로 되어 최소가 되는데 이 현상을 공진(resonance)이라 하며, 이때의 주파수를 공진주파수라 한다.

[예제 3] 1000 Ω의 저항기가 0.5 H의 인덕터와 0.2 μF의 콘덴서와 직렬로 연결되었다. 각 진동수 (1) ω = 2000 rad/s, (2) ω = 5000 rad/s일 때 임피던스를 계산하라.

[풀 이] (1) $X_L = \omega L = 2000\,\text{rad/s} \times 0.5\frac{\text{V}}{\text{A/sec}} = 1000\,\Omega$

$$X_C = \frac{1}{\omega C} = \frac{1}{2000\,\text{rad/s} \times 0.2 \times 10^{-6}\,\text{V/C}} = 2500\,\Omega$$

$$Z = \sqrt{R^2 + X^2} = 1800\,\Omega$$

(2) $X_L = \omega L = 5000\,\text{rad/s} \times 0.5\frac{\text{V}}{\text{A/s}} = 2500\,\Omega$

$$X_C = \frac{1}{\omega C} = \frac{1}{5000\,\text{rad/s} \times 0.2 \times 10^{-6}\,\text{V/C}} = 100\,\Omega$$

$$Z = \sqrt{R^2 + X^2} = 1800\,\Omega$$

3 전자기파(eletromagnetic wave)

움직이는 전하는 자기장을 만들고 변하는 자기장은 전기장을 만든다는 것은 이미 알았다. 1864년에 James Clerk Maxwell은 전기와 자기의 법칙을 1개의 일반적인 수학적 형식 속에 넣는 것에 성공하였다. 그는 이 법칙이 파동의 미분방정식으로 유도됨을 발견하였다.

맥스웰은 전파매질의 특성을 포함하는 항으로 이 파동의 속도를 계산할 수 있었다. 그는 이 속도가 $1\sqrt{\mu\varepsilon_0}$ 이 되고, 3×10^8 m/s의 값을 가짐을 발견하였다. 이것은 바로 자유공간에서의 빛의 속도인 것이다. 이렇게 맥스웰은 전자기의 법칙을 엄밀한 수학적 형식으로 표현하여 전자기와 빛의 밀접한 관계를 찾아냈다.

맥스웰의 이론은 1888년 Hertz가 전기회로 내에 있는 진동전류가 공간을 통하여 또 하나의 동일한 회로에 에너지를 발사하는 것을 실증하였다. 여기서는 맥스웰의 전기역학의 방법을 직접 유도하는 것은 생략하고 복사의 원천이 가속된 전하에 있다는 점에 대하여 정성적으로 알아보자.

모든 전하는 전기장을 만들고 그의 전기력선은 방사형으로 퍼져나간다. 이 전하가 운동을 하면 비오-사바아르 법칙에 따라 자장이 생기고, 이 자력선은 전류에 따라 동심원적으로 원을 그린다. 맥스웰의 이론에 의하면 전기력선의 운동은 자기장을 만들며, 이 전기력선은 자기장을 지난다. 정상전기장과 자기장은 정상전류와 같이 있으나, 가속된 전하로부터 공간을 통하여 빛 속으로 전달된다. 전하의 가속은 전기자기파의 맥동을 만들며, 이 파는 서로 각각 수직이고 또 전파방향에도 수직인 전기장 성분과 자기장 성분으로 되어 있다. 전하가 간단한 주기운동으로 진동하면 그림 16-11과 같은 전자기파가 생긴다.

복사장에 있는 전자기파가 발사하는 에너지는 파동의 강도나 혹은 에너지 밀도로 정량화시킬 수 있다. 복사의 강도는 파동의 전파방향에 수직인 단위면적당, 단위시간당 발사되는 에너지로 정의된다. 강도의 M.K.S 단위는 평방 m당 1 watt이다. 복사 에너지 밀도 또는 체적밀도는 단위체적당 복사 에너지의 양으로 정의된다. 에너지 밀도의 M.K.S 단위는 단위체적당 1주울이며, 강도를 파동의 전자속도로 나눈 것과 같다. 에너지밀도라는 용어는 체계내의 복사를 이야기하는 데 유용하다.

맥스웰의 이론에 따르면 전하가 어떠한 방법으로 가속되어도 복사는 일어나며, 직선가속의 경우도 예외가 되지 않는다. 예를 들면 일정한 속도로 원운동을 하는 전하도 복사의 원천이 된다. 이 경우는 동일한 진폭과 주파수를 갖는, 그러나 위상만 $90°$ 가 다른 2개의 서로 수직인 간단한 주기운동에 해당한다.

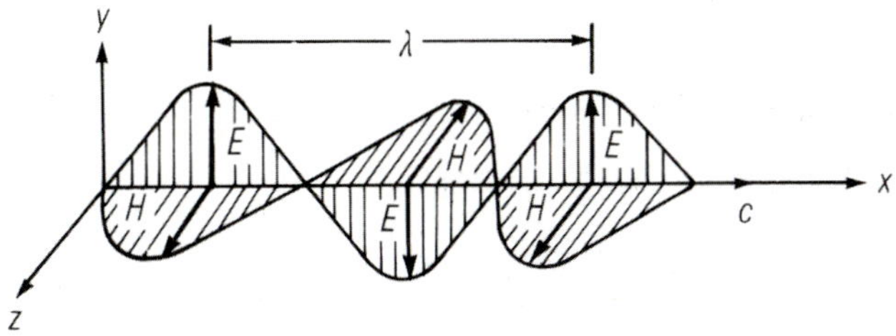

그림 16-11 | 전자기파

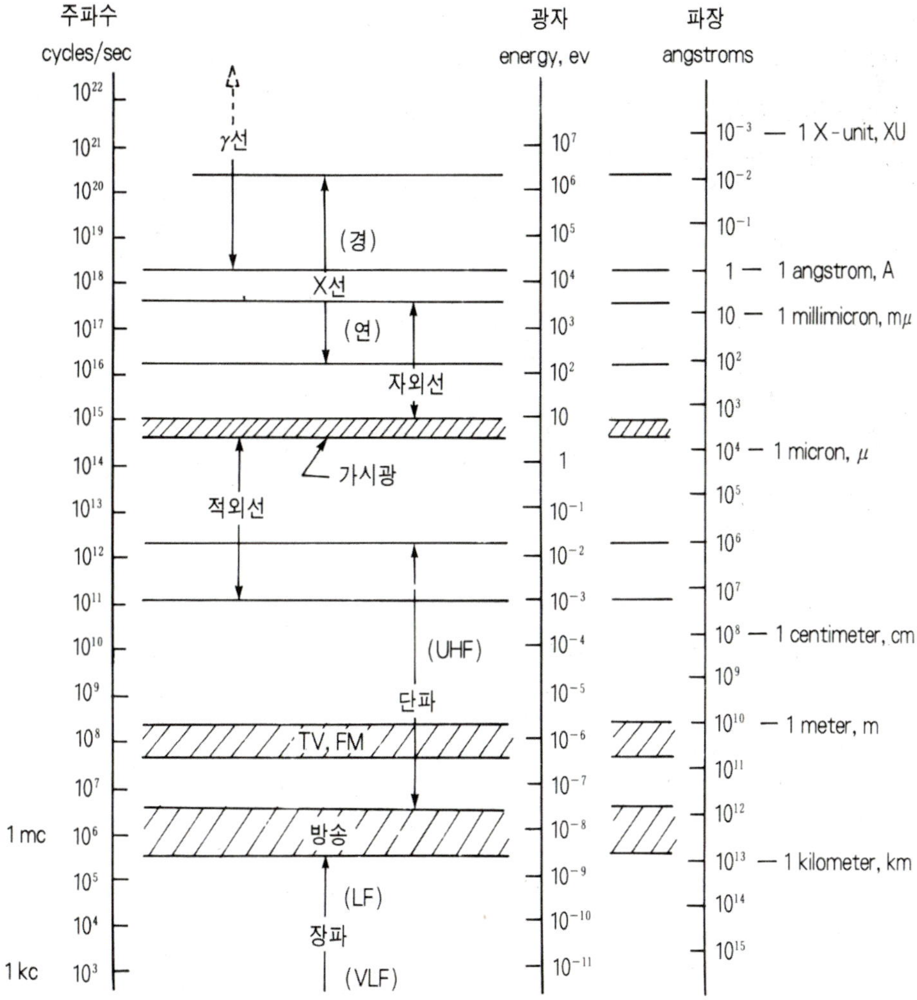

그림 16-12 | 전자파의 스펙트럼

4 포인팅 벡터(poynting vector)

일반적인 파동의 가장 중요한 특성 중 하나는 에너지를 한 점에서 다른 점으로 운반할 수 있다는 것이다. 전자기파의 복사장에 대한 에너지 밀도는

$$U_{\mathrm{E}} = \frac{1}{2}\varepsilon_0 E^2,\ \ U_{\mathrm{B}} = \frac{1}{2}\frac{B^2}{\mu_0} \quad \cdots\cdots \quad (16-24)$$

이다.

여기서 전기장과 자기장은 주기적으로 변하는데, 만일 E와 B가 최대의 값이라고 하면 윗식은 파동장의 최대의 에너지 밀도를 나타낸다고 볼 수 있다. 따라서 평균에너지 밀도는 윗식에서 주어진 값의 반이 된다. 단위체적당의 평균 에너지는

$$\overline{U_{\mathrm{E}}} = \frac{1}{4}\varepsilon_0 E^2,\ \ \overline{U_{\mathrm{B}}} = \frac{1}{4}\varepsilon\frac{B^2}{\mu_0} \quad \cdots\cdots \quad (16-25)$$

단위체적당의 평균 총에너지는 위의 두 에너지 밀도를 합하여

$$\overline{U} = \frac{1}{4}\varepsilon_0 E^2 + \frac{1}{4}\frac{E^2}{\mu_0} \quad \cdots\cdots \quad (16-26)$$

을 얻는다. 그리고 $c = E/B$의 관계에 의하여 식 (16−26)은 다시

$$\overline{U} = \frac{1}{4}\varepsilon_0 E + \frac{1}{4}\frac{E}{c^2\mu_0} = \frac{1}{4}\varepsilon_0 E \quad \cdots\cdots \quad (16-27)$$

가 된다. 파동을 통하여 에너지가 운반되는 평균율 즉, 평균일률 또는 파동의 세기는 평균에너지 밀도에 파동의 속도를 곱한 것이다. 따라서

$$\overline{P} = \frac{1}{2}\varepsilon_0 c E^2 \quad \cdots\cdots \quad (16-28)$$

이다.

전자기장에서 에너지가 흐르는 방향은 전자기파의 전파인 경우에 부가되는 여러 가지 문제에서 중요하기 때문에 포인팅 벡터(poynting vector)로서 표현하고 있다. S를 포인팅 벡터라고 하면, 자유공간에 대하여 M.K.S계에서는

$$S = \frac{1}{\mu_0} E \times B \quad \cdots\cdots \quad (16-29)$$

가 된다. S, E 그리고 B는 에너지 유출이 측정되는 공간의 한 점에서의 순간적인 값이다. 그림 16-13과 같이 E와 B의 벡터 승적으로 S의 크기와 방향이 정해진다. S의 평균값은 식 (16-29)와 같다.

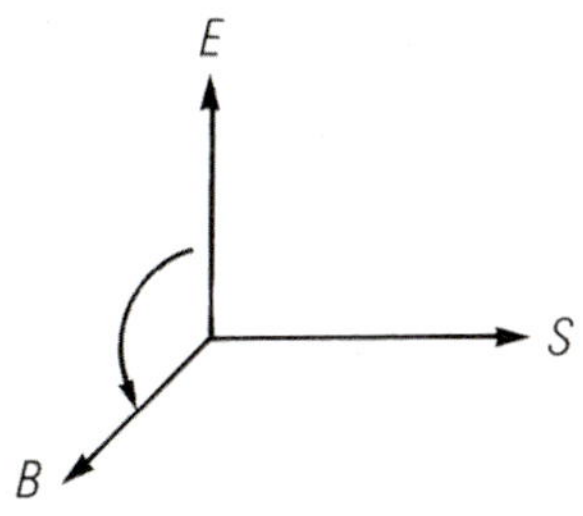

그림 16-13 | 포인팅벡터의 크기와 방향

연습문제

1. 5.0 mH의 유도기가 그림 16-14처럼 $\varepsilon_m = 30$ V의 교류 발전기에 연결되어 있다. 만일 기전력의 진동수가 (a) 1.0 kHz, (b) 8.0 kHz일 때 합성된 교류의 진폭은?

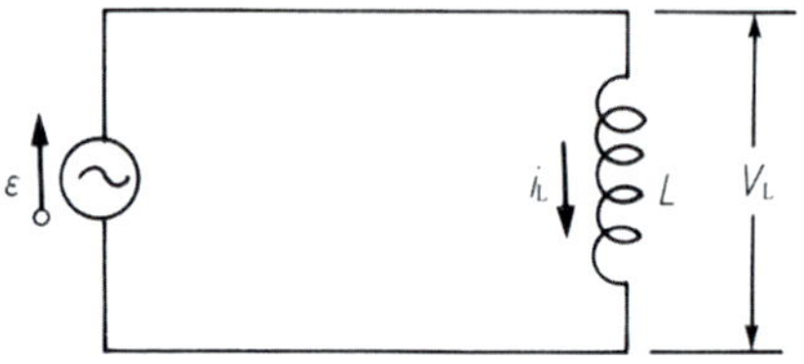

그림 16-14

2. (a) 6.0 mH의 유도기와 10 μF의 축전기의 감응저항이 같아지는 진동수는? (b) d이때 감응저항은? (c) 이 진동수는 자유 LC 진동의 자연진동수와 같음을 보여라.

3. 그림 16-15는 '검은 상자'의 양단자에 연결된 교류발전기를 보여준다. 이 상자는 RCL회로의 다중회로가 포함되어 있을 가능성이 있다. 이들 요소의 배열에서 상자 외부의 측정은

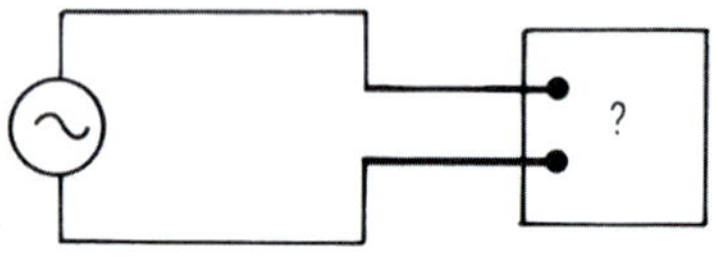

그림 16-15

$$\varepsilon(t) = (75\text{V})\sin\omega t$$

및

$$i(t) = (1.2\text{A})\sin(\omega t + 42^\circ)$$

(a) 역률은? (b) 기전력은 전류보다 빠른가 늦은가? (c) 상자 속의 회로는 성질상 대체로 용량성인가 유도성인가? (d) 상자 속의 회로는 공명이 일어나고 있는가? (e) 상자 속에 있는 것은 축전기인가? (f) 얼마의 전력이 발전기에서 상자로 전달되었는가? (g) 이 모든 답을 얻기 위해서 각 진동수 ω를 알 필요가 있는 이유는 무엇인가?

4. 교류 발전기에서 2개의 케이블로 된 송전선을 통해서 멀리 떨어진 공장의 저항성 부하 전력을 수송하고 있다. 공장에서는 강압변압기를 통해서 그 (rms)수송전압 V_t를 안전하고 사용하기 편한 훨씬 낮은 값의 전압으로 낮추어 사용한다. 송전선의 저항은 0.30 Ω/cable이고, 공장에 전달되는 전력은 250 kW이다. 송전선의 전압 강하를 계산하고 선에서 열에너지로 손실되는 일률을 구하라. (a) V_t = 80 kV, (b) V_t = 0.8 kV, (c) V_t = 0.80 kV인 경우를 가정하고, 이러한 경우의 타당성을 논하라.

5. (a) Stanford 선형가속기에서 18 GeV로 가속된 전자가 고체 표적에 입사될 때 발생되는 가장 강력한 X선의 파장은 0.067 fm이다. 이 X선의 진동수는 얼마인가? (b) VLF(very low frequency) 라디오파는 그 진동수가 30 Hz이다. 파장을 구하라.

6. 전자기파가 음의 y방향으로 진행한다. 특정한 위치와 시간에서 전기장은 장의 z축에 따라며, 크기는 100 V/m이다. 그 위치와 그 시간에서 자기장의 방향과 크기는?

7. 자기장 성분의 최대치가 $B_m = 1.0 \times 10^{-4}$T(= 1.0 gauss)인 진행 평면 전자기파의 평균강도는?

8. 구리 도선(직경 25 mm, 저항 1.0 Ω/25m)이 25 A의 전류를 운반한다. 도선표면의 점에 대해서 다음을 계산하라. (b) E, (c) B와 (c) S

9. 강도 I의 축사가 한 물체에 입사하여 부분 f만큼 흡수되고 나머지는 반사된다. 기대되는 축사력은?

10. 태양계 내에 한 입자가 태양의 중력적 인력과 태양광선에 의한 축사력의 합성된 영향하에 있다. 입자는 밀도가 $1.0 \times 10^3 kg/m^3$인 구형이고, 입사광 전부를 흡수한다고 가정하면, (a) 어떤 임계반경 R_0보다 작은 반경을 가진 모든 입자는 태양계에서 없어지게 됨을 보여라. (b) R_0를 계산하라. (c) R_0는 지구에서부터 태양까지의 거리에 무관함을 보여라.

11. 다가오거나 멀어져 가는 자동차에 입사시키는 극초단파와 반사하는 극초단파 사이의 파장의 차는 고속도로에서 자동차의 속력을 정하는데 사용된다. (a) 자동차의 속력을 v, 입사선속의 진동수를 ν라 하면 진동수의 변화는 근사적으로 $2v\nu/c$가 된다는 것을 증명하라. 단, c는 전자기축사의 속력이다. (b) 진동수가 2450 MHz인 극초단파에 대해서 속력의 mi / h당 진동수의 변화는?

제 17 장

파동

Wave Motion

1 파동현상과 종류(phenomenon and type of wave)

잔잔한 연못에 돌을 던졌을 때 돌이 떨어진 점을 중심으로 물의 진동이 일어나 동심원을 그리면서 수면을 퍼져나가는 것을 볼 수 있다. 이때 진동하는 물은 그 평형의 위치를 중심으로 진동을 하고 그 에너지를 인접한 다른 부분에 전파시킨다(그림 17-1). 이처럼 에너지가 어떤 매개물의 진동에 의하여 전파되어 나가는 현상을 파동(wave 또는 pulse)이라 하고, 파동을 전파시켜 주는 물질을 매질(medium)이라 한다. 파동이 전파되는 상황은 경우에 따라 틀리지만, 어느 경우에서나 단지 운동의 상태가 전파할 따름이고 매질의 각 부위는 그만한 범위를 왕복할 뿐이다. 예로서 수면 위에 나무나 코르크 조각을 띄워 놓은 상태에 파동이 코르크에 도달하면 코르크는 상하전후로 흔든다. 파동이 지나가면 코르크는 곧 멈춘다. 이와 같이 파문은 수문을 따라 진행하고 물의 입자는 적은 범위 내에서 순환운동을 하는데 지나지 않는다. 즉, 수면을 따라 이동하는 것은 에너지이며 물질은 아니다.

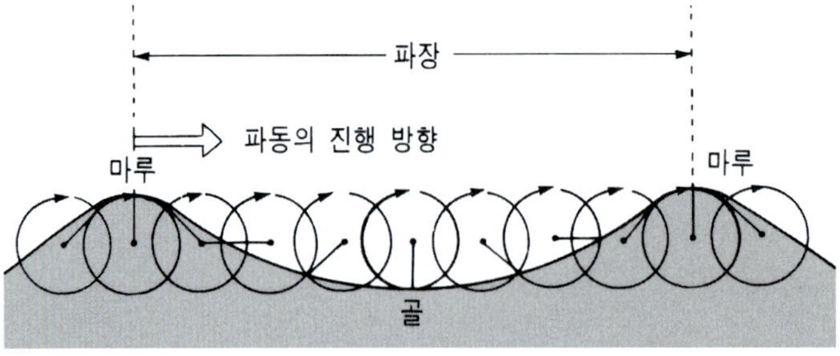

그림 17-1 | 물결파

이와 같이 파동은 두 점 사이에 물질의 전달없이 에너지 전달만을 일으키는 것으로서 전자기파와 탄성파로 나눈다. 전자기파는 전장과 자장이 각기 수직이고 파의 진행방향에도 수직인 것으로서 16장에서 서술한 바와 같은 엑스선, 감마선, 자외선, 가시광선, 적외선, 마이크로파, 라디오파 등이 있다. 이러한 파동들은 매질이 필요없이 진공 속을 진행한다.

이에 반하여 실제로 변형될 수 있거나 탄성이 있는 매질 속에서 발생하는 모든 종류의 파동을 탄성파(elastic wave) 또는 역학적 파동(mechanical wave)이라 한다. 전자기파와는 달리 파동을 전달하여 주는 매질이 필요하다. 이에는 음파, 수면파, 고체나 액체 속의 파동 등이 있다. 탄성파를 발생시키는 진동기가 진동하면, 이것이 탄성 매질의 일부에 변위를 일으키어 평형 위치 주위를 진동하게 한다. 이때에 진동하는 매질 부분의 운동 에너지와 위치 에너지를 다음 매질 부분으로 차례로 전달해 준다. 즉, 탄성파는 매질의 반복된 주기적인 운동에 의한 교란이 매질의 한 부분에서 다음 부분으로 전달되면서 에너지를 운반하는 것이다.

2 탄성파(elastic wave)

그림 17-2(a)와 같이 용수철의 한 끝을 고정하고 다른 끝을 상하로 흔들면, 용수철의 상하 진동이 진동의 방향에 수직인 방향으로 전파된다. 이와 같이 진동하는 방향에 수직으로 진행되는 파동을 횡파(transverse wave)라고 한다. 횡파는 마루와 골이 생기므로 고저파라고도 한다.

이에 대해 그림 17-2(b)와 같이 용수철을 전후로 진동시켜 주면 진동은 용수철 진동방

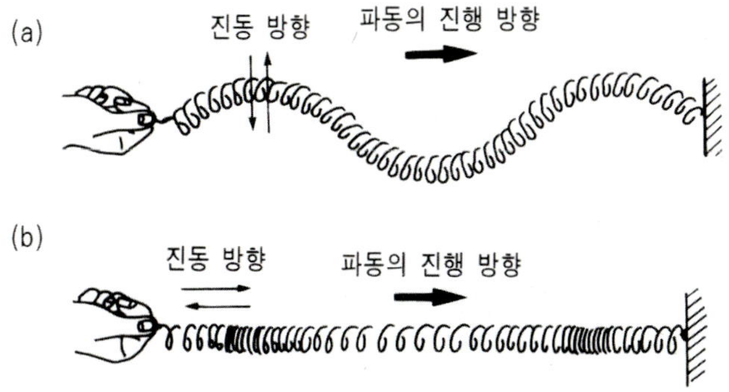

그림 17–2 | 횡파(a)와 종파(b)

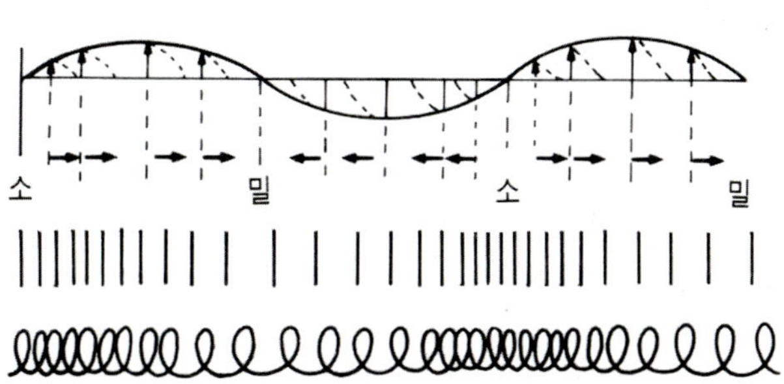

그림 17–3 | 종파의 변위

향으로 진행된다. 이렇게 매질의 진동방향과 같은 방향으로 진행되는 파동을 종파(longitudinal wave)라고 한다. 종파는 그림 17–3과 같이 용수철이 압축되어서 조밀하게 된 부분과 늘어나서 소하게 된 부분이 교대로 나타난다. 이와 같이 종파의 매질의 소밀이 주기적으로 반복되기 때문에 소밀파라고도 한다.

종파의 경우에도 매질 각 점의 변위를 그림 17–3과 같이 90° 회전하여 나타내면 횡파와 같은 파형으로 된다. 그러므로 종파나 횡파를 동일하게 수학적으로 취급한다.

진폭 A, 주기 T, 진동수 $f = 1/T$로 단진동하는 진동기를 교란시키면 오른쪽으로 진행하는 연속파동을 그림 17–4와 같이 얻을 수 있다. 이때 단진동하는 각 부분 사이의 위상은 같지 않다. 이런 파동은 변위 y 대 x(거리) 및 y 대 t(시간)의 그래프가 사인곡선이기 때문에 사인파(sine wave)라고 한다.

그림 17–5는 어떤 시각에서 두 파동 A, B를 나타낸 것으로서 위상이 같은 점은 서로 $\frac{\lambda}{4}$만큼 떨어져 있기에 같은 장소에서의 두 파동은 $2\pi \times \frac{1}{4} = \frac{\pi}{2}$ 만큼 위상차를 가지고 있

다. 즉, B는 A보다 $\frac{\pi}{2}$만큼 늦게 전달된다. 또한 두 점의 위상차가 0° 또는 180° 배수인 경우에 위상은 같고, 그렇지 않은 경우는 위상이 다르다. 두 마루와 두 골은 서로 위상이 같으며, 마루와 골은 위상이 180° 어긋난다. 위상이 서로 같은 두 점간의 간격을 파장이라 한다. 그리고 1주기 (T) 사이에 파동은 1파장(λ)만큼 진행한다. 그러므로 파의 속도 v는

$$v = \frac{\lambda}{T} \qquad \cdots\cdots (17-1)$$

이다. 또한 파동의 진동수 f는 $f = 1/T$이므로

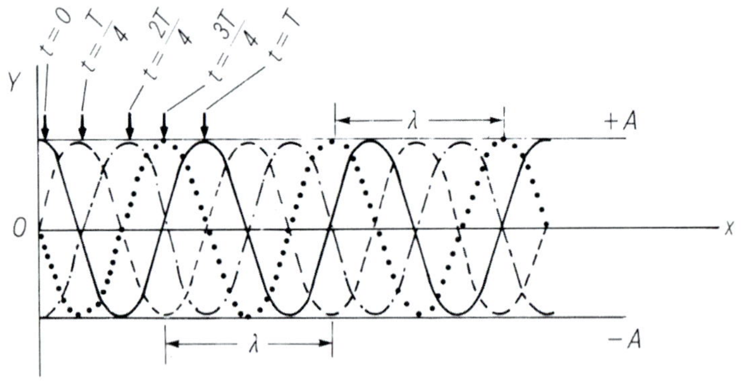

그림 17-4 | 진행하는 연속파동

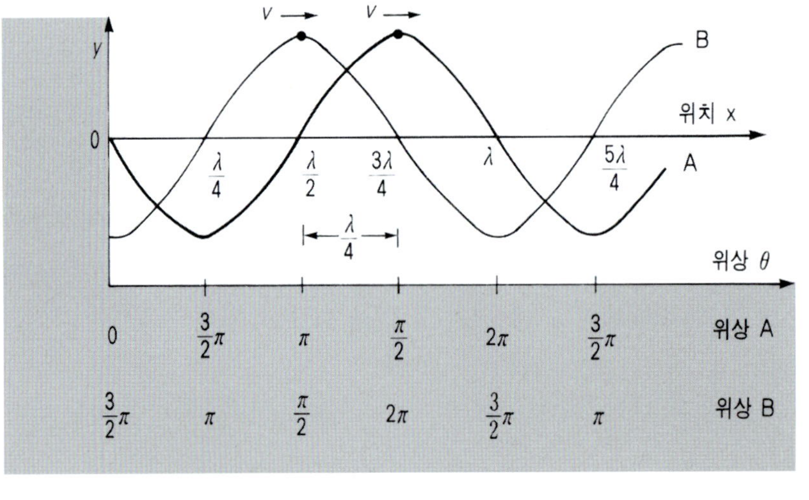

그림 17-5 | 사인파동의 위상차

$$v = \frac{\lambda}{T} = f\lambda \quad \cdots\cdots (17-2)$$

가 된다. 이 식은 횡파나 종파를 막론하고 모든 종류의 사인파에 적용되며, 주기 T는 매질한 입자가 하나의 진동을 완전히 마치는 데 걸리는 시간이다.

[예제 1] 파장이 10 m, 전파속도가 340 m/s인 파동의 주기와 진동수는 얼마인가?

[풀 이] $v = \frac{\lambda}{T} = f\lambda$로부터

주기 $T = \frac{\lambda}{v} = \frac{10\,\text{m}}{340\,\text{m/s}} \fallingdotseq 0.03\,\text{s}$

진동수 $f = \frac{v}{\lambda} = \frac{340\,\text{m/s}}{10\,\text{m}} = 340\,\text{s} = 34\,\text{Hz}$

3 파동 방정식(wave equation)

수평으로 팽팽하게 당겨진 줄을 생각하자. 이 줄의 왼쪽 끝을 조화진동 발생기에 연결시키면 왼쪽으로 진행하는 파동 이동이 그림 17-6과 같이 생긴다. 이 사인곡선에서 $t=0$에 대한 x지점에서의 변위 $y(x, 0)$가 진폭 A로 표시되는 파동의 식은

$$y = A\sin\frac{2\pi}{\lambda}x \quad \cdots\cdots (17-3)$$

가 된다. 이 식에서 $x=0$, $\lambda/2$, λ, $3\lambda/2$……일 때 $y=0$이고 $x=\lambda/4$, $3\lambda/4$, $5\lambda/4$……일 때 $y=\pm A$이다.

그리고, 그림 17-6에서 시간 t때의 곡선을 $t=0$ 때의 곡선과 일치시키기 위해서는 곡선 전체를 $-vt$만큼 이동시켜야 한다. 따라서, 변위 y를 x와 t의 함수로 나타내는 일반적인 방정식은 식 (17-3)에서 x를 $(x-vt)$로 대치하면 다음과 같이 된다.

$$y = A\sin\frac{2\pi}{\lambda}(x - vt) \quad \cdots\cdots (17-4)$$

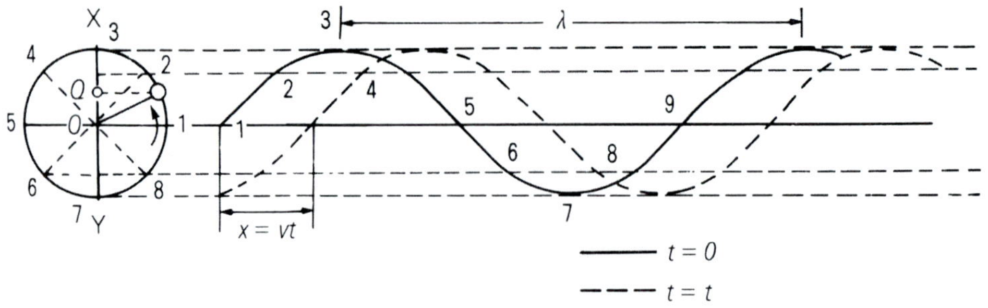

그림 17-6 시각 t에서의 매질의 변위 크기

그런데, 식 (17-1)의 $v=\lambda/T$를 대입하면

$$y = A\sin 2\pi\left(\frac{x}{\lambda} - \frac{t}{T}\right) \qquad (17\text{-}5)$$

가 성립된다. 식 (17-5)는 파수(wave number) $k=2\pi/\lambda$와 각진동수(angular frequency) $\omega = 2\pi/T = 2\pi f$를 사용하면

$$y = A\sin(kx - \omega t) \qquad (17\text{-}6)$$

가 된다. 이 식은 오른쪽으로 진행하는 파동이며 왼쪽으로 진행하는 파동의 변위 $y(-x, t)$는

$$y = A\sin(kx + \omega t) \qquad (17\text{-}7)$$

의 관계가 된다. 이와 같은 식이 적용되는 사인파는 이상적인 파동으로 자연계에는 대부분 사인파가 아니다. 그러나 이러한 파동은 근사적인 사인파로 취급하는 경우가 많고 복잡한 파동이라 하더라도 파장과 주기, 진폭 등이 다른 몇 개의 사인파 합성으로 나타날 수 있다.

[예제 2] 현을 전파하여 나가는 어떤 횡파의 방정식 $y = 0.05\sin 2\pi(0.5x - 10t)$이다. 여기서 x와 y는 m로, t는 s로 표시되어 있다. 이 파의 진폭, 파장, 주기, 진동수, 속도를 구하라.

[풀 이] $k=\frac{2\pi}{\lambda}$, $\omega=\frac{2\pi}{T}=2\pi f$, $y=A\sin(kx-\omega t)$에 의하여

① 진폭 $A=0.05\,\mathrm{m}=5\,\mathrm{cm}$

② 파장 $kx=2\pi(0.5x)$ or $k=\pi$

$\frac{2\pi}{\lambda}=2\pi(0.5)\quad\therefore\lambda=2\,\mathrm{m}$

③ 진동수 $\omega t=2\pi(10t)$ or $\frac{2\pi}{T}=20\pi T=0.1\,s^{-1}$

$\therefore f=\frac{1}{T}=10\,\mathrm{Hz}$

④ 속도 $v=f\lambda=(10\,\mathrm{Hz})(2\,\mathrm{m})=20\,\mathrm{m/s}$

4 파동 전파와 중첩(superposition and traveling of waves)

1) 파동 속도

파동이 전파되는 속력은 일반적으로 매질의 어떤 주어진 부분의 변위에 대하여 그것을 평형 위치에 다시 돌아오게 하는 복원력이 클수록 크다. 그리고 관성이 클수록 작다. 줄을 타고 전파하는 파동에서 복원력은 줄을 당기는 장력 T가 되고, 관성은 줄의 선밀도 σ가 된다.

그림 17-7에서 줄의 상하 진동의 속력을 u라 하고 파동의 전파 속력을 v라면, Δt 시간 사이에 줄은 윗 방향으로 $v\Delta t$만큼 변위하고 이 사이에 파동은 $v\Delta t$만큼 오른쪽으로 전파한다. 줄의 운동부분과 정지부분이 만드는 각을 θ가 작은 범위 내에서는 $\sin\theta\fallingdotseq\tan\theta\fallingdotseq\frac{u}{v}$가 된다. Δt시간 사이에 윗 방향으로 가속되는 부분의 질량은 $\rho v\Delta t$이다. 그러므로 이 부분의 운동량 변화는 $\rho uv\Delta t$가 된다. 또 이 부분에 작용하는 힘의 윗 방향 성분은 $T\sin\theta\fallingdotseq T\frac{u}{v}$가 된다. 그러므로 충격량과 운동량의 관계에서

$$\rho uv\Delta t=T\frac{u}{v}\Delta t \quad \cdots\cdots (17\text{-}8)$$

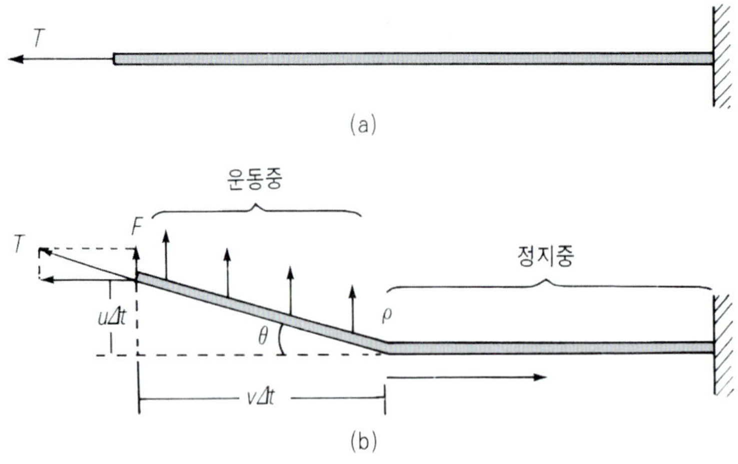

그림 17-7 줄의 변위와 속력

가 된다. 따라서 줄을 전파하는 파동의 속력 v는

$$v = \sqrt{\frac{T}{\rho}} \quad \cdots\cdots \quad (17-9)$$

가 된다. T는 Newton, ρ는 $\mathrm{kg/m^3}$, v는 m/s로 표시된다.

2) 파동 에너지

에너지 측면에서 파동은 매질의 일부분에 주어진 에너지가 주위로 전파되어 나가는 현상이다. 그러나 파동의 에너지가 전달되는 형태는 입자가 한 곳에서 다른 곳으로 에너지를 전달하는 형태와는 다르다.

매질이 균일하고 도중에 회절이나 굴절, 반사 또는 흡수 등을 받지 않고 진행하는 경우를 생각하자. 이 때 E의 에너지가 어떤 장소 O에 순간적으로 주었다면(그림 17-8), 줄을 경우와 같이 1차원적으로 전파되는 경우에는 O의 양쪽에 $E/2$만큼의 에너지가 전파되고, 거리가 멀어져도 이 에너지는 작아지지 않는다. 그러나 소리와 같이 3차원의 매질을 전파할 때에는 에너지는 사방에 퍼져 나가게 되고 원점 O에서 r의 거리에 있는 점 r에서는 OR에 수직한 단위 면적을 통과하는 에너지는 $E/4\pi r^2$가 된다.

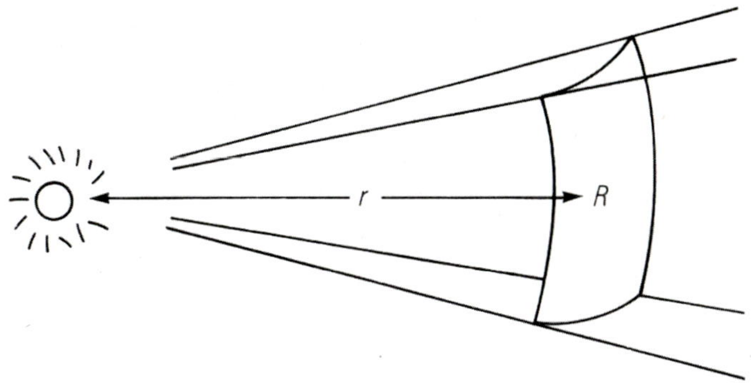

그림 17-8

만약 O에 일률 P로 에너지를 공급하여 연속적인 단진동이 일어나게 하면 점 O에서 연속적으로 사인파가 전파되고 R지점의 단위 면적에 대하여 단위 시간당 운반되는 에너지는 $P/4\pi r^2$이 된다. 한편, 매질 각 부분의 진폭을 A라 하면 단위 부피당의 파동 에너지는 $2\pi^2\rho f^2 A^2$이 되므로 단위 면적에 단위 시간당 운반되는 파동에너지 I는

$$I = 2\pi^2\rho f^2 A^2 v \quad \cdots\cdots (17-10)$$

로 된다. 이 I를 파동의 세기라고 한다. 파동의 세기는 $P/4\pi r^2$와 같으므로 $I = P/4\pi^2$이 된다. 그러므로 진폭 A는

$$A = \frac{\sqrt{P}}{\sqrt{8\pi^3\rho v f r}} \quad \cdots\cdots (17-11)$$

의 관계식이 된다. 파동의 진폭은 파원에서의 거리 r에 반비례하여 작아지는 것을 알 수 있다.

3) 파동 중첩

서로 반대방향으로 진행하여 온 파가 만나게 되면, 두 개의 물체가 충돌할 때와는 달리 두 개의 파동은 서로 그 진행에 교란을 받지 않는다. 단지 두 개의 파동이 겹치는 곳에서 파형이 달라질 뿐이다. 서로 반대방향으로 진행하는 두 파동이 만날 때부터 시작하여 서로

떨어질 때까지의 파동의 모양은 그림 17-9와 같다.

매질 각 점의 변위는 각각의 파동 변위가 중첩된 것이고, 이것은 두 파동 변위의 벡터합으로 주어진다. 두 개의 변위가 같은 방향으로 서로 도와서 커지고 반대방향이면 상쇄되어 작아진다. 파동의 이와 같은 성질을 중첩의 원리(superposition principle)라 한다. 중첩의 원리는 한 매질 중에 둘 이상의 파동이 동시에 존재하더라도 개개의 파동은 다른 파에 관계없이 독립적으로 진행한다.

그리고 진동수와 진폭이 같은 두 파동이 동일방향으로 진행하면서 중첩되면 간섭(interference) 현상이 나타난다. 이때 두 파의 마루와 마루, 골과 골들이 서로 겹치고 있으면 보강간섭(constructive interference) 현상이 나타나고, 반대로 위상이 다른 것들이 겹칠 때는 상쇄간섭(destructive interference) 현상이 나타난다.

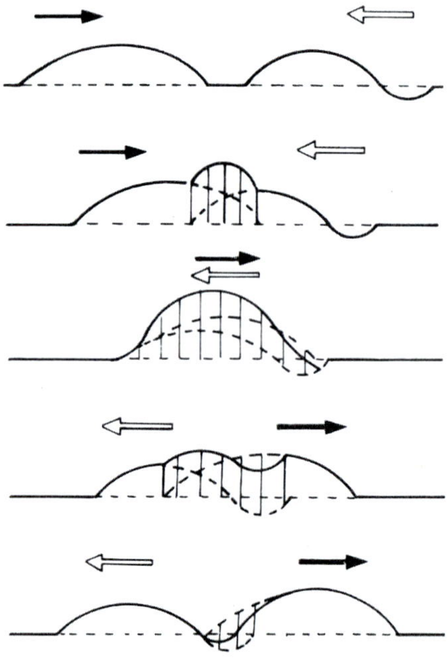

그림 17-9 파동의 중첩

5 정상파(standing wave)

모든 점에서 같은 두 파동이 반대방향에서 진행하여 중첩될 경우, x의 +방향으로 전파되는 파동은 식 (17-5)에 의하여

$$y_1 = A\sin 2\pi\left(\frac{x}{\lambda} - \frac{t}{\mathrm{T}}\right)$$

라 하면 −방향으로 전파되는 파동의 변위 y_2는

$$y_2 = A\sin\left\{2\pi\left(\frac{x}{\lambda} + \frac{t}{\mathrm{T}}\right) + 2\varepsilon\right\}$$

가 된다. 여기서 2ε는 위상에 관한 정수이다. 따라서 합성변위는

$$y = y_1 + y_2 = 2A\cos\left(2\pi\frac{x}{\lambda} + \varepsilon\right)\sin\left(2\pi\frac{x}{T} + \varepsilon\right) \quad \cdots\cdots (17\text{-}12)$$

이다. 좌표의 원점을 위치에 옮겨서 생각하면

$$y = 2A\sin 2\pi\frac{x}{\lambda}\sin\left(2\pi\frac{t}{\mathrm{T}} + \varepsilon\right) \quad \cdots\cdots (17\text{-}13)$$

이 성립한다. 이것은 x축상의 각 점이 각각 $2A\sin 2\pi\frac{x}{\lambda}$로 주어지는 진폭의 단진동을 하고 동시에 평형의 위치를 지나는 것을 의미할 뿐이자. 파형은 진행하지 않는다. 이와 같은 것을 정상파(stationnary wave)라고 한다.

식 (17-13)에서 $2\pi\frac{x}{\lambda} = m\pi$, $(m = 0, 1, 2, 3\cdots\cdots)$ 즉 $x = m\frac{\lambda}{2}$의 위치에서는 항상 진폭은 0이고 이 점은 움직이지 않는다. 이것을 마디(node)라 한다. 또 $2\pi\frac{x}{\lambda} = \frac{(2m+1)}{2}\pi$ 즉, $x = (2m+1)\frac{\lambda}{4}$의 곳에서는 진폭이 $2A$가 되어 최대치를 나타낸다. 이 점을 배(loop)

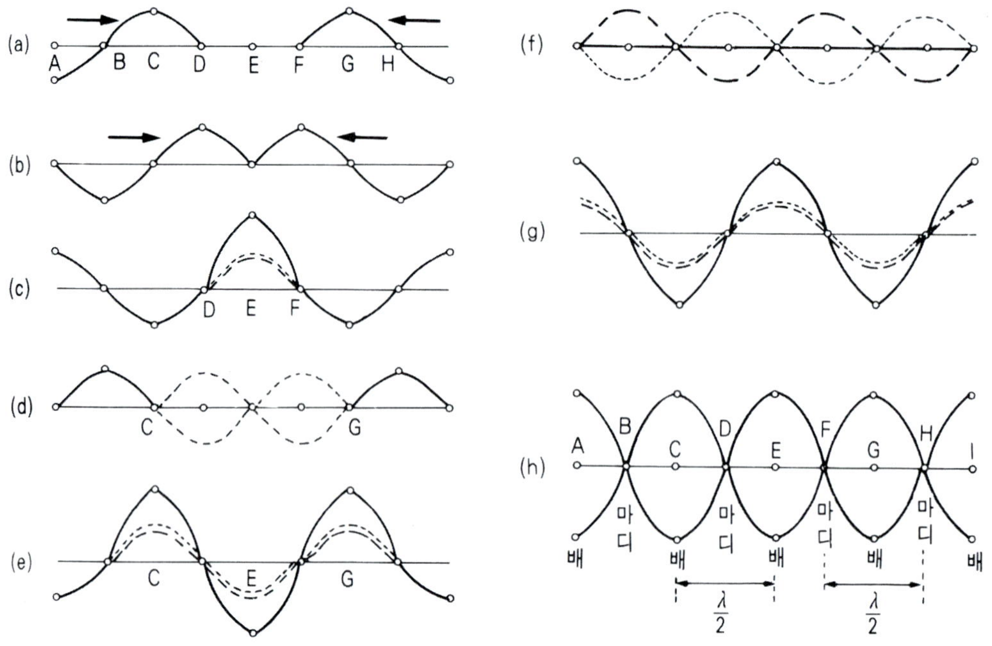

그림 17-10 | 정상파

라 한다. 인접한 마디와 마디, 배와 배간의 거리는 $\lambda/2$이다.

정상파에서는 마디를 경계로 하여 양쪽 부분의 진동 범위는 반대로 된다. 그러므로 횡파에서는 한쪽이 산이면 다른 한쪽은 골이 된다. 종파에서는 마디의 양쪽부분이 그것에 향하여 가까워지고 어떤 때는 멀어진다. 따라서 밀도의 변화가 심하다.

그림 17-10은 정상파를 이루는 것을 나타내고 있다. 두 파동이 서로 반대방향으로 진행하다가 (그림 a), 중첩되기 시작한다(그림 b). $\frac{1}{4}$주기 지나면 DF가 완전히 중첩괴어 점 E는 처음 진폭의 2배의 마루가 된다. 다시 $\frac{1}{4}$주기 지나면 CG 부분의 변위가 상쇄되어 (그림 d) 전혀 진동하지 않는다. 또 그림 e의 상태로 되면 점 E는 진폭 2배인 골이 되고 점 C와 G는 마루가 되며, 다시 $\frac{1}{4}$ 주기 지나면 그림 f와 같이 각 점은 모두 진동하지 않는 상태와 그림 g에서와 같이 진폭이 2배인 마루가 번갈아 나타난다. 이와 같이 똑같은 두 파동이 서로 반대방향으로 진행하다가 중첩되어 배와 마디가 나타난다.

연습문제

1. 진공에서 전자기파의 속력은 $3.0 \times 10^8 m/s$ 이다.

(a) (빛의) 스펙트럼 중 가시광선이 차지하는 부분의 파장은 보라색의 $4.0 \times 10^{-7} m$ 로부터 빨간색의 $7.0 \times 10^{-7} m$ 에 이르는 영역이다. 가시광의 진동수 영역은?

(b) 단파의 라디오(예로서, FM라디오나 VHF텔레비전)에 대한 진동수 영역은 약 1.5 MHz(megahertz, 표 1-1 참조)에서 300 MHz 사이이다. 대응되는 파장 영역은 무엇이겠는가?

(c) X선도 또한 전자기파이다. X선의 파장 영역은 약 5.0 nm(nanometer, 표 1-1 참조)로부터 $1.0 \times 10^{-2} nm$ 사이에 있다. X선의 진동수 영역은?

2. 줄을 따라 진행하는 광파는 방정식 $y = 6.0\sin(0.020\pi x + 4.0\pi t)$ 에 의해서 주어진다. x와 y가 cm단위로 표시되고 t가 s단위로 표시된다고 할 때,

(a) 진폭

(b) 파장

(c) 진동수

(d) 속력

(e) 파동의 전파방향

(f) 줄 내의 어느 한 점이 갖는 최대광속력을 구하여라.

3. 줄을 따라 진행하는 횡파의 방정식은 $y = (2.0mm)\sin[(20mm^{-1})x - (600s^{-1})t]$ 에 의하여 주어진다.

(a) 이 파동의 진폭, 진동수, 속도 및 파장을 구하여라.

(b) 줄 내의 어느 한 점이 갖는 최대 횡속력을 구하여라.

4. 사인파가 현을 따라 진행한다. 어떤 한 점이 최대변립에서 0변위로 오는 데 걸리는 시간이 0.17 s라면

(a) 주기는? (b) 진동수는? (c) 파동이 1.4 m라면 속력은?

5. 진동수가 500 Hz인 파동의 입상속도가 350 m/s라 한다.

(a) 이 파동 위에서 위상이 60° 떨어져 있는 두 점 사이의 거리는?

(b) 어느 지정된 점에서 1.0 ms의 차를 두고 잰 두 횡변입간의 위상차는?

6. −x방향으로 진행하며 진폭이 0.010 m, 진동수가 550 Hz, 속력이 330 m/s인 파동을 나타내는 식을 구하여라.

7. (a) 파장이 10 cm이고 진동수가 400 Hz, 진폭이 2.0 cm인 +x방향으로 현에 따라 진행하는 횡파를 나타내는 식을 써라?

(b) 현의 한 점에서의 최대 횡속력은?

(c) 파동의 속도는?

8. (a) 코일 용수철에 따라 이 용수철의 한 끝에 붙여 놓은 진동원으로부터 연속적인 사인적 종파를 보냈다고 하자. 이 진동원의 진동수는 25 Hz/s이고, 용수철 내에서 계속된 두 희소화부분 사이의 거리는 24 cm이었다. 이 파동의 속력을 구하여라.

(b) 용수철 내에서 입자가 갖는 최대종변입을 0.30 cm라 하고, 또 이 파동이 −x 방향으로 진행한다고 할 때 이 파동을 나타내는 방정식을 써라. 단, 진동원은 x = 0인 점에 있다 하고, x = 0, t = 0에서의 종변위는 0이라 한다.

9. 문제 4의 현이 장력 10.0 N을 받는다면 현의 선밀도는?

10. 진동하는 현의 선밀도가 $1.3\times10^{-4}kg/m$이다. 횡과가 이 현을 따라 진행하고, 그 식이 $y=(0.021m)\sin[(1.0m^{-1})x+(30s^{-1})t]$로 주어질 때 여기서 x, y는 m이고, t는 s이다. 실의 장력은 얼마인가?

11. 탄조화광파가 현을 따라 왼쪽(−x 방향)으로 진행한다. 그림은 시간 t = 0일 때 위치의 함수로 변위를 그린 것이다. 현의 장력은 3.6 N이고, 선밀도는 25 g/m이다.

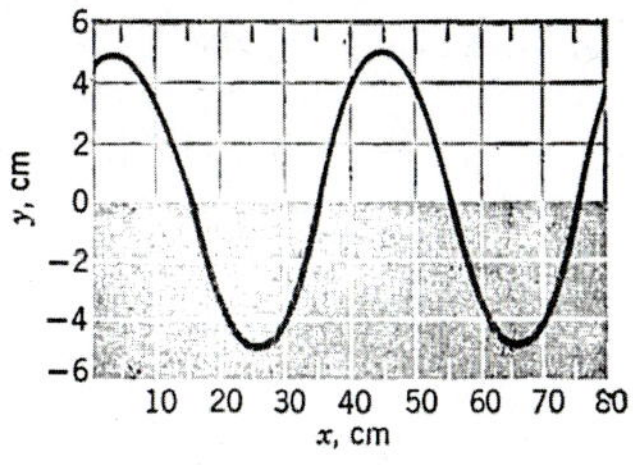

(a) 진폭 (b) 주기
(c) 파장 (d) 파의 속력
(e) 현 내의 한 점의 최대속력 (f) 진행파를 나타내는 식을 구하여라.

12. 길이가 10.0 m이고, 질량이 100 g인 현에 장력 250 N이 작용한다. 이 현의 양끝에서 0.030 s 간격으로 두 교란파가 발생하였다면 이 파가 만나는 위치는?

13. 임의의 점 x에서 현의 기울기는 숫자적으로 그 점에서의 입자의 속력대 파동속력의 비와 같음을 증명하여라.

14. 균질의 원형 현이 중심이 없는 곳에서 시계방향으로 회전하고 있다. (그림 참조). 접선방향의 속도가 v_0일 때 이 현에서의 파의 속도를 구하여라.(답은 원의 반지름이나 현의 선밀도와는 관계가 없다.)

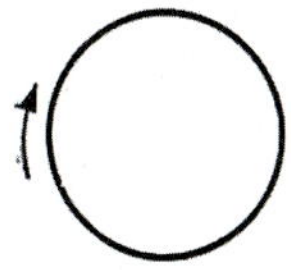

15. 질량 m, 길이 L인 균일한 줄이 천장에 매달려 있다.

(a) 줄에 생긴 횡파의 속력을 줄의 아래쪽 끝에서부터 잰 거리 y의 함수로 표시하면 $v = \sqrt{gy}$가 됨을 보여라.

(b) 이 횡파가 줄 전체를 지나는 데 걸리는 시간이 $t = 2\sqrt{L/g}$ 임을 보여라.

(c) 줄의 실제 질량이 (a)와 (b)의 결과에 영향을 주는가?

16. 팽팽하게 당겨진 줄 위의 파동에서 최대 입자 속력(줄 위의 한 점이 파동에 대하여 옆으로 움직이는 숙력)과 파동 속력의 비를 구하여라. 특정한 진동수를 가지는 파동이 줄 위에서 일어날 때 이 속력의 비는 줄을 만드는 재질일 예로 나일론이나 철사줄에 관계있는가?

17. (a) 강도 I(단위면적을 단위시간에 지나가는 에너지 양)는 단립체적당 에너지 u와 이 파동의 전파속력 v와의 상비적임을 증명하여라.

(b) 라디오파는 $3.0\times10^8 m/s$의 속력으로 전파된다. 라디오파를 구면파라 생각할 때 50000 W의 파원(방송국)으로부터 480 km 떨어진 곳에서 이 라디오파가 갖는 에너지 밀도는 얼마인가?

18. 예제 1과 2에서 정량적으로 표시한 진행파에 대하여 다음을 구하여라.

(a) 횡속력의 최대값 u

(b) 횡력의 최대값 F_{trans}

(c) 이 파의 위상을 $(kx-wt)$로 정한다. 위의 두 최대값이 파동에서 같은 위상에서 일어남을 보여라. 이 위상에서 현의 횡변위 y는 얼마인가?

(d) 현을 따라 전달되는 최대 일률은 얼마인가?

(e) 최대 일률이 전달될 때 횡변위 y는 얼마인가?

(f) 현을 따라 전달되는 최소 일률은 얼마인가?

(g) 이 최소 일률이 일어날 때 횡변위 y는 얼마인가?

19. 어떤 서형의 파원으로부터 원통파가 나오고 있다. 매질이 에너지를 흡수하지 않는다고 가정할 때, (a) 세기와 (b) 이 파동의 진폭과 강도가 어떤 모양으로 파원으로부터의 거리에 관계되는가를 밝혀라.

20. 점원으로부터 모든 방향으로 균일하게 파동이 퍼져 나가고 있다.

(a) 점원으로부터 r되는 임의의 거리점에 있는 매질점의 변위 y에 관한 다음 식의 정당성을 논의하여라.

$$y=\frac{Y}{r}\sin k(r-vt)$$

또 이 파동의 속력, 전파방향, 주기성 및 강도에 관해서 고찰하여라.

(b) y와 r의 길이의 차원이므로 Y는 $(\text{길이})^2$의 차원이다.

21. 동일진동수를 가지고 동일 직선상을 진행하는 두 사인적 운동이 있다. 이들의 진폭이 각각 3.0 cm 및 4.0 cm이고, 또 서로 $\pi/2$의 위상차를 가진다 할 때, 이 두 진동을 합성하면 그 합성진폭은 얼마인가?

22. 고주파 파동의 파원 S와 D가 지상에서 서로 d 되는 거리 점에 놓여져 있다. S로부터 직접 D에 도달하는 파동과 고도 H되는 수평층에 의해서 일단 반사된 후에 도달하는 파동의 위상이 서로 맞았다 하자(그림 참조). 이 때 입사선과 반사선은 반사층과 같은 각을 만들었다. 또 이 반사층이 거리 h만큼 올라갔을 때 D점에서는 전혀 신호를 검출할 수가 없었다 하자. 대기 내에서의 흡수를 무시하고 d, h, H 및 이 파동의 파장 λ 사이의 관계를 구하여라.

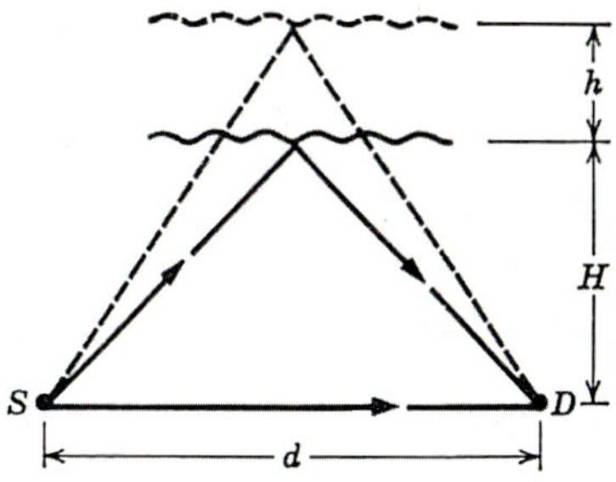

23. 네 개의 사인파의 진동수가 1, 2, 3, 4의 비율을 갖는 반면, 그 진폭은 1, $\frac{1}{2}$, $\frac{1}{3}$, $\frac{1}{4}$의 비율을 갖는다고 하자. 또 제 1 및 제 3의 파동이 제 2 및 제 4의 파동과 각각 180°의 위상차를 갖는다고 할 때, 이 네 파동을 합성해서 그 파형을 그리고 그 성질에 관하여 조사하여라.

24. 두 개의 펄스가 그림과 같이 한 현에서 서로 반대방향으로 진행하고 있다.

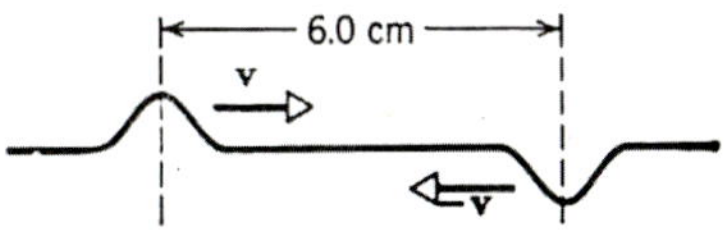

(a) 파의 속도가 2.0 m/s이고, 이 펄스가 6.0 cm 떨어져 있다고 할 때 5.0, 10, 15, 20, 25 ms 후의 모양을 그려라.

(b) t = 15 ms 후에 에너지는 어떻게 되겠는가?

25. 동일주기를 갖는 세 정현적 파동의 진폭이 각각 1, $\frac{1}{2}$, $\frac{1}{3}$이고, 또 그 입상각이 각각 0, $\pi/2$, π이다. 이 세 파동을 합성했을 때의 파형을 그리고 성질을 논하여라.

26. 어떤 현에서 진행하고 있는 횡파의 방정식이 다음과 같다.

$y = (0.10m)\cos[(0.79m^{-1})x - (13s^{-1})t - 0.89]$

단, x와 y의 단위는 cm이고, t는 s이다. 이 파와 합성해서 정상파가 되는 파의 방정식을 구하여라.

27. x, y를 cm로 표시하고 t를 s로 표시하였을 때 현이 다음 식에 따라 진동하고 있다.

$y = (0.5cm)\left[\sin\left(\frac{\pi}{3}cm^{-1}\right)x\right]\cos(40\pi s^{-1})t$

(a) 중첩에 의해서 이 진동을 일으키게 할 수 있는 두 성분파의 진폭과 속도는?

(b) 이 진동의 마디 사이의 거리는?

(c) $t = \frac{9}{8}s$ 일 때 x = 1.5 cm 되는 점에서 이 현을 구성하는 입자의 속도는?

28. 한 현에서 두 개의 피의 방정식이 다음과 같다.

$y_1 = (0.10m)\sin 2\pi[(0.5m^{-1})x + (20s^{-1})t]$,

$y_2 = (0.20m)\sin\pi[(0.5m^{-1})x - (20s^{-1})t]$

단, x의 단위는 m이고, t의 단위는 s이다. x = 3.0 m되는 점에서의 반응을 그려라. 즉, 그점에서 y를 t의 함수로 표시하여라.

29. 두 개의 정현적 횡파가 현을 따라 서로 반대방향으로 진행하고 있다. 이 파동들은 모두 0.30 cm의 진폭과 6.0 cm의 파장을 가지며, 또 현 내에서 1.5 m/s의 횡파속력을 가진다고 할 때, 다음의 각 시간에서 이 현이 갖는 파형을 그려라

$t = 0$(임의), $t = 5.0$, $t = 10.0$, $t = 15.0$, $t = 10.0ms$

30. 질량이 0.10 kg이며 길이가 10.0 m인 줄에 생기는 정상파 중에서 진동수가 가장 낮은 것부터 차례로 3개를 구하여라. 줄의 장력은 250 N이다.

$\nu = \frac{n}{2l}\sqrt{\frac{F}{\mu}}$, $\mu = \frac{m}{l}$ 이므로 $\nu_1 = 7.9Hz$, $\nu_2 = 16Hz$, $\nu_3 = 24Hz$

31. 입사하는 진행파가 벽에서 일부분만 반사된다면 서로 다른 진폭을 가지며 서로 반대방향으로 움직이는 두 파가 중첩된 결과는 파의 윤곽이 그림과 같은 정상파를 만들게 된다.

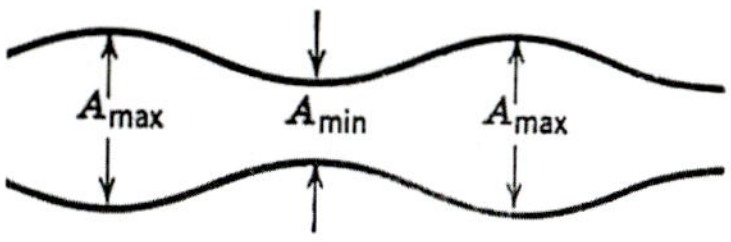

안 정상파비(SWR; Standing Wave Ratio)의 정의는 $(A_i+A_r)/(A_i-A_r)=A_{max}/A_{min}$ 이며 반사 백분율은 입사파의 평균 일률에 대한 반사파의 평균 일률의 비에 100을 곱한 것으로 정의한다.

(a) 100% 반사시 SWR = ∞ 이며, 반사가 없는 경우 SWR = 1임을 보여라.

(b) 벽 바로 앞에서 측정한 SWR은 다음 식에 의해 벽에서 일어나는 반사 백분율을 나타냄을 보여라.

$$\text{반사 백분율(\%)} = \frac{(SWR-1)^2}{(SWR+1)^2}\times 100$$

32. 서로 반대방향으로 진행하는 똑같은 두 파동이 합성된 정상파를 생각하자. 이 정상파의 배에 있어서의 에너지는 $2\pi^2 y_m^2 \mu \nu^2$ 임을 밝혀라.

33. 실험실에서 3.0 ft(= 0.9 m)의 길이를 갖는 현의 한 끝에 전기음차를 매어 놓은 후 이 음차를 현의 방향과 직각 방향으로 60 vib/s(= 60 Hz)의 율로 진동시켜서 정상파에 관한 실험을 하였다. 현의 무게는 0.0961 b(질량 = 0.044 kg)였다.

(a) 이 현이 네 개의 파복으로 갈라져서 진동하기 위해여는 얼마만한 크기의 장력을 걸어 주어야 하는가? (현의 다른 쪽 끝에 무게를 걸어 주도록 되어 있다 한다.)

(b) 음차의 진동방향을 현의 방향과 평행하게 하였다면 어떻게 되겠는가?

34. 600 Hz의 음차의 진동이 양쪽이 클램프에 물려 있는 현에 정상파를 만든다. 현의 파속은 400 m/s이다. 정상파는 네 개의 파복을 가지고 진폭은 2.0 mm이다.

(a) 현의 길이는?

(b) 시간과 위치의 함수로 현의 변위를 나타내는 식을 구하여라.

35. 길이가 3.0 m인 긴 현이 진폭이 1.0 cm이고, 세 개의 파복을 가지는 정상파로 진동한다. 파동속력은 100 m/s이다.

(a) 진동수는?

(b) 결합하여 이 정상파를 이루는 두 파동의 식은?

36. 길이 $l_1 = 60.0cm$, 단면적 $1.00 \times 10^{-2}cm^2$인 알루미늄선이 똑같은 단면적을 가진 강철선에 이어졌다. 이 선에 질량 10.0 kg인 블록(block) m을 매달아 그림과 같이 두 선의 접합점으로부터 블록을 지탱하는 도르레까지의 거리 l_2가 86.6 cm 되도록 배치하였다.

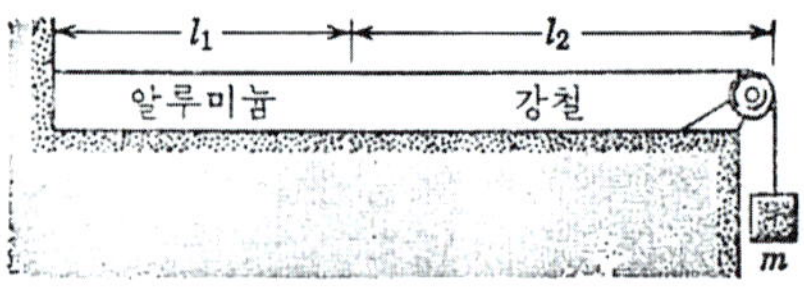

진동수를 변화시킬 수 있는 외부진원을 사용하여 이 선에 횡파를 일으키게 한다.

(a) 선의 접합점이 마디로서 관찰되는 정상파를 이루기 위한 최소 여기진동수를 구하여라.

(b) 이 진동수에서 관찰되는 전체 마디의 수는 포함하여 모두 몇 개인가? 알루미늄선의 밀도는 $2.60g/cm^3$이고 강철선의 밀도는 $7.80g/cm^3$이다.

제 18 장

음파

Sound Waves

1 발음체(sound source)

음파는 공기나 기타 매질에서 전파되는 종파로서 진원을 발음체라 한다. 사람이 들을 수 있는 진동수는 매초 약 16~20000 Hz로서 개인차에 따라 다르다. 소리의 발생은 주로 물체의 탄성진동이 원인이고 발음체의 고유한 진동수가 그대로 음파의 진동수로 되어서 전파된다.

1) 현의 횡진동

팽팽한 현에 생기는 정상횡파는 그림 18-1과 같이 양 끝은 항상 부동이고 마디로 되며, 현 전체가 1구분, 2구분, 3구분의 정수구분이 되어 진동한다. 전체가 1구분인 진동을 기본진동, 2구분의 진동을 2배 진동, n구분의 진동을 n배 진동이라 하고, n배 진동의 수는 기본진동수의 n배가 된다.

현의 고유진동에서는 기본진동과 배진동이 동시에 나타난다. 이때에 현의 길이를 l, 장력을 T, 선밀도를 σ라 할 때 현을 전파하는 속도 v는

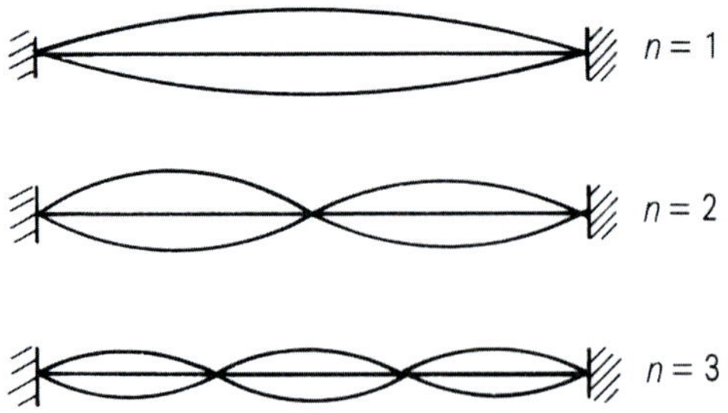

그림 18-1 | 현의 횡진동

$$v = \sqrt{\frac{T}{\sigma}} \quad \cdots\cdots (18-1)$$

이다. λ파장에서 n배의 진동수는 ν_n은

$$\nu_n = \frac{v}{\lambda_n} = \frac{1}{2l/n}\sqrt{\frac{T}{\sigma}} = \frac{n}{2l}\sqrt{\frac{T}{\sigma}} = n\nu_1 \quad \cdots\cdots (18-2)$$

이 된다. ν_1는 기본진동수이다.

2) 주기 진동

유체는 총밀리기 탄성이 없으므로 횡진동은 나타나지 않고 종진동만 나타난다. 한쪽이 막힌 관속의 기체 고유진동에서는 그림 18-2와 같이 막힌 끝이 마디가 되고, 열린 끝이 배가 된다. 관길이를 l, 공기의 밀도를 ρ, 체적 탄성률을 k라면 진동수 ν_n은

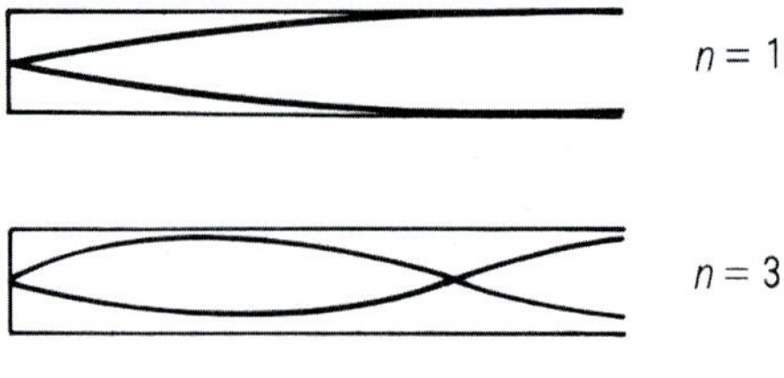

그림 18-2 | 유체의 종진동

$$\nu_{\mathrm{n}} = \frac{n}{4l}\sqrt{\frac{k}{\rho}}\,(n = 1, 3, 5, \cdots) \quad \cdots\cdots \quad (18-3)$$

이고 양 끝이 열려 있는 관 내에서는 양 끝이 배가 되어 그 진동수 ν_{n}은

$$\nu_{\mathrm{n}} = \frac{n}{2l}\sqrt{\frac{k}{\rho}}\,(n = 1, 2, \cdots) \quad \cdots\cdots \quad (18-4)$$

로 된다.

3) 막대 종진동

막대의 단면적을 구부렸을 때의 종단면이 교차한 선을 축으로 하는 횡단면의 관성 모멘트 I, Young율을 E, 밀도를 ρ, 횡단면적을 S라 하면, 길이 l인 막대의 진동수 ν_{n}은

$$\nu_{\mathrm{n}} = \pi\frac{m_{\mathrm{n}}^{2}}{8l^{2}}\sqrt{\frac{EI}{\rho S}} \quad \cdots\cdots \quad (18-5)$$

이다. m_{n}은 정수가 아니고 $\dfrac{\nu_{\mathrm{n}}}{\nu_1} = \dfrac{m_2^{\,2}}{m_1^{\,2}}$이다.

2 소리의 특성

석수가 돌을 다듬고 있는 것을 바라보면, 손을 놀리는 것과의 시간이 일치하지 않는다. 또 번개가 친 것을 본 후 한참 후에 천둥소리가 들린다. 이러한 현상은 빛의 속도가 음파 속도보다 빠르기 때문에 일어난다.

음파가 공기 중에 전달될 수 있는 것은 공기가 부피의 변화에 대하여 반항하는 성질인 탄성이 있기 때문이다. 즉 공기에는 많은 기체 분자들이 열운동 때문에 공간을 자유로이 움직이지만 통계적으로는 개개의 기체 분자에 외력이 가해지지 않았을 때에는 중심에 정지하고

있으나, 외력이 가해지면 그 방향으로 움직이고 다시 외력이 없어지면 중심으로 끌려 돌아간다. 즉 매질에 음파가 과압일 때에는 분자가 밀리고 감압일 때에는 분자가 끌리어 중심에서 좌우가 진동한다. 따라서 매질분자의 운동방향과 음파의 진행방향이 갈라진다. 이와 같이 파의 전달방향과 운동방향이 같은 파를 종파라 한다. 공기는 체적변화에 대해서만 탄성이 있으므로 종파밖에 없다. 고체에는 체적변화에 의한 체적변화에 의한 탄성뿐만 아니라, 형태 변화에 대한 탄성도 있으므로 종파와 횡파가 존재한다.

1) 음의 반사와 굴절

음파는 빛과 같이 호이겐스 원리(제19장)로 설명되는 반사와 굴절을 한다. 음의 반사를 메아리(echo)라 하고 실내에는 음원의 발음이 멈춘 뒤에도 남아 있는 소리를 잔향이라 한다. 반사음의 세기는 반사하는 벽물질, 표면상태 및 음의 종류에 따라 다르다.

또한 매질의 성질이 연속적으로 변해져 있는 곳에서 음파의 진로는 그림 18-3과 같이 곡선을 그린다. 예로서 청명한 날씨에는 지면 가까운 쪽이 대기 온도가 높으므로 음속은 위쪽보다 아래쪽이 크다. 그림 18-3과 같이 음파는 위쪽으로 차츰 굴절되어 멀리 도달하지 못한다.

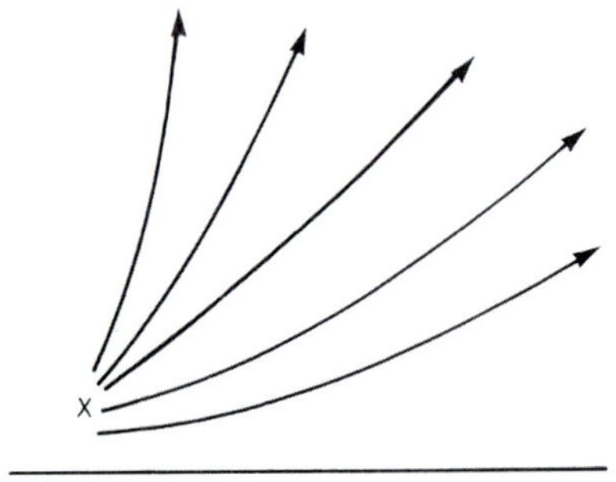

그림 18-3 | 음파의 진로

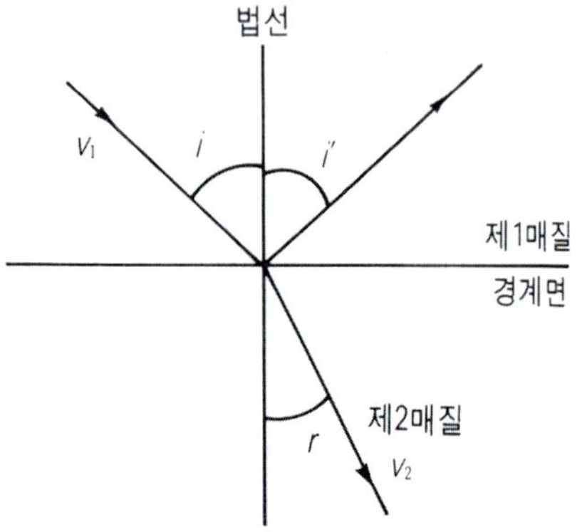

그림 18-4 | 음의 반사와 굴절

음파도 공파와 마찬가지로 매질의 경계면에서 그림 18-4와 같이 반사와 굴절을 하고 다음 관계식이 성립한다.

$$\frac{\sin i}{\sin r} = \frac{v_1}{v_2} = n \quad \cdots\cdots (18-6)$$

여기서, i는 입사각, r은 굴절각이고 v_1는 제1매질에서의 속도, v_2는 제2매질에서의 속도이며 n은 제1매질에 대한 제2매질의 굴절률이다.

[예제 1] 어떤 파동의 속도가 매질 Ⅰ에서 1730 m/s, 매질 Ⅱ에서 1000 m/s이다. ① Ⅰ 매질에 대한 Ⅱ매질의 굴절률은 얼마이며 ② 입사각이 60° 일 때, 굴절각은 얼마인가?

[풀 이] 식 (18-6)에서

① 속도와 굴절률의 관계식 $v_1/v_2 = n$로부터

굴절률 = 1730/1000 = 1.73

② 굴절각은 $\sin r = \sin i \cdot v_1/v_2 = \sin i/n$로부터

$\sin r = \sin 60 \times 1000/1730 = 0.866 \times 0.578$

$= \sin 60/1.73 = 0.866/1.73$

$= 0.5$

$\therefore$ 굴절각 $r = 30°$

2) 음파의 산란과 감쇠

회절현상은 평면파가 진행하다가 작은 구멍을 통과할 때 생기는 현상이다. 평면파가 파장보다 작은 구멍을 통과하면 구면파가 되어 구멍 뒤에는 어느 방향에서도 소리세기가 같게 된다. 또 평면파가 진행하다가 작은 장해물에 부딪치면 산란현상이 일어난다. 파장의 길이와 비슷한 정도의 불규칙적인 물체나 그들의 집합체에 음파가 입사하여 일어나는 반사를 산란이라 한다. 파장이 짧을수록 산란은 잘 일어난다.

반사한 음파 이외의 음은 일부가 벽에 흡수되지만 다른 부분은 투과한다. 필터와 같이 질이 거칠고 두꺼운 것은 음을 잘 흡수하고 종이처럼 얇고 진동하기 쉬운 것은 잘 투과시킨다. 음이 어떤 매질을 전파할 때 매질 저항에 의하여 음에너지는 열에너지로 변하고 음파는 점점 감쇠한다. 음파의 진폭이 1/e(e = 2.71828)만큼 감쇠될 때까지의 진행거리 x_0는 매질 내 음속 v의 제3제곱과 매질의 밀도 ρ에 비례하고, 진동수 f의 제곱과 매질의 점성계수 μ에 반비례한다. 즉

$$x_0 \propto \frac{v^3}{f^2}\frac{\rho}{\mu} \quad \cdots\cdots (18-7)$$

로 표시된다. 진동수와 매질의 점성계수가 높을수록 감쇠가 많이 일어난다.

3) 음의 3요소

음은 높이(pitch), 세기(intensity), 맵씨(timber) 등에 의하여 구별되는데 이것을 음의 3요소라 한다. 음의 높이는 음파의 진동수로 정해지는데 2배, 3배, …등 정수배의 진동수를 가진 소리를 배음(over tone)이라 한다. 음의 세기는 음파의 진행방향과 수직인 단위면적을 단위시간에 통과하는 에너지로 표시한다. 매질의 밀도를 ρ, 음의 속도 v, 진폭 a, 진동수를 ν라 할 때에 음의 세기 I는

$$I = 2\pi^2 \rho v a^2 \nu^2 \quad \cdots\cdots (18-8)$$

이 된다.

3 음의 세기와 속도(intensity and velocity of sound)

1) 음의 세기

음속을 v, 매질의 작은 부분이 진동하는 속도를 u, 매질의 밀도를 ρ, 음속에 의한 압력 변화는 Δp는

$$\Delta p = \rho v u \quad \cdots\cdots (18-9)$$

이고

$$y = A\sin 2\pi f\left(t - \frac{x}{v}\right) \quad \cdots\cdots (18-10)$$

인 평면파에 대하여 생각해 보면 속도 u는

$$u = 2\pi f A\cos 2\pi f\left(t - \frac{x}{v}\right) \quad \cdots\cdots (18-11)$$

이다. 이 식을 (18−9) 식에 대입하면, 압력 변화 Δp는

$$\Delta p = 2\pi\rho v A\cos 2\pi f\left(t - \frac{x}{v}\right) \quad \cdots\cdots (18-12)$$

가 된다. 이 식의 Δp를 음압(sound pressure)이라 하며, 이 진폭 p는 $2\pi\rho v f A$ 로서 진폭의 실효치 P_e는

$$P_e = \frac{p}{\sqrt{2}} = \frac{2\pi\rho v f A}{\sqrt{2}} \quad \cdots\cdots (18-13)$$

이다. 음압의 단위는 μb로서 $1\mu b$는 $1\,dyn/\mathrm{cm}^2 = 0.1\,\mathrm{N/m^2}$이다.

음파의 진행방향에 수직인 면에 대하여 θ만큼 기울어진 면에서의 음의 세기 I'는

$$I' = I\cos\theta \quad \cdots\cdots (18-14)$$

식 (18−18)을 P와 P_e 사용하여 표시하면

$$I = \frac{1}{2}\frac{P^2}{\rho v} = \frac{P_2^{\,2}}{\rho v} \quad \cdots\cdots (18-15)$$

이다.

그런데 인간은 외부 자극량과 감각량 사이에 비례관계가 성립되지 않으므로 이것을 표현하는데 여러 단위를 사용한다. 어떤 자극량 I가 ΔI만큼 변화한데 대한 감각량의 변화량을

ΔS라면

$$\Delta S = K\frac{\Delta I}{I} \quad \cdots\cdots (18-16)$$

가 성립한다. K는 비례상수로서 식 (18-16)을 적분하면

$$S = K\ln I + v \quad \cdots\cdots (18-17)$$

가 된다. 소리가 들리기 시작할 때의 크기를 I_0라면 이때 $S = 0$이므로

$$v = -K\ln I_0 \quad \cdots\cdots (18-18)$$

이다. 이 v를 식 (18-17)에 대입하면

$$S = K\ln\frac{I}{I_0} \quad \cdots\cdots (18-19)$$

가 된다. 이 식을 웨버-페히너의 법칙(Weber-Fechner's law)라 한다. 식 (18-19)를 상용대수로 사용하고 K를 10으로 놓을 때

$$S = 10\log_{10}\frac{I}{I_0}(\text{db}) \quad \cdots\cdots (18-20)$$

이다. 1 db(deci-bel)은 0.1 bel이다. 이것을 기준음의 세기인 I_0에 대응되는 음압의 실효치 P_{e0}로 나타내면

$$S = 10\log_{10}\frac{I}{I_0} = 20\log_{10}\frac{P_e}{P_{e0}}(\text{db}) \quad \cdots\cdots (18-21)$$

이다. I_0, P_{e0}의 크기는 사람에 따라 다르므로 편의상 1000 Hz의 가청 최소음을 택하며 $I_0 = 10^{16}$ W, $P_{e0} = 0.0002\,\mu$b이다. 또 소음의 세기를 표시할 때는 폰(phone) 단위를 사

용한다. 이것은 세기 10^{-16} W/cm^2, 진동수 1000 Hz의 평면파 소리의 크기를 0폰으로 정한다.

2) 음의 속도

음의 기체 전파 속도는 기체 분자의 변위 속도를 말한다. 이 속도는 분자 하나하나가 운동하는 속도를 말하는 것이 아니며, 이것들이 한데 뭉치면서 진동하여 전달되는 파의 속도를 말한다.

그림 18-5와 같은 소리굽쇠 모양의 통에서 처음의 진동은 판 P에 직접 닿고 있는 부분의 매질이며, 탄성에 의하여 분자는 그 진동을 옆으로 전달한다. 파동은 시간 t동안에 P와 Q의 두 평면 사이에 있는 모든 분자를 차례로 진동시키면서 Q평면에 도달한다. 계속 t동안에 P와 R 사이의 분자를 진동시키면서 R면에 도달한다. 이와 같이 1초 동안에 음파가 P면에서부터 얼마나 퍼져 나가는가를 알 수 있다. 이것이 음파의 전파 속도이다. $PQ = QR = d$라면, 전파 속도 v는 d/t로서 $v = \sqrt{k/\rho}$의 관계이다. 여기서 k는 체적탄성률이고 ρ는 매질의 밀도이다.

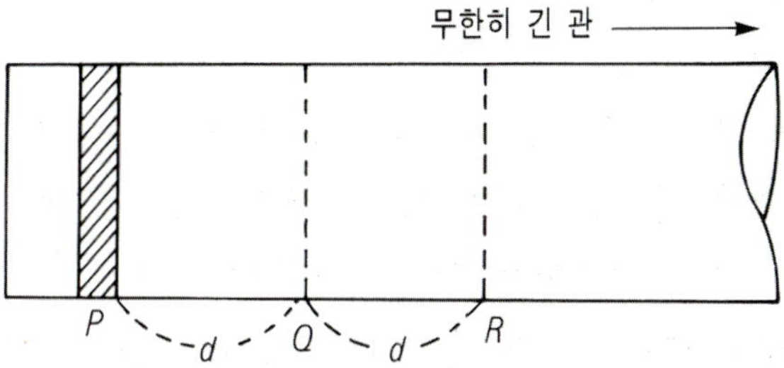

그림 18-5 | 음의 전달 속도

음속은 매질의 온도, 압력, 습도 등에 의하여 변하므로 0℃와 t℃일 때의 압력을 P_0, P, 밀도를 ρ_0, ρ, 음속을 v_0, v라면

$$\frac{P}{\rho} = \frac{P_0}{\rho_0}\left(1 + \frac{1}{273}t\right)$$

의 관계에 의하여

$$v = \sqrt{\frac{rP_0}{\rho_0}}\sqrt{1+\frac{t}{273}} = v_0\sqrt{1+\frac{t}{273}} \fallingdotseq (331.5+0.6t)\mathrm{m \cdot s^{-1}} \quad \cdots\cdots\cdots\cdots\cdots \quad (18-22)$$

가 된다. 15℃에서의 공기 중 음속은 약 340 $\mathrm{m \cdot s^{-1}}$이다. 표 18-1은 각 물질에서의 음속의 예를 나타내고 있다.

표 18-1 각 매질에서의 음속

매질	음속($\mathrm{m \cdot s^{-1}}$)		음속($\mathrm{m \cdot s^{-1}}$)
공기(0℃)	331.5	수은(15℃)	1,469
공기(15℃)	340.5	알코올(20℃)	1,168
물(0℃)	1,410	철	5,950
얼음(−4℃)	3,232	알루미늄	6,320

[예제 2] 20℃ 실내에서 400 Hz/s의 진동수를 가진 피아노 소리가 기온 0℃의 창밖으로 새나간다. 실내와 창밖 중 어느 편이 얼마만큼 파장이 긴가?

[풀 이] 음속은 331.5 + 0.6 t로 표시하므로

20℃ 때의 음속은 331.5 + 0.6×20 = 343.5($\mathrm{m \cdot s^{-1}}$)

이때의 파장 = 속도/진동수 = 343.5/400 = 0.85875(m)

0℃ 때의 음속은 331.5($\mathrm{m \cdot s^{-1}}$)

이때의 파장은 331.5/400 = 0.82875(m)

두 파장의 차는 0.85875−0.82875 = 0.03(m)

∴ 실내가 0.03 m 만큼 파장이 길다.

4 맥놀이(beats)

큰 종을 두드릴 때 웅웅하는 소리가 들리는데, 이것은 진동수의 차가 극히 작은 두 음파가 겹치어 중간이 되는 진동수의 음이 주기적으로 강해졌다 약해졌다 하기 때문이다. 이러한 현상을 맥놀이라 한다.

맥놀이 현상은 파동의 중첩으로서 그림 18-6에서 진동수가 약간 다른 두 파(a)와 (b)의

합성으로 (c)의 파가 되는 것이다. 어떤 시각에서는 두 음파가 대략 같은 위상으로 진동하므로 강하지만, 시간이 경과함에 따라 π의 위상차가 생기면 음파는 서로 상쇄한다. 이와 같이 합성된 음파의 진폭은 주기적으로 변한다. 이 변화의 주기가 맥놀이 주기가 된다.

맥놀이의 주기는 두 음파의 위상차가 2π로 될 때까지 걸리는 시간이므로 이 사이에 두 음파가 진동한 횟수는 1만큼 다르게 된다. 따라서 두 음파의 진동수를 각각 f_1, f_2라고 하면 주기 T와의 사이에는 $f_1T-f_2T=1$의 관계가 된다. 따라서 합성된 음파의 주기 T는

$$T=\frac{1}{f_1-f_2} \qquad (18-23)$$

이 된다. 맥놀이가 매초 N번 일어난다고 하면 $N=\frac{1}{T}$의 관계에 의하여 1초 동안의 맥놀이수 N은

$$N=f_1-f_2 \qquad (18-24)$$

이다. 즉, 1초 동안에 생기는 맥놀이 수는 두 음파의 진동수와 같다. 맥놀이는 두 음파의 진동수가 완전히 일치하면 없어지지만, 두 음파의 진동수의 차이가 너무 커도 맥돌이는 들리지 않는다.

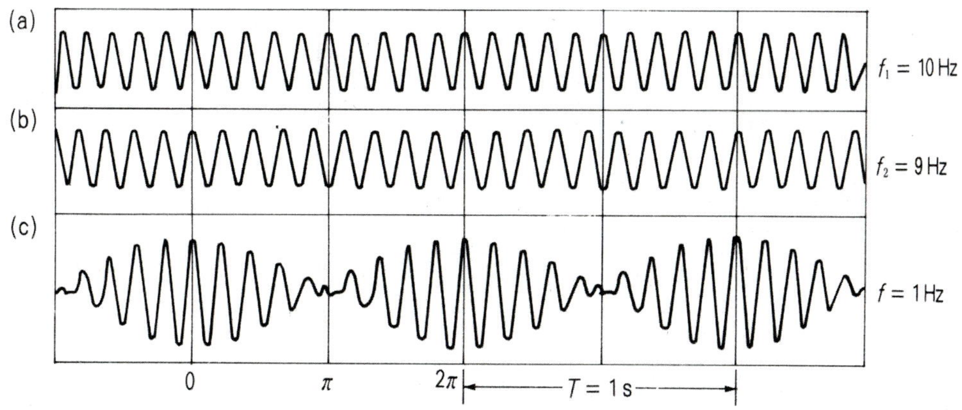

그림 18-6 | 맥놀이의 원리

[예제 3] 종에서 파장 5.5 m와 5.0 m인 음파를 각각 방출하고 있다. 음속이 340 m/s일 때 맥놀이의 횟수는 얼마인가?

[풀 이] $\lambda_1 = 5.5\,\text{m}$와 $\lambda_2 = 5.0\,\text{m}$, $v = 340\,\text{m/s}$에서 $f = v/\lambda$를 사용하면

$$f_1 = \frac{v}{\lambda_1} = \frac{340}{5.5} = 82/\text{s}$$

$$f_2 = \frac{v}{\lambda_2} = \frac{340}{5.5} = 88/\text{s}$$

$\therefore$ 맥놀이의 진동수 $f_1 - f_2 = (88-82)/\text{s} = 6/\text{s}$

5 도플러 효과(Doppler effect)

달려오면서 기차가 발한 기적소리는 실제보다 더 높은 음(진동수가 많은 음)으로 들리며, 멀어져 가면서 기차가 낸 기적소리는 실제보다 더 낮은 음(진동수가 적은 음)으로 들린다. 즉, 정지된 음원을 향하여 청음자가 움직일 때는 청음자가 정지하고 있을 때 듣는 진동수보다 더 높은 진동수의 소리를 듣게 되며, 음원이 멀어지면 더 낮은 진동수의 음을 듣게 된다. 반대로 정지된 청음자를 향하여 음원이 움직일 때는 음원이 정지하고 있을 때 들을 수 있는 소리보다 더 높은 소리를 듣게 되고, 음원이 청음자에게서 멀어져 가면 더 낮은 소리를 듣게 된다. 이와 같은 현상을 도플러 효과(Doppler effect)라 한다(그림 18-7).

C. H. Doppler는 발음 자체에서와 똑같이 발광체의 빛깔에서도 발광체와 관측자의 상재적 운동에 따라 변화되고 있다는 사실을 지적했었다. 도플러 효과는 모든 파동에 응용된다. 음파에서 먼저 청음자와 음원이 한 직선상에서 움직일 때를 생각하자.

일정한 진동수 f_0로 진동하는 음원에서 발생한 파면이 전파되는 모양은 파원(S)이 움직이지 않을 그림 18-7(a)와 같다. 이 때 A에 정지하고 있는 청음자에게 도달하는 진동수는 f_0와 같다. 그러나 음원이 u의 속력으로 청음자에 접근하여 오면 파면은 그림 18-7(b)와 같이 된다.

파동의 속력을 v라 하면 청음자 쪽의 거리$(v-u)$ 속에는 f_0개의 파면이 들어가고 따라서 파장 λ'는

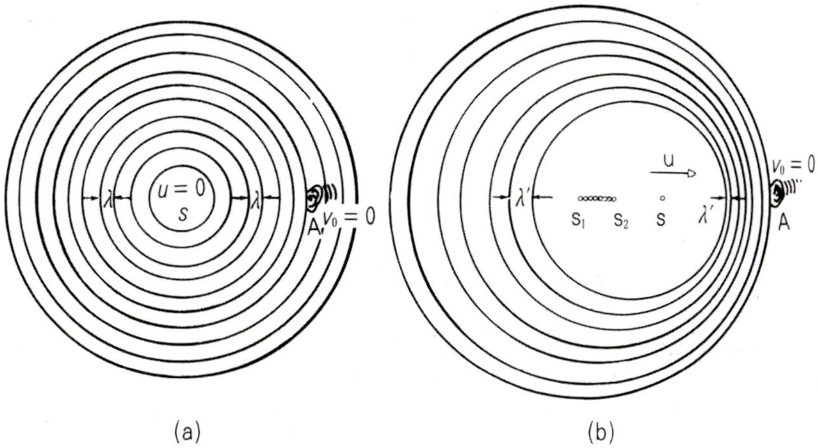

그림 18-8 도플러 효과

$$\lambda' = \frac{u - u_1}{f_0} \quad \cdots\cdots (18-25)$$

가 된다. $f_0\lambda = v$이므로 청음자가 듣는 진동수 f_1은

$$f = \frac{v}{\lambda'} = \frac{v}{(v-u)/f_0} = f_0 \frac{v}{(v-u)} \quad \cdots\cdots (18-26)$$

와 같이 된다. 만약 음원이 청음자로부터 멀어져 가면 진동수 f_2는

$$f_2 = f_0 \frac{v}{v+u} \quad \cdots\cdots (18-27)$$

가 된다. 음원이 청음자에 접근하는 대신 청음자가 음원에 접근하는 경우에는 진동수가 달라진다.

[예제 4] 1000 Hz 진동수의 음을 내는 사이렌이 10 m/s의 속력으로 청음자로부터 벼랑을 향해 달아나고 있다. 단, 공기 중의 음속은 340 m/s이다.

① 이 사이렌으로부터 직접 들려오는 음의 진동수는?

② 벼랑에 의해서 반사되어 오는 음의 진동수는?

[풀 이] 두 경우 모두 청음자는 정지상태로서 Doppler 법칙에 의하면

① 음원이 이탈하는 경우이므로 식 (18-27)을 적용하면

$$f_2 = f_0 \frac{v}{v+u} = 1000 \frac{340}{340+10} \fallingdotseq 971\,\text{Hz}$$

② 음원이 접근하는 경우이므로 식 (18-26)을 적용하면

$$f_1 = f_0 \frac{v}{v-u} = 1000 \frac{340}{340-10} \fallingdotseq 1030\,\text{Hz}$$

6 충격파(shock wave)

도플러 효과는 아음속(subsonic speed), 즉 매질 중의 음속보다 작은 속도로 움직일 때 나타난다. 이러한 음속보다 빠르게 움직이는 음원을 초음속(supersonic speed)으로 운동한다고 한다. 이때의 음원은 파두보다 앞서 나가기에 그림 18-8과 같이 나타난다. 이때 파의 에너지는 앞으로 나갈 수 없으므로 옆쪽으로 집중하게 된다. t초간에 음원 S가 AB의 거리를 움직인다면, 방출된 파두는 AC거리를 움직여 간다. 음원이 움직임에 따라 구면파의 파두들은 음원의 뒤쪽에 자꾸 겹치게 되는데, 이때 파두들의 접면인 ST와 ST'은 음원의 운동 궤적선을 축으로 하는 원뿔 모양을 이루게 된다. 원추체의 개구각 θ는

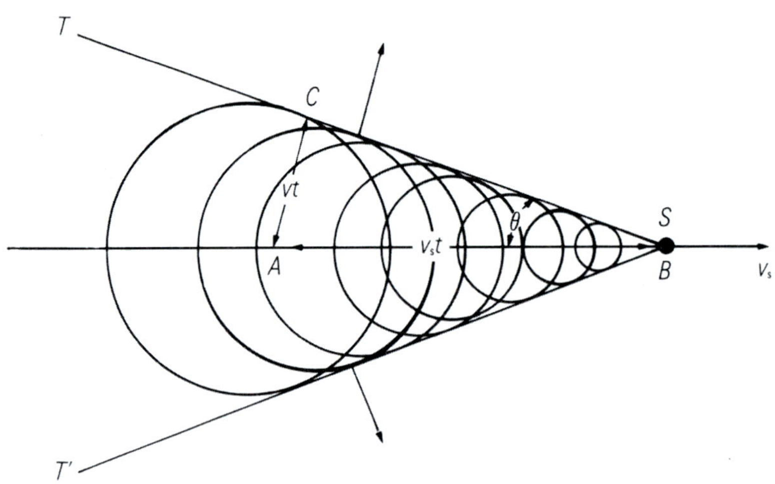

그림 18-8 | 충격파의 형성

$$\sin\theta = \frac{AC}{AB} = \frac{vt}{v_s t} = \frac{v}{v_s} \quad \text{(18-28)}$$

이다. 파동은 화살표의 방향을 따라 퍼져 나가는 원뿔파(conical wave)가 된다. 이 파두들의 접면을 따라서는 파의 마루가 겹치어 에너지 집중이 이루어진다. 이렇게 바깥쪽으로 퍼져 나가는 에너지 집중현상, 또는 압력의 불연속 현상을 충격파(shock wave)라 부른다.

충격파를 만들기 위해서는 물체의 속도가 매질 중의 속도보다 빨라야 된다. 물체 속도에 대한 소리의 속도비 v_0/v를 마하(Mach)수라 한다. 따라서 충격파는 물체가 1보다 큰 Mach수로 움직일 때 발생한다. 충격파의 예로서 공기 중을 총알이 Mach2 이상의 속도로 나를 때나 수면파속도보다 빠른 속도를 움직이는 진동리드, 또는 초음속 비행기가 나를 때 지상의 청음자에 들리는 소리의 벼락(sonic boom)현상이 있다.

전자기파의 충격파에 해당하는 것은 P. A. Cerenkov에 의해 발견된 세렌코프 복사(cerenkov radiation)이다. 이것도 마찬가지로 빛 속도보다 빠른 속도로 매질 속을 움직여 가는 물체는 그림 18-8과 같은 형태로 푸른빛의 Cerenkov 복사선을 방출한다. 이 때 푸른빛의 방출 원추각을 측정하여 물체의 속도를 계산할 수 있다.

[예제 5] 그림 18-8에서 포사체의 속력을 구하라. 이 포사체가 진행하고 있는 매질 내에서의 음속은 380 m/s로 가정하고, 개구각 θ는 20° 이다.

[풀 이] 식 (18-28)에 의하여 포사체의 속력 v_s는

$$v_s = \frac{v}{\sin\theta} = \frac{380\,\text{m/s}}{\sin 20} = \frac{380}{0.342} = 1111\,\text{m/s}$$

7 초음파

1) 초음파의 발생

가청음파의 주파수 범위는 대개 20 Hz(cycle/s)에서 20 kHz이며, 사람이 들을 수 없는 20 kHz보다 높은 주파수를 초음파(ultrasonic wave)라 한다. 보통 20 kHz에서 300 kHz까지 사용되나 최대 주파수는 1000 kHz 정도에 달한다.

(1) 압전 진동자

결정판의 양면에 도금하는 것을 전극으로 하고 고주파 전압을 가해 주면 두께 방향으로 신축한다(그림 18-9). 즉 전기진동으로 변환 시 발생되는 것이 초음파이다. 반대로 진동자에 고주파 기계진동(초음파)을 전달시키면 양 전극 상이에 그 주파수와 도일한 고주파 전압이 발생한다. 이러한 현상을 압전효과(Piezoelectric effect)라 한다. 압전물질로는 자연 중의 수정이 많이 이용되어 왔으며, 인공 결정으로는 로셀염, ADP(ammonium dihydrogen phosphate) 등이 있다.

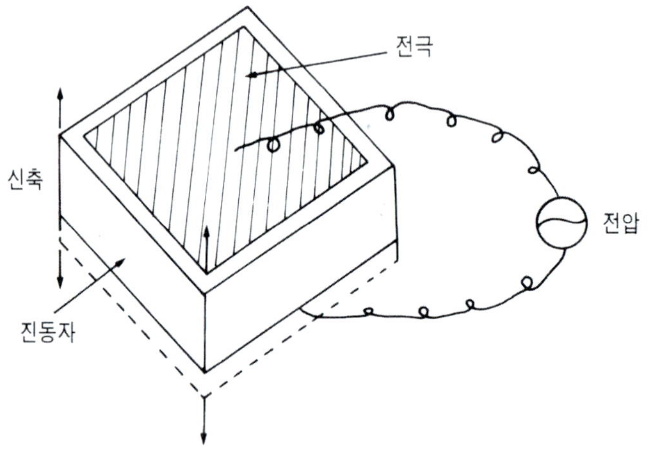

그림 18-9 | 압전 효과

(2) 전기변형 진동자

유전체가 전장 속에 놓이면 분극을 일으키어 변형하는 전기변형현상을 이용한 것으로 티탄산 바륨($BaTiO_3$)이 있다. 티탄산 바륨 결정은 강유전체로서 분극의 방향으로 많이 늘어나기는 전기장의 거의 제곱에 비례하고, 결정 입자를 가열하여 성형시킨 도자기(ceramic)가 사용된다. 티탄산 바륨 진동자의 진동은 진공관 발진기로 일으켜 준다. 발생 진동수는 100~10000 kHz로서 매질은 주로 액체이다.

(3) 자기 변형 진동자

장자성체가 자화할 때에 변형하는 자기변형현상(magntic striction phenomenon)을 이용한 것으로 특히 자화 방향의 길이 변화가 크다. 이것에는 주로 니켈(Ni)과 같이 줄어드는 것과 알페(Al 12%, Fe 88%)와 같이 늘어나는 것이 있으며 최근에는 페라이트(ferrite)가 사용된다.

자기변형도 전기변형도 같이 자기장 방향으로 변하지 않으므로 이것을 교류자기장으로 진동시키려면 직류바이어스 자화를 할 필요가 있다. 그러므로 직류에 직류를 겹치든지, 자기회로 내에 영구자석을 삽입한다. 이것도 진공 발진기로 10~10 kHz 정도 진동시키며 매질은 기체, 액체, 고체 어느 것에도 적합하다.

(4) 전자기 진동자

Dynamic speaker와 같이 가동 코일형 진동자를 사용하여 진공관 발진가나 교류 발진기로 발진시킨다. 진동수는 0.2~25 kHz 정도이며 기체, 액체, 고체에 사용된다.

2) 초음파 응용

초음파의 진동에너지나 공동현상(cavitation), 기포영향, 발열, 집속 및 광학적 특성 등을 이용하여 다방면에 응용되고 있으나, 여기서는 주요한 몇 가지 예만 들기로 한다.

(1) 정화작용

기체 중에 액체나 고체의 미립자가 있을 때 이것을 응집시키는 작용으로 액고체의 미립자는 기체와 더불어 함께 진동하지 않으므로 미립자만이 하나로 뭉친다. 이것은 기체 정화장치에 사용되고 액체 중에 있는 고체미립자나 기포의 응집에도 사용된다.

(2) 분산작용

분산작용은 공동현상에 의한 것으로 물이나 기름의 유화, 고체 입자의 세분, 기름과 물과의 혼합, 수중의 세포나 세균의 파괴, 도료의 미립화 등이 있다. 또한 금속에 부착되어 있는 먼지나 유지의 제거, 베어링 같이 소형이고 틈이 많은 부품, 고체금속과 공유 금속 경계에서 분산 현상에 의한 합금의 정제나 도금 등이 있다.

(3) 알루미늄을 용접할 때에 자기 변형 진동자에 의한 진동을 주면 알루미늄 산호물이 파괴되어 용접이 가능하다. 또한 자기 변형 진동자를 드릴과 호온(horn)으로 결합한 초음파 드릴은 도자기, 보석, 공구강 등의 단단한 재료의 구멍을 뚫는데 사용한다.

(4) 화학작용

액체에 강한 초음파를 발사시키면 공동현상에 의한 여러 가지 화학반응이 일어난다. 예로서 물에 초음파를 발사시키면 H_2O_2나 HNO_3가 생긴다. 이것은 물이 해리되어 H나 OH를 생기게 하는 것이다. 또 물에 소량의 CCl_4를 녹이고 초음파를 발사시키면 Cl_2가 유리되고, KI 수용액에 발사하면 분자가 분리되어 분자량이 낮아지고 전해질 용액 중에 조사하면 이온농도의 주기적 변화가 일어난다.

(5) 생물학적 작용

강력한 초음파는 동물에서 불쾌한 감각을 주고 평형감각을 잃게 한다. 발열작용을 이용하여 쥐나 곤충의 박멸에도 이용할 수 있다.

(6) 초음파에 의한 비파괴 검사

어떤 재료의 내외부를 파괴하지 않고 재료의 상태, 성분 등을 검사하는 것을 비파괴 검사라 하는데, 검사체에 초음파를 발사시키면 음향 임피던스가 다른 재료면에서 산란, 반사하는 것을 수신기로 받아서 재료 내의 결함, 성분 등을 검사할 수 있다. 반사법, 투과법, 공진법 등이 사용된다.

(7) 초음파에 의한 두께 측정

진동자를 측정부위에 부착시키고 고주파 진동수를 변화시키면 재료의 두께가 초음파 반파장의 정수배와 같을 때 공진현상이 일어난다. 두께 d의 금속판의 경우에 음속을 v라 하면 공진하는 진동수 f_n은

$$f_n = nv/2d,\ n = 1,\ 2,\ 3 \qquad (18-29)$$

이므로 인접한 공진 진동수 f_{n+1}과의 차는

$$f_{n+1} - f_n = (n+1)v/2d - nv/2d = v/2d$$

로서

$$d = \frac{2(f_{n+1} - f_n)}{v} \qquad (18-30)$$

로부터 두께를 알 수 있다.

(8) 의학적 이용

주요한 의학적 이용은 표 18-2와 같이 동력적 이용과 통신적 응용면으로 분류하여 진단과 치료 등에 이용되고 있다. 초음파는 인체 내 음향 임피던스가 다른 각종 조직에서의 흡수와 반사차이를 펄스법에 의한 A, B, C mode를 brown관에 영상으로 나타냄으로써 인체 내 형태학적 면을 엿보아 질병을 알 수 있다. 이러한 초음파영상을 소노그라프(sonograph)라 하는데 순환기, 산부인과, 이비인후과 영역 등에 이용되고 있다. 그리고 음파의 도플러 효과를 이용하여 심장벽의 움직임, 혈류측정, 태아 상태 등을 진단한다.

또한 강력한 에너지의 초음파는 생체 부분에서 기계적 진동으로 산소반응을 촉진하고 유화, 온열효과, 혈관확장과 신진대사 촉진 효과가 나타나는 것을 이용하여 외상 후유증, 관절통, 요통, 근육통, 신경통, 염증성 질환 등의 치료에 이용하고 있다.

표 18-2 | 초음파의 의학적 이용

	주요 대상	사용주파수	음의강도 및 전기출력
동력적 응용	수술용구, 주사침, 용기 치석제거, 관절통, 근육통, 염증성 질환 흡입기	수십~100 kHz 30 kHz~1 MHz 100 kHz~2 MHz	10~100 W/l 수 W, 1~3 W/cm^2 수 W
통신적 응용	펄스법에 의한 순환기, 간장 등의 진단. 도플러 법에 의한 태아 진단	1~10 MHz 2~5 MHz	50 mW/cm^2 200~500 mW/cm^2

연습문제

1. 보통 인간이 귀로 들을 수 있는 가장 낮은 음의 진동수는 약 20 Hz이고, 가장 높은 음의 진동수는 약 20,000 Hz이다. 공중에서 이 두 음파의 파장은?

2. 부드러운 조직 안의 종양을 진단하기 위하여 진동수 4.5 MHz의 초음파를 이용한다.

(a) 공기 중에서 이와 같은 음파의 파장은 얼마인가?

(b) 조직 내에서 음속이 1500 m/s라면, 이 때 이 파의 파장은 얼마인가?

3. (a) 지름이 6.0 in인 확성기가 있다. 어떤 진동수의 음이 발사될 때 이 음의 파장은 확성기의 지름과 같아지겠는가? 이 파장이 확성기의 지름의 10배가 되는 경우는 어떤가? 또 10분의 1이 되는 경우는?

(b) 지름이 12 in인 확성기에 대하여 동일한 계산을 하여라. 음파의 파장이 확성기의 지름에 비해서 클 때 음파의 확성기로부터 거의 균일하게 퍼져나간다. 그러나 파장이 확성기의 지름에 비해서 작다면 파동의 에너지는 거의 전부가 전방으로만 전파된다.

4. 한 실험자가 막대의 길이 방향으로 진행하는 음파가 걸리는 시간을 측정하여 길이 10 cm의 알루미늄 막대 내의 음속을 측정한다. 결과의 유효 수자를 4자리까지 구하려면 막대의 길이를 어느 정도까지 정확하게 측정하여야 하며, 두 시간 간격은 어느 정도까지 측정하여야 하는가?

5. 번갯불이 일어난 곳까지의 거리를 찾아내는 방법의 하나는 번개가 일어난 순간부터 천둥이 일어나는 소리를 들을 때까지 몇 초가 걸렸는가를 특정하고, 이 초수를 5로 나누면 된다. 이 결과 번개가 일어난 곳까지의 거리가 mile단위로 나올 것이 예상된다. 이 방법을 설명하고, 이 방법이 표준적 방법에 비해 어떤 크기의 백분비오차를 갖는가를 말하여라.

6. 돌 하나를 우물 속에 떨어뜨렸다. t초 후에 돌이 물에 부딪히는 소리를 들었다. 이 우물의 깊이 d는 얼마인가? t = 3s일 때 d를 구하여라.

7. 어떤 금속 안에서 음속이 V였다 한다. 이 금속으로 만든 길이가 l인 관의 한쪽 끝을 두드렸을 때 다른 쪽에 귀를 대고 있는 관측자는 두 음을 들었다. 그 하나는 이 관을 만들고 있는 금속을 따라 전달된 음이고, 또 하나의 음은 공중을 통해 들려온 음이었다.

(a) v를 공기 중에서의 음속이라 한다면, 이 두 음사이의 시간 간격 t는?

(b) t = 1.0s였다 하고, 또 이 금속은 철이었다 한다면 길이 l은?

8. 음파가 진행할 때 그 압력이 방정식 $p=(1.5pa)\sin\pi[(1.0m^{-1})x-(330s^{-1})t]$에 의해서 주어졌다고 한다. 단, 이 식에서 x는 m로, t는 s로, p는 N/m^2로 잰다고 한다. 이 파동의 다음을 구하여라.

(a) 압력진폭 (b) 진동수

(c) 파장 (d) 속도

9. 음향기사가 모양은 구형이고 등방적으로(모든 방향에 동일한 강도로) 소리를 발생하는 스피커를 설계한다. 이 스피커가 음향출력 10W로 모든 벽, 천장, 마루가 완전히 음을 흡수하는 방에서 음을 방출한다.

(a) 음원의 중심에서 3.0 m 떨어진 곳에서의 음파의 강도(W/m^2)는?

(b) 음원의 중심에서 3.0 m 떨어진 곳과 4.0 m 떨어진 곳에서의 진폭을 비교하면?

10. 540 Hz의 동일한 진동수를 가지는 두 음파가 330 m/s의 속력으로 진행한다. 두 음원이 동일한 위상을 가진다면 한 음원에서 4.40 m 떨어지고 다른 음원에서 4.00 m 떨어진 곳에서의 파동의 위상차는?

11. 두 음원이 거리 10 m 떨어져 있다. 두 음원이 동일한 진폭과 동일한 진동수 300 Hz의 음을 내보내나 그 두 음원의 위상은 180° 다르다. 음이 강도가 최대가 되는 수 파원 사이의 선상의 위치는?

12. 두 개의 스피커가 강당의 무대에 서로 11 ft 떨어져 있다. 신호 발생기가 두 스피커에 동일 진폭, 진동수, 동위상의 신호를 보낸다. 이 진동수는 가청주파수 범위를 포함한다. 청취자의 위치는 각 스피커에서 60 ft, 64 ft 떨어져 있다.

(a) 청취자가 파괴적 간섭에 의해 최소 강도로 들리는 가장 낮은 진동수는?

(b) 최대강도로 들을 수 있는 가장 낮은 진동수부터 세 개를 쓰면?

13. 두 개의 스테레오 확성기가 6.0 ft 떨어져 있다. 두 스피커에서 나오는 소리가 한 스피커로부터 10 ft 바로 앞에 있는 청취자에게 같은 크기로 들린다면,

(a) 가청주파수(20~20,000 Hz)에서 어떤 주파수에 대해서 음이 최소가 되겠는가?

(b) 어떤 주파수에 대해서 음이 최대가 되겠는가?

14. 그림은 음파의 간섭을 증명하는 데 사용하는 음향학적 간섭장치를 보여준다. 이 그림에서 S는 전자석의 작용을 받고 진동하는 막이고, D는 귀 또는 마이크로폰 등의 음향검출기이다.

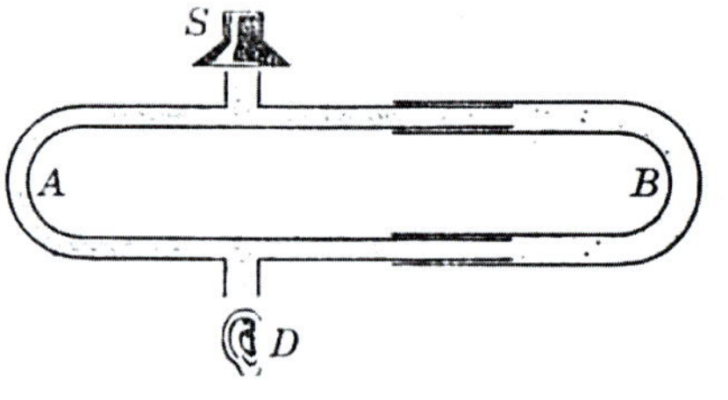

또 이 그림에서 보듯이 경로 SBD의 길이는 변화시킬 수 있으나 경로 SAD는 고정되어 있다. 이 간섭계 안에는 공기가 들어 있는데, B가 어느 한 위치에 있을 때 음의 세기가 최소값 100단위를 가지고 있었고, 이 위치로부터 B를 바깥쪽으로 잡아당기는 데 따라 세기는 연속적으로 증가해서 처음 위치로부터 1.65 cm되는 점에서 최대값 900 단위가 되었다고 한다.

(a) 파원으로부터 방출된 이 음의 진동수를 구하여라.

(b) B의 두 위치에 대하여 탐지기에 도달하는 파의 상대진폭을 계산하여라.

(c) 이 파들은 똑같은 파원에서 발생한다는 것을 고려하여 어떻게 이 파들은 다른 진폭을 가지는지 설명하여라.

15. 그림에서와 같이 반사벽 AB와 P_2에 있는 마이크 근처 P_1에 구면음파의 음원이 있다. P_1에 있는 음파의 진동수는 가변이다. P_2에서 들을 때 음의 세기가 최대가 되는 두 진동수를 구하여라. 공기 중의 음속은 330 m/s이다. 간섭파의 경로는 평행하다.

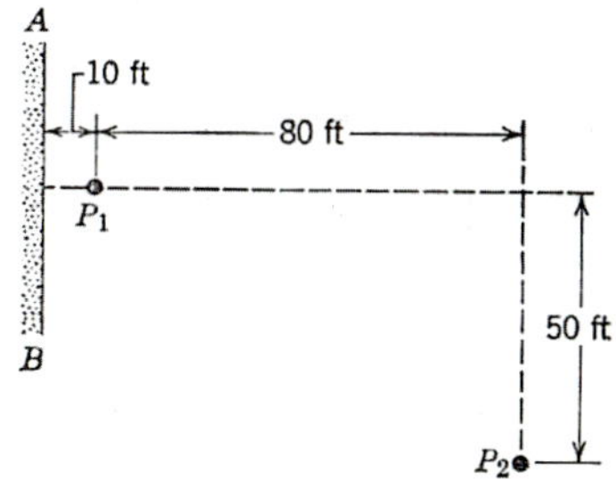

16. 두 확성기 S_1과 S_2가 진동수 200 Hz의 음을 모든 방향으로 균일하게 방출하고 있다. S_1의 출력은 $1.2\times10^{-3}\,W$이고, S_2의 출력은 $1.8\times10^{-3}\,W$라 한다. 또 S_1과 S_2는 위상을 맞추어 진동한다고 하자. 이제 S_1으로부터 4/0 m, S_2로부터 3.0 m되는 점 P를 생각한다.

(a) P점에 도달되는 두 파동의 위상은 서로 어떤 관계에 있는가?

(b) S_1과 S_2를 모두 틀어 놓았을 때 P점에서의 음의 세기는 얼마나 되겠는가?

(c) S_1은 끄고 S_2만 틀어 놓았다면 P점에서의 음의 세기는?

(d) S_2는 끄고 S_1만 틀어 놓았을 때의 P점에서의 음의 세기는?

17. (a) 두 개의 음파가 하나는 공기 중에 있고 다른 하나는 물 속에 있는데 그 세기가 같다면 공기 중의 음파의 압력진폭에 대한 물 속에서의 음파의 것의 비를 구하여라.

(b) 압력진폭이 같다면 파들의 세기의 비는 얼마인가?

18. 어떤 확성기가 진동수 2000 Hz이고, 6.1 m 거리에서 세기 $9.6\times10^{-4}\,W/m^2$인 음을 보낸다. 반사는 전혀 없고 확성기는 모든 방향으로 같은 세기의 소리를 보낸다고 한다.

(a) 30 m 되는 곳에서의 세기는? (b) 6.1 m 되는 곳에서의 변위 지폭은?

(c) 6.1 m에서의 압력진폭은?

19. 음의 준위가 1.0 dBakszma 다른 두 음파의 세기비는?

20. 두 음파의 세기준위가 37 dB 만큼 다른 음의 세기비, 압력진폭비, 입자의 변위진폭에 대한 비를 각각 구하여라.

21. 1.0 km에서 100 Hz의 경적(점원이라 가정)은 거의 들을 수 없다. 어떤 거리에서 그것은 듣기에 고통스럽기 시작하는가?

22. 어떤 판매원이 주장하기를 어떤 스테레오 시스템은 가청세기 120 W를 전달한다고 한다. 한 개의 점원이 되도록 여러 개의 스피커가 부착된 시스템을 테스트한 결과 볼륨을 최대한 올렸을 때 1.2 m 가까이 접근할 수 있었다. 위 판매원의 주장이 맞는가?

23. 반지름이 0.5 m인 원형 구멍이 부착된 거대한 포물형 반사경은 음을 집중시키는 데 사용한다. 만일 에너지가 집중기에서 지름이 1 cm이고 12%의 효율을 가진 관을 통해 청 취탐지기의 귀로 전달된다면 속삭이는 소리를 어느 정도의 거리에서 들을 수 있을까(속삭임의 세기준위는 음원(점)에서 1 m 떨어진 곳에서는 20 dB이고 최소 가청한계는 0 dB이다)?

24. 진동수 1000 Hz로 공기 중을 진행하는 음파의 압력진폭이 10 Pa이다.

(a) 파장

(b) 입자의 변위진폭

(c) 입자의 최대속력은 얼마인가?

(d) 양쪽이 트인 오르간 파이프에서 이 진동수가 기본진동수이다. 이 파이프의 길이는 얼마인가?

25. 바이올린의 현이 어떤 음에 조율되었을 때 본래의 진동수의 2배인(즉, 본래 음보다 한 옥타브 높은)음을 내기 위하여는 현에 얼마의 장력을 더 가하여야 하는가?

26. 양쪽이 트인 오르간의 기본 진동수가 300 Hz라 한다. 어떤 닫힌 오르간 첫째 배진동이 이 열린 오르간의 첫째 배진동과 동일한 진동수를 가진다고 할 때, 이 두 관의 길이는 각각 얼마인가?

27. 3.0 m의 줄넘기 줄이 기본 진동 모양을 하고 있다. 줄의 질량이 1.0 kg이고, 어린이가 이 줄을 10 N의 힘으로 당기고 있다면 이 진동의 진동수는?

28. 어떤 바이올린 현의 고정점 사이의 거리는 50 cm이고, 질량은 2.0 g이다. 이 현은 손을 대지 않고 연주할 때 A음(440 Hz)을 낸다. C음(528 Hz)을 연주하기 위하여는 어느 곳을 짚어야 하는가?

29. 첼로의 현의 하나가 L의 길이를 가진다고 하자.

(a) 이 현이 내는 음의 진동수를 r의 비율로 높이려면 얼마만한 길이 점 l을 짚어야 하는가?

(b) $L = 0.80m$ 일 때 $r = \frac{6}{5}, \frac{5}{4}, \frac{4}{3}, \frac{3}{2}$ 으로 만들려면 l의 길이는 얼마나 되어야 하는가?

30. 1.0 m 길이의 수직 유리관 속에 있는 물의 높이는 관 속에서 어느 위치든지 조절될 수 있다. 660 Hz에서 진동하는 소리굽쇠는 관의 열린 위쪽 끝에 바로 놓여 있다. 물 높이가 어느 정도 될 때 공명이 일어나는가?

31. 액체매질 속의 음파가 장애물에서 반사하여 정상파를 형성한다. 마디 사이의 간격이 3.8 cm이고, 전파속도가 1500 m/s라면 진동수는?

32. 그림에서 보듯이 막대 R의 중심 부분은 클램프에 물린 채 지지대에 고정되어 있고, 이 막대의 한족 끝은 원판 D를 붙인 채 코르크 가루가 뿌려져 있는 유리관 속에 들어 있다. 또 이 유리관의 다른 쪽 끝에도 마개 P로 막아 두었다. 이 막대 R에다 종진동이 일어나도록 비벼대는 동시에 마개 P를 적절히 전후로 움직여서 코르크 가루가 마디와 배의 모양으로 진동하도록 조절했다고 하자(코르크 가루는 배 부분에서 명확한 봉우리의 모양을 갖는다). 이 막대 내에 발생한 종진동의 진동수 ν를 알고 있다하면 계속된 두 배 사이의 평균거리 d를 측정함으로써 관 내에 있는 기체 내에서의 음속 v를 결정할 수 있다. 즉, 이 결과 $v = 2\nu d$가 성립함을 증명하여라. 이것이 바로 여러 기체 내에서의 음속을 정해주는 쿤트(Kundt)의 방법이다.

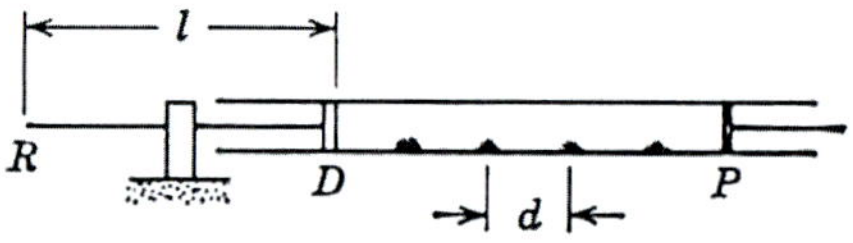

33. 그림에서 S는 가청주파발진기로 동작되는 확성기이고, 그 주파수 범위는 1000~2000 Hz이다. D의 길이가 18.0 in인 원통형의 금속관이다.

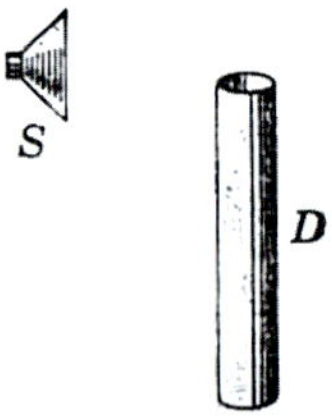

(a) 주어진 온도에서 공기 중의 음속이 1130ft/s이면 스피커의 진동수가 1000~2000Hz 사이에서 변화할 때 어떤 진동수에서 공명이 일어나겠는가?

(b) 각 변위의 마디를 그려라. 관구효과는 무시한다.

34. 수직측면이며 바닥에 물이 있는 우물은 7.0 Hz에만 공명한다. 우물의 공기는 밀도가 $1.1 kg/m^3$, 압력이 $9.5 \times 10^4 Pa$, 그리고 비열의 비가 7/5일 때 이 우물은 얼마나 깊은가?

35. 길이가 1.0 m인 관의 한쪽 끝이 닫혀 있다. 이 관의 열려 있는 다른 쪽 끝점 부근에 잡아당겨 놓은 쇠줄을 놓아 두었다. 이 쇠줄의 길이는 0.30 m이고, 질량은 0.010 kg이다. 이 쇠줄의 양끝을 고정시킨 채 이 쇠줄을 그 기본 진동수에 따라 진동시켜 놓았다. 이 결과 공명에 의해서 관 내의 공기기둥이 그 기본진동수를 가지고 진동하기 시작했다 하자.

(a) 공기 기둥의 진동수를 구하여라. (b) 철사 내의 장력을 구하여라.

36. 맥동하는 변광성의 주기는 반지름 방향을 종으로, 정상파의 기본 진동으로 맥동하는 별로 생각할 때 대략적으로 구해질 수 있다. 즉 표면에서의 변위가 배(antinode)이며 시간에 따라 반지름이 주기적으로 변하는 별로 생각한다.

(a) 별의 중심에서 변위가 마디인가 배인가?

(b) 양쪽이 트인 관의 경우로 유추하여 볼 때 맥동의 주기가 $T=4R/v_s$로 주어짐을 보여라. 여기서 R은 평형상태에서 별의 반지름이며 v_s는 평균 음속이다.

(c) 표준적인 백색왜성은 압력이 $10^{22}Pa$, 밀도가 $10^{10}kg/m^3$, 비열의 비가 4/3, 반지름이 태양의 0.009배이다. 이 백색왜성의 맥동의 주기는 대략 얼마이겠는가?(1975년 6월호 Scientific American에서 John R. Percy의 "맥동성"을 보아라.)

37. 선밀도가 0.65 g/m인 길이 31.6 cm의 바이올린 현이 가청주파수의 가청 주파발진기에 연결된 스피커 근처에 위치한다. 주파수 발진기가 500~1500 Hz까지 연속적으로 변화할 때 880, 1320 Hz에서만 현이 진동하였다. 현의 장력은?

38. 동일한 장력을 유지할 때 두 개의 동일한 피아노 선은 기본 진동수 600 Hz를 가졌다고 하자. 이 두 선 중의 어느 한쪽의 장력을 몇 % 증가시키면 이 두 선을 동시에 진동시켰을 때 생기는 맥놀이의 수가 매초 6회가 되겠는가?

39. 1845년 Buys Ballot이 제일 먼저 소리에 대한 도플러(Doppler) 효과를 시험하였다. 그는 기관차에 의하여 끌리는 화차위에서 연주하는 트럼펫 연주자였다. 다른 연주자들은 철로 근처에서 연주하였다. 각 연주자가 440 Hz의 음을 낸다면 서로 접근할 때 매초 4회의 맥놀이가 생긴다. 이 화차의 속력은?

40. 진동수 540 Hz의 호각이 반지름 2.00 ft되는 원의 둘레를 15.0 rad/s의 각속력으로 돌고 있다. 이 원의 중심에 관해서 정지하고 있는 원방의 관측자가 듣는 (a) 최저 및 (b) 최고 진동수는?

41. 두 기차가 지면에 대하여 100 ft/s로 마주보고 달린다. 한 기차가 500 Hz의 기적을 울렸다.

(a) 바람이 불지 않을 때 다른 기차에 탄 사람에게 들리는 진동수는?

(b) 100 ft/s의 바람이 기적쪽을 향하여 또 듣는 사람으로부터 멀리 분다면 다른 기차에 들리는 진동수는?

(c) 바람의 방향이 반대인 경우의 진동수는?

42. 박쥐는 초음파를 사용하여 아주 정확하게 동굴 속을 날아 다닌다(방출시간은 1000분의 1 s 이하이고 1 s에 수 회 반복한다). 박쥐의 방출음의 진동수를 39000 Hz라 가정하자. 평평한 벽면을 향하여 곧바로 날을 때 박쥐는 공기 중에서의 음속의 $\frac{1}{40}$의 속력을 갖는다. 벽에서 반사되어 박쥐가 듣는 진동수는?

43. 진동수 1080 Hz를 갖는 음원이 오른쪽으로 지상에 대하여 108 ft/s의 속력으로 달리고 있다. 음원이 이동하는 오른쪽에는 왼쪽으로 지상에 대하여 216 ft/s의 속력으로 이동하는 반사면이 있다고 한다. 공중에서의 음속을 1080 ft/s라고 할 때,

(a) 음원으로부터 공중에 발사되는 음의 파장

(b) 매초 반사면에 도달되는 파동의 수

(c) 반사파의 속력

(d) 반사파의 파장을 구하여라.

44. 1000 Hz의 진동수를 갖는 음을 내는 사이렌이 10 m/s의 속력으로 관측자로부터 벼랑을 향해서 달아나고 있다.

(a) 이 사이렌으로부터 직접 들려오는 음의 진동수는?

(b) 벼랑에 의해서 반사되어 오는 음의 진동수는?

(c) 이 두 음에 의해서 생기는 맥놀이의 진동수를 들을 수 있는가? 단, 공중에서의 음속을 330 m/s로 계산하여라.

45. 기동경찰관 B가 속도위반자에서 속도위반자 A의 뒤를 쫓는다. 둘 다 최고속력이 약 100 mi/h, 즉 150ft/s이다. 따라잡기에 실패한 B가 다시 사이렌을 울린다. 공기 중에서 음속이 1100ft/s이고, 음원의 진동수는 500Hz이다. 가능하다면 A에 의하여 들리는 진동수에 도플러 효과가 나타나는가?

46. (a) 빨간 빛이 초록빛으로 보일 정도로 빨리 달릴 수 있는가?

(b) 그러면 교통기관이 있다고 할 때 차표를 살 용의는 있는가? 빨간 빛깔의 파장은 $\lambda = 620 \times 10^{-9} m$ 파란 빛깔의 파장은 $\lambda = 540 \times 10^{-9} m$, 또 광속 $c = 3.0 \times 10^{8} m/s$를 사용하여라.

47. 추적하는 상황에서 레이다 측정은 정지한 경우의 측정과 비교해 볼 때 상대적으로 부정확하다.

(a) 레이다 장치가 정지해 있다고 가정하자. 솔신 주파수 ν와 속력 V로 움직이는 차에 반사되어온 주파수와의 차이는 근사적으로 $d\nu/\nu = 2V/c$임을 보여라.

(b) 레이다 장치가 추적차에 실려서 속력 v로 움직일 때 $d\nu/\nu = 2(v - V)/c$임을 보여라. 여러 가지 경우에 대하여 조사하여라.

(c) 추적차(경찰)가 과속차와 속력이 같은 경우에 대하여 살펴보아라. 이 경우 도플러 이동은 얼마나 관측되는가?

48. 그림에 표시되어 있는 바와 같이 탄환의 속력을 계산하여라. 이 탄환이 진행하고 있는 매질 내에서의 음속을 380 m/s라 두고 계산하여라.

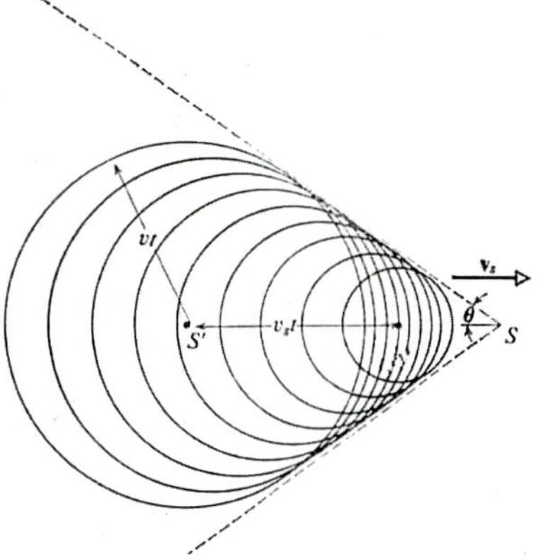

49. 2200 ft/s의 속력으로 탄환을 쏘았다. 이 탄환에 의한 충격파가 이 탄환의 진행 방향과 만드는 각을 구하여라.

50. 제트기가 Mach 1.5(음파속도의 1.5배)의 속도로 상공 5000 m 위를 지나고 있다.

(a) 충격파와 제트기가 운동하는 선이 이루는 각을 구하여라.

(b) 제트기가 바로 머리 위를 지나고 나서 얼마나 있어야 이 충격파가 지상에 도달하겠는가?

51. 비행기가 음속의 $\frac{5}{4}$로 난다. 비행기가 관측자의 머리 위를 정확히 지난 후 꼭 1분 만에 이 비행기의 충격파가 지면 위에 도달하였다. 비행기의 고도는? 음속은 330m/s로 계산하여라.

제 19 장

기하광학

Geometrical Optics

1 빛의 일반적 성질(general property of light)

수면파나 음파는 장애물에 부딪치면 장애물의 뒷면까지 회절하여 간다. 그러나 빛은 장애물에 부딪치면 그 뒷면에 명확한 그림자를 만든다. 이 사실은 빛이 균일한 물질 속에서 직진한다는 것을 의미한다. 이와 같은 현상을 비롯하여 17세기 무렵 가시광선에 대하여 많은 성질을 알게 하였다. 1675년 Newton은 빛의 입자설(corpuscular theory)을 주창하여 오랫동안 지지받아 왔다. 이 설은 빛이 광원으로부터 방출되는 아주 작은 입자들로 되어 있다는 것이다. 그러나 보다 깊은 주의를 하여 보면 직진으로만 생각해서는 안 되는 현상이 많이 있다.

파동은 슬릿을 통과할 때 회절하게 되는데 슬릿의 간격이 파장에 비하여 크면 눈에 잘 뜨이지 않을 정도로 작아진다. 그러므로 파장이 매우 짧은 것이라면 파동 모형으로서 직진성은 설명될 수 있다. 실제 빛을 0.1 m 정도의 슬릿에 통과시키면 회절하는 것을 볼 수 있기 때문에 빛의 직진은 빛의 파장에 비해 대상물이 매우 클 때에 해당한다. 이는 1978년 Christian Huygens가 제의한 빛의 파동설(wave theory)로서 그 당시 빛의 직진성을 제외하고는 거의 다 설명할 수 있었으나 100년간 입자설이 우세하여 파동설은 인정받지 못하였다.

1801~1804년에 Thomas Young이 두 광선 속의 간섭무늬를 만들고 이것을 파동설로 설명함으로써 중요한 계기가 되었다. 그 후 Fresnel이 파동설을 인용하여 회절무늬를 설명함으로써 확실히 확인되었다. 빛의 파동적 성질은 Maxwell이 전자기장에 관한 방정식을 고안하고 뒤이어 Hertz가 방정식의 정당성을 증명함으로써 확실하여졌다. 즉 전자기파는 진공을 지날 때 빛의 속도와 같다는 것을 알았던 것이다. 이러한 실험들은 빛의 파동이 전자기파임을 입증하여 주었고 전자기파 스펙트럼의 극히 좁은 부분을 가시광선이 차지하고 있음으로 알게 되었다.

빛(가시광선)의 파장 영역은 약 4000 Å(400 nm)에서 7000 Å(700 nm)까지로써 파장 λ, 진동수 ν 및 광속도 c의 상호관계인 $\nu = c/\lambda$는 전자기파의 모든 영역에 대하여 성립된다. 표 19-1은 가시광선 영역 내 각 색에 따른 파장과 진동수를 나타내고 있다. 빛의 속력은 매우 빠르기 때문에 보통 방법으로 측정할 수 없으나 Michelson은 Faucault의 방법을 개량하여 빛의 속력이 2.99796×10^8 m/s임을 얻었다. 현재 가장 정확한 값은 진공중에서 2.997925×10^8 m/s이고 모든 빛의 파장이 변해도 속력은 변하지 않는다. 또한 Faucault는 회전거울을 이용하여 물속의 빛의 속력을 측정한 값이 공기속 값의 약 3/4이었고, 이것은 물의 굴절률 1.33의 역수가 된다는 것을 알았다. 이와 같은 현상은 빛의 파동설과 일치하였고 빛의 간섭과 편광에 대한 실험과 더불어 파동설의 정당성을 입증하였는데 결정적인 역할을 하였다.

표 19-1 | 가시광선의 파장 및 진동수

색	파장(Å)	진동수($\times 10^{14}$ Hz)
보라색	3800~4500	7.8~6.6
푸른색	4500~5000	6.6~6.0
녹색	5000~5600	6.0~5.4
황색	5600~6000	5.4~5.0
오렌지색	6000~6400	5.0~4.7
붉은색	6400~7500	4.7~4.0

1890년경 많은 물리학자는 파동설이 결정적인 발판인 것으로 생각되었으나 1900년에 Max Planck가 양자론(quantum theory)을 주장하여 약점이 나타나기 시작하였다. 이 장에서는 Huygens와 Maxwell이 제시한 파동설만 적용키로 한다.

2 호이겐스의 원리(Huygen's principle)

파동이 평면 또는 공간을 전파하여 갈 때 어떤 시각에서 위상이 같은 점을 모두 이어서 얻어지는 면을 파면(wave front)이라 한다. 파면이 구면이면 구면파면(spherical wave front), 평면이면 평면파면(plane wave front)이라 한다.

그림 19-1과 같이 파면이 시각 t에서 속력 v로 AB의 위치에 도달했다고 볼 때, 다음 순간에는 AB상의 무수한 점들이 새로운 파원이 되고 Δt 시간 후에는 이 파원에서 발생한 구면파가 $r\Delta t$만큼 진행한다. 이 무수한 구면파의 하나하나에 접하는 포락면 $A'B'$, $A''B''$가 시각 $t+\Delta t$, $t+2\Delta t$에 있어서의 파면이 되고, 이 파면에 수직한 방향인 파동을 발생시키는 파원으로 되고, 이들 작은 파동은 원래 파동 속도와 같은 속도로 앞으로 전파된다. 이것을 호이겐스의 원리(Huygen's principle)라고 한다.

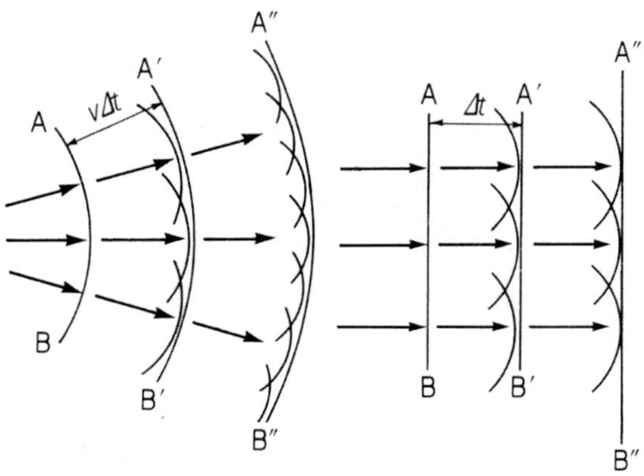

그림 19-1 호이겐스의 원리

만일 광속도가 모든 방향으로 동일하다면 구면파면은 그대로 구형을 유지하여 모든 방향으로 똑같이 파동에너지가 전달된다. 모두 같은 파장을 갖고 있다면 그 선속은 단색광이다. 실제 완전한 단색광의 선속을 얻기는 불가능하나 $\pm 5\,\text{Å}$ 정도의 파장 차이라면 단색광이라 할 수 있다. 모든 방향에 대해 같은 속도로 파동이 전파되는 매질을 등방성 매질(isotopic medium)이라 하는데 등방성의 매질로는 유리, 물, 투명합성수지, 공기 등이 있다. 그런데 빛에 대하여 투명하나 방향에 따라 파동의 전파속도가 다른 결정체가 많이 있는데, 이들을 비등방성매질(anisotopic medium)이라 하며 광선이 모든 점에서 파면에 항상 수직이 되지 않는다. 비등방성 매질로서는 수정, 방해석 등이 있다.

3 반사와 굴절의 법칙(law of reflection and refraction)

1) 반사 법칙

매질이 균일하면 빛은 일정한 속력으로 진행한다. 그러나 매질의 종류가 다른 경계면이나 경계점에 도달하면 빛은 그 경계면에서 처음 매질 속으로 되돌아가는 반사(reflection)를 한다. 반사파의 위상은 경계면의 상태에 따라 두 경우가 있다. 고정단에 반사될 때, 즉 파동이 소한 매질에서 밀한 매질에 도달하여 반사할 때 반사 파형은 입사파와는 상하 및 진행 방향이 반대가 되어 위상은 입사파와는 180° 달라진다. 이에 대하여 자유단에서 반사될 때, 즉 밀한 매질에서 반대가 된다. 그러므로 위상의 변화는 없다.

그림 19-2(a)에서와 같이 빛이 매질이 다른 경계면에서 반사될 때에 입사각과 반사각은 항상 동일하고 입사광선과 반사광선 및 법선은 모두 같은 평면에 있다 이것을 반사의 법칙이라 한다.

그림 19-2에서 평면파 BEF가 경계면 AD에 입사할 때를 생각하면 입사면의 왼쪽 B점이 경계면에 도달했을 때 B점의 오른쪽 E나 F점의 파면은 아직 경계면에 도달하지 못했고, F가 경계면에 도달했을 때는 먼저 B점에 도달한 파면은 BH만큼, C점에서는 CI만큼 입사파가 반사하여 진행됨으로 반사파면은 HID가 된다. 이때 △BFD와 △BHD는 합동임으로 입사각 i와 반사각 i'가 같게 됨을 알 수 있다.

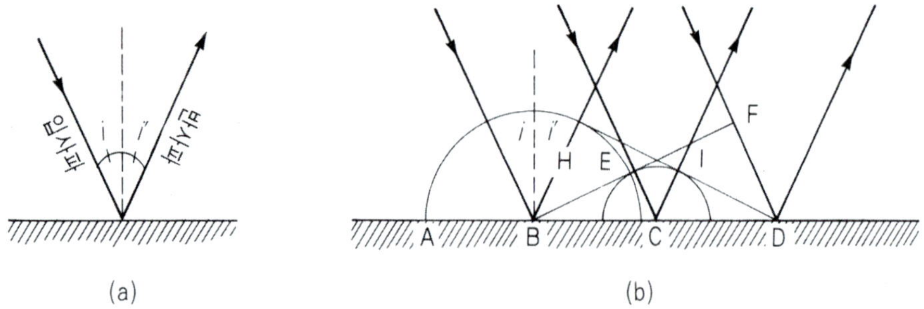

그림 19-2 반사의 법칙

그리고 그림 19-2(b)에서의 빛의 선속이 매끈한 평면에서 반사된 선속의 모든 광선들이 평행이 되고 있다. 이러한 반사를 규칙반사 또는 거울반사(regular of specular reflection)라고 하며, 그림 19-3과 같이 반사면이 고르지 않은 곳에서는 서로 평행되지 않고 여러 방향으로 산란된다. 이처럼 거친 표면으로부터의 반사를 확산 반사(diffuse reflection)라고 한다. 표면의 요철 상태가 입사광선 파장의 1/4 이하일 때는 표면이 매끈하다, 또는 연마되어 있다고 한다.

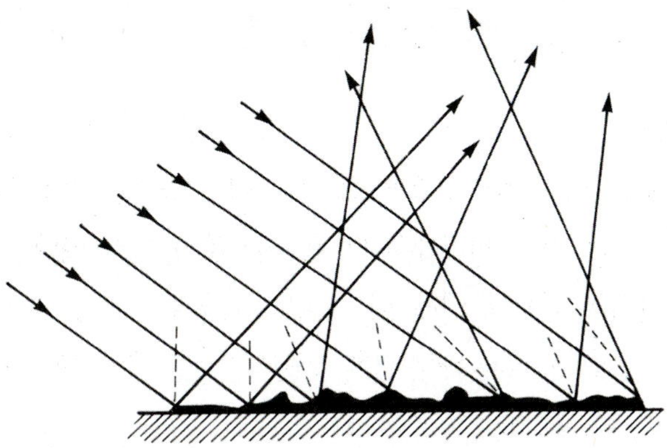

그림 19-3 | 확산반사

2) 굴절 법칙

광선이 어떤 투명한 매질로부터 다른 투명한 매질로 진행할 때는 언제나 그림 19-4와 같이 진행방향이 원래의 방향으로부터 꺾이게 된다. 이처럼 광선이 두 매질의 경계면에서 꺾이는 현상을 굴절(reflection)이라고 한다. 예를 들면 막대를 물속에 비스듬히 꽂을 경우 막대의 길이가 수면에서 꺾인 것처럼 보인다.

그림 19-4에서 입사광선, 법선 및 굴절 광선은 모두 같은 평면에 있으며 동일한 두 매질에서 굴절각(r)의 sin값에 대한 입사각(i)의 sin값의 비는 항상 일정하다. 이것을 굴절의 법칙이라 한다. 즉

$$\frac{\sin i}{\sin r}=\frac{v_1}{v_2}=\frac{\lambda_1}{\lambda_2}=\text{constant}(n_{21}) \quad \cdots\cdots \quad (19\text{-}1)$$

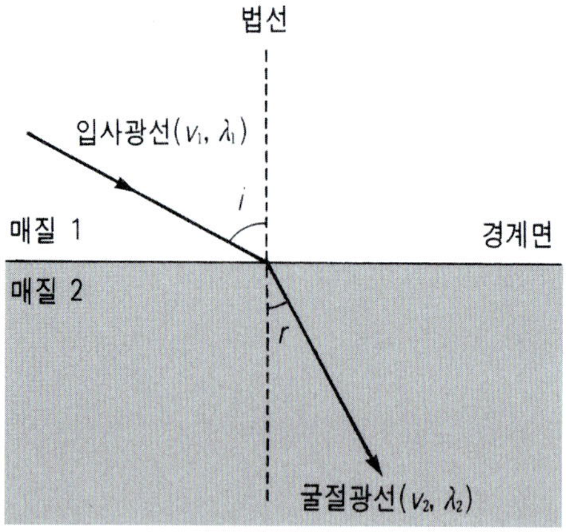

그림 19-4 굴절의 법칙

식 (19-1)은 1621년 Willebrord Snell에 의해 실험적으로 발견된 것으로 스넬의 법칙이라고 한다.

이 식에서 n_{21}을 매질 1에 대한 매질 2의 굴절률(reflective index)이라 한다.

광파가 한 매질에서 다른 매질로 들어갈 때는 속도가 변한다. 진공 속에서는 어떠한 빛이든지 최고속력($c = 3 \times 10^8 \mathrm{m/s}$)로 진행하나 진공 아닌 다른 매질에서의 속력 v는 c보다 작다. 이 매질의 굴절률 n은

$$n = \frac{c}{v} = \frac{\text{진공속의 광속력}}{\text{매질속의 광속력}} \quad \cdots\cdots (19-2)$$

가 된다. v는 c보다 작기 때문에 n은 1보다 크다. 표 19-2는 여러 매질에 대한 굴절률을 나타내고 있다. 공기의 굴절률이 거의 1과 같으므로 각 매질의 굴절률은 진공 대신 공기에 대하여 결정할 수 있다. 또한 큰 굴절률을 가진 매질은 작은 굴절률을 가진 매질보다 광학

표 19-2 굴절률

물질	굴절률	물질	굴절률
공기	1.000293	에칠 알코올	1.361
벤젠	1.501	프린트 유리	1.66
이산화탄소	1.00045	수소	1.000132
크라운 유리	1.52	얼음	1.31
다이아몬드	2.419	물	1.333

적으로 말하다고 한다.

매질 1에서 광속도를 v_1, 매질 2에서의 광속도를 v_2라 하면

$$n_1 = \frac{c}{v_1} \text{ 및 } n_2 = \frac{c}{v_2} \quad \cdots\cdots (19-3)$$

따라서,

$$n_1 v_1 = n_2 v_2 \quad \cdots\cdots (19-4)$$

식 (19-1)에서 n_{21}를 n_2/n_1, θ_i와 θ_R를 θ_1, θ_2로 바꾸면

$$\frac{\sin\theta_1}{\sin\theta_2} = \frac{n_1}{n_2} \quad \cdots\cdots (19-5)$$

또는

$$n_1 \sin\theta_1 = n_2 \sin\theta_2 \quad \cdots\cdots (19-6)$$

이것이 스넬 법칙의 일반적인 표현이다.

광속도는 매질이 다르면 변하나 진동수는 ν는 변하지 않기 때문에 $\nu = c/\lambda$식에 의해 파장이 변한다. 진동수 ν, 파장이 λ_1, 속도 v_1인 파동이 매질 1로부터 매질 2로 들어가 ν, λ_2, v_2로 변했다면 각 매질의 굴절률 n_1 및 n_2는

$$v_1 = \upsilon\lambda_1 \text{ 및 } v_2 = \upsilon\lambda_2 \quad \cdots\cdots (19-7)$$

의 관계로부터 식 (19-3)을 이용하면

$$\frac{\lambda_2}{\lambda_1} = \frac{v_2}{v_1} = \frac{c/n_2}{c/n_1} = \frac{n_1}{n_2} \quad \cdots\cdots (19-8)$$

또는 $\lambda_1 n_1 = \lambda_2 n_2$ $\quad \cdots\cdots (19-9)$

가 된다. 매질 1이 진공이라면 $n_1 = 1$, $\lambda_1 = \lambda_0$이므로, 식 (19-9)로부터 $\lambda_2 = \lambda_0/n_2$가 된다. 그러므로

$$n = \frac{\lambda_0}{\lambda} \quad \cdots\cdots (19\text{-}10)$$

가 된다. 따라서 굴절률이 파장에 의존함을 알 수 있으며 n은 빛의 색깔에 따라 달라진다. 예를 들면 유리의 굴절률은 붉은색, 녹색, 보라색에 대하여 각각 1.51, 1.52 및 1.53이다.

[예제 1] 그림은 공기 중에서 물로 빛이 진행하는 것이다. 물음에 답하라.

① 입사각 45° 이고 굴절각 32° 일 때 물 속에서의 빛의 속도는?

② 물의 굴절률은?

③ l가 8 cm일 때 m의 길이는

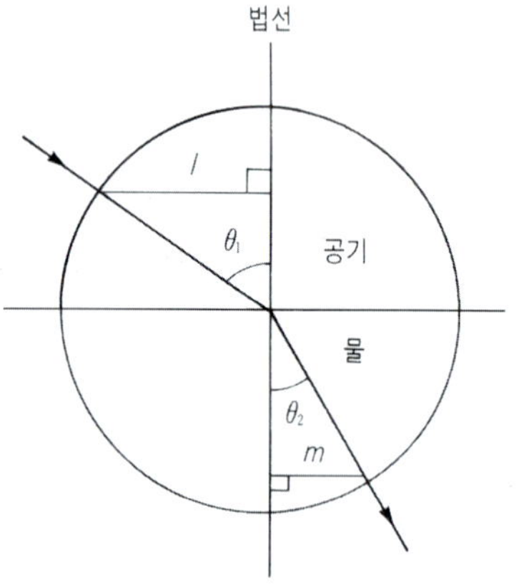

[풀 이] 굴절의 법칙에 의하여

$$\frac{\sin\theta_1}{\sin\theta_2} = \frac{v_1}{v_2} = \frac{l}{m} = n$$

① 물속에서의 빛 속도

$$v_2 = \frac{\sin\theta_2}{\sin\theta_1} v_1 = \frac{\sin 32}{\sin 45} \times 3 \times 10^8 \,\mathrm{m/s}$$

$$\frac{0.53}{0.707} \times 3 \times 10^8 = 2.25 \times 10^8 \,\mathrm{m/s}$$

② 물의 굴절률 $n = \dfrac{\sin\theta_1}{\sin\theta_2} = \dfrac{\sin 45}{\sin 32}$

$$= \frac{v_1}{v_2} = \frac{3 \times 10^{10}}{2.25 \times 10^8} = \frac{4}{3}$$

③ m의 길이 $m = \dfrac{\sin\theta_2}{\sin\theta_1} \cdot l = \dfrac{\sin 32}{\sin 45} \cdot 8 = \dfrac{0.53}{0.707} \times 8 = 6\,\mathrm{cm}$

4 전반사와 겉보기 깊이

1) 전반사

현재까지는 빛이 소한 물질로부터 밀한 매질로 진행되는 경우를 살펴보았으나 광학적으로 밀한 매질인 물, 유리 같은 것으로부터 소한 매질인 공기 같은 곳으로 진행하는 경우($n_1 > n_2$)에는 그림 19-5과 같이 입사각이 클수록 굴절각도 커지고, 입사각보다 굴절각이 커진다. 그러나 굴절각은 90° 이상으로 커질 수 없으며 입사각의 크기가 어떤 정해진 값보다 커지면 빛은 경계면에서 전부 반사된다. 이 현상을 전반사(total reflection)라 한다. 굴절각이 90°가 되었을 때의 입사각 θ_c를 임계각(critical angle)이라 한다. 즉 어떤 임계각을 넘으면 전반사가 일어난다.

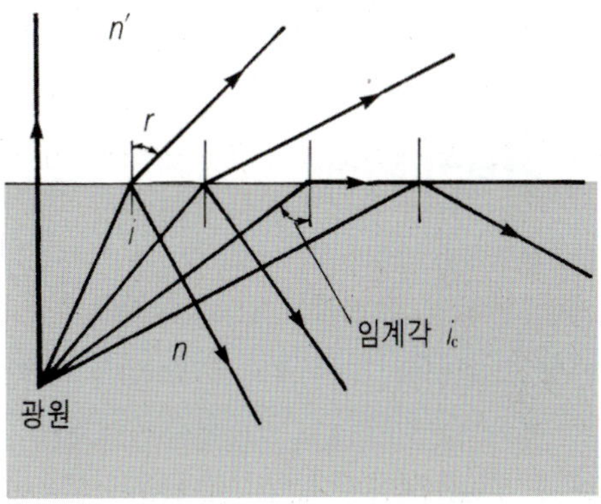

그림 19-5 | 임계각

Snell의 법칙에 의하여 임계각과 굴절률과의 관계

$$\sin\theta_c = \frac{n_2}{n_1} \qquad (19-11)$$

가 된다. 물과 공기에 있어서는 $n_1 = 1.33$, $n_2 = 1$이므로 $\sin\theta_c = 1/1.33 = 0.75$로 되어 $\theta_c \approx 49°$가 되고, 유리와 공기에 있어서는 $n_1 = 1.50$, $n_2 = 1$이므로 $\sin\theta_c = 1/1.50 = 40.67$이 되어 $\theta_c \approx 42°$가 된다.

빛의 진로를 변화시키는 데 이용되는 프리즘은 빛이 전반사되게 만들어져 있는데, 한 예로서 그림 19-6은 프리즘의 면에 수직으로 입사한 빛을 반사면에 전반사시키어 빛의 세기를 약하게 하지 않고 방향을 90° 또는 180°로 전환시키는 전반사 프리즘이다.

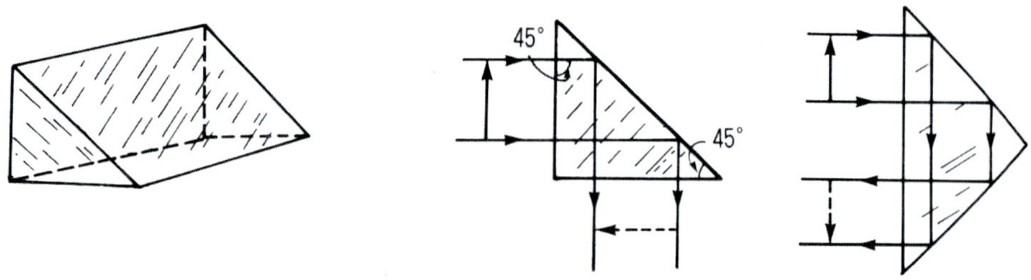

그림 19-6 전반사 프리즘

2) 겉보기 깊이

맑은 호수나 풀장에서 밑을 들여다보면 밑바닥이 올라와 있는 것처럼 보인다. 이것은 굴절현상 때문이다. 그림 19-7과 같이 O점에 어떤 물체가 놓여 있다면 광선 1은 연직 상방으로 굽지 않고 그대로 진행하여 나온다.

한편 A'로 나오는 광선 2는 법선에서 멀어지는 방향으로 꺾인다. 광선 2를 뒤쪽으로 연장하면 I에서 광선 1과 만난다. 그러므로 광선 2의 위치 B에서 O에 있는 물체를 볼 때는 O의 상이 I에 있는 것처럼 보인다. 마찬가지로 광선 3이 눈에 들어오는 위치에 있는 사람에게는 상이 I'에 있는 것으로 보인다. 이와 같이 물체가 물 밑바닥으로부터 올라와 보이는 것은 I'라는 높은 곳에서부터 광선이 나오는 것 같이 보이기 때문이다. 굴절률의 정의에 의하여

$$n = \frac{\sin NA'B}{\sin OA'N'} = \frac{\sin AIA'}{\sin AOA'} = \frac{AA'/IA'}{AA'/OA'} = \frac{OA}{IA} \quad \cdots\cdots (19-12)$$

의 관계가 된다. 만일 법선 가까이에서 물체를 들여다본다면 $OA'/IA' = OA/IA$라고 할 수 있다. 그러므로,

$$n = \frac{OA}{IA} = \frac{\text{실제 깊이}}{\text{겉보기 깊이}}$$

$$\text{겉보기 깊이} = \frac{1}{n} \times \text{실제 깊이} \quad \cdots\cdots (19-13)$$

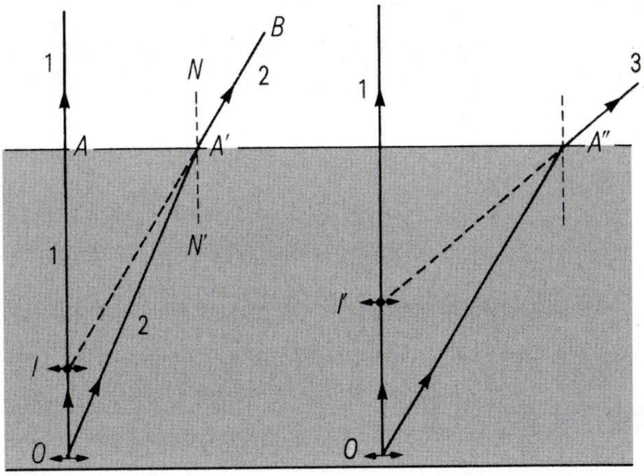

그림 19-7 | 물속에 있는 물체의 겉보기 깊이

가 된다. 그러므로 물의 경우에는 $n=4$, $1/n=3/4$ 가 되므로 물의 깊이는 실제 값의 3/4쯤으로 보일 것이다.

[예제 2] 한 광원이 3 m 깊이의 물속에 있다. 여기서 4 m 떨어진 곳에서 관찰한다면 광원의 겉보기 깊이는 얼마로 보일까?

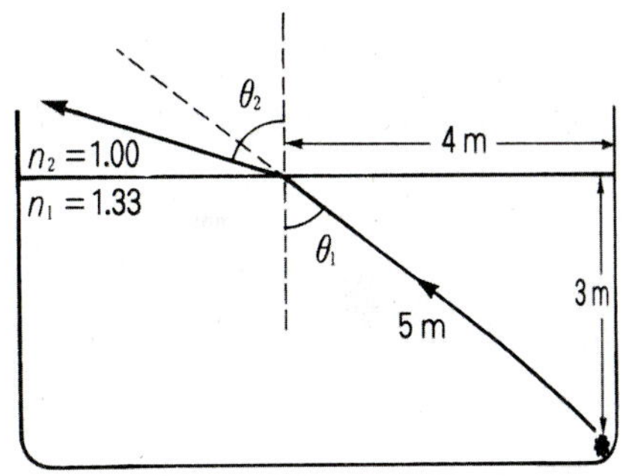

[풀　이] 임계각은 식 (19-11)로부터

$$\sin\theta_c=\frac{n_2}{n_1}=\frac{1.00}{1.33}=0.75$$

$$\therefore\ \theta_c=49°$$

그림에서, $\sin\theta_1=4/5=0.8$

$$\therefore\ \theta_1=53°$$

$\theta_1>\theta_c$이므로 전반사가 일어나기 때문에, 식 (19-13)으로부터

$$\text{겉보기 깊이}=\frac{1}{n}\times\text{실제깊이}=\frac{1}{1.33}\times 3\,\text{m}=2.66\,\text{m}$$

5 빛의 편차와 분산(deviation and dispersion of light)

1) 편차

그림 19-8과 같이 단색광선이 프리즘의 한 면에 입사한다고 생각하자. 프리즘에 들어가는 점 O에서의 입사각은 i이고 굴절각은 r이다. 광선은 법선 NN'쪽으로 굴절된다. 광선이 두 번째 표면에서 밖으로 나올 때의 입사각은 r'이고 굴절각은 i'이며, 통과할 광선은 법선으로부터 멀어지는 쪽으로 굴절되어 나온다. 광선이 최초의 입사경로로부터 편차되어 이루는 각 D를 편차각(angle of deviation)이라고 부른다.

각 i가 바뀌면 각 D도 바뀐다. 어떤 특별한 각 i의 값인 i_{m}에 대하여 D의 값이 최소값 D_{m}로 된다. i값이 i_{m}보다 크거나 작을 때는 D의 값은 D_{m}보다 크다. 그러므로 D_{m}을 최소편차각이라 한다.

프리즘이 최소편차 위치에 놓여 있을 때 A를 프리즘각이라 하면 $i=(A+D_{\mathrm{m}})/2$ 및 $r=A/2$이 된다. 그러므로 프리즘 첫 번째 면상의 한점에 Snell의 법칙을 적용하면 프리즘 유리의 굴절률 n은

$$n=\frac{\sin i}{\sin r}=\frac{\sin\left[(A+D_{\mathrm{m}})/2\right]}{\sin(A/2)} \qquad \cdots\cdots (19\text{-}14)$$

로 표현된다. 또한 최소편차각은 광선의 파장이 다르면 달라질 것이다. 프리즘의 각 A를 알고, 여러 다른 색(파장)에 대한 D_{m}의 값을 측정한다면 여러 종류의 재료에 대한 굴절률

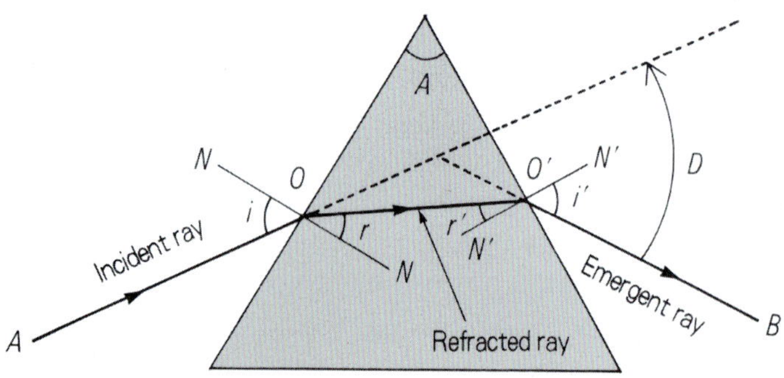

그림 19-8 프리즘에 의한 편향

n과 λ와의 관계를 계산할 수 있다.

2) 분산

그림 19-9와 같이, 좁은 태양광의 백색광을 프리즘에 통과한 광선은 여러 가지 색으로 갈라진다. 갈라진 빛의 분포를 스펙트럼(spectrum)이라 하며, 백색광이 여러 색으로 갈라지는 것을 분산(dispersion)이라고 한다. 보라색이 편차가 가장 크고 붉은 색의 편차가 가장 적다. 붉은 빛이 보라색보다 프리즘 속에서 빨리 진행하므로 붉은 색의 굴절률보다 작다.

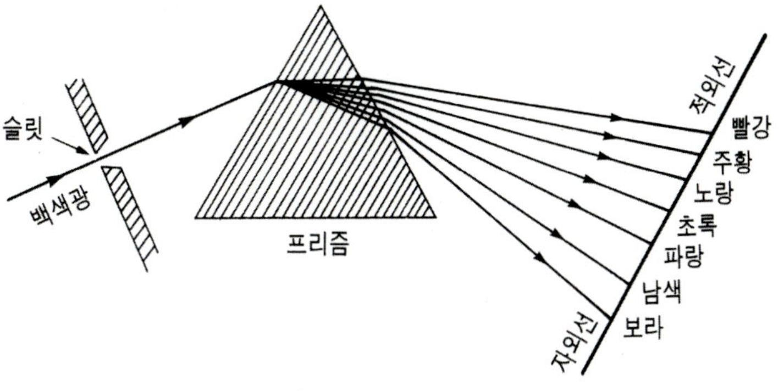

그림 19-9 | 빛의 분산

태양광선의 스펙트럼과 같이 모든 색광이 연이어 있는 스펙트럼을 연속 스펙트럼이라 하며 전등이나 촛불에서 나오는 빛도 프리즘으로 분산시키면 연속 스펙트럼이 된다. 이러한 빛들은 모든 색광이 복합광으로 이루어졌기 때문이며 여러 색광이 복합되어 무색이 된 색광을 백색광이라 한다. 이에 대하여 단 한 가지 색깔만 가지는 색광을 단색광이라 한다.

[예제 3] 굴절률이 1.66인 프린트 유리로 만든 60° 각 프리즘의 초소 편차각을 구하라.

[풀 이] $n = 1.66,\ A = 60°$ 및 $(\mathrm{A}/2) = \sin 30° = \frac{1}{2}$

그러므로 식 (19-14)에 의하여

$$\sin(A + D_{\mathrm{m}})/2 = n\sin(\mathrm{A}/2) = 1.66 \times \frac{1}{2} = 0.83$$

$$(A + D_{\mathrm{n}})/2 = 56° \text{ 또는 } D_{\mathrm{m}} = 2 \times 56° - \mathrm{A} = 112 =- 60° = 52°$$

6 거울과 렌즈에 의한 영상(image by mirror and lens)

1) 거울에 의한 영상

(1) 평면거울

빛의 파장에 대하여 관찰하려는 물체의 크기가 대단히 크면 간선이나 회절현상을 무시할 수 있다. 이 때는 빛을 파동이라고 생각하기보다 입자의 흐름인 광선이라고 생각하는 편이 빛의 현상을 편리하게 기술할 수 있다.

빛은 진행 도중 매질 경계면에 닿으면 매질의 종류에 따라 일부 또는 전부가 반사하고 평면 거울에 나타나는 상의 크기는 실제 크기와 같다.

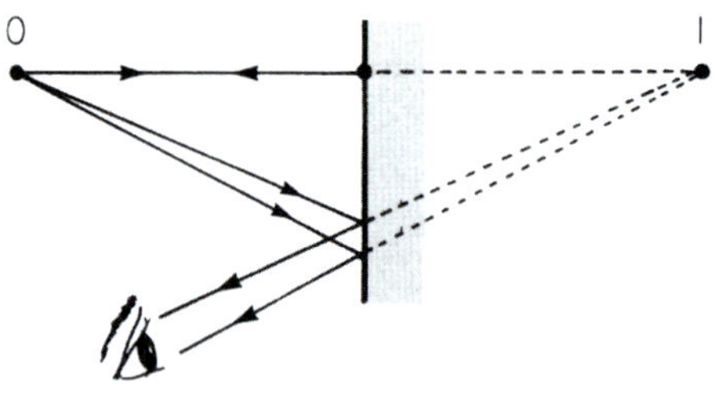

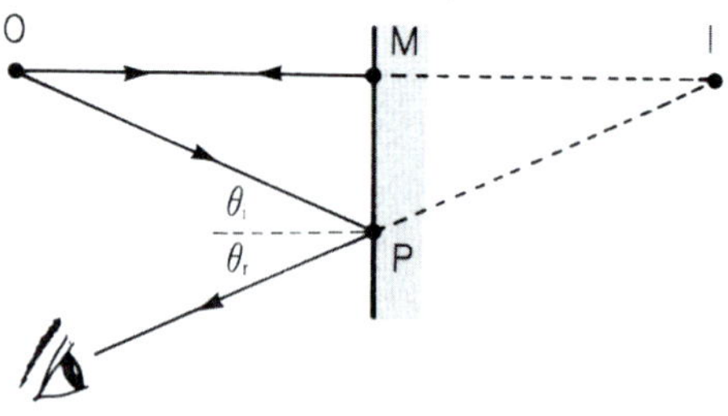

그림 19-10 | 거울에 의한 반사

그림 19-10에서 알 수 있는 바와 같이 한 점 O에서 나온 빛이 평면거울에서 반사되는 모양은 마치 거울 뒤의 점 I에서 빛이 나오는 것처럼 보인다. I점을 O의 상이라 하면 실제 빛이 I를 통과하지 않지만 눈에 들어오는 빛을 연장하면 I에서 만나므로 I에서 빛이 나오는 것처럼 보이는데, 이러한 상을 허상(virtual image)이라 한다. 이때 I점은 반사면에 대한 O점의 대칭점이 된다. 이와 달리 빛이 설제로 모여 생기는 상을 실상(true image)이라 한다. 물체를 평면거울에 비추면 물체 각 점에서 나온 빛은 거울 뒤의 각 대칭점에서 나온 것처럼 보이기에 실제 크기와 같은 상이 보인다. 즉, 평면거울에서 거울 뒤에 형성된 영상과 거울 간의 거리는 거울 앞의 물체와 거울 사이의 거리와 같으며, 평면거울에 의한 영상은 거울과 물체와의 거리만큼 거울 반대쪽에 생기고 실상과 같은 크기의 반전된 정립 허상이다.

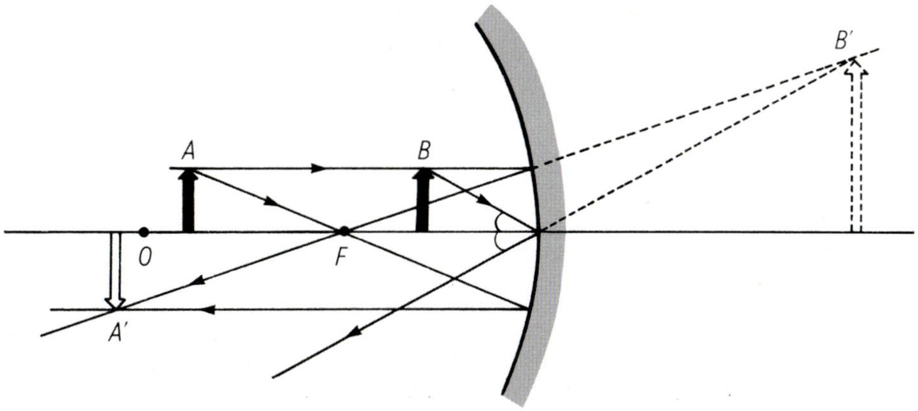

그림 19-13 | 오목거울에서의 실상과 허상의 작도

반사면이 볼록한 볼록거울에서 거울 축에 가까이 평행으로 입사한 광선은 거울 뒤의 한 점에서 나온 것처럼 나아간다. 이 점을 허초점이라 하고(그림 19-14) 초점거리는 음수(−)로 나타낸다. 볼록거울의 공식은 오목거울이 공식에서 b와 f을 음수(−)로만 나타내면 된다. 또 배율은 오목거울에서와 같이 $m = b/a$이다. 볼록거울에서 상의 크기와 위치를 구하는 방법은 그림 19-15와 같다.

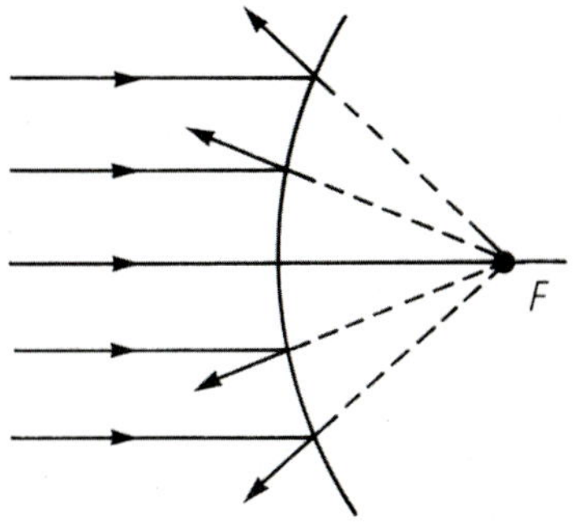

그림 19-14 | 허초점

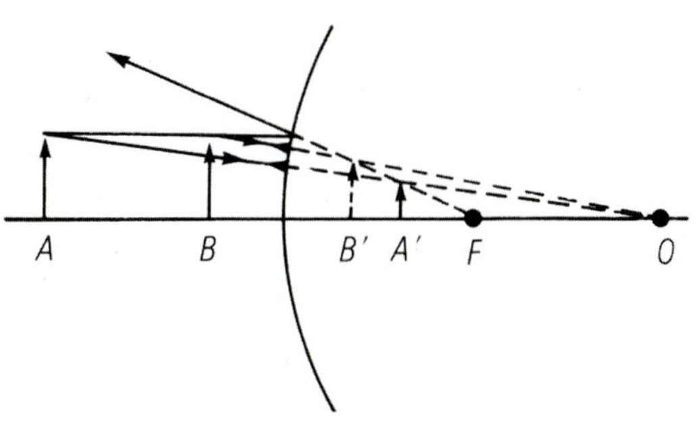

그림 19-15 | 볼록거울에 의한 상의 작도

볼록거울에 의한 상은 평면거울에서와 같이 바로 선 허상이며, 그 크기는 항상 실물보다 작다. 자동차와 자전거의 백미러나 주전자 등에 비치는 상은 좋은 예가 된다.

[예제 4] 구면 거울의 반경 40 cm인 오목거울로부터 25 cm되는 곳에 길이 10 cm 높이의 물체가 있다. 형성될 영상의 크기, 종류와 위치를 구하라.

[풀　이] 구면거울의 반경 $r=2f$ 이므로 초점거리 $f=\frac{r}{2}$ 이 된다. 따라서

$\frac{1}{a}+\frac{1}{b}=\frac{1}{f}=\frac{2}{r}$ 에 $a=25\,\text{cm}$ 　　$r=40\,\text{cm}$ 에 대입하면

$\frac{1}{25}+\frac{1}{b}=\frac{2}{40}=\frac{1}{20}$ 　$\therefore b=100\,\text{cm}$

즉, 형성될 영상은 거울에서 100 cm되는 지점에 있으며, 도립 실상이다. 식 (19-15)로부터

$M=\frac{H_i}{H_0}=\frac{b}{a}$ 　$H_i=\frac{H_0 \cdot b}{a}=10\times\frac{100}{25}=40\,\text{cm}$

영상의 크기는 40 cm이다.

2) 렌즈에 의한 영상

렌즈(lens)란 광학적인 투명한 재료로서, 대부분 유리이며 광속을 수렴 또는 발산되도록 만들어진 프리즘의 조합으로 이루어진 것이다.

볼록렌즈(또는 수렴렌즈)인 포지티브 렌즈(positive lens)는 가운데가 가장자리보다 두꺼우므로 광속에 평행으로 입사한 빛은 렌즈를 지난 후 한 점 F에 모인다. 이때 F를 초점이라 하고 렌즈 중심에서 초점까지의 거리를 초점거리라고 한다. 그림 19-16은 볼록렌즈의 수렴되는 것을 나타낸 것으로 각 면의 곡률반경 중심을 C_1, C_2라 할 때, 광선 A에서 들어갈 때는 수직선 C_1N쪽으로 굴절하고 표면 B로부터 나올 때는 거기서 그어진 수직선 C_2N'에서 멀어지는 쪽으로 굴절하는 경로를 취한다.

그림 19-17에서는, 오목렌즈(발산렌즈 또는 negative lens)를 나타내고 있는데, 그림 19-17(a, b)는 두 개의 프리즘 꼭지점을 연결시킨 것으로 평행입사 광선을 각기 반사시킨다. 그림 19-17(c)는 렌즈를 통과한 광선의 경로를 반대편으로 연장시키면 한 점 F에 모두 모이는데 이점의 위치가 주초점이 된다.

이와 같이 렌즈에는 볼록렌즈와 오목렌즈가 있는데 그림 19-18과 같은 종류가 있다.

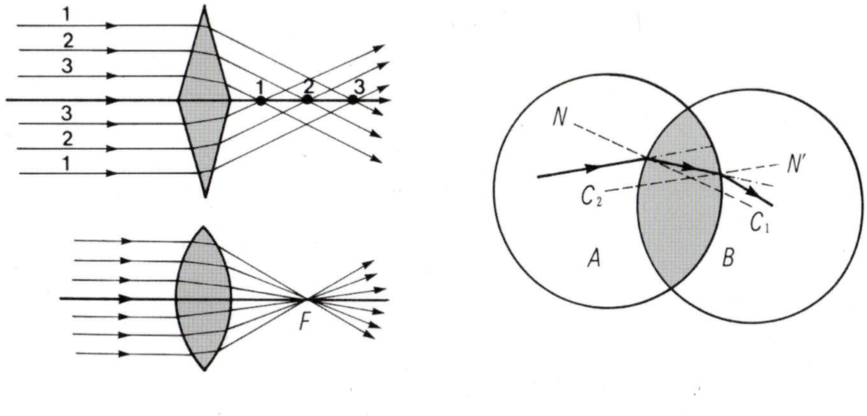

(a) (b)

그림 19-16 | 볼록렌즈의 수렴

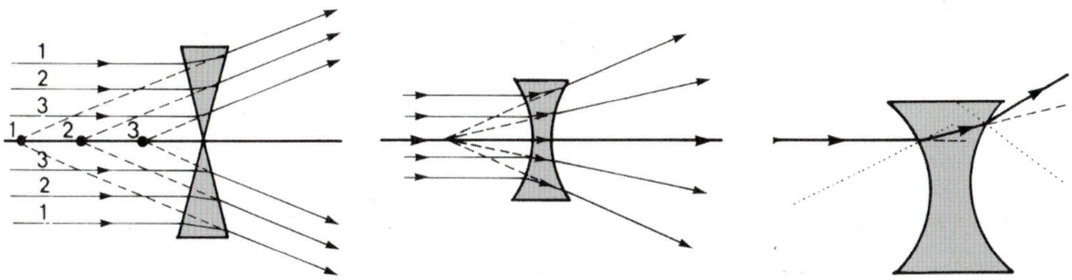

(a) (b) (c)

그림 19-17 | 오목렌즈의 수렴

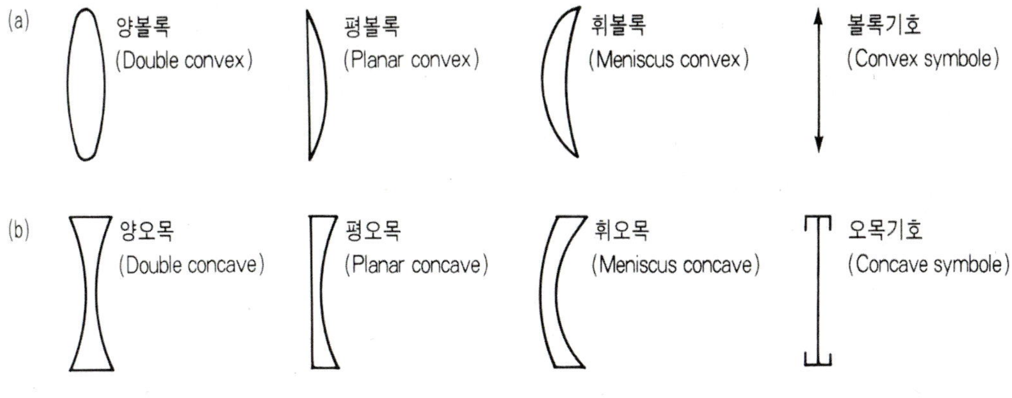

그림 19-18 | 렌즈의 종류와 표시

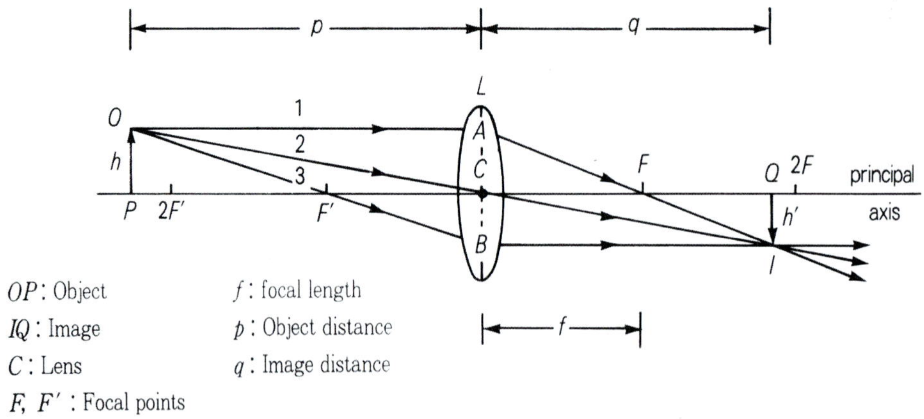

그림 19-19 볼록렌즈에 의한 영상의 형성

우선 렌즈의 두께가 얇다고 가정하고(렌즈 두께가 초점거리보다 작다는 것) 볼록렌즈에 의한 영상의 형성부터 알아본다. 렌즈의 중심을 통과하면 동시에 렌즈 양면의 공률 중심을 연결하는 선을 주축(principal lens)이라 하고, 입사광선이 편차됨이 없이 통과하는 구축상의 점이 광학중심(optical center)으로 렌즈의 기하학적 중심에 해당한다. 영상의 크기와 위치를 결정하기 위한 작도법은 그림 19-19와 같다.

① 주축에 평행한 광선 1은 렌즈에서 굴절된 후 볼록렌즈의 초점을 지난다. 오목렌즈의 경우는 초점 F로부터 광선이 나오는 것이 보인다.

② 광선 2는 아무 변동없이 렌즈 중심을 통과한다. 약간의 변위는 렌즈가 얇기에 무시한다.

③ 광선 3은 초점 F'를 통과 후 렌즈축에 평행으로 진행한다.

다음에는 영상의 위치와 크기 관계를 해석적 방법으로 계산할 수 있게 렌즈방정식을 생각하여 보면 $\triangle ACF$와 $\triangle GIF$는 닮은꼴이므로 $AC = OP$이다. 그러므로

$$\frac{OP}{IQ} = \frac{AC}{IQ} = \frac{CF}{QF} = \frac{f}{b-f} \quad \cdots\cdots (19-17)$$

마찬가지로 $\triangle OPC$와 $\triangle IQC$도 닮은꼴이기에

$$\frac{OP}{IQ} = \frac{CP}{CQ} = \frac{a}{b} \qquad (19\text{-}18)$$

가 된다. 위의 두 식으로부터

$$\frac{f}{b-f} = \frac{a}{b} \cdots\cdots bf + af = ab \qquad (19\text{-}19)$$

양변을 abf로 나누면

$$\frac{1}{a} + \frac{1}{b} = \frac{1}{f} \qquad (19\text{-}20)$$

가 된다. 이 식을 렌즈의 공식(lens formula)이라 하며 거울 방정식과 같은 꼴이다.

그리고 그림 19-19와 식(19-18)로부터

$$\frac{\text{영상의 크기}}{\text{물체의 크기}} = \frac{h'}{h} = \frac{IQ}{OP} = \frac{b}{a} \qquad (19\text{-}21)$$

여기서 h'은 영상의 높이이고 h는 물체의 높이이다. 따라서 배율 M은

$$M = \frac{h'}{h} = -\frac{b}{a} \qquad (19\text{-}22)$$

가 된다. 여기서 −부호는 상의 종류를 나타내는 것으로 −부호이면 도립이고 +면 정립(또는 직립)이다. 또한 f가 오목렌즈일 때는 1, a가 실물체일 때에는+, 허물체일 때에는 −로 나타내고, b는 실상일 때는 +, 허상일 때는 −이다.

현재까지는 볼록렌즈에 대한 것이었으나, 그림 19-20과 같이 오목렌즈에서의 발산광선의 연장선이 실제로 초점에 모이지 않으므로 허초점이 된다. 그러므로 오목렌즈의 상은 항상 허상이며 물체의 실물보다 작다. 초점은 허초점이므로 볼록렌즈식으로부터 $f < 0$, $b < 0$, 즉 −부호로 하여

$$\frac{1}{b} - \frac{1}{a} = \frac{1}{f} \quad \cdots\cdots (19-23)$$

의 관계가 된다.

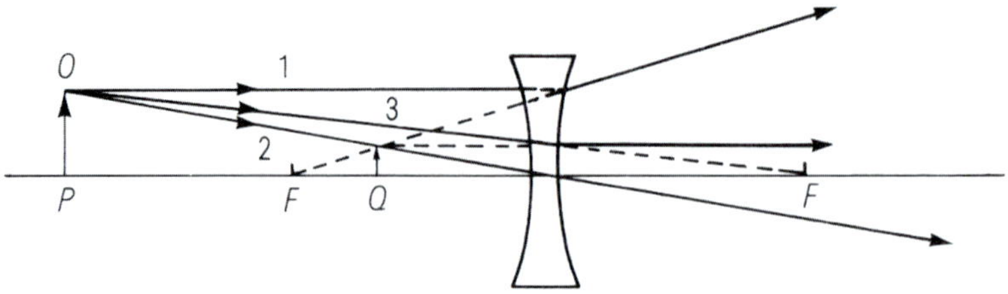

그림 19-20 오목렌즈에 의한 영상의 형성

그림 19-21은 볼록렌즈에 의한 여러 영상형태를 나타낸 것으로 그림 19-21(a)(b)(c)(d)는 영상들이 도립 실상인데 그림 19-21(d)인 경우는 F'와 렌즈 중심 사이에 물체가 잇는 경우로 정립 허상이다. 이와 같이 영상의 크기와 성격은 그 물체가 무한한 거리로부터 렌즈 중심으로 이동함에 따라 변화한다.

실제로 렌즈에 있어서 빛의 색깔에 따라 굴절률이 다르기 때문에 입사광선의 파장, 즉 색깔에 따라 초점의 위치가 조금씩 달라진다. 이러한 현상을 렌즈의 색수차라 하며, 색수차의 방지를 위하여 서로 다른 재료로 된 복합렌즈를 사용하여야 한다.

지금까지는 얇은 렌즈를 가상으로 생각하였으나. 렌즈의 두 면이 서로 다른 곡률반지름을 가진 경우를 생각하여 보자. 렌즈의 굴절률이 n이고 그림 19-22와 같이, R_1 및 R_2 곡률 반지름에서 효과적인 초점거리 f는

$$\frac{1}{f} = (n-1)\left(\frac{1}{R_1} - \frac{1}{R_2}\right) \quad \cdots\cdots (19-24)$$

의 식이 된다. 이 식을 렌즈 제작자의 공식(lens maker fomula)이라 한다. 이 식은 얇은 렌즈일 때 성립되고 R_1 및 R_2는 볼록표면일 때 +, 오목표면일 때는 −이다. $1/f$를 초점거리 f를 가진 렌즈의 도수(power)라 하며 초점거리가 짧을수록 큰 도수를 가진다. 또한 렌즈의 도수는 입사광선 파면의 곡률을 변화시킬 수 있는 능력의 정도를 나타내고 있다. 렌즈의 도수는 보통 디옵터(diopter)라는 단위로 표시한다.

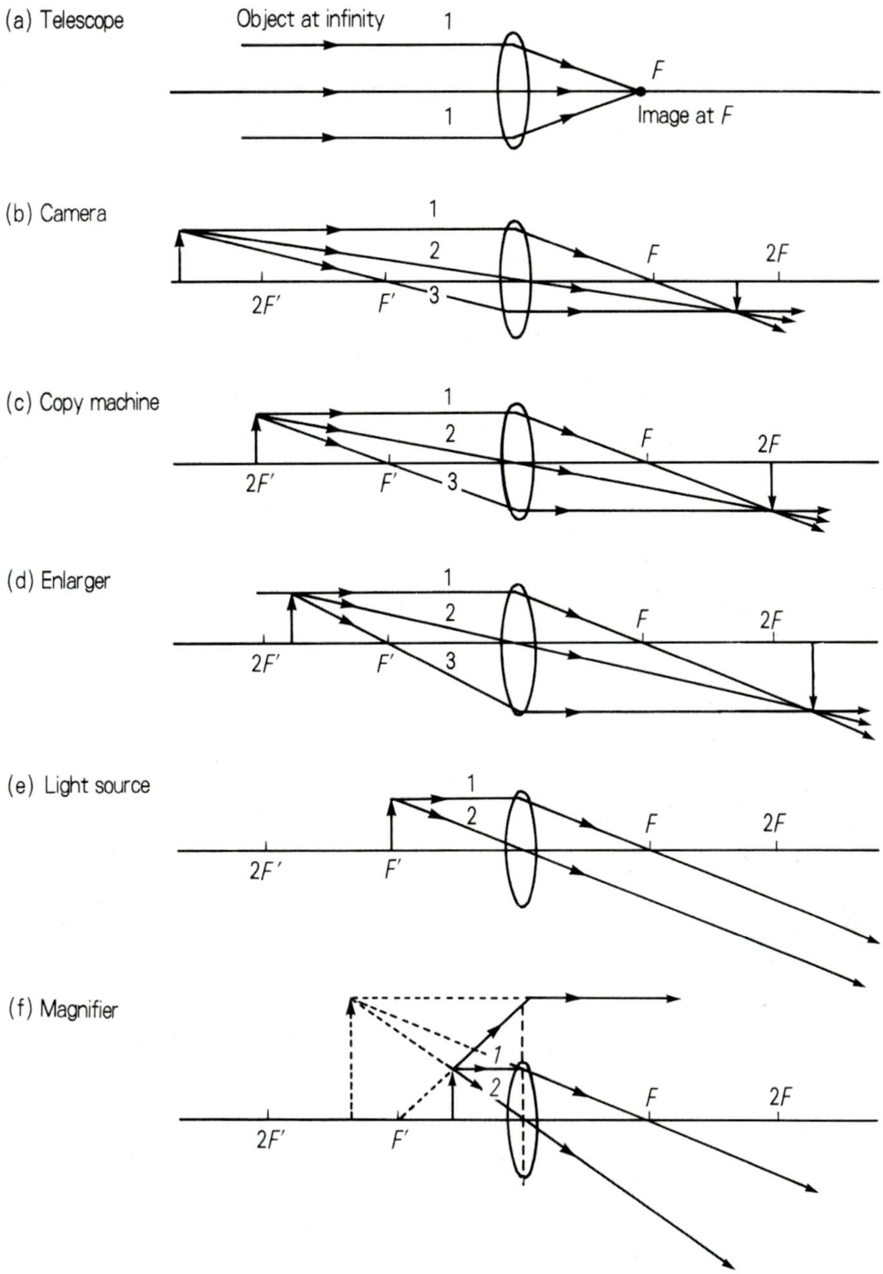

그림 19-21 볼록렌즈에 의한 영상의 예

디옵터 D를 계산하면

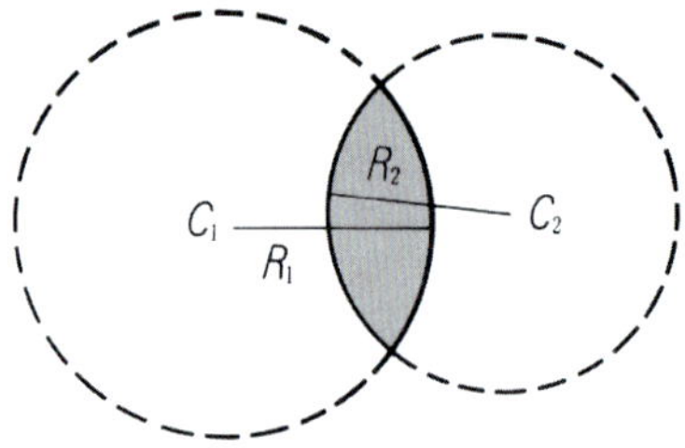

그림 19-22 | 두 개의 곡률 반경

$$D=\frac{1}{f[\mathrm{m}]} \quad \cdots\cdots (19-25)$$

이다.

예로서 $f=10\,\mathrm{cm}=0.1\,\mathrm{m}$ 이면 $D=1/0.1\,\mathrm{m}=10$ diopter 이고, $f=20\,\mathrm{cm}=0.2\,\mathrm{m}$ 이면 $D=1/0.2\,m=5$ diopter 이다.

[예제 5] 반지름이 0.8 m, 1.2 m인 볼록면으로 된 구면렌즈가 있다. 굴절률은 1.5이다 초점거리와 렌즈에서 2 m 떨어진 점의 상의 위치를 구하라.

[풀 이] 오른쪽에 위치한 물체에서 렌즈를 보면 제1면은 볼록하고 제2면은 오목하다 따라서 반지름 $r_1=-0.8\,\mathrm{m}\; r_2=+1.2\,\mathrm{m}$가 된다. 식 (19-24)에 의하여 초점거리

$$\frac{1}{f}=(1.5-1)\left(\frac{1}{1.2}-\frac{1}{-0.8}\right)$$

$$\therefore f=+0.96\,\mathrm{m}$$

가 된다. f가 (+)이므로 이 렌즈는 수렴이다. 상의 위치를 알기 위하여 $a=2\,\mathrm{m}$로 하여 식 (19-23)에 대입하면

$$\frac{1}{2}-\frac{1}{b}=\frac{1}{0.96}$$

$$\therefore b=-1.81\,\mathrm{m}$$

가 된다. a가 (−)인 것은 상이 렌즈의 왼쪽에 생기며 실상인 것을 말한단. 배율 M은

$$M=\frac{b}{a}=\frac{-1.81}{2}=-0.905$$

가 되기 때문에 상은 물체보다 작으며 도립임을 알 수 있다.

연습문제

1. 진동수 6×10^{14}Hz의 빛에 대해서 유리의 굴절률은 1.5이다. 이때, 유리 속에서의 빛의 파장은 얼마인가?

2. 진동수가 5×10^{14}Hz인 빛의 파장은 얼마인가? 또 이 빛이 굴절률 1.75인 루비로 입사할 때 이 루비 속에서의 진동수, 속도, 파장은 각각 얼마인가?

3. 굴절률이 $\sqrt{3}$ 인 물질에 60° 의 입사각으로 입사한 광선의 굴절각은 얼마인가?

4. 파장이 4000 Å 인 빛이 있다. 이 빛의 진동수와 2 cm 두께의 공기층 속에 있는 파수를 계산하라. 그리고 1.66의 굴절률을 가진 유리속의 파수는?

5. 초점거리 15 cm의 얇은 볼록렌즈의 앞 10 cm 되는 곳에 길이 3 cm인 물체를 놓았다. 상의 위치, 종류 그리고 크기를 구하라?

6. 초점거리 $f = 10$ cm인 볼록렌즈에서 50 cm 떨어진 곳에 있는 물체의 상은 어디에 나타나는가?

7. 반지름 20 cm인 오목거울 앞 30 cm 되는 곳에 물체를 놓았을 때, 상의 위치와 종류 및 배율을 구하라.

8. 초점거리 10 cm인 오목렌즈 앞 40 cm 되는 곳에 물체를 놓았더니, 상이 생겼다. 렌즈에서 상까지의 거리와 상의 배율은?

9. 굴절률이 2.0인 어느 투명한 물체가 있다. 공기의 굴절률을 1로 할 때 이 물질내에서 전반사가 일어나는 임계각은 몇 도인가?

10. 1 cm 크기의 물체가 20 cm의 초점거리를 가진 수렴렌즈로부터 50 cm 떨어진 곳에 놓여 있다. 이 때 생기는 영상의 위치, 크기 및 성질을 계산하라.

11. 렌즈의 한면은 곡을 반지름 1.5 m의 볼록 표면이고 다른 한면은 곡률반지름 1 m의 오목표면을 지니고 있다. 이 렌즈의 굴절률이 1.5라 하고 렌즈의 초점거리 및 도수를 구하라.

12. 40 cm의 곡률반경을 가진 오목거울에서부터 10 cm 떨어진 위치에 3 cm 높이의 물체가 서 있다. 형성될 영상의 위치, 크기 및 성질을 계산하라.

13. 60° 의 프리즘을 굴절률이 1.84인 재료로 만들었다. 이 경우 최소편차각은 얼마인가?

14. 굴절률이 1.5인 유리로 렌즈를 만들었다. 렌즈의 한 쪽면은 평면이고, 다른 쪽면은 곡률 반경이 20 m인 볼록면이다. (a) 렌즈의 초점거리를 구하라. (b) 만일, 물체가 렌즈의 왼쪽 40 cm점에 놓여 있다면 상이 생기는 장소는?

제 20 장

물리 광학

Physical Optics

1 빛의 간섭(interference of light)

점광원에서 나온 동일파장의 광파가 다른 경로로 통하여 한 점에 도달하면 광로차에 의해 어둡게 보일 때와 밝게 보일 때가 있다. 이런 현상은 수면파나 음파의 간섭과 같은 원리로 기술된다. 즉, 같은 진동수와 진폭을 가진 두 개의 파동열이 같은 방향으로 이동하면서 중첩되면 간섭현상(interference phenomena)이 일어난다. 이 때 어떠한 점에서도 두 파동의 위상이 같으면 보강간섭(contructive interference)이 되고 위상이 다를 때는 소멸간섭(destructive interference)이 된다.

수면파의 경우 간섭현상이 일어나면 진동하는 입자의 진폭이 변하고, 음파일 때는 공기의 압력이 변하며, 광파에서는 전기장 벡터의 진폭이 변한다.

만일 빛의 성질이 파동운동이라면 간섭현상을 관측할 수 있을 것이다. 그러나 빛의 파장은 음파의 파장(0.017~17 m)보다 짧기(47×10^{7} m) 때문에 광파의 간섭을 관측하려면 광원은 ① 단색광이어야 하고 ② 간섭성이고 ③ 선형중첩의 원리가 적용될 수 있는 조건이어야 한다. 여기서 완전한 단색광은 얻기 어려우나 필터를 사용하여 적은 차이의 준단색광을 얻어 사용하고, 두 광파의 파동 위상차가 항상 일정한 것을 사용하여 간섭성 광원

(coherent source)을 얻는다. 선형중첩원리(linear superposition principle)은 두 개의 파동이 어떤 점 x에서 y_1 및 y_2의 변위를 일으켰을 때 결과적 변위 y는 y_1+y_2가 되는 것으로 어떤 매질의 일부를 두 개 이상의 파동이 동시에 지나갈 때 각 파동은 다른 파동이 없는 것처럼 독립적으로 행동하여 결과적인 어느 점, 어느 때나 각 개별적인 파동변화의 벡터 합이다.

1) Young의 실험

1801년 Thomas Young은 Hygens가 제창한 빛의 파동설을 확고한 기반 위에 세워놓을 실험을 하였다. 그림 20-1(a)와 같이 광원에서 나온 파장 λ의 단색광을 슬릿 S에 이르게 하면 S와 나란히 놓인 슬릿 S_1, S_2를 통과한 빛에 의해서 스크린상에 밝고(최대강도) 어두운(최소강도) 간섭무늬(fringe)가 생긴다. 이것은 S에서 생긴 구면파가 S_1, S_2를 통과하여 마치 수면파가 간섭을 일으키는 것과 같은 원리에 의한다. 이 실험은 두 개의 파원에서 나온 수면파의 간섭에 의한 현상과 일치될 뿐 아니라, 파도이 강해지고 약해지는 조건도 같다. 이 실험을 영(Young)의 2중 슬릿(slit) 실험이라 한다.

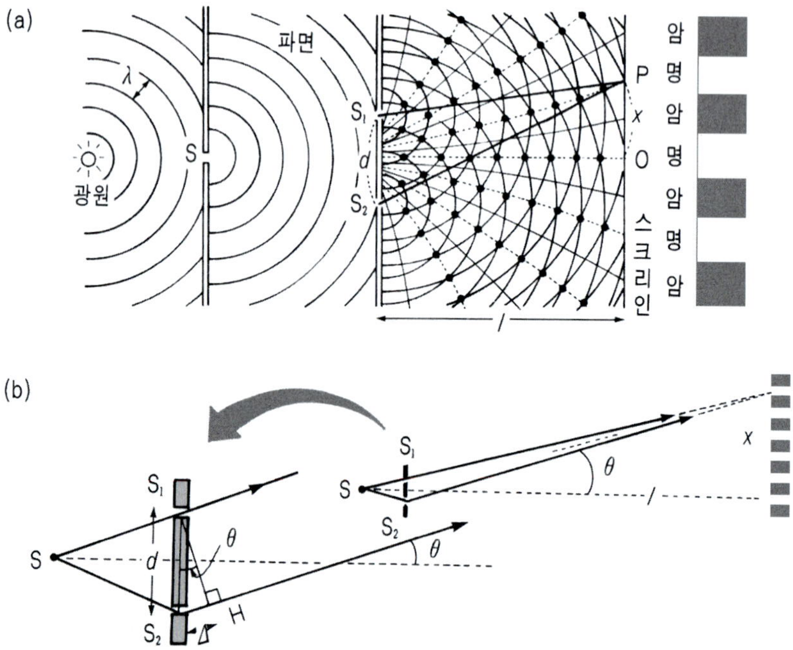

그림 20-1 영의 간섭실험

그림 20-1(b)에서 각 θ방향으로 진행하는 빛을 생각하여 보자. S_1과 S_2 사이의 거리를 d라 하면 S_2에서 나온 빛은 S_1에서 나온 빛보다 $S_2H = d\sin\theta$만큼 더 진행하여야 스크린에 도달하게 된다. 이 거리가 파장 λ의 정배수이면 S_1과 S_2에서 광파의 위상이 일치하므로 스크린상에서 빛의 밝아질 조건은

$$d\sin\theta = n\lambda(n = 0, 1, 2 \cdots\cdots);\ 최대강도 \quad \cdots\cdots (20\text{-}1)$$

가 된다. 또한 어두워질 조건은

$$d\sin\theta = \left(n + \frac{1}{2}\right)\lambda(n = 0, 1, 2 \cdots\cdots);\ 최소강도 \quad \cdots\cdots (20\text{-}2)$$

가 된다. θ가 매우 작을 때에는 $\sin\theta \approx \tan\theta = x/D$가 된다. 여기서 x는 무늬 사이의 간격이고, D는 슬릿에서 무늬까지의 거리이다. 그러므로 식 (20-1)은 $x = nD\lambda/d$로 주어진다.

만일 S_1과 S_2 중 하나를 막으면 이러한 간섭 현상은 나타나지 않는다. 또한, 한 개의 광원에서 S에서 나온 빛을 S_1과 S_2로 나누는 이유는 S_1과 S_2의 위상이 서로 다르기 때문에 간섭현상은 일어나지 않는다. 그리고 백색광을 사용하면 각 파장에 대한 간섭무늬가 형성되어 백색점이 중심에 있고 몇 개의 채색된 무늬가 그 주위를 둘러싸나, 중심으로부터 밀어지면 무늬는 서로 중첩되어 분리되는 무늬를 얻을 수 있다.

이와 같이 Young의 이중 슬릿 실험은 파면의 분할 원리를 이용하여 간섭형 광원을 만듦을 알 수 있다. 입사파면이 두 번째 막에 이르렀을 때 파면은 S_1과 S_2에 의해 둘로 갈라진다. 이러한 간섭모양의 예로는 Fresnel의 이중 거울, Fresnel의 이중 프리즘 및 Loly의 거울 등이 있다.

[예제 1] Young의 실험에서 두 슬릿이 0.8 mm 떨어져 있다. 파장이 5.9×10^{-7} m인 단색광이 슬릿에 조사되어, 슬릿에서 0.5 m 떨어진 스크린에 간섭무늬가 나타났다. 무늬 사이의 거리를 계산하라.

[풀 이] $x = \dfrac{nD}{d}\lambda$에서

$$d = 0.8\,\text{mm} = 8 \times 10^{-4}\,\text{m},\ D = 5 \times 10^{-1}\,\text{m},\ \lambda = 5.9 \times 10^{-7}\,\text{m}$$

따라서 밝은 무늬의 위치는

$$x = n\left(\frac{D\lambda}{d}\right) = 3.7 \times 10^{-4}\,\mathrm{nm} = 0.37\,\mathrm{mm}$$

간섭무늬는 확대경으로 관찰하여야 한다. 밝은 무늬 사이의 간격은 0.37 mm이며 어두운 무늬 사이거리도 같다.

2) Michelson의 간섭계

파동의 진폭을 분할하는 원리를 이용하여 Michelson 간섭계는 서로 다른 파장을 측정하는 데 있어 가장 정밀한 기구의 하나이다. 그림 20-1(a) Michelson 간섭계의 기본 구조를 나타내고 있으며 그림 20-2(b)는 관찰되는 무늬를 나타내고 있다.

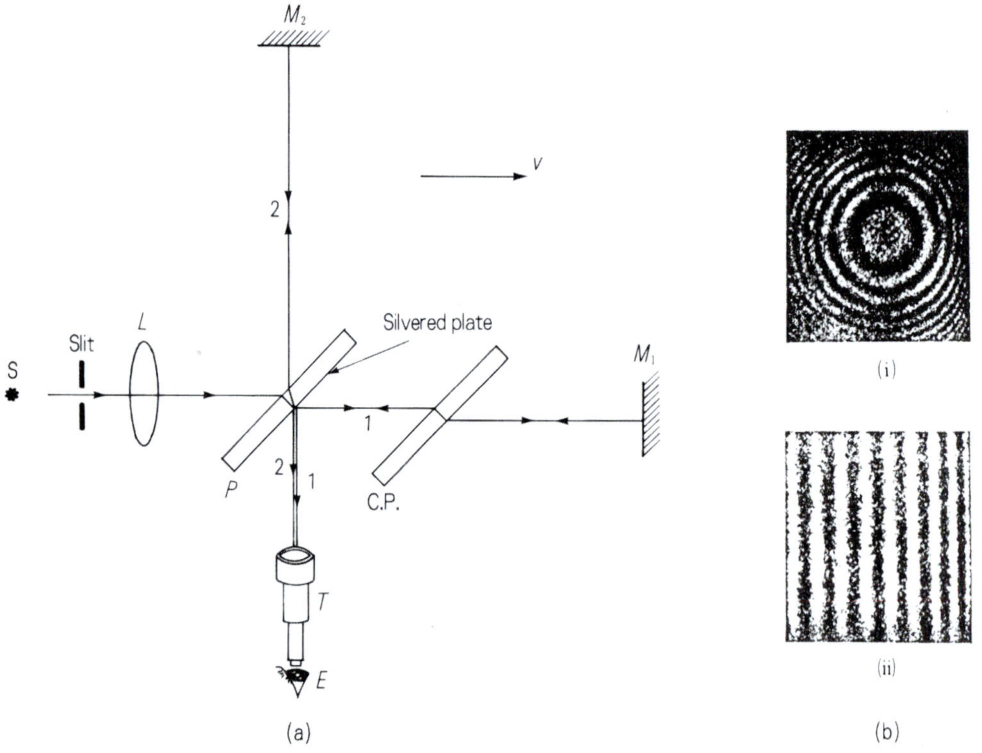

그림 20-2 Michelson 간섭계

파장 λ인 단색광의 광속이 광원 S로부터 렌즈 L를 통과한 후 반은 도금한 유리판에 입사하여 굴절 또는 반사하는 두 개의 광속으로 갈라진다. 그대로 직진하는 광속을 1, 반사하여 나간 광속을 2라면, 이 광속들은 거울 M_1 및 M_2에서 반사되어 P로 돌아와 망원경 T를 통하여 관측자의 눈 E에 도달한다. 광속 2는 유리판 P를 세 번 통과하지만 광속 1은 한번만 통과한다. 따라서 이 두 광속의 경로차를 소거하기 위하여 1번 광속통로에 보조판 CP를 놓는다. 광속 1, 2가 망원경 T에 도달할 때는 그림 20-2(b)와 같은 간섭무늬를 형성한다. 이때, 광학적 경로는 다음과 같다.

$$\text{광학적 경로} = \text{굴절률} \times \text{길이} = nL \qquad (20\text{-}3)$$

여기서 L은 P로부터 거울까지의 거리, n은 매질의 굴절률이다. 만일 E에 도달하는 두 광속의 광학적 경로가 같다면 밝은 무늬가 될 것이고(보강간섭), 거울 M_1을 $\lambda/4$만큼 거리를 이동시키면 $\lambda/2$ 크기의 경로차가 생기므로 두 광속의 위상이 맞지 않아 검은 무늬를 E에서 보게 된다(소멸간섭).

이와 같이 M_1를 움직여 무늬줄이 기준표식을 지나간 무늬줄의 수를 셀 수 있게 된다. 만일 $\lambda/2$만큼 M_1을 이동시키면 하나의 무늬가 이동할 것이다. N개의 무늬를 이동시키려면 거울을 x만큼 이동시켜야 함으로 다음과 같은 관계를 얻는다.

$$x = N\frac{\lambda}{2} \quad \therefore \lambda = \frac{2x}{N} \qquad (20\text{-}4)$$

그러므로 x를 micrometer로 정확히 측정하고 무늬의 수를 헤아리면 파장 λ를 계산할 수 있다.

michelson 간섭계의 또 다른 응용은 얇은 막으로 되어 있는 유리나 기체 또는 다른 재료들의 굴절률을 정확하게 측정할 수 있다. 간섭계 1번 광속이 굴절률 n인 기체로 둘러싸여 있다면 1번 광속의 전 경로가 $2nL$에 비하여 2번 광속은 $2L$가 되어 두 광속 경로차는

$$2nL - 2L = 2L(n-1) \qquad (20\text{-}5)$$

이 된다. 경로차가 개개의 무늬를 만든다면, 이것은 $m\lambda$란 경로차에 해당하므로 다음과 같이 된다.

$$2L(n-1) = m\lambda \quad \cdots\cdots (20\text{-}6)$$

이 식에서 λ와 L 및 m을 알고 있으면 굴절률 n을 계산할 수 있다.

3) 얇은 막에 의한 간섭

얇은 막에 의한 간섭현상의 예로서 비눗방울에 보이는 착색된 무늬나 수면, 기름 등의 액체 위에 떠있는 착색된 간섭줄무늬를 볼 수 있다.

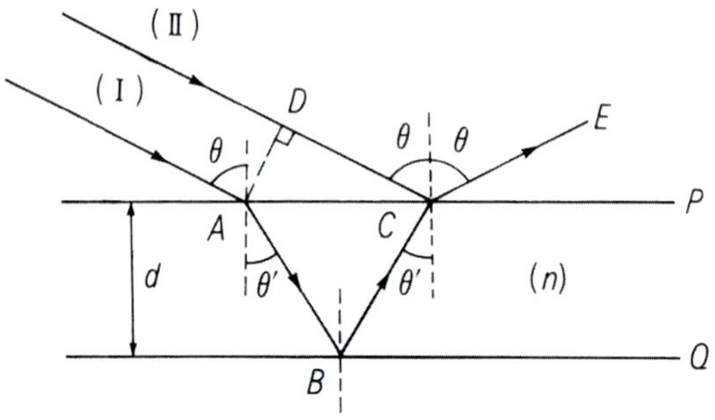

그림 20-3 | 얇은 막에 의한 간섭

그림 20-3에서 얇은 막의 표면 P에서 $A\to B\to C\to D\to E$로 나간 파와 P면에서 반사되어 $C\to E$로 나간 파의 간섭을 알아본다. C점에서 두 파의 위상이 같으면 밝고, 위상이 다르면 어둡게 된다. C점에서 두 파의 위상파 즉 광로차를 생각하자. 광속(Ⅰ)이 진공 속의 $A\to B\to C$를 지났다면 이 거리의 굴절률 n을 곱한 광로를 지난 것과 같다. 따라서 두 파의 광로차 δ는

$$\begin{aligned}\delta &= n(AB+BC) - DC \\ &= 2n\frac{d}{\cos\theta'} - 2d\tan\theta\cdot\sin\theta \quad \cdots\cdots (20\text{-}7)\end{aligned}$$

$\sin\theta = n\sin\theta'$를 대입하면

$$\delta = 2d\sqrt{n^2 - \sin^2\theta} \quad \cdots\cdots (20\text{-}8)$$

이다.

광속이 광학적으로 듬성듬성한 매질로부터 조밀한 매질로 입사할 때 입사광(DC)과 반사광(CE) 사이에는 위상이 π(파장 $\lambda/2$에 해당)만큼 변하며 m을 정수라 하면

$$2d\sqrt{n^2-\sin^2\theta}=(2m+1)\lambda/2 \text{ 일 때는 밝고}$$
$$=(2m)\lambda/2 \text{ 일 때는 어둡다.} \quad\cdots\cdots (20\text{-}9)$$

이 조건을 만족하는 θ는 m와 λ가 변함에 따라 변한다. 그러기 때문에 얇은 막 위에 간섭 줄무늬가 보인다.

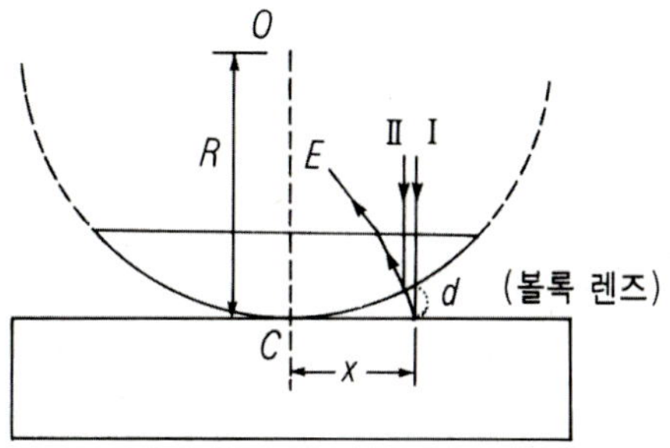

그림 20-4 렌즈에 의한 간섭

이번에는 그림 20-4와 같이 곡률반경 R인 볼록렌즈를 평면유리 위에 놓고 단색 평행광선을 수직으로 입사시키면 공기층부분(공기박막) 때문에 생기는 위상차에 의해서 간섭현상이 일어난다. 이 때 유리면에서의 반사에 의한 π의 위상변화를 생각하면

$$2d=m\lambda \text{ 일 때는 어둡고}$$
$$2d=(2m+1)\lambda/2 \text{ 일 때에는 밝게 된다.} \quad\cdots\cdots (20\text{-}10)$$

따라서 간섭 줄무늬는 렌즈와 평면 유리와의 접촉점을 중심으로 한 둥근 원이 된다. 이것을 뉴턴의 원무늬(Newton's ring)라고 한다. 간섭 줄무늬의 반경을 x라 하면 $(R-d)^2+x^2=R^2$으로부터 $d/R\ll 1$일 때 $2d=x^2/R$이 되므로

$$x=\sqrt{2(m+1)R\lambda/2} \text{ 일 때 밝은 원문늬가 되고}$$

$x = \sqrt{mR\lambda}$ 일 때 어두운 원무늬가 된다. .... (20-11)

뉴턴의 원무늬는 미소한 길이나 렌즈의 곡률을 측정하는 데 이용한다.

2 빛의 회절(diffraction of light)

회절현상은 파장이 길수록 일어나기 쉬우므로 음파나 수면의 파동에 비하여 빛의 회절을 관측하기 어렵다. 그러나 모기장이나 헝겊 등의 작은 틈을 통하여 멀리 있는 광원을 보았을 때 그림 20-5와 같이 보았을 것이다. 또한 손가락을 나란히 두 손가락 사이의 좁은 틈을 통하여 형광등이나 전구의 불빛을 보았을 때 밝고 어두운 줄무늬가 보일 것이다. 이와 같은 현상은 빛이 작은 틈을 지날 때 회절(diffraction)하고 있다는 것이다. 사실 회절현상이란 어떤 장애물의 기하학적 그늘로 퍼져나가는 파동으로 정의된다. 이렇게 생긴 밝고 어두운 무늬의 강도 분포를 회절무늬(diffraction pattern)라 한다. 빛의 통로에 어떤 장애물이 있으면 광파 파면의 진폭과 위상의 변화로 회절 현상이 일어나고 장애물을 지난 파면의 여러 부위가 간섭되어 회절무늬를 형성한다. 간섭무늬 사이에는 큰 차이는 없으나, 단지 간섭이란 몇 개 정도의 파동이 중첩한 것이고 회절은 아주 많은 수의 파동이 중첩한 결과이다.

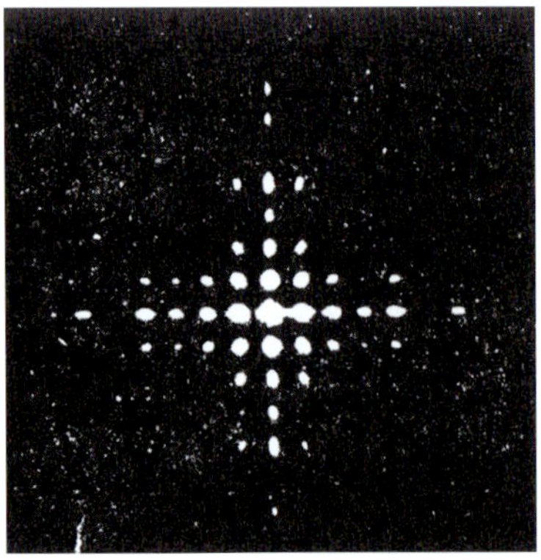

그림 20-5 | 헝겊망에서 빛의 회절

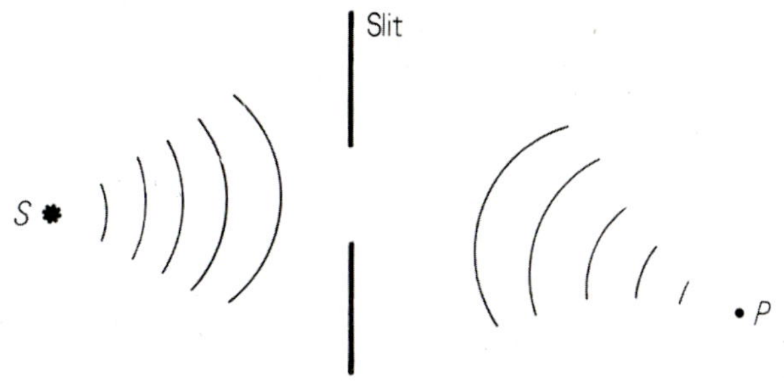

(a) Fresnel 회절

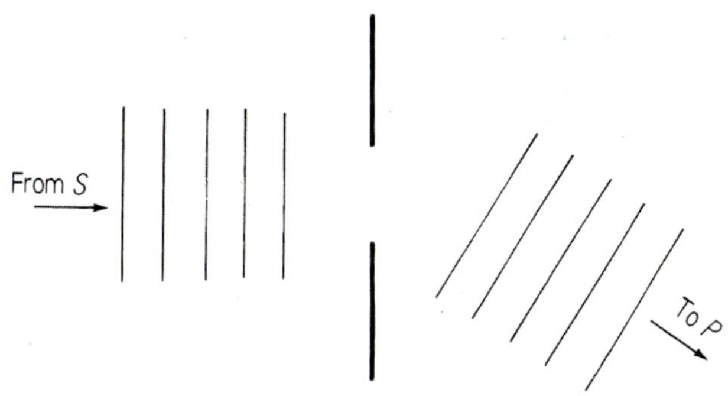

(b) Fraunhofer 회절

그림 20-6 | 회절

광파의 회절을 생각하는 경우, 광원과 관측위치가 회절체로부터 유한 거리에 있을 때 입사파면이 구면파면에 의하여 일어나는 회절을 Fresnel회절(또는 근역회절)이라 하고, 무한 거리에 있을 때 입사선이나 회절선이 모두 평면파면을 가지는 회절을 Fraunhofer회절(또는 원역회절)이라 한다(그림 20-6). 여기서는 Fraunhofer회절의 경우를 알아본다.

1) 단일 슬릿에 의한 회절

그림 20-7에서와 같이 전구를 빨간 셀로판지로 덮고 면도날로 좁은 단일 슬릿을 만들어 전구를 들여다보면 회절무늬를 관찰할 수 있다.

슬릿 S에 수직으로 평행광선이 입사할 때 θ방향으로 회절되는 빛이 렌즈 L에 의해 스크린상의 점 P에 모여진다면, A에서 점 P로 향하는 광선과 B에서 점 P로 향하는 광선의 경로차는 $BP-AP$가 된다. 슬릿의 간격을 d라면

$$BP-AP=d\sin\theta$$

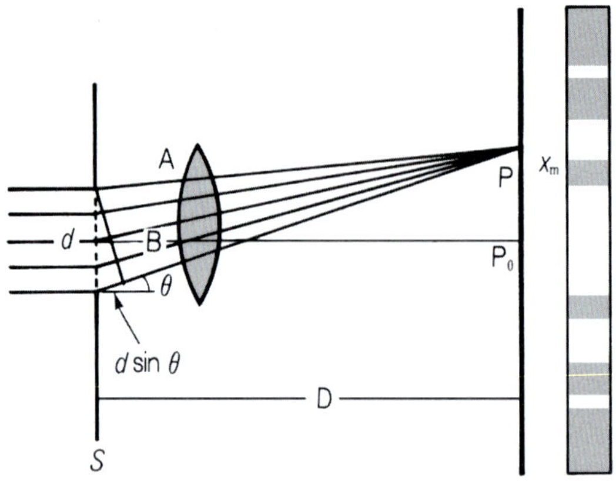

그림 20-7 | 단일 슬릿에 의한 빛의 회절

가 된다. 만일 점 P의 위치가

$$d\sin\theta = m\lambda \text{ 여기서 } m = 1, 2, 3 \quad \cdots\cdots \quad (20-12)$$

되는 곳이라면 d를 $2m$으로 등분하여 볼 때 인접한 두 부분에서 점 P에 도달하는 빛의 경로차는 모두 $\frac{1}{2}\lambda$가 된다. 따라서, 인접한 두 부분에서 도달하는 빛은 모두 상쇄되고 점 P는 어두운 점이 된다. 이에 대하여, 스크린의 중앙점 P_0 중앙점 슬릿 윗부분에서 오는 빛과 아래 부분에서 오는 빛의 경로차가 서로 같기 때문에 보강되어 매우 밝은 점이 된다.

그리고 경로차가

$$d\sin\theta = \left(m + \frac{1}{2}\right)\lambda; \; (m = 0, 1, 2, 3 \cdots\cdots) \quad \cdots\cdots \quad (20-13)$$

가 되는 점 P'도 d를 $(2m+1)$ 등분하여 보면 알 수 있듯이 인접한 두 개의 부분에서 도달하는 빛은 점 P'에서 상쇄되나, 짝이 맞지 않는 한 개가 남게 되어 점 P'는 밝은 점이 된다. 이 밝기는 θ가 커질수록, 즉 점 P'가 점 P_0에서 멀어질수록 약해진다. 일반적으로 슬릿의 간격 d에 비하여 스크린과 슬릿의 거리 D는 매우 크다. 그러므로 P_0에서 어두운 무늬 중앙까지의 거리를 x_{m}이라면 $\sin\theta \fallingdotseq \frac{x_{\mathrm{m}}}{D}$가 되어 식 (20-12)는

$$x_{\mathrm{m}} = \frac{D}{d}m\lambda(m = 0, 1, 2, 3\cdots\cdots) \quad \cdots\cdots (20-14)$$

가 되고 밝은 무늬까지의 거리는 식 (20-13)으로부터

$$x_{\mathrm{m}} = \frac{D}{d}\left(m + \frac{1}{2}\right)\lambda(m = 0, 1, 2, 3\cdots\cdots) \quad \cdots\cdots (20-15)$$

가 된다.

2) 2중 슬릿에 의한 회절

슬릿이 2개인 경우는 각 슬릿에 의한 회절광의 간섭에 의한 무늬가 만들어질 것이다. 영의 실험에서는 한 광원이 간격 d인 슬릿 S_1, S_2에 의해 분리되고 다시 점 P에서 합쳐진다(그림 20-8). 이때 점 P가

$$S_1P \sim S_2P = d\sin\theta = m\lambda : (m = 1, 2, 3\cdots\cdots) \quad \cdots\cdots (20-16)$$

의 조건을 만족하는 곳이면 두 광파는 서로 보강되어 밝아진다. 그리고 만약 점 P가

$$S_1P \sim S_2P = d\sin\theta = \left(m + \frac{1}{2}\right)\lambda \quad \cdots\cdots (20-17)$$

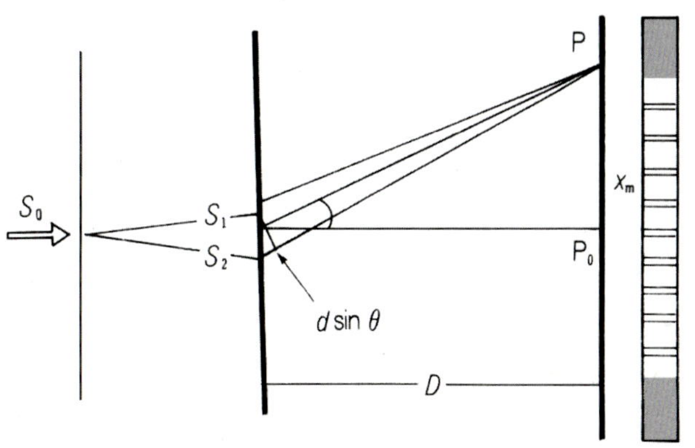

그림 20-8 | 이중 슬릿에 의한 빛의 간섭

의 조건을 만족하는 곳이면 두 광파는 상쇄되어 어두워진다. 그러므로 x가 변함에 따라 밝고 어두운 곳이 스크린상에 나열되어 명암의 선명한 간섭무늬가 나타난다. 이 때의 P_0에서 밝은 무늬까지의 거리 x_m은 식 (20-14)가 되고 어두운 무늬까지의 거리는 식 (20-15)가 된다. 그러나 이중 슬릿에서는 밝은 점과 어두운 점의 조건이 단일 슬릿과는 반대가 된다. 밝은 무늬와 다음 밝은 무늬 사이의 간격 Δx는

$$\Delta x = \frac{D}{d}\lambda, \ \lambda = \frac{d}{D}\Delta x \quad \cdots\cdots (20-18)$$

와 같이 된다. Δx를 측정하면 파장을 구할 수 있다. 슬릿의 수를 증가시켜도 식 (20-16), (20-17)의 관계는 성립한다.

그림 20-9와 같이 동일 간격이 대단히 좁은 슬릿이 같은 간격으로 많이 나열되어 있는 판을 회절격자(diffraction grating)라 한다. 분광기로 평행관선을 격자에 입사시키고 망원경으로 들여다보면

$$d\sin\theta = m\lambda (m = 0, 1, 2, \cdots\cdots) \quad \cdots\cdots (20-19)$$

을 만족하는 곳에 매우 밝은 간섭무늬가 만들어지는 것을 볼 수 있다. d는 슬릿 사이의 간격으로 격자상수라고 하고, m은 회절무늬의 차수(order)라고 한다.

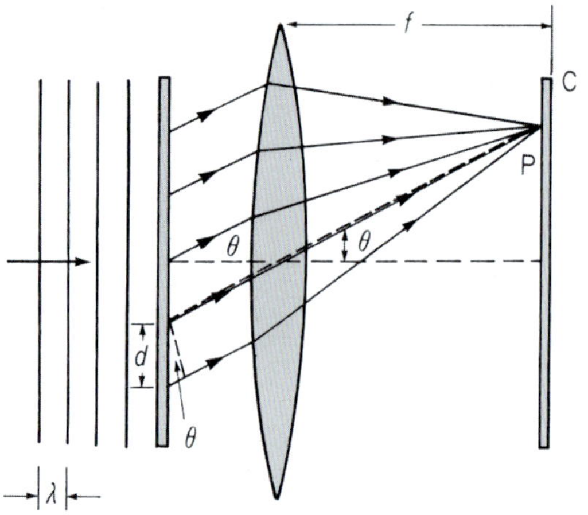

그림 20-9

3 빛의 편광(polarization of light)

광파가 수파나 음파와 같이 파동의 성질을 가지고 있다고 주장한 훅과 호이겐스의 제안을 뉴턴이 받아들일 수 없었던 것은 광파는 직진성이 있고 편광현상 때문이었다. 빛의 회절과 간섭이 실험적 사실에 의하여 빛이 파동의 성질을 가짐을 알았으나, 빛이 횡파인지 종파인지 확고하게 말할 수 없었다.

1) 편광판에 의한 편광

횡파는 파동의 진행방향에 대하여 매질의 진동 방향이 수직인 것을 말한다. 매질의 진동

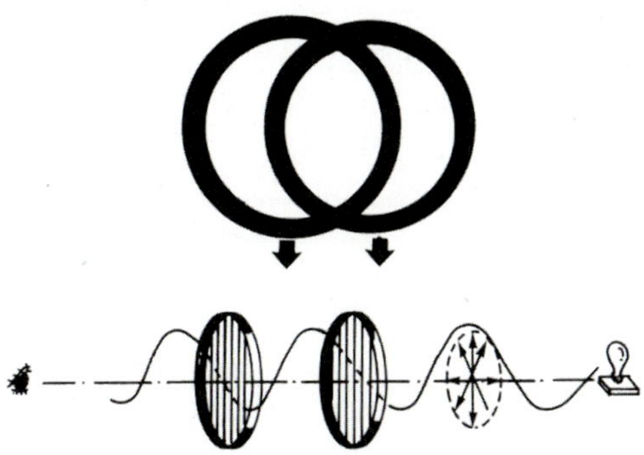

(a) 결정축에 평형

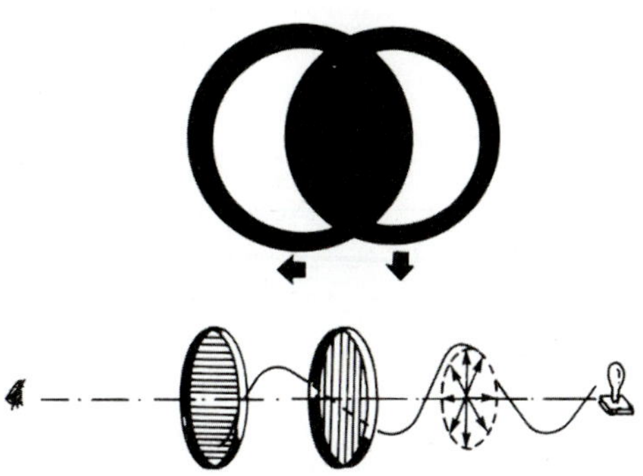

(b) 결정축에 수직

그림 20-10 | 편광판에 의한 편광

이 파동의 진행방향에 대하여 수직인 면 안에서 한 쪽 방향으로 일어나는 경우로서, 이때 파동은 편광되었다고 말한다. 폴라로이드나 전기석의 얇은 판 두 장을 겹쳐서 광선에 수직으로 놓고, 한 쪽을 고정시키고 다른 쪽을 회전시키면 밝게 보일 때와 어둡게 보일 때가 있다. 이러한 현상은 판을 90° 회전시킬 때마다 반복하여 나타난다. 이때의 판을 편광판이라 하는데, 편광판은 원자가 특별히 배열되어 있어 어떤 한 방향의 진동만을 통과시키는 투명판이다. 두 판의 결정축이 서로 평행일 때 가장 밝고 서로 수직일 때 가장 어둡다(그림 20-10). 따라서 편광판의 결정측이 서로 수직일 때는 판에 입사된 빛이 차단되었음을 알게 된다. 이러한 성질은 입체영화에 이용된다.

보통의 빛은 모든 방향으로 진동하는 파동을 포함하고 있는데, 폴라로이드나 전기석은 그 결정축과 평행한 방향으로 진동하는 빛만 통과시키고 결정축에 평행하지 않은 방향으로 진동하는 빛은 통과시키지 않는다. 이와 같이 편광판을 통과하여 나온 빛과 같이 한쪽 방향으로만 진동하는 빛을 편광(polarized light)이라 한다. 편광의 성질을 이용하여 재료내의 변형력 분포를 조사하고, 편광 현미경을 만들어 금속면이나 광물 등을 관찰할 수 있다.

빛은 회절, 간섭현상을 나타내므로 파동의 성질을 가지고 있으며 또한 편광현상도 있으므로 횡파라고 할 수 있다.

2) 반사에 의한 편광

빛이 유리판과 같은 평탄한 물체의 표면에서 반사될 때 반사광의 일부분은 편광된다. 편광되는 정도는 입사각에 따라 다르고, 반사광선과 굴절광선이 90° 의 각을 이룰 때, 죽

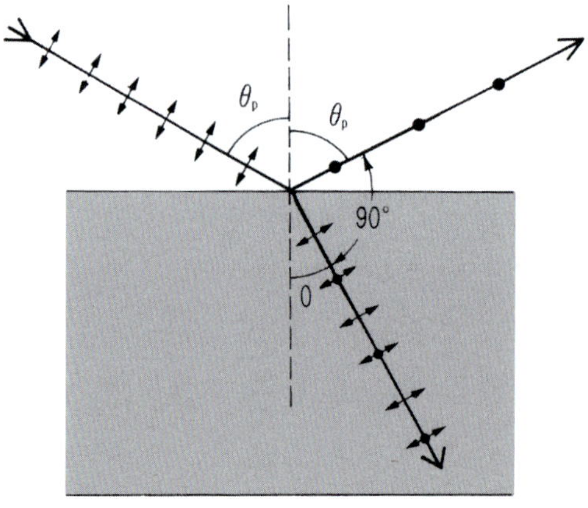

그림 20-11 | 반사에 의한 편광

$\theta_i = \theta_p$이면 반사광선은 완전히 평면 편광이 되며, 굴절된 광선은 일부가 편광된다(그림 20-11). 이때 편광각 θ_p와 굴절률 n과의 사이에는 $\theta_p + \theta_r + 90° = 180°$ 또는 $\theta_r = 90° - \theta_p$ 그러므로 $\sin\theta_r = \sin(90° - \theta_p) = \cos\theta_p$이다.

이것은 Snell의 법칙에 의하여

$$n = \frac{\sin\theta_p}{\sin\theta_r} = \frac{\sin\theta_p}{\cos\theta_p}\tan\theta_p \quad \therefore n = \tan\theta_p \quad \cdots\cdots (20\text{-}20)$$

가 된다. 이 관계식을 브로우스터의 법칙(Brewster's)이라 한다.

반사광이 완전히 편광되었을 때 광선의 강도는 대부분 굴절된 광속으로 빠져나가기 때문에 광선의 강도는 매우 낮다. 그러므로 반사된 편광의 강도를 보강하기 위하여 몇 장의 얇은 판을 서로 평행하게 배열한다. 각판은 작은 양의 입사 광속을 반사하지만 합하게 되어 편광된 광속은 큰 강도로 증가된다. 호수나 포장도로 표면에서 반사된 태양광은 이러한 원리로서 단 하나의 표면에서 반사되어 부분적으로 편광된 광선이다.

3) 복굴절에 의한 편광

한 광선이 유리 같은 매질을 통과할 때는 전파방향과는 관계없이 일정한 속도로 지나간다. 그러나 석영이나 방해석 같은 광물 속에 들어가면 그 광물에 의하여 정해지는 특정한 두 방향으로 진동하는 두 종류의 빛으로 분리된다(그림 20-12). 이 두 빛의 진동방향은 서

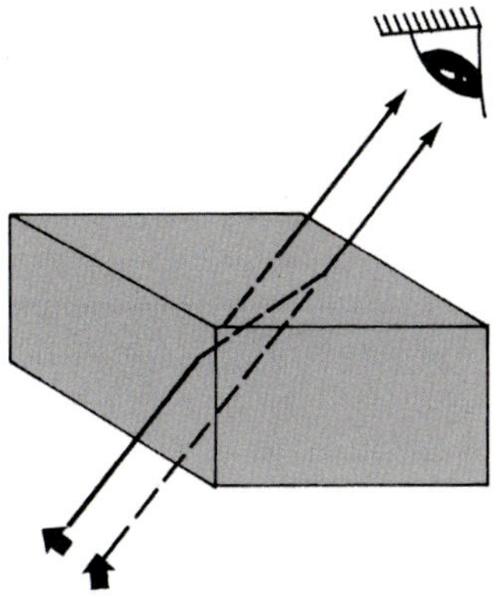

그림 20-12 | 복굴절

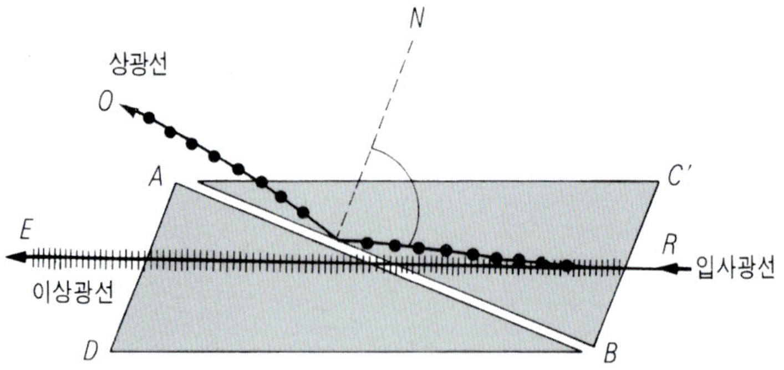

그림 20-13 니콜 프리즘

로 수직이고, 속도는 한두 개의 특수한 방향을 제외하고는 서로 다르다. 이 특수한 방향을 제외하고는 두 방향으로 빛은 굴절된다. 이와 같은 현상을 복굴절(double refraction)이라고 한다. 그림 20-13에서와 같이, 두 개의 광선 중 일반적인 굴절법칙을 만족하는, 즉 지면에 수직으로 진동하는 구면파를 정상파(ordinary wave)라 하고 지면에 평행으로 진동하여 타원을 이루는 파를 이상파(extraordinary wave)라고 한다. 전기석은 정상파를 흡수하고 이상파만 통과시키는 광물이고, 니콜 프리즘은 정상파를 전반사시키는 프리즘이다(그림 20-13)

[예제 2] 굴절률이 1.5인 벤젠(benzene) 표면 위에 빛이 입사하여 반사광이 직선편관되었다면 굴절각은 얼마나 될까?

[풀 이] 식 (20-20)으로부터 $n = \tan\theta_p$

여기서 $n = 1.5$이므로 $\tan\theta_p = 1.5$

그러므로 편광각 $\theta_p = 56.3°$

이것은 입사각이 편광각과 같을 때 56.3° 라는 뜻이다. 굴절각 θ_r는

$$\theta_r = 90 - \theta_p = 90° - 56.3 = 33.7°$$

4 조명과 색(illumination and color)

1) 광속과 광도

어떤 면을 단위시간에 통과하는 복사에너지를 방사속(radiant flux)이라 하며 어떤 면을 단위시간에 통과하는 빛의 양을 광속(luminous flux)이라 한다. 여기서 빛은 눈으로 느끼는 밝기로서 동일한 에너지라도 파장이 다르면 밝기가 다르기 때문에 광속은 동일하지 않다.

점광원 O에서 OP방향의 작은 입체각 $d\omega$내에 나오는 광속 $d\Phi$ 그림 20-14와 광원의 밝기 $d\omega$의 관계는

$$d\Phi = Id\omega \qquad (20\text{-}21)$$

가 된다. 여기서 I를 광원의 OP방향의 광도(luminous intensity)라 하며 일반적으로 방향에 따라 다르다. 실용적으로 각 방향의 평균치로 표시한다. 예를 들면 광원에서 나오는 전광속을 Φ로 할 때 $\Phi/4\pi$를 평균 구면광도라 한다.

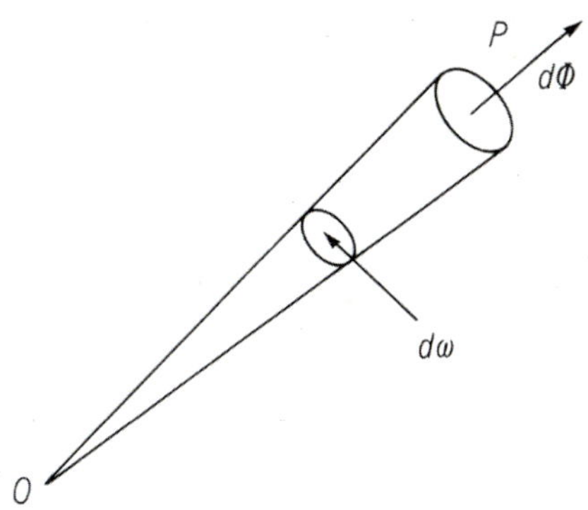

그림 20-14 | 광도

2) 조도

물체의 단위표면적에 입사하는 광속을 그 면의 조도(illumination)라 한다. 강도 I의 광

원으로부터 거리 r에 있는 면적 dS가 광선과 수직인 방향에 대해 Φ만큼 기울어져 있을 때, 이 면의 조도 E는

$$E=\frac{d\Phi}{dS}=\frac{Id\omega}{dS}=\frac{I\cos\varphi}{r^2} \quad \cdots\cdots (20-22)$$

가 된다. 피조사면이 광선과 수직인 경우에는 다음과 같다.

$$E=\frac{I}{r^2} \quad \cdots\cdots (20-23)$$

3) 휘도(brightness)

광원, 반사체, 투과체의 단위면적당의 광도를 휘도(輝度: brightness)라 한다. 그림 20-15와 같이 면과 수직인 방향에 대해서 θ만큼 기울어진 방향의 휘도를 생각할 때에는 발광면적 S'로 하여 실면적 S의 θ방향으로 투영된다. 정면 및 θ방향의 휘도 L, L_1는

$$L=\frac{1}{S}$$

$$L'=\frac{I'}{S'}=\frac{I'}{S\cos\theta} \quad \cdots\cdots (20-24)$$

가 된다. 많은 발광면 및 수직으로 조명된 확산반사면의 광도에 대하여는

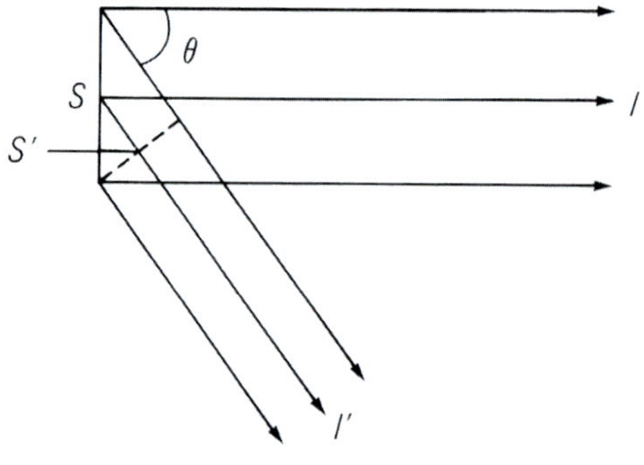

그림 20-15 | 휘도

$$I = I\cos\theta \quad \cdots\cdots (20-25)$$

가 된다. 이것을 Lambert의 법칙이라 한다. 이 경우에는 $L = L'$로 휘도의 관찰방향과는 관계가 없다.

4) 조명에 관한 양과 단위

(1) 광도(I)

백금의 응고점에 있는 흑체(黑體) 1 cm^2의 평탄한 면과 수직방향 광도의 1/60광도 단위를 1칸델라(candela: cd)라 한다. 종래에는 촉(燭: candle-power: c)이라는 단위가 사용되었다.

1 cd = 0.98 c

(2) 광속 $\Phi = I\omega$

1칸델라의 등방성(isotropic) 점광원으로부터 1입체각내에 나온 광속을 1루멘(lumen: 1 m)이라 한다. 따라서 1칸델라의 점광원으로부터 전공간에 나오는 광속은 4π루멘이다.

(3) 조도($E = \Phi/s = I/r^2$)

1루멘의 광속이 1 m^2의 면적에 입사할 때의 조도를 1룩스(lux: lx)라 한다. 1칸델라의 광원으로부터 단위입체각에 나오는 광속이 1루멘이며, 이 광속은 광원으로부터 1 m 거리에서는 1 m^2 면적에 수직으로 입사하므로 1룩스는 1칸델라의 광원으로부터 1 m 지점의 수직도도라 할 수 있다. 그러므로 1 lx = 1 cd/m^2

(4) 휘도($L = I/S$)

광원의 발광면적 1 cm^2의 광도가 1칸델라일 때 면의 휘도를 1스틸브(stilb: sb)라 한다.
1 sb = 1 cd/cm^2 = 10^4 cd/m^2

(5) 색의 속성과 혼합

감각 속에 있는 색은 자색과 적색을 제외하면 모두 스펙트럼 단색 중에 있다. 스펙트럼색에 이 두 색을 더하여 원형으로 나열하면 색상환(color circle)이 된다. 색상(hue)이란 적 또는 청 등의 색조를 말한다. 그런데 동일한 색상이라도 진한 색과 엷은 색이 있다. 진한 정도를 포화도(saturation) 또는 체도라 한다. 스펙트럼 단색은 포화도가 최대이다. 또 색에는 밝기가 있으며, 이것을 명도(luminocity)라 한다. 색상, 포화도, 명도의 셋을 색의 속성이라 한다.

착색의 원료가 되는 것을 색료라 하며, 이것에는 안료와 염료가 있다. 전자는 물이나 기름에 녹지 않는 불투명한 입자, 후자는 물에 녹는 것이다. 색료가 색을 나타내는 것은 백색광이 입사했을 때, 선택흡수를 하기 때문에 다른 색료를 혼합하면 스펙트럼이 흡수대가 넓어져서 색에 검은 정도가 증가한다. 이것을 감색혼합이라 한다. 이에 대해 다른 색광을 혼합하면 스펙트럼의 폭이 넓어져서 백색광의 그것에 가까워지므로 색은 흰 정도가 증가한다. 이것을 가색혼합이라 한다. 가색혼합은 동일한 백지를 다른 색광으로 겹쳐서 조명하거나 팽이의 면을 반으로 구분하여 다른 색을 칠하여 빠른 속도로 회전시킴으로써 할 수 있다. 감색혼합은 색료를 혼합하거나, 색유리를 겹쳐서 투과광을 봄으로써 실현할 수 있다. 가색혼합에서는 색의 포화도는 감소한다.

색상환 중에서 가까이 위치하는 두 단색광을 혼합하여 중간의 색이 생긴다. 두 색이 멀어질수록 백도가 증가하고, 환상에서 상대하는 위치에 있는 두 색을 적당한 비율로 혼합하면 백색으로 된다. 이것을 보색(complementary color)이라 한다. 예를 들면 적색광에 약간의 녹색광을 혼합하면 등색으로 되며, 후자의 비율을 증가시키면 황, 황록, 녹으로 변화한다. 또 적색광과 청록색광에서는 혼합의 비율에 따라 백적, 백, 백청록으로 된다.

그림 20-16의 수치는 각 색의 대표적인 색을 가진 스펙트럼 단색광의 파장을 나타낸다. 스펙트럼색에 없는 색은 보색의 파장에 c의 분자가 부기되어 있다.

적, 녹, 청의 삼색광을 혼합하고 또 청(마이너스 적), 적자(마이너스 록), 황(마이너스 청)의 삼색료를 혼합하면 혼합의 비율을 변화시킴으로써 거의 임의의 색을 만들 수가 있다. 위의 3색을 각각 색광(가색) 및 색료(함색)의 삼원색(primary colors)이라 한다. 예를 들면 백지에 원색의 색료를 칠하여 녹색으로 하려면

녹 = 백 − 적 − 청

으로 하면 된다.

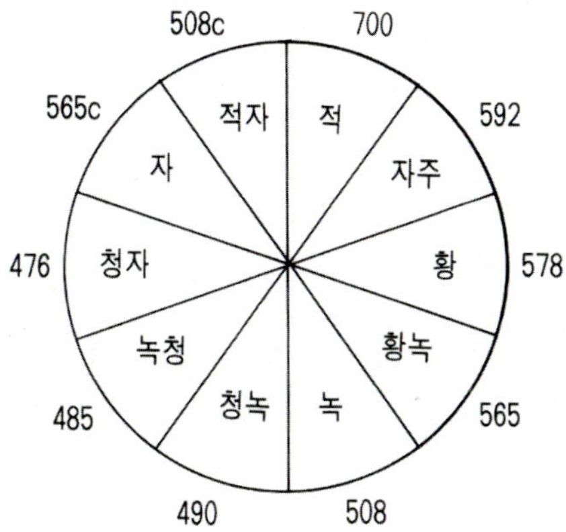

그림 20-16 | 대표적인 색

연습문제

1. 나트륨의 단색 광원으로 영의 실험을 하였다. 슬릿 간격이 1 mm이고 슬릿에서 스크린까지의 거리가 1 m일 때 중심의 밝은 선으로부터 가장 가까운 밝은 선까지의 거리가 0.589 mm이었다면, 광원으로부터 나온 빛의 파장과 진동수는 얼마인가?

2. 레이저 장치에서 파장이 6000 Å 인 빛을 방출한다. 이 레이저 광으로 간섭실험을 하였다. 슬릿 간격이 0.3 mm, 슬릿에서 스크린까지의 거리가 4 m일 때 간섭무늬의 인접한 어두운 선 사이의 거리는 몇 mm인가? 그리고 이 장치 전체를 물 속에 놓았을 때 스크린 상의 인접한 선 사이의 거리는 몇 mm로 변하는가? 물의 굴절률은 4/3이다.

3. 어떤 빛의 스펙트럼을 관찰하였더니 그 별의 운행으로 파장이 6000 Å 으로 나타났다. 이 별은 지구에 대하여 어떤 속력으로 운행하고 있는가?

4. 길이 4 cm에, 20,000개의 선을 가진 회절격자에 대해서 전 가시 스펙트럼의 1, 2차의 분리각을 구하라. 이때 가시영역의 스펙트럼은 파장이 3.9×10^{-7}에서 7.7×10^{-7}m까지의 범위에 있다.

5. 암염 결정에 의해서 회절된 X선속의 1차 스펙트럼이 $6°\ 50'$의 각에 해당하고 평면각의 거리는 2.81×10^{-10}m이다. X선의 파장과 스펙트럼의 위치를 구하라.

6. NaCl결정에서 주결정면 사이의 간격은 2.82×10^{-10}m이다. 단색 X선에 의한 제1차 Bragg 반사가 10° 의 각에서 일어났다. (a) X선의 파장을 계산하라. (b) 제2차 스펙트럼이 나타나는 각은 몇 도인가?

7. 공기 중에 있는 물의 막(n = 1.33)의 두께가 3,200 Å 이다. 여기서 백색광을 수직으로 입사시키면 반사광은 무슨 빛으로 나타날까?

8. 슬릿에 He-Ne레이저 빛이 조명된다. 슬릿의 폭은 8.0파장(He-Ne레이저광의 파장 8.0배)이다. 무늬가 슬릿으로부터 5.0 m 떨어진 스크린 위에 투사되었을 때 중앙의 극대 폭은 얼마인가?

9. 가시 스펙트럼은 약 400 μm에서 700 μm의 파장이다. 빛이 1 inch당 15,000개의 줄이 있는 평면 격자에 수직으로 입사할 때, 격자에 의하여 만들어진 제1차 가시 스펙트럼의 각의 폭을 구하라.

10. 굴절률이 1.4인 액체에 광선이 입사하는데 반사 광선이 완전히 편광되었다. 이 광선의 굴절각은 얼마인가?

11. 굴절률이 1.66인 유리로부터 반사되었을 때 직선편광이 되려면 입사각은 몇 도가 되어야 하나? 그리고, 그것에 해당하는 굴절각은 얼마인가?

12. 폭 a의 슬릿이 백색광에 의해서 비추어진다. a의 값이 얼마일 때 적색광(λ = 650 nm)에 대한 제1극소가 θ = 30° 로서 들어오게 되는가?

13. 광도계의 스크린으로부터 90 cm 떨어져 있는 미지의 전구가 스크린으로부터 60 cm 떨어져 있는 32촉광의 표준광원과 똑같은 밝기의 조도를 나타내고 있다. 실험한 전구의 강도 I를 구하라.

제 21 장

광학기구

Optical instruments

1 사진용 사진기(photographic camera)

그림 21-1은 간단한 카메라 구조를 보여 주고 있다. 이것은 암상자, 물체의 실상을 형성하기 위한 수렴렌즈와 영상을 받는 감광판인 필름으로 구성되어 있다. 상의 거리 q는 물체의 거리 p에 의존하므로 렌즈와 필름 사이의 거리 q는 물체의 영상이 뚜렷하게 초점에 맞추도록 조정된다. 물체에는 오는 빛에 아주 짧은 시간동안 필름 또는 감광체를 노출시켜서 음화(negative image)를 얻는다. 대부분의 카메라는 셔터(Shutter)와 렌즈 조리개가 있

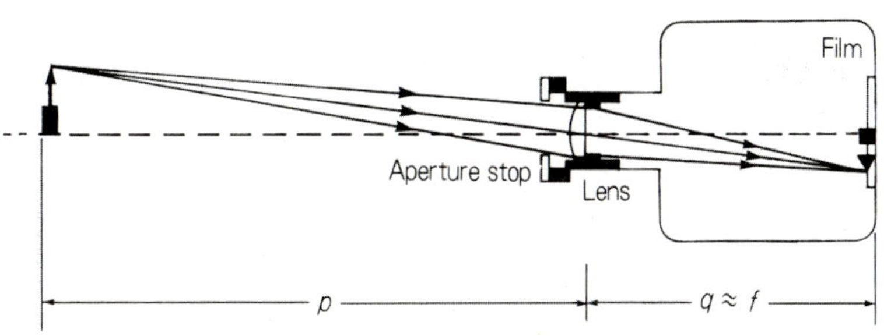

그림 21-1 | 간단한 사진기의 구조

다. 셔터는 카메라 렌즈에 빛이 정해진 시간동안만 들어오게끔 하는 장치로서 1/10~1/500초 간격으로 조종할 수 있게 되어 있다.

그리고 필름이 받는 광량은 렌즈의 면적에 비례한다. 렌즈의 직경을 D라고 하면 받아들인 빛 에너지는 D^2에 비례한다. 형성된 영상은 렌즈의 초점과 거의 일치하는 곳에 있다. 즉, $q \approx f$이다. 그러므로 배율은 $m = q/p = f/p$가 된다. 영상의 단위 면적당 광량인 조도 I는

$$I \propto \frac{\text{입사광에너지}}{\text{영상면적}} \propto \frac{D^2}{f^2} \propto \frac{1}{(f/D)^2} \qquad (21-1)$$

로 나타낸다. 여기서 f/D를 f수($f$number)라 한다. 따라서

$$I \propto 1/(f/\text{수})^2 \qquad (21-2)$$

이다. f수는 집광력을 나타내는 것으로서 렌즈의 속도라고도 한다. 즉, f가 작을수록 속도가 높다. 만일, 렌즈의 f수가 16이라는 것은 초점거리 f가 직경 D의 16배라는 뜻이다. f수는 조리개로 조절되고, 카메라에는 보통 $f/16$, $f/11$, $f/8$, $f/5.6$, $f/4$, $f/2.8$라는 f수가 있다.

2 눈과 안경(eye and glasses)

인간의 눈은 정밀한 광학 기계의 일종으로 사진기와 비슷하다. 사진기 렌즈에 해당하는 수정체는 주위의 모양근에 의하여 곡률을 변화시킴으로써 초점거리를 조절할 수 있다. 그러므로 물체의 원근에 관계없이 항상 망막 위에 상이 맺히도록 되어 있다. 즉 그림 21-2와 같이 먼 곳의 물체를 볼 때에는 모양근이 수정체를 당기어 곡률을 작게 함으로써 초점거리를 길게 하고, 가까운 곳의 물체를 볼 때에는 모양근이 늘어나 수정체의 초점거리를 짧게 하여 항상 망막 위에 상이 맺힌다.

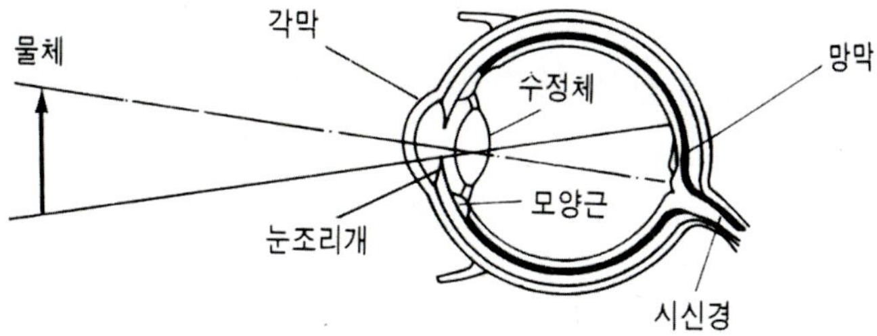

그림 21-2 | 눈의 구조

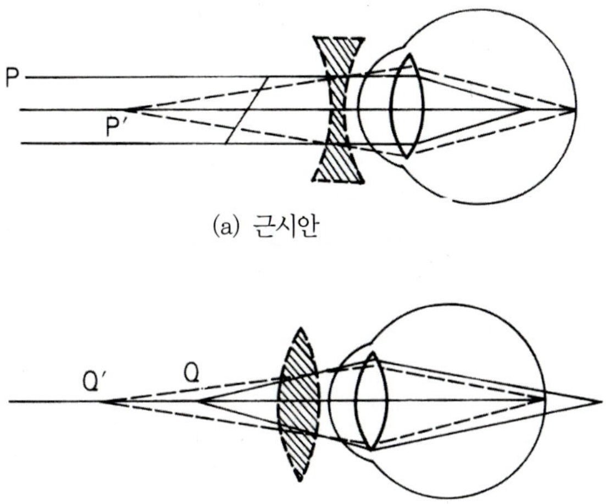

(a) 근시안

(b) 원시안

그림 21-3 | 안경의 원리

피로를 느끼지 않고 볼 수 있는 가장 가까운 거리를 명시거리라 하며, 건강한 사람의 경우 약 25 cm이다.

두 눈으로 물체의 한 점을 볼 때 두 눈이 만드는 각을 광각이라고 하며, 이것이 물체의 원근을 판단한다. 또 눈과 물체의 양끝을 이은 두 직선이 만드는 각을 시각이라고 하며 물체의 크기를 판단한다.

정상적인 눈보다 물체를 더 가까이 들여다보아야 선명하게 보이는 눈을 근시안(myopia: nearsightness)이라고 한다. 근시안은 그림 21-3(a)와 같이 먼 곳에 있는 물체의 상을 망막 앞에 만든다. 이때에는 오목렌즈의 안경을 써서 빛을 약간 발산시키면 망막에 선명한 상을 맺게 된다. 한편, 근시와 반대로 건강한 눈보다 물체를 더 멀리 놓아야 잘 보이는 눈을 원시안(hyperopia: farsightness)이라고 한다. 원시안은 그림 21-3(b)와 같이 망막 뒤에 상을 만든다. 이때에는 볼록렌즈의 안경을 써서 빛을 약간 수렴시키면 망막에 선명한 상을 맺게 된다.

사람이 늙어서 눈을 오래 사용하면 수정체의 탄성이 약해지고 모양근이 노쇠하여 수정체를 볼록하게 만들기가 어려워진다. 따라서 먼 거리에 있는 물체는 잘 보이지만, 가까이 있는 물체는 잘 보이지 않으므로 가까이 있는 물체를 볼 때에는 볼록렌즈로 된 돋보기안경을 써야 한다.

또한 수정체의 볼록한 정도가 수정체의 단면에 따라 다른 경우에는 물체가 똑똑히 보이는 거리가 단면의 방향에 따라 다르기 때문에 세로의 선이 잘 보일 때는 가로의 선이 잘 보이지 않는다. 이러한 눈을 난시(atigmatism)라고 한다. 이때에는 볼록한 정도를 반대로 한 기둥 렌즈의 안경을 쓰면 교정된다.

3 확대경과 현미경(magnifier and microscope)

작은 물체를 확대시켜 보기 위해서는 확대경(돋보기: magnifier)이나 현미경(microscope)이 사용된다. 확대경은 그림 21-4와 같이 하나의 볼록렌즈로 구성되어 있다. 눈을 렌즈 가까이 대고 볼 때 명시거리 D와 b가 같으므로 렌즈의 식으로부터 배율 m은

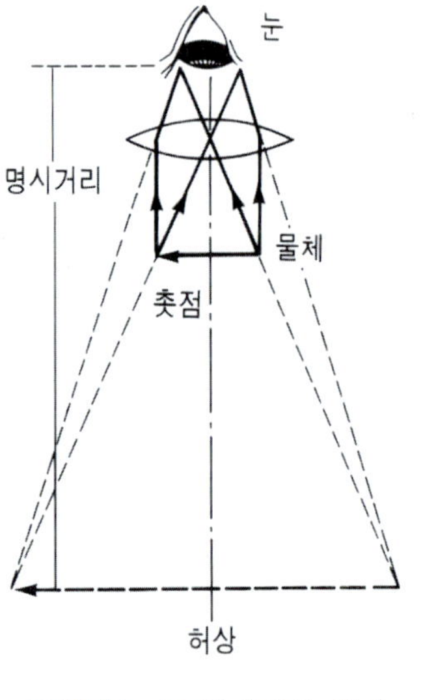

그림 21-4 확대경의 원리

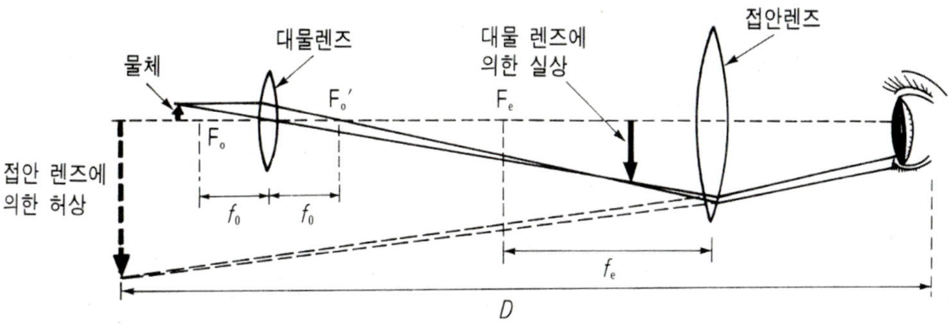

그림 21-5 | 현미경의 원리

$$m=\frac{b}{a}=\frac{D}{f}+1=\frac{25\,\mathrm{cm}}{f}+1 \quad \cdots\cdots (21\text{-}3)$$

이 된다. 배율 m을 확대율이라 한다.

확대경으로 상을 크게 하는 데는 한도가 있으므로 좀 더 확대된 상을 보려면 두 개의 볼록렌즈를 사용한 현미경을 사용한다. 그림 21-5에서 물체 가까이 있는 렌즈를 대물렌즈라 한다. 물체를 초점거리가 짧은 대물렌즈의 초점 바로 밖에 놓아서 확대된 실상을 접안렌즈로 초점 안에 생기도록 하고 확대된 허상이 접안렌즈에 의해 만들어지는 것을 보는 것이다.

현미경의 배율은 대물렌즈의 배율과 접안렌즈의 배율을 곱한 것이다. 대물렌즈의 초점거리를 f_0, 대안렌즈의 초점거리를 f_e라면, 대물렌즈의 배율 $m_1=l/f_0$이고, 대안렌즈의 배율 $m_2=25/f_e$이다. 실상 $A'B'$는 대략 통 상단에 생기므로 상의 거리 b는 통의 거리 l와 거의 같다. 그러므로 현미경의 배율 m은

$$m=m_1\times m_2=\frac{25l}{f_0 f_e} \quad \cdots\cdots (21\text{-}4)$$

로 주어진다.

배율은 수차문제로 한정없이 크게 할 수 없다. 렌즈 조립으로 수차를 감소시키고 배율을 크게 할 수 있더라도 빛의 회절현상으로 똑똑한 상을 얻을 수가 없다. 매우 근접해 있는 두 점에서 나오는 빛의 상을 만들면 두 상이 겹쳐져서 희미하게 보인다. 따라서 상을 보고 분명히 두 점을 분별할 수 있게 하려면 두 점이 어느 정도 떨어져 있어야 한다. 두 점을 분별할 수 있는데 필요한 최소한의 거리를 그 현미명의 분해능(resolving power) 또는 해상력

이라 한다. 현미경으로 구별할 수 있는 분해능 Δx, 물체를 비추는 빛의 파장을 λ, 매질의 굴절률을 n이라 할 때

$$\Delta x = \frac{\lambda}{2n\sin\varphi} \qquad \cdots\cdots (21-5)$$

가 된다. φ는 대물렌즈 축 위의 한 점 p부터 렌즈의 가장자리를 본 개각 2φ의 1/2이다. $n\sin\varphi$를 렌즈의 개구수라 한다. 최대배율인 렌즈계를 사용할 때 종종 렌즈나 물체와 사이에 글리세린, 기름 등을 써서 굴절률을 높인다.

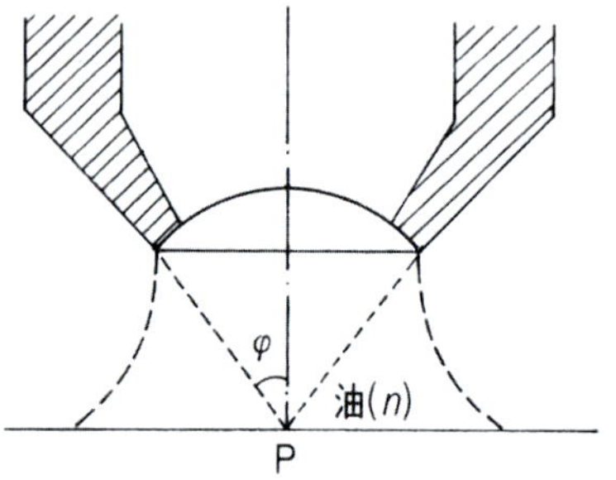

그림 21-6 분해능

4 망원경(telescope)

망원경은 멀리 있는 물체를 확대시켜 관찰하기 위한 장치로서 굴절 망원경과 반사망원경의 두 가지로 분류하는데 굴절망원경은 현미경원리와 비슷하다. 망원경의 대물렌즈에 의하여 생기는 상은 언제나 축소된 도립실상으로 대안렌즈로서 확대시켜 본다.

멀리 있는 물체를 확대하여 보려면 대안렌즈에 의한 상도 멀리서 생겨야 하기 때문에 두 렌즈 사이의 거리는 $f_1 + f_2$이다.

실제로 망원경은 현미경처럼 물체를 확대시켜 보여주거나, 상이 무한원에 생기면 물체를 가까이 볼 수 있게 하는 것도 아니다. 그러나 그림 21-7과 같이 먼 곳의 물체를 맨 눈으로 볼 때의 θ_1보다 망원경을 이용하여 볼 때의 θ_2를 크게 해주므로 눈의 망막에 생기는 상이

그 만큼 크게 보이는 것이다.

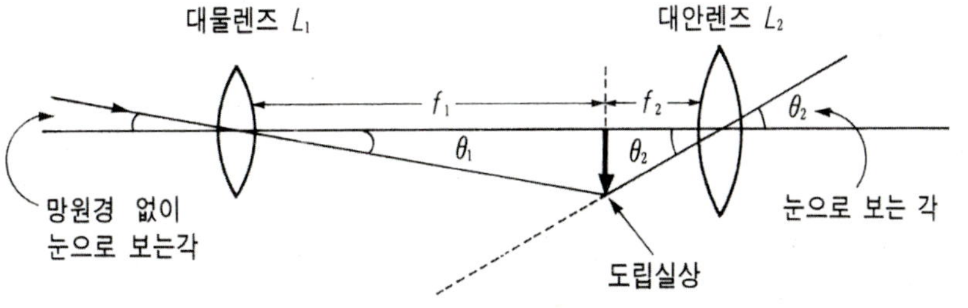

그림 21-7 | 망원경의 원리

따라서 망원경의 배율 m은 $m=b/a$에서

$$m=f_1/f_2 \quad \cdots\cdots (21-6)$$

이 된다. 망원경의 배율을 크게 하려면 대물렌즈의 초점거리 f_1을 크게 하면 되지만, 배율을 크게 하면 상이 어두워진다. 상을 밝게 하기 위해서는 반경이 큰 렌즈를 써야 한다. 거대한 천체 망원경에서는 많은 양의 빛을 모으기 위하여 대물렌즈 대신 오목거울을 쓰고, 이 때의 상을 대안렌즈를 써서 확대시킨다. 따라서 반사 망원경은 색수차가 없다.

5 레이저(LASER)

햇빛 같은 보통 광원의 빛을 이중 슬릿에 통과시킬 때 간섭을 일으키지 않는다. 이것은 여러 파장의 단색광을 가진 빛으로 위상과 방향이 같지 않고 거리에 따라 퍼지기 때문이다. 간섭을 일으키기 위해서는 모두 같은 파장을 지니고 동일한 위상과 동일한 방향이어야 한다. 이러한 성질을 지닌 것이 레이저광(Light Amplification by Stimulated Emission of Radiation: LASER)이다. 레이저광은 보통 빛과 다른 특성, 즉 동일파장을 가진 단색성(monchromaticity), 동일 위상 동일 방향을 가진 가간섭성(coherence)이 있다. 또한 이러한 빛은 지향성(directionality)이 좋다고 한다.

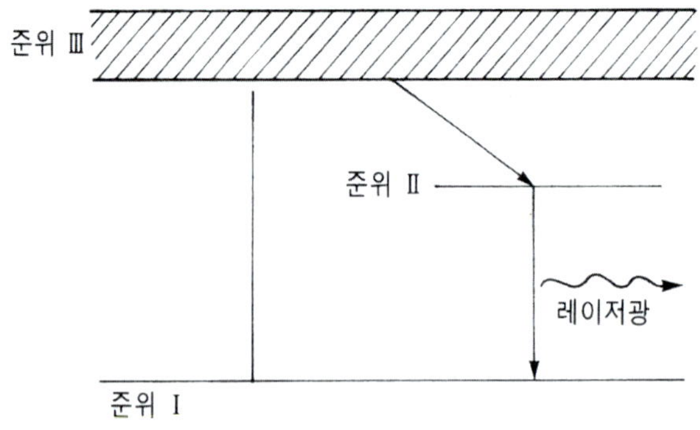

그림 21-8 루비 속의 Cr 에너지 준위

루비레이저의 예를 들어 동작원리를 알아보자. Ruby결정인 산화알루미늄 속에 소량의 Cr을 주입시키면 Cr은 +3가 이온으로서 산소와 결합한다. 그림 21-8은 Cr^{3+} 이온의 에너지 준위로서, 최저에너지 준위 Ⅰ과 여기 에너지대 Ⅲ이 있는데, 이 에너지차에 해당하는 에너지를 외부에서 준위 Ⅰ의 원자에 조사하면 준위 Ⅱ로 된다. 이 과정을 펌핑(pumping)이라 한다. 루비에서는 Xe fleshlamp로 펌핑하는데, 외부에서 방전관으로 빛을 조사하는 광펌핑법(optical pumping)이 있다. 준위 Ⅲ에 있는 여기 이온은 에너지를 다른 원자에 주어 준위 Ⅱ에 떨어진다. 이 때는 무복사천이(nonradioactive decay)로서, 준위 Ⅱ에 이온이 머무르는 시간이 길어서 이 동안에 많은 이온들이 쌓인다. 그러므로 준위 Ⅱ에 있는 이온수가 저준위 Ⅰ에 있는 이온수보다 많아진다. 이러한 상태를 반전분포(populationinversion)라 한다. 이 상태에서 광발진(optical resonance)이나 광폭증(light amplification)이 일어난다. 두 개의 거울 1, 2를 그림 21-9와 같이 배치하여 두고 루비 외부에서 광펌핑을 하면 루비 속의 이온이 반전분포를 이루어 준위 Ⅱ에서 준위 Ⅰ로 떨어지면서 유도방출(stimulated emission)을 일으키어 레이저 광선이 나오게 된다.

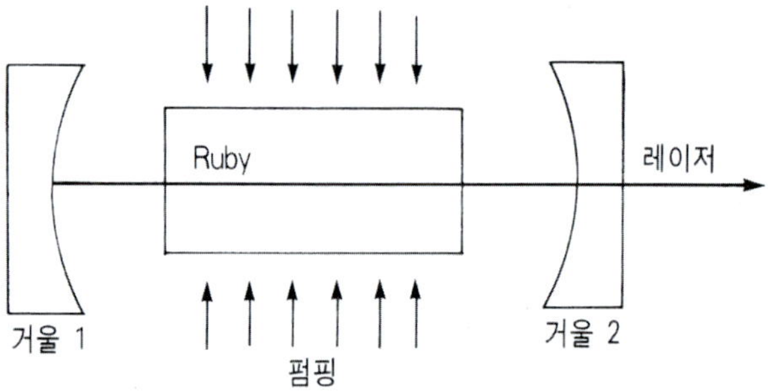

그림 19-9 Ruly Laser의 광공진기

이들 거울은 유도방출시에 나온 전자복사에너지를 왕복시켜서 광공진기(optical resonator) 역할을 한다. 이들 복사에너지는 루비 속을 통과할 때마다 유도방출을 촉진하여 광증폭을 일으키어 더욱 강력한 레이저 광속을 만든다. 이러한 과정이 반복되어 어느 한도 이상의 강도가 되면 거울 2을 통하여 레이저 광선이 나오게 된다. 이때 거울 1은 완전 반사경이고 거울 2는 부분반사경을 사용한다.

Laser는 원자와 분자의 동작에 따르므로 고체, 액체, 기체 어느 것이나 가능하다. 반도체는 고체와 동작원리가 다르기 때문에 반도체 레이저라 한다. 표 21-1은 레이저의 종류에 따른 특성과 응용을 나타내고 있다.

표 21-1에서와 같이 Laser의 종류에 따라 광증폭매질(lasant)이 다르다. 원자나 분자 또는 이온상태의 원자들이 양자적 에너지 준위에 따라서 레이저광이 발생하게 된다. 1958년 미국의 Shawlow와 Towners는 암모니아 분자를 이용하여 마이크로파를 발생하는 메이저(MASER: Microwave Amplification by Stimulated Emission of Radiation)의 원리를 발표하였다.

Laser의 응용은 물리, 화학 등 기초과학에서 원자, 분자, 고체의 고분해능분광을 비롯하여 비선형광선현상, Raman산란, 광여기, 광합성, 광분해, 광화학 반응, 광전리, 동위원소 분리, Hologram 등에 사용하여 새로운 현상과 결과를 얻고 있다. 응용과학면에서는

표 21-1 레이저의 종류와 응용

종류	명칭	특징			응용
		Lasant	파장	출력	
기체 레이저	He-Ne Laser CO_2 Laser Ion Laser	He, Ne 원자 CO_2 분자 Ar+	6328 Å(적색) 10.6 μ (자외선) 4880 Å(청록색) 5145 Å	연속수 mW~100 mW 펄스 10 MW 연속 1 kW 연속 50 W	실험실용, 레이저계측 고출력용, ns펄스용 실험용, 광화학작용
고체 레이저	Ruby Laser YAG Laser Glass Laser 반도체 Laser	$AL_2O_2 + Cr_3+$ Y, Al, Garnet + Nd_2+ Nd_2+ GaAs	6943 Å(청색) 1.06 μ (적외선) 1.06 μ (적외선) 840 nm(적외선)	펄스 100 MW 연속 수 MW 펄스 1 TW 연속 수 W 펄스 수 10 W	고출력용, 발광분석, Radar 고출력용, 발광분석 핵융합용, Ts펄스 소형, 분광분석
액체 레이저	Dye Laser	Rhodamine 6G 분자 Cumarine의 200여 종 HCN	570~610 nm 340~1200 nm 3.36 μ	펄스 수 KW 연속 수 10 W 펄스 수 MW 연속 수 W	{ 파장가변 분공 분석 rader Submn wave

Plasma발생, 핵융합 반응, 고온물질, 열분석 등의 물성과학과 전자공학, 정보과학, 의학, 해양, 기계, 금속, 토목, 건축, 농업에 이르기까지 모든 분야에 이용되고 있다. 한편 산업 응용면에서는 통신, radar holograph를 비롯한 보석의 정밀가공, 직접회로의 초미세 가공, 수중개발, 기상관측, 공해검증, 우주탐사 및 의료용 수술메스, 망막수술, 암치료 등과 군사용 무기로서 적외선레이저 야간망원경, 미사일 유도용 또는 방지용 레이저 무기 등 많이 있다.

연습문제

1. 명시거리 20 cm인 눈을 명시거리 25 cm인 눈으로 만들어 주려면 어떤 안경이 적합한가?

2. 어떤 근시안인 사람이 눈에서 80 cm이상 떨어져 있는 물체를 확실하게 볼 수 없었다. 이 사람이 멀리 있는 물체를 확실히 볼 수 있도록 할 수 있는 안경 렌즈의 강도는 디옵터 단위로 얼마나 되겠는가?

3. 속도가 f / 2.8이고, 초점거기가 10 cm인 렌즈가 있다. 렌즈의 직경을 구하라. 이 속도에 맞는 노출시간이 1/100초일 때 f / 5.6의 속도에 알맞은 노출시간은 얼마인가?

4. 초점거리 +1.5 cm인 확대경 렌즈 앞에 높이가 2 mm되는 물체가 놓여 있다. (a) 명시거리에 물체의 각의 크기, (b) 최대각 배율, (c) 상이 무한거리에 형성될 때의 각의 크기를 계산하라.

5. 복합렌즈 현미경의 대물렌즈의 초점거리는 +1 cm이고, 접안렌즈의 초점거리는 +2cm이다. 벌레 한 마리를 대물렌즈 앞 1.1 cm되는 위치에 놓았을 때 (a) 현미경 통의 길이와 (b) 배율을 구하라.

6. 대물렌즈의 도수가 +1.6디옵터 접안렌즈의 도수가 +50디옵터인 천체 망원경이 있다. (a) 이 망원경 통의 길이와 (b) 각 배율을 계산하라.

7. 현미경의 대물렌즈의 직경은 0.5 cm, 초점거리는 1 cm이다. 6,000 Å 의 파장을 가진 황색 빛으로 볼 때 10^{-6}m의 간격을 둔 두 점을 분해하여 볼 수 있는가?

제 22 장

상대론

The Theory of Relativity

운동하는 물체의 길이는 수축되고, 시간의 흐름은 지연된다. 이것은 아인슈타인(Einstein)의 상대성이론에서 유도되는 불가사의한 결론이다.

뉴턴(Newton) 이래의 고전물리학을 변혁시키고 현대물리학의 기초가 된 상대성이론을 설명하겠다.

빛의 속도에 가까운 속도로 비행하는 우주선에서 관측자에게 우주의 별들은 어떻게 보일 것인가? 우주선의 속도가 빛의 속도에 가까워짐에 따라 광행차 현상을 별들이 우주선의 진행 방향에 몰려 있는 것처럼 보인다. 그리고 도플러 효과에 의한 빛의 파장 변화로 별의 빛깔이 변한다. 그 결과 우주선의 비행사는 우주에 걸려 있는 웅대한 별의 무지개를 보게 될 것이다. 상대성 이론에서는 이와 같은 불가사의한 현상이 예측되고 있다.

1 아이슈타인의 변혁

공간이나 시간이란 어떤 것일까? 뉴턴(I . Newton: 1643~1727)의 고전물리학에서는 물리법칙의 기준이 되는 절대적인 공간이나 시간을 인정하였다. 이 이론은 인간에게는 무리가 없고 자연스러운 생각이었다. 그것은 지상의 공간은 고정되어 있고 시간은 쉬지 않고 진해하고 있는 것처럼 보이기 때문이다.

이론물리학자 아인슈타인(A. Einstein: 1879~1955)은 물리학의 기초에 관한 문제를 독자적으로 연구하여, 1905년에 공간이나 시간의 개념을 변혁시킬 획기적인 이론을 세웠다. 광속도의 불변성을 원리로 하는 '특수상대성이론'이 바로 그것이다.

아이슈타인의 특수상대이론은 고전물리학의 기초였던 뉴턴 역학의 절대공간과 절대시간이라는 개념을 고쳐야 한다는 것을 보였다. 이로부터 공간과 시간을 합친 새로운 4차원 시간공간이 구축되었다.

자연현상은 4차원의 세계에서 일어나고 우리 인간은 어떤 하나의 계(system)에 있어서 4차원 시공 전체의 한 단면을 보고 있는 것에 불과하다는 것이다.

특수상대성이론에서는 운동하는 물체의 운동방향의 길이가 줄거나 시간의 흐름이 느리게 된다는 이상한 결론이 유도된다. 또 질량과 에너지는 같은 것이며, 아주 적은 질량이 물질에서 막대한 에너지를 끄집어 낼 수 있다는 것도 알게 되었다.

아인슈타인은 특수상대성이론을 확장하여 1915년에 일반상대성이론을 완성시켰다. 일반상대성이론은 우주의 팽창이나 블랙홀의 존재 등 더욱 매력적인 결론을 유도하였다.

특수상대성이론을 이해하려면 상대성의 원리와 광속도 불변의 원리라는 두 기본원리를 확실히 알기만 하면 된다. 이 두 기본원리를 기초로 하고 아인슈타인의 불가사의한 세계를 생각해 보자.

1) 기본원리 Ⅰ. 상대성의 원리

외부로부터 힘을 받지 않고 등속운동을 하는 계를 관성계라 한다.

관성계는 모두 상대적이고 어느 관성계가 정지하고 어느 관성계가 움직이고 있는가를 결정할 수가 없다. 그래서 등속도로 비행하는 우주 비행선은 관성계의 비행사에게는 자신이 정지해 있으며 우주스테이션이 비행해 가는 것처럼 보인다.

쾌적하게 달리는 기차에 타고 있으면 기차가 정지해 있고 밖의 경치가 움직이고 있는 것 어럼 착각을 일으키는 것과 같다.

이 등속운동의 상대성을 처음으로 발견한 사람은 갈릴레오 갈릴레이(G. Galilei: 1546~1642)였다. 그는 '움직이고 있는 배 안에서도 정지하고 있는 배 안에서도 돌을 가만히 떨어뜨리면 똑바로 떨어진다.'는 사실을 근거로 하여 등속으로 운동하는 관성계에서 역학의 법칙은 불변이라고 하였다. 아이슈타인은 이것을 확장시켜 '관성계에서는 모든 물리법칙이 같아진다.'고 가정하였다. 이 원리는 관성계라는 특수한 계에 적용되므로 특수상대성 원리라고 불린다.

2) 기본원리 II. 광속도 불변의 원리

빛은 전자기파의 일종이고 진공 속을 매초 30 km의 속도로 달리고 있다.

고전물리학에서는 우주 공간에 빛의 파동을 전하는 매질이 있다고 가정한다. 이 매질은 뉴턴이 만유인력을 설명하기 위해 생각한 에테르(ether)라는 것이다.

만일 우주공간에 에테르가 가득 차 있고 그 속을 지구가 움직이고 있다면, 지구의 진행방향과 그 직각 방향에서는 빛의 속도가 달라질 것이다. 이 빛의 속도의 차이를 검출하기 위해 1887년에 마이켈슨(A. Michelson: 1852~1931)과 몰리(E. Morley: 1838~1923)는 간섭효과를 이용하여 그림 22-1과 같이 빛의 속도를 정밀하게 측정하는 실험을 하였다. 그러나 에테르의 영향에 의한 빛의 속도의 차이를 끝내 발견하지 못하였다.

빛의 전자기파라는 것은 맥스웰(J. Maxwell: 1883~1879)의 전자기파의 기본방정식에서 추론되었다. 아인슈타인의 특수상대성원리에 따르면 관성계에서 모든 물리법칙은 불변이다. 따라서 전자기파인 빛의 속도도 등속운동을 하는 모든 관성계에서 일정한 속도이다.

최근에 이르러 2중성에서 빛의 속도를 검증한 바 있다. 두 별의 질량 중심 주위를 도는 영성계를 2중성이라 하는데, 이 2중성 중 질량이 작은 동반성에서 지구를 향해 방출된 빛

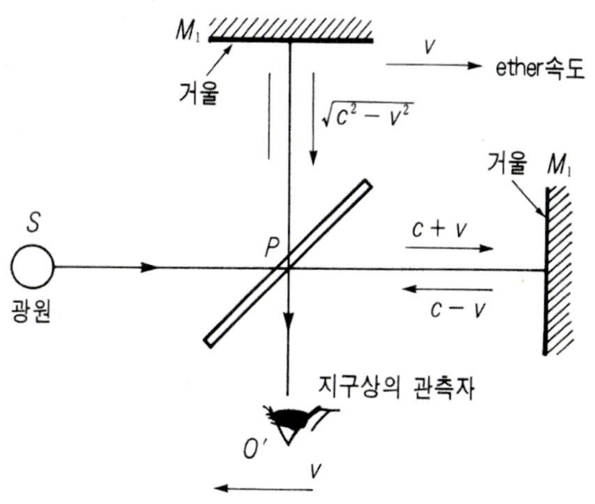

그림 22-1 Michelson-morley 실험의 기본장치

의 속도를 생각해 보자. 일반적으로 생각하면 동반성이 지구에 가까워질 때의 빛의 속도는 광속의 동반성의 공전운동의 속도의 합이 되고 멀어질 때는 그 차가 된다. 그러나 실제로 2중성을 관측해 보면 지구에 도달하는 빛의 속도는 동반성이 지구에 가까워지거나 멀어지거나 항상 일정하다는 것이 확인되고 있다.

2 Lorentz의 좌표변환

그림 22-2와 같이 어떤 S계에 대해서 속도 v로 X축 방향으로 등속운동하는 S'계를 생각하면 Galilei Newton이 두 좌표계에서 각각 측정한 길이, 질량, 시간 등 기본 물리량은 동일하며 Newton의 법칙, 운동량 및 에너지 보존법칙이 동일하게 성립된다고 하였다. 이를 Galilei Newton의 상대론이라 한다.

이때는 앞에서 배운 바와 같이

$$r' = r - vt$$
$$V' = V - v \quad \cdots\cdots (22-1)$$
$$a' = a$$

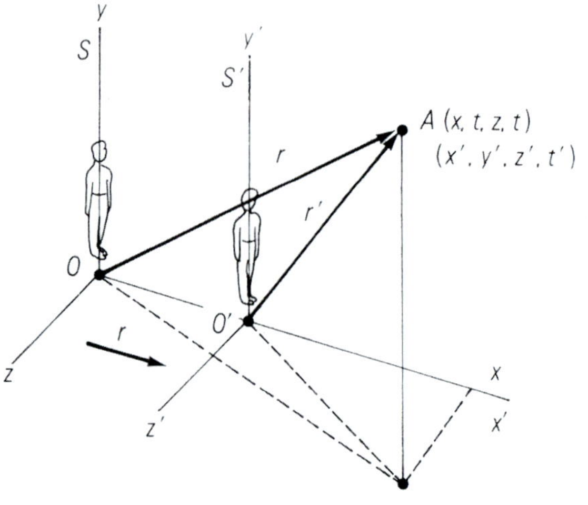

그림 22-2 등속상대운동하는 S, S_1

관계를 가지며 이를 Galilei변환식이라 하고, 여기서 r, V, a와 r', V', a'은 각각 S 및 S'계에서의 위치, 속도, 가속도를 나타낸다. 그러나 Einstein의 특수상대론에서는 Newton법칙이나 운동량, 역학적 에너지 보존법칙뿐만 아니라 전자파이론까지도 포함한 모든 물리법칙이 S, S'계에서 동일한 모양으로 나타내어져야 하고, 빛의 속도 역시 동일한 값으로 측정됨을 요구하고 있다.

1890년경 네덜란드의 물리학자 Lorentz가 운동 전하의 전자기장 문제를 취급하다가 Michelson-Morley의 실험결과인 광속도 불변이라는 사실에도 모순되지 않는 새로운 좌표변환식을 발표하였다. 이를 Lorentz의 좌표변환식이라 하며, 이 변환식이 고전상대론(Galilei-Newton)으로 설명되지 못하던 현상들을 잘 해결해 줄 수 있었다. Lorentz 좌표변환식은 아래와 같다.

$$x' = \frac{x - vt}{\sqrt{1-(v^2/c^2)}}$$

$$y' = y$$

$$z' = z$$

$$t' = \frac{t-(v/c^2)x}{\sqrt{1-(v^2/c^2)}} \qquad \cdots\cdots (22\text{-}2)$$

위 식에서 알 수 있듯이 공간과 시간은 불가분의 관계를 가지며 두 좌표계에서 측정되는 시간은 서로 동일하지 않다. 또한 만약 좌표계의 상대운동속도 v가 광속 c에 비해 극히 작다면 이 식은 곧 Galilei변환식과 일치되지 것을 알 수 있다.

속도에 관한 Lorentz 변환식은 식 (22-2)로부터 쉽게 유도된다. 즉,

$$dx' = \frac{dx - vdt}{\sqrt{1-(v^2/c^2)}}$$

$$dy' = dy$$

$$dz' = dz$$

$$dt' = \frac{dt-(v/c^2)dx}{\sqrt{1-(v^2/c^2)}}$$

이므로

$$\frac{dx'}{dt'} = V'_{x} = \frac{\dfrac{dx - vdt}{\sqrt{1-(v^2/c^2)}}}{\dfrac{dt-(v/c^2)dx}{\sqrt{1-(v^2/c^2)}}} = \frac{dx - vdt}{dt - (v^2/c^2)dx}$$

$$= \frac{dx/dt - v}{1-(v/c^2)dx/dt}$$

$$= \frac{V_x - v}{1-(v/c^2)V_x}$$

$$\frac{dy'}{dt'} = V'_{y} = \frac{\sqrt{1-(v^2/c^2)V_y}}{1-(v/c^2)V_x}$$

$$\frac{dz'}{dt'} = V'_{z} = \frac{\sqrt{1-(v^2/c^2)V_z}}{1-(v/c^2)V_x} \quad \cdots\cdots (22\text{-}3)$$

[예제 1] S계에서 c의 속도로 a) X축 방향으로 b) Y축 방향으로 전파되는 빛이 S'계에서도 각각 c로 측정됨을 속도변환으로 확인해 보라.

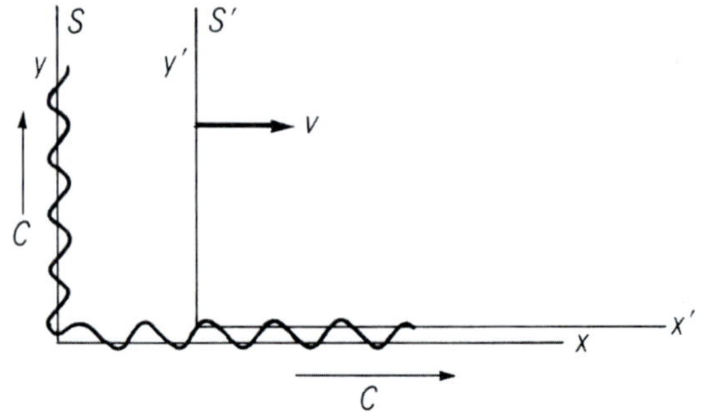

그림 22-3

[풀 이] a) 식 (22-3)에서 $V_x = c$, $V_y = 0$이므로

$$V'_{x} = \frac{V_x - v}{1-(v/c^2)V_x} = \frac{c-v}{1-(v/c)} = c$$

$$V'_{y} = 0$$

따라서 $V' = \sqrt{(V'_{x})^2 + (V'_{y})^2} = c$

b) $V_x = 0$, $V_y = c$이므로

$$V'_x = \frac{V_x - v}{1-(v/c^2)V_x} = -v$$

$$V'_y = \frac{\sqrt{1-(v^2/c^2)}V_y}{1-(v/c^2)V_x} = \sqrt{1-(v^2/c^2)}c$$

S'계에서 속도 V는

$$V = \sqrt{(V'_x)^2 + (V'_y)^2} = \sqrt{v^2 + \left(1 - \frac{v^2}{c^2}\right)c^2} = c$$

3 Lorentz-Fitzgerald의 길이수축(length construction)

달 상공의 우주정거장을 사이에 두고 같은 형의 화성 로켓 두 대가 같은 속도로 스치듯 지나갔다. 이때 한 쪽의 로켓 A에서 다른 쪽 로켓 B의 길이를 재기로 하자.

정거장에서 볼 때 로켓 A와 로켓 B 각각의 끝에서 동시에 나온 빛은 정거장의 양옆에 설치된 검출기에 동시에 기록되었다. 이 기록을 이용하여 로켓 A가 로켓 B의 길이를 재면 같은 길이어야 하는데 로켓 B의 길이는 짧아져 있었다.

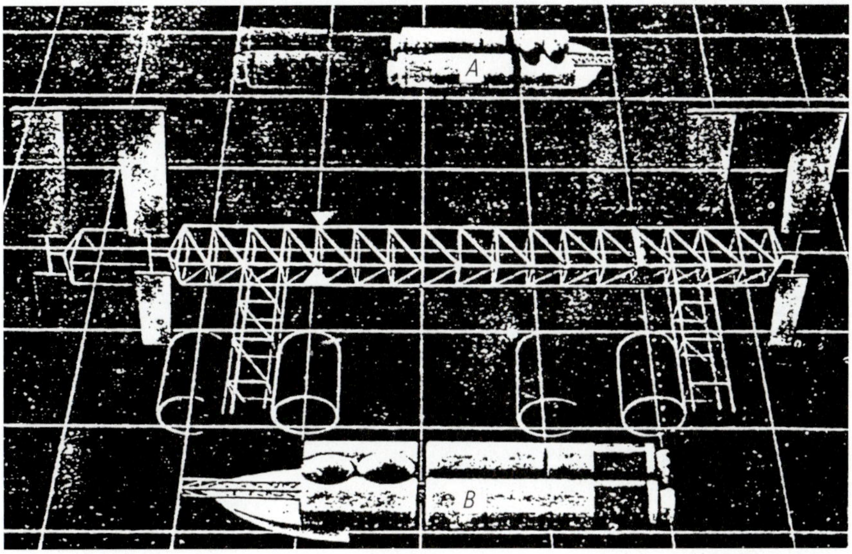

그림 22-4

로켓 A에서 보면, A의 뒤 끝과 B의 앞 끝에서 나온 붉은 빛이 정거장에 도착하는 것은 B의 뒤끝에서 나온 노란빛이 정거장에 도착한 조금 뒤의 일이다. 그 사이에 로켓 B는 우주정거장보다도 빠른 속도로 오른쪽으로 이동하고 있으므로 B의 길이는 우주정거장에 기록된 두 지점 사이의 길이보다 짧게 측정된다.

역으로 로켓 B에서 로켓 A를 측정한 경우에도 완전히 같은 일이 일어나며, A의 길이는 B의 길이보다 짧게 측정된다. 그러므로 운동하고 있는 물체의 길이가 정지 때의 길이(그 물체의 고유길이)보다 짧게 측정되는 것은 관측하는 계에 따라 동시성이 어긋나기 때문이다.

상대성이론에 따르면 속도 v로 운동하고 있는 물체의 길이는 그 고유 길이에 $\sqrt{1-(v/C)^2}$를 곱한 양이 된다.

이제 고유길이 L_0되는 로켓이 발사대를 떠나 속력 v로 운동하고 있을 때 지상에 있는 사람이 보는 이 로켓의 길이는

$$L = L_0 \cdot \sqrt{1(v/C)^2} \quad \cdots\cdots \quad (22-4)$$

의 관계로 나타난다.

그러나 로켓에 타고 있는 사람도 지상의 물체를 본다면 자기가 지상에 있었을 때의 길이는 그 물체가 정지상태에 있는 기준계에서 측정하였을 때 최고이고, 그 물체가 관측자가 있는 기준계에 대하여 운동상태에 있을 때 그 길이가 짧게 측정된다.

[예제 2] 화성을 향해 달리고 있는 우주선의 속도가 광속도의 0.9배의 속도를 달리고 있다. 이 우주선을 지상의 관측자가 잰 길이는 얼마가 되는가?

[풀 이] 정지상태의 길이: L_0

운동중의 길이: L

광속도: $c = 3\times10^8\,\mathrm{m/s}$

이면 식 (22-4)에 의하여

$$L = L_0\sqrt{1(v/c)^2}$$
$$= L_0\sqrt{1-(0.9c/c)^2}$$
$$= 0.436\cdot L_0$$

즉, 43.6%로 길이가 짧아진다.

4 시간지연(time dilation)

달에서 화성을 향하는 로켓이 15만 km의 거리를 두고 광통신을 하고 있는 두 인공위성 사이를 지났다. 광속은 초속 30만 km이므로 빛이 두 인공위성 사이를 한 번 왕복하는데 1초 걸린다. 이 두 위성을 우주 공간에 떠 있는 거대한 광시계라고 하자. 화성 로켓이 인공위성에 대해 정지하고 있을 때는 로켓 안의 시계는 인공위성의 시계와 같은 속도로 흐른다. 그러나 로켓이 움직이기 시작하면 로켓에서 볼 때 인공위성 안의 시계는 로켓 안의 시계보다 느리다는 것이 관측되었다.

시간간격 역시 상대운동의 영향을 받는다. 관측자에 대하여 운동하고 있는 S'계에서 일어나는 어느 사건의 전후 시간길이를 관찰한다면 우리가 가진 시계는 운동계에 있는 시계에 의하여 결정되는 시간간격 t_0보다 더 긴 시간간격을 가리킬 것이다. 이와 같은 효과를 시간지연(time dilation)이라고 한다. 이것은 기본원리 Ⅱ의 광속도 불변의 원리에서 운동하고 있는 시계가 느리다는 것이 유도된다. 상대성 이론에 따르면 속도 v로 운동하고 있는 계(system)의 시각에 $\sqrt{1-(v/C)^2}$를 곱한 양이 된다.

S계의 시간간격 t_0와, 상대적으로 속도 v로 등속운동하는 S'계에서의 시간간격 t 사이에는

$$t = t_0/\sqrt{1-(v/C)^2} \qquad (22-5)$$

의 관계가 있다.

μ(뮤) 소립자의 수명은 100만 분의 2.2초이다. 운동을 하여도 시간이 늦어지지 않는다고 하면, μ입자는 비록 광속으로 운동한다 하여도 겨우 660 m 밖에는 날지 못한다. 그러나 대기를 훨씬 지난 우주바깥에서 탄생한 μ입자가 지상에서 관측되거나, 가속기로 광속에 가깝게 가속된 μ입자의 수명이 30배쯤 연장된다는 것이 확인되고 있다.

시계의 늦어짐에 관한 유명한 패러독스가 있다. 쌍둥이의 형이 고속으로 나는 우주선을 타고 우주여행을 한 다음 지구로 돌아와 동생을 만났다고 하자. 형은 지구를 떠날 때나 돌

아올 때에 가속도운동을 하므로 상대적으로 같은 운동을 했다고 할 수 없다. 따라서 이에 대한 답은 형이 동생보다 절어지게 된다는 것이다.

[예제 3] μ(뮤) 입자의 수명은 약 2×10^{6} sec이고, 그 속도가 광속의 0.998배라고 한다면 이것이 비행할 수 있는 거리는 얼마냐?

[풀 이] 상대론적 시간지연: $t = 2\times10^{-6}/\sqrt{1-(0.998c/c)^2}$

$$= 31.7\times10^{-6}\text{s}$$

비행거리: $y = vt$이므로

$$= (2.998\times10^{8})\times(31.7\times10^{-6}\text{s})$$

$$= 9.500\,\text{m}$$

5 속도의 합성(additional velocity)

화성 정거장 앞을 초속 24만 km로 비행하고 있는 화성착륙선에서 고속입자가 발사되었다. 이 화성착륙선에서 측정하니 이 입자의 속도는 초속 27만 km가 되었다. 이 입자의 속도를 정거장에서 측정하면 어떻게 될 것인가? 실제로 화성 정거장에서 측정한 그 입자의 속도는 초속 29.7만 km가 되었다.

속도의 계측에는 거리와 시간의 두 요소가 관계한다. 여기서는 먼저 거리에 대해서만 생각해 보자.

화성착륙선의 길이는 24만 km(광속의 80%)로 운동하고 있으므로 정거장에서 보면 그 길이가 60%로 줄어들어 보인다. 그래서 화성착륙선의 자로 잰 27만 km는 정거장의 자로 재면 16.2만 km 밖에 되지 않는다. 그러나 이 16.2 km가 되는데 이는 광속을 넘어서고 만다.

이번에는 시간의 요소도 연구해 보자. 운동하고 있는 계의 시간은 느리게 흐른다. 화성착륙선에서 1초로 관측되는 시간은 정거장에서는 1초보다 길게 관측된다.

시간에 관해서는 이 외에 동시성의 차이도 생각해야 한다. 이들을 종합하면 정거장의 1초 동안에는 입자가 5.7 km 밖에 날지 못하는 것이 된다. 24 km와 5.7 km를 합치면 29.7만 km가 되는데, 이것이 화성 정거장에서 관측한 입자의 속도가 된다.

상대성이론에 따르면 속도 u로 운동하고 있는 물체에서 속도 v로 발사된 물체의 속도 V는

$$V = \frac{u+v}{1+\frac{uv}{c^2}} \quad \cdots\cdots (22-6)$$

가 된다. 단, 우리가 보통으로 체험하는 세계에서는 u나 v는 광속에 비해 매우 작으므로 근사적으로 $V \fallingdotseq u+v$가 된다.

기본원리 Ⅱ의 광속도 불변의 원리는 다시 말하면 광속을 넘는 속도는 없다는 것이다. 비록 광속으로 운동하고 있는 물체에는 빛을 발사하여도 그 빛의 속도는 광속을 넘지 않는다. 이것은 위의 속도의 합성식에도 나타나 있다.

u와 v에 각각 c를 대입하여 계산해보면 역시 V는 c가 된다. 가속기를 사용한 실험에서도 광속 가깝게 가속된 전자에서 방출되는 감마(γ)선도 역시 광속으로 달리는 것이 관측되고 있다.

[예제 4] 지구에 대하여 $0.9\,c$의 속도로 비행하고 있는 우주선을 $0.5\,c$의 상대속도로 스쳐 지나가고자 할 때 요구되는 속도의 크기를 구하시오.

[풀　이] $V = \dfrac{u+v}{1+\dfrac{uv}{c^2}} = \dfrac{0.5c+0.9c}{1+\dfrac{(0.9c)(0.5c)}{c^2}}$

$= 0.9655\,c$

6 질량의 상대성(mass relativity)

상대성이론의 첫 번째 가설은 모든 물리법칙이 어떤 관성계에서나 같아야 한다는 것이다. 이러한 물리법칙 중 하나가 운동량 보존법칙이다. 이 사실을 기초로 하여 운동하는 물체가 질량에 미치는 영향을 고려해 보자.

먼저 두 입자 A와 B 사이의 탄성충돌을 등속상대 운동하는 두 기준계 S'와 S에 있는 두 관측자가 관측한다고 하자. A와 S계에서, B는 S'계에서 같은 시간에 입자 A는 속도

V_A로 $+y$방향으로 이동하고 입자 B는 속도 V'_B로 $-y$방향으로 이동할 때 입자 A, B의 속력이 같다고 하면 탄성충돌 후 원래 위치로 되돌아오는 데까지 걸리는 왕복시간 T_0는

$$T_0 = \frac{Y}{V_A} = \frac{Y}{V'_B} \quad \cdots\cdots (22\text{-}7)$$

이다. 만약 운동량이 S계에서 보존된다면

$$m_A A_A = m_B V'_B \quad \cdots\cdots (22\text{-}8)$$

의 관계가 성립되어야 한다. 여기서 m_A, m_B는 A, B입자의 질량이다.

그리고 S'계에서 관측한 물체의 왕복시간은 T이며, 앞에서 얻은 결과에 따르면

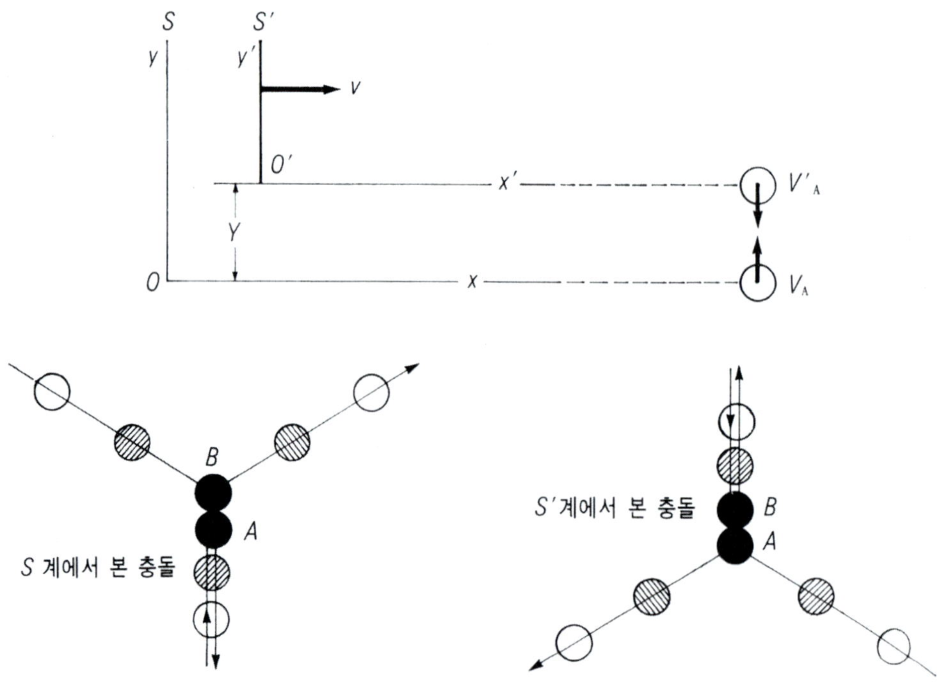

그림 22-5 두 좌표계에서 본 탄성충돌

$$T = \frac{T_0}{\sqrt{1-\frac{v^2}{c^2}}} \quad \cdots\cdots (22\text{-}9)$$

의 관계가 성립한다. 따라서 식 (22-7)에다 T_0로 표현한 T를 대입하면

$$V_B = \frac{Y\sqrt{1-\frac{v^2}{c^2}}}{T_0} \qquad V_A = \frac{Y}{T_0}$$

를 얻는다. V_A와 V_B에 대한 위의 표현식을 식(22-8)에 대입하면

$$m_A \frac{Y}{T_0} = m_B \frac{Y}{T_0/\sqrt{1-\frac{v^2}{c^2}}}$$

$$m_A = m_B\sqrt{1-\frac{v^2}{c^2}} \quad \cdots\cdots (22\text{-}10)$$

이며 운동량이 보존되는 것을 알 수 있다. 만약 V_A 및 V'_B이 대단히 작은 경우라면 m_A는 정지질량 m_0과 같고 m_B는 좌표계의 상대속도와 동일한 속도로 운동하는 물체의 질량 m이라 볼 수 있다. 따라서 식 (22-10)은

$$m = \frac{m_0}{\sqrt{1-\frac{v^2}{c^2}}} \quad \cdots\cdots (22\text{-}11)$$

이다. 그러므로 관측자에 대해서 속도 v로 운동하고 있는 물체의 질량은 관측자에 대해서 정지하고 있을 때의 그의 질량보다 $1/\sqrt{1-\frac{v^2}{c^2}}$ 만큼 큰 것이다. 속도에 대한 질량의 상대성은 그림 22-6과 같다.

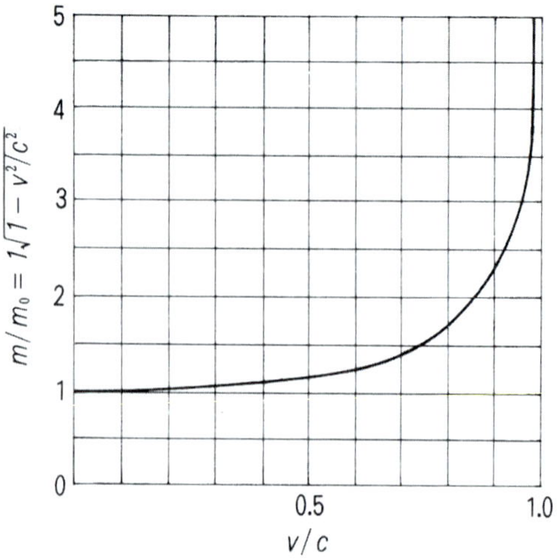

그림 22-6 | 질량의 상대성

운동량은 정의에 의하여

$$mv = \frac{m_0 v}{\sqrt{1 - \dfrac{v^2}{c^2}}} \quad \cdots\cdots (22\text{-}12)$$

로 정의한다면, 고전물리학에서와 같이 Newton운동의 제2법칙은

$$\begin{aligned} F &= \frac{d}{dt}(mv) \\ &= \frac{d}{dt}\left[\frac{m_0 v}{\sqrt{1 - \dfrac{v^2}{c^2}}}\right] \quad \cdots\cdots (22\text{-}13) \end{aligned}$$

이다. 이것은

$$F = ma = m\frac{dv}{dt}$$

와 같은 뜻으로 해석되는 것은 아니다. 위 식에서 m은 식 (22-11)에서의 m이라고 해도

마찬가지인데 그것은

$$\frac{d}{dt}(mv) = m\frac{dv}{dt} + v\frac{dm}{dt}$$

로서 물질의 속력이 시간과 함께 변하는 경우 $\frac{dm}{dt}$는 0이 아니기 때문이다. 어느 물체에 작용하는 합력의 크기는 항상 그 물체의 운동량이 시간적 변화율의 크기와 같다.

7 질량과 에너지의 등가원리(mass-energy equivalent)

아인슈타인의 질량-에너지 관계식은 특수상대성이론의 결과로 얻어진 가장 유명한 이론이다. 질량과 운동량의 상대론적 정의가 에너지의 정의를 어떻게 변화시키는가를 살펴보자.

운동하는 물체의 운동 에너지 T의 정의를 물체가 정지상태에서 운동상태에 이르는 데 소요된 일

$$T = \int_0^s F ds \quad \cdots\cdots (22-14)$$

로 정의된다. 여기서 F는 변위 ds 방향으로의 힘의 성분이고 S는 힘이 계속 작용한 거리이다. 식 (22-14)에 Newton 운동법칙의 상대적 표현인

$$F = \frac{d}{dt}(mv)$$

를 대입하면

$$T = \int_0^s \frac{d}{dt}(mv) ds = \int_0^v v d(mv)$$

$$= mv^2 - \int_0^v mvdv = \frac{m_0v^2}{\sqrt{1-\left(\frac{v^2}{c^2}\right)}} - \int_0^v \frac{m_0vdv}{\sqrt{1-\left(\frac{v^2}{c^2}\right)}}$$

$$= \frac{m_0v^2}{\sqrt{1-\left(\frac{v^2}{c^2}\right)}} + m_0c^2\sqrt{1-\left(\frac{v^2}{c^2}\right)} - m_0c^2$$

$$= mc^2 - m \quad \cdots\cdots (22-15)$$

이 된다. 이것은 어느 물체의 운동 에너지는 그 물체가 운동 중에 생기는 질량증가에 다시 광속의 제곱을 곱한 것과 같다는 것을 의미한다. 그러므로 질량과 에너지는 서로 변환될 수 있는 것으로 볼 수 있다. 이를 질량–에너지 동등성이라고 말하며 m_0c^2을 정지상태에서 질량 m_0인 물체의 정지 질량에너지(rest mass energy) E_0라고 한다. 또 mc^2을 물체의 총 에너지(total energy) E라고 한다. 즉,

$$mc^2 = m_0c^2 + T$$

에서 $mc^2 = E$, $m_0c^2 = E_0$이므로

$$E = E_0 + T \quad \cdots\cdots (22-16)$$

이다.

상대속도 v가 빛의 속도 c에 비해서 작을 때 $(v \ll c)$ 운동 에너지 T의 공식은

$$T = mc^2 - m_0c^2 = \frac{m_0c^2}{\sqrt{1-v^2/c^2}} - mc_0$$

$$= m_0c^2\left(1 + \frac{1}{2}v^2/c^2 + \frac{3}{8}\left(\frac{v^2}{c^2}\right) + \cdots\cdots - 1\right)$$

$$= \frac{1}{2}m_0v^2$$

이 된다. 그러므로 느린 속력으로 운동하는 입자에 대해서는 운동 에너지의 상대적 표현은

고전역학에서와 같다. 이러한 입자의 총 에너지는

$$E = m_0c^2 + \frac{1}{2}m_0v^2 = mc^2 \quad \cdots\cdots (22-17)$$

이다.

아인슈타인의 식 $E = mc^2$에 의하면 질량 m인 물체는 E와 동등한 에너지를 가지고 있다. 반대로 전체 에너지 E인 물리적인 계는 m과 동등한 질량을 가진 것과 같다.

어떤 물체나 물리적인 계의 에너지가 달라지면, 반드시 동등한 양의 질량 변화가 있어야 한다. 즉,

$$\Delta E = \Delta mc^2 \quad \cdots\cdots (22-18)$$

이다. 그러므로 고립된 계의 전체 질량–에너지의 양은 변하지 않는다.

[예제 5] 운동 에너지가 2 MeV인 전자의 질량은 얼마인가?

[풀 이] 전자의 정지에너지: $m_0c^2 = (9.11 \times 10^{-31}\,\text{kg}) \times (3 \times 10^8\,\text{m/s})^2$

$$= (82 \times 10^{-4}\text{J}) \times \left(\frac{1\,\text{MeV}}{1.6 \times 10^{-13}\text{J}}\right)$$

$$= 0.51\,\text{MeV}$$

이므로 운동 에너지 T는

$$T = 2\,\text{MeV} \cong 4m_0C^2$$

이며,

$$mc^2 = m_0c^2 + T \cong m_0c^2 + 4m_0c^2 = 5m_0c^2$$

이다. 따라서 전자의 질량은 정지질량의 5배이다.

[예제 6] 원자나 핵 또는 미립자의 질량은 원자질량단위 U로 표현된다. $1U = 1.66$ kg$\times 10^{-27}$ kg이다. $1U$를 eV 단위로 계산하시오.

[풀 이] $1U = c^2 = (1.66 \times 10^{-27}\,\text{kg}) \times (3 \times 10^8\,\text{m/s})^2$

$$= (1.4945 \times 10^{-10}\,\text{J}) \times \left(\frac{1\,\text{MeV}}{1.602 \times 10^{-13}\,\text{J}}\right)$$

이다.

[예제 7] 전자가 가속장치에서 10^6 volt로 가속될 때의 속도를 구하라.

[풀　이] 전자의 운동 에너지: $T = 10^6\,\mathrm{eV} = 1\,\mathrm{MeV}$

전자의 총 에너지: $E = m_0 + T = \dfrac{m_0c^2}{\sqrt{1-(v/c)^2}} = 1.51\,\mathrm{MeV}$

이므로

$$1.51\,\mathrm{MeV} = \frac{0.51\,\mathrm{MeV}}{\sqrt{1-\left(\dfrac{v}{c}\right)^2}}$$

$$v = \left(\sqrt{1-\left(\frac{0.51}{051}\right)^2}\right)c^2 \cong 0.7\,c$$

8 일반상대성 이론(principle of general relativity)

중력에 의한 시공의 일그러짐

특수상대성이론은 훌륭하고 멋진 이론이었다. 그러나 중력에 관한 문제를 다루지 않았다는 것이 약점으로 지적되었다. 그래서 중력을 상대론적으로 나타내는 일이 큰 과제가 되었다.

많은 학자들이 이 문제를 해결하려고 했지만 결국 아인슈타인 자신이 해냈다. 그는 1915년에 '일반상대성이론'을 발표하고 엘리베이터의 자유낙하운동을 예로 들어 중력과 관성력은 같다고 하는 등가원리를 명확히 내세웠다. 더구나 같은 엘리베이터의 예를 들어 중력은 빛의 진로를 굽어지게 한다는 것을 설명하였다. 빛은 진공 속을 직진하고 2점 간을 지나는 빛의 진로가 굽어지는 것은 단적으로 말해서 중력이 작용하는 공간에서 2점 간의 최단경로는 곡선이 된다는 것을 가리킨다고 하였다. 이를 설명하기 위해 아인슈타인은 중력이 작용하고 있는 공간은 '기하학적으로 일그러진 공간'이라는 결론을 이끌어 냈다. 이것은 그때까지의 중력에 대한 생각을 근본적으로 바꾸게 한 획기적인 이론이다.

일반상대성이론은 우주 현상의 설명에 꼭 필요하다. 중력 렌즈라고 불리고 있는 렌즈는 중력에 의한 공간의 일그러짐이 렌즈의 효과와 비슷하다는 데서 나온 용어이다.

아인슈타인은 일반상대성이론에 입각하여 1920년 '중력파의 존재'를 예언하였다. 그후 1960년 웨버가 중력파검출기를 세계 최초로 만들어 1973년과 1974년에 중력파를 검출하였다. 최근 19789년 연성펄서를 관측한 결과 공전주기가 조금씩 감소하고 있는 것을 확인하였다. 그 크기는 10^{-4}초로서 매우 적으나, 이 값은 일반상대성이론의 예상과 거의 일치하였다.

아인슈타인은 시간은 중력에 의해서도 영향을 받는다고 예언하였다. 그러나 중력이 시간에 미치는 영향은 아주 작기 때문에 당시에는 실제로 확인하지 못하였다. 현재는 원자의 진동수를 이용한 원자시계의 개발로 지구의 중력이 시간에 미치는 영향을 실험을 통해서 확인하고 있다.

블랙홀이란 무엇인가? 별이 공모양을 유지하고 있는 것은 중력과 압력이 균형을 이루고 있기 때문이다. 그러나 질량이 어떤 한계를 넘으면 압력을 아무리 높여도 중력이 훨씬 크기 때문에 결국 두 힘의 균형이 무너진다. 중력이 압력보다 강해질 때 모든 물질은 수축을 시작한다.

수축하고 있는 별의 반지름이 특정한 반지름 이하로 작아지면, 중력이 너무나 강해져서 도저히 빠져나올 수가 없다. 빛마저 빠져나올 수가 없게 되는 경계면을 사상의 지평면이라고 하며, 그보다 안쪽은 블랙홀이라고 한다. 그러므로 블랙홀은 중력이 아주 강하게 작용하고 있는 곳이다. 따라서 시간이 받는 영향은 매우 크다. 현재는 상대성이론을 더욱 확장시켜서 전자기력과 중력을 통일하는 통일장이론의 연구에 노력이 계속되고 있다.

연습문제

1. 반경이 6.96×10^5 km인 태양이 3.90×10^{20} W의 비율로 복사하고 있다. (a) 태양 표면의 복사도 R은? (b) 태양의 유효표면 온도는? 방출되는 복사가 태양 표면의 물질 (c) 달의 질량은 7.4×10^{22} kg이다. 1년 동안 태양에 의해서 복사된 에너지의 달의 질량에 대한 비율로 측정된 등가질량은?

2. 지구 궤도에 있는 인공위성이 태양 광선의 방향에 직각으로 면적 1.0 m^2의 태양전지판을 지나고 있다. (a) 어떤 율로 태양 에너지는 그 판에 쬐는가? (b) 어떤 율로 태양의 광자는 그 판을 때리는가? 태양복사는 550 nm의 파장을 가진 단색광이라고 가정하여라. (c) '1 mol의 광자들'이 그 판을 때리는 데 시간이 얼마나 걸리는가? 태양정수는 1390 W/m^2이다.

3. 100 W의 나트륨 증기등이 파장 589 nm의 광자 형태로 모든 방향으로 에너지를 균일하게 방사한다. (a) 어떤 율로 광자는 등으로부터 방사되는가? (b) 광자의 평균플럭스가 1.0광자/$cm^2 \cdot s$인 등으로부터의 거리는? (c) 광자평균밀도가 1.0광자/cm^3인 등으로부터 거리는? (d) 등으로부터 2.0 m에서의 광자 플럭스와 광자밀도는?

4. 입사 광자가 광전자방출에 원인이 되는 일함수 2.2 eV를 가지고 있는 나트륨 표면을 때린다. 정지 전위 $V_e = 5.0$ V라 놓을 때 광전류는 없다. 입사광자의 파장은?

5. (a) 만일 금속에 대한 일함수가 1.8 eV라 하면 파장이 400 nm인 빛에 대하여 정지 전위는? (b) 금속표면에서 방출하는 광전자의 최대속도는?

6. 0.510 MeV의 r선 광자가 알미늄 물체 속에 있는 자유 전자로부터 Compton산란된다. (a) 입사광자의 파장은? (b) 산란선 광자의 파장은? (c) 산란된 광자의 에너지는? 산란각은 90° 라고 가정하여라.

7. 파장 0.10 Å 의 X선광자가 정면(ϕ = 180°)으로 전자를 때린다. 다음을 결정하여라. (a) 광자의 파장변화, (b) 광자의 에너지 변화 및 (c) 전자에 할당된 운동 에너지

8. 파장 486.1 nm의 빛이 수소원자로부터 방출된다. (a) 이 복사에 대하여 책임질 수 있는 원자의 천이는? (b) 이 복사는 어떤 계열에 속하는가?

9. 수소 원자가 n = 3에서 n = 1의 상태로 천이할 때 방출되는 광자의 (a) 에너지, (b) 운동량 및 (c) 파장은?

10. 0.85 eV의 결합 에너지(한 전자를 제거하는 데에 소요되는 에너지)를 가진 상태의 수소 원자가 10.2 eV의 여기에너지(여기상태와 지저상태 사이의 에너지차)를 가진 상태로 천이를 한다. (a) 방출되는 광자 에너지를 구하여라. (b) 적합한 양자수를 붙여서 이 천이를 수소 원자의 에너지 준위도상에 나타내어라.

11. Bohr의 이론을 사용하여 단일 이온화된 헬륨의 스펙트럼과 수소의 스펙트럼선을 비교하여라.

12. 2원자 기체 분자는 각각의 질량이 m인 2개의 原子로 구성되고, 그림 22-7과 같이 일정한 거리 d만큼 떨어져서 축 주위로 회전한다. 이 원자의 각 운동량이 Bohr 원자에서처럼 양자화되었다면, (a) 가능한 각속도들과 (b) 가능한 양자화된 회전운동 에너지들을 구하여라.

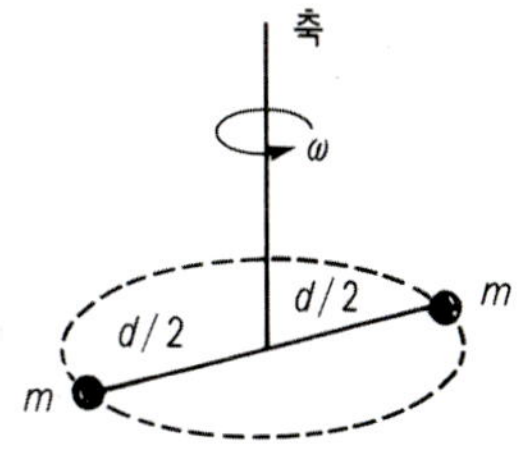

그림 22-7

13. 황색 스펙트럼을 방출하는 나트륨의 파장은 590 nm이다. 전자는 얼마의 운동 에너지에서 똑같은 de Broglie 파장을 가지게 되는가?

14. 1가의 나트륨 이온이 300 V의 전위차로 가속되었다. (a) 이온이 얻은 운동량은? (b) 드 브로이의 파장은?

15. 중성자결정분석기는 베릴륨 결정에서 공간 $d = 0.732$ Å 의 결정면을 이용한다. 에너지 $K = 4.0$ eV의 중성자만 반사되는 Bragg 각 θ는? 1차 반사만 생각하여라.

16. (a) 아르곤 원자를 넣어 둔 한 면이 20 cm의 용기에 대한 에너지 준위 중 가장 낮은 2개 사이의 에너지 분리는? (b) 이 값과 300 K에서 아르곤 원자의 열에너지와 비교하면? (c) 몇 도의 온도에서 열에너지가 이 두 에너지 준위 사이의 간격과 같게 되는가?

17. 수소 원자의 기저 상태에서 전자가 첫 번째 Bohr 궤도반경의 구내부에서 발견될 수 있는 확률은?

18. 광자를 사용하는 현미경이 원자 내의 전자와 위치를 1.0×10^{-2} min의 거리 내로 정하여 주는 데에 사용되었다 한다. 이 방법으로 위치가 결정된 전자의 운동량의 최소 불확정성은?

제 23 장

양자이론

Quantum theorem

고전물리학에서 입자와 파동은 별개의 것으로서 설명되었다. 예를 들면 빛은 파동으로만 그 성질을 알아보았다. 그러나 현대 물리학에서 미시적인 세계를 취급할 때 즉 원자, 원자핵, 소립자의 세계에서는 사정이 달라진다.

다음 우리가 공부하게 될 내용은 빛을 에너지를 갖는 작은 알맹이로 간주하여야만 설명되는 현상이다. 또 물질입자가 물질과 상호작용을 할 때 파동성을 지니게 된다. 흑체복사나 광전효과 및 Compton 효과 등은 빛을 입자적인 성질로 다루어야만 설명될 수 있다. 이와 같은 사실로 볼 때 입자나 파는 모두 입자성과 파동성을 가지며 상황에 따라서 입자성 또는 파동성으로 설명해야 한다.

20세기 초, 물질과 빛이 갖는 파동성－입자성의 양립은 지대한 관심사의 하나였으며 이들을 이해하는 것이야말로 현대물리학의 출발점이라고 할 수 있다.

1 흑체와 열복사(black body and heat radiation)

금속 열복사의 스펙트럼은 온도가 올라갈수록 그 강도가 단파장 쪽으로 치우치며, 전체적으로 백색에 접근하다.

열복사를 하는 복사기는 대부분 고체지만 기체 중에도 가열하면 빛을 내는 것이 있다. 열복사의 이론적 고찰을 위해서 소위 흑체라는 복사기를 연구대상으로 삼는다. 흑체의 이론적 정의는 그 물체에 쪼여진 모든 파장의 빛이 이상적으로 완전 흡수 및 발산하는 물체를 말한다.

그림 23-1은 온도를 변화시켰을 때 물체에서 방출하는 스펙트럼을 보인 것이다. 온도가 상승하면 분포곡선의 최장파장은 작아지고 복사 스펙트럼의 세기는 증가한다.

일찍이 Wilhelm Wien(1864~1928)은 최대 복사 에너지의 파장 λ_{max}과 온도 T의 관계를 분포곡선의 모양에 의하여

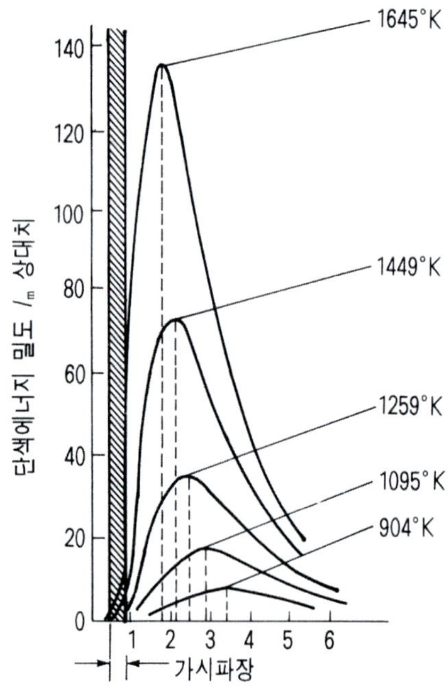

그림 23-1 물체의 열복사 스펙트럼

$$\lambda_{max} \times T = \text{일정} \quad \cdots\cdots (23-1)$$

로 나타내고 있다.

또 Stefan-Boltzmann은 흑체복사의 에너지 u와 온도 T의 관계로부터

$$u = \delta T^4 \quad \cdots\cdots (23-2)$$

의 법칙을 유도해냈다. 여기서 -는 상수이다.

Rayleigh(1842~1919)와 Jeans는 복사 자체에 주의를 집중시켜 엄밀한 고전적인 방법으로 연구한 결과 절대온도 T의 벽으로 둘러싸인 복사 에너지 밀도 ρ_v

$$\rho_v = \frac{8\pi\nu^2}{C^3}kT = 8\pi\lambda^{-4}kT \quad \cdots\cdots (23-3)$$

을 유도했다. 이 식은 그림 23-2에서 보인 바와 같이 장파장 영역에서만 실험곡선과 잘 일치하고 있으며, 단파장 영역에서는 무한대로 발산된다.

Wien의 변위 법칙과 Rayleigh-Jeans의 법칙은 흑체복사 현상을 제대로 설명하지 못한다는 것을 알 수 있다. Wien의 결과는 긴 경우에 맞지 않으며, Rayleigh의 결과는 파장이 긴 경우에만 실험 결과와 일치한다. 따라서 고전적 이론으로는 열복사 스펙트럼을 설명할 수 없다는 것을 알 수 있다.

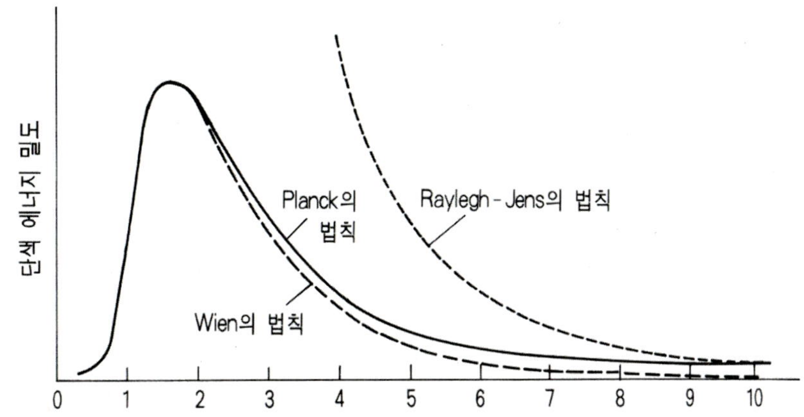

그림 23-2 | Wien, Rayleigh-Jeans, Planck법칙의 비교

1900년 Max Planck(1858~1947)는 Wien과 Rayleigh-Jeans의 법칙을 절충하고 양자 가설을 도입하여 이론적으로 유도하여 실험곡선과 전 파장 영역에 걸쳐 완전히 일치함을 발견하였다. 절대온도 T로 열적 평형상태에 있는 흑체로부터의 복사 에너지 밀도 ρ_{v}는

$$\rho_{\mathrm{v}} = \frac{8\pi h}{\mathrm{C}^3} \cdot \frac{1}{e^{\mathrm{hv}}/kT - 1} \quad \cdots\cdots (23-4)$$

이다. 식 (23-4)를 Planck 공식이라 하고, h는 Planck 상수 또는 작용양자라고 한다.

2 Planck의 양자가설(Planck's photon theory)

플랑크는 20세기의 물리학을 대표하는 양자역학의 중요한 단서가 되는 다음과 같은 가설을 도입했다. "진동수 ν인 진동체의 에너지는 0, $h\nu$, $2h\nu$, $3h\nu$, ……의 띄엄띄엄한 값만을 가질 수 있고, 이들의 중간 값은 없다." 여기서 비례상수 h를 플랑크 상수, 또는 작용양자라고 부른다. 그리고 이 가설을 플랑크의 양자가설이라고 한다. Planck의 이론은 빛을 복사하거나 흡수하는 물질(원자, 분자, 조화진동자)의 에너지는 임의의 값을 취하지 않고, 그 에너지의 최소치 ε_0의 정수배로 표현되는 불연속적인 에너지 값만을 갖는다고 하는 가설이다. 즉

$$\varepsilon_0 = h\nu \quad \cdots\cdots (23-5)$$

여기서 h는 Planck 상수로서,

$h = 6.63 \times 10^{-34}\,\mathrm{J \cdot s}$ 이다.

식 (23-5)를 Planck의 양자방정식이라 한다. 그러므로 복사 에너지의 다발을 광양자 또는 광자라 한다. 즉 Planck는 단지 복사 스펙트럼의 모양을 설명하기 위해 양자의 가설이 필요하다고 생각했다. 그래서 20세기 초에는 모든 물리량들은 연속적이어서 Planck 자

신도 양자가설은 특별한 경우에만 적용되는 것이지 일반적인 전자파가 양자화되는 것은 아니라고 생각했다.

그러나 몇 년 후 Einstein은 광전효과를 설명함에 있어서 Planck의 양자가설을 더욱 확장하여 결론적으로 모든 전자파는 광자로 이루어진다고 설명했다.

[예제 1] 파장이 5000 Å인 가시광선의 에너지를 계산하시오.

[풀　이] 식 (23-5)에 의하여

$$E = h\nu = \frac{hc}{\lambda} = \frac{(6.63\times10^{-34}\,\mathrm{J\cdot s})\times(3\times10^{8}\,\mathrm{m\cdot s^{-1}}\times1\,\mathrm{eV})}{(10^{-10}\,\mathrm{m}\times5000)\times(1.6\times10^{-19}\,\mathrm{J})}$$

$$= \frac{1.24\times10^{4}}{5\times10^{3}}[\mathrm{eV}]$$

$$= 2.48[\mathrm{eV}]$$

[예제 2] 질량 1 g의 물체가 높이 h가 1 cm에서 낙하할 때 얻는 에너지에서 6000 Å(노란색)으로 변한다면, 방출되는 광자의 개수를 구하여라.

[풀　이]

위치 에너지: $E_{\mathrm{p}} = mgh$

$$= (10^{-3}\mathrm{g})\times(9.8\,\mathrm{m\cdot s^{-2}})\times(10^{-3}\mathrm{m})$$

$$= 9.8\times10^{-5}[\mathrm{J}]$$

광자의 에너지: $E = h\nu = \frac{h\cdot c}{\lambda} = \frac{12.4}{\lambda}[\mathrm{KeV}]$

$$= 3.3\times10^{-19}\,\mathrm{J/Photon}$$

광자의 개수: $n = \frac{E_{\mathrm{p}}}{E} = \frac{9.8\times10^{5}\mathrm{J}}{3.3\times10^{-19}\,\mathrm{J/Photon}} = 3\times10^{14}\,\mathrm{Photons}$

3 광전효과(photoelectric effect)

빛이나 자외선, 엑스선, 감마선 등 전자파 방사선을 금속표면에 쬐면 표면이 저온인 경우에도 전자가 방출되는 현상을 광전효과라고 한다.

빛은 진동하는 전자기장으로 구성되어 있으며, 또한 에너지를 가지고 있다. 금속에 충돌한 빛이 전자에게 에너지를 줄 수 있고 전자가 충분한 에너지를 받으면 금속표면으로부터 떨어져 나갈 수 있다.

광전효과는 20세기에 들어와서 Lenard(1862~1947)에 의하여 자세히 연구되었다. 그 결과

(1) 튀어 나오는 전자의 에너지는 빛의 강도(밝기)에 관계가 없다.
(2) 빛의 강도를 크게 하면 튀어 나오는 전자의 개수가 많아진다.
(3) 뛰어 나오는 전자의 에너지는 빛의 진동수가 클수록 (파장이 짧을수록) 크다.
(4) 빛의 진동수가 어느 값(문턱진동수)이하일 때 전자는 튀어나오지 않는다.

Einstein은 광자가 원자와 충돌하면 에너지 $h\nu$는 전부 원자에 흡수되어서 일부는 전자가 원자의 구속력을 깨고 물체의 표면에서 외부로 나오는 데에 쓰고, 나머지는 전자가 외부로 튀어나올 때 가지고 나온다. 실제로 관측되는 전자의 운동 에너지 T는 물체 내부에서 쓰인 에너지(일함수)를 $\varnothing$ 라고 하면

$$T = h\nu - \varnothing \quad \cdots\cdots (23-6)$$

가 된다고 설명했다. 이것을 아인슈타인의 관계라고 부르고, 빛의 입자성을 가장 간단히 표시하는 중요한 관계이다. 아인슈타인의 관계는 10년 후인 1916년 Millikan(1868~1953)의 실험에 의하여 확인됐다.

광자의 운동량 P은 그 에너지를 광속으로 나눈 것이 된다. 즉,

$$P = \frac{E}{c} = \frac{h\nu}{c} \quad \cdots\cdots (23-7)$$

이다.

그림 23-3과 23-4에 의하면 광전자의 정지전압이 빛의 강도에 무관하고 진동수의 증가에 따라 광전자 운동 에너지가 증가하며, 아울러 문턱진동수(threshold frequency) ν_0가 존재한다는 사실을 알았다.

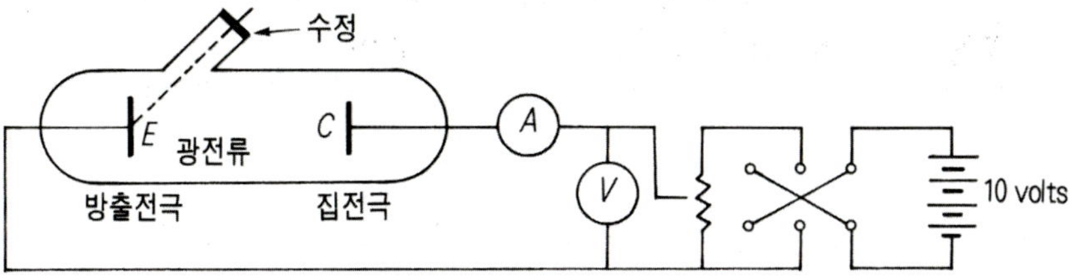

그림 23-3 | 광전효과의 실험장치

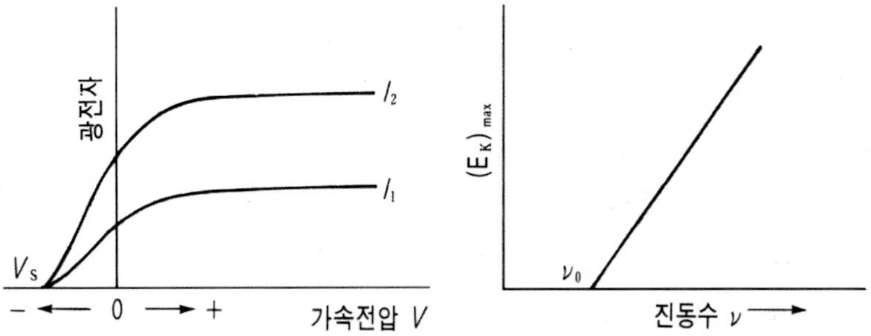

그림 23-4 | 광전효과 실험결과

[예제 3] 파장이 4000 Å인 빛을 어떤 물질에 쬐였다. ② 광전자의 최대 운동 에너지와 ① 입사 광자의 에너지를 계산하시오.(단 일함수는 1.9 eV)

[풀 이]

① 입사광자의 에너지: $E = h\nu = \dfrac{hc}{\lambda}$

$$= \frac{1.24 \times 10^4}{\lambda} [\text{eV}]$$

$$= 3.1 [\text{eV}]$$

② 광전자의 운동 에너지 T_{max}은:

$$T_{max} = h\nu - \varnothing$$

$$= 3.1 \text{ eV} - 1.9 \text{ eV}$$

$$= 1.2 [\text{eV}]$$

4 Compton 효과(Compton scattering)

광전효과에 대한 아인슈타인의 설명과 그 실험적인 증거가 확립되어 전자기파의 입자성은 확고하게 되었다. 이른 바 컴프턴 효과라는 것도 복사선이 입자성을 지니고 있음을 아울러 알려 준다. 이 컴프턴 효과의 경우에서는 그 복사선의 파장이 극히 짧은 엑스선을 전자기 복사선으로 이용한다. 처음 1923년에 A.H.Compton이 이 효과를 발표하였다.

그림 23-5에 컴프턴이 한 실험이 도시되어 있다. 파장이 0.7078Å인 X선이 흑연(탄소) 표적을 때릴 때 탄소와의 상호작용으로 생긴 산란 엑스선은 입사 엑스선보다 파장이 약간 길다는 사실은 벌써 알려져 있었다. 컴프턴은 산란각의 함수로 이 파장의 변화를 결정하는 연구에 착수했다. 흑연에 의해서 $\varnothing$ 라는 산란된 선속은 브랙 분광기에서 반사각 2θ로 반사된다. 이 각을 입사각 엑스선이나 산란 엑스선에 대해서 알면 산란으로 인한 파장의 변화가 결정된다. 입사복사선의 브랙각은 원입사선속에 이 브랙 분광기를 넣으면 알 수 있다.

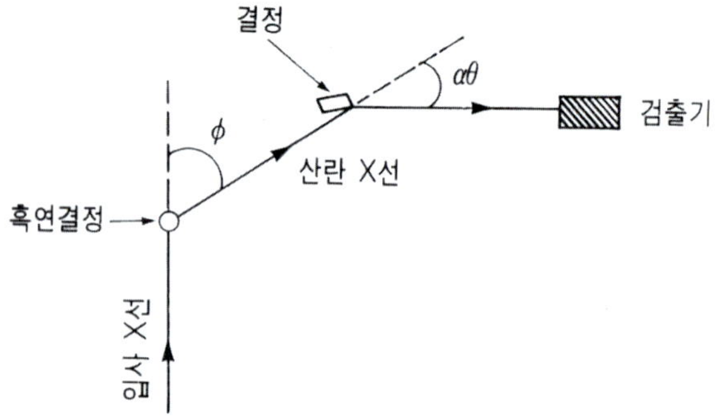

그림 23-5 | 컴프턴 효과의 실험

그 결과는 그림 23-6과 같이 된다. 여러 산란각 $\varnothing$에 대해서 측정해야 한다. 그림의 예에서 $\varnothing = 135°$ 이다. 왼쪽에 있는 엑스선은 입사 엑스선과 같은 파장을 가진 엑스선이고, 오른쪽에 있는 엑스선은 산란되어 파장이 길어진 엑스선을 나타낸다. 입사 엑스선의 파장이 $\lambda = 0.7078$Å이므로 이 측정 결과로 파장변화는 약 0.041Å이 된다.

이 실험결과를 다음과 같이 분석할 수 있다. 처음 엑스선은 에너지

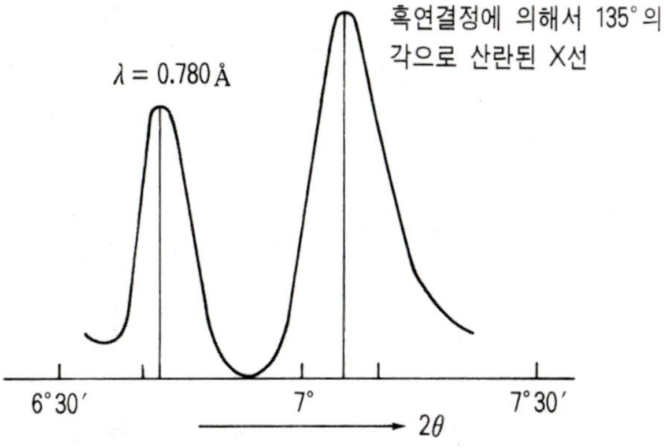

그림 23-6 | 흑연 결정으로 X선이 $\varnothing = 135°$ 의 각으로 컴프턴 산란되었을 때 방사선 해석 분광기에 의해서 분석된 그 강도의 분포이다.

$$E = h\nu$$
$$= \frac{hc}{\lambda}$$

로 입사해 온다. 또 그 운동량은

$$P = \frac{E}{c}$$
$$= \frac{h}{\lambda}$$

가 된다(이 두 관계식은 물질파에 대한 관계식과 똑 같다). 이 광자는 흑연 결정 내의 전자와 충돌하여, 갖고 있던 에너지와 운동량의 일부를 전하여 주고, 운동량은 작아져 산란 엑스선의 파장이 길어지게 된다는 것에서 컴프턴 효과가 설명된다. 산란 엑스선의 파장을 λ'라 하자. 그림 23-7은 이 문제의 기하학적인 배치를 보인다. 충돌은 완전히 탄성적이라고 가정된다. 즉, 입사광자의 에너지 감소는 전자의 운동 에너지 증가와 같다.

$$\frac{hc}{\lambda} = \frac{hc}{\lambda'} + m_0 c^2 \left[\frac{1}{\sqrt{1-(v/c)^2}} - 1 \right] \quad \cdots\cdots (23-8)$$

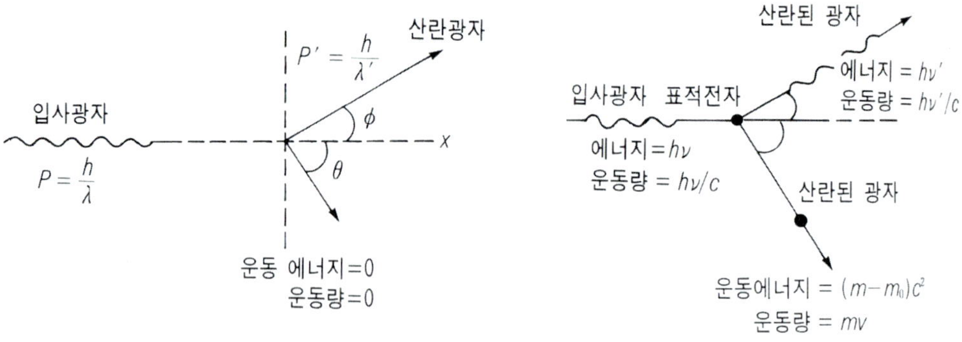

그림 23-7 광자와 전자 사이에 완전한 탄성 충돌을 한다고 가정하에 컴프턴 효과가 설명된다.

여기서 m_0는 전자의 정지질량을 표시한다. 우변의 제2항은 전자의 운동 에너지의 상대론적인 표현식이다. 관계식은 나중에 도출된다. 또 운동량이 보존되므로

$$\frac{h}{\lambda} = \frac{h}{\lambda'}\cos\varnothing + \frac{m_0 v}{\sqrt{1-(v/c)^2}}\cos\theta \quad \cdots\cdots (23-9)$$

$$0 = \frac{h}{\lambda'}\cos\varnothing - \frac{m_0 v}{\sqrt{1-(v/c)^2}}\cos\theta \quad \cdots\cdots (23-10)$$

인 두 성분에 대해서 성립한다. 위의 두 식에서도 전자의 운동량에 대해서 상대론적인 표현을 사용했다. 3개의 식에서

$$\begin{aligned}\Delta\lambda &= \lambda' - \lambda \\ &= \frac{h}{m_0 c}(1-\cos\varnothing) \quad \cdots\cdots (23-11)\end{aligned}$$

라는 관계를 얻는다. 식 (23-11)에서 h/m_0c는 때로 컴프턴 파장이라고 부르고, 그 값은

$$\begin{aligned}\lambda_c &= \frac{h}{m_0 c} \\ &= 2.42626\times 10^{-12} = 0.0243\,\text{Å}\end{aligned}$$

이다. 식 (23-11)에서 $\Delta\lambda$는 λ와는 무관하며 최대의 파장의 변화가 일어나는 것은 $\underline{\varnothing}$ =

180° 가 될 때인데, 이 때 $\Delta\lambda_{max} = 2\lambda_c$ 임을 알 수 있다.

[예제 4] $\lambda = 1.00\,\text{Å}$의 X선이 탄소덩어리에서 산란되었다. 산란된 복사를 입사선속 90° 되는 방향에서 보았다.

(1) 컴프턴 변화 $\Delta\lambda$는?

(2) 얼마만큼의 운동 에너지가 반발전자에 주어지는가?

[풀 이]

(1) $\varnothing = 90°$ 이므로

$$\Delta\lambda = \frac{h}{m_0 c}(1-\cos\varnothing)$$

$$= \frac{6.63\times10^{-34}\,\text{Js}}{(9.11\times10^{-31}\,\text{kg})(3.00\times10^{8}\,\text{m/s})}(1-\cos 90°)$$

$$= 0.023\,\text{Å}$$

(2) 전자의 운동 에너지를 K라 쓰면

$$\frac{hc}{\lambda} = \frac{hc}{\lambda'} + K \quad \cdots\cdots ①$$

$$\lambda' = \lambda + \Delta\lambda \quad \cdots\cdots ②$$

①과 ②에서

$$K = \frac{hc\Delta\lambda}{\lambda(\lambda+\Delta\lambda)} = \frac{(6.63\times10^{-24}\,\text{Js})(3.00\times10^{8}\,\text{m/s})(2.43\times10^{-12})}{(100\times10^{-10}\,\text{m})(1.00+0.024)\times10^{-10}\,\text{m}}$$

$$= 4.72\times10^{-17}\text{J} = 295\,\text{eV}$$

5 Heisenberg의 불확정성 원리(Heisenberg's uncertainty principle)

전자의 파동성이 가진 극히 재미있는 결과는 단일 구멍의 슬릿의 회절무늬를 살핌으로써 얻어진다. 이 실험도 역시 사고실험에 속한다. 그림 23-8에서 전자의 선속이 폭 a의 슬릿에 들어오고 있다. 막에는 전자파가 슬릿을 지날 때 만든 회절무늬에 대한 강도의 곡선을 그려 넣었다. 형광막에 도달하려면 전자는 슬릿을 통과하여야 하므로 그 x좌표는 불확정도

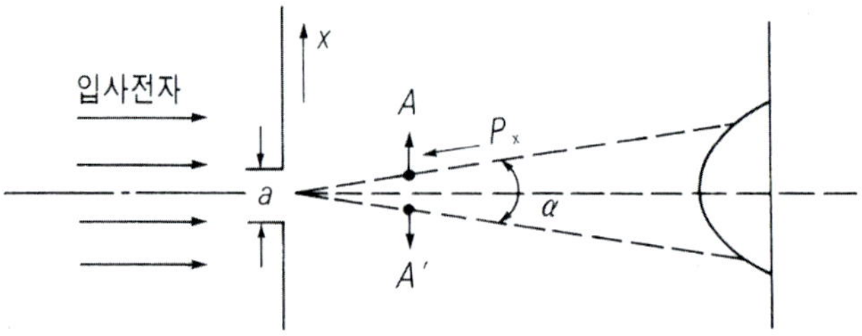

그림 23-8 | 전자선속이 작은 구멍(폭 = a)을 지날 때는 그 운동량에 불확정성이 있게 된다.

$$\Delta x = a$$

범위 안에서 알려진다(여기서 a는 슬릿의 폭이다). 슬릿을 통과하면 전자는 회절된다. 이 결과로 그 운동량의 x성분에는 불확정성이 있게 된다. A에서 전자는 그 운동량의 x성분의 크기

$$P_x \approx P\sin\frac{a}{2}$$

를 가진다. A'에서도 같은 크기의 x운동량의 성분을 갖는데 반대 방향이다. 각 a는 반개각으로 선택하는데, 즉 회절 무늬에 대해 반의 강도를 가진 각이 된다. 이것은 선속이 퍼지는 정도의 적절한 척도가 된다. 따라서

$$\Delta P \approx P\sin a$$

이며, '드 브로이 관계식'을 쓰면,

$$\Delta P_x \approx \frac{h}{\lambda}\sin a$$

가 된다.

여기서 λ는 그 전자에 보수된 파장이다. 먼저 말한 단일 슬릿의 회절에서

$$\sin a \approx \frac{\lambda}{a}$$

라고 할 수 있다. 그래서

$$\Delta P_{x} \approx \frac{h}{a}$$

전자의 x좌표의 불확정도와 그 운동량의 x성분의 불확정도의 곱은

$$\Delta x \Delta P_{x} \approx h \quad \cdots\cdots (23-12)$$

가 된다. 여기서 h는 플랑크 상수이다. 식 (23-12)는 Heisenberg의 불확정성원리를 이 특수한 경우에 표현한 것이다.

식 (23-12)는 특수한 x방향의 위치와 운동량에 관해 성립하는 식이지만 일반적으로 불확정성원리는 "어느 두 공액인 역학변수의 불확정도의 상승적은 플랑크 상수 크기 정도와 같거나 보다 더 크다"라고 말할 수 있다. 에너지와 시간이 또한 서로 공액인 변수가 될 수 있는데, 이때는

$$\Delta E \Delta t \approx h \quad \cdots\cdots (23-13)$$

라고 표현된다. 진동수 $\Delta\nu$와 에너지 ΔE의 관계에 의하여 $\Delta\nu = \Delta E/h$ 라고 표현할 수 있다.

[예제 5] 자유전자의 운동 에너지는 10 eV이며, 대응하는 속력은 1.9×10^{6} m/s이다. 이 속력은 1.0%의 정확도로 알려져 있다고 가정하자. 얼마만큼 정확도로 이 전자의 위치를 측정할 수 있는가?

[풀 이] 전자의 운동량은

$$P = mv = (9.1 \times 10^{-31}\,\text{kg})(1.9 \times 10^{6}\,\text{m/s})$$
$$= 1.7 \times 10^{-34}\,\text{kg m/s}$$

운동량의 불확정성 ΔP는 이것의 1.0%, 즉 1.7×10^{-26} kgm/s이다. 그러므로,

위치의 불확정성은

$$\Delta x \cong \frac{h}{\Delta P} = \frac{6.6 \times 10^{-34}\,\text{Js}}{1.7 \times 10^{-24}\,\text{kgm/s}}$$

$$= 39\,\text{nm}$$

또는 약 200원자 지름이다. 만약, 전자의 운동량이 언급된 정확도를 가지도록 측정에 의해서 실제로 결정된다면 그것의 위치를 이보다 더 정확하게 알 수 있는 확률은 없다.

[예제 6] 원자가 여기상태에서 기저상태로 되기까지의 평균시간은 10^{-8} sec이다. 이때 방출하는 빛의 에너지와 진동수를 계산하시오.

[풀 이] 식 (23-13)에 의하여

$$\Delta E = 6.625 \times 10^{-34}\,\text{J}\cdot\text{s}/10^{-8}\,\text{s}$$

$$= 6.8662 \times 10^{-8}\,\text{eV}$$

진동수

$$\Delta \nu = \Delta E/h = 6.8662 \times 10^{-8}\,\text{eV}/6.625 \times 10^{-34}\,\text{J}\cdot\text{s}/6.25 \times 10^{-18}\,\text{eV/J}$$

$$\fallingdotseq 1.6 \times 10^{7}/\text{s}$$

6 de Broglie의 물질파(de Broglie's material wave)

1924년 Louis de Broglie는 빛이 파동과 입자의 성질을 가지고 있다면 물질의 입자들도 속도 v를 가질 때 그 주변에는 파동과 같은 성질이 생겨난다고 제안했다. 앞절에서 에너지 E인 광자의 운동량 P는

$$P = E/c$$

이므로 그 파장을 λ라 하면, 운동량

$$P = h\nu/c = h/\lambda$$

가 된다. 이것을 운동량이 $P = mv$인 물질에 적용하면

$$\lambda = h/P = h/mv \quad \cdots\cdots (23\text{-}14)$$

가 된다. 식 (23-14)에서 질량 m은 상대성 질량으로서 $m = m_0(1 - v^2/c^2)^{-1/2}$이다. 또 입자의 운동 에너지는 E는

$$E = mv^2$$

이므로 식 (23-14)에서 속도 v는 $v = (2E/m)^{1/2}$로 대치할 수 있다. 즉

$$\lambda = h/(2E/m)^{1/2} \quad \cdots\cdots (23\text{-}15)$$

가 된다. 여기서 E는 전자 볼트(eV)로 표시된 에너지이며, h는 플랑크 상수이므로 전자의 질량 $m = 9.1 \times 10^{-31}$ kg에 대해서는 다음과 같은 식

$$\lambda = \frac{12.3}{\sqrt{E\,[\mathrm{eV}]}}\ \text{Å} \quad \cdots\cdots (23\text{-}16)$$

로 표현된다. 예를 들면 전위차 100 V로 가속된 전자는 1.23 Å인 파장을 지닌다.

[예제 7] 전자의 운동 에너지 10^4 eV이다. 물질파의 파장을 계산하라.

[풀 이] 식 (23-14)에 의하여 전자의 속도 v는 $v = 5.94 \times 107$(m/s)이다. 그러므로 전자의 물질파의 파장 λ는 식 (23-16)으로부터

$$\lambda = \frac{12.3}{\sqrt{E\,[\mathrm{eV}]}}$$
$$= 0.123\ \text{Å}$$

7 원자(atom)

1) 주기율표와 동위원소(periotic table and isotopes)

원자 내에 있는 궤도전자의 수는 그 원소의 원자번호와 같다. 따라서 원자번호를 Z로 표시하고 전자가 가진 전하를 e로 한다면 원자핵 주변의 음전기의 총계는 Ze이므로 전기적으로 중성인 원자의 원자핵에는 이와 같은 양의 Ze의 양전기가 있는 것으로 된다.

원자핵 중의 양전하입자를 양성자라 한다. 양성자의 전하량은 전자의 전하량과 같은 양이며 부호만 반대이다. 그러나 그 질량은 1.673×10^{-27} kg이다. 원자번호 Z의 원자핵에는 Z개의 양성자가 함유되어 있다.

원자핵은 양성자와 중성자로 되어 있고 중성자는 전기적으로 중성이며, 양성자보다 조금 더 무거운 질량을 갖는 소립자이다. 원자핵 내의 양성자의 수 Z와 중성자의 수 N의 합 A를 그 원자의 질량수라 한다. 질량수는 그 원소의 원자량에 가장 가까운 정수이다. 핵 내의 양성자수와 중성자수에 의하여 분류된 원자를 핵종이라고 하며, 원소는 같더라고 질량수 A가 다른 핵종을 동위원소라고 한다. 동중성자핵은 중성자수가 같은 핵종이며, 핵자의 수가 같은 핵종을 동중원소라고 한다. 수소원자 ${}^1_1H$에서는 1개의 양성자로 된 핵의 바깥쪽에 1개의 전자가 돌고 있고, 그 동위체인 중수소원자 ${}^2_1H$의 핵은 1개의 양성자와 1개의 중성자로 구성되어 있으며 중양자라고 한다. 삼중수소 ${}^3_1H$의 핵은 1개의 양성자와 2개의 중성자를 갖는다. 개개의 원자번호는 원소의 화학기호의 왼쪽 아래, 질량수는 왼쪽 위에 첨자로 표기한다.

주기표에서 원자번호 83, 원자량 209인 Bi보다 큰 원소에서 원자핵은 불안정하며 원자핵은 붕괴한다. 붕괴에 의하여 이들 원소는 알파선, 베타선, 감마선을 방사하므로 방사성원소라 부르고 있다.

2) 궤도 전자(orbital electron)

원자핵을 중심으로 안정된 상태에서 원운동을 하고 있는 수소원자의 전자운동에 대해서 생각해 보자. 그림 23-9와 같이 핵 주위를 원운동하는 전자의 질량 m, 속력 v, 궤도반지름 r, 전하 e, 핵전하를 Ze라 하면 전자와 핵과의 구심력의 크기 F_c는

$$F_c = \frac{mv^2}{r}$$

이다. 또한 쿨롱력 F_e는

$$F_e = \frac{1}{4\pi\varepsilon_0}\frac{Ze^2}{r^2}$$

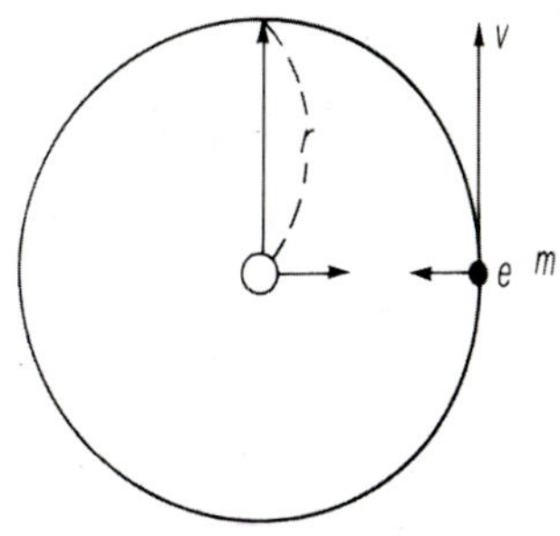

그림 23-9 원자에서의 힘의 균형

이다. 전자가 안정된 궤도를 이루어야 할 조건은 구심력 F_c와 쿨롱력 F_e가 같아야 하므로

$$\frac{mv^2}{r} = \frac{1}{4\pi\varepsilon_0}\frac{Ze^2}{r^2} \quad \cdots\cdots (23\text{–}17)$$

이다. 따라서 전자의 속력 v와 궤도반지름 r사이에는 수소의 $Z=1$이므로

$$v = \frac{e}{\sqrt{4\pi\varepsilon_0 mr}} \quad \cdots\cdots (23\text{–}18)$$

관계가 성립한다. 전자의 총에너지 E는 그 운동 에너지 T와 전기적 위치 에너지 U_p의 합이므로

$$E = T + U_p$$
$$= \frac{1}{2}mv^2 - \frac{1}{4\pi\varepsilon_0}\frac{e^2}{r} \quad \cdots\cdots (23\text{–}19)$$

이 된다. 이것에 식 (23–2)의 v를 대입하면 총에너지 E는

$$E = \frac{1}{4\pi\varepsilon_0}\left(\frac{e^2}{2r} - \frac{e^2}{r}\right) = -\frac{1}{4\pi\varepsilon_0}\frac{e^2}{2r} \quad \cdots\cdots (23\text{–}20)$$

로 된다.

이와 같이 전자는 음(–)의 총에너지로 나타나며, 이것은 전자가 원자핵과 결합할 수 있

는 구속에너지를 의미한다.

에너지 E가 음($-$)이므로 핵으로부터 전자를 유리시키려면 외부에서 E에 해당하는 에너지를 공급받아야 한다. 수소원자의 경우에는 전자의 총에너지 $E = -13.6\text{eV}$이다. 따라서 수소의 궤도전자가 갖는 속박에너지는 13.6eV에 해당된다.

그러므로 수소의 반지름 r은

$$\begin{aligned} r &= \frac{1}{4\pi\varepsilon_0}\frac{e^2}{2E} \\ &= -\frac{9\times10^9\,\text{nm}^2/\text{coul}^2\times(1.6\times10^{-19}\,\text{coul})^2}{2\times(2.2\times10^{-16}\,\text{joule})} \\ &= 0.53\times10^{-10}\,\text{m} \qquad (23\text{–}21) \end{aligned}$$

가 된다.

그러나 이 계산은 중대한 모순을 내포하고 있다. 맥스웰의 고전적 전자기학에 의하면 원자핵 쪽으로 정전력에 대항하여 궤도를 선회하는 전자는 가속되면 반드시 전자파를 방사하여야 한다. 에너지를 복사함에 따라서 전자는 점점 낮은 에너지 상태로 전환되어 나선형 궤도를 그리면서 찌그러져야 할 것이다.

이것은 원자의 안정성에 모순이 된다. 이러한 점에서 뿐만 아니라 원자 스펙트럼 계열들로부터 1913년 Bohr는 Ritz와 Planck의 양자개념을 받아들여 러더포드의 원자구조를 구체적으로 설명하는 비고전적 양자이론을 발표하였다.

3) 원자 스펙트럼(atomic spectrum)

원자 스펙트럼에는 원자마다 독특한 규칙적인 계열이 존재한다. 원자핵과 먼 궤도에서 가까운 낮은 에너지의 다른 궤도로 전자가 떨어질 때 발광 스펙트럼을 방출한다. 수소 가스관에 고전압을 가하면 수소원자는 기저상태($n = 1$)에서 여기상태로 변한다. 이때 전자는 하나의 불연속 에너지 상태로 여기되거나 또는 13.6 eV 이상 에너지를 공급받게 되면 이온화된 자유전자의 위치 에너지는 0이 되고 운동 에너지를 갖는다. 13.6 eV를 수소의 이온화 에너지라고 한다. 높은 에너지 상태에서 기저상태로 전자가 천이할 때 계열 스펙트럼이 존재한다.

수소원자에 대해서 파수 $1/\lambda$은

$$\frac{1}{\lambda} = \frac{KmZe}{2hh^2c}\left(\frac{1}{n_n{}^2} - \frac{1}{n_1{}^2}\right)$$

$$= R_H\left(\frac{1}{n_n{}^2} - \frac{1}{n_1{}^2}\right) \quad \cdots\cdots (23-22)$$

이다. 여기서 $h = h/2\pi$이고, R_H는 Rydberg의 상수로서 $R_H = 1.09678 \times 10^7 m^{-1}$이다. 수소원자의 스펙트럼 계열은 다음과 같다.

① Lyman계열(1906년, 자외선 영역)

$$\frac{1}{\lambda} = R_H\left(\frac{1}{1^2} - \frac{1}{n_1^2}\right)(n_1 = 2,\ 3,\ 4,\ 5\cdots)$$

② Balmer계열(1885년, 가시광 영역)

$$\frac{1}{\lambda} = R_H\left(\frac{1}{2^2} - \frac{1}{n_1^2}\right)(n_1 = 3,\ 4,\ 5,\ 6\cdots)$$

③ Ritz -Paschen계열(1908년, 적외선 영역) ·························· (23-23)

$$\frac{1}{\lambda} = R_H\left(\frac{1}{3^2} - \frac{1}{n_1^2}\right)(n_1 = 4,\ 5,\ 6,\ 7\cdots)$$

④ Brackett계열(1922년, 적외선 영역)

$$\frac{1}{\lambda} = R_H\left(\frac{1}{4^2} - \frac{1}{n_1^2}\right)(n_1 = 5,\ 6,\ 7,\ 8\cdots)$$

⑤ Pfund계열(1924년)

$$\frac{1}{\lambda} = R_H\left(\frac{1}{5^2} - \frac{1}{n_1^2}\right)(n_1 = 6,\ 7,\ 8,\ 9\cdots)$$

이다. 이들 스펙트럼의 계열을 그림 23-10에 표시했다.

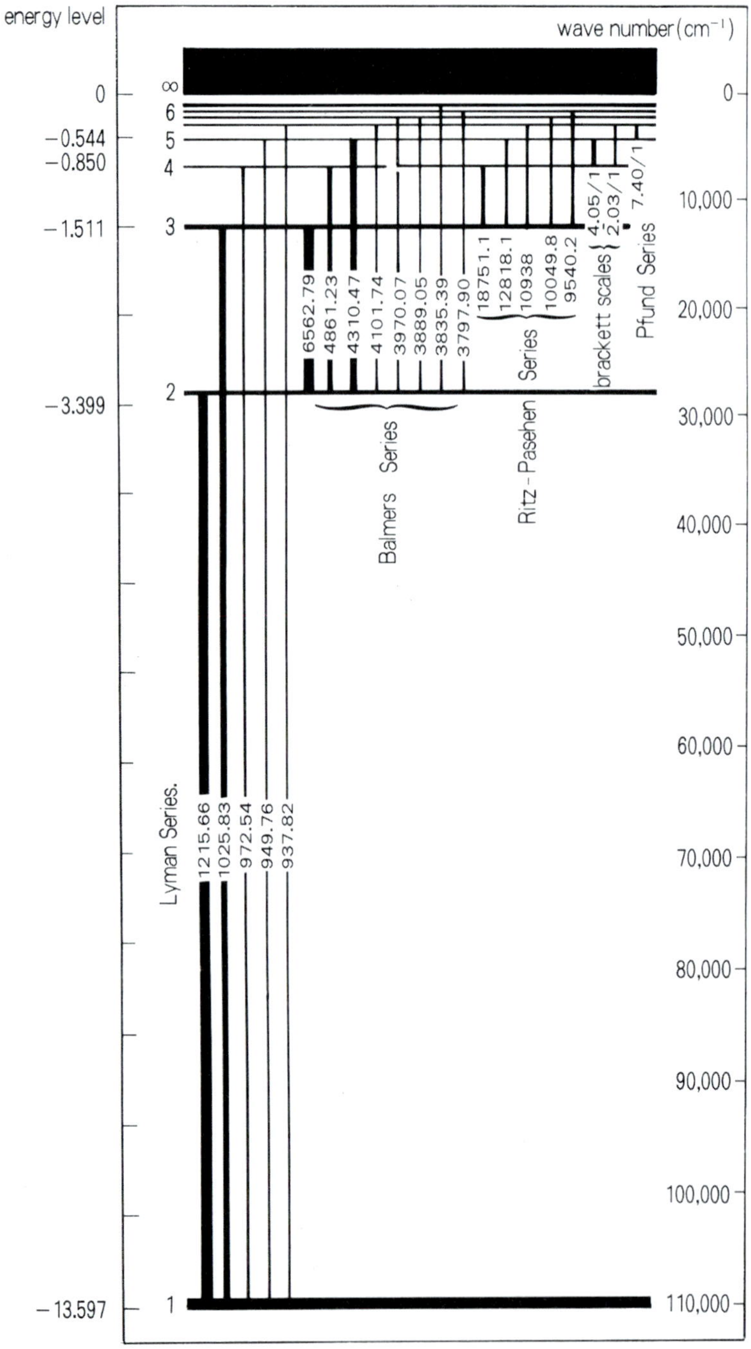

그림 23-10 | 수소원자의 에너지 준위

4) Bohr의 수소원자이론과 모형(atomic model and Bohr's theory)

Z개의 양성자를 갖는 원자핵 주위를 선회하는 전자와 원자핵 사이에는 식 (23-1)에 의하여

$$mv^2 = \frac{Ze^2}{4\pi\varepsilon_0 r} \quad \cdots\cdots (23-24)$$

이다.

1913년 Niels Bohr는 다음과 같은 두 가지 가설을 세움으로써 그의 수소원자이론을 전개하였다.

첫째, 원자핵 둘레를 원운동하는 전자의 궤도는 전자의 각운동량 $(mv \times r)$의 2π배를 곱한 양이 h의 정수배가 되는 궤도만이 존재한다. 따라서 각운동량은 연속적인 값을 취하지 않고 불연속적인 값을 취하게 된다. 이것을 양자화(quantize)되었다고 한다. 즉,

$$mvr = n\frac{h}{2\pi} \quad (n = 1,\ 2,\ 3,\ \cdots) \quad \cdots\cdots (23-25)$$

가 된다는 것이다.

둘째, 전자는 어느 한 궤도의 에너지 상태에 있는 동안은 에너지를 방출하거나 흡수하지 않고, 높은 에너지의 정상상태 l에서 낮은 에너지의 정상상태 n으로 이행(transition)할 때만 그 에너지차 만큼의 에너지를 광자로 방출한다. 즉,

$E = h\nu$이므로 $E = E_1 - E_n$

따라서, 진동수 ν는

$$\nu = \frac{E_1 - E_n}{h} \text{ (진동수 조건)} \quad \cdots\cdots (23-26)$$

가 된다. $E_1 > E_n$이면 방출, $E_1 < E_n$이면 흡수를 의미한다.

따라서 식 (23-24)와 식 (23-25)에서 r, v를 구하면

$$r_{\rm n} = \frac{n^2h^2}{KmZe^2}\left(k = \frac{1}{4\pi\varepsilon_0}\right) \qquad (23\text{-}27)$$

$$= 0.529\times 10^{-10}\frac{n^2}{Z}[m]$$

가 된다. 여기서 수소원자가 기저상태($Z = 1$, $n = 1$)일 때 궤도반지름 r_1은 $r_1 = 0.528$ Å 을 얻는다. 이와 같은 값을 Bohr의 반지름이라고 한다.

또 v는

$$v = \frac{1}{n}\frac{Ze^2}{\hbar}K \qquad (23\text{-}28)$$

이 된다. 여기서 $\hbar = h/2\pi$를 표시하며, n을 양자수라고 말한다.

또한 식 (23-20)과 식 (23-27)에 의하여

$$E_{\rm n} = -\frac{mZ^2e^4}{2n^2(4\pi\varepsilon_0)^2h^2} \qquad (23\text{-}29)$$

가 되어 양자화되었다. 여기서 유의할 것은 운동 에너지를 상대론적으로 취급하지 않았으며(계산을 쉽게 하기 위하여), 또 식 (23-17)에는 다른 전자에 의한 영향이 무시되어 있음도 주의해 둘 필요가 있다.

또 Bohr의 진동수조건에 의하면

$$h\nu = \frac{2\pi^2mZ^2e^4}{h^2}\left(\frac{1}{n_{\rm n}^2} - \frac{1}{n_1^2}\right) \qquad (23\text{-}30)$$

파수 $\sigma = \dfrac{1}{\lambda} = \dfrac{\nu}{c}$ 이므로

$$\sigma = \frac{2\pi^2 m Z^2 e^4}{ch^3}\left(\frac{1}{n_n^2} - \frac{1}{n_1^2}\right)$$

가 얻어지며, 선스펙트럼의 계열이 증명된다.

8 원자핵(nucleus)

1) 원자핵의 구성

원자핵의 전하량은 전기소량($E = 1.602 \times 10^{-19} C$)의 정수배 Ze이며, 질량은 원자질량단위(U)로 측정하여 거의 정수배에 가깝다. 핵의 구성입자로서 양성자와 중성자가 있다. 양성자는 양전하이며, 원자핵의 전하의 수는 양성자의 수와 같고, 중성자는 전하가 없으며 질량은 양성자와 전자를 합한 질량보다 조금 무겁다. 그리고 가벼운 원자일수록 양성자와 중성자수의 비율이 거의 같으나 무거운 원자일수록 중성자가 많게 된다.

원자핵의 구성입자라는 개념에서 양성자와 중성자를 총칭하여 핵자라고 부르며, 원자핵 내부에는 그밖에도 중간자, 중성미자 등 30여 개 이상의 소립자가 증명되어 핵의 구성이 아주 복잡하다.

또한 핵의 지름은 대략 $10^{-15} \sim 10^{-14}$ 정도이고, 핵자간 존재를 유지하려면 핵자 사이에 강력한 인력이 작용되어야 한다. 이와 같은 핵자간 인력을 핵력이라고 한다.

2) 원자질량단위

원자, 원자핵, 또는 소립자 등의 질량을 나타내는 데 원자질량단위 (U)가 쓰인다. 이것은 탄소원자 $^{16}_{6}\mathrm{C}$ 1개의 질량을 $12\,U$로 결정한 정의에 대하여

$$\begin{aligned} 1\,U &= 1.6603 \times 10^{-27}\,\mathrm{kg} \\ &= 1.45 \times 10^{-10}\,\mathrm{Joule} \\ &= 931.441\,\mathrm{MeV} \qquad \cdots\cdots (23\text{-}31) \end{aligned}$$

이다. U로 표시된 원소의 1원자의 질량을 물리적 원자량이라 한다. 양성자, 중성자 및 전자의 질량은 다음과 같다.

$$\begin{aligned}&\text{양성자의 질량 } m_{\mathrm{p}} = 1.007276\,U\\&\text{중성자의 질량 } m_{\mathrm{n}} = 1.008685\,U \qquad \cdots\cdots (23\text{-}32)\\&\text{전자의 질량 } m_{\mathrm{e}} = 1.00054858\,U\end{aligned}$$

탄소 ${}^{12}_{6}\mathrm{C}$ 원자를 구성하는 중성자, 양성자 및 전자가 따로따로 떨어져 계산된 질량은 ${}^{12}_{6}\mathrm{C}$의 질량보다 많다. 즉,

$$6(1.008665 + 1.007276 + 0.000549)\,U - 12.000\,U = 0.098940\,U$$

이다. 따라서 질량차를 에너지로 환산하면 92.16MeV가 된다. 이것은 다음 절에 배울 결합에너지에 해당한다.

3) 핵의 결합에너지

일반적으로 원자번호 Z, 중성자수 N인 원자의 질량 W는

$$1.007276Z + 1.008665N + 0.00054858Z$$

로는 되지 않으며, 이보다 약간 적다. 여기서 Δm을 질량결손이라 한다. 즉 ,

$$\Delta m = (m_{\mathrm{p}}Z + m_{\mathrm{n}}N + m_{\mathrm{e}}Z) - W \qquad \cdots\cdots (23\text{-}33)$$

이 된다. 원자핵 내의 양성자 사이에는 전기적 척력(쿨롱력)이 작용하고 있음에도 불구하고 핵이 구성되어 있는 것은 쿨롱력을 이겨내는 인력이 작용하고 있기 때문이다. 중성자 사이에도 같은 인력이 작용하고 있다. 이것을 결합에너지라고 한다.

중수소의 중성자의 질량과 양성자의 질량을 합한 $2.016490\,U$는 중수소의 실제의 질량 $2.014102\,U$보다 $0.0023889\,U$ 많다. 이것은 2.2243 MeV에 해당된다. 이와 같이 원자

핵의 질량과 실제의 질량의 차를 가지는 이유에 대하여 다음과 같이 설명할 수 있다. 핵자가 결합하여 하나의 원자핵을 형성할 역학적 총에너지는 변하지 않으나 질량은 변할 수 있다. 즉, 중수소를 형성하는 핵자의 질량의 합과 중수소 자체의 질량과의 차는 중성자와 양성자가 가졌던 운동 에너지보다도 큰 운동 에너지를 가지게 되는 것으로 나타난다.

이제 질량결손에 의하여 핵자간 결합하는 에너지를 Einstein의 상대성원리에 적용시켜 정리하면

$$E_{\mathrm{B}} = \Delta mc^2$$

의 관계가 있으며, 질량결손의 일반식은

$$m_{\mathrm{p}}Z + m_{\mathrm{n}}N - E_{\mathrm{B}}/c^2 = m\,[\mathrm{nuclear}] \quad \cdots\cdots\cdots \quad (23\text{-}34)$$

이다.

결합에너지를 계산해 보면 수소핵을 제외화고는 질량수 A에 거의 정비례한다. 결합에너지를 핵자의 수로 나눈 것은 핵자 1개당의 결합에너지가 된다. 그림 23-11은 각 질량수에 대해 핵자 1개당 결합에너지를 나타내고 있다.

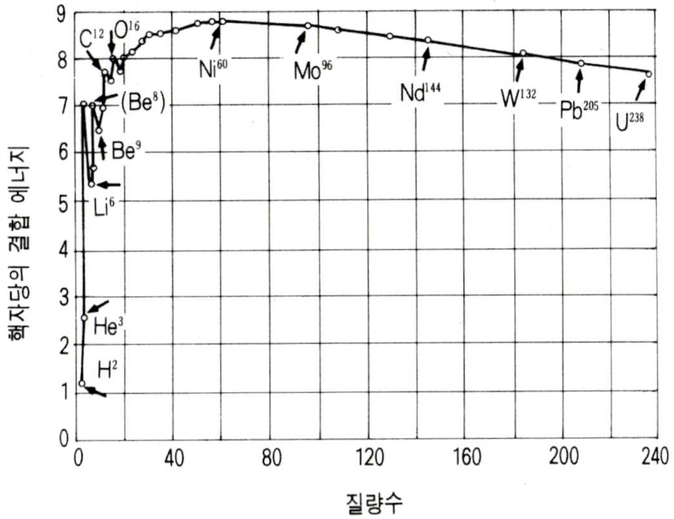

그림 23-11 | 핵자당 결합 에너지

$^{4}_{2}$He에서 돌출한 피크가 있으나, 전체적으로 볼 때 중간범위의 질량수(A = 20~160)인 핵은 안정하며 핵자당 결합에너지가 거의 일정하여 그 값은 7~8MeV 정도다.

거의 모든 핵종에 걸쳐 핵자당 결합에너지가 대략 8MeV라는 것은 핵력의 작용범위가 극히 작고, 따라서 핵자쌍의 사이에서만 작용하고 있다고 볼 수도 있다.

표 23-1 5개의 가장 가벼운 원자핵과 중성자의 질량

이름	기호	질량(U)
양성자	$^{1}_{1}$H	1.0078252
중성자	$^{1}_{0}$n	1.0086654
중수소	$^{2}_{1}$H	2.0141022
삼중수소	$^{3}_{1}$H	3.016049
Helium-3	$^{3}_{2}$He	3.016029
α 입자	$^{4}_{2}$He	4.002603

[예제 8] 원자량에 g을 붙인 값을 1g 원자라 한다. 1g원자 속에는 6.024×10^{23}개의 원자가 있다. $1U = 1.660\times10^{-24}$ g임을 계산하라.

[풀 이] 탄소($^{12}_{6}$C) 1개의 질량은 $12U$이므로

$$12U = \frac{12}{6.024\times10^{23}}\,\text{g}$$

그러므로,

$$1U = \frac{1}{6.024\times10^{23}}\,\text{g} = 1.660\times10^{-24}\text{g}$$

[예제 9] 동위원소 $^{3}_{1}$H와 $^{3}_{2}$He의 결합에너지를 구하라.(단, $^{3}_{1}\text{H} = 3.016049U$, $^{3}_{2}\text{H} = 3.016030U$이다.)

[풀 이] 식 (23-33)으로부터

(1) $^{3}_{1}$H의 결합에너지 E[MeV]는

$$\begin{aligned} E[\text{MeV}] &= [(1.007276 + 2\times1.008665)U - 3.016049U]\times931.441\text{MeV}/U \\ &= 7.9707\,\text{MeV} \end{aligned}$$

(2) $^{3}_{2}$He의 결합에너지 E[MeV]는

$$\begin{aligned} E[\text{MeV}] &= [(2\times1.007276 + 1.008665)U - 3.016049U]\times931.441\text{MeV}/U \\ &= 6.6942\,\text{MeV} \end{aligned}$$

연습문제

1. 전자가 에너지 3 eV의 여기상태에서 에너지 1 eV의 기저상태로 옮겨 갈 때 나오는 전자파의 진동수는?

2. Balmer series 가운데서 $n_1 = 3$의 에너지 상태에서 $n_2 = 2$인 상태로 천이할 때 방출하는 빛(H_a휘선)의 파장은? 또, 빛을 photon이라고 생각한다면 그 에너지는 몇 eV인가?($R = 1.1 \times 10^7 m^{-1}$)

3. 수소의 Lyman 계열의 스펙트럼선의 파장 λ_m는 $\dfrac{1}{\lambda} = 1.097 \times 10^7\left(\dfrac{1}{1^0} - \dfrac{1}{n^2}\right)/m$

$n = 2,\ 3,\ 4,\ \cdots\cdots$

식으로 주어진다. 중성인 수소원자를 수소 이온으로 만들려면 얼마만한 에너지가 필요한가? (플랑크 상수: $6.63 \times 10^{-34} J \cdot sec$)

4. 수소원자의 궤도전자 에너지는 불연속적이며, n = 1, 2, 3, ……에 따라 n번째의 궤전자의 에너지 $E_a = -13.6 \times \dfrac{1}{n^2}(eV)$

로 표시된다. 지금 $n = 3$의 상태에서 $n = 2$의 상태로 떨어졌다고 할 때 (a) 두 상태의 에너지차 (J)와 (b) 이 때 방출되는 빛의 진동수 및 (c) 이 빛이 진공 속에서의 파장 (Å)은 얼마인가?

5. 다음 핵반응식에서 수소와 라듐이 각각 1 g이 반응하여 방출되는 에너지를 erg 단위로 계산하면?

$^7_3Li + ^1_1H \rightarrow 2^4_2He$

$(^7_3Li : 7.01816u, ^1_1 : 1.007825u, ^4_2 : 4002603u)$

6. 1 g의 수소가 모두 $^{2}_{4}He$로 변하면 몇 cal의 열이 방출되겠는가?

7. 염수중에는 ^{35}Cl(원자량 34.98)과 ^{37}Cl(원자량 36.98)이 각각 75.53 %, 24.47 %의 비율로 들어있을 때, Cl의 원자량은?

8. 다음의 각 원자핵에 들어 있는 중성자 수와 양성자 수는?

$^{6}_{3}Li$, $^{10}_{5}Be$, $^{14}_{6}C$, $^{60}_{27}Co$, $^{137}_{56}Ba$, $^{226}_{88}Ra$, $^{235}_{92}U$

9. $^{88}_{39}Y$ 원자가 있다. (a) 핵의 결합에너지 및 (b) 핵자당 결합 에너지는?

($^{88}_{39}Y$의 질량: 88.90587u, ^{1}n의 질량: 1.008665u, $^{1}_{1}H$의 질량: 1.007825u)

10. 동위원소 $^{3}_{1}He$와 $^{3}_{2}He$의 결합 에너지 차이는?($^{3}_{1}He$: 3.016049u, $^{3}_{2}He$: 3.016029u)

11. 원자의 구조를 설명하여라.

12. 원자핵에 대하여 설명하여라.

제 24 장

방사성 원소

Radioactive

1 방사능(radioactivity)

1896년 Becquerel은 우라늄 화합물을 연구한 결과 빛에 노출시키지 않았을 때에도 사진건판을 감광시키는 방사선이 있음을 확인했다. 그는 이와 같은 방사선의 근원은 우라늄 원소가 원자핵붕괴를 하면서 오랜 기간 동안 방사선 에너지를 계속 발산하는데서 기인한다고 생각했다. 이와 같이 자연적으로 핵이 붕괴하여 다른 핵종으로 변화하는 현상을 방사능이라 부른다.

Becquerel 이후 Curie연구팀은 방사성 물질에 관하여 연구해 왔는데, 폴로늄과 라듐 원소가 비방사능(단위질량당 방사능)이 크다는 것을 발견했다.

자연방사성 동위원소 외에 약 수백여 종 이상의 인공방사성 동위원소가 생산되어서 공업룡, 의료용, 생물학적 분야에 응용되고 있다.

알파, 베타, 감마 방사선은 자연방사성 동위원소로부터 방출된다. 그림 24-1과 같이 이들은 전자기장에서 서로 다른 진로와 공기를 투과하는 정도에 의하여 구별된다. 알파입자는 음극으로, 베타입자는 양극으로 구부러지며, 감마선은 전자기장에 구애를 받지 않고 직진한다.

알파선은 베타선보다 훨씬 덜 굴절되며, 공기 중에서 수 cm정도 투과한다. 베타선은 수십 cm를 투과하며, 감마선은 수 m 이상 투과한다. 이 세 가지 방사선 외에 양전자선 (β^+, positron)은 인공방사성 원소에 의하여 관찰한다. 이와 같은 방사선은 원자핵에서 스스로 방출되며, 종류와 전하량은 방사성 동위원소에 의존한다.

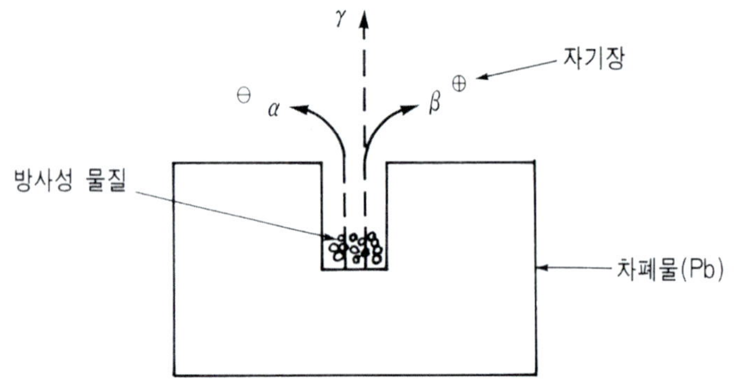

그림 24-1 자기장에서 방사선 방향

알파입자의 본질은 ${}^4_2He$의 핵이며, ${}^4_2\alpha$로 표기한다. 베타선은 핵에서 방출하는 전자의 일종으로서 ${}^{\ 0}_{-1}\beta$로 표기한다. 감마선은 ${}^0_0\gamma$로 표기하며 엑스선과 같이 전자파와 같은 성질을 가지고 있기 때문에 식별이 불가능하지만 그 발생근원에 의하여 구분된다. 즉, 엑스선은 핵 외부에서, 감마선은 핵 자체에서 발생됨이 다르다. 이러한 방사선은 물질을 직접 혹은 간접적으로 이온화시키며 생물학적 효과를 나타낸다.

방사성 물질을 장기간 접촉한 작업인을 피부와 화상을 입었으며, 체내 흡수된 방사성 동위원소는 장기를 손상시켰다. 예를 들면 과도한 라듐 흡입은 뼈 속에 침착되어서 골수종과 같은 불치의 병이 발생되기도 한다.

[예제 1] 6.69×10^{21} atoms/g일 때, 베타선원인 ${}^{90}_{38}Sr$의 방사능을 구하라.

(단, $H.L=28y$이다.)

[풀 이] 붕괴상수 λ는

$$\lambda=\frac{0.093}{H.L}=7.83\times10^{-10}/s$$

그러므로 ${}^{90}_{38}Sr$의 방사능 R은

$$R=\lambda N$$

$$= 7.83 \times 10^{-10}/s \times 6.69 \times 10^{21} \text{atoms}$$
$$= 5.23 \times 10^{12} \text{dps}$$
$$= 141 \text{ci}$$

2 원자핵변환(nuclear transformation)

알파 혹은 베타입자의 방출은 원자의 원자번호 또는 핵전하를 변화시킨다. 따라서 이와 같은 변환은 다른 원소로 변형된다. 예를 들면, ${}^{238}_{92}U$ 동위원소가 α붕괴하여

$${}^{238}_{92}U \rightarrow {}^{4}_{2}\alpha + {}^{234}_{90}Th \quad \cdots\cdots (24\text{-}1)$$

가 된다. 알파입자는 우라늄핵에서 전하 +2, 질량수 4를 제거하여 토륨을 탄생시킨다. 알파입자에 관해서는 후에 구체적으로 설명되지만 붕괴되는 알파입자 에너지는 그 원소마다 고유한 값을 갖는다.

${}^{234}_{90}Th$ 핵은 항상 β입자를 방출하며, 반중성미자 $\bar{\nu}$를 수반한다. 이 붕괴식은

$${}^{234}_{90}Th \rightarrow {}^{0}_{-1}\beta + {}^{234}_{91}Pa + \bar{\nu} \quad \cdots\cdots (24\text{-}2)$$

이다. ${}^{0}_{-1}\beta$붕괴는 중성자가 양성자로 변할 때 일어나는 현상이다. 즉,

$$n \rightarrow p - e^{-} + \bar{\nu} \quad \cdots\cdots (24\text{-}3)$$

가 되다. 반중성미자는 전하와 질량이 없으며, 다만 에너지를 수반한다. β-입자 에너지는 연속 스펙트럼이다. ${}^{234}_{91}Pa$ 핵은 β붕괴하여

$${}^{234}_{91}Pa \rightarrow {}^{0}_{-1}\beta + {}^{234}_{92}U + {}^{0}_{0}\bar{\nu} \quad \cdots\cdots (24\text{-}4)$$

가 된다. $^{234}_{92}U$ 및 그 다음 방사성 동위원소가 알파, 베타, 붕괴를 여러 회 반복하여 최종적으로 안정된 납(^{206}Pb)동위원소로 변한다.

다음에 양전자(positron)의 붕괴에 대하여 설명하자.

중성미자를 수반하는 양전자 방출은 양성자가 중성자로 변화할 때 생긴다. 즉,

$$p \rightarrow n + e^{+} + \nu \quad \cdots\cdots (24-5)$$

가 되며, 원자의 질량수에는 변함이 없지만 원자번호 1을 감소시킨다. 예를 들면, 비소 $^{72}_{33}As$는 양전자 $^{0}_{+1}\beta$와 중성미자를 방출하여 $^{72}_{32}Ge$이 된다. 즉,

$$^{72}_{33}As \rightarrow {}^{0}_{+1}\beta + {}^{72}_{32}Ge + {}^{0}_{0}\nu \quad \cdots\cdots (24-6)$$

이다. 중성미자는 반중성미자와 같은 성질을 가지고 있다. 이들은 음, 양 베타선 스펙트럼의 연속적인 성질을 설명하기 위하여 처음으로 가정된 것이다. 이들은 또한 물질과 아주 약하게나마 작용한다는 사실이 최근 증명되었다.

핵 내의 양자가 지나치게 많을 때 $^{0}_{+1}\beta$붕괴를 하지 않고 궤도전자를 핵 내에 포획하여 붕괴하는 원자들이 있다. 이러한 현상을 전자포획(electron capture)이라고 한다. 보통 K각 전자들은 포획하여 중성미자를 방출한다. 예를 들면,

$$^{103}_{46}Pa + {}_{-1}e \rightarrow {}^{103}_{45}Rh + {}^{0}_{0}\nu \quad \cdots\cdots (24-7)$$

이 된다. 이 때 포획된 K 각 전자의 공간을 채우기 위하여 궤도전자의 천이가 연쇄적으로 일어나게 되며, 이 때 특성 X선이 발생한다. 또 이러한 현상을 오제(Auger) 효과라 한다.

감마선 방출은 알파, 또는 베타붕괴 후 핵내 잉여 에너지를 외부로 방사하여 기저상태로 천이할 때 그 잉여 에너지를 감마선으로 방출한다. 감마선은 핵종에 따라 고유한 에너지를 가지고 있다. 감마선이 방출되는 시간은 $\sim 10^{-13}$s 정도이며, 방출이 즉시 이루어지지 않을 때 그 원자는 준안정상태(meta stable state)에 있다고 말한다(핵이성체).

3 방사성 붕괴법칙(law of radiactive decay)

방사성 물질의 방사능은 단위 시간당 붕괴하는 핵의 개수로 주어진다. 원자핵의 개수 N을 어느 시각에 시료 안에 있는 핵의 수라면 그 방사능 R은

$$R = -\frac{dN}{dt} \qquad (24-8)$$

이다. 여기서 dN/dt은 원래가 음(−)이므로 (−)의 부호를 붙여 줌으로써 방사능 R은 (+)의 값이 된다. 지금 시료에 N개의 핵이 있다면 시간 dt 사이에 붕괴하는 핵의 수 dN은 N과 dt의 곱에 비례한다. 즉,

$$dN \propto -Ndt \qquad (24-9)$$

이다. 그런데 시간이 증가함에 따라 N은 감소하므로 (−)의 부호를 붙여야 한다. 여기에 매단위시간당 원자핵붕괴 확률 λ를 곱하면

$$dN = -\lambda N dt \quad (\lambda: \text{붕괴상수 } s^{-1})$$

이다. 다시 고쳐 쓰면

$$\frac{dN}{N} = -\lambda dt \qquad (24-10)$$

가 된다. 식 (24-10)의 양변을 적분하면

$$\frac{dN}{N} = -\lambda dt \qquad (24-10)$$

가 된다. 식 (24-10)의 양변을 적분하면

$$\int \frac{dN}{N} = -\lambda \int dt + c$$

$$\ln N = -\lambda t + c$$

가 된다. 여기서 $t=0$일 때 $N=N_0$이며, 따라서 $c=\ln N_0$라 쓸 수 있으므로 결국 $\ln N = -\lambda t + \ln N_0$에서부터

$$N = N_0 e^{-\lambda t} \quad \cdots\cdots \quad (24-11)$$

를 얻는다. 여기서 $e=2.718\cdots$로서 자연대수이다. 식 (24-11)은 시각 t에서 붕괴 전 핵의 수 N을 단위시간당 붕괴상수 λ와 $t=0$일 때 최초 원자수 N_0로 표현된 지수함수적 감소를 나타낸 공식이다. 이것을 방사성 붕괴의 지수법칙이라고 한다.

식 (24-8)에 의하여 식 (24-11)과 조합하여

$$R = -\frac{dN}{dt}$$

로부터

$$R = -\frac{d}{dt}(N_0 e^{-\lambda t})$$

$$= \lambda N \quad \cdots\cdots \quad (24-12)$$

이 된다.

반감기란 핵이 붕괴하여 처음 원자수의 반(1/2)으로 줄어드는 데 소요된 시간을 말하며, 모든 방사성 동위원소는 반감기를 갖는다. 이제 붕괴상수 λ와 반감기 T_{HL}과의 관계식을 구하자.

$N = N_0 e^{-\lambda t}$에서부터

$\dfrac{N}{N_0} = e^{-\lambda t}$를

$$0.5 = e^{-\lambda t_{\mathrm{HL}}} \quad \cdots\cdots (24-13)$$

가 된다. 식 (24-13)의 양변에 자연대수를 적용시키면

$\ln 0.5 = -\lambda T_{\mathrm{HL}}$가 되어 결국

$$T_{\mathrm{HL}} = \frac{0.693}{\lambda} \quad \cdots\cdots (24-14)$$

이다. 식 (24-14)에서 붕괴상수가 크다는 것을 반감기가 짧음을 암시하고, 동시에 방사능의 세기가 크다는 것을 말해준다. 식 (24-11)과 (24-14)로부터 우리는

$$N = N_0 e^{-0.693 \cdot \frac{t}{T_{\mathrm{HL}}}} \quad \cdots\cdots (24-15)$$

를 안다.

시간 $t = 0$일 때 N_0개 원자가 반감기의 n곱이 경과한 후 남아 있는 원자의 개수는 식 (24-15)에 의하여

$$N = N_0 \left(\frac{1}{2}\right)^n \quad \cdots\cdots (24-16)$$

이다. 또 원자의 개수는 방사능으로 대치가 가능하며, 그 때의 방사능 R은

$$R = R_0 \left(\frac{1}{2}\right)^n \quad \cdots\cdots (24-17)$$

이 된다.

방사선 동위원소의 평균수명은 단위시간당 붕괴상수의 역수, 즉

$$T_{\mathrm{mean}} = \frac{\int_0^{\infty} te^{-\lambda t}dt}{\int_0^{\infty} e^{-\lambda t}dt} = \frac{1}{\lambda} \quad \cdots\cdots\cdots \quad (24-18)$$

이다. 그런데 식 (24-18)은 식 (24-14)의 도움을 얻어서 결국 평균수명 T_{mean}은

$$T_{\mathrm{mean}} = 1.44 \times T_{\mathrm{HL}} \quad \cdots\cdots\cdots \quad (24-19)$$

이므로 반감기 T_{HL}의 1.44배가 된다.

4 자연방사성 원소

1) 방사성 계열원소

자연에 존재하는 방사성 원소는 원자번호 82에서 92까지의 사이에 거의 분포되어 있으며, 또한 3개의 방사성 붕괴 계열을 이루고 있다. 이들은 공통적인 특징이 있으니 ① 반감기가 매우 긴 모핵종, ② 붕괴계열 도중에 방사성 가스(R_n), ③ 붕괴 후 최종 생성물은 납동위 원소이다.

우라늄 계열(uranium radium series)은 반감기가 4.51×10^9년인 우라늄의 동위원소 $^{238}_{92}\mathrm{U}$를 모핵종으로 하여 그림 24-2에 나타낸 바와 같이 붕괴를 한다. 알파붕괴 8회, 베타붕괴 6회 후 납의 안정동위원소 $^{206}_{82}\mathrm{Pb}$로 끝난다. 이 계열 핵종의 질량수는 모두 4로 나누면 2가 남으므로 $4n+2$계열이라고도 한다. 도중에 $^{226}\mathrm{Ra}$을 거치므로 라듐 계열 또는 우란-라듐 계열이라고도 한다.

계열붕괴 도중에 (RaA)로부터 베타붕괴하여 $^{218}_{85}\mathrm{At}$가 되고, 다음에 α붕괴하여 (RaC)로 붕괴하는 것과 먼저 알파붕괴하여(RaB)로 되고, 다음에 베타붕괴하여 (RaC)로 붕괴하는 두 가지 길이 있다. 이것을 분지라고 하며, 전자의 길을 가는 원자가 99.98%이다. 이 비 99.98/0.02 = 4999를 (RaA)에 대한 분지비라 한다.

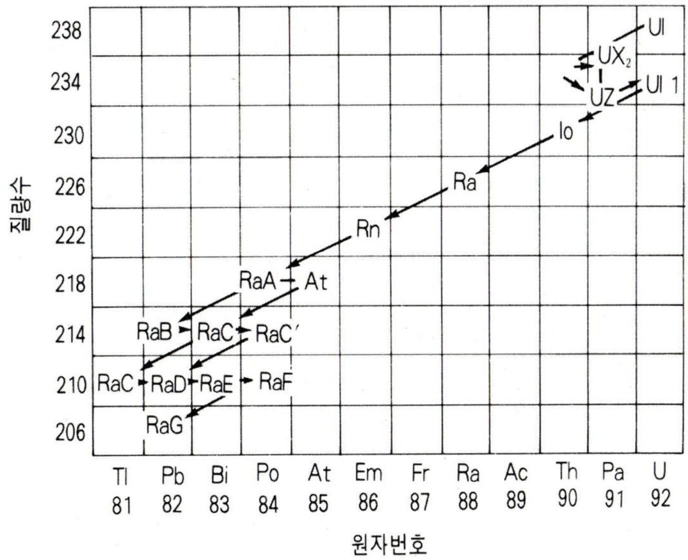

그림 24-2 | 우라늄($4n+2$)계열

토륨계열(thorium series)은 반감기가 1.39×10^{10}년인 토륨 동위원소 $^{232}_{90}Th$에서 붕괴를 시작하여 알파붕괴 6회와 베타붕괴 4회를 하여 최후에 납의 안정동위원소 $^{208}_{82}Pb$로 되는 것을 가리킨다. 이 계열은 토륨이라고 부르는 ^{232}Th로부터 시작하므로 토륨 계열이라고 한다. 이 계열에 속하는 핵종의 질량수는 4로 나누어 떨어지므로 $4n$계열이라고도 한다. 이 계열을 그림 24-3에 나타냈다.

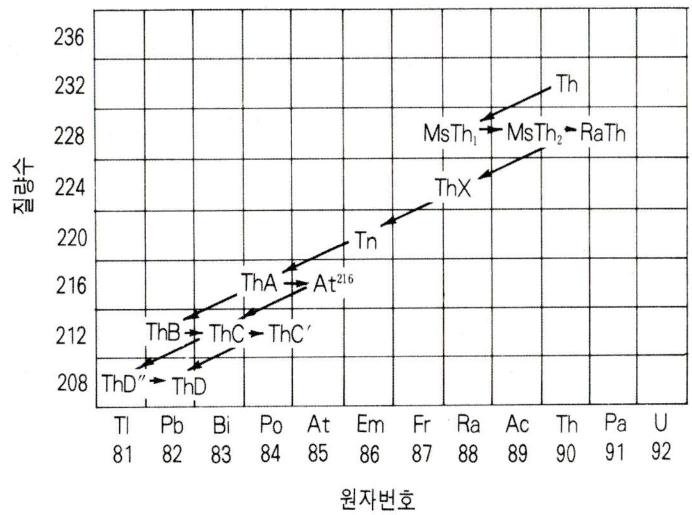

그림 24-3 | 토륨($4n$) 계열

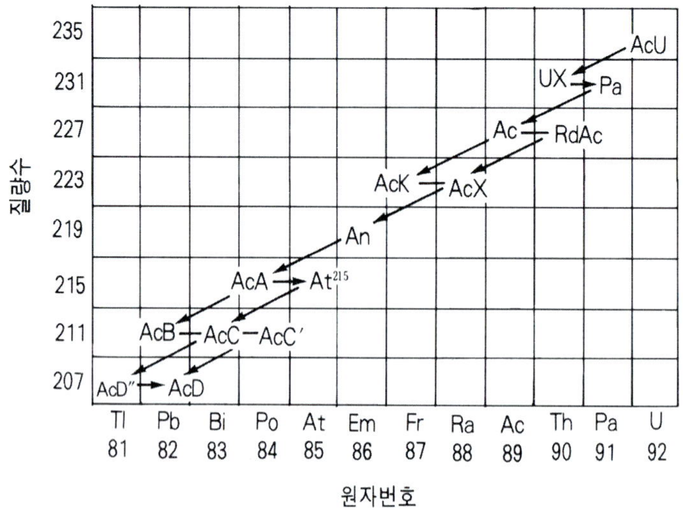

그림 24-4 | 악티늄$(4n+3)$ 계열

악티늄 계열(actinium series)은 반감기가 7.13×10^8년인 $^{235}_{92}U$로 시작하여 9회의 알파붕괴와 4회의 베타붕괴를 하여 최후로 납의 동위원소 $^{207}_{82}Pb$로 되는 것으로 도중에 $^{227}_{89}Ac$을 거치므로 악티늄 계열이라 부른다. 이 계열에 속하는 핵종의 질량수 4로 나누면 3이 남으므로 $4n+3$계열이라고도 한다. 이 계열을 그림 24-4에 나타냈다.

2) 단독의 방사성 핵종

표 24-1에 나타내는 바와 같이 자연계에는 붕괴계열을 하지 않는 반감기가 긴 약간의 방사성 핵종이 있다.

표 24-1 | 계열붕괴를 하지 않는 천연방사성 원소

핵종	붕괴의 형	반감기(년)	존재비(%)	핵종	붕괴의 형	반감기(년)	존재비(%)
$^{40}_{19}K$	β^-, EC	1.27×10^{9}	0.0119	$^{1\ 4\ 2}_{\quad\ 67}$	α	1.3×10^{11}	15.07
$^{50}_{23}V$	EC	4.8×10^{14}	0.25	Sm	β^-	3×10^{10}	2.60
$^{87}_{37}Rb$	β^-	5×10^{10}	27.85	$^{176}_{71}Lu$	α	$\sim6\times10^{8}$	$\sim2.5\times10^{-7}$
$^{115}_{49}In$	β^-	6×10^{14}	95.77	$^{178}_{74}W$	β^-	5×10^{10}	62.93
$^{138}_{57}La$	EC, β^-	1.1×10^{11}	0.089	$^{187}_{75}Re$	α	9.6×10^{11}	0.0127
$^{142}_{58}Ce$	α	5.1×10^{16}	11.07	$^{190}_{78}Pt$	α	$\sim2\times10^{17}$	100
$^{144}_{60}Nd$	α	5×10^{15}	23.87	$^{209}_{83}Bi$			

위에 나타낸 원소들을 제외한 약 81t 정도의 ^{14}C가 지구 대기 중에 존재하는 것으로 추산된다. 이것은 우주선에 의해 생성된 중성자가 감속되어

$$^{14}_{7}N + ^{1}_{0}n \rightarrow ^{1}_{1}p + ^{14}_{6}C \quad \cdots\cdots (24-20)$$

라는 핵반응을 유발하여 생성되는 것이다. ^{14}C의 생성속도는 2.2 atom/cm^{2}s 정도이며, 반감기는 5730년이다.

5 인공방사성 원소

인공적으로 핵변환을 일으켜서 만든 방사성 원소를 인공방사성 원소라고 말한다.

1934년 Joliot-Curie부처가 Al에 천연방사성 원소에서 방출하는 알파 입자를 충격시켜서 베타선을 방출하는 ^{32}P을 만든 것이 최초이다. 그 후 가속장치를 이용하여 만들어서 사용하고 있으며, 최근에는 핵분열생성물이나 유도방사능 등의 형태로 원자로에서 다량의 또 여러 가지 종류의 인공방사성 원소가 만들어지고 있다. 현재 인공 방사성 핵종은 1600종이 있다. 특징은 거의 대부분이 β^-, β^+ 및 감마방사체이며, 동시에 α선을 방사하는 것도 있다.

계열붕괴를 하는 것에 넵투늄(neptunium) 계열이 있다. 1947년 시카고 대학 Argonne 연구소의 Seaborg와 캐나다 원자력 위원회의 과학자에 의하여 독립적으로 발표되었다.

넵투늄 계열은 $^{237}_{93}Np$에서 시작하여 7회의 알파붕괴와 4회의 베타붕괴를 수반하여 최후에 비스무스(Bi)의 안정동위원소로 된다. 계열 중 가장 긴 수명의 $^{237}Np(2.14\times10^6 y)$의 이름을 빌어서 넵투늄 계열로 명명되었다. 이에 속하는 핵종의 질량수는 4로 나누면 1이 남으므로 $4n+1$ 계열이라고도 부른다. 또한 $^{209}_{83}Bi$는 반감기 2×10^{18}년 이상의 α방사체라고 하는 설도 있다. 이 계열을 그림 24-5에 나타냈다.

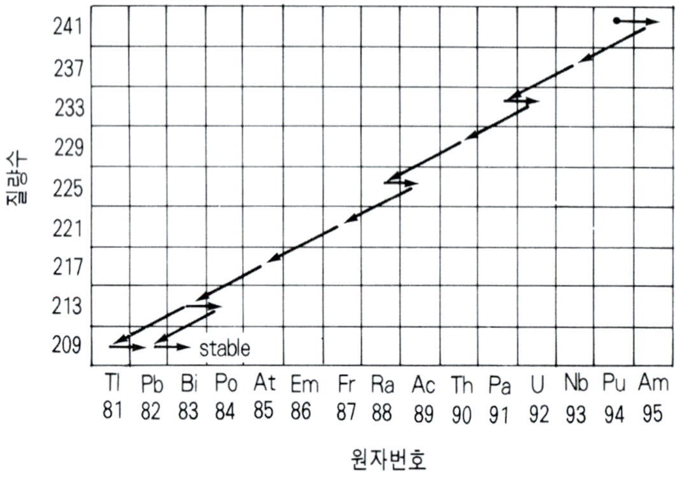

그림 24-5 넵투늄($4n+1$) 계열

이 밖에 다음 예와 같이 몇 단계 정도의 붕괴계열을 하는 것이 몇 개 있다.

$$^{90}_{38}Sr \xrightarrow[28y]{\beta^-} {}^{90}_{49}Y \xrightarrow[64h]{\beta^-} {}^{90}_{40}Zr$$

$$^{140}_{54}Xe \xrightarrow{\beta^-} {}^{140}_{55}Cs \xrightarrow{\beta^-} {}^{140}_{56}Ba \xrightarrow{\beta^-} {}^{140}_{57}La \xrightarrow{\beta^-} {}^{140}_{58}Ce \quad \cdots\cdots \quad (24\text{-}24)$$

표 24-2 유도 천연방사성 핵종의 몇 가지 예

생성하는 핵종	핵반응
^{233}U	$^{232}Th(n, r)^{232}Th \rightarrow {}^{233}Pa \rightarrow {}^{233}U$
핵분열 생성물	^{235}U, ^{233}U 또는 ^{232}Th의 (n, f) 반응
H^3	$^{14}N(n, t)^{12}C$
^{7}Be, ^{10}Be	대기중의 O2, N2에 대한 우주선의 작용
^{36}Cl	$^{35}Cl(n, r)^{36}Cl$

표 24-2에는 지구에서 생기고 있는 것으로 예측되는 핵반응 결과 생성되는 방사성 핵종의 몇 가지 예를 나타내고 있다. 또 핵실험에 수반하는 인공방사성 핵종이 검출가능한 정도로 자연계에 존재하고 있다.

연습문제

1. 1 g의 라듐($^{228}_{88}$Ra)이 있다. 이 라듐은 800년 후에는 몇 g이 되겠는가? (라듐의 반감기는 1600년이다.)

2. $^{238}_{92}$U의 반감기는 4.5×10^9년이다. 1.8×10^{10}년 후에는 ^{235}U의 양은 현재의 몇 분의 1로 되겠는가?

3. ^{235}U와 ^{238}U의 존재비는 1 : 139이므로 현재 ^{235}U는 매우 귀하다. ^{235}U의 반감기는 7.5×10^8년이므로, 4.5×10^9년 전에 있어서는 ^{238}U과 ^{235}U의 존재비는?

4. 라돈 $^{222}_{86}$Rn의 원자핵은 α입자를 방출해서 RaA의 원자핵으로 변하는데, 이 경우에 방출된 α입자는 8.8×10^{-6}erg의 운동 에너지를 가진 것으로 알려져 있다. α입자가 방출되는 순간에 RaA의 원자핵은 반동으로 움직이는데 그 운동 에너지는 몇 erg인가? ($^{222}_{86}$Rn의 원자핵은 최초 정지하고 있다.)

5. x축을 따라 1 km/s의 속도를 가진 양성자가 x축 위에 최초에 정지하고 있던 양자와 탄성충돌을 하여 충돌한 후에 입사한 양자는 입사 방향에 대하여 시계 바늘이 도는 방향으로 60° 의 각을 이루어서 속도 v_1으로 운동하며, 한편 정지하고 있던 양성자는 시계바늘이 도는 방향과 반대쪽으로 θ_2의 각을 이루어서 속도 v_2로 운동 하였다. 속도 $v_1 \cdot v_2$와 각도 θ_2를 구하여라.

6. 정지하고 있던 질량 mg인 물체가 자연붕괴하여 질량 m_sg, m_βg, $V_s$cm/s, $V_\beta$cm/s 인 두 개의 물체 A, B로 붕괴로 동일 직선상에서 반대방향으로 운동을 시작했다. 붕괴로 생긴 총에너지가 E라고 할 때, $V_\beta / V_B / V_A$ 및 이 때 A가 갖는 역학적 에너지 E_A와 E와의 비를 구하여라.

7. Rutherford는 5.02 Mev의 에너지를 갖는 a입자를 구리(Cu)의 원자핵에 충돌했을 때, 정반대의 방향으로 3.89 Mev의 에너지를 갖고 반발되는 것을 발견하였다. 이 경우에 입자와 구리의 원자핵이 정면충돌했다고 생각하고 구리원자의 질량수를 구하여라.

8. ^{198}Au의 반감기는 2.7日이다. ^{189}Au가 100 mci있을 때 6.75일 후의 방사능은 얼마나 남겠는가?

9. 방사능 1 ci의 ^{131}I가 약 125 mci까지 되는 데 필요한 날짜를 구하여라.(^{131}I의 반감기는 8일).

10. 1 μci 의 방사성 핵종의 질량은 m = 3.2 × 10^{-16}T · A이다(m은 질량(g), T는 반감기 hr, A는 질량수). ^{99m}Tc 반감기 6 hr의 1 mci의 질량은 몇 kg인가?

11. 반감기가 104분인 방사성 동위원소가 있다. 이것의 붕괴상수값은 얼마인가?

12. 반감기가 10년인 방사성 물질이 100 ci가 있다. 몇 년 후가 되면 10 ci로 남겠는가?

13. 1 mg의 ^{32}P는 몇 ci인가?(^{32}P의 반감기는 14.3일, 아보가드로수는 6.02 × 10^{32})

14. ^{210}Po는 α붕괴를 한다. α입자의 에너지는 단색으로서 5.30 Mev라 하고, 이 때의 생성핵의 recoil운동 에너지를 구하여라. 그리고, 이 때의 붕괴 에너지는 모든 운동 에너지로 소비되고, r선의 방출은 인정되지 않는 것을 증명하여라. ($^{210}_{84}$Rn: 209.982876u, $^{206}_{82}$Rn: 205.974468u, $^{4}_{2}$Rn: 4.002603u, 1U: 931Mev)

15. 어떤 방사성 원소에 대해서 짧은 시간 dt 사이에 붕괴하는 원자의 수 dN 그 때 남아 있는 원자의 수 N, 최초 $t=0$일 때 본래의 원자수 N_0이면 붕괴의 지수법칙

$N=N_0e^{-t\lambda}$ (λ: 붕괴상수)

가 됨을 증명하여라.

제 25 장

엑스선과 우주선

X-Ray and the Cosmic Ray

1 고속 전자-원자와의 상호작용(electron-atom interaction)

전자의 질량은 극히 작은데 반하여 전자를 가속시키면 그 에너지는 증가한다.

입자가 전압에 의해 가속되었을 때 갖는 에너지를 산출할 수 있다. 일반적으로 질량 m[kg]의 입자가 속도 v[m/s]로 진행하고 있는 경우 그 입자가 갖는 운동 에너지는 $(1/2)mv^2$[joule]로 표시된다.

전자가 전압에 의하여 가속되는 경우도 같으며, 전자가 양극과 충돌하는 순간의 운동 에너지는 $(1/2)mv^2$[joule]이다. 다만, 여기서 m은 정지 질량이고 v는 전자의 속도이다. 그런데 음주선인 전자는 음양극 사이에 가해진 전위차에 대하여 일을 하여 그 결과 전자의 운동 에너지가 증대된 것으로 생각된다. 지금 그 전위차를 V라고 가정하면 전위차가 전자에게 준 일은 eV[joule]로 된다. 여기서 e는 전자의 전하량을 Coulomb으로 표시한 수치이다.

따라서 $(1/2)mv^2 = eV$되며 e, m의 수치를 대입하면

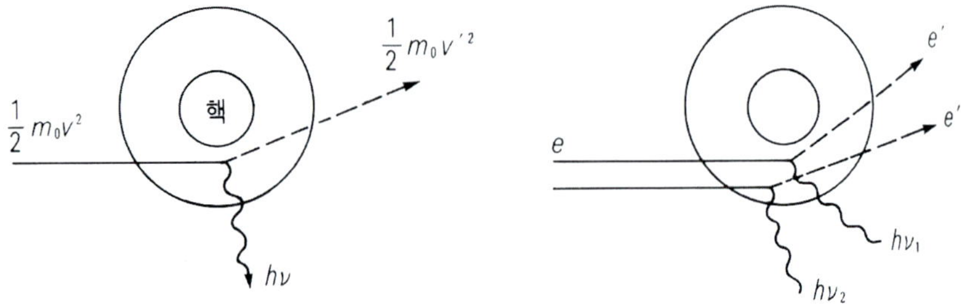

그림 25-1

$$v \approx 5.95 \times 10^5 \sqrt{V}[\mathrm{m/s}] \quad \cdots\cdots (25-1)$$

로 된다.

이와 같이 속도를 갖는 전자가 고진공도의 매체 내를 진행하여 어떤 장애물에 충돌했다고 하면 장애물의 속 깊이 진입하여 그 물질의 원자와 여러 가지 상호작용을 한다. 이렇게 하여 전자의 운동 에너지는 두 가지로 변환된다. 즉, 열에너지와 엑스선 에너지로 된다. 이 사이의 물리적인 기전에 대하여 설명하겠다.

2 저지선의 발생과 엑스선 스펙트럼(bremsstrahlung and spectrum)

광전효과는 광자가 갖는 에너지를 전달하는 중요한 증거가 된다. 그러면 그 반대의 과정도 성립될 것인가?

1895년 11월 8일 W. Rontgen에 의해 발견된 엑스선은 앞에서 설명한 것처럼 운동하는 전자가 그 에너지의 일부 혹은 전부를 광자로 변환시킨 전자파라는 사실도 알게 되었다.

엑스선의 세기는 충돌하는 전자의 수에 비례하며, 그 강도는 엑스선관의 음양극 사이에 가해진 전압에 의해 결정된다. 고속도 전자와 저지체를 구성하는 원자와의 상호작용에 의하여 생겨나는 엑스선은 두 가지 종류가 있다. 즉, 하나는 저지 엑스선이고, 또다른 하나는 특성 엑스선이다.

저지선의 발생은 전기적인 에너지에 의하여 가속된 전자가 원자핵 근처를 지날 때 그의 강한 인력을 받아 갑자기 정지 혹은 편향되는 순간에 발생된다. 이러한 과정에서 발생한 방사선을 제동복사선(bremsstrahlung)이라고도 한다.

질량 m_0, 처음 입사하는 속도를 v라고 하면 전자의 운동 에너지 T는

$$T = mc^2 - m_0c^2$$

$$= m_0c^2/\sqrt{1-v^2/c^2} - m_0c^2$$

$$= \frac{1}{2}m_0v^2 [\text{joule}] \quad \cdots\cdots (25-2)$$

이 된다. 이러한 전자가 표적물질 원자와 상호작용을 한 후 충돌전후의 운동 에너지 차이가 곧 엑스선 에너지가 된다. 입사할 때 운동 에너지를 $\frac{1}{2}m_0{v_1}^2$ 충돌 후 운동 에너지를 $\frac{1}{2}m_0{v_2}^2$이라고 하면

$$\frac{1}{2}m_0{v_1}^2 - \frac{1}{2}m_0{v_2}^2 = h\nu$$

$$\frac{hc}{\lambda} \quad \cdots\cdots (25-3)$$

이다. 여기서 h는 플랑크 상수이고 c는 광속도, λ는 저지선의 파장이다. 엑스선관 내에서 가속된 전자의 운동 에너지는 관의 양단에 인가한 전압과 전하의 곱 eV로 나타낼 수 있다.

충돌 전 운동 에너지

$$T = \frac{1}{2}m_0{v_1}^2 = eV$$

충돌 후 운동 에너지

$$T' = \frac{1}{2}m_0{v_2}^2 = eV'$$

이라고 한다면, 식 (25-3)은

$$T - T' = eV - eV'$$

$$= \frac{hc}{\lambda}$$

를 파장에 관한 식으로 정리하면

$$\lambda = \frac{hc}{eV - eV'} \quad \cdots\cdots (25\text{-}4)$$

가 된다. 그런데 가속된 전자의 운동 에너지가 극히 작은 값에서 크게는 전자의 전 에너지가 광자로 변화되는 경우에 이르면 여러 단계가 있다. 변환되는 에너지가 크면 클수록 파장 λ는 짧아진다.

만일 가속된 전자의 운동 에너지가 모두 하나의 광자로 변하는데 소비되어졌다면 $eV' = 0$가 되어 파장은 최소값이 된다. 즉,

$$\begin{aligned}\lambda_{min} &= \frac{hc}{eV} \\ &= \frac{6.625 \times 10^{-34}\mathrm{J-s} \times 3 \times 10^{4}\mathrm{m/s}}{1.602 \times 10^{-19} C \times V_{\mathrm{p}}} \\ &= \frac{1.2395 \times 10^{-6}}{V_{\mathrm{p}}} \mathrm{volt\ m} \\ &= \frac{12.395}{KV_{\mathrm{p}}} \mathrm{volt}\ \mathrm{\AA} \quad \cdots\cdots (25\text{-}5)\end{aligned}$$

가 된다. 이것은 엑스선관에서 발생한 광자의 최단파장은 표적의 물질과는 관계없이 관전압에 의하여 결정되며, $\lambda_{min} \times KV_{\mathrm{p}} = 12.395$를 Duane-Hunt 법칙이라고 한다.

한편, 충돌 후 전자의 운동 에너지 전압 V'은 0부터 입사전압 V까지 최대값까지 연속적인 값을 갖기 때문에 발생되는 엑스선의 파장은 최단파장보다 길고 연속적이다.

연속 엑스선은 상대적인 선강도분포가 원소마다 비슷하다. 발생한 엑스선의 총에너지가 소비된 음극선의 총에너지에 대한 비를 엑스선의 발생효율 η이라고 한다.

음극선 가속전압을 V, 관전류를 I로 할 경우 음극선 에너지는 VI가 된다. 한편, 발생한 엑스선 에너지는 ZV^2I와 같으므로 결국 발생효율 η은 전압과 원자번호와의 곱에 비례한다.

즉,

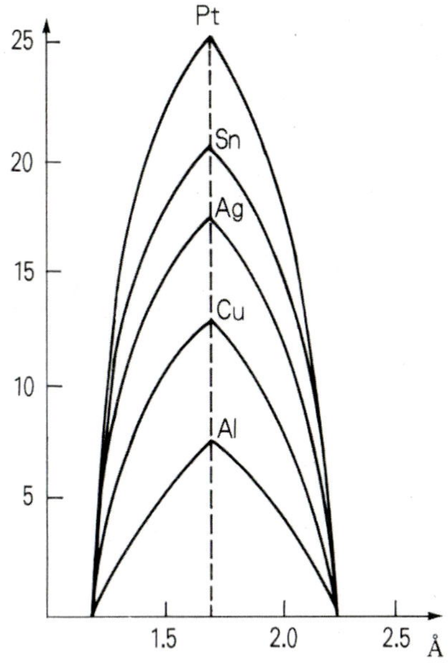

그림 25-2 여러 가지 금속원자에 대한 연속 스펙트럼

$$\eta = \frac{\text{엑스선의 총 에너지}}{\text{음극선 에너지}}$$
$$= KVZ \qquad (25\text{-}6)$$

이다. 여기서 K는 평균 1.11×10^{-9}로 되어 있다.

[예제 1] 최단파장이 0.01 Å을 가진 X선을 발생시키려고 할 때 X선관의 양극간에 얼마의 전위를 주어야 하는가?

[풀 이] Duane-Hunt의 법칙에 의하여

$$\lambda_{min} = \frac{12.4}{KV_p} \text{ Å}$$

$$KV_p = \frac{12.4}{0.01} = 1.240 \times 10^6 \, V_p$$

한편 특성 엑스선의 발생은 연속 엑스선의 발생과정과는 다르다. 음극선이 표적 물질 원자를 구성하는 궤도전자와 충돌하여 궤도전자가 완전히 원자 밖으로 튀어나간 결과, 공백으로 된 자리에 그보다 외부에 있는 전자가 이동할 때 전후 상태의 에너지차가 광자 에너지로 변환된 것이 특성 엑스선이다.

예를 들면 K각 전자가 쫓겨나고, 그 자리가 L각 전자에 의하여 채워졌을 때 K_α 특성 엑스선이 발생된다. 만일 L각 전자가 아니고 M각 전자에 의하여 채워질 때 K_β특성 엑스선, 또 같은 방법에 의하여 N각 전자에 의할 때 K_γ 특성 엑스선이 발생한다. 그러나 반드시 K각 전자만 축출되는 것이 아니고 L각, M각, … 특성 엑스선이라 명한다. 이와 같은 현상이 나타났을 때 K계열의 특성 엑스선의 발생원리와 같이 항상 그보다 외부의 궤도전자가 천이에 의하여 이루어지며, 그 때의 광자 에너지를 L계열, M계열, N계열, …특성 엑스선이라 명한다.

원소의 특성 엑스선 스펙트럼은 1913년에 Moseley가 여러 개의 원소를 표적물질로 사용하여 각 원소의 K_α 광자 에너지는 다른 원소의 K_α광자 에너지와도 다르다는 것을 실험을 통하여 증명했다.

말하자면 K_α선들과 같은 엑스선 스펙트럼의 각 원소에 대한 진동수들은 다음과 같은 방정식으로 표현된다.

$$\sqrt{\nu} = a(Z-b) \quad \cdots\cdots \quad (25\text{-}7)$$

여기서 a와 b는 상수이며 Z는 원소의 원자번호이다.

서로 비슷한 원자번호를 갖는 원소의 특성 엑스선 스펙트럼은 거의 같다. 이와 같은 현상은 원자핵에 가까운 궤도로 전자가 천이하는 것임을 암시한다.

이것은 인접한 원자번호의 원소 내부의 궤도전자는 그들의 배열상태가 거의 같기 때문이다. 엑스선 스펙트럼의 K_α선과 L_α 특성 엑스선의 파수 δ는

$$K_\alpha\text{특성 X선: } \delta = R(Z-1)^2\left(\frac{1}{1^2}-\frac{1}{2^2}\right) \quad \cdots\cdots \quad (25\text{-}8)$$

$$L_\alpha\text{특성 X선: } \delta = R(Z-7.4)^2\left(\frac{1}{2^2}-\frac{1}{3^2}\right) \quad \cdots\cdots \quad (25\text{-}9)$$

로 표시하고 있다.

식 (25-8)은 전자가 L각($n=2$)에서 K각($n=1$)으로 천이된 결과이며, 식 (25-9)는

M각($n=3$)에서 L각($n=2$)으로 천이된 결과이다.

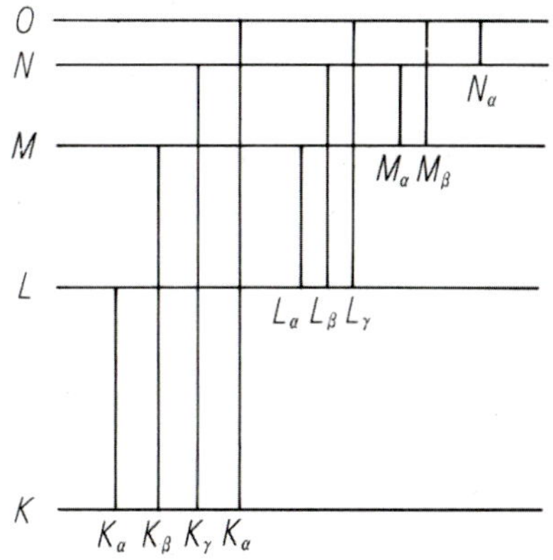

그림 25-3 | 특성 엑스선

3 엑스선의 회절(X-ray diffraction)

엑스선은 파장이 매우 짧은 전자파이다. 이것은 대체로 0.01Å~수 10Å에 이르는 폭이 넓은 파장영역을 갖는다.

이제 엑스선의 파동성을 증명하는 회절 현상을 소개하자. 1906년 Walter와 Pohl이 처음 시도했던 것을 근거로 하여 1912년에 Friedrich, Knipping 및 Max Von Laue는 KCI과 같은 결정으로 실험을 하였다. 2개의 작은 원형격막으로 가늘게 만들어진 엑스선속(pencil beam)을 칼리암염(KCl) 결정에 광선을 입사시키면 결정체 후면에 설치한 사진건판 위에 선명한 회절무늬가 나타나는 것을 발견하였다. 이것을 Laue의 반점이라 한다. 이 중요한 발견으로 인하여 엑스선의 파동성이 실증되었다.

Laue의 실험은 그 구조가 이미 알려진 결정체를 사용하여 엑스선 파장을 결정하는데 사용될 뿐 아니라 파장이 이미 알려진 엑스선을 이용하여 각종 결정체의 구조를 연구하는 방법을 얻게 되었다. 위에서 설명한 Laue의 반점이 생기는 이유에 관하여 Bragg는 다음과 같이 설명했다.

엑스선이 결정격자의 원자에 의하여 산란되는데는 두 가지 조건이 충족되어야 한다. 제1조건은 광학적 반사조건, 즉 입사각과 반사각은 같다라는 것이다. 충족되어야 할 제2조건은 원자배열간격 d인 결정에 의해서 반사되는 두 파의 광로차가 파장의 정수배라야만 하다. 그림 25-4는 연속된 3개 층의 결정면 내의 원자를 표시한다. 화살표의 선으로 좁은 엑스선속을 나타내고, 이것은 왼쪽 상부방향으로부터 와서 결정면과 각 θ(입사각)를 이루어 들어온다. 엑스선속이 반사된다면 제1조건에 의해서 e, b이라고 하는 2개의 인접한 원자에 의하여 상부 오른쪽으로 산란되어 나가는 것을 생각하자. 산란선간의 경로차를 구하기 위하여 2개의 법선 $\overline{ea}$와 $\overline{ec}$를 그린다.

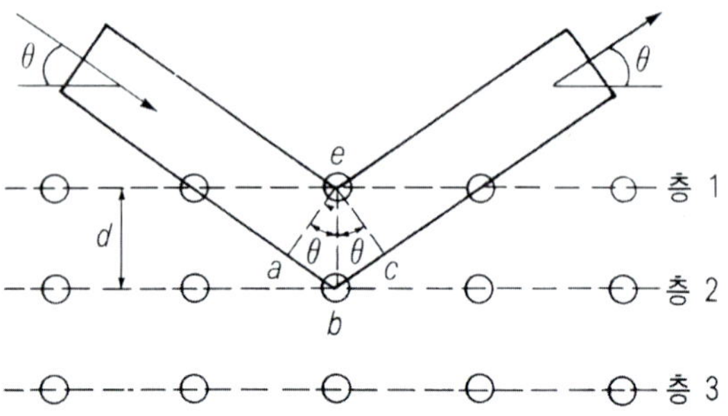

그림 25-4 결정체에 의한 엑스선의 회절

제2층에서 반사된 엑스선은 제1층에서 반사된 엑스선보다도 긴 거리를 주행하고 있다. 그래서 제1층과 제2층에서의 반사 광로차는 $ab+bc$, 또 $\angle bea = \angle bec = \theta$가 된다. 결정면간의 거리를 d라고 하면,

$$ab = bc = d\sin\theta \quad \cdots\cdots (25-10)$$

이다. 그러므로 제2층으로부터 반사된 엑스선의 광로는 제1층보다도 $2d\sin\theta$만큼 길다. d의 값은 결정체의 종류에 의하여 일정하며, 결정학의 방면에서 결정되어 있다.

광학에서와 같이 보강간섭이 일어나는 조건은 광로차가 파장 λ의 정수배가 되는 방향이다. 그러므로

$$2d\sin\theta = n\lambda \quad \cdots\cdots (25-11)$$

이다. 여기서 n는 정수이다. 이 식을 Bragg의 식이라 한다.

가장 간단한 경우는 $n=1$이고, 만일 d만 알고 있다면 반사방향의 각 θ의 측정으로 파장

λ가 결정된다. 반사방향 θ를 알아내는 데 사용되는 검출기로는 전리조 또는 형광 스크린이나 사진건판을 사용한다.

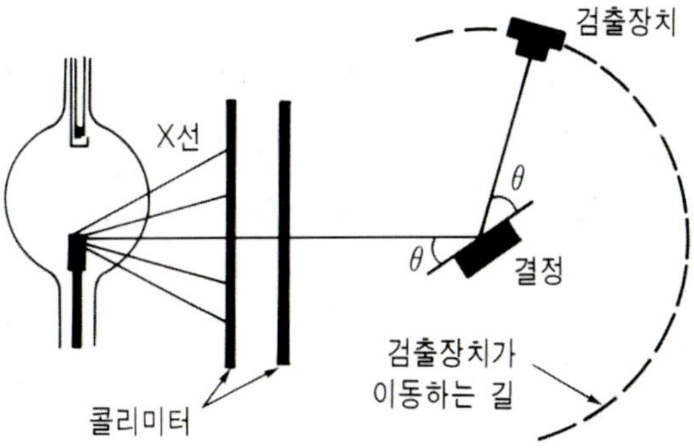

그림 25-5 | X선 분광기

이와 같이 결정에 의한 엑스선분광기라고 한다. 마찬가지로 결정격자의 구조를 연구하는 데 사용되어졌다면 이것을 결정분석기라고 한다.

[예제 2] 인접원자간의 간격 2.82 Å인 결정체에 X선을 쬐었을 때 30° 로 회절되었다. 이 엑스선의 파장을 구하라. (단, $n=1$이다.)

[풀 이] Bragg반사식 (25-10)으로부터

$$n\lambda = 2d\sin\theta$$

$$= 2\times 2.82\times 0.5$$

그러므로 X선의 파장 λ는

$$\lambda = 2.82\text{Å}$$

4 엑스선의 성질(X-ray properties)

W. C. Rontgen은 제동복사선의 성질을 자세히 연구하여 다음과 같은 점이 있는 것을 발견하였다.

① 엑스선을 고체에 부딪치게 하면 형광을 발생한다.

엑스선은 직접 오각으로는 알 수 없으나 이것을 $CaWO_4$ 또는 ZnS 등의 형광물질에 조사하면 파장이 긴 광자 에너지로 변환되어 가시의 형광 혹은 인광으로 되어 나타난다. 이와 같은 현상을 이용하여 방사선의 검출에 응용된다.

② 엑스선은 모든 물질에 대해 투과력이 매우 강하다.

그의 최초의 실험에서는 여러 권의 책을 투과한 뒤에서 형광을 발생하는 것을 보았고, 여러 겹의 주석조각, 두께 2~3 cm의 목재는 물론 약 15 mm의 알미늄판도 약간 투과한다는 사실도 알았다.

③ 엑스선은 사진작용이 있다.

보통의 빛과 마찬가지로 감광막의 할로겐화은에 대하여 광화학적으로 작용하여 중성 은을 생성하여 잠상을 형성시킨다. 이것에 현상조작을 수행하여 감광된 영역에 흑화를 나타나게 한다.

④ 엑스선은 전리작용이 강하다.

엑스선이 조사되는 물체는 기체, 액체, 고체를 막론하고 전리현상이 일어난다. 보통 공기는 엑스선에 의해 전리되어 전도성을 띠게 된다. 이것을 이용하여 여러 가지 선량계를 만들고 있다.

⑤ 엑스선은 빛과 같이 반사, 직진, 회절 및 편광하는 성질이 있다.

⑥ 엑스선은 전자기장에 의하여 그 진로를 굽히지 않는다.

⑦ 엑스선은 물질을 투과할 때 흡수당하는 율은 흡수체의 원자번호, 밀도, 두께가 클수록 엑스선을 많이 흡수한다.

지금 입사 엑스선의 강도를 I_0, 물질의 선흡수계수를 μ라 하면 흡수층을 x만큼 투과한 후의 엑스선을 많이 흡수한다.

지금 입사 엑스선의 강도를 I_0, 물질의 선흡수계수를 μ라 하면 흡수층을 x만큼 투과한 후의 엑스선의 강도 I는

$$I = I_0 e^{-\mu x} \qquad (25-12)$$

가 된다. 이것은 빛이 물질에 흡수당할 때의 공식과 같다. 즉, 엑스선은 물질 속에서 그 강도가 지수함수적으로 감약된다.

⑧ 엑스선은 생물학적 작용이 있다.

엑스선은 생체의 조직이나 기관에 작용하여 이것에 일과성 혹은 영구적인 변화를 일으킨다. 즉, 대량의 엑스선을 조사하면 조직체를 영구히 파괴한다. 또 돌연변이 현상도 생기는 수가 있다.

5 우주선 및 소립자(cosmic ray and praticles)

우주선의 발견은 전리상자가 자연방전하는 원인을 구명하려는 연구에서 이루어졌다.

지상 부근의 공기는 지표면에 존재한 방사성 물질에서 붕괴되는 방사능에 의하여 이온화되고 있는 것이라고 생각하였고 전리함을 높은 상공으로 올려보내면 공기에서의 방사선 흡수로 인하여 공기의 전리화가 감소해 나가야 할 것으로 생각하였다. 1910년에 Hess와 Kohlhorster는 이와 같은 실험을 한 결과 감소현상은 나타나지 않고, 아주 높은 상공에 올라가면 도리어 이온화가 증가함을 발견했다. 이것은 지구외부로부터 방출된 투과력이 대단히 강한 방사선 때문이라고 결론지었다. 이것이 우주선이다.

1차 우주선의 성분 중 양성자가 약 90%를 차지하고 있으며, 나머지는 알파입자 및 그보다 무거운 원자의 원자핵이다. 지구의 대기 성층권에 내리쏟고 있는 1차 우주선 중 양성자의 수는 약 10^{18}/s이며, 그 에너지는 10^{14} MeV보다 훨씬 큰 것도 있다. 이것들이 공기 중에서 점차적으로 핵반응을 일으켜서 소멸되며, 이들 방사선은 10 cm 정도의 연판에 쉽게 흡수당하는 연성분과 이것을 통과하는 경성분으로 구분된다. 연성분은 전자, 경성분은 중간자가 그 주축을 이룬다.

1937년에 Neddermeyer 및 Anderson은 이 경성분을 전리함에 의하여 연구하고 있을 때 전자 질량의 약 270배나 더 무거운 입자를 발견하였다. 이것이 중간자이다. 그래서 지상 근처에 있는 우주선의 성분은 이 중간자라는 것이 알려졌다.

그러면, 1차 우주선이 대기층의 원자핵과 상호작용하여 2차 우주선이 생겨나는 원리를 설명하자.

높은 에너지의 양성자가 대기 중에 있는 원자의 원자핵 가까이를 지날 때 이 핵에 의해서 진로가 구부러지고 그 때 핵력의 역장에 상응한 입자가 중간자다. 이것이 2차 우주선이 되는 것이다.

전기를 띤 π중간자의 평균수명은 불과 2.56×10^{-8} sec이며, 중성 π중간자의 평균수명은 2.3×10^{-16} sec이다. 대전된 π중간자는 발생 후 곧 성층권에서 μ 중간자와 뉴트리노 다음과 같이 붕괴한다.

$$\pi^{+}\rightarrow\mu^{+}+\nu+33\,\mathrm{MeV}$$
$$\pi^{-}\rightarrow\mu^{-}+\nu+33\,\mathrm{MeV} \quad \cdots\cdots (25-13)$$

또 중성 π중간자는 한쌍의 감마선으로

$$\pi=\gamma+\gamma+133\,\mathrm{MeV} \quad \cdots\cdots (25-14)$$

와 같이 붕괴한다. 이 감마선은 공기 중에서 고에너지의 전자쌍으로 변한다. 이 고에너지 전자는 공기원자의 원자핵과 상호작용하여 광자를 방출한다. 한편 고에너지 양전자는 그 운동 에너지를 전부 상실하여 소멸 복사한다. 이들 변화의 과정을 수차에 걸쳐 대기 중에서 되풀이하면 성층권에서 발생한 1개의 중성 중간자는 수많은 전자와 감마광자로 변화하여 지상에 도달한다. 또 π중간자에 의해서 생겨난 μ중간자는 모두 2.26×10^{-6} s의 평균수명으로 전자와 뉴트리노, 반뉴트리노 쌍으로 붕괴한다.

$$\mu^{+}\rightarrow e^{+}+\nu+\bar{\nu}$$
$$\mu^{-}\rightarrow e^{-}+\nu+\bar{\nu} \quad \cdots\cdots (25-15)$$

전자의 경우와 같이 μ중간자의 대전상태가 반입자를 나타낸다. 지금까지 설명한 현상을 그림 25-6으로 나타낼 수 있으며, 이와 같은 모양을 우주선 샤워 현상이라고 한다.

한편, 물질을 구성하는 기본적인 입자를 소립자라고 부른다. 원자핵의 핵자는 양성자와 중성자로 구성되어 있지만 원자핵에 적당한 조건 아래서는 몇 가지의 다른 소립자가 방출되는 것이 관측되었다. 현재까지 발견되어 있는 소립자는 중성자, 양성자, 전자, 중간자 등 무려 300종류가 있으며, 그 중에서 안정된 소립자의 총수는 30여 종류가 있다.

큰 에너지를 갖는 고속도의 입자를 원자핵에 충돌시키면 소립자가 발생된다는 생각에서 입자가속장치가 연구되었다. 이와 같은 가속장치를 사용하여 새로운 입자가 계속 발견되고 있다.

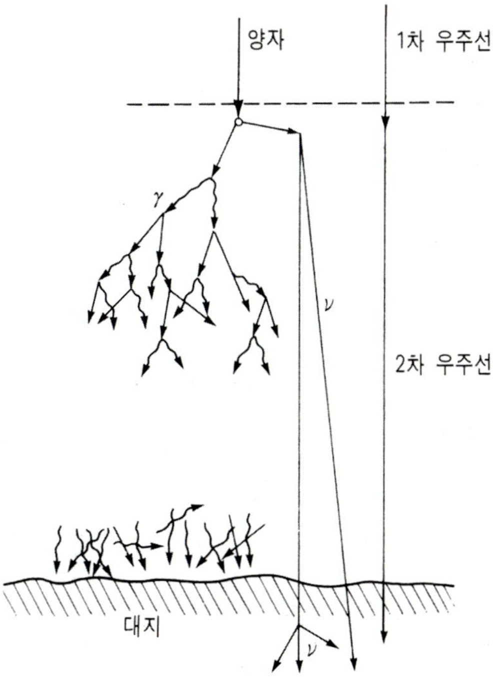

그림 25-6 | 우주선

소립자를 그 질량의 크기에 따라 분류하면 중입자족, 중간입자족, 경입자족으로 크게 나누어지고 이 밖에 광자, 중력자 등이 있다. 또는 반응하는 과정에 따라서 입자와 반입자로 나누기도 한다. 이들 수많은 입자들은 질량의 대소에 관계없이 하전, 스핀, 중입자수, 기묘수, 초전하, 우기성 등의 양자수로서 구별된다.

중입자는 핵자와 하이퍼론(V, Σ, E)으로 되어 있다. 중간자족 π, K, ρ, η 중간자 등이 이에 속하며, 경입자족은 전자, 양전자, 중성미자, μ중간자 등이 이에 속한다.

소립자는 생성, 소멸 상호작용으로써 그 존재기전을 설명할 수 있다. 입자나 전자장에 대해서 비상대론적 양자역학으로 개정하는 장의 '양자론'의 방법에 의해서 이를 정식화하고 있다. 그러나 아직도 소립자에 관하여 불확실하며, 규명되지 않은 것이 많다고 생각할 때 이들을 체계화하는 것은 오늘날 입자물리학의 기본과제다.

현재 알려진 소립자 중 몇 가지 입자들에 대한 특성은 표 25-1에 나타냈다.

표 25-1 소립자의 특성

소립자	기호전하	질량(전자질량으로)	안정선과 붕괴	수명
중성미자	v	0	안정	
전 자	e^+, e^-	1	안정	
μ입 자	μ^+, μ^-	207	불안정: 전자와 2개의 neutrin neutrino로 붕괴	2.2×10^{-6}s
π중 간 자	π^+, π^-	273	불안정: μ중간자와 neutrino로 붕괴	2.6×10^{-8}s
	π^0	264	불안정: 두 γ선으로 붕괴	10^{-11}s 이내
K중 간 자	K^+, K^-	966	불안정: 여러 가지로 붕괴	1.2×10^{-8}s
	K_1^0	966	불안정: 두 π중간자로 붕괴	10^{-10}s
	K_2^0	966	불안정: 여러 가지로 붕괴	6×10^{-8}s
	p^+, p^-	1836	안정	
양 성 자	n^0	1839	자유공간에서의 불안정: 전자, 양성자 neutrino로 붕괴	17분
중 성 자	Λ^0	2182	불안정: π중간자와 중성자 혹은 양성자로 붕괴	2.5×10^{-10}s
람다 입자	$\Sigma\Sigma^0$	2329	불안정: 람다 입자와 γ선을 붕괴	10^{-12}s
시그마입자	Σ^+	2327	불안정: π중간자와 중성자 혹은 양성자로 붕괴	8×10^{-11}s
	Σ^-	2341	불안정: 중성자와 π중간자로 붕괴	1.7×10^{-10}s
크사이입자	Ξ^-	2583	불안정: 람다 입자와 π중간자로 붕괴	10^{-10}s
	Ξ^0	2583	불안정: 람다 입자와 π중간자로 붕괴	10^{-10}s

연습문제

1. 어떤 방사선 원소에서 나오는 X선은 철판 1 mm 두께를 통과하는 데 10 % 흡수된다. 어떤 철판으로 30 % 흡수되었다면 철판두께는 얼마인가?(소숫점 이하 2자리까지만 표시)

2. 어떤 X선을 1 mm 구리(Cu)의 필터로 여과 했더니, X선은 약 71 %로 감약되었다. 이 X선의 반가층은 얼마인가?

3. 관전압 60 kV_p에서 발생하는 최대 주파수를 구하여라.

4. 어떤 X선에 대한 질량 흡수계수는 1.386 cm^2/g이다. 이 X선의 물의 반가층은 얼마인가?

5. X선과 초점으로부터 50 cm의 점에서 X선관 전류 5 mA를 흐르게 하였더니 그 선량률은 8 R/min이었다. 4 m의 점에서 10 mA를 흐르게 하면 선량률은 얼마인가?(진공중에서)

6. X선관 전압 200 kV_p정도의 X선에 대한 구리의 선감약 계수가 6.93 cm^{-1}이었다. 이 X선의 반가층을 구하여라.

7. 구리의 질량 감약계수가 0.77 cm^2/g인 X선의 반가층은 얼마인가?(구리의 밀도는 9 g/cm^3)

8. 1 Ci의 ^{60}Co의 Rhm값은 1.2이다. Co바늘(needle) 25 mCi에서 0.5 m의 거리의 선량률을 구하여라.

9. 관전압 80 kV_p에서 120 kV_p 사이에는 어떤 피사체를 투과한 X선량이 관전압의 3제곱에 비례할 때, 이 피사체 투과 후 X선량을 같게 하기 위해서는 120 kV_p일 때의 관전류에 대하여 얼마나 감소시키면 되는가?

10. 1.3 Mev의 r선이 전자대 창생을 일으켰다고 하자. 두 전자의 운동 에너지의 합은 얼마인가?

11. 어떤 단색 X선이 두께 1.2 mm의 구리판을 통과했더니 선량률이 1/8로 감소하였다. 이 X선의 반가층은 얼마인가?

12. ^{60}Co의 점선원에서의 거리 1 cm에 있어서 조사 선량상수는 12.2 R/hr−mCi이다. ^{60}Co바늘 10 mCi에서 1 m의 거리에 있어서의 선량률을 구하라.

13. 각각 0.51 Mev의 전자와 양전자가 충돌하여 광자로 소멸한다. 이때의 방출되는 광자는 1개가 아님을 증명하여라.

14. 어느 소립자가 정지상태에서 2.2×10^{-6}s의 평균수명을 가지고 있다. 소립자가 생성될 때 속도의 크기가 0.9998 C(광속도)라면 그것이 붕괴할 때까지 이동할 수 있는 거리는 얼마인가?

15. 전자가 5000 Mev의 운동 에너지가 되도록 가속되었을 때, 이 전자의 질량증가는 얼마인가?

찾아보기

의료보건학계 · 공학계열

대학물리학

1997년 3월 3일 초판 발행
1998년 3월 3일 개정 2판 발행
2000년 2월 28일 개정 3판 발행
2013년 3월 20일 개정 4판 발행

편저자 **대학물리교재연구회**

발행인 **윤 진 영**

발행처 도서출판 **대학서림**

서울시 종로구 혜화동 78-2

전화 : 02) 745-1220, 763-1220

FAX : 02) 744-1210

등록 : 1965. 1. 20

번호 : 1-88

이 책의 내용의 일부 또는 전부를 무단(복사기 등 여하한 방법을 포함) 복사, 복제하면 저작권 및 출판권을 침해한 것이므로 의법처단 됩니다.

정가 25,000원

ISBN : 978-89-6940-001-7 93420

■ **표지사진:** 한국항공우주연구원 제공